U0360079

美国名校学生喜爱的心理学教材

Child
Development
（8th Edition）

儿童发展
心理学

费尔德曼
带你开启孩子的
成长之旅

（原书第8版）

[美] 罗伯特·S. 费尔德曼（Robert S. Feldman） 著
苏彦捷 等译

机械工业出版社
China Machine Press

图书在版编目（CIP）数据

儿童发展心理学：费尔德曼带你开启孩子的成长之旅：原书第8版 /（美）罗伯特·S.费尔德曼（Robert S. Feldman）著；苏彦捷等译 . -- 北京：机械工业出版社，2021.8（2025.3 重印）
（美国名校学生喜爱的心理学教材）
书名原文：Child Development (8th Edition)
ISBN 978-7-111-68689-7

Ⅰ. ①儿…　Ⅱ. ①罗…②苏…　Ⅲ. ①儿童心理学 - 教材　Ⅳ. ① B844.1

中国版本图书馆 CIP 数据核字（2021）第 137469 号

北京市版权局著作权合同登记　图字：01-2020-5923 号。

Robert S. Feldman. Child Development, 8th Edition.

ISBN 978-0-13-464129-4

Copyright © 2019, 2016, 2012 by Pearson Education, Inc.

Simplified Chinese Edition Copyright © 2021 by China Machine Press.

Published by arrangement with the original publisher, Pearson Education, Inc. This edition is authorized for sale and distribution in the Chinese mainland (excluding Hong Kong SAR, Macao SAR and Taiwan).

No part of this book may be reproduced or transmitted in any form or by any means, electronic or mechanical, including photocopying, recording or any information storage and retrieval system, without permission, in writing, from the publisher.

All rights reserved.

本书中文简体字版由 Pearson Education（培生教育出版集团）授权机械工业出版社在中国大陆地区（不包括香港、澳门特别行政区及台湾地区）独家出版发行。未经出版者书面许可，不得以任何方式抄袭、复制或节录本书中的任何部分。

本书封底贴有 Pearson Education（培生教育出版集团）激光防伪标签，无标签者不得销售。

出版发行：机械工业出版社（北京市西城区百万庄大街 22 号　邮政编码：100037）

责任编辑：刘利英		责任校对：殷　虹	
印　　刷：北京瑞禾彩色印刷有限公司		版　　次：2025 年 3 月第 1 版第 8 次印刷	
开　　本：214mm×275mm　1/16		印　　张：24.25	
书　　号：ISBN 978-7-111-68689-7		定　　价：149.00 元	

客服电话：(010) 88361066　68326294

儿童发展是一个非常特殊的领域。和其他学科不同，我们每个人都会亲历儿童发展过程中的重要事件。这个学科不仅仅是一门着眼于观点、概念和理论的学科，它的核心在于让人们看清究竟是什么造就了我们自己。

本书致力于从一个能够激发、培养、塑造读者兴趣的角度来梳理这个学科。这意味着我们要激发学生对这一领域的兴趣，引导他们站在发展的角度来看待世界，同时深化他们对发展问题的理解。在构思上，本书力图为读者提供一个充分了解儿童及青少年发展现状和前景的机会，并希望借此使读者在学完正式课程之后仍能对这一学科保持长久的兴趣。

概览

本书详尽地综述了整个儿童发展领域。从怀孕伊始到青少年期结束，它涵盖了儿童、青少年发展的所有阶段。本书是一本全面综合介绍儿童发展领域的指南，在讲述基本理论和研究发现的同时，也关注实验室之外的应用现状。本书将以儿童发展阶段为线索依次介绍童年期和青少年期，内容涵盖产前期、婴儿期、幼儿期、学龄前期、童年中期和青少年期。在每个阶段，我们将着重关注生理、认知、社会性以及人格这四个方面的发展。

本书致力于达到以下四个主要目标。

- 第一，本书致力于全面而又均衡地概述整个儿童发展领域，向读者介绍该学科代表性的理论、研究和应用，探讨该学科的传统领域及最新进展。本书尤其关注那些由儿童和青少年发展学家推动的实际应用。然而，这并不是说本书不重视理论材料，我们只是强调在童年和青春期发展过程中我们已经掌握的事实，并非仅仅局限于关注尚未解决的问题。本书将向读者展现运用理论知识解决实际问题的全过程。总之，本书关注理论、研究和实际应用的内在关联，强调学科的广度和多样性。同时，本书也会向读者介绍儿童发展学家是如何运用理论、研究和实际应用来解决重要社会问题的。

- 第二，本书希望能够将发展心理学与学生的现实生活紧密相连。儿童和青少年发展领域的研究成果与学生密切相关，本书阐释如何将这些发现变成实际且有意义的应用。本书在介绍实际应用时力求做到与时俱进，涵盖可以引起读者关注的、与该领域有关的新闻报道和世界性事件，以及当代对儿童发展学科知识的运用情况。在人们的生活中，与这一领域相关的日常情境数不胜数。具体来说，在每一章的开头，我们都会选择一个与该章内容相关的现实生活情境作为导言。每章还有一个名为"明智运用儿童发展心理学"的专栏，引导学生将发展心理学的发现应用于亲身经历当中。这些专栏会从贴近生活的角度来描述这些发现是如何被应用于实际生活的。每章还包含名为"从研究到实践"的专栏，用于探讨发展研究是如何被用于解决社会现实问题的。在图表和照片的注释中，我们会提出许多问题，要求读者站在不同职业的角度来运用儿童发展的知识，这些职业主要包括健康护理工作者、教育工作者、社会工作者。

- 第三，本书还希望突出在当今多元文化背景下生活的各类群体及其多样性。因此在每一章中都会有"发展多样性与你的生活"专栏。这些专栏将着重探讨当今全球化社会中与发展有关的文化因素的共性和特性。此外，与文化多样性有关的材料也会一直贯穿全书始末。

- 第四，在前三个目标的背后，我们希望能够让儿童发展心理学变得可参与、可接触，同时也更有趣。无论是"教"还是"学"，徜徉于儿童发展之中都是一种享受，因为它与现实生活的关系实在是太紧密了。鉴于我们每个人都会亲身经历整个发展过程，书中提及的每个方面都与我们自己息息相关。因此，本书旨在发掘、培养读者对这方面的兴趣，并使其长成参天大树，福荫读者的一生。

- 为了实现第四个目标，本书力求做到"人性化"。本书力求用一种面对面对话式的口吻展开叙述，尽量还原作者和学生间的对话。本书行文旨在"其义自现""无师自通"。本书还包含诸多教学专栏。每章都包含用以奠定整章基调的"预览"、包含批判性思维问题的本章小结。

本书集理论、研究和应用于一体。它并不是一本只关注技术的应用发展心理学课本，并不仅仅着眼于如何运用发展心理学知识解决社会现实问题；它也不是一本理论导向的论著，也不只局限于学科领域中抽象的理论。事实上，本书关注人类儿童和青少年阶段发展的各个方面。这可以使本书在探讨该学科传统核心领域的同时，对发展的新兴领域也有所涉猎。

此外，本书立足当下，而不只是详细记录发展领域的历史细节。过去的成就固然值得瞻仰，记录当前的发展现状和未来的发展趋势也同等重要。在介绍经典研究的同时，本书更强调当前的研究发现和发展趋势。

本书融理论、研究和实践于一体，全面地概述了儿童和青少年的发展。我们希望本书能够为读者所喜爱，列于其个人馆藏之中；我们更希望当读者思考与终极问题"人何以为人"相关的难题时，能够从书架上抽出本书细细品味。

专栏特色

- **导言**：每章都以一个小插图开篇，插图中的人物或情境与该章即将探讨的基本发展问题紧密相关。例如，在探讨婴儿认知发展的章节中，我们描述了一个 9 个月大的婴儿是如何积极探索周围环境的；在涉及青少年生理发展的章节中，我们则介绍了青少年是如何处理自身形象和装扮的。

- **预览**：这部分会向读者介绍各章涉及的内容，通过章节提要以及引导性的问题来实现从导言到正文的过渡。

- **学习目标**：每章都包含基于布鲁姆分类法排序的学习目标清单，它可以帮助学生明确他们即将学习的内容。章首的"学习目标"与"本章回顾"相互呼应。

- **"从研究到实践"专栏**：每一章都会有一个"从研究到实践"专栏，这一专栏主要关注儿童发展的研究是如何被用于解决日常的儿童教养问题并影响公共政策制定的。例如，这一专栏会探讨"婴儿的食物偏好是不是在母亲的子宫里习得的""电子游戏是否会改善认知能力"等。

- **"发展多样性与你的生活"专栏**：每章都包含至少一个"发展多样性与你的生活"专栏。这一专栏主要关注与我们所处的多元文化社会息息相关的问题。在这一专栏中，我们会讨论运动发展中的文化维度、移民家庭儿童的适应问题、多元文化教育、克服性别或种族壁垒等问题。

- **"明智运用儿童发展心理学"专栏**：每章都会设有"明智运用儿童发展心理学"专栏，用于介绍发展研究的具体应用实例。比如，我们会具体介绍如何锻炼婴儿的身体和感觉，保持学龄儿童的健康，提高儿童的能力以及如何选择一个职业。
- **"从某种视角看问题"专栏**：这些问题会贯穿全书各个章节，它要求学生站在某个依赖于儿童发展研究发现的职业角度思考问题，这一专栏主要展示了由健康护理工作者、教育工作者、社会工作者提出的问题。
- **"案例研究"专栏**：每章都会包含一个案例研究。这些案例通常会描述一个与该章主题相关的有趣的情境，后面会紧跟着一些旨在激发学生对案例和章节内容进行批判性思考的问题。
- **章末材料**：每章章末的"本章回顾"都会呼应并阐释章首的学习目标，这些材料旨在帮助学生掌握和熟记本章的内容。章末还有与章首导言呼应的"本章小结"，其中包含引发批判性思考的问题。在导言中，我们以案例的形式呈现了该章即将讨论的问题，而这些章末材料可以概括整章内容。同时，我们也会解释本章中的关键概念是如何被应用到导言中的。

新内容

本书包括一系列特别的在线互动活动，旨在吸引学生并推动他们的学习进程。这些全新的互动活动为学生更深入地探索和理解儿童发展的核心概念提供了一种十分有趣的方式。

此外，每章开头和结尾的内容都有更新，以向学生介绍各章主题的现实含义。另外，所有描述当代发展研究主题及其应用意义的"从研究到实践"专栏，都是本书的新内容。

最后，本书包含了大量新的信息。例如，本书讨论了作为一种社会结构的种族的概念、营养不良、贫穷对发展的影响，以及媒体和技术对儿童发展的影响等重要问题。根据《精神疾病诊断与统计手册（第五版）》（DSM-5）的内容，本书纳入了新的有关心理障碍诊断的内容。

每一章都增加了新的主题，具体内容可参见正文。

此外，本书还引用了大量的现代研究成果，新增了数以百计的参考文献，而且大部分文献都是最近几年的。

目录 | Contents

第 4 章　婴儿出生和新生儿 / 74

第 5 章　婴儿期的生理发展 / 98

第 6 章　婴儿期的认知发展 / 124

第 7 章　婴儿期的人格及社会性发展 / 149

第 8 章　学龄前期的生理发展 / 171

学习目标

1. 界定儿童发展领域。
2. 描述儿童发展领域的范围。
3. 解释决定发展的主要社会影响因素。
4. 表述最初关于童年时期和儿童的观点。
5. 描述 20 世纪以来人们看待童年时期的方式。
6. 解释儿童发展领域的关键主题及问题。
7. 预测儿童发展领域的未来发展。

第 1 章
儿童发展导论

导言：新概念

在许多方面，路易丝·布朗（Louise Brown）和伊丽莎白·卡尔（Elizabeth Carr）的见面平淡无奇：一个 30 多岁的女人和一个 40 多岁的女人，在一起讨论她们的生活及其孩子。

然而，从其他角度来说，这次见面是非同寻常的，因为路易丝·布朗是全世界第一例"试管婴儿"。她是通过体外受精（in vitro fertilization，IVF）的方式出生的。体外受精是指母亲的卵子与父亲的精子在母体之外受精。伊丽莎白·卡尔是第一个在美国通过体外受精方式出生的婴儿。

在上小学之前，父母就告诉过路易丝她的出生故事。在整个儿童期，她都被各种问题包围，她经常需要向同学解释，她其实并不是出生在实验室。

当路易丝还是一个孩子时，她有时会感到孤独。对伊丽莎白而言，长大同样并非易事，因为她也经历了多次危险。

不过，如今，路易丝和伊丽莎白已不再孤单。现已有超过 500 万名婴儿以这种方式出生，这几乎已经成为一种常见方式。路易丝和伊丽莎白也已经成为母亲，以传统的生育方式产下了她们自己的孩子（Falco, 2012；Gagneux, 2016；Simpson, 2017）。

预览

路易丝·布朗和伊丽莎白·卡尔被孕育的方式可能很新奇，但是自她们呱呱坠地之后的发展，依旧遵循着预期的模式。尽管我们每个人发展的经历各不相同——有些人生活贫困，或居住在战争肆虐的地区，有些人经历了离异或寄养等家庭问题，但是30多年前在那个试管中启动的发展步调，从根本上来说，和我们所有人是极其相似的。

试管婴儿只是21世纪诸多大胆尝试中的一个。从克隆技术到发展中的贫困问题，再到文化和种族的影响，都引起了人们的极大关注。在这背后，还有更根本的问题：儿童的身体如何发展？他们对世界的理解如何随着时间的推移而发展改变？我们的人格与社会性从出生到青春期是如何发展的？

这些问题，连同本书提及的很多其他问题，都关涉儿童发展领域的核心议题。当不同流派的儿童发展专家看到路易丝·布朗和伊丽莎白·卡尔的故事时，他们会从哪些不同的角度进行思考？

- 在生物学层面研究行为的研究者可能会考察：在路易丝和伊丽莎白出生前，她们的身体功能是否受到体外受精的影响。
- 研究遗传的儿童发展学家可能会分析：路易丝和伊丽莎白父母的生物遗传如何影响了她们之后的行为。
- 研究儿童时期思维变化的儿童发展学家可能会研究：在路易丝和伊丽莎白的成长中，她们对概念本质的理解是如何发生变化的。
- 在儿童发展领域中聚焦身体成长的研究者可能会考虑：路易丝和伊丽莎白的发育速度与以传统方式孕育的儿童相比是否有所不同。
- 专门研究儿童社会交往的专家可能会观察：路易丝和伊丽莎白与其他儿童之间是什么样的互动方式，以及她们会发展出什么样的友谊。

尽管所有这些儿童发展学家的兴趣各有不同，但他们都有一个共同的关注点：理解儿童及青少年发展过程中的成长和改变。发展学家采用各种不同的手段，研究我们从父母那里承袭的生物遗传因素，以及我们所生长的环境是如何共同影响行为的。

有一些儿童发展研究者致力于理解这样的问题：为何我们的遗传不但决定了我们的长相，还决定了我们的行为，以及我们如何与他人相处（我们的人格）。这些专业人士不懈探索，想要确认的是：生而为人，我们的潜力有多大程度是由遗传决定的。另一些儿童发展学家研究我们生长的环境，探索我们是如何被环境所塑造的，以及我们当前的环境如何既微妙又显著地影响了我们的行为。

无论着眼于遗传还是后天的环境，所有的儿童发展学家都希望：他们的工作成果最终能为那些致力于改善儿童生活的专业人士提供信息及帮助。教育、医疗、社会工作的执业者都依赖于儿童发展学家的发现，并利用这些研究成果来提升儿童的幸福水平。

在本章中，我们将初步了解儿童发展这一领域。首先，我们会讨论这一学科的范围，看一看该学科涉及的广泛议题及其感兴趣的年龄阶段（从孕育的那一刻起，直到青春期结束）。其次，我们将概述这一学科的基础，并检验与儿童发展相关的关键主题及问题。最后，我们会讨论儿童发展这一学科未来的可能性。

儿童发展的取向

你可曾好奇，一个小婴儿怎么能用他那小而完美的手紧紧地抓住你的指头？你可曾惊讶，一个学龄前儿童怎会有模有样地画了一幅画？你可曾诧异，一个青少年在决定要邀请谁来参加派对，或者在评估"下载音乐文件是否道德"等复杂决策中是如何判断的？

如果你曾产生类似的疑问，那么你就和儿童发展学家提出了相似的问题。

界定儿童发展领域

儿童发展（child development）旨在研究个体从生命的孕育到青少年期间的成长、变化以及稳定性的模式和规律。

尽管这个定义看起来直截了当，但这种简化也有些误导。为了理解儿童发展究竟是什么，我们需要思考定义中的不同部分的背后是什么。

在研究成长、变化以及稳定性时，儿童发展学科采取的是科学的方法，就像其他学科的研究者一样，儿童发展的研究者会用科学方法检验他们关于人类发展的本质及过程的种种假设。我们在下一章里会看到，研究者形成了关于发展的理论，他们会使用系统而科学的技术，有组织地验证假设的准确性。

儿童发展关注的是人类的发展。尽管有一些发展学家研究非人类的发展过程，但是绝大多数还是研究人类的成长及变化。一些人试图理解普遍的发展原理，而另一些人则关注不同的文化、种族及民族如何影响个体的发展过程。还有一些人的目标是理解个体的特殊性，研究一个人与另一个人在特质和个性上的差异。不过，不论关注点是什么，所有的儿童发展学家都将发展看成一个连续的过程，贯穿儿童期和青少年期。

因为发展学家关注人们在生命过程中的改变与成长，所以他们也会考虑儿童和青少年生活中的稳定性。他们会问：在哪些领域、哪些时期，人们会表现出改变和成长？在哪些时候他们的行为又显示出与先前行为的一致性及连续性？这种一致性与连续性是如何表现的？

最后，尽管儿童发展领域关注儿童期和青少年期，但发展的过程贯穿人类生命始终，从被孕育的那一刻开始，直到死亡。发展学家认为，人们以某种方式持续成长变化，直到生命终了。只是从其他方面来看，他们的行为保持稳定。与此同时，发展学家相信，没有任何一个特定的、单一的生命阶段会支配一生。实际上，他们相信每个生命阶段都同时包含着成长及衰退的可能性，个体终其一生都在努力维系持续成长和变化的能力。

儿童发展学科特点：本学科的范围

很明显，儿童发展是一个定义宽泛且研究领域广阔的学科。因此，这一学科的专业人士关注的领域各有不同，一个典型的发展学家会专注于某一特定的主题以及某个年龄阶段。

儿童发展的主题领域

儿童发展包括三个主要的主题或者研究方向。

- 生理发展
- 认知发展
- 人格及社会性发展

一个儿童发展学家可能会专门研究这些主题领域中的某一个。例如，有些发展学家专注于生理发展（physical development），考察身体的构造方式（大脑、神经系统、肌肉、感觉，以及身体对食物、水和睡眠的需要）是如何影响个体行为的。举个例子，一个生理发展领域的专家可能会研究营养不良对于儿童生长的影响，而另一个专家可能会探索运动员的身体表现是如何在青春期发生变化的。

一些发展学家关注认知发展（cognitive development），试图理解智力的发展和改变如何影响个人行为。认知发展学家考察学习、记忆、问题解决以及智力。例如，认知发展学家也许想要看看问题解决在儿童期是如何改变的，或者人们在解释学业表现时是否存在文化差异。他们还会关注一个在早年经历了重大创伤性事件的人在之后将如何回忆这些事件（Alibali，Phillips，& Fischer，2009；Dumka et al.，2009；Penido et al.，2012；Coates，2016）。

最后，一些发展学家关注人格及社会性发展。人格发展（personality development）研究个体差异，以及个体特质的变化及稳定性。社会性发展（social development）研究的是个体与他人的交往方式、他们的社会关系的发展、改变，以及社会关系在一生中保持稳定的方式。关心人格发展的发展学家可能会问，是否有稳定、一生不变的人格特质；社会性发展的研究者可能会考察种族、贫困或离婚对个体发展的影响（Lansford，2009；Vélez et al.，2011；Manning et al.，2017）。这四大主要领域（生理、认知、社会性和人格发展）的总结可见表 1-1。

年龄跨度和个体差异

儿童发展学家不仅专注于选定的局部领域，同时也专注于研究某些特定的年龄阶段。通常，儿童和青少年会按照年龄范围划分成以下几个阶段：产前期（从孕育到出生）、婴儿期和学步期（从出生到 3 岁）、学龄前期（3～6 岁）、儿童中期（6～12 岁）、青少年期（12～20 岁）。

虽然儿童发展学家已经基本广泛接受这些年龄划分，但我们要谨记，年龄阶段的划分来自社会建构。

表 1-1　儿童发展的主题领域

方向	定义性特征	此领域提出的问题举例
生理发展	强调脑、神经系统、肌肉、感知能力及身体在食物、水和睡眠方面的需求对行为的影响	是什么决定了儿童的性别？（第 3 章） 早产的长期后果是什么？（第 4 章） 母乳喂养的好处是什么？（第 5 章） 性成熟过早或过晚的后果是什么？（第 14 章）
认知发展	强调智能，包括学习、记忆、语言发展、问题解决能力和智力	从婴儿时期起，最早可以被回忆出来的记忆是什么？（第 6 章） 看电视的后果是什么？（第 9 章） 掌握双语有好处吗？（第 12 章） 智力有人种和种族的差异吗？（第 12 章） 青少年的自我中心主义是如何影响其世界观的？（第 15 章）
人格及社会性发展	强调不同个体的持久特质、个体与他人的互动和社会关系的发展变化	新生儿对母亲和其他人的回应是否有差别？（第 4 章） 管教小孩最好的方式是什么？（第 10 章） 性别意识是何时发展起来的？（第 10 章） 如何促进跨种族友谊？（第 13 章） 青少年自杀的原因是什么？（第 16 章）

所谓社会建构（social construction）就是对现实的一种共有观念，它被广泛接受，但反映的只是某个特定时期的社会及文化功能。

尽管这些大致的年龄划分被广泛接受，但从很多方面来说这些划分很随意。有些阶段有清晰的界限（如婴儿期从出生时开始，学龄前期到进入小学结束，青少年期从性成熟开始），然而另一些阶段并非如此。

例如考虑到从儿童中期到青春期的转变，通常发生在 12 岁。这个分界线基于生物学变化，从性成熟开始，但每个人性成熟的起始时间各不相同，因此每个人进入青少年期的年龄是不一样的。

更进一步来说，一些发展学家提出了全新的发展阶段。例如心理学家杰弗里·阿内特（Jeffrey Arnett）认为，青少年期延伸到**成年初显期**（emerging adulthood），这个阶段从 10 多岁到 20 多岁。在成年初显期，人们不再是青少年，但是他们还没有完全肩负起成年人的责任。相反，他们还在尝试不同的身份，热衷于进行各种自我探索（de Dios，2012；Nelson，2013；Arnett，2011，2016）。

简而言之，关于一些事件在人们生命中发生的时间存在很大的个体差异——这是一种生物学事实。人们成熟的速度不同，到达发展里程碑的时间也不同。环境因素在很大程度上决定了某一特定事件何时会发生。例如，人们开始发展浪漫爱情关系的典型年龄在不同文化中有巨大差别，这部分取决于在某一特定文化中人们如何看待亲密关系。

图为两个印度小孩的婚礼，这是文化影响某一事件发生的年龄的例子。

重要的是，我们要记得，当发展学家讨论年龄跨度的时候，他们所谈的是平均年龄跨度——从平均来讲，人们到达特定里程碑的时间。一些孩子会早些，另一些会更晚，而大多数孩子会在平均年龄到达这个里程碑。这种差异只有当孩子的表现严重偏离平均水平时才值得注意。例如，如果孩子开口说话的时间大大晚于平均年龄，父母可能会想要带他们的孩子去语言治疗师那里评估一下。

进一步来说，孩子们渐渐长大之后，他们会更加可能偏离平均水平，表现出个体差异。小孩子的发展变化中很大的一部分是由遗传决定的，并且会自动展开，因此在不同孩子身上看来，发展情形很相似。然而，当孩子年龄更大，环境因素影响越来越大时，会出现更大的多样性和个体差异。

年龄与主题之间的关联

儿童发展的每个主要领域（生理、认知、人格及社会性发展）都贯穿了儿童期和青少年期。因此，某些发展学家专注于产前期的生理发展，而另一些人专注于青少年期的发展。一些人可能关注个体在学龄前期的社会性发展，而另一些人关注的是在儿童中期的社会交往关系。还有一些人采用更宽泛的研究取向，关注从儿童期到青春期（甚至以后的时期）的每个不同时间段里的认知发展。

在儿童发展的研究领域中，存在着大量可研究的主题和年龄段。这意味着来自不同背景和领域里的专家都可以是儿童发展学家。研究行为和心理过程的心理学家、教育研究者、遗传学家以及内科医生只是这些专注研究儿童发展的学者中的一部分。发展学家在不同背景下工作，包括大学里的心理系、教育系、人类发展系、医学系，还有非学术背景的组织，例如人类服务机构和儿童保育中心。

在儿童发展这面大旗下工作的不同专家为这个领域带来了不同的观点和智慧。本领域的科研结果可以广泛用于多种职业实践之中。教师、护士、社会工作者、儿童照料者以及社会政策专家都依赖于儿童发展的研究成果来提升儿童的幸福感。

‖发展多样性与你的生活‖

将文化、民族和种族纳入考虑

美国的父母表扬爱问问题的小孩子"聪明"和"好问"，而荷兰的父母认为这种孩子"太依赖他人"。意大利的父母认为，好奇心属于社会能力和情绪能力，而不是聪明的表现。西班牙的父母更重视孩子的性格而非智力，瑞典的父母则把安全与快乐看得高于一切。

是什么构成了上述父母对孩子的不同期待？他们看待孩子好奇心的观点就一定是有对有错吗？如果我们能考虑到父母所在的文化背景，也许就不会这样认为了。实际上，不同的文化和亚文化对于养育孩子有不同的观点，它们也为儿童成长设定了不同的发展目标（Feldman & Masalha，2007；Huijbregts et al.，2009；Chen，Chen，& Zheng，2012）。

儿童发展学家必须考虑到广泛的文化因素。例如，像我们将要在第10章中进一步讨论的那样，在亚洲社会长大的小孩更容易有集体主义倾向（collectivistic orientation），关注团体成员之间的互相依赖。相反，在西方社会长大的小孩更容易有个体主义（individualistic orientation）倾向，他们更加关注个体的独特性。

因此，如果儿童发展学家想要理解人们在一生中是如何成长变化的，那么他们必须考虑到民族、种族、社会经济和性别差异。如果能够考虑到这些因素，那么学者不但能更好地理解人类发展，而且能更准确地找到改善人类社会状况的具体措施。

在试图理解不同因素对发展有何影响的过程中，学者苦于没有一套合适的术语。例如，科研人员和社会人士有时候会滥用种族（race）和民族（ethnic group）这类词。种族是一个生物学概念，可以用来指代基于生理和物种结构特性的分类。然而，以人类的角度来看，这种定义没什么效度。许多研究同样表明，"种族"一词无法很好地区分不同的人。举例而言，根据对于"种族"一词的不同定义，世界上可以有3个种族或者300个种族，而且没有哪个种族在基因上与众不同。事实是，人类基因的99.9%都相同，这让种族的问题看起来并不那么重要（Helms，Jernigan，& Mascher，2005；Smedley & Smedley，2005；Alfred & Chlup，2010）。相反，民族群体以及民族（ethnicity）是更宽泛的术语，指的是基于文化背景、国家、地理位置和语言的划分。一个民族的成员分享着共同的文化背景和族群历史。

此外，对于哪种命名可以更好地反映种族和民族差异，各学者也有不同意见。"非裔美国人"这个词既表明了地理，也表明了文化。它比"黑人"这个主要基于肤色的词更恰当吗？"美洲土著人"这个词比"印第安人"更合适吗？"西班牙裔美国人"这个词比"拉丁裔美国人"更准确吗？研究者如何才能对那些有不同种族背景的人进行准确分类？（Perlmann & Water，2002；Saulny，2011；Jobling，Rasteiro，& Wetton，2016）。

为了全面理解发展，我们需要考虑与人类多样性相关的复杂问题。事实上，只有通过在不同民族、种族、文化里寻找相似性和差异性，发展学家才能从诸多发展因素中分辨出普遍因素和文化决定因素。在未来几年中，儿童发展很可能从主要关注北美和欧洲儿童演变为研究全球儿童的发展（Wardle，2007；Kloep et al.，2009；Bornstein & Lansford，2013）。

来自不同背景的儿童比例不断上升，美国面孔也在改变。

同辈群体对发展的影响：在社交环境中与他人一起发展

鲍伯生于1947年，是婴儿潮的一员。他出生于第二次世界大战后不久，随着大量美国士兵的回国，那时候的出生率飞涨。当民权运动渐入高潮、反越战运动刚刚开始的时候，他正值青春期。他的母亲莉亚出生于1922年，她那一代人在经济大萧条的阴影中度过了童年和青春期。鲍伯的儿子乔恩出生于1975年。现在他已经大学毕业，开始了职业生涯，并正在建立自己的家庭。他是被人们称为"X一代"的一员。乔恩的妹妹莎拉生于1982年，是社会学家口中的"千禧一代"。

在某种程度上，这些人是他们所生活的时代的产物。每个人都属于一个特殊的**同辈团体**（cohort），即一群出生于差不多同一时代和同一地域的人。像战争、经济腾飞或萧条、饥荒、流行病（比如 AIDS 病毒流行的时期）这样的主要社会性事件对某一特定同辈团体的成员有类似的影响（Mitchell，2002；Dittmann，2005；Twenge，Gentile，& Campbell，2015）。

同辈效应（cohort effect）例证了基于历史事件

的影响（history-graded influences），它指的是与某一特定历史时期相关的生物及环境影响。例如，在"9·11"事件期间，生活在纽约市的儿童会共同经历因该事件而引起的生物及环境挑战。他们的发展将会被这一典型的历史事件所影响（Park，Riley，& Snyder，2012；Kim，Bushway，& Tsao，2016）。

相反，基于年龄的影响（age-graded influences）是指那些对某一年龄群的个体来说类似的生物及环境影响，不论他们生长于何时何地。例如，像青春期及更年期这样的生物事件是在所有社会中都普遍发生的，而且发生的时间也具有相对一致性。类似地，像开始正式接受教育这样的社会文化事件也可以被看作标准的基于年龄的影响，因为在多数文化中这一事件都在6岁时发生。

从教育工作者的视角看问题

一个学生的同辈团体身份会如何影响他的入学准备？例如，互联网使用很普及的人群，与之前那些没有互联网的人群相比，有什么优势和劣势呢？

社会对于儿童期的看法以及对儿童的要求，也随着时间的推移而改变。图为在 20 世纪初期，在矿场全职工作的儿童。

发展也会受到基于社会文化的影响（sociocultural-graded influences），它包括种族、社会阶层、亚文化成员身份以及其他因素。例如，对于以英语为母语的儿童和不以英语为母语的儿童来说，社会文化的影响会十分不同（Rose et al.，2003）。

最后，非常规生活事件（non-normative life events）也会影响个体发展。这指的是，在某人生活的某个时间点发生的特殊、异常的事件，这些事件在多数人的生活中是不会发生的。例如，一个父母逝于交通事故的 6 岁儿童就经历了一次显著的非常规生活事件。

儿童：过去、现在和将来

当人类刚开始在地球上行走时，儿童就已经是人们研究的目标了。父母被孩子深深地吸引着，孩子贯穿儿童期和青少年期的成长既令人好奇也令人赞叹。

然而，用科学眼光来研究儿童的历史还不长。即便简单地回顾儿童发展的相关研究，也能表明人们看待儿童的方式发生了极大的进步。

早期看待儿童的方式

尽管很难想象，但还是有一些学者确信，曾几何时，"儿童期"这一概念并不存在，至少在成人大脑中是不存在的。根据菲利浦·阿利埃斯（Philippe Ariès）的说法（他研究绘画和其他形式的艺术），在中世纪的欧洲，成人没有给予儿童任何特别关照。相反，儿童被看作成人的微缩版，是某种程度的不完美版的成人。他们穿着成人的衣服，没有得到任何特殊对待。儿童期被认为与成人期没有本质区别（Ariès，1962；Acocella，2003；Hutton，2004）。

中世纪的欧洲，儿童被看作成人的微缩版。这种观点反映在儿童与成人同样的穿着装扮上。

尽管"中世纪儿童仅仅被看作成人的微缩版"这一观点或许有些夸张，但很清楚的一点是，当时儿童期的意义和现在完全不同。阿利埃斯的论点主要基于以欧洲贵族为主人公的绘画作品，这是西方文化中非常有限的样本。更重要的是，"儿童期可以被系统研究"这类想法直到后来才渐渐出现。

哲学家对于儿童的观点

在 16、17 世纪，哲学家开始思考儿童的本质。例如，英国哲学家约翰·洛克（John Locke，1632—1704）认为儿童是一块"白板"。他认为，儿童进入这个世界的时候不带有任何特性或人格。相反，他们完全被成长过程中的经历所塑造。我们在下一章中会看到，现代行为主义沿用了这一观点。

法国哲学家让－雅克·卢梭（Jean-Jacques Rousseau，1712—1778）对于儿童的本质有着完全不同的看法。他认为儿童是"高尚的野蛮人"（noble savages），意即他们带着天生明辨是非的能力及道德感出生。他认为人类本质是善的，所以婴儿会发展成美好且可敬的儿童及成人，除非他们被消极的成长环境所腐蚀。卢梭也是第一个观察婴儿的人，他发现成长分为明显且不连续的阶段，这些阶段会自动展开——这个概念在一些关于儿童发展的现代理论中有所反映，我们将会在下一章中加以讨论。

婴儿传记

在历史上，第一次以系统的方式研究婴儿是通过婴儿传记（baby biographies）的形式，这曾一度在 18 世纪末期的德国颇为流行。观察者（通常是父母）试图追踪孩子的成长历程，记录孩子在生理和语言发展上的一个又一个里程碑。

达尔文的进化论出现后，人们对儿童的观察有了更系统的形式。达尔文确信，理解某一物种内个体的发展可以帮助确认这个物种自身是如何发展的。他科学地记录了自己的儿子人生第一年的发展。在他的书出版之后，掀起了一阵婴儿传记热潮。

还有一些其他历史潮流推动了这一关注儿童的新学科出现。科学家发现了概念背后的机制，遗传学家开始破解遗传密码，哲学家则争论遗传（基因）与养育（环境）之间的相对影响。

关注儿童期

随着成年劳动力的增加，儿童不再作为廉价劳动力而存在，这为保护儿童不受剥削的法律出台奠定了基础。儿童教育的普及，意味着他们有更长的时间长大成人，教育者也可以寻找更好的方式教育儿童。

心理学的发展让人们开始关注儿童期事件对成年生活的影响。作为这些重大社会变革的成果之一，儿童发展成为一门独立学科。

20 世纪：作为一门学科的儿童发展

在儿童发展学科产生的过程中有几个核心人物。例如，阿尔弗雷德·比奈（Alfred Binet）是一位法国心理学家，他不仅开创了研究儿童智力的先河，还研究了记忆与心算。斯坦利·霍尔（Stanley Hall）首先使用问卷来研究儿童的思考和行为。他写了世界上第一本将青少年期当作特殊发展时期来介绍的书《青少年期》（*Adolescence*，Hall，1904/1916）。

尽管偏见令女性难以踏上学术领域生涯，但在20 世纪 20 世纪初期，她们还是为儿童发展这一学科做出了重大贡献。例如，利塔·斯泰特尔·霍林沃思（Leta Stetter Hollingworth）是第一批关注儿童发展的心理学家之一。类似地，玛利亚·蒙台梭利是一名意大利物理学家和教育家，基于她对于儿童如何自然学习的观点，在 1907 年创办了第一所蒙台梭利学前学校（Hollingworth，1943/1900；Denmark & Fernandex，1993；Lillard，2008）。

在 20 世纪初的数十年中，一股风潮逐渐形成，极大地影响了我们对儿童发展的理解，那就是对儿童及其毕生发展的大规模、系统化的纵向研究。例如，针对天才儿童的斯坦福研究开始于 20 世纪 20 年代，并持续至今日；费尔斯研究所（Fels Research Institute）的研究以及伯克利成长及指导研究（Berkeley Growth and Guidance Studies）对确认儿童成长过程中变化的本质做出了贡献。这些研究使用标准化的方法，研究了大量儿童，其目的是要确定正常生长（normal growth）的本质（Dixon & Lerner，1999）。

这些为儿童发展学科奠基的女性学者与男性学者的共同目标是：对贯穿儿童期和青少年期成长、变化和稳定性的本质进行科学研究。他们对这一学科的发展功不可没。

当今的关键问题：儿童发展背后的主题

今天，儿童发展领域主要关注几个关键问题。关键问题包括：发展性变化的本质；关键期和敏感期的重要性；研究毕生发展与研究某些特定时期；先天 - 后天问题（见表 1-2）。

表 1-2 儿童发展领域的主要议题

连续变化	不连续变化
变化是渐进的 一个阶段的成就基于前一个阶段的结果 潜在的发展过程在一生中保持不变	变化发生在明显不同的阶段或时期 行为和过程在不同的阶段有着质的不同
关键期	**敏感期**
某些环境刺激是正常发展所必备的 受到研究早期发展的学者的高度重视	人们对某些环境刺激很易感，但是刺激缺失的后果可以弥补 目前毕生发展研究的重点
毕生发展	**着眼于特定时期**
当前理论强调毕生发展与变化，以及不同时期的相关性	研究早期发展的学者将婴儿期和青少年期看作最重要的时期
先天（遗传因素）	**后天（环境因素）**
强调要发现先天的遗传特质和能力	强调环境对人发展的影响

连续变化 vs. 不连续变化

挑战儿童发展学家的首要问题之一是，发展过程到底是连续的还是不连续的（如图 1-1 所示）。在**连续变化**（continuous change）中，发展是渐进的，在某一阶段取得的成就是基于之前阶段的结果。连续变化是量变，推动改变的基本发展过程在毕生发展中是保持不变的。那么，连续变化造成的改变就只是程度的变化，不是性质的变化。例如，在成年之前身高的改变就是连续变化。一些理论家认为，人们思维能力的改变也是连续的，是一种逐渐的量变，而不是发展出全新的认知处理能力。

相反，**不连续变化**（discontinuous change）在特殊阶段或时期中发生。每个阶段都会发展出一些行为，它们与之前阶段的行为有质的区别。请考虑一下认知发展的例子。我们将会在第 2 章中看到，一些认知发展学家认为，在发展过程中我们的思维会有某些根本的改变，而这些改变不仅是量变，也是一种质变。

多数发展学家同意，对连续—不连续的问题采取一种非此即彼的观点是不合适的。尽管很多类型的发展性变化是连续的，但另一些则很明显是不连续的。

关键期和敏感期：考察环境事件的影响

如果一位女性在怀孕的第 11 周里得了风疹（rubella），那么这对她所孕育的孩子来说，其结果很可能是灾难性的。孩子可能面临包括双目失明、耳聋及心脏缺陷在内的潜在危险。然而，如果她是在怀孕的第 30 周得了同样的疾病，那么这对孩子造成损害的可能性就会大大降低。

疾病发生在两个时期的不同结果体现了关键期的概念。**关键期**（critical period）是在发展上的一段特殊时期，在此期间发生的某些特定事件会导致最严重的结果。在关键期里，某些类型的环境刺激必须出现以保证发展的正常进行，或者某些特定的刺激因素会导致非正常发展。例如，在妊娠的某些时期服用药物的母亲也许会对发育中的胎儿造成永久性伤害（Mølgaard-Nielsen, Pasternak, & Hviid, 2013；Nygaard et al., 2017）。

尽管在研究儿童发展的早期，专家们非常强调关键期的重要性，但是最近人们却认为，在很多领域里，个体可能比原本想象的更有弹性，特别是在认知、人格及社会性发展方面。在这些领域里，儿童有显著的**可塑性**（plasticity），发展的行为或生理结构在一定程度上都可以修正。例如，越来越多的证据表明，如果在早期社会互动中缺乏某种体验，儿童还是可以利用后期体验来弥补早期缺陷，而不会造成永久性损害。

因此，发展学家现在更倾向于谈论敏感期而不是关键期。在**敏感期**（sensitive period）里，有机体对环境中某些特定类型的刺激非常易感。一个敏感期代表的是某些特定能力出现的最佳时期，而且儿童对环境刺激特别敏感。例如，在敏感期，缺乏语言刺激可能会导致婴儿及学步儿出现语迟现象。

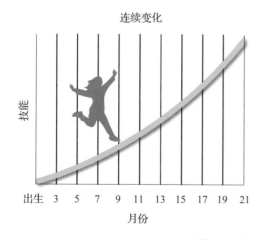
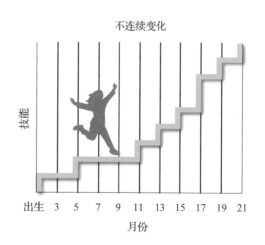

图 1-1　发展性变化的两种方式

发展的两种方式：一种是连续变化，即渐变，每一阶段的进步是基于之前阶段的结果；另一种是不连续变化，这发生在某些特殊阶段或时期。

理解"关键期"和"敏感期"这两个概念的差别很重要。在关键期，有些环境影响会造成个体在发育上永久且不可逆的结果。在敏感期，虽然某些特定环境因素缺失会阻碍发展，但稍后的经历可能弥补早期缺陷。换句话说，敏感期承认人类成长发展的可塑性（Hooks & Chen，2008；Curley et al.，2011；Piekarski et al.，2017）。

> 从儿童照料者的视角看问题：你会做些什么来好好利用一段敏感期？

毕生发展研究 vs. 着眼于某些特定时期的研究

儿童发展学家应该聚焦于毕生发展中的哪一部分？对早期发展学家来说，答案是婴儿和青少年。很明显多数关注都集中在这两个时期，忽略了儿童期的其他部分。

然而，今天的情况有所不同。现在，从胎儿期到青春期的整个时期都被看作重要时期。原因之一在于，科学家发现，发展性成长和改变贯穿在生命的每个阶段。

更重要的是，每个人的环境中很重要的一部分是其周围的人——个体的社会环境。为了理解社会对某一特定年龄孩子的影响，我们需要理解那些对他们造成主要影响的周围人物的情况。为了理解婴儿的发展，我们需要阐明婴儿的社会环境，例如其父母的年龄。一个 15 岁母亲给孩子带来的影响与一个有经验的 37 岁母亲所能带来的，可能有极大的不同。因此，婴儿的发展在一定程度上是成人发展的产物。

先天因素和后天因素对发展的相对影响

关于儿童发展的一个长久存在的问题是，人们的行为有多少源于遗传决定的天性，又有多少基于后天的养育——儿童成长的物质及社会环境。这个问题有深刻的哲学与历史根源，也已主导了儿童发展领域的很多研究（Wexler，2006；Keating，2011）。

在这个背景下，先天（nature）因素指的是从父母那里继承的个性、才能及能力。它包括一切由遗传信息预先展开所产生的任何因素，这个过程称为**成熟**（maturation）。从我们还是一个单细胞有机物的时候起（这一单细胞有机物是在孕育的那个时刻被创造出来的），这些基因、遗传的影响就开始产生作用，直到我们成长为一个完整的人。

遗传会决定我们的眼睛是蓝色还是棕色，会决定我们的一生头发浓密还是最终会秃顶，也会决定我们对体育有多擅长。遗传让我们的大脑发育，我们才能阅读这页纸上的文字。

相反，后天（nurture）因素指的是塑造行为的环境影响。这些影响之中，有些是生物性的，例如怀孕的母亲使用可卡因，或是儿童获得食物的数量和种类。其他一些环境影响更多是社会性的，像父母管束小孩的方式以及青春期同伴压力的作用等。最后，还有一些影响是更大的、社会层面的因素，例如人们所处的社会经济环境。

如果我们的个性和行为完全是由先天因素或者后天因素所决定，那么这个问题可能就没什么好争论的了。事实上，对多数关键行为（critical behavior）来说，并非如此，例如最有争议的一个领域——智力。我们在第 12 章中会详细说明，关于智力到底主要是由先天的遗传因素决定，还是由后天的环境因素塑造，已引发了激烈的争论。在很大程度上，争论的原因在于这个问题所产生的社会影响，它不仅限于科学争论，还将影响政治和社会政策。

在儿童养育和社会政策方面的应用

关于"先天-后天"这个问题的应用：如果一个人的智力主要由遗传决定，那么在出生时已经基本确定了，而之后提高智力表现的努力可能注定要失败。相反，如果智力主要由环境因素决定，比如在校学习的时间长短和质量、一个人接受刺激的多少和质量，那么我们就可以期待社会条件的改善可以提高智力水平。

社会政策的制定会被智力起源这样的问题所影响，这显示了"先天-后天"这个议题的重要性。当我们在整本书中将这个问题和其他几个领域的问题关联起来的时候，我们应该记住，儿童发展学家认为，行为不再是先天因素或后天因素发挥作用的单一结果。事实上，这是一个程度的问题，而问题的细节同样也引起了热烈的讨论。

进一步说，遗传和环境因素的相互作用是复杂的，部分因为某些遗传决定的特性不仅仅对儿童行为有直接影响，它们还对塑造儿童的环境有间接影响。例如，一个孩子一直很暴躁，经常大哭，虽然这一特性可能是由遗传因素造成的，但这也会影响其环境因素，会让其父母对他有高度的回应性：不论孩子何时大哭，父母都会因此而冲过来安慰他。他们对这个孩子这种由遗传决定的行为的回应性，最终会成为一种环境影响，对他今后的发展起作用（Stright, Gallagher, & Kelley，2008；Barnes & Boutwell，2012）。

同样，尽管我们的遗传背景会决定我们的行为倾向，但这些行为最终得以表现出来还需要恰当的环境。有相似基因的个体（比如同卵双胞胎）可能会表现出不同的行为，而具有不同遗传背景的个体可能在某些领域表现出相似的行为（Kato & Pedersen，2005；Conley & Rauscher，2013；Sudharsanan, Behrman, & Kohler，2016）。

总而言之，针对某一特定行为，有多少是源于先天因素，多少是源于后天因素，这是非常有挑战性的问题。最终，我们要把"先天 - 后天"看作一个连续体的两端，特定行为会落在两端之中的某一处。我们之前讨论过一些有争议的问题，这个问题也可以用与之类似的方式来回答。例如，连续还是不连续并非一个非此即彼的问题，某些形式的发展落在了偏向连续的一端，而另一些更靠近不连续的一端。关于发展，很少有结论像非黑即白那样绝对（Rutter，2006；Deater-Deckard & Cahill，2007）。

儿童发展的未来

我们已经考察过儿童发展这一领域的基础，包括这门学科的关键问题。然而，有以下几个趋势很可能出现。

- 随着发展领域研究的积累，这一学科将逐渐细分。新领域和新视角会出现。
- 有关遗传和行为的遗传基础的信息呈现爆炸式增加，这对儿童发展的每个领域都会有影响。发展学家会有越来越多的工作横跨生物学、认知以及社会学领域，不同的亚学科之间的界限也会日益模糊。
- 随着美国人口越来越多样化，种族、民族、语言和文化也越来越多，多样化的议题会得到更多关注。
- 在不同领域中，越来越多的专业人士会利用儿童发展研究的结果。教育者、社会工作者、护士和其他保健从业者、遗传咨询师、玩具设计师、儿童保育师、谷物生产商、社会伦理家以及多种其他职业的专业人士，都会依赖儿童发展领域的研究成果。许多在这些领域的从业者的职业前景一片光明。举例而言，儿童护理工作者的就业率在未来 10 年中预期将增长 5%（Bureau of Labor Statistics，2017）。
- 在儿童发展领域的工作会越来越多地影响到公众感兴趣的话题。在我们这个时代，很多重大社会话题的讨论，包括暴力、偏见和歧视、贫困、家庭生活中的变化、儿童照护、上学甚至是恐怖主义，都需要儿童发展的研究结果。因此，儿童发展学家很可能为 21 世纪的社会做出重要贡献（Block, Weinstein, & Seitz，2005；McKinney et al.，2017）。

从研究到实践

避免对儿童使用暴力

- 当林肯·科尔比（Lincoln Colby）3 年级时的老师意识到他一直在椅子上来回挪动时，她把林肯送到了校医处。护士发现林肯的背上有着腰带状的伤痕，瘀斑遍布。林肯承认他的父亲在生气的时候偶尔会殴打他。
- 艾琳·约翰逊（Erin Johnson）是一名纽瓦克市的青年，听着下面的故事长大：某天罗伯特叔叔杀了两个警察，祖母曾杀死了她两个孩子的爸爸。

- 4 岁的杰克逊·苏布玛（Jackson Subooma）原本在学校学前班里是一个阳光热情的孩子，但他开始越发频繁地表现得退缩和悲伤，有时对其他孩子很刻薄。当他在操场上打了另一个孩子的时候，他的老师终于介入此事。杰克逊央求老师不要告诉他的母亲，因为他认为，母亲的新男友詹姆斯会因此发怒，并伤害母亲。

暴力已经成了许多孩子生活中的一部分。事实上，调查发现，暴力和犯罪已经成为美国民众颇为关心的问题。这同样是一个世界性的问题：在过去，世界上超过 50% 的孩子成为暴力的受害者（DocuTicker，2010；UNICEF，2013；Hillis et al.，2016）。

我们要如何解释这些不同水平的暴力？人们是怎么学会暴力的呢？我们要怎样才能控制并缓解个体的攻击性？最重要的是，我们如何才能减少暴力的发生？儿童发展领域已经尝试从不同角度来回答这些问题。

- 解释暴力的根源。一些儿童发展学家已经研究了早期行为和生理问题与随后控制自身攻击性的障碍是如何关联的。例如，研究者发现，早期受虐经历、身体及心理虐待、他人对儿童的情感忽视和他们随后的攻击性行为有关。另一些人研究了童年创伤对攻击性行为的影响（Widom & Czaja，2012；Gowin et al.，2013；Wright & Fagen，2013）。

- 考虑霸凌和其他形式的暴力如何影响在校儿童。20% 的高中生在高一经历了霸凌，100 万儿童报告曾被骚扰、威胁或在 Facebook 等社交软件上遭受了其他形式的网络霸凌。大多数受害者不会报告霸凌，他们承受着焦虑、沮丧、睡眠和学业问题的困扰。许多儿童发展学家已经尝试找到防止霸凌的方法（Centers for Disease Control and Prevention，2016；National Center for Education Statistics，2016）。

- 考察为何暴露于攻击之下会导致暴力。一些心理学家已经验证，接触媒体和电子游戏的暴力信息可能会导致攻击性。例如，心理学家克雷格·安德森（Craig Anderson）发现，与那些不玩暴力电子游戏的人相比，玩暴力电子游戏的人有一种不同的世界观，他们认为现实世界更暴力。另外，玩暴力电子游戏的人更容易产生攻击性行为，而且他们对别人的共情更少。甚至有证据发现，暴力电子游戏的使用和少年违法犯罪相关（DeWall，Anderson，& Bushman，2013；Anderson et al.，2015）。

- 开发能降低攻击性的干预项目。一些儿童发展学家致力于设计干预项目来降低儿童行为暴力的可能性。例如，欧文·斯托布（Ervin Staub）和达伦·斯皮尔曼（Darren Spielman）设计了一个干预项目，帮助孩子们发展出建设性的方式，来满足他们的基本需求。在参加完包括角色扮演、录像以及结构化讨论的活动后，参与者的攻击行为减少了（Spielman & Staub，2003；Staub，2011，2013；Miller et al.，2014）。

这些例子表明，发展学家在理解与处理暴力方面取得了进步，而暴力已经日益成为现代社会的一部分。暴力仅仅是发展学家对人类社会改良所做的贡献之一。随着对本书阅读的深入，你会发现有更多这样的领域。

- 为什么暴力不仅在美国，而且在全世界也持续成为一个问题？

- 研究表明，接触暴力电子游戏会令玩家的攻击性水平增加，你是否因此认为法律应该限制这些游戏的销售与传播？为什么？

明智运用儿童发展心理学

评估儿童发展的信息

如果你立即安慰哭泣的婴儿，你会宠坏他们。

如果你让婴儿一直哭也不去安慰他们，他们长大后会难以信任别人，并且依赖性很强。

打屁股是管束孩子最好的方式。

绝不要打小孩。

如果一段婚姻不幸，父母离婚会比待在一起令孩子更好受一些。

不论婚姻多么艰难，若是为孩子好，父母就应避免离婚。

对于如何养育孩子，或者更一般来说，对于如何生活，人们从来都不缺建议。从《如何让孩子夜间不哭》（*The No-Cry Sleep Solution*）这类畅销书，到报纸杂志里针对任何你能设想的主题建议，我们每个人都暴露在大量信息之下。

然而，不是每个建议都同样有效。不会因为被印在纸上、播放在电视里、发布在网络上就能确保这些信息自动生效，或说明它们一定正确。幸运的是，有一些指导方针能帮你分辨这些推荐和建议是否有道理。

- 考虑一下消息来源。来自声誉良好的资深组织的信息，如美国医学会、美国心理学会及美国儿科学会，很可能是多年研究的结果，准确性可能较高。请记住，这些信息会随着时间的推移而改变。例如，美国儿科学会曾提出的对于 2 岁以下幼儿的"零屏幕时间"规则已经被如下观点所取代：有限的屏幕时间对他们并不会造成危害（American Academy of Pediatrics，2016）。

- 评估提供建议之人的可信度。来自被广泛认可的资深研究者和专家的信息很可能会比来自信誉模糊之人的信息更准确。

- 要理解逸事证据和科学证据的区别。逸事证据是基于某一现象的一两个例子，是人们偶然发现或遇见的；科学证据则基于严谨系统的论证步骤。

- 要记得文化因素的作用。尽管一个结论在某些背景下是正确的，但它可能并非普适的。例如，我们通常会假定，让婴儿自由移动手脚，可以促进肌肉发育和机动性。然而在某些文化里，婴儿多数时间和母亲紧紧绑在一起，他们并没有受到明显的长期损伤（Kaplan & Dove，1987；Tronick，Thomas，& Daltabuit，1994；Manaseki-Holland et al.，2010）。

- 不要以为很多人相信的事情就一定是对的。科学研究经常证明，很多技术是靠不住的。抵抗滥用药物教育（Drug Abuse Resistance Education，DARE）曾在全美几乎一半的学校系统里使用。DARE 是为防止药物滥用设计的项目，包括警员讲课、问答讨论等环节。然而经过仔细评估，没有证据表明这个项目有效降低了药物滥用率（Rhule，2005；University of Akron，2006；Lilienfeld & Arkowitz，2014）。

评估儿童发展相关信息的关键是要保持一定程度的怀疑精神。没有任何渠道的信息是永远正确的。若能对遇到的信息保持警惕，你将能够更明智地判断出哪些是儿童发展学家们在理解人类儿童期和青春期的成长及改变时做出的真正贡献。

案例研究

"太多选择"的例子

詹妮·克莱默（Jenny Claymore）是一名大学 3 年级学生，她现在极度渴望能选定一个职业，却完全摸不着头脑。问题不在于她对任何东西都缺乏兴趣，而恰恰是她想做太多事情了。从书本、广播、电视之中，她了解到太多听起来很棒的职业。

詹妮热爱小孩，一直很享受做短期保姆以及夏令营顾问的工作——也许她应该做一名老师。她着迷于她听说的所有关于 DNA 和遗传研究的东西，也许她应该做一名生物学家或一名医生。当她听说学校暴力（霸凌、枪击）的时候，她深表关切，或许她应该去做学校管理者或法官。她对小孩子如何学习语言很好奇，也许她应该去研究语言病理学，或者教书。她对那些依赖儿童证言的法律案件很感兴趣，而且着迷于控辩双方的专家互相反驳，也许她应该去做一名律师。

她的大学顾问曾说过，通过思考你在高中和大学上过的课程来开始搜寻你的职业。詹妮想起来，她热爱一门关于儿童早期的高中课程，而在大学里她最喜爱的课程是儿童发展。那么，她是否可以考虑儿童发展方面的职业呢？

1. 儿童发展领域的职业能多大程度上满足她对孩子的热爱，以及她对遗传研究的兴趣？

2. 什么样的职业会主要关注防止学校暴力？

3. 儿童发展如何与她对目击证人的证言和记忆的兴趣相联系？

4. 总体来说，你能想到有多少职业符合詹妮的兴趣？

‖ 本章小结

这一章，我们介绍了儿童心理研究的发展，谈到很多基本问题。我们看到本学科的范围之广，并了解了儿童发展学家提出的广泛问题，而且讨论了从学科建立伊始就关涉学科发展的一些关键问题。

在进入下一章之前，请你花几分钟想一想本章关于路易丝·布朗和伊丽莎白·卡尔的案例，她们是最先通过体外受精方式出生的婴儿。请你基于现在知道的儿童发展的知识，回答以下问题。

1. 路易丝和伊丽莎白的父母采用的怀孕方式（体外受精）有什么潜在的益处和代价？

2. 研究生理、认知、社会性和人格发展的学者，在考虑体外受精对路易丝和伊丽莎白造成的影响时，可能会问哪些问题？

3. 创造出完整的人类克隆体（个体完整的基因复制）现在还只存在于科幻小说之中，不过基于理论的可能性，我们确实要考虑一些重要的问题，例如一个克隆体出生后会有怎样的心理后果？

4. 如果克隆体真的能被制造出来，这对科学家理解"遗传因素和环境因素对发展的相对作用"会有怎样的帮助？

‖ 本章回顾

儿童发展领域

- 儿童发展以一种科学的方式研究从孕育到青少年期的发展、变化及稳定性。

儿童发展领域的范围

- 这一领域的范围包括生理、认知以及社会性和人格发展，涉及从孕育到青少年期的所有年龄阶段。

决定发展的最主要的社会影响因素

- 文化（广义文化和狭义文化）是儿童发展的重要议题。发展的很多方面都不仅仅受到文化差异的广泛影响，也会被同一文化内的族群、种族以及社会经济差异所影响。

- 每个人都受到基于历史的因素、基于年龄的因素、基于社会文化的因素以及非常规生活事件的影响。

关于童年期和儿童的最初观点

- 针对童年的早期观点认为，儿童是微缩版成人。

- 洛克将儿童看成"白板"，卢梭则认为儿童有天生的道德感。

20 世纪以来，人们看待童年期的方式

- 针对童年的后期观点认为，童年期是人生中的一段特殊时期，这导致了儿童发展学科的兴起。

儿童发展领域的关键主题和问题

儿童发展领域的四大关键议题是：①发展性变化是连续的还是不连续的；②发展更多取决于关键期的影响，还是敏感期的影响，在这些时期里，某些特定影响或经历必须发生，人才能正常发展；③到底是要关注人类发展的某些重要阶段，还是要关注毕生发展；④"先天－后天"的问题，它关注遗传和环境影响的相对重要性。

儿童发展学科的未来

- 本领域未来的趋势可能包括领域进一步细分，不同主题间界限模糊，更关注涉及多样性的主题，以及进一步增加对公众感兴趣议题的影响。

第 2 章
理论观点与研究

导言：出生后说出的第一个词

在一个炎热的夏天，12 个月大的女孩肯尼迪蜷缩在一张儿童餐椅里，而爸爸在准备晚餐。当肯尼迪看到爸爸切蔬菜，准备制作色拉时，突然指着爸爸说："爸爸。"

"你说什么？"肯尼迪的爸爸难以置信地问道。他赶快冲向储物柜，取出摄像机。在这个过程中，肯尼迪并没有说话，而当爸爸取出摄像机准备记录时，她望着爸爸再次喊道："爸爸！"

预览

孩子说出的第一个字或词可能是：妈妈（mama）、不（no）、饼干（cookie）、爸爸（dad）、乔（Jo）。毫无疑问，很多父母会记得孩子说出的第一个字或词，那是一个令人激动的时刻，也预示着人类一项特有技能的出现。

然而，真的只有人类才有语言吗？婴幼儿期语言是怎样发展的？语言能力是天生的，还是后天经验塑造的？有专门服务于语言发展的脑区吗？母语理解和表达能力在儿童期的快速发展与学习有着怎样的关系？

想要回答这些问题，毫不夸张地说，我们需要用到成千上万的关于发展性探索的研究。这些研究着眼于一系列的问题，从智力发育以及社会关系的本质，到整个童年和青少年期间认知能力发展的方式。这些研究所面临的共同挑战是：提出并回答发展中人们感兴趣的问题。

像我们每个人一样，儿童发展心理学家提出关于人的身体、心智和社会互动的问题，以及探讨人类生活的这些方面如何随着年龄的增长而发生变化。出于我们所共有的天然好奇心，发展心理学家会补充一个非常重要的元素，使他们问问题以及尝试解答问题的方式有所不同。这个元素就是科学的方法。这个结构化而又简单的看待现象的方式将提问从单纯的好奇心提升到有目的的学习。有了这个强大的工具，发展心理学家就能不单单是问出问题，还能系统地回答问题。

在本章中，我们思考发展心理学家提出和回答问题的方式。首先，我们对理解儿童及其行为的广阔视角进行讨论。这些视角为我们从多个维度观察个体发展提供了广泛的途径。其次，我们转向儿童发展学的基本构件：研究。我们描述发展心理学家展开探讨并得出问题答案的主要研究类别。最后，我们锁定发展研究中的两个重要问题：一个是如何选择研究对象，以便成果能在研究情境以外的范围内得以应用；另一个则是有关伦理核心问题。

关于儿童的观点

当罗迪迈出第一步时，他的父母感到十分高兴，同时也如释重负。似乎他们期待这一刻已经很久了。大多数小孩在这个年龄段早就会走路了。另外，他的祖父母还有其他的担忧，他的祖母竟然提出，罗迪可能患有某种发育迟缓的疾病，尽管这仅仅是基于她自己的"感觉"而已。然而，当罗迪迈出第一步的那一刻，其父母和祖父母的焦虑都消失得无影无踪了，剩下的就只有对罗迪成就的自豪感。

罗迪亲人的感觉是出于他们对正常儿童发展过程的模糊理解。我们每个人都形成了有关发展历程的想法，我们用这些想法来进行判断，并产生关于儿童行为意义的直觉。我们的经验将我们引领至某些我们认为是尤为重要的行为。对于某些人而言，这可能是孩子说出第一句话的时候；对其他人而言，这可能是孩子与他人互动的方式。

与外行人一样，儿童发展心理学家从许多不同角度来研究该领域。每个广阔的视角都包含着一个或多个理论（theories），以及在广义上对于某类现象的有组织的解释和预测。理论为我们提供了一个框架，供我们理解一套似乎无组织的事实或原则之间的关系。

我们都会在自己的经验、民俗以及报刊文章的基础上形成关于发展的理论。然而，关于儿童发展的理论各不相同。鉴于我们自己的理论是以偶然形成且未经证实的观察为基础而建立的，儿童发展专家的理论则更为正式，是系统地综合了先前的研究结果和论证

而形成的。这些理论使得发展心理学家可以总结和组织先前的观察结果，并能够超越现存的结果，以得出不是一眼就能看出来的推论。除此之外，这些理论受到了以研究形式进行的严格检验，相比之下，个人的发展理论则不会经受如此的检验，而且可能永远也不会受到质疑（Thomas，2001）。

我们将考虑儿童发展中所用到的五个主要观点：心理动力学、行为主义、认知、情境以及演化观点。这些不同的观点强调的是发展的不同方面，并指引着特定方向的探究。我们能用多张地图在一个区域内找到自己的路，一张地图可能显示的是道路，而另一张可能以主要的地标为重点，同理，各种各样的发展观点为我们提供了关于儿童和青少年行为的不同看法。就像地图需要不断修订一样，每个观点都不断地发展变化，正好适应这个不断成长的动态学科。

心理动力学观点：关注内在力量

玛莉索6个月大时经历了一场不幸的车祸。这或许是她的父母告诉她的，因为她对这场车祸并不存在有意识的记忆。如今24岁的她在维持人际关系上遇到了难题，而她的治疗师正在探寻她当前的问题是否源于早期的那场车祸。

寻找这么一种关联也许看起来有点牵强，但是在心理动力学观点（psychodynamic perspective）的支持者看来，这并非不可能。心理动力学观点的拥护者相信，很多行为都是由那些并未被个体觉知或控制的内在力量、记忆和冲突所激发的。内在力量也许始于个

体的儿童时期，持续影响着个体的行为，并贯穿生命始终。

弗洛伊德的精神分析理论

心理动力学观点与西格蒙德·弗洛伊德（Sigmund Freud）和他的精神分析理论联系最为紧密。弗洛伊德（1856—1939）是维也纳的一名医生。他的革命性观点最终不仅对心理学和精神病学领域影响非凡，而且对西方的思想界也产生了普遍而深远的影响（Masling & Bomstein，1996；Wolitzky，2011；Greenberg，2012；Roth，2016）。

西格蒙德·弗洛伊德

弗洛伊德的精神分析理论（psychoanalytic theory）认为，无意识决定了一个人的人格和行为。对于弗洛伊德来说，虽然无意识是人格的一部分，但个体并不能意识到它。无意识包括婴儿期的愿望、欲望、要求、需要，由于这些成分很"叛逆"（disturbing），它们并不能进入意识层面。同时，弗洛伊德指出，无意识是人类的一些好的日常行为的动因。

根据弗洛伊德的观点，每个人的人格包括三个方面：本我、自我、超我。本我是人格中未经加工和组织的、天生的部分，在个体出生时便存在。它代表了与饥饿、性、攻击以及非理性冲动相关的原始内驱力。本我遵循的是快乐原则，追求的目标是满足的最大化和压力的缓解。

自我是人格中理性与理智的部分。自我在个体外在的现实世界和内在的原始本我之间起着缓冲器的作用。自我所遵循的是现实原则，其功能是抑制本能的冲动以维持个体的安全，并帮助个人整合到社会之中。

弗洛伊德指出，超我代表的是个人的良知，用以区分"什么是对，什么是错"。超我形成于个体 5 岁或 6 岁的时候，从父母、老师和其他重要他人那里习得。

除了提供关于人格不同部分的论述外，弗洛伊德还提出了童年期间人格的发展方式。他认为，**性心理的发展**（psychosexual development）是在儿童经历一系列阶段时产生的，这些阶段中快感或满足主要是集中在一个特定的生物功能和身体部位上。正如表 2-1 所示，他提出快感是从嘴部（口唇期）转移到肛门（肛门期），并最终转移至生殖器（性器期和生殖期）。

表 2-1　弗洛伊德和埃里克森的理论

大约年龄	弗洛伊德性心理的发展阶段	弗洛伊德阶段理论的主要特征	埃里克森心理社会性的发展阶段	埃里克森阶段理论的积极和消极结果
出生至 12～18 个月	口唇期	通过吮吸、吃、咀嚼、咬等口部活动得到满足，并对此感兴趣	信任对不信任	积极：从环境支持中感受到信任 消极：对他人产生恐惧与担忧
12～18 个月至 3 岁	肛门期	通过排泄和控制排便得到满足；对涉及大小便训练的社会控制做出妥协	自主对害羞（怀疑）	积极：如果探索受到鼓励，会产生自我满足感 消极：怀疑自己，缺乏独立
3 至 5～6 岁	性器期	对性器官感兴趣；对恋母情结的冲突做出妥协，与同性家长产生认同	主动对内疚	积极：发现主动采取行动的方法 消极：对行为和想法感到愧疚
5～6 岁至青少年期	潜伏期	对性的关注大大减弱	勤奋对自卑	积极：获得成就感 消极：自卑情绪，没有掌控感

（续）

大约年龄	弗洛伊德性心理的发展阶段	弗洛伊德阶段理论的主要特征	埃里克森心理社会性的发展阶段	埃里克森阶段理论的积极和消极结果
青少年期至成年期（弗洛伊德） 青春期（埃里克森）	生殖期	性兴趣再度出现，并建立成熟的性关系	自我同一性对角色混乱	积极：意识到自我的独特性，随之而来的是角色的知识 消极：无法确立生活中的适当角色
成年早期（埃里克森）			亲密对孤独	积极：形成爱意关系、性关系以及亲密友谊 消极：对与他人的关系感到恐惧
成年中期（埃里克森）			再生对停滞	积极：对生命延续的贡献感 消极：个人活动的平凡化
成年晚期（埃里克森）			自我完善对失望	积极：对人生成就的统一感 消极：后悔生命中所错过的机遇

根据弗洛伊德的观点，如果儿童在特定的阶段无法使自己得到充分的满足，或者满足过度，就有可能发生"固着"（fixation）。固着是由于冲突未被解决，而反映了某个早期发展阶段的行为方式。例如，口唇期的固着可能导致一个成人超乎寻常地热衷于口部活动：吃东西、说话或咀嚼口香糖。弗洛伊德还指出，固着会通过一些象征性的口头活动表征出来，如进行"尖刻"的挖苦讽刺。

埃里克森的心理社会性理论

精神分析学家爱利克·埃里克森（Erik Erikson，1902—1994）在他的心理社会性发展理论中，提出了一种可供参考的心理动力观点。该观点强调个体和他人的社会交互作用。埃里克森认为，社会和文化都在

爱利克·埃里克森

挑战并塑造着我们。**心理社会性发展**（psychosocial development）包括人与人之间的相互了解和相互作用的变化，以及我们作为社会成员对自己的认识和理解（Dunkel, Kim, & Papini, 2012; Wilson et al., 2013; Knight, 2017）。

埃里克森的理论表明，发展变化贯穿我们的生命全程，并经历了八个不同的阶段（见表2-1）。这些阶段以固定的模式出现，并且对所有人来说都是相似的。

埃里克森指出，个体在每个阶段都要应对和解决一种危机或冲突。尽管没有一种危机可以完全被解决，生活也变得越来越复杂，但至少个体必须充分地化解每个阶段的危机，以应对下一个发展阶段的要求。

与弗洛伊德不同，埃里克森没有将青少年期视为发展的完成阶段。埃里克森指出，成长和变化持续贯穿人的一生。例如，我们将在第16章探讨中：埃里克森认为在成年中期，个体将经历再生对停滞阶段，他们可能由于自己给予家庭、社区和社会的贡献而产生一种对生命延续的积极知觉，也可能对自己传递给未来一代的事物感到失望而具有一种停滞感（de St. Aubin, McAdams, & Kim, 2004）。

评价心理动力学观点

心理动力学观点以弗洛伊德的精神分析理论和埃里克森的心理社会性发展理论为代表。不过，我们很难领会它的全部意义。弗洛伊德关于"无意识影响行为"的观点意义非凡，从所有人对其合理性的大致认

同，就可以看出该观点广泛影响着西方文化思想。事实上，当代研究记忆和学习的学者提出，那些我们并未有意识觉察到的记忆，对我们的行为产生着重要的影响。在婴儿时期经历车祸的玛莉索的例子中，人们就是以心理动力学观点为基础进行思考和研究的。

然而，弗洛伊德理论中的一些基本原则也遭到了人们的质疑，因为它们并未得到后续研究的验证。特别是关于"童年期不同阶段的经历会决定个体成年期的人格"这一观点，还缺乏明确的研究支持。除此之外，由于弗洛伊德理论中的很大一部分仅仅基于有限的样本（那些生活在严格禁欲、极端拘束时代的奥地利中上阶层个体），这些理论能否广泛应用于多元文化群体还有待商榷。最后，由于弗洛伊德的理论主要关注男性的发展，该理论因男性至上主义色彩和贬低女性而遭到批判。基于这些原因，很多发展研究者都对弗洛伊德的理论提出了质疑（Schachter，2005；Balsam，2013；O'Neil & Denke，2016）。

埃里克森认为，发展持续贯穿生命始终的观点是非常重要的，并且他得到了相当多的支持。然而，他的理论同样存在缺陷。和弗洛伊德一样，埃里克森更多关注了男性而非女性的发展。其理论中有些方面的阐述相当模糊，致使研究者很难对其进行严格的检验。另外，正如心理动力学理论通常存在的问题那样，我们很难利用这些理论对特定个体的行为做出明确的预测。总而言之，心理动力学观点对过去的行为提供了很好的描述，但对于未来行为的预测却是不严密的（Zauszniewski & Martin，1999；De St. Aubin & Mc Adams，2004）。

行为主义观点：关注可观测的行为

当艾莉莎·希恩（Elissa Sheehan）3 岁的时候，一条棕色的大狗咬伤了她，结果医生给她缝了几十针，并做了好几次手术。从那时起，每当她看到狗的时候都会浑身冒汗。事实上，她也从未享受过和任何宠物相处的时光。

持有行为主义观点的毕生发展专家对艾莉莎行为的解释会十分简单直白：她对狗产生了习得性的恐惧。与考察有机体内在的无意识过程不同，**行为主义观点**（behavioral perspective）指出，可观测的行为和外部环境中的刺激是理解发展的关键内容。如果我们知道了刺激，就可以预测行为。从这个角度来说，行为主义观点所反映出的观点是：后天比先天对发展更为重要。

行为主义理论并不认为人们普遍会经历一系列的不同阶段。相反，该理论假定个体受到所处环境中刺激的影响。因此，发展模式是个人化的，反映出特定的环境刺激，而行为则是持续暴露于环境中的特定因素造成的结果。此外，发展变化被视为量变而非质变。例如，行为主义观点指出，随着儿童年龄的增长，问题解决能力的提高在很大程度上是心理容量（mental capacities）增加的结果，而不是儿童解决问题时可以采取的思维方式的变化。

经典条件作用：刺激替代

"给我一打健康的婴儿，在我所设计的环境中抚养长大，不论他们的天赋、才能、志趣及家庭背景如何，我保证能够把他们训练成为我所选定的行业专家：医生、律师、艺术家、企业家，甚至是乞丐……"（J. B. Watson，1925：14）

这句话出自约翰·B 华生（John B. Watson，1878—1958），他是很早提出行为主义理论的美国心理学家之一，他对行为主义观点进行了全面的总结。华生坚信我们能够通过对构成环境的刺激进行仔细研究，从而获得关于发展的全面理解。事实上，他认为通过有效地控制个体的环境，就有可能塑造任何行为。

约翰·B. 华生

正如我们将在第 4 章中所讨论的那样，当有机体学会用一种特定的方式对中性刺激进行反应，而这种刺激以往一般不会唤起该类型反应的时候，就产生了经典条件作用（classical conditioning）。例如，如果重复给一只狗呈现配对的刺激（铃声和食物），它就能够学会对单独的铃声表现出类似于对食物的反应，即分泌唾液并兴奋地摇动尾巴。在一般情况下，狗不会对铃声产生这样的反应，这种行为是条件作用的结果。条件作用是学习的一种形式，指的是与某种刺激（食物）相关联的反应又与另外一种刺激建立起联系——在这个例子中，另一种刺激就是铃声。

同样的经典条件作用过程可以用来解释我们如何习得"情绪反应"。在被狗咬伤的艾莉莎·希恩这一例子中，华生会将其解释为一种刺激被替代成另一种刺激：艾莉莎与一只特定的狗（原始刺激）的不愉快经历被迁移到其他狗身上，并泛化至所有的宠物。

操作性条件作用

除了经典条件作用，其他类型的学习也源自行为主义观点。事实上，影响最为深远的学习理论应该是操作性条件作用。操作性条件作用（operant conditioning）是学习的一种形式，指的是一种自发反应由于其正性或负性后果而得以加强或削弱的过程。和经典条件作用不同的是，操作性条件作用中的反应是自发的、有目的的，并不是自动的（例如分泌唾液）。

在心理学家 B. F. 斯金纳（B. F. Skinner，1904—1990）开创的操作性条件作用中，个体为了得到他们所期望的结果，学会有意地作用于他们所处的环境（Skinner，1975）。因此，在某种意义上，人们操作（operate）所处的环境以获得自己希望的结果。

B. F. 斯金纳

儿童或成人是否会重复一种行为，取决于该行为是否跟随着强化。强化（reinforcement）是一个提供刺激的过程，该过程增加了先前行为重复出现的可能性。因此，如果一个学生得到了好的分数，他就会倾向于在学校努力学习；如果工人的努力与薪水的提升相挂钩，他们就会在岗位上更勤奋地工作；如果人们偶尔彩票中奖，他们就会更倾向于在日后继续购买彩票。惩罚（punishment）是指呈现不愉快或令人痛苦的刺激，或移除令人愉快的刺激。惩罚将会减少先前行为在未来出现的可能性。

被强化的行为更有可能在将来重复出现，而未得到强化或遭受惩罚的行为则可能就此停止。用操作性条件作用的术语来讲，就是消退（extinguish）。行为矫正（behavior modification）技术利用了操作性条件作用的原理，用来促进理想行为的出现频率，同时减少不受欢迎的行为的发生次数。行为矫正已经广泛应用于各种情境，从教授极度心理迟滞个体使用基本会话语言，到帮助人们坚持节食（Wupperman et al.，2012；Jensen，Ward，& Balsam，2013；Miltenberger，2016）。

社会 – 认知学习理论

人们通过模仿而学习。一个 5 岁的男孩在模仿从电视上看到的暴力摔跤镜头时，严重地伤害了 22 个月大的弟弟。这名婴儿的脊髓受了伤，在医院治疗 5 个星期以后才恢复（Health eLine，2002；Ray & Heyes，2011）。

这里有因果关系吗？虽然我们无法得到确切的答案，但看起来是很有可能的，尤其是以社会 – 认知学习理论的观点来思考这一情境。根据发展心理学家阿尔伯特·班杜拉（Albert Bandura）及其同事提出的观点，大量的学习可以由社会 – 认知学习理论（social-cognitive learning theory）进行解释。该理论强调，人们可以通过观察他人的行为而进行学习，被观察的对象称为榜样（Bandura，1994，2002）。

与操作性条件作用强调的学习是尝试错误有所不同，社会 – 认知学习理论认为，行为通过观察而习得。我们不需要亲自体验行为的后果来达到学习的目的。社会 – 认知学习理论的观点是，当我们看到榜样的行为受到奖赏，我们就有可能模仿这种行为。例如，在一个经典的实验中，让害怕狗的儿童看到一个昵称为"无畏的同伴"的榜样和狗在高兴地玩耍

（Bandura，Gmsec，& Menlove，1967）。在这之后，和其他没有看到上述榜样行为的儿童相比，这个先前害怕狗的儿童更有可能去接触一只陌生的狗。

对行为主义观点的评价

根据行为主义观点进行的研究具有巨大的贡献，其影响范围从严重心理迟滞儿童所用的教育技术，到确定控制攻击行为应采取的措施。与此同时，关于行为主义观点也存在一些争议。例如，尽管都是行为主义观点的一部分，经典条件作用理论、操作性条件作用理论和社会－认知学习理论在一些基本方面互不赞同。经典条件作用理论和操作性条件作用理论将学习视为对外部刺激的反应，这里唯一重要的因素是可观测的环境特征。在这种分析中，人和其他有机体被喻为死气沉沉的"黑箱子"，因此箱子里发生的任何事情都无法被理解或被关注。

从教育工作者的视角看问题

看电视产生的社会学习是如何影响儿童行为的？

对于社会－认知学习理论家来说，这种分析太过于简化。他们认为，人不同于老鼠或鸽子的地方就在于，人能够以思维和预期为形式产生心理活动。他们强调，如果要全面理解人类的发展，就必须超越对外部刺激和反应的单纯研究。

近几十年来，社会－认知学习理论在许多方面渐渐压倒了经典条件作用理论和操作性条件作用理论。实际上，另一种明确地关注内部心理活动的观点已经开始产生重要的影响。这就是我们将要介绍的认知观点。

认知观点：审视理解的根源

当 3 岁大的杰克被问到为什么有时候天会下雨时，他答道："这样花就可以长大了。"当他 11 岁的姐姐莱拉被问到同样的问题时，她答道："是因为地球表面的蒸发作用。"轮到他们的表哥阿吉玛（学习气象学的研究生）时，他的回答又有所扩展，包括对积雨云、科里奥利效应和天气图的讨论。

在一个持有认知观点的发展理论家看来，这些回答中完整度和精确度的差异正是表现出了不同程度的知识、理解或认知。

认知观点强调人们如何对世界进行内部表征和思考。通过应用这种观点，发展研究者希望理解儿童和成人怎样加工信息，以及他们思考和理解的方式如何影响他们的行为。研究者还希望知道，人们的认知能力如何随着年龄的增长而改变，认知发展的程度怎样代表了智能上的量变和质变，以及不同的认知能力之间如何相互关联。

皮亚杰的认知发展理论

没有哪一个人对认知发展研究产生的影响可以与让·皮亚杰（Jean Piaget，1896—1980）相提并论。瑞士心理学家皮亚杰指出，所有个体都会以固定顺序经历一系列的认知发展阶段（见表 2-2）。在这些阶段中，不仅信息的数量有所增加，知识和理解的性质也会发生变化。皮亚杰关注儿童从一个阶段发展到另一个阶段时认知水平的改变（Piaget，1962，1983）。

虽然我们将会在第 6 章中详细讲述皮亚杰的理论，但现在可以先对其进行大致的了解。皮亚杰指出，人类的思维是以图式进行组织的。图式就是表征行为和动作的有组织的心理模式。对于婴儿，图式代表具体的行为，例如吮吸、伸手以及其他单独行为。对于大孩子，图式变得更加复杂和抽象。图式就像智能电脑软件，指引和决定着人们如何看待和处理来自外部世界的数据（Parker，2005）。

表 2-2　皮亚杰的认知发展阶段

认知阶段	大致年龄范围	主要特征
感觉运动阶段	0～2 岁	客体永存概念（人／客体不在眼前时仍然存在）的发展；运动技能的发展；很少或几乎没有符号表征
前运算阶段	2～7 岁	语言和符号思维的发展；自我中心思维
具体运算阶段	7～12 岁	守恒（量与物理表观无关）的发展；掌握可逆性概念
形式运算阶段	12 岁至成年	逻辑和抽象思维的发展

皮亚杰指出，儿童对新信息做出回应和调整的方式，即适应（adaptation）可以用两个基本原理来解释：同化（assimilation）是一个过程，在该过程中人们用发展到某个阶段的认知和思维方式去理解经验；顺应（accommodation）⊖是指改变现有的思维方式以便对新异刺激和事件做出反应。

当人们用他们当前对世界的思维和理解方式来认识和理解新的经验时，同化作用就发生了。例如，一个没学过计数的小孩，虽然看到的是两排数目相同的纽扣，但他会认为分布较为紧凑的那一排纽扣比分布较为分散的那一排要少。然后，数纽扣的经验同化到已经存在的图式中，即"越大数量越多"这一原则。

然而，当儿童慢慢长大，接触到足够多的新经验后，图式的内容将发生改变。在理解诸如不管分布紧凑或分散，纽扣的数量都一样的问题上，儿童就已经"顺应"了经验。同化和顺应协力运作，共同推动认知发展。

对皮亚杰理论的评价

皮亚杰是儿童发展领域的泰斗人物之一，他的理论对我们理解认知发展产生了深远的影响。认知观点（cognitive perspective）指出，发展研究关注的是个体认识、理解和思考世界的过程。皮亚杰对智力在童年期间如何发展提供了巧妙的阐述——其阐述经受了成千上万研究的严格检验。总的来说，皮亚杰对认知发展序列的主要观点是正确的。然而，该理论的细节，尤其是关于认知能力随时间的推移而发生变化的部分，遭到了人们的质疑。例如，一些认知技能出现的时间明显比皮亚杰所提出的要早。皮亚杰阶段理论的普遍性也有争议。越来越多的证据表明，在非西方文化下，特定认知技能的出现依照的是不同的时间表。而且在每种文化中，都有一些个体似乎永远无法达到皮亚杰所说的最高认知技能水平——形式逻辑思维（Genovese，2006；De Jesus-Zayas, Buigas, & Denney，2012；Siegler，2016）。

另外，对皮亚杰观点最严厉的批评在于，认知发展并非像皮亚杰的阶段理论所认为的那样，一定是不连续的。我们应该记住，皮亚杰指出发展进程分为四个完全不同的阶段，各个阶段的认知性质互不相同。然而，很多发展研究者提出，成长的过程更偏向于连续发展。这些批评引出了被称为信息加工理论的新观点，它关注贯穿一生的学习、记忆和思维所基于的过程。

信息加工理论

信息加工理论成为继皮亚杰理论之后的一个重要的新观点。有关认知发展的信息加工理论（information processing approaches）旨在确定个体接受、使用和存储信息的方式。

信息加工理论源于对电子信息加工过程的理解，尤其是计算机进行的信息加工过程。该理论假设，即使是最复杂的行为，如学习、记忆、分类和思考，都可以分解为一系列单独的特定步骤。

信息加工理论假定，儿童的大脑就像计算机一样，其进行信息加工的容量是有限的。然而随着他们不断长大，他们采用的策略也趋于复杂和成熟，使得他们能够更有效地加工信息。

与皮亚杰关于"思维随着儿童年龄的增长而产生质变"这一观点完全不同，信息加工理论认为，儿童发展更多地体现在量变。我们加工信息的能力随年龄的增长而不断提高，我们的加工速度和效率也是如此。此外，信息加工理论认为，随着年龄的增长，我们可以更好地控制信息加工的本质，选择和改变策略来加工信息。

一种建立在皮亚杰研究基础上的信息加工理论被称为"新皮亚杰理论"（neo-Piagetian theory）。与皮亚杰原始的理论不同，新皮亚杰理论并不将认知看作由逐渐复杂的一般认知能力所组成的单个系统。新皮亚杰理论认为，认知由不同种类的独立技能所组成。依照信息加工理论的说法，新皮亚杰理论指出，认知在某些方面发展得较快，而在其他方面则发展较慢。例如，与代数学和三角学中所需的抽象计算能力相比，阅读能力和回忆故事的技能可能发展较快。此外，相比传统的皮亚杰理论，新皮亚杰理论认为，经验在促进认知发展的过程中发挥了更重要的作用（Case, Demetriou, & Platsidou, 2001；Yan & Fischer,

---

⊖ 有学者提出，accommodation 可译为"顺化"。assimilation 和 accommodation 是同级概念，两者的上级概念是 adaptation。如果把 accommodation 译成"顺应"，把 assimilation 译为"同化"，把 adaptation 译为"适应"，那么这似乎会给人一种"儿子的名字与父亲的名字同一辈分"的感觉。——译者注

2002；Loewen，2006）。

对信息加工理论的评价

我们将会在后面的章节中看到，信息加工理论已经成为我们理解发展的核心理论。然而与此同时，它并没有对行为提供完整的解释。例如，信息加工理论对创造性行为几乎没有给予关注，而在创造性行为中，大部分意义深远的想法经常以一种看似非逻辑的、非线性的方式出现。此外，该理论并没有考虑到社会环境对发展产生的影响。这也是关于发展的社会文化理论逐渐受到人们欢迎的原因之一，我们将要在下文讨论这一点。

认知神经科学理论

认知神经科学理论是对儿童发展学家提出的多种观点进行补充的最新理论之一。**认知神经科学理论**（cognitive neuroscience approaches）通过对人脑加工过程的透视考察认知的发展。和其他认知理论类似，认知神经科学理论聚焦于内在的心理过程。此外，它还特别关注思维、问题解决和其他认知行为背后的神经活动。

认知神经科学家致力于确定大脑中与不同类型认知活动相关联的脑区和功能，而不是简单地假定存在着与思维相关的基于假设或理论的认知结构。例如，通过复杂的大脑扫描技术，认知神经科学家已证明，思考词语含义和思考词语发音所激活的脑区是不同的。

认知神经科学家的工作也为孤独症的发病原因提供了线索，孤独症是一种重要的发展性障碍，孤独症患儿有明显的语言缺陷以及自我伤害行为。神经科学家发现，孤独症患儿的大脑在生命的第一年会呈现爆炸性的急剧增长，这使他们的头部看起来比其他儿童的头部更大。如果能在早期诊断出患有此类障碍的婴儿，医疗服务人员就可以提供重要的早期干预（Lewis & Elman，2008；Guthrie et al.，2013；Grant，2017）。

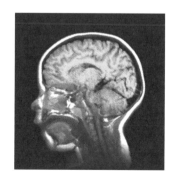

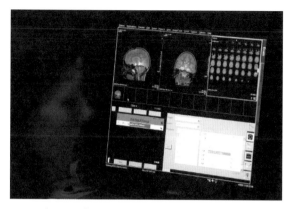

认知神经科学家已经发现，与正常发展的儿童相比，孤独症患儿的大脑更大。这一发现或许可以帮助我们确诊孤独症患儿，以便进行更有效的干预和治疗。

认知神经科学理论也处于尖端科研的前沿，这类研究能识别出与不同障碍病症相关的特定基因，包括乳腺癌之类的生理疾病，以及精神分裂症之类的心理障碍（Ranganath，Minzenberg，& Ragland，2008；Christoff，2011；Rodnitzky，2012）。检测出确定使个体易遭受上述障碍病症的基因是遗传工程的第一步，我们将在第 3 章中讨论：遗传工程中的基因疗法怎样减少甚至防止上述障碍的发生。

评价认知神经科学理论

认知神经科学理论代表了儿童和青少年发展的一个新的前沿领域。认知神经科学家利用很多过去几年发展起来的复杂测量技术窥视大脑的内部功能。我们对遗传学理解的进步也为正常发展和异常发展打开了新的窗口，并为异常状态提供了各种各样的处理和治疗方法。

认知神经科学理论的批评者提出，有时该理论只是对发展现象进行描述而非解释。例如，发现孤独症患儿的大脑比正常儿童的要大，并不能为他们的大脑为何比较大提供解释——这仍是个有待回答的问题。尽管如此，此类研究仍然为适当的治疗提供了重要线索，并能最终促使人们全面理解广泛的发展现象。

情境观点：从广义角度看待发展

儿童发展心理学专家经常独立地从生理、认知以及社会性和人格发展因素的角度，来探讨发展的过程，而这样的分类有一个严重的缺陷。在现实世界中，这些广泛的影响没有一个是独立于其他因素而产生的。相反，不同类型的影响之间存在持续不断的互动关系。

情境观点（contextual perspective）考虑的是个体与他们的生理、认知、人格、社会性因素和外部世界之间的关系。这一观点认为，没有看到儿童所处的复杂社会和文化环境就无法正确地揭示儿童的独特发展。我们将讨论该类别中的两个主要理论：布朗芬布伦纳的生物生态理论以及维果斯基的社会文化理论。

生物生态理论

在终身发展问题方面，心理学家尤里·布朗芬布伦纳（Urie Bronfenbrenner，1989，2000，2002）提出了生物生态理论（bioecological approach）。该理论认为，有五个层级的环境会同时对个体产生影响。布朗芬布伦纳指出，如果我们不考虑每个层级会如何影响个体，那么我们就无法完全理解发展过程（见图 2-1）。

● 微观系统（microsystem）是儿童日常生活的直接环境。家人、照料者、朋友和老师都是微观系统影响中的一部分。儿童并不仅仅被动地接受微观系统的影响，相反，儿童会主动参与微观系统的建构，并形成他们所生活的直接世界。以往大多数儿童发展研究指向的都是微观系统这一层级。

● 中间系统（mesosystem）为微观系统的各个方面之间提供了联系。正如一根链条中的链环，中间系统将儿童与父母、学生与老师、员工与老板、朋友与朋友相互联结在一起。它是将我们与他人联结在一起的直接和间接的影响，例如一天工作不顺利的父母回到家后，会对他们的孩子发脾气。

● 外部系统（exosystem）则代表了更广泛的影响，包括如地方政府、社区、学校、宗教场所以及地方媒体等。这些大型社会机构对个人发展可以产生重要的直接影响，同时它们中的每一个也都影

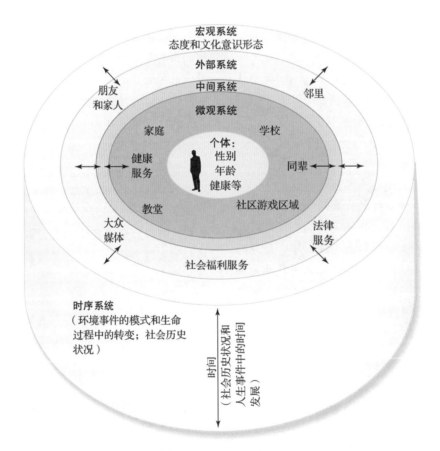

图 2-1 布朗芬布伦纳的发展观

布朗芬布伦纳的生物生态发展观提供了环境中同时影响个体的五个系统：宏观系统、外部系统、中间系统、微观系统以及时序系统。

资料来源：Bronfenbrenner & Morris, 1998.

响到微观系统和中间系统的运转。例如，一所学校的教学质量将会影响儿童的认知发展，产生潜在的长期后果。

- 宏观系统（macrosystem）代表了作用于个体身上的更大的文化影响。一般而言，社会中各种类型的政府、宗教和政治价值体系，以及其他广泛的环境因素都是宏观系统的一部分。例如，一种文化或一个社会赋予教育或家庭的价值将影响着该社会中成员的价值观念。儿童既受到广义文化（例如，西方文化）的影响，又受到他们所处的独特亚文化群体（例如，墨西哥裔美国人亚文化的成员）的影响。
- 时序系统（chronosystem）是前述每个系统的基础。它涉及时间对儿童发展产生影响的方式，其中包括历史事件（例如，"9·11"事件）以及渐进的历史变迁（例如，职业女性数量的变化）。

生物生态理论强调"影响发展的各个因素间的相互联系"。因为各个层级间彼此关联，系统中某一部分的改变都会影响其他部分。例如，父母的失业（涉及中间系统）会对儿童的微观系统造成影响。

相反，如果仅仅在一个环境层级上发生了变化，而其他层级没有改变，那么就几乎不会产生影响。举例来说，如果儿童在家中获得的学业支持较少，那么改善学校环境对其学习成绩的影响几乎可以忽略不计。此外，生物生态理论表明，不同家庭成员间的影响是多向的。不只是父母会影响儿童的行为，儿童同时也在影响着父母的行为。

另外，生物生态理论强调"广泛的文化因素对个体发展的重要性"。儿童发展研究者越来越关注文化和亚文化群体如何影响其成员的行为表现。

文化的影响

试想，你是否认同以下观点？孩子的好成绩与同学的帮助密不可分；儿童必须子承父业；儿童应该听从父母的建议来选择以后的职业道路。如果你在北美文化中长大，那么你可能会反对这些观点，因为它们违反了西方哲学的主导思想（个体主义的原则），这种思想强调个人认同、独特性、自由以及个人价值。

相比之下，如果你是在亚洲文化中长大，你就很可能更会认同这三个观点。为什么呢？因为这些观点体现了集体主义的价值取向。集体主义强调集体利益

高于个人利益。在集体主义文化下长大的人倾向于强调他们所属集体的利益，有时甚至会为了集体利益牺牲个人利益。

"个体主义和集体主义的差异"是文化差异的一个方面，表明人们所处的文化环境存在差异。这种普遍的文化价值观在塑造人们的世界观和行为方面起着重要作用（Shavitt, Torelli, & Riemer, 2011；Marcus & Le, 2013；Cheung et al., 2016）。

评价生物生态理论

虽然布朗芬布伦纳将生物学影响视为生物生态理论的重要成分，但是生态学影响才是该理论的核心。事实上，一些批评家认为，该理论对生物学因素的重视程度不够。然而，生物生态理论对儿童发展仍然相当重要，因为环境的各个层级确实都影响着儿童的发展。

维果斯基的社会文化理论

在俄国发展心理学家利维·维果斯基（Lev Vygotsky）看来，若人们未考虑到儿童所处的文化背景，就无法完全理解发展。维果斯基的社会文化理论（sociocultural theory）所强调的是，认知发展是作为同一文化成员间社会交互的结果而进行的（Vygotsky, 1979, 1926/1997；Winsler, 2003；Edwards, 2005；Göncü, 2012）。

维果斯基认为，儿童对世界的理解是通过和其他人解决问题的互动而获得的。当儿童和他人一起做游戏和合作时，他们学到了什么是自己所处社会中重要的东西，同时他们对世界的理解有了认知上的进步。因此，要想理解发展的过程，我们必须考虑：对一个特定文化中的成员来说，什么是有意义的。

根据维果斯基的理论，通过和他人一起做游戏和合作，儿童能够在认知上形成关于世界的理解，并学到在社会中什么是重要的。

和其他理论相比，社会文化理论更为强调：发展是儿童与其所处环境中的个体之间的相互交流（reciprocal transaction）。维果斯基认为，人和环境都影响着儿童，而儿童也反过来影响着人与环境。这种模式无止境地循环持续下去，儿童既是社会化影响的接收者，又是这种影响的来源。例如，在一个数世同堂的大家庭里长大的儿童，对于家庭生活的认识就会有异于一个旁系亲属居住在远方的儿童。同样，亲戚们也会受到此情境以及儿童的影响，影响程度取决于他们与儿童的亲密程度和接触频率。

在描述儿童如何学习时，那些采用维果斯基理论的理论家往往会借助脚手架（scaffolding）这一概念。脚手架指代儿童在学习一项任务时来自父母、老师和他人的临时助攻。随着儿童能力的提升和对任务的掌控，人们就可以撤去脚手架，让儿童独立完成对应任务（Lowe et al., 2013；Peralta et al., 2013；Dahl et al., 2017）。

评价维果斯基的理论

尽管维果斯基八十多年前就去世了，但社会文化理论却越来越具有影响力。这是因为越来越多的学者认识到了文化因素在发展过程中的重要性。儿童并非在文化真空中发展，相反，他们的注意力会被社会指引到特定的领域。其结果是，儿童发展出特定类型的技能，而这些技能正是他们所处文化环境的产物。维果斯基很早就认识到文化的重要性。在当今逐渐趋向于多元文化并存的社会中，社会文化理论有助于我们更好地理解和塑造发展的丰富多变的影响因素（Koshmanova, 2007；Rogan, 2007；van der Veer & Yasnitsky, 2016）。

演化观点：我们祖先对行为的贡献

一个愈发变得具有影响力的观点就是演化观点，也是我们将要讨论的最后一个发展观点。演化观点（evolutionary perspective）旨在确认我们从祖先遗传下来的基因所形成的行为。它关注的是基因和环境因素如何共同影响行为（Bjorklund & Ellis, 2005；Goetz & Shackelford, 2006；Tomasello, 2011）。

演化观点萌芽于查尔斯·达尔文（Charles Darwin）的开创性工作。1859年，达尔文在他的著作《物种起源》（*On the Origin of Species*）中提到，自然选择的过程创造了物种用来适应其环境的特质。参照达尔

文的论点，演化观点的支持者主张，我们的遗传基因不仅决定了生理特质（肤色和眼睛的颜色等），还决定了特定的人格特质和社会行为。例如，一些演化发展学家认为，羞怯和嫉妒等行为在一定程度上是由基因导致的，这大概是因为它们有助于人类祖先增加生存的概率（Easton, Schipper, & Shackelford, 2007；Buss, 2012；Geary & Berch, 2016）。

演化观点与习性学（ethology）十分接近，习性学考察的是我们的生物学构成影响行为的方式。康拉德·洛伦茨（Konrad Lorenz, 1903—1989）是习性学的主要支持者，他发现新出生的幼鹅一般会如预编基因程序般跟随着它们出生后看到的第一个移动物体。他证明了生物的决定性因素对行为模式的重要影响，并最终使得发展心理学家开始关注人类行为反映先天遗传模式的可能方式。

康拉德·洛伦茨被一群刚出生的幼鹅所跟随。洛伦茨关注行为对先天遗传模式的反映方式。

演化观点包含了毕生发展研究中成长最为迅速的领域：行为遗传学。行为遗传学（behavioral genetics）考察遗传对行为的作用，并试图理解我们如何继承特定的行为特质，以及环境如何影响我们表现出这些特质的可能性。该学科还关注遗传因素如何导致心理障碍（例如精神分裂症）的产生（Li, 2003；Bjorklund & Ellis, 2005；Rembis, 2009；Maxson, 2013）。

绝大多数毕生发展学家都认为达尔文的进化论对基本的遗传过程提供了精确的描述，并且在毕生发展领域中，演化观点逐渐变得令人瞩目。然而，对演化观点的应用却遭受了相当多的批评。

一些发展心理学家认为，由于演化观点着眼于行为的遗传和生物学方面，它对塑造儿童和成人行为的

环境和社会因素关注甚少。另外有一些批评指出，没有合适的实验方法来验证演化观点，因为它们都是在很久以前发生的事情。例如，说嫉妒有助于个体更有效地生存是一回事，要证明它却是另一回事。即便如此，演化观点还是引发了众多的研究来考察生物学遗传如何（至少是部分地）影响我们的特质和行为（Bjorklund，2006；Baptista et al.，2008；Barbaro et al.，2017）。

为什么"何种理论正确"是一个错误的问题

我们已经探讨了发展领域中的五种主要理论观点：心理动力学、行为主义、认知、情境和演化理论（见表 2-3）。我们显然会提出这样的问题：在这五种观点中，哪一种是对人类发展最准确的说明？

这并不是一个非常合适的问题，原因如下：首先，每一种观点所强调的只是发展的不同方面。例如，心理动力学观点强调情绪、动机的冲突，以及无意识在行为中的决定因素。相反，行为主义观点强调外显的行为，把更多的关注投向个体做了什么，而不是他们头脑中发生了什么。我们认为，这两者在很大程度上是不相关的。认知主义的观点选择了截然相反的方向，它们更多地关注人们想了什么，而不是做了什么。最后，当情境观点聚焦于环境影响的交互作用时，演化观点则聚焦于发展所基于的遗传生物学因素。

举例来说，一个持有心理动力学观点的发展学家可能会关注"9·11"事件如何对儿童的一生产生无意识的影响。认知观点可能关注儿童如何知觉并理解这个事件，而情境观点则会思考什么样的人格和社会因素使得犯罪分子走上恐怖主义的道路。

很明显，每种观点都基于它们自身的前提，并关注发展的不同方面。此外，同样的发展现象也可同时由多种观点进行考察。事实上，一些毕生发展心理学家采用一种折中（eclectic）的角度，这样就可以同时对多种观点加以利用。

我们可以将不同的观点比喻为关于同一片地理区域的一系列地图。第一张地图包括对道路的详细描述；第二张地图体现了地理特征；第三张地图显示了行政区域的划分，例如城镇和乡村；第四张地图重点标记了特定的兴趣点，如风景区和古建筑。每一张地图都是正确的，但是这些地图提供了不同的视角和思维方式。虽然没有一张地图是"完整的"，但如果我们将它们整合起来考虑，就可以更全面地了解这个区域。

同理，众多的理论观点提供了研究发展的不同角度。如果我们将它们组合起来考虑，就可以绘制出更

表 2-3　儿童发展主要理论观点

观点	关于人类行为和发展的主要思想	主要支持者	举例
心理动力学	贯穿一生的行为是由内在的无意识力量所激发，它源自儿童期，我们无法对其进行控制	弗洛伊德、埃里克森	一个超重的年轻人会出现口唇期发展阶段的固着
行为主义	通过研究可观测的行为和环境刺激，才可以理解发展	华生、斯金纳、班杜拉	一个超重的年轻人会被认为没有得到良好的饮食习惯和锻炼习惯的强化
认知	强调人们认识、理解和思考世界方式的变化和成长如何对行为产生影响	皮亚杰	一个超重的年轻人没有学会保持适当体重的有效方式，而且不重视营养平衡
情境	行为是由个体与他们的身体、认知、人格、社会和物质世界之间的关系决定的	维果斯基、布朗芬布伦纳	超重是个体的生理、认知、社会性和人格发展多个因素的相互作用引起的
演化	行为是由祖先的遗传基因导致的结果；促进物种生存的适应性特质和行为通过自然选择遗传下来	洛伦茨，以及深受达尔文早期观点影响的研究者	一个超重的年轻人也许具有肥胖的遗传倾向，因为过多的脂肪有助于其祖先在饥荒年代中存活下来

为完整的画面，呈现人类在人生轨迹上变化和成长的无数方式。然而，并不是所有源于不同观点的理论和主张都是正确的。在这些相互竞争的解释中，我们该如何选择？答案就是"研究"，这也是我们将要在下文进行讨论的内容。

科学方法与研究

埃及人曾长久地相信他们是地球上最古老的种族，而普萨美提克一世（公元前7世纪的埃及国王）因好奇心驱使，想要证明这个美好的信念。就像一个好的研究者一样，他由一个假设开始：如果儿童没有机会从身边的长者那里学习语言，他们会自发地说出人类最初的、与生俱来的语言（人类最古老的自然语言）——他希望这种语言是埃及语。

为了验证他的假设，普萨美提克一世征用了来自低层家庭的两个婴儿，并将他们转交给一个牧人，在一个偏远的地方将他们养大。他们被关在一个封闭的村舍中，对其进行适当地喂养和照看，却不允许他们听到任何人说一个单词。追踪这个故事后续发展的希腊历史学家希罗多德，从信奉赫菲斯托斯（火与工匠之神）的孟斐斯牧人那里了解到所谓的"真实情况"。

希罗多德说，普萨美提克一世的目标是"当婴儿含混地咿呀学语之后，了解他们第一个清晰说出的词语是什么"。一天，当牧人打开村舍的大门时，2岁大的孩子跑向牧人并喊出："Becos!"由于这个单词对牧人而言毫无意义，他没有加以注意。然而，这个词语却反复出现，于是他禀告了普萨美提克一世。普萨美提克一世立即下令把孩子带到他面前。在听到孩子说了同样的单词后，他进行了调查并得知"becos"在弗里吉亚语里代表了"面包"的意思。他失望地做出结论：弗里吉亚人是比埃及人更古老的种族。

对于这个几千年前的观点，从科学和伦理的角度，我们都可以轻而易举地看出普萨美提克一世理论中的缺点。然而相对于简单的推测，他的方式还是体现出很大的进步，而且有的时候也被看作历史记载中第一个有关发展的实验（Hunt，1993）。

理论和假设：提出发展的问题

诸如那些由普萨美提克一世提出的问题仍旧是儿

童发展中的核心问题：语言是与生俱来的吗？营养失调对日后的智力表现有什么影响？婴儿如何形成和父母之间的健康关系，进入日托中心是否会破坏这种关系？为什么青少年特别容易受到同伴压力的影响？挑战智力的活动能否减少与老化有关的智力衰退？有没有一种心理能力是随年龄的增长而提高的？

为了回答这些问题，发展心理学家像所有心理学家和其他科学家一样，依赖科学的方法。*科学方法*（scientific method）是指采用严谨的、控制的技术，包括系统化、有条理地观察和收集数据，提出并回答问题的过程。科学的方法包括三个主要步骤：①确定感兴趣的问题；②形成解释；③开展研究，从而支持或推翻该解释（见图2-2）。

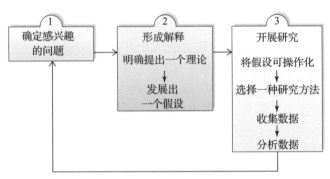

图 2-2　科学方法

作为研究的基石，科学方法被心理学家和其他科学家广泛使用。

为什么要使用科学方法？什么时候我们自己的经验和常识能为问题提供合理的答案？事实上，我们自己的经验是有限的，大多数人都只遇到相对较少的人和场景，并从指向错误结论的受限样本中得出假设。

同样地，尽管常识似乎会有帮助，但事实证明，根据常识我们经常会得出自相矛盾的预测。例如，虽然常识告诉我们"物以类聚，人以群分"，但常识同时也提到"异性相吸"。因为常识通常是自相矛盾的，所以我们无法靠它来为问题提供客观的答案。这就是发展心理学家坚持使用科学方法的原因。

理论：建构概括性解释

确定感兴趣的问题是科学方法的第一步。当观察者对行为的某些方面感到困惑时，这个过程就开始了。也许是婴儿被陌生人抱起时就号啕大哭，或是儿童在校成绩不好，或是青少年做出危险行为。发展心理学家跟我们所有人一样，从此类有关的日常行为问题着手，并且也像所有人一样试图确定这些问题的答案。

然而，发展研究者试图寻找答案的方式使他们与普通观察者区别开来。发展研究者对所感兴趣的现象形成理论、概括性解释和预测。通过使用科学的方法，他们提出了更为具体的理论。

事实上，我们所有人都以经验、习俗以及报刊文章为基础形成自己的发展理论。例如，许多人推测家长与刚出生的孩子间存在一个关键的亲密关系联结期，这是形成持久亲子关系的必要组成部分。他们推断，没有了这一联结期，亲子关系将永远处于脆弱的状态。

每当我们用到此类解释时，就是在形成自己的理论，而有关儿童发展的理论各不相同。我们自己的理论是以偶然发生的未经证实的观察为基础的，而发展心理学家的理论则更为正式，是以系统地综合先前研究结果和理论推断为基础的。这些理论使得发展研究者能总结、分析乃至超越先前的观察结果，做出不是一眼就能看出来的推论。

假设：明确提出可检验的预测

尽管理论的发展为问题提供了一般方法，但这只是第一步。为了确定理论的有效性，发展研究者必须科学地证明它。为了做到这一点，他们以自己的理论为基础形成了假设。假设（hypothesis）是以一种可以被检验的方式陈述出来的预测。

例如，如果某人赞成"联结是亲子关系的关键因素"这一普遍观点，那么他也许会假设：养父母无法在被收养儿童刚出生时与之建立联结，所以被收养儿童与养父母之间只会形成不太安全的关系。

其他人则可能假设：亲子关系只有持续一定的时长，才可能建立有效的联结；联结只会影响母子关系，而不会影响父子关系。如果你想知道结果是什么，我们将在第 4 章中进行讨论，这些特定的假设并没有得到支持：父母与新生儿之间的分离并不会产生长期后果，即使分离持续了数天之久。

选择研究策略：回答问题

一旦研究者形成了一个假设，他们必须发展出一种研究策略来检验假设的有效性，而前提是使假设可以被检验。操作化（operationalization）是将假设转化为可检验的具体步骤的过程，这些步骤是可被测量和观察的。

例如，若一位研究者对检验"被评价将导致焦虑"这一假设感兴趣，则可能会将"被评价"操作化为教师给学生打分或是儿童对朋友的运动技能进行评价。同样地，"焦虑"也可根据回答问卷的情况或通过电子仪器对生物反应指标进行测量等方法进行操作化。

如何对变量进行操作化，通常会反映出所要进行的研究类别。研究类别主要有两种：相关研究和实验研究。相关研究旨在确认两个因素间是否存在一种联系或关系。相关研究（correlational research）并不能确定一个因素是否会导致另一个因素的改变。例如，相关研究可以告诉我们，母亲和新生儿刚刚出生后在一起相处的时间长短是否与两年后母婴关系的质量好坏存在一种关联。相关研究虽然可以表明这两个因素是否相关联，但不能表明最初的接触致使母婴关系将以特定方式得以发展（Schutt，2001）。

相反，实验研究（experimental research）则被用来发现多个因素间的因果关系。在实验研究里，研究者有意在仔细构造的情境中引入一个变化，目的在于考察这个改变带来的结果。例如，一个进行实验的研究者可能会改变母亲和新生儿之间互动的时间，试图考察建立联结的时间是否会影响母婴关系。

因为实验研究可以回答因果关系问题，所以它是寻求各种各样发展研究答案的基础。然而，出于一些技术或伦理的原因（例如，如果设计一个让一组儿童没有机会与养育者产生联结的实验，就是不合伦理的），一些研究问题无法通过实验研究得到答案。事实上，很多开创性的发展研究，如皮亚杰和维果斯基进行的研究，采用的都是相关研究。因此，相关研究仍然是发展研究者工具箱中的一个重要工具。

研究者运用多种方式来研究人类发展。

相关研究

我们已经说过,相关研究考察两个变量之间的关系,以确定二者是否相关或存在关联。例如研究者发现,观看大量攻击性电视节目(存在谋杀、犯罪、枪杀等画面)的儿童,比起那些只少量观看此类节目的儿童,更具有攻击性。换言之,正如我们将在第10章中详细讨论的那样,观看攻击行为和实际的攻击行为之间有着很强的关联或相关性(Feshbach & Tangney,2008;Qian,Zhang,& Wang,2013;Coyne,2016)。

然而,这是否意味着我们可以得出如下结论:观看攻击性的电视节目会导致观看者表现出更多的攻击行为?根本不是这样的。让我们考虑一些其他的可能性:也许本身就具有攻击性倾向的儿童更愿意选择观看暴力节目。如果是这样的话,那么就是攻击性倾向导致了观看行为,而不是其他的方式。

让我们再考虑另一种假设,与生长于富裕家庭的儿童相比,生长于贫困家庭的儿童更可能具有攻击行为,更愿意观看攻击性节目。如果情况是这样的,就出现了第三个变量(社会经济地位),低社会经济地位同时导致了攻击行为和对攻击性电视节目的观看(见图2-3)。

简言之,发现两个变量彼此相关并不能证明任何因果关系。虽然变量之间有可能存在因果关系,但事实并非一定如此。

不过,相关研究确实提供了重要的信息。例如,正如我们将在后续章节中所讨论的那样,我们通过相关研究了解到,两个个体间的基因联系越紧密,他们智力的相关程度也就越高。我们也了解到,家长越多地与幼儿说话,幼儿的词汇量也就越大。我们还通过相关研究了解到,婴儿吸收的营养越好,他们在日后出现认知和社会问题的可能性也就越小(Hart,2004;Colom,Lluis-Font,& Andrés-Pueyo,2005;Robb,Richert,& Wartella,2009)。

相关系数

两个因素之间关系的强度和方向由一个数值所表征,这个数值被称为相关系数(correlation coefficient),其范围从1.0到 –1.0。正相关是指:当一个因素的值升高时,就可以预测另一个因素的值也会升高。例如,如果我们发现儿童摄入的卡路里越高,他们的学习成绩就越好,而其摄入的卡路里越低,学习成绩就越差,那么我们就发现了两因素之间的正相

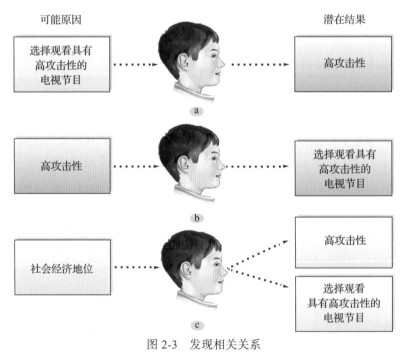

图 2-3 发现相关关系

发现两个因素之间相关并不意味着一个因素会导致另一个因素的变化。例如,假设一个研究发现:儿童观看高攻击性电视节目和他们实际的攻击行为之间存在相关。这种相关可能至少反映了三种可能性:(a)观看高攻击性电视节目导致观看者具有攻击性;(b)有攻击行为的儿童选择观看高攻击性电视节目;(c)第三个因素(低社会经济地位)同时导致了攻击行为和对高攻击性电视节目的观看。

关。更高的"卡路里"与更高的"学业成绩"相关，更低的"卡路里"与更低的"学业成绩"相关。此时，相关系数就会显示为一个正数，而卡路里和学习成绩之间的关联度越高，相关系数就会越接近 +1.0。

相反，具有负值的相关系数告诉我们：当一个因素的值升高时，另一个因素的值反而会下降。例如，如果我们发现青少年花费在即时通信上的时间越长，他们的学业成绩就越差，那么这就存在一个范围从 0 到 -1 的负相关。更长时间的即时通信与更低的学业成绩相关，而更短时间的即时通信则与更高的学业成绩相关。在即时通信和学业成绩间的关联度越高，相关系数就会越接近 -1.0。

另外，两个因素之间也有可能不相关。例如，我们不可能在学业成绩和鞋的尺码之间找到相关关系，在这种情况下，两者之间的相关系数接近于 0。

我们需要强调的是：即使两个变量之间的相关系数非常高，我们也不可能知道一个因素是否导致了另一个因素的变化。这只是简单地意味着，两个因素以一种可预测的方式相互关联。

相关研究的类型

相关研究具有以下几种不同的类型。

1. 自然观察

自然观察（naturalistic observation）是在不干涉情境的条件下，对自然发生的行为进行的观察。例如，一个想要考察学龄前儿童与他人分享玩具频率的研究者，会在一个班级中观察 3 个星期，记录学龄前儿童自发地与他人分享玩具的频率。自然观察的要点在于，研究者简单地观察儿童，而无论发生什么事情都对情境不加干涉（Fanger, Frankel, & Hazen, 2012；Snowden & Burghardt, 2017）。

虽然自然观察具有确认儿童在其"自然栖息地"中行为的优势，但是存在一个严重的缺陷：研究者无法控制他们所感兴趣的因素。例如，在某些情况下，研究者感兴趣的行为很少能够自然发生，以致研究者无法得出任何结论。此外，如果儿童知道有人正在观察自己，他们可能因此调整自己的行为。这样，被观察到的行为也就无法代表未被观察时可能出现的行为了。

2. 民族志学与定性研究

逐渐地，自然观察采用了民族志学（ethnography），一种借鉴于人类学领域并应用于调查文化问题的方法。在民族志学中，研究者的目标是通过仔细的、长期的考察，来理解一种文化下的价值观和态度。一般而言，运用民族志学的研究者扮演了参与观察者的角色，他们在另一种文化中生活几个星期、几个月甚至几年的时间。通过仔细观察被研究者的日常生活，进行深入的访谈，研究者可以深刻地理解另一种文化中生活的本质（Dyson, 2003；Blomberg & Karasti, 2013）。

民族志学研究是定性研究范畴中的一个例子。在定性研究（qualitative research）中，研究者选择感兴趣的特定环境，并试图以叙事方式详细地描述发生了什么，为什么会这样。定性研究可用于形成假设，并且用更为客观、定量的方法来对这一假设进行检验。

虽然民族志学的研究方法对另一种文化下的日常行为提供了一种细致的看法，但它同时也具有一些缺陷。如前所述，一个观察者的存在可能会影响被研究个体的行为。此外，由于只研究了一小部分个体，研究者很难将发现的结果推广到其他文化的人群身上。最后，民族志学研究者可能会曲解和误解他们观察的现象，尤其当他们身处在与自身文化差异很大的文化群体中时（Polkinghome, 2005）。

3. 个案研究

个案研究（case studies）涉及对一个特定个体或少数个体进行详尽、深入的访谈。这种研究通常不仅用于了解访谈的对象，还用于推导出更加普遍的原理，或得出可能应用于他人的试验性结论。例如，研究者曾经对表现出不寻常天赋的儿童，以及生命早期生活于野外，没有和人发生过接触的儿童进行过个案研究。这些个案研究为研究者提供了重要的信息，并为未来的调查提出了假设（Goldsmith, 2000；Cohen & Cashon, 2003；Wilson, 2003）。

被试被要求以日记的形式定期记录他们的行为。例如，一群青少年可能被要求将他们每次与朋友超过 5 分钟的互动记录下来，从而提供一条追踪他们社交行为的途径。

4. 调查研究

你或许熟悉另外一种研究策略：调查研究。在调查研究（survey research）中，被选择的一组人将代表更多人数的总体，他们需要回答自己对于某个特定主体的态度、行为或想法的问题。例如，调查研究可以用来了解家长对子女的惩罚情况，以及他们对母乳喂养的态度。通过他们的回答，研究者就可以得到关于总体（由被调查群体所代表的更广泛人群）的推论。

尽管没有什么方式会比直接询问人们的所做所想更为直接，但这并不总是一个有效的手段。例如，被问及性生活问题的青少年可能会因为害怕自己的隐私被泄露出去，而不愿意承认各种性行为。此外，如果被调查的样本无法代表总体，那么调查结果就不存在任何意义了。

5. 心理生理学方法

有些发展研究者，尤其是采用认知神经科学理论的研究者，会使用心理生理学方法。心理生理学方法（psychophysiological methods）关注生理过程与行为之间的关系。例如，一个研究者可能会检验大脑血液循环和问题解决能力之间的关系。类似地，一些研究用婴儿的心率来测量其对呈现给他们的刺激感兴趣的程度。

常用的心理生理学方法有如下几种。

- 脑电图（electroencephalogram，EEG）：脑电仪利用放置于颅骨外侧的电极记录大脑的电活动。脑活动被转化为大脑的图像表征，能够呈现脑电波类型，并帮助人们诊断癫痫和学习能力丧失等障碍。
- 计算机轴向断层成像（computerized axial tomography，CAT）扫描：在 CAT 扫描中，计算机将多条有微小角度差异的 X 射线扫描结果结合起来，建立脑部影像。尽管 CAT 扫描不能呈现大脑活动，但是它可以清晰地展示出大脑的结构。
- 功能性磁共振成像（functional magnetic resonance imaging，fMRI）扫描：通过对大脑施以强磁场，fMRI 扫描可以让计算机生成关于大脑活动的三维详细影像。它是研究单个神经层面的大脑运作的好方法。

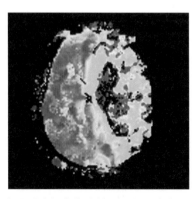

脑部的功能性磁共振成像能够呈现大脑某个时刻的活动。

实验研究：确定原因和结果

在一个实验（experiment）中，研究者被称为实验者（experimenter），通常会为参与者（participant）或被试（subject）设计两种不同的实验处理方法。（实验）处理（treatment）是由研究者所施加的过程。其中一组被试接受一种实验处理方法，而另一组则不接受实验处理方法，或接受另一种实验处理方法。其中接受实验处理的一组被称作处理组（treatment group），有时也被称为实验组（experimental group）；不接受实验处理方法或者接受另一种实验处理的一组被称为控制组（control group）。

尽管这些术语刚开始会显得令人生畏，但在它们背后有着一套逻辑来帮助我们对其进行梳理。让我们思考一个为检验新药品效果而进行的医学实验。在对药品的检验中，我们希望考察这种药品是否可以成功地治疗疾病。因此，接受该药物的组将被称为处理组。与其对照的是另一个组的被试，他们将不会接受药物治疗，他们是不接受实验处理的控制组。

同样，假设我们希望了解观看暴力电影是否会使青少年变得更具攻击性。我们可能会选择一组青少年，并给他们放映一系列具有很多暴力画面的电影，然后测量他们的攻击性。这个组将成为处理组。对于控制组，我们可能会选择另一组青少年，给他们放映没有攻击画面的电影，然后测量他们的攻击性。

通过比较处理组和控制组成员显示出来的攻击行为，我们将能够确定观看暴力电影是否会使青少年产生攻击行为。通过进行这样的实验，心理学家雅克-菲利普·莱恩斯（Jacques-Philippe Leyens）及其比利时鲁汶大学的同事发现，在青少年观看了具有暴力镜头的电影后，他们的攻击水平显著提高（Leyens et al.，1975）。

设计一个实验

上述实验以及所有实验的核心特征就是对不同条件下的结果进行比较。处理组和控制组的使用，使得研究者可以排除实验结果是由实验操控以外的因素所造成的可能性。例如，如果没有控制组，实验者就无法确定一些其他因素，如电影放映的时间段、在放映中被试需要始终坐着的要求，甚至仅仅是时间的流逝，是否会造成研究者所观测到的变化。那么，通过使用控制组，实验者就可以对原因和影响做出正确的结论。

　　处理组和控制组的设置代表实验中的自变量。**自变量**（independent variable）是研究者在实验中所操控的变量；**因变量**（dependent variable）是研究者在实验中进行测量并期望由实验操控而发生变化的变量（因变量依赖于自变量的变化而变化）。例如，在研究服用某种药物效果的实验中，操控被试是否服用药物是自变量，服用或未服用药物后的效果是因变量。

　　再来思考一下另一个例子，我们来看看比利时那个针对观看暴力电影对未来攻击行为产生影响的实验。在该实验中，自变量为被试观看的暴力画面等级——它取决于他们观看的电影包含暴力画面（处理组）或没有暴力画面（控制组）。该实验中的因变量是什么呢？因变量是实验者希望能因观看不同电影而产生变化的变量；参与者在观看电影后所表现出来并被实验者测量到的攻击行为。每个实验都至少有一个自变量和因变量。

随机分配

　　实验设计中的一个关键步骤是将被试分配到不同的处理组中。这种做法被称为**随机分配**（random assignment）。在随机分配中，被试只能以随机的方式被分配到不同的实验组或"条件"中。通过对这种技

术的应用，统计学原理可以确保可能会影响实验结果的个人特征成比例划分在不同组别中。换言之，在被试的个人特征上，每一组互相等价。采用随机分配得到的等价组能够让实验者得出可靠的结论。

　　图 2-4 展示了以青少年为被试的实验。青少年被要求观看包含暴力或非暴力镜头的电影，研究者探究观影对其攻击行为的影响。如你所见，它包含了一个实验的所有组成元素。

- 一个自变量：电影任务。
- 一个因变量：对青少年攻击行为的测量。
- 任务随机分配：观看含有暴力镜头的电影 vs. 不包含暴力镜头的电影。一个假设：预测自变量对因变量的影响（观看含有暴力镜头的电影会引发随后的攻击行为）。

　　既然实验研究具有确定因果关系的优势，为什么它并不经常被使用呢？答案是，无论实验者的设计多么巧妙，总有一些情境是无法控制的，并且对某些情境的控制是不合伦理的。例如，没有哪个实验者能够将不同组的婴儿分派给具有高社会经济地位或低社会经济地位的家长，以研究这种差异对儿童日后发展的影响。同样，我们也无法对一组儿童在整个童年期观

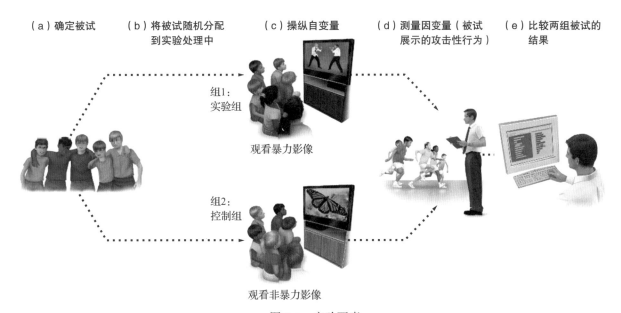

（a）确定被试　　　　（b）将被试随机分配　　　　（c）操纵自变量　　　　（d）测量因变量（被试　　　（e）比较两组被试的
　　　　　　　　　　　　　　　到实验处理中　　　　　　　　　　　　　　　　　　　　展示的攻击性行为）　　　　　结果

组1：
实验组

观看暴力影像

组2：
控制组

观看非暴力影像

图 2-4　实验要素

在这个实验中，研究者将一组青少年随机分配到两个条件下：观看含有暴力镜头的电影，或观看不含暴力镜头的电影（操纵自变量）。随后，通过观察被试，研究者确定他们所表现出的攻击行为（因变量）。对结果的分析显示，观看了暴力电影的青少年随后表现出更强的攻击性（Leyens et al., 1975）。

看的电视节目加以控制，以研究儿童时期观看攻击性电视节目是否会导致日后的攻击行为。因此，对那些逻辑上或伦理上不可能进行实验研究的情境，发展学家将采用相关研究（主要研究类型见表2-4）。

此外，牢记单个的实验不足以对一个研究问题给出最终的答案。相反，在我们完全相信某个结论之前，研究必须得到复制或重复，有时是对其他被试使用其他程序或技术。有时发展学者使用"元分析"（meta-analysis）的方法，该方法可以将许多研究的结果整合，形成一个综合的结论（Peterson & Brown, 2005）。

选择研究的地点

决定研究进行的地点与决定研究的内容一样重要。在比利时进行的暴力电影的影响实验中，研究者采用了一个现实生活的场景——被判少年犯罪的男孩组成的青少年之家。研究者之所以选择这个样本（sample），即被选择参加实验的一组被试，是因为攻击性水平普遍较高的青少年是该实验的合适人选。另外，研究者可以将放映电影融合到他们的日常生活中，而将干扰减少到最低。

正如上述攻击性实验所示，对现实生活场景的利用是现场研究的特点。现场研究（field study）是在自然发生的场合下进行的调查研究。现场研究可以在幼儿园班级里、社区运动场中、校车上、街道拐角处进行。现场研究捕捉现实生活场景中的行为，而且相比实验室研究，参与现场研究的被试会表现得更加自然。

现场研究可用于相关研究和实验研究。现场研究通常采用自然观察的方法，即研究者在不加干涉、不对情境加以改变的条件下，对自然发生的行为进行的观察。例如，研究者可能在儿童保育中心观察儿童的行为，也可能在中学走廊上观察青少年的表现，还可能在老年活动中心观察老年人的行为。

发展学家在各种各样的环境中开展研究，例如大学校园内的实验幼儿园、公共事业机构。

表2-4　研究类型

研究方法	描述	例子
自然观察	研究者在不干涉、不对情境加以改变的条件下，对自然发生的行为进行的观察	调查霸凌行为的研究者仔细观察并记录小学操场上的此类行为
文献研究	通过检查现存数据以检验假设，如人口普查档案、大学成绩单以及剪报	以大学成绩单为依据来检验数学成绩是否存在性别差异
民族志学	通过仔细的、长期的考察，以充分研究一种文化下的价值观及态度	为研究家庭教养方式，研究者在一个偏远的非洲村落家庭中生活了6个月
调查研究	被选择的一组人将代表更多人数的总体，他们需要回答自己对于某个特定主题的态度、行为或想法的问题	研究者围绕着青少年对锻炼的态度问题，对一组青少年进行了一次全面的调查。
个案研究	对一个特定个体或少数个体进行详尽、深入的访谈的研究	研究者对一名被牵扯进一起校园枪击案的儿童进行深入研究
心理生理学研究	关注生理过程与行为之间关系的研究	研究者对一群异常暴力儿童进行脑部扫描，以确定其大脑的结构和功能是否存在异常

‖发展多样性与你的生活‖

选择能代表儿童多样性的研究被试

为了使所研究儿童的发展能代表全人类，研究中所包括的儿童必须来自不同种族、民族、文化、性别以及其他分类。尽管儿童发展领域越来越关注人类多样性的问题，但是其在该领域内的实际进展一直很缓慢。例如，尽管过去 30 年，我们对非白人儿童发展的了解有了显著增加，却仍然远不及对非少数儿童群体的了解（McLoyd，2006；Cabera，2013）。

此外，人口构成的变化提升了对少数儿童群体进行研究的必要性。依据美国人口调查局的数据，在 2014 年美国有一半的 5 岁以下儿童来自少数群体（Cabera，2013）。

即使研究中包含了少数群体，但特定被试可能也不能代表该群体内真正存在的全部变量。例如，一项调查研究中考察的非裔美籍婴儿，他们可能在社会阶层的分布上并不均匀，因为那些经济社会地位较高的父母更可能有时间和能力将他们的孩子送到研究中心去。相比之下，较为贫穷的非裔美国人以及其他群体成员要想参与研究，则会面临更多障碍。

当一门科学（例如儿童发展）试图解释儿童行为时，若忽视了一些重要群体，就会有所不妥。儿童发展学家认识到了这个问题，并且开始更加重视对具有普遍代表性的被试的研究（Fitzgerald，2006）。

然而，在现实生活场景中进行实验往往很困难，因为在这种场合下，情境和环境都很难控制。因此，现场研究更多地应用于相关设计，而不是实验室设计，且大多数发展研究的实验是在实验室中进行的。**实验室研究**（laboratory study）是在为保持事件恒定而专门设计的控制场景中进行的调查研究。实验室可以是为研究而设计的房间或建筑，就像在大学心理学系的房间或建筑一样。在实验室研究中控制情境的能力使得研究者更清晰地了解到：他们的处理是如何影响被试的。

> **从教育工作者的视角看问题**
>
> 你为什么可能会批判那些仅由实验室研究数据所支撑的理论，而不去批判那些来自现场研究数据所支撑的理论呢？这种批评有效吗？

研究策略和挑战

发展研究者一般会关注研究的两种途径之一，要么是理论研究，要么是应用研究。实际上这两种研究途径是互补的。

理论研究和应用研究：互补的途径

理论研究（theoretical research）是专门为了检验一些对发展的解释以及扩展科学知识而设计的。**应用研究**（applied research）旨在为当前的问题提供实际的解决方法。举例来说，如果我们对于儿童期的认知变化过程产生了兴趣，我们可能对不同年龄的儿童在短暂呈现多位数后能够记住的数字个数进行研究——这是一个理论研究。或者，我们可能通过考察小学老师为儿童传授更容易记住信息的方式，来理解儿童是如何学习的——这代表了一种应用研究，因为研究的发现可以应用到特定的环境或问题中。

在理论研究和应用研究之间，通常没有清晰的界限。例如，一个考察婴儿耳部感染对日后听力损失影响的研究，是理论研究还是应用研究？由于这种研究可以有助于阐明听觉所涉及的基本过程，因此可以被认为是理论研究。然而在某种程度上，该研究可以帮助我们了解如何预防儿童的听力损失，以及哪些药物可以减轻感染的后果，它也可以被认为是一项应用研究（Lerner，Fisher，& Weinberg，2000）。

简而言之，即使是最典型的应用研究也可以帮助我们加深对于特定主题领域的理论性理解，而理论研究也可以为广泛的实际问题提供具体解决方案。事实上，研究无论具有理论本质，还是具有应用本质，它都在策划和解决许多国家政策问题中发挥了重要的作用。

从研究到实践

利用发展研究改善国家政策

- 美国"开端计划"（Head Start，一种学前教育计划）可以有效提高儿童的学业成绩吗？
- 使用疫苗会导致孤独症吗？
- 把婴儿放入全日制托儿所会对他产生不良影响吗？
- 如何提高女孩对数学和科学能力的自信？
- 相比于两个母亲或两个父亲，一个母亲和一个父亲这样的组合对孩子更有利吗？
- 如何防止网络霸凌？

以上每个问题都代表了国家的政策问题，这些问题只有考虑相关的研究结果才可以得到答案。通过进行控制性研究，发展研究者对全国范围内的教育、家庭生活和健康方面做出了极其重要的贡献和影响。例如，我们可以考虑一下各种各样的研究结果对国家政策问题提出建议的多种方式（Nelson & Mann，2011；Ewing，2014；Langford，Albanese，& Prentice，2017）。

- **研究结果可以向政策制定者提供一种方法，帮助他们决定应该首先提出什么问题。** 例如，对儿童照料者的研究（见第7章）帮助政策制定者思考这一问题：婴儿日托的好处是否可以弥补由亲子联结的削弱带来的不良后果？答案是不能。研究也揭示了一个广泛存在的错误信念，即儿童期疫苗使用与孤独症有关，同时为使父母相信免疫干预的安全性和有效性提供了方法。
- **研究结果和研究者的陈述通常是法律起草过程中的一部分。** 许多立法都是基于发展研究者的发现而得以通过的。例如研究表明，残障儿童受益于和正常儿童在一起相处。这一结果最终导致美国在立法中规定应尽可能将残障儿童安置于普通学校班级中。那些针对同性恋父母养育的研究者发现，同性恋父母和异性恋父母养育的孩子并没有差别，这破除了"同性恋婚姻对孩子有害"这种观念（Gartrell & Bos，2010；Bos et al.，2016）。
- **政策制定者和其他专家可以利用研究结果来决定如何更好地执行计划。** 已有研究策划了如下计划：减少青少年的不安全性行为，提高怀孕母亲的产前保健水平，鼓励和支持高中和大学女生进行数学和科学研究。这些计划的共同点是，它们中的很多细节都建立在基础研究的发现之上（Fowler et al.，2015；Dennehy et al.，in press）。
- **研究技术被用来评估现存计划和政策的有效性。** 当国家政策被制定以后，有必要确定它能否有效并成功地实现其目标。为此，研究者将采用在基础研究程序中建立的正式评估技术。例如，研究者不断地审查接收了大规模联邦基金支持的"开端计划"，以确保该计划切实达到提高儿童学业成绩的目的。其他针对青少年网络霸凌干预策略的研究则显示，监控青少年互联网使用要比限制使用更有效（Phillips，Gormley，& Anderson，2016；Barlett，Chamberlin，& Witkower，2017；Cline & Edwards，2017）。

发展学家通过研究成果与政策制定者相互联合，携手工作。这些研究对于国家政策的制定有着重要的影响，最终使我们每个人都能够受益。

- 在当前争论的全美政策问题中，哪些会对儿童和青少年产生影响？
- 尽管与发展相关政策的研究数据存在，但公职人员很少会在他们的演说中谈及这些数据。你认为这是什么原因？

测量发展变化

人们在一生中如何成长和变化是所有发展研究者工作的核心。因此，研究者面对的最棘手的问题之一，就是对随年龄和时间而产生的变化和差异进行测量。为了解决这一问题，研究者提出了三种主要的研究策略：纵向研究、横断研究、序列研究。

纵向研究：衡量个体的改变

如果你有兴趣了解儿童的道德发展在3～5岁间如何变化，那么最直接的途径就是选取一组3岁的儿童，定期对他们进行测量，直到他们长到5岁。

这种策略就是纵向研究的一个例子。在纵向研究（longitudinal research）中，随着一个或多个研究对象年龄的增长，他们的行为被多次测查。纵向研究考察的是随时间的推移而产生的变化，通过追踪很多个体发展的变化情况，研究者可以理解个体在某个生命阶段中变化的一般轨迹。

纵向研究的鼻祖刘易斯·推孟（Lewis Terman），在 1921 年开始对天才儿童进行追踪研究。这是一项经典研究，在这项至今尚未终止的研究中，1500 名高智商的儿童将每隔 5 年接受一次测试。现在，他们已经年过八旬，这些自称为"白蚁"（termites）的被试们提供了他们从智力成就到人格和寿命的所有信息（McCullough，Tsang，& Brion，2003；Subotnik，2006；Warne & Liu，2017）。

纵向研究还为研究者提供了有关语言发展的更为深刻的理解。例如，通过追踪儿童每天词汇量的增长，研究者就能够理解人类熟练运用语言能力所基于的过程（Oliver & Plomin，2007；Fagan，2009；Kelloway & Francis，2013）。

尽管纵向研究可以提供大量的有关随时间推移而产生变化的信息，但该研究也存在一些缺陷。首先，它需要大量的时间投入，因为研究者必须等待被试越来越年长。其次，被试经常会在研究过程中流失，他们可能会退出、离开、患病甚至死亡。

最后，被反复观察或测试的被试可能会变成"测验能手"，随着对实验程序的逐渐熟悉，他们的测验成绩也会越来越好。即使在实验过程中对被试的观察没有受到严重的干扰（例如，考察在长时间内婴儿和学龄前儿童词汇量的增加情况，只是在这段时间内简单地进行录像），被试还是会因为实验者或观察者的重复出现而受到影响。

因此，尽管纵向研究有很多好处，尤其是它具有考察单一个体变化的能力，但发展研究者在研究中还是会经常采用其他方法。他们最常选择的另一种方法是横断研究。

横断研究

假设你希望考察儿童的道德发展，以及他们对于正确和错误的判断力在 3～5 岁间的变化。这一次我们没有采用纵向研究的方式对同一儿童进行为期几年的追踪，而是通过同时考察 3 岁、4 岁以及 5 岁的三组儿童来进行这项研究。我们可以给每一组儿童呈现相同的问题，然后观察他们对问题的反应以及对自己选择的解释。

这种方法是横断研究的典型例子。横断研究（cross-sectional research）是在同一时间点对不同年龄的个体进行相互比较。横断研究提供的是不同年龄组之间发展差异的信息。

横断研究比纵向研究用时更少：横断研究只在一个时间点上对被试进行测试。例如，如果推孟只是简单地考察 15 岁、20 岁、25 岁，以此类推直到 80 岁的天才人群，他的研究也许早在 75 年前就可以完成。由于被试不再被定期测试，他们也就没有机会变成"测验能手"，而被试流失的问题也不会发生。那么，为什么还会有研究者选择横断研究以外的研究途径呢？

这是因为横断研究也有自身的问题。我们每个人都属于一个特定的同辈群体。如果我们发现不同年龄的人在某些维度上存在差异，这很可能源于同辈间的差异，而不是年龄本身所导致。

让我们考虑一个具体的例子：如果我们在一个相关研究中发现，25 岁的个体在智力测验中的表现优于那些 75 岁的个体，有好几种看法可以解释这个现象。尽管这种差异可以归因为老年人智力水平的衰退，但它也可以归因为同辈间的差异。75 岁年龄组的个体也许接受的正式教育少于 15 岁的儿童，因为年老同辈中的成员与年轻同辈中的成员相比，完成高中学业并进入大学的可能性较低，或者在婴儿时期没有获得充足的营养。简言之，我们不能完全排除这种可能性：横断研究中不同年龄组间的差异是由于存在同辈差异。横断研究还可能遭受选择性流失（selective dropout），即某些年龄群体的被试比其他被试更容易退出实验。例如，假设一个研究要考察学龄前儿童的认知发展，其中包括对认知能力的长时间评估。比起年龄较大的学龄前儿童，年龄较小的儿童有可能觉得任务更有难度、要求更多。结果，年幼儿童比年长儿童更有可能退出实验。如果能力很低的幼儿都退出了实验，那么该研究所剩下的被试样本，将由能力更强的年幼学龄前儿童及更广泛、更具代表性的年长学龄前儿童所组成。这种研究得出的结果是有问题的（Miller，1998）。

横断研究还有一个附加的也更为基本的弱点：它无法告知我们个体身上或群体内部的变化。如果纵向研究像是一个人在不同年龄阶段拍的录像，横断研究就像是完全不同年龄组的快照。尽管我们可以明确和年龄有关的差异，但我们无法确定这种差异是否和时间的变化有关。

横断研究允许研究者在同一时间比较不同年龄组之间的行为。

序列研究

因为纵向研究和横断研究都存在缺陷，研究者便采取了一些折中的技术。其中最常使用的是序列研究，它实质上就是纵向研究与横断研究的结合。

在序列研究（sequential studies）中，研究者在不同的时间点对不同年龄组的被试进行考察。例如，一个对儿童道德行为感兴趣的研究者可能会通过考察三组儿童（在实验开始时分别为3岁、4岁和5岁）的行为来开展一项序列研究（这和完成横断研究的方式相同）。

然而，这个研究并不会就此结束，而是会在接下来的几年里继续进行下去。在此期间，参与实验的每个被试每年都要接受一次测试。也就是说，3岁组的儿童会在他们3岁、4岁、5岁时接受测试；4岁组的儿童在4岁、5岁、6岁时接受测试；5岁组的儿童在5岁、6岁、7岁时接受测试。该方法结合了纵向研究和横断研究各自的优势，并且使得发展研究者能够弄清年龄变化和年龄差异所带来的不同结果（见图2-5）。

伦理和研究

在埃及国王普萨美提克一世进行的"研究"中，人们将两个儿童从他们的母亲身边带走，并让其生活在封闭的村庄中，为的是考察语言的起源。如果你正

在思考这个研究有多么残忍，那么你会有很多的共鸣者。很明显，这种实验引发了我们对于伦理的关注，而且在当今，这种实验是不可能被实施的。

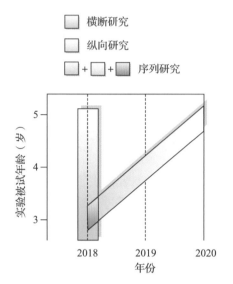

图2-5 发展研究采用的技术

在横断研究中，3岁、4岁和5岁组的孩子在同一时间点进行比较（2018年）。在纵向研究中，研究者对2018年3岁的一组儿童在其4岁（2019年）和5岁（2020年）时进行测试。序列研究将横断研究和纵向研究相结合，3岁的一组儿童在2018年先与4岁和5岁的儿童进行比较，还将和一两年后长到4岁和5岁时的自己相比较。虽然在本图中并没有显示，但是进行该序列研究的研究者还将在随后的两年中再次测试在2018年为4岁和5岁的儿童。这三种类型的研究各有什么优势？

为帮助研究者处理此类伦理问题，发展研究者的主要组织（美国儿童发展研究协会和美国心理学会）都为研究者制定了全面的伦理规范。在这些必须被遵守的基本原则中，包括被试不受伤害、知情同意、对欺骗的运用，以及对被试隐私的保护（American Psychological Association [APA]，2002；Fisher，2004，2005；Nagy，2011；Toporek, Kwan, & Williams，2012）。

● **研究者必须保护被试的身体和心理不受伤害：**他们的福利、兴趣和权利高于研究者。在研究中，被试的权利是最重要的（Sieber，2000；Fisher，2004；Nagy，2011；McBride & Cutting，2016）。

- 研究者必须在被试参加实验前得到他们的知情同意：如果被试年龄超过 7 岁，他们必须自愿参加实验。对于年龄在 18 岁以下的被试，他们的家长或监护人也必须同意。

  对于知情同意的要求也引发了一些困难。例如，当研究者想要研究流产对未成年少女产生的心理影响时，他不仅要获得已流产少女的同意，还要得到其家长的允许。如果有的少女没有将流产事件告知父母，那么向家长请求许可就会冒犯少女的隐私，从而违背伦理。

- 从保健工作者的视角出发：你认为是否存在一些特殊的情况，可以让青少年（法律上的未成年人）参加一项研究，而不需经过其父母的许可？这种情况可能会包括哪些？

- 在研究中对欺骗的运用必须是合理且不造成伤害的：虽然为了掩饰实验的真实目的，欺骗是被允许的，但任何运用欺骗的实验必须在实施前经过一个独立小组的详细审查。例如，当我们想要了解被试对于成功和失败的反应时，我们会告知被试他们将进行的只是一个游戏。不过，实验的真正目的是观察被试如何应对自己任务成功或失败的表现。然而，只有在研究者不对被试造成任何伤害，并通过审核小组的检查，而且在实验结束后会向被试做出完整的报告或解释的情况下，这样的程序才是符合伦理的（Underwood, 2005）。

- 被试的隐私必须受到保护：如果研究者在实验过程中对被试进行录像，那么必须得到被试的许可，才可以观看该录像。此外，对录像的获取必须加以谨慎的限制。

明智运用儿童发展心理学

批判性地评价发展研究

"研究表明，青少年自杀率达到新高峰。"

"人们已找到儿童肥胖的遗传基础。"

"最新研究聚焦于婴儿猝死综合征的治愈方法。"

我们都曾看过此类的新闻标题，第一眼看起来似乎预示着有意义的重要发现。然而，在接受研究结果之前，批判性地对为这些标题提供依据的研究进行思考是非常重要的。以下是一些我们应该考虑的重要问题。

- 研究是否具有理论基础，关于该研究有哪些基本假设？研究应该是由理论基础产生的，而假设应该是有逻辑的，并应以一些基本理论为基础。只有从理论和假设的角度来思考结果，我们才可以确定该研究有多成功。

- 这是一个独立的实验研究，还是一系列强调同一问题的调查研究？比起一系列相互依存而建立的研究，一个一次性研究的意义就没有那么大了。通过将研究放置到其他研究背景之中，我们可以对一项新的研究成果的效度更有信心。

- 研究被试有哪些，我们能将研究结果推广到被试群体外的多大范围？正如我们之前在本章中讨论过的，有关研究意义的结论只能推广到与该研究被试相似的人群中。

- 研究的开展是否恰当？尽管我们很难从媒体的总结中了解一项研究的细节，但是尽可能多地了解"是谁进行的研究"以及"具体是如何进行的"是非常重要的。例如，该研究是否包括了恰当的控制组，得出该结论的研究人员是否享有信誉？评价一项研究是否满足这些标准的较好方法，就是考察媒体宣传中的研究成果是否以发表在主要期刊上的研究成果为基础，例如《发展心理学》（*Developmental Psychology*）、《青少年》（*Adolescent*）、《儿童发展》（*Child Development*）、《科学》（*Science*）。这些期刊都是经过精心编辑的，而且只有优质严谨的研究才能在上面发表。

- 在给出合理的发展启示时，是否经过了足够长时间的研究？一项声称历时很长的发展研究必须包含一个合理的时间框架。另外，得出超出所研究年龄跨度的发展意义是不合理的。

案例研究

一项有关暴力的研究案例

莉萨在纽约城市周边的一所乡下中学教社会研究学，最近她设计了一个课程"社会和个体"。莉萨有一个想要在自己的课堂上进行验证的理论：暴力影像的重复观看会降低人们对他人不幸的敏感度。她的具体假设为，学生观看暴力影像的数量和其表现出的共情程度呈负相关。

为了验证自己的假设，莉萨计划给学生呈现一系列让他们感觉不适的图片，其中包括难民、饥饿的儿童、无家可归的成人。学生要记录对这些图片的反应，并回答莉萨准备的一系列共情测量问题（李克特5点计分量表）。接下来的三周，莉萨将在班上呈现很多暴力影像，包括"9·11"事件中飞机撞向双子塔的影像、人质被恐怖分子处决和汽车爆炸的影像。此外，每周的最后一天，莉萨都会再次给学生呈现那些最初呈现的让他们感觉不适的图片，同时学生要记录自己的情绪反应。莉萨把学生的这些反应与之前的反应进行对比，预测并记录可能的变化。

莉萨确信，她的研究会发现频繁观看暴力影像的学生对他人的痛苦越来越淡漠。

1. 你认为莉萨的理论是不是个很好的例子？她的假设是否合理？

2. 她的研究是实验研究还是相关研究？你为什么这样判定？

3. 你认为莉萨的学生是否会理解并同意参与到研究中呢？

4. 你认为莉萨的方法是否会产生可靠的结果？为什么会或为什么不会？

5. 你认为学生的家长会如何看待这项研究？你又是怎么认为的？

‖ 本章小结

本章考察了发展心理学家使用理论和研究来理解儿童发展过程的方法。我们回顾了广泛采用的有关儿童的观点，并详细分析了每种观点所产生的理论。此外，我们还考虑了开展研究的方式。

在导言里，我们提到了肯尼迪和她说出的第一个单词"爸爸"。根据你现在对理论和研究的了解，思考以下问题。

1. 持行为主义和演化视角的儿童发展研究者可能会如何解释肯尼迪对语言的初步使用？

2. 他们感兴趣的问题可能会有怎样的差异？

3. 当一个儿童发展研究者在研究某一儿童的语言发展时，可能会使用何种研究方法？

4. 如果研究者想要研究一群孩子的发展，他可能会使用何种研究方法？

‖ 本章回顾

心理动力学观点的基本概念

- 心理动力学观点以弗洛伊德的精神分析理论和埃里克森的心理社会性理论为代表。
- 弗洛伊德关注无意识和系列阶段，儿童必须成功地经历这些阶段，以避免产生有害固着。
- 埃里克森确立了8个不同的阶段，每个阶段都由一种需要解决的冲突或危机所表现。

行为主义观点的基本概念

- 行为主义观点关注刺激 - 反应学习，以经典条件作用、斯金纳的操作性条件作用，以及班杜拉的社会 - 认知学习理论为代表。

认知观点的基本概念

- 认知观点关注人们认识、理解和思考世界的加工过程。
- 皮亚杰假定了所有儿童都会经历的发展阶段。每个阶段都会涉及思维在质上的变化。与之相反，信息加工理论把认知发展归因于心理加工和心理容量的量变。

- 认知神经科学家着眼于确定与不同类型的认知活动有关的脑区和对应功能。

情境观点的基本概念

- 情境观点强调发展领域的相互交织，以及广泛的文化因素在人类发展中的重要性。布朗芬布伦纳的生物生态理论关注微观系统、中间系统、外部系统、宏观系统和时序系统。
- 维果斯基的社会文化理论强调在同一文化中个体的社会互动对认知发展起到的主要作用。

演化观点的基本概念

- 演化观点把行为归因于来自祖先的遗传基因。该观点主张，基因不仅决定了诸如肤色和眼睛的颜色等生理特质，而且决定了个体的人格特质和社会行为。

儿童发展多元观点的价值

- 每个观点都基于自己的前提，并且关注发展的不同方面。

科学方法的一般原则及其对儿童发展问题的解答

- 科学方法是采用谨慎的控制技术，包括系统化、有条理地观察和收集数据，系统性地提出问题并予以回答的过程。
- 理论是基于对先前成果的系统性整合，对所关注的事实或现象的一般性解释。
- 假设是基于理论的、可被检验的预测。
- 操作化是将假设转化成可观察的、具体的、可测量的步骤的过程。
- 研究者通过相关研究（决定两个变量是否有关联）和实验研究（发现因果关系）来检验假设。

相关研究的主要特征

- 相关研究运用自然观察、个案研究、日记、调查研究和心理生理学方法来考察所关注的特定特征和其他特征之间是否有关联。
- 相关研究无法得到因果关系的直接结论。

实验研究的主要特征及其与相关研究的区别

- 一般来说，实验研究中包括处理组和控制组。处理组的被试接受实验操控，控制组的被试不接受操控。
- 在操控过后，两组间出现的差异可以帮助实验者确定该操控的效果如何。
- 实验可以在实验室或现实生活场景中进行。
- 实验研究能够使研究者进行因果推论。

区分理论研究和应用研究

- 理论研究检验一个假设，从而扩充科学知识；应用研究致力于为现实问题提供具有应用价值的解决方案。
- 两类研究之间相互补充，因为理论研究发现的知识可以为现实问题的解决方案提供思路，而解决现实问题过程中的发现也可以推进科学知识的完善。

主要的研究策略

- 理论研究是专门为了检验一些对发展的解释以及扩展科学知识而设计的，而应用研究旨在为当前的问题提供实际的解决方法。
- 为了测量因年龄增长而带来的变化，研究者采用纵向研究考察同一被试在一段时间内的表现，或采用横断研究在同一时间里考察不同年龄被试的表现，或采用序列研究考察不同年龄被试在不同时间点的表现。

用于指导研究的基本伦理原则

- 研究中的伦理指导方针包括保护被试不受伤害、被试的知情同意、对欺骗使用的限制，以及对隐私的保护。

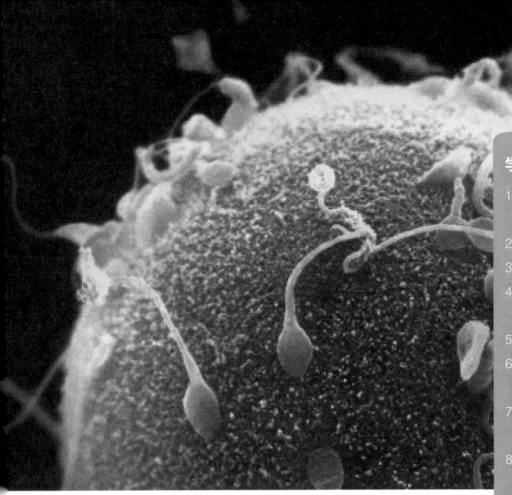

学习目标

1. 解释基因和染色体在创造人类生命中的作用。
2. 概述遗传的基础。
3. 解释遗传信息是如何传递的。
4. 说明我们从人类基因组计划中所学到的知识。
5. 解释遗传咨询及其作用。
6. 描述环境因素在个体特质发展中是如何相互作用的。
7. 解释研究者如何研究发展中遗传与环境的相互作用。
8. 描述遗传和环境对于生理特质、智力和人格的影响。
9. 解释先天因素和后天因素在心理障碍的发展中所扮演的角色。
10. 讨论基因影响环境的方式。
11. 解释产前各个发展阶段中会发生什么。
12. 讨论个体在孕期所面临的问题。
13. 描述产前环境中的一些风险因素,以及如何应对这些风险因素。

第 3 章

生命的开始：遗传和产前发展

导言：赌一下

医生在胎儿 20 周的一次产前 B 超中发现,蒂姆和劳拉尚未出生的儿子患有一种很严重的脊柱裂(一种先天畸形,患者的脊髓形成不良,有一截脊髓暴露在后背开口处),他们的第一个问题是："这能修复吗？"劳拉的医生告知他们可以选择产后手术或胎儿手术。他们可以选择产后手术,即在孩子出生后闭合脊髓,但是这可能给孩子的脊髓及大脑带来危险。此外,孩子还有可能出现瘫痪、认知损害以及膀胱和大肠问题。

这对夫妇还可以选择让医生在产前就做手术。医生将劳拉的子宫拿出体外,剖出胎儿,缝合令脊柱暴露在外的裂隙。虽然这会带来更大的早产风险,但是对降低毕生损伤大有好处。这对夫妇选择了胎儿手术。三年后,他们的儿子只有轻微的膀胱问题,他可以独立走路,学前认知评估也超过 85% 的同龄儿童。"我们生活在能做这种手术的时代,真是太幸运了！"劳拉说。

预览

上述故事表明,我们对产前期的理解和发现产前身体问题的能力的进步给我们带来了巨大的好处,当然通常也带来了困难的选择。

在这一章中，根据发展研究者和其他科学家的研究成果，我们将考察：遗传和环境如何共同作用，从而塑造和影响人类生命的方式。我们先从遗传基础说起，看看我们究竟是如何获得这种遗传禀赋的。我们还会介绍行为遗传学，这个学科专门研究遗传对行为的影响。此外，我们会讨论遗传因素如何导致发展异常，以及如何通过遗传咨询和基因治疗的手段来解决这些异常问题。

然而，基因的作用只是产前发展的一种影响因素。我们还会考虑儿童的基因遗传与成长环境交互作用的方式——个体的家庭、社会经济地位和生活事件如何影响包括身体特征、智力和人格在内的个体性状。

最后，我们将关注个体发展的第一个阶段，追踪产前的生长和变化。我们会综述解决夫妻不孕问题的方法，探讨产前期的各阶段以及产前环境会如何损害或保护个体未来的生长发育。

最早期的发展

人类生命历程的开始发生在一瞬间，看似非常简单。和其他成千上万物种的个体一样，人类个体也是从一个重量不超过 1.4 微克的单个细胞孕育而来的。然而，只要经过几个月的时间，这个微不足道的小东西就能孕育出一个活生生的、能够自主呼吸的婴儿。最初的细胞是由男性的生殖细胞（精子）突破女性的生殖细胞（卵子）膜后结合而成的。这些单个的男性或女性生殖细胞，即配子（gametes），每个都携带大量的遗传信息。在精子进入卵子大约 1 个小时之后，两者会很快融合，成为一个细胞，形成受精卵（zygote）。男女双方的遗传结构最终结合在一起，该结构包含了超过 20 亿个化学编码信息，这些信息足以塑造出一个完整的人。

基因和染色体：生命的密码

创造人类个体的蓝图储存于我们的基因之中，并由我们的基因一代代传递下去。基因（genes）是遗传信息的基本单位，人类个体大约有 25 000 个基因构成了生物学意义上的"软件"，正是这些"软件"决定了我们身体所有"硬件"的未来发展。

所有基因都是由脱氧核糖核酸（deoxyribonucleic acid，DNA）分子（molecules）的特定序列组成的。基因按照特定顺序排列在 46 条染色体（chromosomes）的特定位置。染色体呈杆状，两两一对共 23 对。生殖细胞（精子和卵子）只包含总体染色体的一半，即 23 条染色体。因此，父母分别为 23 对染色体中的每一对提供一条染色体。受精卵的 46 条（23 对）染色体规划着个体未来一生中细胞活动的遗传蓝图（Pennisi，2000；

International Human Genome Sequencing Consortium，2001；见图 3-1）。通过有丝分裂（mitosis）这种大多数细胞复制的方式，身体中所有的细胞几乎都含有与受精卵相同的 46 条染色体。

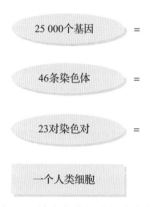

图 3-1　单个人类细胞的内容物

在受精的那一刻，人类就得到了大约 25 000 个基因，这些基因包含在 46 条（23 对）染色体中。

染色体特定部位的特定基因决定了身体每个细胞的性质和功能。例如，基因决定了哪些细胞成为心脏的一部分，哪些细胞将组成腿部肌肉的一部分。基因还决定身体各部分发挥的功能：心跳的速度或者肌肉力量。

如果父亲或母亲只是单独提供了 23 条染色体，那么人类巨大的多样性潜能是从哪里来的呢？答案主要来自配子分裂过程。当配子（精子和卵子）通过减数分裂（meiosis）在成年个体中形成时，每个配子获得了组成 23 对染色体每一对中的一条染色体。因为染色体是随机分配的，所以就有 2^{23} 种（800 多万种）不同组合。此外，基因的随机转化等过程也增加了遗传变异，最终形成了数万亿种可能的遗传组合。

遗传基因有如此众多的组合，因此你几乎不可能遇到和你具有相同基因的人，除非同卵双生子。

多胞胎：以一倍的遗传代价获得两个或更多后代

尽管对于狗或者猫一次生很多幼崽，我们并不感到奇怪，但人类中的多胞胎会引起诸多关注，原因在于双胞胎在所有怀孕中的比例不到3%，三胞胎及以上的概率更是微乎其微。

为什么会出现多胞胎？有些发生在受精后的最初两周内，受精卵分裂出另一组细胞。这就形成了两个或多个基因完全相同的受精卵，因为他们来自同一个原始的受精卵，即同卵。**同卵双生子**（monozygotic twin）是遗传基因完全相同的双生子，在以后成长过程中出现的所有差异都只能归于环境因素。

还有另外一种更常见的多胞胎产生机制。在这类情况下，两个不同的卵子在同一时间与两个不同的精子受精。以这种方式产生的双生子就是我们熟知的**异卵双生子**（dizygotic twin）。因为他们是两个独立的卵子、精子相结合，基因与不同时间出生的兄弟姐妹相似。

当然，并非所有的多胞胎都是双胞胎。我们上面谈到的两种机制还可能产生三胞胎、四胞胎甚至更多。因而，三胞胎有可能是同卵、异卵或者三卵。

虽然怀上多胞胎的概率非常小，但借助促孕药怀孕的夫妇怀上多胞胎的概率会大大增加。例如，10对使用促孕药的夫妇中就有一对怀上异卵双生子，而美国的统计数据是在86对正常怀孕的白人夫妇中才会有一对怀上异卵双生子。年龄较大的女性也更容易孕育多胞胎，而且多胞胎还存在家族聚集倾向。在过去的25年里，促孕药使用的增加以及女性平均生育年龄的增长已大大促进了多胞胎的出生概率（Martin et al., 2005；Parazzini et al., 2016；见图3-2）。

多胞胎的出生比率存在种族、民族和国家的差异，这可能是由于同时排出多个卵子的可能性存在先天的不同。每70对非裔美国人夫妇中有一对怀上异卵双生子，而美国白人夫妇中每86对中才会有一对怀上异卵双生子（Vaughan, Mckay, & Behrman, 1979；Wood, 1997）。

孕育多胞胎的母亲在产前和分娩时都会承担更大的风险。因此，在怀孕和产前这段时间，这些母亲都需要得到格外细心和周到的照顾。

男孩还是女孩？孩子性别的确定

在23对染色体中，22对染色体的每两条都是相

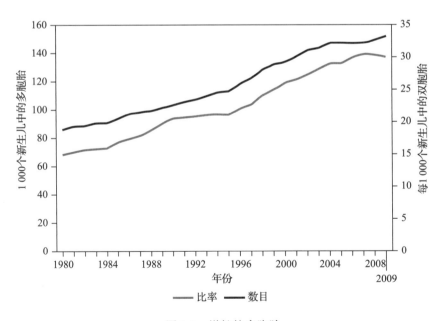

图3-2 增长的多胞胎

在过去的30年里，双生子的数量和比率都有相当程度的增长。

资料来源：Centers for Disease Control and Prevention(CDC)/National Center for Health Statistics (NCHS), 2012.

似的。唯一不同的是，决定孩子性别的第 23 对染色体。女性的第 23 对染色体是由两条匹配的、较大的 X 染色体组成，可标记为 XX 型。男性的第 23 对染色体是不一样的，一条是 X 型，另一条是 Y 型，可标记为 XY 型。

正如我们之前讨论的，每一个配子都携带了 23 对染色体中的一条染色体。因为女性的第 23 对染色体都是 X，所以卵子总是携带 X 染色体。男性的第 23 对染色体是 XY，因此每个精子有可能携带 X 染色体，也有可能携带 Y 染色体。

如果精子贡献的是 X 染色体，遇到卵子的 X 染色体后（注意，卵子总是携带 X 染色体），孩子的第 23 对染色体将是 XX 型，即孩子是女孩。如果精子贡献的是 Y 染色体，孩子的第 23 对染色体将是 XY 型，即孩子是男孩（见图 3-3）。

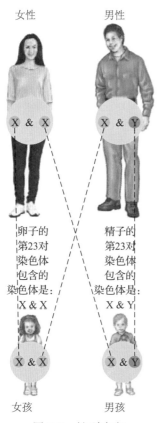

图 3-3　性别决定

受精的那一刻，当精子和卵子相遇时，卵子只提供一个 X 染色体，而精子既可能提供 X 染色体，也可能提供 Y 染色体。如果精子贡献了 X 染色体，孩子的第 23 对染色体就会是 XX 型，孩子是个女孩。如果精子提供了 Y 染色体，孩子的第 23 对染色体就会是 XY 型，孩子是个男孩。这是否意味着母亲更有可能怀上女孩呢？

由于父亲的精子决定了孩子的性别，从而导致了性别选择技术的发展。这个问题我们会在下文再详细讨论。

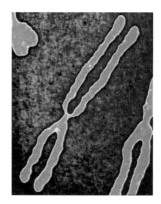

Y 染色体不但在决定性别上至关重要，这个位置的基因也控制着发展的其他方面。

遗传的基础：特征的混合与匹配

什么决定了你头发的颜色、你的高矮？为什么有人容易花粉过敏？为什么有人长很多雀斑？要回答这些问题，我们需要从父母给我们的基因以及这些基因传递信息的基本机制里寻找答案。

我们先从 19 世纪中期一位奥地利牧师格雷戈尔·孟德尔（Gregor Mendel）的发现谈起。孟德尔进行了一系列简单而有说服力的实验。他先对黄色豌豆和绿色豌豆进行杂交，结果并非人们预期的那样长出混有黄色和绿色豌豆的植物。相反，全部植物都长出黄色豌豆，这一结果首次让人以为绿色豌豆似乎不起任何作用。

然而，孟德尔进一步研究发现，情况并不是这样的。他继续把新一代的黄色豌豆再次进行杂交，结果是产生稳定比例的黄色或绿色豌豆：3/4 是黄色，1/4 是绿色。

孟德尔的豌豆实验为遗传研究奠定了基础。

针对这种稳定比例的现象，孟德尔这个天才给出了自己的解释。基于豌豆实验的结果，他提出当两个互相竞争的特征同时存在时，例如黄色和绿色，只有一个特征能够得到表达，得到表达的特征为显性特征（dominant trait）；与此同时，另一个特征虽然没有被表达出来，但仍保留在有机体内，孟德尔称之为隐性特征（recessive trait）。在孟德尔最初进行的豌豆实验中，子代豌豆从绿色豌豆和黄色豌豆的亲代那里得到了遗传信息，黄色是显性特征得以表达出来，而隐性特征（绿色）没有被表达。

记住，尽管有些特征我们无法从外部观察到，但来自亲代双方的遗传物质都存在于子代内部。这些遗传信息被称为有机体的基因型（genotype），它是存在于有机体内部但不外显的遗传物质的总和。表型（phenotype）是指我们可以观察到的特征。

虽然黄色豌豆和绿色豌豆杂交之后得到的都是黄色子代（他们都具有黄色的表型），但基因型是由亲代双方的遗传信息组成的。

基因型中的遗传信息本质究竟是什么？为了回答这个问题，我们把视线从豌豆转向人类。实际上，豌豆实验所得出的遗传法则同样适用于人乃至绝大多数物种。

遗传信息的传递

父母通过配子携带的染色体向后代传递遗传信息。有些基因能配成对，它们被称为等位基因（alleles），用来控制两种可选的特征，比如发色和眼睛的颜色。例如，棕色的眼睛是显性特征（B），蓝色的眼睛是隐性特征（b）。后代的等位基因可以来自父母相同的（不同的）基因。如果孩子从父母那里得到的是相同的基因，他在这个特征上被称为纯合子（homozygous）。如果孩子从父母那里得到的是不同的基因，他在这个特征上被称为杂合子（heterozygous）。在杂合等位基因的情况下（Bb），显性特征（棕色眼睛）得到表达。如果孩子得到的都是隐性等位基因（bb），缺乏显性特征，那么就会表现出隐性特征（蓝色眼睛）。

为了清楚地了解遗传信息是如何传递的，我们以苯丙酮尿症（phenylketonuria，PKU）为例。苯丙酮尿症是一种遗传疾病，患者不能利用一种人体所必需的氨基酸（苯丙氨酸）。在牛奶等多种食物的蛋白质中都含有这种氨基酸。如果不进行治疗，苯丙酮尿症患者体内的苯丙氨酸会逐渐聚集，最终达到毒性水平，以至于损伤大脑并引起智力迟滞（Moyle et el.，2007；Widaman，2009；Palermo et al.，2017）。

苯丙酮尿症是由单个等位基因，或成对基因缺陷引起的。我们把携带显性特征的基因标记为P，它产生正常的苯丙氨酸产物；我们把隐性基因标记为p，它导致苯丙酮尿症（见图3-4）。如果父母双方都不是苯丙酮尿症的携带者，那么他们的一对基因都是显性的PP。这样，不论子代遗传父母的哪一条基因，他们得到的基因一定是PP，这种情况下，儿童绝对不可能得苯丙酮尿症。

再看看另一种情况，父母一方携带一条隐性基因p。携带者的基因型为Pp，父母本身不会得苯丙酮尿症，因为P基因是显性的。如果孩子只遗传到一个隐性基因p，他也会逃过一劫。如果父母双方都携带一条隐性基因p，那么在这种情况下，虽然父母本身都没有这种疾病，孩子却可能从父母那里各获得一条隐性基因。这样，孩子的基因型是pp，从而会患上苯丙酮尿症。

值得注意的是，即使父母双方都携带隐性基因，孩子患苯丙酮尿症的概率也只有25%。根据概率定律，如果父母的基因型是Pp，那么孩子有25%的可能性从父母那里各获得一条显性基因（孩子的基因型是PP），有50%的可能性从父母一方获得显性基因，从另一方得到隐性基因（孩子的基因型是Pp或pP），只有25%的可能性从父母那里分别得到一条隐性基因，基因型为pp，患上苯丙酮尿症。

苯丙酮尿症的传递阐明了遗传信息从父母传递给孩子的基本规则。大多数情况下遗传疾病要比苯丙酮尿症复杂很多，因为很少有特征像苯丙酮尿症这样，是由单个成对基因控制的。大多数特征是多基因遗传的结果。在多基因遗传（polygenic inheritance）中，多对基因联合作用来决定某一特征的产生。

此外，一些基因以多种形式出现，而另外一些基因的作用是修饰特定遗传特征（由其他等位基因产生）的表达方式。基因还根据其反应范围（reaction range）进行变化。反应范围是指由环境条件引起的某种特征表达的潜在变异程度。还有一些特征（比如血型）表明，基因对中的任一基因都不能单纯归类为显性基因或隐性基因。相反，该特征的表达是两个基因的联合作用，如AB血型。

一部分隐性基因只位于X染色体上，被称为X

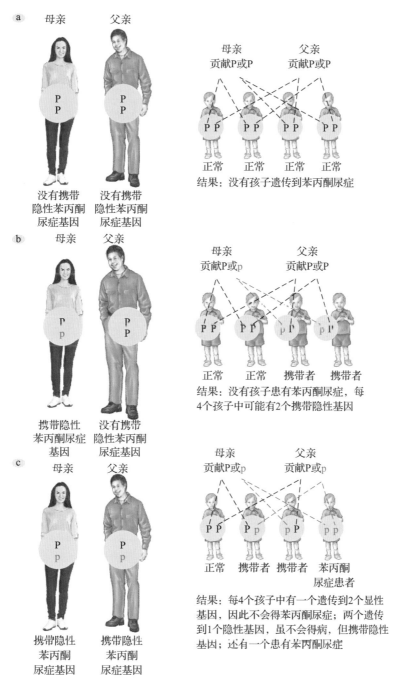

图 3-4　苯丙酮尿症的患病概率

苯丙酮尿症是一种会造成脑损伤和智力迟滞的疾病，是由遗传自父亲或母亲的一对单基因决定的。如果父母双方都不携带致病基因，那么孩子就不会患上苯丙酮尿症。即便父母一方携带了隐性基因，但是另一方没有，那么孩子也不会遗传这种疾病。如果父母双方都携带致病的隐性基因，那么孩子就有 25% 的可能性会罹患苯丙酮尿症。

连锁基因（X-link genes）。女性的第 23 对染色体是 XX 型，男性的是 XY 型。男性更可能患上 X 连锁遗传病，原因是男性缺乏第二个 X 染色体来抵消产生疾病的遗传信息。例如，男性更容易患有红绿色盲，这是一种位于 X 染色体上的一系列基因引发的疾病。另

一种 X 连锁基因导致的疾病是血友病。

类似地，有一种被称为血友病的血液障碍也是由 X 连锁基因缺陷导致的。血友病是欧洲皇室反复出现的问题。英国维多利亚女王的许多后代都遗传了血友病（见图 3-5）。

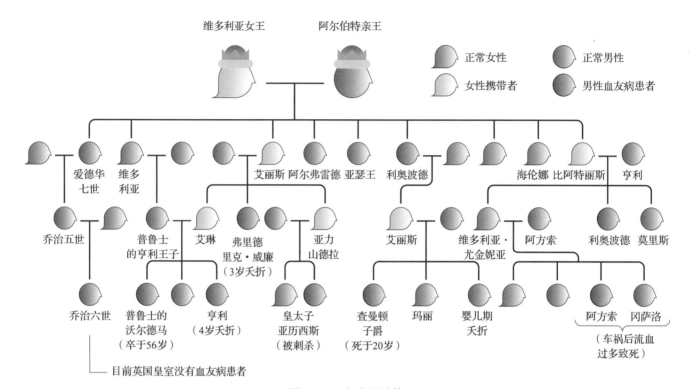

图 3-5 血友病的遗传

血友病是一种凝血障碍，一直以来都是欧洲皇室的遗传问题，图中显示了英国维多利亚女王的后代情况。

资料来源：Kimball, John W. (1983). Biology, 5th ed. Reprinted and Electronically reproduced by permission Education, Inc., Upper Saddle River, New Jersey.

人类基因组与行为遗传学：破解遗传密码

孟德尔的贡献在于他开创性地揭示了遗传信息的传递机制，基于他的实验结果，人们开始理解某种特定的特征是如何一代代传递下去的。最近的里程碑是 2001 年分子生物学家完成了对人类基因组的全部测序工作，揭开了整个人类基因组的神秘面纱。这是遗传学历史上，也是整个生物学历史上最重要的成就之一（International Human Genome Sequencing Consortium，2001）。

一直以来，人们认为人类的基因数目有约 10 万个，但最后证实只有约 2.5 万个。与那些特别简单的生物相比并没有多出很多（见图 3-6）。此外，科学家发现 99.9% 的基因序列为人类所共有。这意味着人与人之间的相似性要远远多于差异性。许多我们基于表面特征对人类进行的区分（例如种族）实在非常肤浅。人类基因组图谱的绘制有助于识别特定个体是否更容易患某种疾病（Hyman，2011；Levenson，2012；Biesecker & Peay，2013）。

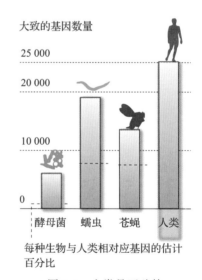

大致的基因数量

每种生物与人类相对应基因的估计百分比

图 3-6 人类是否独特

人类拥有大约 2.5 万个基因，在遗传上并不比某些原始物种复杂很多。

资料来源：Macmilan Publishers Ltd.: " International Human Genome Sequencing Consortium, Initial Sequencing and Analysis of the Human Genome." Nature. Copyright 2001.

借助人类基因序列图谱，行为遗传学迅速发展。行为遗传学是研究遗传对行为和心理特征影响的学科。它不是简单地检测稳定不变的特征，例如发色或眼睛的颜色，而是从更广泛的角度，探讨我们的人格和行为特征会如何受到遗传的影响。像害羞、善于交际、情绪多变、自信等人格特质都是研究对象。另外，一些行为遗传学家研究心理疾病，例如抑郁、注意缺陷与多动障碍和精神分裂症，探究与之可能关联的基因（Wang et al.，2012；Trace et al.，2013；Plomin et al.，2016；见表 3-1）。

行为遗传学的前景一片光明。一方面，从事这方面工作的研究者已经很好地理解我们人类行为和发展背后的具体遗传编码机制。另一方面，对于其应用价值，研究者正在寻找针对特定遗传缺陷的补救措施（Plomin & Rutter，1998；Peltonen & McKusick，2001）。为了理解这种做法的可行性，我们需要考虑基因作用的机制，正是这些机制主宰着个体的正常发展，同时也可能导致个体的异常。

先天和遗传疾病：当发展出现异常

苯内酮尿症只是诸多遗传疾病中的一种。单个可能导致某种遗传疾病的隐性基因可以不知不觉传给下一代，直到遇到另一条隐性基因，两条隐性基因碰到一起时才会表达，从而使个体患上遗传疾病。这就好似一枚炸弹，当没有被引爆时是无害的，只有当引线被点燃并连接传导至弹体时，这枚炸弹的危害才能显现出来。

另外，在某些情况下，基因会遭受物理损伤。譬如，在减数分裂和有丝分裂的过程中，由于磨损或者偶发事件，基因遭受到破坏。有时候，基因还会出于未知的原因自发地改变自身结构，这个过程被称为自发突变（spontaneous mutation）。

此外，某些环境因素，例如暴露在 X 射线下或严重污染的空气中，也会导致遗传物质的畸形（见图 3-7）。当这些受损基因遗传给儿童时，就会导致日后儿童在生理发展和认知发展上出现灾难性后果（Samet，DeMarini，& Malling，2004；Acheva et al.，2014）。

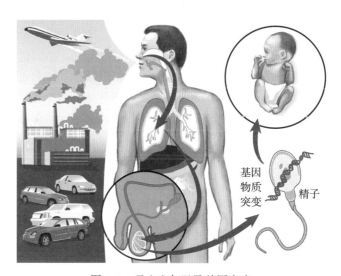

图 3-7　吸入空气以及基因突变

吸入有害、被污染的空气可能会导致精子中的遗传物质发生突变。这些突变可能会传递给下一代，损伤胎儿甚至影响到未来几代。

资料来源：Jonathan M. Samet, David M. DeMarini, and Heinrich V. Malling, "Do Airborne Particles Induce Heritable Mutations?", Science, Vol. 304, No. 5673, pp. 971-972 (14 May 2004).

表 3-1　行为障碍和特质的遗传基础

行为特征	有关其遗传基础的当前观点
亨廷顿病	HTT 基因突变
早发性（家族性）阿尔茨海默病	已识别出三个特异性基因：APP、PSEN1 或 PSEN2，它们会产生一种有毒的蛋白质片段
脆性 X 心理迟滞	FMR1 基因突变
注意缺陷与多动障碍	研究表明，ADHD 与多巴胺 D4 和 D5 基因有关
酗酒	研究表明，影响神经递质血清素和 GABA 活性的基因可能与酗酒风险有关
精神分裂症	有超过 100 个基因与精神分裂症有关，但 DRD2 似乎尤其重要

资料来源：Based on McGuffin, Riley, & Plomin, 2001; Schizophrenia Working Group of the Psychiatric Genomics Consortium, 2014; U.S. National Library of Medicine, 2016.

苯丙酮尿症的发病率为每 10 000 ～ 20 000 个新生儿中有 1 例。除了苯丙酮尿症，还有如下遗传疾病。

- 唐氏综合征：正如我们前面提到的，虽然大多数人有 46 条（23 对）染色体，但患有唐氏综合征的人例外。唐氏综合征（Down syndrome）患者的第 21 对染色体上多出了一条。作为一种先天愚型，唐氏综合征是心理迟滞最常见的病因。其发病率大约为每 700 个新生儿中有 1 例，年龄太小或者太大的母亲所生的孩子会有更高的患病风险（Davis，2008；Adomo et al.，2013；Glasson et al.，2016）。

- 脆性 X 染色体综合征：脆性 X 染色体综合征（fragile X syndrome）是由 X 染色体上某个特定基因损伤而导致的疾病，表现为轻度到中度的心理迟滞（Hagerman，2011；Hocking, Kogan, & Cornish，2012；Shelton et al.，2017）。

- 镰刀型细胞贫血病：大约有 1/10 的非裔美国人携带可能引发镰刀型细胞贫血病的基因，而其发病率是 1/400。镰刀型细胞贫血病（sickle-cell anemia）是一种血液疾病，得名于患者体内的红细胞形状呈镰刀型。患者表现出的症状包括缺乏食欲、生长迟缓、腹胀和巩膜黄染。重度患者很少能活过儿童期。然而，对于那些轻度患者，医学的发展可以显著地延长其寿命。

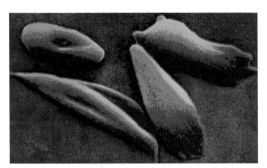

镰刀型细胞贫血病因变形的血液细胞而得名。1/10 的非裔美国人携带这种基因。

- 泰伊－萨克斯病：主要出现在东欧犹太人家族和法裔加拿大人中。泰伊－萨克斯病（Tay-Sachs disease）通常在学龄前期死亡，患者在死亡前会出现失明和肌肉萎缩症状，这些症状都无法治疗。

- 克林菲尔特综合征：每 400 个男性中有 1 个先天患有克林菲尔特综合征（Klinefelter's syndrome），

患病男性有一条额外的 X 染色体。XXY 基因型导致其生殖器发育不良，身材异常高大和乳房增大。性染色体数目异常导致的遗传疾病有很多，克林菲尔特综合征只是其中的一种。另一种遗传疾病是多了一条额外的 Y 染色体（基因型是 XYY），另一种则是缺失第二条性染色体（特纳综合征患者的基因型是 X0），还有一种是存在三条 X 染色体（基因型是 XXX）。这些异常会导致患者的性特征问题以及智力缺陷（Murphy & Mazzocco，2008；Murphy，2009；Turriff et al.，2016）。

环境因素

对于有遗传根源的疾病，环境对他们同样会起作用（Moldin & Gottesman，1997）。以镰刀型细胞贫血病为例，因为这种疾病常在儿童期致命，患者的寿命通常使他们没有机会向下一代传递疾病，至少在美国是这种情况：与某些西非地区相比，在美国镰刀型细胞贫血病的患病率要低得多。

然而，为什么西非地区镰刀型细胞贫血病的患病率没有逐年降低呢？这一问题困扰科学家很多年，直到他们发现携带镰刀型细胞基因会增加疟疾的免疫力（Allison，1954），这一谜团才得以解开。疟疾是西非的一种常见疾病，增强免疫力意味着患有镰刀型细胞贫血病的人具有一种遗传优势（在抵抗疟疾方面），这种优势在某种程度上抵消了携带镰刀型细胞基因给患者带来的坏处。

上述案例告诉我们，任何疾病或者障碍都不是基因和环境单独作用的结果，而是二者交互影响造成的。此外，需要谨记一点，虽然我们一直在关注可能出错的遗传因素，但在绝大多数情况下，我们与生俱来的遗传机制运转良好。总体而言，95% 的美国新生儿都是健康正常的，另外 250 000 新生儿虽然伴随着些许生理障碍或心理障碍，但通过合理的干预和治疗，最终都能得到帮助，甚至被治愈。

此外，随着行为遗传学的发展，遗传的缺陷和问题在婴儿出生前就可以被发现和检测出来，父母可以根据医生的建议和自身实际情况采取一些措施来减少遗传缺陷带来的危害。当科学家对基因的位置和序列了解越来越多时，遗传咨询和遗传指导将在我们的生活中变得日益普遍（Plomin & Rutter，1998）。

遗传咨询：从现有的基因预测未来

如果你知道自己的母亲和祖母都死于亨廷顿病（一种以颤抖和智力衰退为特征的灾难性遗传病），那么你如何知道自己遗传这种疾病的概率呢？最好的方法就是遗传咨询。遗传咨询是遗传研究中的新领域，仅有数十年的历史。遗传咨询（genetic counseling）致力于解决与遗传疾病有关的问题。

遗传咨询师在工作中会使用各种数据。例如，打算要小孩的夫妇想要了解怀孕的风险，咨询师会全面了解他们的家族史，寻找可能表明隐性或 X 连锁基因模式的任何家族事件和出生缺陷。此外，咨询师也会考虑父母年龄以及之前生育小孩的异常情况等因素（Harris，Kelly，& Wyatt，2013；O'Doherty，2014；Austin，2016）。

遗传咨询一般要求进行全面的体检，来发现准父母潜在的异常情况。此外，遗传咨询需要血液、皮肤和尿液样本，来分离和检验特定的染色体。某些遗传缺陷，例如出现一条额外的性染色体，可以通过检测染色体组型（karyotype）来进行识别。染色体组型实际上是一张被放大的染色体图片。

产前检查

对于准妈妈来说，现在有很多不同的技术来评估其未出生孩子的健康程度（见表 3-2）。最早的检查是孕早期筛查（first-trimester screen），结合血液检查和超声成像，一般在怀孕第 11 ～ 13 周进行，可以识别染色体异常和其他疾病。进行超声成像（ultrasound sonography）检查时，高频声波扫描母亲的子宫，生成胎儿的图像，图像可以清楚显示胎儿形状和大小。重复的超声成像检查可以揭示胎儿的发育模式。虽然怀孕早期血检和超声检查诊断的准确性并不高，但是随着胎儿的长大，准确性会越来越高。

如果血样检查和超声成像检查发现了潜在问题，在怀孕第 8 ～ 10 周可进行一项有创检查——绒毛取样（chorionic villus sampling，CVS）。在做绒毛取样检查时，需要将一根细针插入胚胎，取出包围在胚胎周围呈毛发状的一小块样本。这项检查可以在怀孕第 8 ～ 11 周进行。然而，进行这项检查有高达 1% 的可能性会导致流产。鉴于此，该检查一般很少在临床中被应用。

另一项有创检查羊膜穿刺（amniocentesis），是利用细针从胎儿周围的羊水中取出少量胚胎细胞样本进行检测。羊膜穿刺一般在怀孕第 15 ～ 20 周进行。它可以分析胚胎细胞，从而识别出不同的遗传缺陷，其准确率接近 100%。除此之外，这项检查还可以检测出孩子的性别。虽然像羊膜穿刺这样的有创检查存在损伤胎儿的风险（0.25% ～ 0.50% 的风险），但总体

表 3-2　胎儿发育监测技术

技术	描述
羊膜穿刺	在怀孕的第 15 ～ 20 周进行，检查含有胚胎细胞的羊水样本。如果父母任何一方患有泰伊 – 萨克斯病、脊柱裂、镰形细胞病、唐氏综合征、肌营养障碍或 Rh 病，推荐做这项检查
绒毛取样	在怀孕第 8 ～ 11 周，经过腹或宫颈取样，具体取决于胎盘的位置。通过插入一支针（经腹）或一只导管（经宫颈）进入胎盘基质并保持在羊膜囊外取出 10 ～ 15 毫克组织。这块组织经人工洗去母体子宫组织后做培养，并像羊膜穿刺一样做染色体组型
胚胎镜（embryoscopy）	在怀孕头 12 周经宫颈插入光学纤维内镜检查胚胎。最早可在怀孕第 5 周进行。通过设备可以观测到胎儿血液循环，直接可视化胚胎可以对畸形做出诊断
胎儿血液取样（FBS）	在怀孕第 18 周以后进行，抽取少量脐血做检查。用来检测唐氏综合征等大多数染色体异常。很多其他疾病也可以通过这种方法检查
超声胚胎学（sonoembryology）	用于检测怀孕早期的异常。使用高频探头经阴道探测并经数字成像处理，与超声结合使用，可以在怀孕中检测超过 80% 的发育畸形
超声波（sonogram）	用超声产生可视子宫、胎儿和胎盘的影像
超声成像	用非常高频的声波检测胎儿的结构异常或多胎妊娠、测量胎儿生长、判断胎龄，以及评估子宫异常。也与其他检查结合使用，如羊膜穿刺

来说还是安全的。

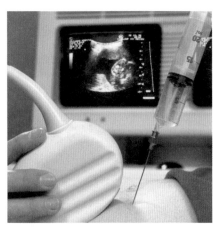

在羊膜穿刺检查中，医生对羊水中的胎儿细胞样本进行检测，从而识别遗传缺陷。

当做完各种检查，备齐各种信息后，这些夫妇会再次和咨询师见面。一般来说，咨询师会避免给出某种具体的建议。他们会陈述事实并给出可以考虑的选择方案，方案内容从"不做任何干预"到"采取更为极端的措施"（例如通过流产终止妊娠）。最终采取何种措施的决定权还是在父母手中。

未来问题的筛查

遗传咨询师最新的角色是检查父母以及确定父母的身体情况，以便发现个体是否会因遗传异常而在未来容易受到某些疾病的侵害。例如，通常在个体40岁时才会出现亨廷顿病，而遗传检查可以更早地发现某个人是否携带导致亨廷顿病的基因。相应地，人们如果知道自己携带了这种基因，就可以为将来早做安排（Cina & Fellmann，2006；Tibben，2007；Andersson et al.，2013）。

除了亨廷顿病，还有1 000多种疾病可以通过遗传检查进行预测（见表3-3）。如果检查的结果是阴性的，可以消除人们对未来的担忧；若结果是阳性的，则会带来对未来的恐慌和担忧。事实上，遗传检查带来很多值得我们反思的实践和伦理问题（Human Genome Project，2006；Twomey，2006；Wilfond & Ross，2009；Klitzman，2012）。

表 3-3　一些现有的基于 DNA 的基因检测

疾病	描述
成人多囊肾	肾衰竭和肝病
α-1- 抗胰蛋白酶缺乏	肺气肿和肝病
阿尔茨海默病	老年痴呆和迟发变异
肌萎缩性脊髓侧索硬化症（卢·格里格病）	进展性运动功能丧失而致瘫痪和死亡
共济失调 – 毛细血管扩张症	进行性大脑障碍，导致肌肉控制丧失和癌症
乳腺及卵巢癌（遗传性）	早发乳腺及卵巢肿瘤
腓骨肌肉萎缩症	肢体末端感觉丧失
先天性肾上腺皮质增生症	激素缺乏；外阴性别不明和男性假两性畸形
囊性纤维化	肺黏膜增厚和慢性肺炎及胰腺炎
Duchenne 型肌营养不良（Becker 型肌营养不良）	重度肌肉萎缩、退化、无力
肌张力障碍	肌肉僵硬，反复扭动
凝血因子 V 基因 Leiden 突变症	凝血障碍
范可尼贫血	贫血、白血病、骨骼畸形
脆性 X 综合征	心理迟滞
Gaucher 病	肝脾增大、骨变质
血友病 A 和 B	出血障碍
遗传性非息肉性结肠癌[①]	早发结肠及其他器官肿瘤

（续）

疾病	描述
亨廷顿病	进行性神经退化，通常始于中年
肌强直性营养不良	进行性肌肉无力
神经纤维瘤病 1 型	多发良性神经系统肿瘤，可为不规则形；癌症
苯丙酮尿症	因酶缺乏引起的进行性心理迟滞；可通过饮食纠正
Prader Will/Angerlman 综合征	运动机能衰退、认知损害、夭折
镰形细胞病	血液细胞障碍；慢性疼痛及感染
脊髓性肌萎缩症	严重的、通常致死的儿童进行性肌肉萎缩性障碍
泰伊 - 萨克斯病	惊厥、瘫痪；儿童早期致死性神经系统疾病
地中海贫血	贫血

① 这是疾病易感性检验的结果，只提供发病的估计风险。

资料来源：Human Genome Project, 2006, http://www.oml.gov/scl/techresources/Human_Genome/medicine/genetest.shtml.

假如一个人怀疑自己可能会患上亨廷顿病，在她 20 岁时接受遗传检查没有发现携带缺陷基因。显然，她将如释重负。但如果检查的结果应验了她的担忧，她可能会体验持续的抑郁和沮丧。事实上，10% 的人发现自己携带了亨廷顿病易感基因后，他们的情绪很难再恢复到正常水平（Groopman, 1998；Hamilton, 1998；Myers, 2004；Wahlin, 2007）。

从研究到实践

产前筛查并非诊断

当斯泰西·查普曼（Stacie Chapman）的产科医生推荐她为尚未出世的孩子做一个常规遗传筛查时，她并没有想太多。她怀孕快 3 个月了，她知道以自己的年龄很容易怀上一个有遗传缺陷的孩子。做个检查很有必要，看起来也没什么不好。

然而，当结果呈现 18 - 三体综合征为阳性结果的时候，斯泰西就抓狂了。18 - 三体综合征是一种非常严重的致命遗传疾病，该类患者的第 18 对染色体多了一条。她和丈夫立刻决定终止妊娠，他们不想生出来一个注定只能活几天的婴儿（Daley, 2014）。

不过，查普曼夫妇的困惑在于，基于简单血样检测的遗传筛查并不能确切地诊断未出生孩子的情况。也就是说他们不一定要终止妊娠。他们的困惑可以理解，因为产科医生解释说这个检测有 99% 的检出率。这个精度只意味着如果真的有病，检测出该种疾病的概率；如果没病，检测出有病的概率是未知的。事实上，年纪越大的妇女，筛查出 18 - 三体综合征的假阳性概率大概是 36%（对年轻妇女来说这个概率更大，假阳性概率达到 60%）。医生需要运用更加侵入性的手段以获得产前疾病的确诊（Lau et al., 2012；Allison, 2013；Daley, 2014）。

这些未受调控的筛查开始是为了给高风险患者使用，而现在越来越多地提供给所有孕妇。很多人相信，受检妇女及其医生并不能充分理解阳性结果到底意味着什么，也不理解阳性结果有一定的概率是错误的。行业研究表明，有些妇女仅仅依据阳性筛查结果就终止了妊娠，也没有进一步确认。事实上，这些情况中的胎儿，至少有一部分是健康的。

尽管没有人否认产前遗传异常筛查的好处，但医生和患者必须理解应当如何解释结果，并且应当在基于检测结果做任何重大决定前，去咨询遗传专家（Weaver, 2013；Guggenmos et al., 2015）。

如果你的一个朋友刚收到泰伊 - 萨克斯病阳性结果，你会怎么跟他说？

如此看来，遗传检查显然不是一件简单的事情。对于个体是否罹患某种疾病，它很少能给出"是或否"的简单答案。它只提供一个概率范围。在某些情况下，真正患病的可能性依赖于个体暴露于何种环境应激源。个体差异也会影响个体对某种疾病的易感性（Bonke et al., 2005；Bloss, Schork, & Topol, 2011；Lucassen, 2012）。

从教育工作者的视角看问题

遗传咨询面临的伦理和哲学问题是什么？提前获知可能会折磨你和你孩子的某些遗传疾病是不是明智之举呢？

随着我们对遗传学知识的了解不断深入，研究者和临床医生不仅能够进行遗传咨询和遗传检查工作，他们还能够主动去改变那些缺陷基因。遗传干预和操作的可能性扩展到曾经只有科幻小说才会涉及的其他领域。

遗传和环境的交互作用

和很多父母一样，贾里德的母亲莉莎和父亲贾马尔想知道，他们的孩子最像他俩中的哪一个。贾里德似乎长有莉莎的大眼睛，又有父亲贾马尔大方的笑容。随着贾里德的成长，他和父母相像的地方更多了。他的发际线位置与莉莎的相似，而他的笑容更像他的父亲，他的行为似乎也更像他的父母了。举例来说，他是一个可爱的小宝贝，总是准备好对家中的来访客人报以微笑，就像他友善乐观的爸爸一样。他的睡眠规律似乎更随妈妈，这是幸运的。因为父亲贾马尔的睡眠很浅，每晚睡 4 个小时，而莉莎通常每晚睡 7 ~ 8 个小时。

贾里德时常挂在脸上的微笑和规律的睡眠习惯是幸运地从父母那里遗传的，还是贾马尔和莉莎提供了一个幸福而安定的家庭环境塑造了这些受欢迎的特征呢？是什么决定了我们的行为，是先天因素还是后天因素？行为是由先天的遗传因素决定，还是由后天环境激发？

答案是：根本没有简单的答案。

环境在决定基因表达中的作用：从基因型到表型

随着发展研究结果的丰富，我们越来越清楚，"行为只归因于遗传因素，或只归因于环境因素"的看法是不恰当的。某一行为并不只是由遗传因素导致的，也不是单纯由环境力量引起的，而是如同我们在第 1 章中讨论的那样，行为是两者结合的产物。

我们以气质为例来说明这个问题。气质（temperament）代表了个体稳定、持久特征的唤醒和情绪性模式。假设我们发现（其实许多研究已证实）有少数儿童生来就具有这样一种气质，即容易产生异常生理反应。这种婴儿趋于回避任何新异事物，他们对此的反应是心跳迅速加快和大脑边缘系统异常激活。这种对刺激物表现出的高生理反应似乎和遗传有关。这使得父母或老师可能会在这些孩子 4 ~ 5 岁的时候认为他们很害羞。当然，并非所有的孩子都是这样的：一些个体的表现和同龄人之间没有明显差异（De Pauw & Merveilde, 2011；Pickles et al., 2013；Smiley et al., 2016）。

是什么导致了差异呢？答案似乎是儿童成长的环境。父母鼓励并为儿童创造社交的机会，这可能会有助于儿童克服害羞的毛病。相反，成长在家庭不睦或长期受疾病困扰等紧张环境下的儿童更可能一直保持着害羞的气质（Kagan, Arcus, & Snidman, 1993；Propper & Moore, 2006；Bridgett et al., 2009；Casalin et al., 2012）。上述发现表明，这些特征是由遗传与环境多因素共同作用的结果，即多因素传递（multifactorial transmission）的作用。在多因素传递中，基因型为表型提供了一系列行为表达的可能范围。例如，具有肥胖基因型的个体无论怎样控制饮食，可能永远都苗条不了。他们可能会变得相对苗条，但由于先天遗传的作用，他们不可能超越某个限度（Faith, Johnson, & Allison, 1997）。在很多情况下，环境决定了特定基因型具体表达为表型的方式（Wachs, 1993, 1993, 1996；Plomin, 1994b）。

另外，某些基因型受环境因素的影响也不大，该类个体的发展会遵循特定的模式。例如，对第二次世界大战中由于饥荒而严重营养不良的孕妇进行研究发现，他们的孩子成年后身体和智力处于平均水平，并未受到影响。与此相似，不论人们吃多少健康的食物，他们的身高也不可能超越遗传所设置的上限。贾里德发际线的位置可能就极少受其父母行为的影响。当然，最终是遗传和环境的特定交互作用决定了人们的发展模式。

更确切的问题是：行为在多大程度上由遗传因素决定，在多大程度上又由环境因素决定？为回答这个问题，我们需考虑智力决定因素的来源（见图 3-8）。一个极端的观点认为智力只受环境影响，另一个极端的观点认为智力只受遗传影响：你要么遗传了智力，要么没有。这些极端论点的无效性使我们更偏向中庸之道，即智力是先天的心理能力和环境因素联合作用的结果。

发展研究：先天因素和后天因素的影响程度

发展心理学研究者运用多种策略尝试解决有关特质（trait）、特征（characteristic）和行为在多大程度上由遗传或环境决定的问题。为了寻求答案，他们同时研究人类和非人类物种。

非人类动物研究：同时控制遗传和环境

培育遗传上相似的动物品种在技术上已经发展得非常成熟。那些养火鸡的人有办法挑出生长速度快的 Butterball 火鸡，然后培育并大量繁殖，以求在感恩节时降低运送成本。类似地，实验室也可以选择具有相似遗传背景的动物种系来繁殖。

通过观察相同遗传背景的动物在不同环境中的表现，科学家可以精确地断定特定环境刺激的作用。例如，通过将遗传相似的动物分别置于丰富的环境（有很多玩具或设施供动物攀爬穿越）和相对贫瘠的环境中饲养，从而比较生活在不同环境中动物的表现。反过来，研究者也可以考察在某些特征上有显著遗传背景差异的物种，通过把这些物种暴露在相同的环境中，他们能断定遗传背景所发挥的作用。

当然，在动物身上发现的实验成果纵然丰富，但这种方法存在无法克服的缺陷，即我们无法确定这些发现是否能够很好地推论到人类身上。

对比亲缘关系和行为：收养、双生子和家庭研究

显然，研究者不能像控制动物一样控制人类的遗传背景或环境。然而，大自然提供了进行不同类型"自然研究"（natural experiments）的可能性——双生子。

请回忆一下同卵双生子，他们具有相同的遗传物质，遗传背景完全一样，他们之间的任何行为差异都可以归因于环境的影响。

对研究者而言，利用同卵双生子很容易得出先天因素和后天因素的不同作用。例如，通过在出生时分开同卵双生了，把他们放到完全不同的环境，研究者可以很清楚地评估出环境的影响。当然，伦理上的考虑使得这种做法无法得以实践。研究者所能做的只是对出生时就被收养，并在不同环境中抚养的同卵双生子的情况进行研究。此类案例有助于我们对遗传和环境的相对贡献得出确切结论（Nikolas, Klump, & Burt, 2012；Suzuki, K., & Ando, J., 2014；Strachan et al., 2017）。

从这种在不同环境中抚养的同卵双生子研究中得出的数据也可能会有偏差。收养机构一般会在安排寄养时考虑生母的特征以及生母的期望。例如，收养机构一般会考虑将小孩安排到同一种族或同一信仰的家庭。这样一来，即使将同卵双生子放到不同的寄养家庭中，这两个家庭环境往往也有很多相似的地方。因此，研究者在做出环境导致差异的推论时就会遇到问题。

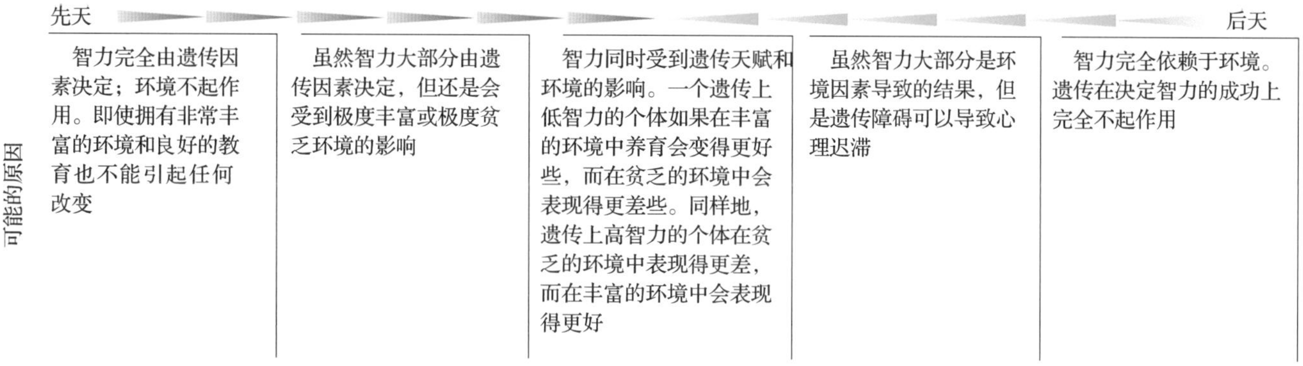

先天				后天
智力完全由遗传因素决定；环境不起作用。即使拥有非常丰富的环境和良好的教育也不能引起任何改变	虽然智力大部分由遗传因素决定，但还是会受到极度丰富或极度贫乏环境的影响	智力同时受到遗传天赋和环境的影响。一个遗传上低智力的个体如果在丰富的环境中养育会变得更好些，而在贫乏的环境中会表现得更差些。同样地，遗传上高智力的个体在贫乏的环境中表现得更差，而在丰富的环境中会表现得更好	虽然智力大部分是环境因素导致的结果，但是遗传障碍可以导致心理迟滞	智力完全依赖于环境。遗传在决定智力的成功上完全不起作用

图 3-8　智力决定因素的来源

有很多不同的原因可以解释智力的发展，这些原因的变化是从先天因素到后天因素的一个连续体。基于本章的证据，你认为哪种解释最有说服力？

对于异卵双生子的研究也可以探究先天因素与后天因素的影响。异卵双生子之间的遗传相似性与兄弟姐妹之间的相似性相同，但他们在相同的环境中长大，通过比较异卵双生子与同卵双生子的行为，研究者可以确定是否在某一特质上同卵双生子表现出更多的相似性。如果确实如此，那么我们可以认为，遗传在这个特质的表达中发挥着重要作用。

类似地，研究遗传背景完全无关但在同样环境中长大的个体也可以探讨先天与后天的问题。例如，一个家庭同时收养两个无任何血缘关系的儿童，为他们提供相似的成长环境，在这种情况下，儿童的特质和行为上的相似性可以在某种程度上归因于环境的影响（Segal，1993，2000）。

另外，发展心理学研究者还会考察遗传相似度不同的人群。例如，如果在某一种特质上，生母与孩子之间存在很高的相关性，但这种相关性在养父母与孩子之间很弱，那么就可以得到遗传在决定该特质表达中具有重要作用的证据。反之，若养父母与孩子之间的相关性更强，则可以确定环境在决定特质时有更重要的影响。如果某一特质在遗传相似的个体中表达方式相似，但在遗传距离较远的个体中表达出的差异更明显，那么表明遗传可能在该特质发展中起着主要作用（Rowe，1999）。

发展心理学研究者通过运用上述方法对先天 - 后天问题进行了几十年的研究。他们发现了什么？

在转向具体的发现之前，这里先讲讲数十年研究的一般性结论：几乎所有的特质、特征和行为都是先天因素与后天因素共同作用的结果，二者相辅相成，互相影响，最终塑造出一个个独特的个体（Robinsion，2004；Waterland & Jirtle，2004）。

"我的科学项目是'我的弟弟，来自先天还是后天？'"

遗传对生理特质、智力和人格的作用

很显然，遗传和环境一起决定我们的个体性。发展学家对它们的相对影响是怎么看的呢？研究者对遗传与环境在特征、特质和行为上的影响程度了解多少呢？

我们接下来会看到，已经有很多研究致力于回答这样的问题。我们来看看与个体的生理特质、智力、人格甚至哲学观点发展有关的研究结果。

生理特质：家族相似性

当患者进入西里尔·马库斯（Cyril Marcus）医生的诊室时，他们并未发现自己面前的是斯图尔特·马库斯（Stewart Marcus）医生（西里尔·马库斯的双胞胎兄弟）。这对双胞胎在外表和行为举止上像极了，以至于长期在此就诊的患者都分不出来。这正是电影《孽扣》（Dead Ringers）中的案例。

如果两个人在遗传上越相似，他们的生理特质就越相似。同卵双生子就是这一事实的最佳例证。高个子父母更容易生出高个子的孩子，而矮个子父母也倾向于生出矮个子的孩子。肥胖（obesity）是指体重超过身高所对应的平均体重的20%。肥胖也存在很多遗传成分。例如在一项研究中，实验者让同卵双生子每天摄入额外的1 000卡里路热量的饮食，而且不能进行任何体育锻炼。3个月后，双生子增加的体重几乎完全相同。而不同对双生子之间增加的体重各不相同，其中一些双生子增加的体重是其他双生子的3倍（Bouchard et al.，1990）。

另外，一些不太明显的身体特征也显示出很强的遗传影响。例如，在血压、呼吸速度甚至死亡年龄这些特征上，相比遗传上不太相似的两个个体，遗传关系上更近的个体之间具有更多的相似性（Gottesman，1991；Melzer，Hurst，& Frayling，2007；Wu，Treiber，& Snieder，2013）。

智力：研究越多，争议越大

在探讨遗传和环境相对影响的研究中，研究最多的主题当属智力。为什么？主要原因是，通常用IQ分数来测量的智力，是区分人类和其他物种的核心特征。此外，智力与学业成就以及其他类型的成就之间都存在较强的相关性。

遗传在智力中扮演重要角色。对一般智力和智力的特殊成分（例如空间技能、语言能力、记忆）的研究都显示，个体之间的亲缘关系越近，他们IQ分数的相关性越高（见图3-9）。

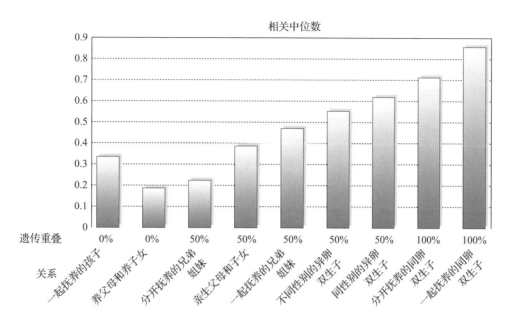

相关中位数

| 遗传重叠 | 0% | 0% | 50% | 50% | 50% | 50% | 50% | 100% | 100% |

| 关系 | 一起抚养的孩子 | 养父母和养子女 | 分开抚养的兄弟姐妹 | 亲生父母和子女 | 一起抚养的兄弟姐妹 | 不同性别的异卵双生子 | 同性别的异卵双生子 | 分开抚养的同卵双生子 | 一起抚养的同卵双生子 |

图 3-9　遗传和 IQ

两个个体在遗传上越近，他们的 IQ 分数的相关性就越高。你觉得为什么异卵双生子的数据有性别差异？其他类别的双生子或兄弟姐妹中是否也会存在性别差异，但没有在此展示出来？

资料来源：Thomas J. Bouchard and Matthew McGue, " Familial Studies of Intelligence: A Review," *Science*, Volume 212, pp. 1055-1059 (29 May 1981).

遗传不仅对智力有重要影响，而且这种影响也会随着年龄的增长而变大。例如，研究显示异卵双生子从婴儿发展到成人，他们之间 IQ 分数的差异越来越大。而相对来说，同卵双生子的 IQ 分数则随着时间的推移变得越来越相似。这种相反的变化模式表明，随着年龄的增长，遗传因素会有越来越大的影响（Silventoinen et al.，2012；Segal et al.，2014；Madison et al.，2016）。

虽然遗传在智力上扮演着重要的角色这一点已经很清楚，但研究者希望进一步了解遗传因素的影响程度到底有多大。最极端的观点由心理学家阿瑟·詹森（Arthur Jensen，2003）提出，他认为 80% 的智力是遗传的结果。其他人则较为保守，认为遗传的贡献在 50% ～ 70%。值得注意的是，这一数据仅仅是大量人群的平均值，而且某一特定个体受遗传影响的程度不能从这个平均值预测出来（Devlin, Daniels, & Roeder，1997）。

虽然遗传因素在智力上发挥了重要作用，但环境因素（例如良好的教育经历、聪明的同伴）都会在很大程度上促进智力的发展。实际上，很多公共政策是以增强环境影响、最大化促进人类智力发展为目标而

制定的。我们应该思考：为争取每个个体智力发展的最大化，我们能做些什么（Storfer，1990；Bouchard，1997；Anderson，2007）。

从教育工作者的视角看问题

一些人运用智力受遗传因素影响的实验结论作为反对向低 IQ 个体提供教育的论据。根据你所学到的环境与遗传的知识，你认为这种观点站得住脚吗？为什么？

人格：人是否天生外向

我们的人格是遗传来的吗？一些证据支持我们的基本人格特征具有遗传基础。例如，大五人格中的两个人格维度（神经质和外向性）与遗传因素相关。神经质（neuroticism）是个体表现出来的情绪稳定性的特征。外向性（extroversion）是个体寻求与他人相处的程度。以贾里德为例，他可能就遗传了其父亲贾马尔外向的人格特征（Horwitz, Luong, & Charles，2008；Zyphur et al.，2013；Briley & Tucker-Drob，2017）。

我们怎样知道哪些人格特质反映了遗传的作用呢？一部分证据来自对基因本身的直接检测。例如，

似乎一种特定基因对风险偏好行为有极大的影响力。这一"新异寻求"（novelty-seeking）的基因影响了脑中的多巴胺，使得一些个体比其他人更倾向于寻求新异环境并乐于冒险（Serretti et al.，2007；Ray et al.，2009；Veselka et al.，2012）。

其他一些证据来自双生子的研究。在一项重要的研究中，研究者调查了上百对双生子的人格特质。由于这些双生子中不少是同卵双生子，只是他们在不同的环境中长大，这就为判断遗传因素的影响提供了强有力的证据（Tellegen et al.，1988）。研究发现，一些特质比其他特质反映出更大的遗传影响。社会潜能（成为有影响力的领导并乐于成为大众焦点）和传统主义（严格服从规则和权威）与遗传因素高度相关（Harris，Vernonl，& Jang，2007，见图3-10）。

即便是其他非核心人格特质也具有先天性，例如政治倾向、宗教兴趣、价值观甚至对性的态度等（Bouchar，2004；Koenig et al.，2005；Bradshaw & Ellison，2008；Kandler，Bleidom，& Riemann，2012）。

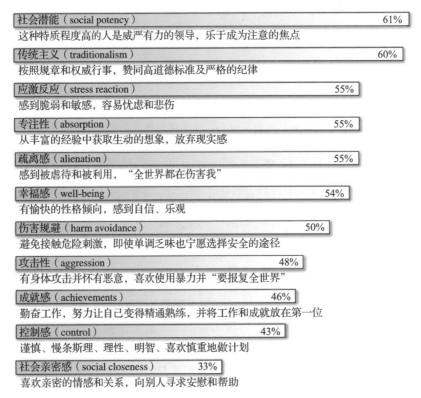

图 3-10　与遗传相关的特质

这些特质是和遗传因素关联最密切的人格因素。百分率越高，特质反映遗传影响的程度越大。这张图是否意味着"领袖是天生的，而不是培养的"？为什么？

资料来源：Tellegen, Auke; Lykken, David T.; Bouchard, Thomas J.; Wilcox, Kimerly J.; Segal, Nancy L.; and Rich, Stephen, "Personality similarity in twins reared apart and together," *Journal of Personality and Social Psychology*, Vol 54, No. 6, 1031-1039 (Jun 1988).

‖发展多样性与你的生活‖

生理唤醒的文化差异：文化的哲学观点是否由遗传决定

很多亚裔文化的佛教哲学都强调和谐与和平。与之相反，传统的西方哲学更强调控制焦虑、恐惧和内疚的重要性，例如马丁·路德（Martin Luther）和约翰·加尔文（John Calvin），他们认为这些才是人性的基本部分。

这种哲学观点是否在某种程度上体现了遗传的影响？发展心理学家杰罗姆·凯根（Jerome Kagan）及其同事提出了一个具有争议性的假设。他们推测，一个社会由遗传决定的气质可能会使该社会中的人们对特定的哲学观点有所偏好（Kagan，Arcus，& Snidman，1993；Kagan，2003a）。

凯根的假设是在可靠的研究结果基础上提出的。研究结果显示，白人儿童和亚裔儿童在气质上有明显差别。例如，一项对美国（白人）、爱尔兰和中国 4 个月大婴儿的比较研究显示，这 3 个国家的儿童在气质上差异明显。与美国白人婴儿及爱尔兰婴儿相比，中国婴儿明显运动少、活动水平低、不易发怒、说话声音低（见表 3-4）。

表 3-4　美国（白人）、爱尔兰和中国 4 个月大婴儿的平均行为分数

行为	美国人	爱尔兰人	中国人
运动分数	48.6	36.7	11.2
哭泣（秒）	7.0	2.9	1.1
烦躁（% 试次）	10.1	6.0	1.9
发声（% 试次）	31.4	31.1	8.1
笑（% 试次）	4.1	2.6	3.6

资料来源：Kagan, Jerome; Arcus, Doreen; and Snidman, Nancy, "The idea of temperament: Where do we go from here?," *Nature, nurture & psychology*, (pp. 197-210). Washington, DC, US: American Psychological Association, xvi, 498 pp.

凯根认为，中国人生来气质就较为平和，他们会发现佛教哲学的宁静观念与他们的自然倾向更协调。相反，西方人更情绪化、更紧张、有更高的内疚感，更容易被那些强调控制不愉快情绪的哲学吸引（Kagan et al.，1994；Kagan，2003a）。

值得注意的是，这并不意味着某种哲学观点必然好于或者差于另一种。同样，我们必须记住，同一文化下的个体之间在气质上也存在差异，而且差异的范围非常大。此外，环境条件会对个人气质中不受遗传决定的部分产生显著影响。凯根及其同事的观点反映了文化与气质之间复杂的交互作用。

认为"哲学传统是文化的最基本部分，可能会受到遗传因素影响"的这类观点还需要很多研究来验证。同时，我们还要继续探讨：特定文化中遗传与环境独特的交互作用会如何影响个体看待世界和理解世界的哲学框架？

很明显，遗传因素在决定人格方面起着重要作用，但与此同时，儿童所处的环境也影响着人格。例如，一些父母鼓励高活动水平，把活动看成独立和智力的表现。另一些父母可能鼓励低活动水平，认为被动一些的孩子更容易适应社会。这些父母的态度在一定程度上与其所处文化相关，美国父母可能鼓励高活动水平，而亚洲父母更希望孩子被动安静。在这种情况下，孩子之间不同的人格在一定程度上由父母的态度所塑造（Cauce，2008）。

由于遗传与环境都会影响儿童的人格发展，因此人格发展成为先天因素和后天因素交互作用的很好例证。此外，先天因素和后天因素相互作用的方式不仅会影响个体的行为，它甚至影响整个文化。

心理障碍：基因和环境的作用

当伊莱 13 岁时，她能听到猫咪"墨菲斯托"给她下达的命令。一开始是一些无害的命令，例如"双脚穿不同的袜子去学校"。她的父母觉得这只是伊莱的想象，没当一回事。然而，当伊莱拿着一个锤子靠近她的弟弟时，她的母亲强势介入了。后来伊莱回忆

道："我非常清晰地听到了那个命令——杀掉他，杀掉他。我好像已经着魔了。"

从某种意义上，她的确是着魔了，她着了精神分裂症谱系障碍（schizophrenia spectrum disorder）的魔。这是最严重的精神疾病中的一种，通常简称为"精神分裂症"。虽然伊莱快乐平凡地度过了童年，但在进入青春期后，她渐渐不能区分现实和幻想。在接下来的20年里，她将要频繁进出精神病院，和这种障碍带来的灾难性后果不断斗争。

是什么导致了伊莱患上精神分裂症？越来越多的证据提示，遗传因素是元凶之一。这种疾病会在家族中遗传，有些家庭表现出异常高的发病率。与精神分裂症患者血缘关系越近的家庭成员越可能患病。例如，同卵双生子中如果有一个患精神分裂症，另一个有50%的概率也罹患精神分裂症（见图3-11）。然而，精神分裂症患者的侄子或侄女只有不到5%的患病风险（Hanson & Gottesman, 2005; Mitchell & Porteous, 2011; van Haren et al., 2012）。

然而，这些数据也表明，仅凭遗传不能决定精神分裂症的发生。如果精神分裂症仅仅由遗传导致，

那么同卵双生子中一人发病，另外一个的发病风险应该是100%。因此，还有其他因素影响精神分裂症的发病，例如大脑结构异常或者生化失衡（Hietala, Cannon, & van Erp, 2003; Howes & Kapur, 2009; Wada et al., 2012）。

这些数据似乎还提示我们，即使某些个体有精神分裂症的遗传易感性，他们也并非一定会患病。相反，他们遗传到的是对环境压力的异常敏感性。如果压力不大，他们会与正常人一样没有任何问题，如果环境中的压力过大则会导致他们发病。另外，对于具有较强精神分裂症遗传易感性的个体来说，即使他们处在一个压力相对不大的环境中，他们仍可能会患病（Mittal, Ellman, & Cannon, 2008; Stefanis et al., 2013）。

精神分裂症并非唯一与遗传相关的心理疾病。重度抑郁、酗酒、孤独症谱系障碍、注意缺陷与多动障碍都有显著的遗传成分（Dick, Rose, & Kaprio, 2006; Monastra, 2008; Burbach & van der Zwaag, 2009）。

这些同时受到遗传和环境影响的疾病阐明了遗传和环境同时作用于精神分裂症和其他心理疾病的基本

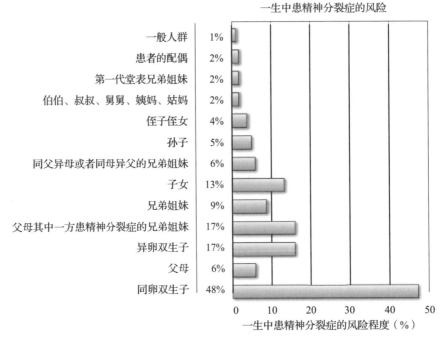

一生中患精神分裂症的风险

一般人群	1%
患者的配偶	2%
第一代堂表兄弟姐妹	2%
伯伯、叔叔、舅舅、姨妈、姑妈	2%
侄子侄女	4%
孙子	5%
同父异母或者同母异父的兄弟姐妹	6%
子女	13%
兄弟姐妹	9%
父母其中一方患精神分裂症的兄弟姐妹	17%
异卵双生子	17%
父母	6%
同卵双生子	48%

一生中患精神分裂症的风险程度（%）

图3-11　精神分裂症家族成员患病风险

精神分裂症这种心理障碍有确定的遗传成分。与精神分裂症患者血缘关系越近的家庭成员越可能患病。

资料来源：Gottesman, Irving I.(1991). Schizophrenia Genesis: The Origins of Madness. New York: Henry Holt and Company.

原则。遗传通常为未来的发展轨迹提供一种倾向或可能性，而何时以及是否表达出这种倾向特征则取决于所处环境。因此，尽管精神分裂症的易感体质在出生时就决定了，但直到青少年期遇到了特定的环境时才会发病。

类似地，随着父母和其他社会因素的影响减弱，某些特征可能会显现出来。例如，年幼时被领养儿童可能更多表现出与养父母相似的特质。随着他们的长大，养父母的影响逐渐减弱，遗传影响的特质开始呈现出来，使得他们表现得与亲生父母更为相似（Arsenault et al., 2003；Poulton & Caspi, 2005）。

基因是否会影响环境

孩子从父母那里继承的遗传天赋不仅决定了他们的遗传特征，还会主动影响孩子的生长环境。儿童的遗传易感性可能对环境有三个方面的影响（Scarr, 1998；Vinkhuyzen et al., 2010；Sherlock et al., 2017）。

第一，儿童倾向于主动关注环境中那些和他们遗传来的能力关系最为密切的方面。例如，一个活跃好斗的儿童会被体育课所吸引，而一个内向的儿童更有可能从事学术或可以独立完成的活动，例如电子游戏或画画。他们很少注意环境中不利于发挥他们遗传天赋的那些信息，例如两个女孩在学校的布告栏前阅读，其中一个可能会注意少年棒球联赛的广告，而另一个协调性差但极具音乐天赋的女孩会关注课余合唱队的招募启示。在这些例子中，儿童注意到的正是那些能发挥他们遗传天赋的环境。

第二，基因对环境的影响可能更加被动和间接。例如，偏好运动的父母由于携带了能促进身体协调性的基因，在生活中他们可能会为孩子提供更多的运动机会。

第三，儿童由遗传得来的气质会激发特定环境的作用。例如，与不太哭闹的婴儿相比，父母会更加关注那些难以被安抚的婴儿的需求。又如，遗传上协调性比较好的儿童可能会把房间里的任何东西拿出来当球玩。家长会注意到这一点，从而考虑给他们提供一些运动设备。

总之，要判断行为到底归因于先天因素还是后天因素，就像是瞄准移动的靶子射击一样。行为和特征不但是遗传和环境共同作用的结果，而且对于某些特征而言，遗传和环境的相互影响随着个体生命历程的

发展而不断发生变化。尽管我们在出生时获得的基因库为我们未来的发展搭建了平台，但不断变化的情境和其他特征决定了我们最终怎样发展。环境既影响我们的经历，同时又会受到我们先天气质的塑造。

产前的生长和变化

在助产护士与罗伯特和莉萨第一次见面时，她对莉萨进行了孕检，以证实夫妻俩的家庭测孕结果。"没错，你怀孕了，"助产护士对莉萨说，"在接下来的 6 个月里，你需要每月复诊一次，然后临近预产期时，复诊的次数会更多。现在你要去药店按照处方购买维生素，你需要补充维生素。你需要阅读这些关于饮食和运动的指南。你不抽烟吧？很好。"然后，她转向罗伯特问道："你抽烟吗？"在听了一大堆指导和建议后，这对夫妇有点茫然，但已经准备好尽他们最大的努力生一个健康的宝宝。

从怀孕的那一刻起，个体的发展就开始了，并一直持续着。产前发展的许多方面都会受到来自父母的一套复杂的遗传图谱指引，当然，很多其他方面从一开始同样会受到环境因素的影响（Leavitt & Goldson, 1996）。就像罗伯特和莉萨一样，父母双方都可以参与到为胎儿提供良好的产前环境中来，我们稍后将讨论这些问题。

产前各个阶段：发展的开始

当谈及一个新的生命时，大部分人会想到男性的精子接近女性卵子这一过程。事实上，为怀孕提供可能的性行为，既是受精或怀孕前一系列事件的结果，也是后面一系列事件的开端。受精（fertilization）是精子和卵子结合形成一个受精卵的过程，每个生命都是从这里开始的。

男性的精子和女性的卵子都有着各自的发育成熟史。在女性出生时，两个卵巢内就有大约 40 万个卵细胞（见图 3-12）。这些卵细胞只有到了青春期才会发育成熟。从这时起到绝经期，女性大约 28 天就会排一次卵。在排卵过程中，卵子从卵巢中释放出来，在微小的毛细胞推动之下经输卵管移动到子宫。如果卵子在输卵管中与精子相遇，受精就会发生（Aitken, 1995）。

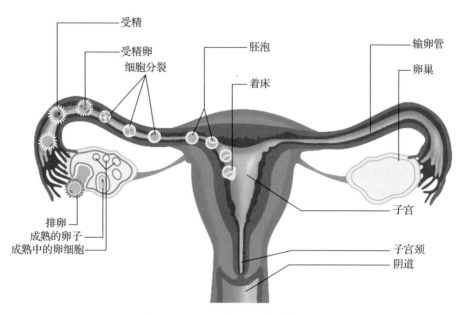

图 3-12 女性生殖器官的剖面图

此剖面图介绍了女性的生殖器官。

资料来源：Based on Moore, K. L., & Persaud, T. V. N. (2003). Before we were born (6th ed.). Philadelphia, PA: Saunders, pg. 36.

精子看起来就像微型蝌蚪，它们的生命周期要短一些。成年男性每天会生成数亿个精子。因此，性交过程中射出的精子要比卵子新鲜得多。

精子进入阴道后，开始了蜿蜒曲折的旅途。它们首先通过宫颈，这里是通向子宫的大门。然后，精子从子宫进入输卵管，而输卵管是受精发生的地方。然而，在性交时男性射出的 3 亿个精子中，只有一小部分能够在经历这样的艰辛旅途后最终存活下来。不过这样已经足够了，因为只需要一个精子就可以使卵子受精，而且每个精子和卵子各自都包含了孕育一个新生命所必需的遗传数据。

产前期包括三个阶段：胚芽期、胚胎期、胎儿期。表 3-5 总结了这三个时期的发展特点。

胚芽期：受精至第 2 周

胚芽期（germinal stage）是产前第一个阶段，也是最短的一个阶段。在怀孕的头两周，受精卵开始分裂，结构越来越复杂。同时，受精卵（这一时期被称为"胚泡"）向子宫移动，然后潜入能够提供丰富营养的子宫壁。该阶段的标志是系统化的细胞分裂，这种分裂过程非常迅速：受精后的第 3 天，胚泡含有 32 个细胞，到了第 4 天，这个数字又翻了一倍，在一周内达到 100 ～ 150 个细胞，并继续加速增长。

除了数量上的增多，细胞分裂还趋于专门化。比如，有些细胞在细胞团周围形成一层保护层，而其他细胞开始形成胎盘和脐带的雏形。当发育成熟后，胎盘（placenta）成为母体和胎儿之间的桥梁，通过脐带提供营养和氧气。此外，发育中的胎儿所产生的废物也通过脐带被带走。在胎儿脑部发育过程中，胎盘也发挥了作用（Kalb，2012）。

胚胎期：第 2 ～ 8 周

胚芽期结束时，即怀孕两周后，受精卵已经牢固地着床于母体子宫壁，此时它被称为"胚胎"。胚胎期（embryonic stage）是怀孕第 2 ～ 8 周。在这一阶段，主要器官和基本解剖结构开始发展。

在胚胎期的最初阶段，发育中的胚胎分为三层，每一层最终会发育成不同的身体结构。胚胎的外层被称为"外胚层"，将形成皮肤、毛发、牙齿、感觉器官、脑和脊髓。内层被称为"内胚层"，将形成消化系统、肝脏、胰腺和呼吸系统。外胚层和内胚层之间的是"中胚层"，将形成肌肉、骨骼、血液和循环系统。

在胚胎末期观察胚胎时，很难看出人的形状。一个 8 周大的胚胎只有约 2.5 厘米长，看起来像个鱼鳃加尾巴的结构。然而，通过细致观察，我们会发现一

表 3-5　产前期的各阶段

胚芽期（受精至第 2 周）	胚胎期（第 2～8 周）	胎儿期（第 8 周至出生）
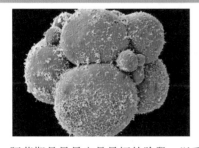		
胚芽期是最早也是最短的阶段，以系统化的细胞分裂的受精卵着床于子宫壁为特征。受精后 3 天，胚泡就含有 32 个细胞，再过一天数目再翻倍。一周之内，胚泡就增长至 100～150 个细胞。细胞变得专门化，其中一些形成包围胚泡的保护层	受精卵此时被称为胚胎。胚胎发育成三层，它们最终会形成不同的身体结构。这三层包括：外胚层：皮肤、感觉器官、脑、脊髓；内胚层：消化系统、肝脏、呼吸系统；中胚层：肌肉、血液、循环系统。在 8 周时，胚胎有 1 英寸长	胎儿期正是始于主要器官开始进行分化。胚胎此时被称为胎儿。胎儿生长迅速，长度增加了 20 倍。在 4 个月时，胎儿平均重 4 盎司；7 个月时，3 磅；出生时，平均体重则超过 7 磅。 胚胎期：第 2 周至第 8 周。胚芽期结束时，即怀孕两周后，受精卵已经牢固地着床于母体子宫壁，此时被称为胚胎。胚胎期（embryonic stage）是怀孕第 2 周至第 8 周。在这一阶段，主要器官和基本解剖结构开始发展

些熟悉的特征，能够辨认出眼睛、鼻子、嘴唇甚至牙齿的雏形，还有一些短而粗的凸起部分，这部分最终会形成四肢。

头和脑在胚胎期发育快速。头部占了胚胎相当大的比例，约为胚胎总长度的一半。被称为神经元（neurons）的神经细胞在这一时期也以惊人的速度发育，在生命的第 2 个月里，每分钟会产生 10 万个神经元！神经系统大约在第 5 周开始发挥功能，这时开始产生微弱的脑电波（Nelson & Bosquet，2000）。

胎儿期：第 8 周至出生

胎儿期是出生前胎儿发展的最后一个阶段，这一时期发育中的胎儿比较容易辨认。胎儿期（fetal stage）从怀孕第 8 周开始到出生前，其标志是主要器官的分化。

在胎儿期，胎儿（fetus）以惊人的速度成长变化。例如，身长增加了约 20 倍，而且身体的比例也发生了巨大的变化。在 2 个月时，头部占身长的一半。而到了 5 个月，头部就只占身长的 1/4（见图 3-13）。胎儿的体重也在逐渐增加，4 个月时平均体重约为 112

克，7 个月时约重 1350 克，出生时新生儿的平均体重约为 3150 克。

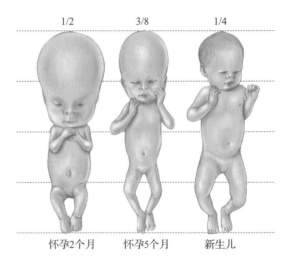

图 3-13　身体比例

在胎儿期，身体比例变化非常大。在怀孕 2 个月时，头部占胎儿身体的一半，而到了出生时，头部只占全身的 1/4。

与此同时，胎儿的结构也变得日趋复杂。器官分化更加明确并开始发挥功能。例如，3 个月时，胎儿开始吞咽和排尿。此外，身体各部分之间的连接变得复杂，整合性也更强。手臂的末端长出手，手长出手指，手指长出指甲。

伴随着这一切的发生，胎儿也让外界知道了它的存在。在怀孕早期，母亲可能没有意识到自己怀孕了。当胎儿变得越来越活跃时，绝大部分母亲也肯定注意到这个小家伙了。4 个月时，母亲可以感觉胎动；再过几个月，其他人能通过母亲的肚皮感觉到胎儿在踢腿。此外，胎儿还会转身、翻筋斗、哭泣、打嗝、握拳、张合眼睛以及吮吸拇指。

胎儿期的大脑也变得更加精密复杂。左右大脑半球的神经元迅速生长，神经元之间的连接也更加复杂。神经纤维被髓鞘包裹着，加快了信息从大脑到身体各部分的传递速度。

在胎儿末期，脑电波显示胎儿有睡眠期和觉醒期之分。这时胎儿还能听到外界的声音并感觉到声音带来的振动。在 1986 年，研究者安东尼·德卡斯伯（Anthony DeCasper）和梅兰妮·斯彭思（Melanie Spence）曾要求一组孕妇在胎儿期的最后几个月里每天两次大声朗读苏斯博士（Dr. Seeuss）的故事《戴帽子的猫》（The Cat in the Hat）。令人惊奇的是，相比另一个韵律不同的故事，这一组新生儿在出生后 3 天似乎能够辨别出这个故事，他们对这个故事有更多的反应。

在怀孕第 8 ～ 24 周期间，激素的释放使得胎儿的男女性别特征出现分化。例如，男性胎儿体内的高水平雄性激素影响其神经细胞的大小以及神经连接的生长。有科学家认为，这最终会导致男性与女性大脑结构的差异（Reiner, & Baron-Cohen, 2006；Burton et al., 2009；Jordan-Young, 2012）。

世界上没有两个成年人长得完全一样，同理，也没有两个胎儿长得完全一样。有些胎儿特别活跃（这种特征很可能在他们出生后仍然存在），而有些则更为安静。有些胎儿心率相对较快，有些则较慢，平均心率在每分钟 120 ～ 160 次是正常的范围（DiPietro et al., 2002；Niederhofer, 2004；Tongsong et al., 2005）。

这些差异一部分是由于受精时遗传的特点，一部分是由头 9 个月所处的环境造成的。我们将在后面看到，产前环境可以通过多种途径影响胎儿的发育，其影响有好有坏。

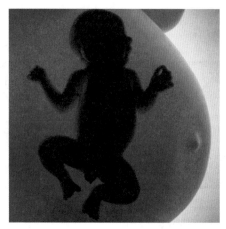

像成人一样，胎儿的天性也有很大的差别，有些非常活跃，有些则相对安静。这些特质在其出生后会持续地表现出来。

与妊娠有关的问题

对一些夫妇而言，怀孕是一个巨大的挑战，与怀孕相关的问题既包括生理上的，也包括伦理上的。

不孕

大约 15% 的夫妇受到不孕（infertility）的困扰。不孕是指在尝试怀孕 12 ～ 18 个月后仍无法怀孕。不孕的发生率与年龄呈负相关，年龄越大的夫妇越容易发生不孕（见图 3-14）。

对于男性来说，不育的主要原因是精子产量过少，而滥用毒品、吸烟、性传播疾病以及既往感染史也会增加不孕的可能性。女性不孕的最常见问题是不能正常排卵，其原因包括激素紊乱、输卵管或子宫损伤、压力、酗酒或滥用毒品（Kelly-Weeder & Cox, 2007；Wilkes et al., 2009；Geller, Nelson, & Bonacquisti, 2013）。

目前有一些治疗不孕的方法。有些不孕可通过手术或药物治疗。还有一种选择是人工授精（artificial insemination），即医生将男性的精子直接置入女性阴道的过程。精子的来源包括丈夫提供和精子库的匿名捐助者提供。

在其他一些情况下，受精发生在母体外。体外受精（in vitro fertilization，IVF）是指医生从女性卵巢中取出卵子，并在实验室里使其与男性精子结合的过程。然后，医生再将受精卵植入女性子宫。与此相似，配子输卵管内移植（gamete intrafallopian transfer，GIFT）是指医生将精子及卵子植入女性的输卵管；受精卵输卵管内移植（zygote intrafallopian

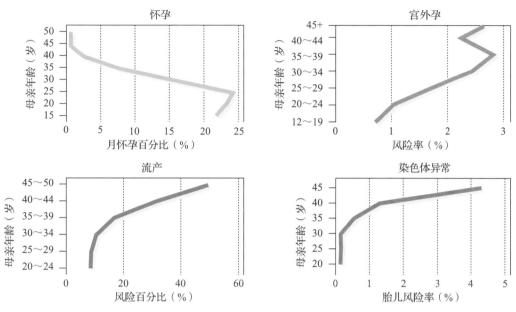

图 3-14 高龄妇女和怀孕风险

不孕和染色体异常的风险，都会随着孕妇年龄的增加而提高。

资料来源：Reproductive Medicine Association of New Jersey (2002) Older women and risks of pregnancy. Princeton, NJ: American Society for Reproductive Medicine.

transfer，ZIFT）是指医生将受精卵植入女性的输卵管。在美国某些州，配子或受精卵植入的对象通常是卵子的提供者，而在极少数情况下可能是代孕母亲（surrogate mother）[注]。代孕母亲通过和生父人工授精怀孕，直至孩子足月，并同意放弃对婴儿的所有权利（Frazier et al.，2004；Kolata，2004）。

"我才是他们真正的孩子，
你只不过是他们从实验室里拿回来的一个冷冻胚胎。"

对于年龄低于 35 岁的女性来说，体外受精的成功率高达 33%（对于高龄女性会低一些）。女演员玛西亚·克劳斯（Marcia Cross）和妮可·基德曼（Nicole Kidman）这些明星对该技术的使用和推广，使得它变得更加普遍。现在全世界有超过 300 万名婴儿通过体外受精得以出生（SART，2012）。

此外，随着生殖技术的进步，婴儿的性别选择成为可能。一项技术可以将携带 X 染色体和 Y 染色体的精子分离，然后将想要的那一类精子植入女性子宫。另一项技术可在体外受精成功后第 3 天检测受精卵的性别，然后将想要的那一性别的受精卵植入母亲体内（Duenwald，2003，2004；Kalb，2004）。

伦理问题

在美国某些州，代孕母亲、体外受精以及性别选择技术带来了一系列伦理和法律问题，同时也引发了情感问题。在某个个案中，代孕母亲在孩子出生后拒绝放弃孩子，而另一些代孕母亲则试图介入孩子的生活。在这种情况下，父母、代孕母亲以及孩子的权利就会发生冲突。

性别选择引起的争议更多。根据性别来终止一个胚胎的生命是否合乎伦理？迫于女性歧视的文化压

[注] 此处为美国的情况。在中国，法律禁止医疗代孕。——译者注

力而寻求孕育更多男性后代的医学手段是否合理？这是否最终会导致较不被偏爱的性别成为短缺性别（Sharma，2008；Bhagat, Laskar & Sharma，2012；Kalfoglou et al.，2013）？

更让人困惑的是，将来人们是否会允许根据其他遗传特征来预选孩子，例如蓝眼睛、高智商或是开朗的个性？这种预选符合伦理吗？虽然现在的技术还不能实现这种预选，但有朝一日会成为现实（Bonnicksen，2007；Mameli，2007；Roberts，2007）。

尽管此刻我们还不能回答上述伦理问题，但有一个问题我们可以回答：通过体外受精生出来的孩子是否健康？

答案是肯定的。一些研究发现，利用体外受精这种技术生育的家庭在生活质量上要高于正常生育的家庭。此外，长大后通过体外受精或人工授精孕育的孩子的心理适应能力和正常生育的孩子的心理适应能力相比没有差异（Dipietro, Costigan, & Gurewitsch，2005；Hjelmatedt, Widstrom, & Collins，2006；Siegel, Dittrich, & Vollmann，2008）。

不过，随着越来越多的高龄夫妇使用体外受精这种技术，上述的积极发现可能会发生变化。因为，近年来这种技术才被广泛使用，而它对于大龄夫妇造成的影响还有待时间告知我们答案（Colpin & Soenen，2004）。

流产和人工流产

这里的流产（miscarriage）是指自然流产，即胎儿可以在母亲体外存活之前，妊娠终止，胚胎从子宫壁分离并排出体外的情况。

15%～20%的妊娠以流产告终，通常发生在妊娠的前几个月。"死胎"（stillbirth）这个词是指怀孕20周甚至20周以上的胎儿停止发育。有些时候流产很早就发生，母亲甚至不知道自己已经怀孕了，更不知道已经流产了。

通常来说，流产可以归因于胎儿的某些遗传疾病。此外，激素问题、感染、母亲健康问题都会导致流产。不论原因是什么，遭遇流产的女性经常会体验到焦虑、抑郁以及哀伤。因为女性的身体在重回孕前状态之前可能会持续几周，由丧失带来的哀伤可能会加剧并延长（Zucker & Alexander-Tanner，2017）。

即便流产后重新生产了一名健康的孩子，有流产史的女性依然会有较高的抑郁风险。此外，后效可能会持续很长时间，有时甚至持续数年，这些女性可能在照顾自己健康的孩子时也会遇到困难（Leis-Newman，2012；Murphy, Lipp, & Powles，2012；Sawicka，2016）。

每年在世界范围内，25%的怀孕都以人工流产（abortion）告终，人工流产是指孕妇自愿终止妊娠。对于任何一位女性来说，人工流产都是一个艰难的选择，它涉及生理学、心理学、法律和伦理上的一系列复杂问题。美国心理学会的一项研究显示，在人工流产后，大部分女性体验到解脱和内疚的混合情感，除了小部分在人工流产前就有严重情绪问题的女性，大多数情况下负性心理后效并不会持续很长时间（APA Reproductive Choice Working Group，2000；Sedgh et al.，2012）。

研究发现，人工流产可能会增加后期引发心理问题的风险，不同女性对人工流产经历的反应存在个体差异。综上所述，人工流产是一个艰难的选择（Fergusson, Horwood, & Ridder，2006；Cockrill & Gould，2012；van Ditzhuijzen et al.，2013）。

产前环境：对发育的威胁

据南美的西里奥诺人所说，如果孕妇在怀孕期间吃了某种动物的肉，她生下的孩子在行为和长相上就可能会与那种动物相似。根据某些电视节目的说法，怀孕的妇女应该尽量不要生气，以免自己的孩子也带着怒气来到这个世界（Cole，1992）。

尽管上述观点多半是民间说法，但一些证据证实：怀孕期间母亲的焦虑确实会影响出生前胎儿的睡眠模式。父母在怀孕前后的某些行为会对孩子造成终生的影响。有些行为的影响会马上显现出来，但有些影响可能会在出生很多年以后才显现（Groome et al.，1995；Couzin，2002）。

其中，最严重的后果是导致畸形的介质所引起的。致畸剂（teratogen）是一种会导致先天缺陷的环境中介物，例如药物、化学物质、病毒或其他会导致出生缺陷的因素。尽管胎盘有阻止致畸剂影响胎儿的功能，但并不是百分百的，每个胎儿都有可能受到致畸剂的影响。

受致畸剂影响的时间和剂量非常重要。某种致畸剂虽然在产前的某些阶段可能只有微弱的影响，但在另一些阶段可能会造成严重的后果。一般来说，致畸剂在产前的快速发育期影响最大。对某种致畸剂的敏感性也与种族和文化背景有关。例如，相比欧裔美国人的胎儿，美国印第安人的胎儿更易受酒精的影响（Kinney et al.，2003；Winger & Woods，2004；Rentner，Dixon，& Lengel，2012）。

此外，不同器官在不同时期易受致畸剂影响的可能性也是不同的。例如，在怀孕 15～25 天时，胎儿的大脑最易受到损伤，而心脏在怀孕 20～40 天时最脆弱（Bookstein et al.，1996；Pakjrt，2004；见图 3-15）。

当讨论关于某个特定致畸剂的研究结果时，一定要考虑发生致畸剂接触情况背后广泛的社会文化背景。比如，贫困的生活使得接触致畸剂的概率增加。贫穷的母亲无法负担足够的饮食和医疗服务，这使得她们更容易患病，以致损坏了发育中的胎儿。而且，他们也有可能接触到被污染的环境。因此，有一点很重要，必须考虑导致致畸剂接触的社会文化因素。

母亲的饮食

我们对环境影响因素的认知大多数来自对母亲的研究。例如，助产士在莉莎和罗伯特的例子中指出，母亲的饮食在胎儿发育期间起着非常重要的作用。相

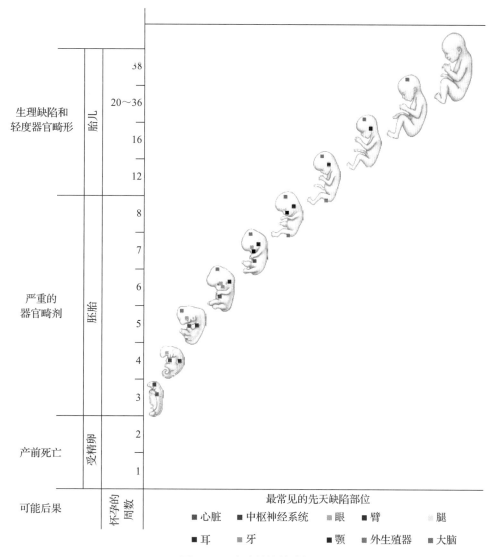

图 3-15　致畸剂的敏感性

依据发育的不同阶段，身体的各部分对致畸剂的敏感性有所不同。

资料来源：Moore, K. L. (1974). Before we are born: Basic embrology and birth defects. Philadelphia: Saunders.

对于饮食营养有限的母亲，饮食种类丰富、营养充足的母亲更少出现孕期并发症，生产更加顺利，所生婴儿也更健康（Kaiser & Allen，2002；Guerrini，Thomson，& Gurling，2007）。

饮食问题是全球关注的问题，全世界有 8 亿人处于饥饿中，近 10 亿濒临饥饿的边缘。显然，饥饿波及范围之大，影响到了这种环境下出生的数百万名儿童（World Food Programme，2016）。

幸运的是，有一些方法可以消除母亲营养不良对胎儿造成的影响。补充母亲的营养可以部分改善不良饮食造成的影响。甚至，有的研究发现，出生前胎儿期营养不良，出生后在丰富环境中养育的婴儿，可以在一定程度上克服由于早期营养不良带来的影响。但不幸的是，事实上，出生前母亲营养不良的婴儿出生后，很少能够在营养有明显改善的丰富环境中长大（Grantham-McGregoe er al.，1994；Kraamer，2003；Olness，2003）。

母亲的年龄

现在女性的生育年龄要晚于 20 年或 30 年以前。这一变化的主要原因是社会的变革。更多的女性选择在生第一个孩子前继续求学、获得更高的学位并开始她们的事业（Gibbs，2002；Wildberger，2003；Bornstein et al.，2006）。

因此，从 20 世纪 70 年代开始，越来越多的女性在 30 ~ 40 岁才生小孩。然而，晚生晚育对母亲和孩子都有潜在的影响。相比年轻的女性，30 岁以后生小孩的女性会面临更高的孕产期并发症风险，孩子可能会是早产儿或低出生体重儿。其中一个原因是卵子质量的下降。例如，女性到了 42 岁就有 90% 的卵子已不再正常（Cnattingius，Berendes，& Forman，1993；Gibbs，2002）。

年龄越大的母亲所生的孩子患上唐氏综合征的概率越大。大于 40 岁的母亲所生的孩子有 1% 的概率患上唐氏综合征，而大于 50 岁的母亲所生的孩子则有 25% 的概率患上唐氏综合征（Gaulden，1992）。然而研究显示，高龄产妇并非一定会面临更多孕期问题的风险。例如，一项研究表明，一个没有健康问题的 40 多岁的女性发生孕期并发症的可能性并不比 20 多岁的女性高（Dildy et al.，1996；Hodapp，Burke，& Urbano，2012）。

不仅高龄产妇会面临怀孕风险，年龄太小的准妈妈同样也面临着许多风险。青春期怀孕的女性容易早产。事实上，青少年母亲占了孕妇总数的 20%，其所产婴儿的死亡率是 20 多岁母亲所产婴儿的 2 倍（Kirchengast & Hartmann，2003；Carson et al.，2016）。

母亲的产前支持

记住，青少年母亲所产婴儿的高死亡率反映的不单是与母亲年龄有关的生理问题，还有其他问题——她们常常要面对不利的社会和经济因素，这些将影响婴儿的健康。许多青少年母亲没有足够的经济和社会支持，这使得她们不能得到良好的产前保健，也无法在婴儿出生后获得教养支持。贫穷或缺乏父母监管等社会环境可能就是导致青少年怀孕的首要原因（Huizink，Mulder，& Buitelaar，2004；Langille，2007；Meade，Kershaw，& Ickovics，2008）。

母亲的健康

母亲在孕育期间营养良好、保持正常的体重、保证适当的运动等对她生出一个健康的宝宝是非常有好处的。此外，她们这种健康的生活方式有利于减少孩子罹患肥胖、高血压以及心脏病的可能性（Walker & Humphries，2005，2007）。

相反，孕妇罹患的疾病有可能对胎儿造成灾难性的影响，这取决于疾病发生的时间。例如，怀孕 11 周前感染风疹，有可能导致婴儿失明、失聪、心脏缺陷或脑损伤等严重后果。然而到了怀孕后期，风疹的危害越来越小。

其他几种可能影响胎儿发育的疾病，其后果也取决于孕妇患病的时间。例如，水痘（chicken pox）会造成先天缺陷，腮腺炎（mumps）会增加流产的风险。

某些性传播疾病如梅毒（syphilis）可直接传给胎儿，待其出生时早已患病。对于另一些性传播疾病如淋病（gonorrhea），婴儿可能在通过产道出生时被传染。

艾滋病又称"获得性免疫缺陷综合征"（acquired immune deficiency syndrome，AIDS），是影响新生儿的最新疾病。如果母亲是艾滋病患者或仅为艾滋病病毒携带者都会通过胎盘血液把疾病传染给胎儿。然而，如果患有艾滋病的母亲在孕期服用齐多夫定（AZT）等抗病毒药物，则会将新生儿的患病率减少到 5% 以下。出生时患有艾滋病的婴儿必须终生接受抗病毒治疗（Nesheim et al., 2004）。

母亲的药物使用

母亲对许多药物的使用会使未出生的孩子面临严重的危险，这包括合法和不合法的药物。即使是普通疾患的非处方药物都可能造成出乎意料的伤害性后果。例如，治疗头痛的阿司匹林可导致胎儿出血和生长异常（Griffith, Azuma, & Chasnoff, 1994）。

即使是临床医生开出的处方药有时也会造成严重的后果。在 20 世纪 50 年代，很多女性为减缓怀孕初期的晨吐反应按医生的处方服用沙利度胺（thalidomide），却导致生出来的小孩四肢残缺。反应停会抑制本来应在怀孕前 3 个月出现的四肢生长，而开药时医生并不知道这一点。

母亲服用的某些药物会导致孩子出生数十年后的一些障碍。最近的例子发生在 20 世纪 70 年代，人工激素乙烯雌酚（diethylstilbestrol, DES）经常被用来防止流产。后来人们发现，相比正常母亲所生的女儿，服用过乙烯雌酚的母亲所生的女儿更容易罹患某种少见的阴道癌或宫颈癌，且其怀孕时会遇到更多困难。这些母亲所生的儿子也有问题，例如高于平均水平的生殖障碍等（Schecter, Finkelstein, & Koren, 2005）。

孕妇在知道自己怀孕前服用的避孕药或受孕药也会伤害到胎儿。这些药物含有性激素，会影响胎儿大脑结构的发育。体内自然产生的这些激素与胎儿的性别分化及出生后的性别差异有关，将会导致严重的损害（Miller, 1998; Brown, Hines, & Fane, 2002）。

违法药物对小孩的产前环境造成同等甚至更加严重的危害。非法购买的药物纯度差别很大，服药者根本不能确定他们服用的到底是什么。此外，某些常用非法药物又特别具有破坏性（H. E. Jones, 2006; Mayes et al., 2007）。

以服用大麻为例，在怀孕期间服用大麻会减少胎儿的氧气供应。大麻是常见的非法药物，上百万美国人承认服用过它。服用大麻会使婴儿易激惹、神经紧张、易受干扰。产前接触过大麻的孕妇所生的孩子在 10 岁时将表现出学习与记忆障碍（Goldschmidt et al., 2008; Willford, Richardson, & Day, 2012; Richardson, Hester, & Mclemore, 2016）。

在 20 世纪 90 年代初，孕妇使用可卡因（cocaine），从而导致上千个所谓的"可卡因成瘾婴儿"（crack babies）的诞生。可卡因会使胎儿的供血血管产生强烈的收缩，导致胎儿缺血缺氧，增加死胎、多种先天缺陷及疾病的风险（Schuetze, Eiden, & Coles, 2007）。

可卡因成瘾的母亲所生的孩子生来就药物成瘾，不得不遭受药物戒断的痛苦。即使尚未成瘾，他们在出生时也会有明显的问题。他们通常身材短小、体重低，还会有严重的呼吸系统问题、可见的先天缺陷或惊厥。他们的表现与其他婴儿很不同，他们对刺激通常没有反应，但一旦他们开始哭泣，就很难使他们安静下来（Singer et al., 2000; Eiden, Foote, & Schuetze, 2007; Richardson, Goldschmidt, & Willford, 2009）。

很难断定母亲使用可卡因这一单独因素的长期影响，因为这种药物的使用通常伴随产前保健的缺乏和出生后教养不足。事实上，在许多情况下，导致孩子出现问题的原因在于使用可卡因的母亲的不良照料。因此，对接触可卡因的孩子的治疗方法不仅需要母亲停止使用可卡因，而且需要提高母亲或其他照料者照料婴儿的水平（Brown et al., 2004; Jones, 2006; Schempf, 2007）。

母亲的烟酒使用

如果孕妇找理由说，偶尔喝酒或吸烟不会对未出生的孩子造成不良影响，那么她就是在和自己开玩笑。越来越多的证据表明，即使是少量的酒精或尼古丁都会阻碍胎儿的发育。

孕妇喝酒对未出生孩子有深远的影响。如果酗酒者在怀孕期间大量喝酒，那么她们的孩子会很危险。大约每 750 个新生婴儿就有 1 名胎儿酒精综合征（fetal alcohol syndrome, FAS）患者，这是一种表现为智力低下、心理迟滞、生长迟缓及面部畸形的障碍。胎儿酒精综合征是目前心理迟滞可预防的主要病因（Burd et al., 2003; Calhoun & Warren, 2007; Landgraf et al., 2013）。

即使是怀孕期间服用少量酒精，母亲也会让她们的孩子面临风险。胎儿酒精效应（fetal alcohol effects, FAE）是由于母亲在怀孕期间喝酒，从而导致孩子表现出胎儿酒精综合征的部分症状（Streissguth, 1997; Baer, Sampson, & Barr, 2003; Molina et al., 2007）。

没有明显胎儿酒精效应的儿童也会受到母亲喝酒的影响。研究发现，母亲在怀孕期间平均每天喝两杯酒精饮料，和她们的孩子在 7 岁时表现出的低智力相关；怀孕期间相对少量的酒精摄入对儿童将来的行为和心理功能有不良影响。而且，怀孕期间酒精摄入的后果是长期的。例如某项研究发现，14 岁儿童在空间与视觉推理测验中的成绩和母亲怀孕期间酒精摄入量相关——母亲喝酒越多，儿童反应的正确率越低（Mattson, Calarco, & Lang, 2006；Streissguth, 2007；Chiodo et al., 2012）。

由于酒精会带来这些风险，医生建议怀孕女性和备孕女性避免饮用酒精饮料。另外，他们还告诫母亲不要做另一种已证明对未出生孩子不利的事情：吸烟。

吸烟有很多后果，但无一益处。对于初吸者，吸烟会减少母亲血液中的氧含量，同时增加一氧化碳的含量，从而减少胎儿的氧气供应。另外，尼古丁和其他烟草中的毒素会减慢胎儿的呼吸频率并加快其心率。

孕妇吸烟的最终结果是增加流产和婴儿期死亡的可能性。事实上，现有评估显示，美国孕妇吸烟导致每年 100 000 例流产和 5 600 例婴儿死亡（Haslam & Lawrence, 2004；Triche & Hossain, 2007；Chertok et al., 2011）。

吸烟者生下低出生体重儿的可能性是非吸烟者的 2 倍，而且吸烟者所生的婴儿的身材普遍比非吸烟者所生的婴儿更加短小。此外，怀孕期间吸烟的女性有 50% 的概率更有可能生下心理迟滞的孩子（Wakschalg et al., 2006；McCowan et al., 2009）。

吸烟的消极影响非常深远，它不仅影响母亲的孩子，而且她的孙子也是受害者。例如，不吸烟孕妇的孙子与吸烟孕妇的孙子相比，后者患哮喘的概率是前者的 2 倍（Li et al., 2005）。

父亲是否会影响产前环境

人们很容易会认为父亲一旦完成了使母亲怀孕的任务，他对胎儿的产前环境就没有影响了。发展研究者过去也普遍认同这个观点，有关父亲对产前环境影响的研究也非常少。

然而，越来越清楚的是，父亲的行为是会影响产前环境的。正如莉萨和罗伯特去助产护士那里检查的例子，保健人员正在研究父亲可以为健康的产前环境提供支持的方式（Martin et al., 2007；Vreeswijk et al., 2013）。例如，准父亲应该避免吸烟。从父亲那里得到的二手烟会影响母亲的健康，并进一步影响未出生的孩子。父亲吸烟越多，他的孩子出生时体重就越低（Hyssaelae, Rautava, & Helenius, 1995；Tomblin, Hammer, & Zhang, 1998）。

类似地，父亲使用酒精和非法药物也对胎儿有很大的影响。酒精和药物的使用会损伤精子和染色体，这些会影响受精时的胎儿质量。另外，父亲使用酒精和药物也会给孕期的母亲制造紧张和不健康的产前环境。父亲在工作场所接触环境毒素（例如铅和汞），会损害精子并导致胎儿的先天缺陷（Dare et al., 2002；Choy et al., 2002；Guttmannova et al., 2016）。

另外，在身体或情绪上虐待怀孕妻子的父亲也会伤害未出生的孩子。作为虐待者，父亲会增加母亲的紧张水平，或者直接导致其身体受损，从而增加损害未出生孩子的风险。事实上，约 5% 的孕妇遭受着孕期的身体虐待（Gazmarian et al., 2000；Bacchus, Mezey, & Bewley, 2006；Martin, et al., 2006）。

从保健工作者的视角看问题

除了避免吸烟，准父亲还能通过做哪些事情来帮助他们未出生孩子的正常发展？

明智运用儿童发展心理学

优化产前环境

如果你打算要一个孩子，那么你可能会因为"觉得有太多的情况导致怀孕出现异常"而不知所措。事实上，你大可不必这样。在绝大多数情况下，怀孕和分娩都不会出现什么灾难性的后果。为了提高成功受孕的概率，女性可以在怀孕前和怀孕中采取一些措施（Massaro, Rothbaum, & Aly, 2006），这些措施包括以下几个方面。

- **准备怀孕的女性应该按顺序采取一些预防措施。** 首先，女性只能在月经结束后的前两周进行必要的非紧急 X 光照射。其次，女性应该在怀孕前至少 3 个月（最好 6 个月）进行风疹疫苗的接种。最后，准备怀孕的女性应在试图怀孕之前至少 3 个月开始不再使用避孕药，因为这些药物会阻碍激素的产生。
- **在怀孕前、怀孕时、生产后吃好。** 这个时期比任何时候都需要规律和营养均衡的饮食。此外，补充孕期需要的维生素，例如叶酸（维生素 B），这能减少可能的先天缺陷（Amitai et al.，2004）。

- **不要饮酒和使用其他药物**。有确切的证据表明，许多药物能直接到达胎儿并引起先天缺陷。同样，喝酒越多，给胎儿带来的风险就越大（O'Connor & Whaley，2006）。
- **监控咖啡因的摄入**。尽管目前还不清楚咖啡是否会导致先天缺陷，但已清楚的是咖啡、茶和巧克力里的咖啡因能到达胎儿，并具有刺激作用。因此，每天喝咖啡请不要超过三杯（Wisborg et al.，2003；Diego et al.，2007）。
- **不论怀孕与否，都不要吸烟**。这对于母亲、父亲以及任何接近准妈妈的人来说都同样适用，因为研究表明二手烟会影响胎儿的出生体重。
- **有规律地锻炼身体**。在大多数情况下，孕妇可以继续那些不剧烈的运动，不过，应避免剧烈运动，在非常热和非常冷的天气尤其应该避免（Paisley，Joy，& Price，2003；Schmidt et al.，2006；Evenson，2011；DiNallo，Downs，& Li Masurier，2012）。

案例研究

遗传的骰子摇起来

　　兰迪很担心。从他的太太萨曼莎怀上第一个孩子开始，他就经历好几次焦虑发作。他知道遗传是如何起作用的。你毫无办法，你的孩子不得不承受那些不公平的遗传负担。兰迪是一个现实主义者。他特别容易害羞。他一丁点儿运动细胞也没有。他既不外向，也没有野心。他只能祈祷孩子能够继承萨曼莎的大胆个性、野心、活力、宽广的心胸、良好的交际能力。如果他能操控遗传，让萨曼莎的特质占上风，那么这个孩子肯定会有更加光明的未来。

　　在兰迪忧心忡忡的时候，他把自己的顾虑告诉了太太。太太听了哈哈大笑。她承认说，她也祈祷了，希望孩子能拥有善良、智慧、豁达的天性，善于思考，最好不要继承她不断追求卓越和取悦他人的特点。换句话说，她祈祷孩子能像兰迪多一点。

　　夫妻俩笑成一团，互相拥抱，他们觉得还是等等看

孩子会如何表现他们各自的特点，孩子也可能会有些他俩身上没有的特点。他们会无条件地爱这个孩子，也会竭尽所能地培养孩子成为充满爱心、关心他人的人。

　　1. 你怎样能消除这对夫妇的疑虑和担心（孩子会特别像他们中的哪一个）？

　　2. 他们讨论的哪些特质很有可能会遗传给他们的孩子，哪些特质是受到环境影响的？这些由遗传决定的特质就必然无法改变了吗？为什么？

　　3. 兰迪应该在多大程度上担心孩子会继承他不好的特质（缺乏野心、不善于运动）？你有什么建议？

　　4. 萨曼莎应该在多大程度上担心她的孩子会通过过度努力获得成功而且喜欢取悦他人？

　　5. 遗传咨询能够就兰迪和萨曼莎的孩子有可能表现出哪些特点而给出答案吗？有没有什么方法，让他们可以知道要如何帮助孩子继承父母个性上的优点？

‖本章小结

　　在本章中，我们讨论了先天因素和遗传因素的基础，包括生命的密码通过 DNA 世代相传的方式。我们还看到遗传传递是如何发生错误的，并且讨论了治疗方法。这些方法有可能是预防遗传疾病的方法，包括遗传

咨询和基因治疗等新方法。

　　本章的重要主题是遗传和环境在决定人类特征上的交互作用。当我们发现遗传在人格特征的发展、个人喜好和品位方面起作用时，我们也发现遗传并非这些

复杂特征的唯一决定因素，环境在其中也扮演了重要角色。

另外，我们总结了产前发展的主要阶段（胚芽期、胚胎期、胎儿期），并且讨论了危害产前环境的因素和优化产前环境的方法。

在继续阅读之前，让我们先回顾一下导言中的案例：蒂姆和劳拉的儿子在出生之前就得到了脊柱裂的治疗。根据你对遗传和产前发展的理解，请回答以下问题。

1. 当蒂姆和劳拉决定进行胎儿手术，而不等孩子出生后再行手术时，你认为他们的决定正确吗？为什么？

2. 研究表明，母亲膳食中摄入叶酸不足会和后代的脊柱裂有关。你认为这种疾病是遗传造成的还是环境造成的？请解释你的观点。

3. 什么样的证据能够表明脊柱裂是或不是 X 连锁基因相关的隐性疾病？

4. 如果蒂姆和劳拉没法进行胎儿手术，那么你认为他们最好应该采取什么样的行为？

|| 本章回顾

基因和染色体在创造人类生命上的作用

- 基因是遗传信息的基本单位，它由特定序列的 DNA 分子构成，位于 46 条染色体上。
- 一个孩子分别从父亲和母亲那里得到 23 条染色体。这 46 条染色体提供了指导个体终生细胞活动的基本蓝图。
- 多胞胎的产生有两种可能。同卵双胞胎是卵子内的细胞分裂成两个受精卵，更多的情形是异卵双胞胎，是两组不同的精卵结合成两个受精卵。
- 来自男性和女性的第 23 对染色体决定了孩子的性别。男性是 XY 型，女性是 XX 型。如果男性和女性结合成的胚胎基因型是 XX 型，那么孩子的性别是女性；如果胚胎基因型是 XY 型，那么孩子的性别是男性。

遗传的基础

- 孟德尔发现了控制显性性状和隐性性状等位基因表达的重要机制。像发色和眼睛的颜色等特征以及苯丙酮尿症同样遵循这一遗传法则。
- 生物体中存在的遗传物质的潜在的组合被称为基因型，表型是指这种基因型表达出来的可观察的性状。

遗传信息是如何传递的

- 由父母贡献的基因对叫作等位基因，基因控制的性状可能呈现不同形式。如果一对等位基因含有不同基因，显性特征会得到表达。隐性特征只有在相同的等位基因对出现时才会表达。
- 像发色和眼睛的颜色等特征，以及是否患有苯丙酮尿症都是由等位基因决定的，并且遵循遗传法则。
- 多数特征不是由单个等位基因对决定的，而是由多对基因以不同方式运作而决定的，这叫作"多基因遗传"。

人类基因组计划

- 人类基因组图谱提供了关于人类相似性和差异性的丰富信息。这让行为遗传学的发展成为可能。
- 行为遗传学主要关注人格特征和行为，以及精神分裂症等心理疾病。该领域的研究者目前正在研究如何通过基因治疗预防和医治某些遗传缺陷。
- 遗传疾病包括苯丙酮尿症、唐氏综合征、脆性 X 综合征、镰刀型细胞贫血病、泰伊－萨克斯病、克林菲尔特综合征等。

遗传咨询及其作用

- 遗传咨询使用测试和其他手段来检查咨询者的遗传背景以及预测一些可能发生的问题，能帮助那些计划要孩子的夫妇查找出未来怀孕中可能发生的风险。最近，他们开始检测个体患有遗传疾病（例如亨廷顿病）的可能性。

环境因素在个体特质发展中如何相互作用

- 行为特征通常是由遗传和环境共同决定的。遗传特征代表了一种潜力（基因型），可能由于受到环境影响，最终表现出某种表型。

如何研究发展中基因与环境的相互作用

- 为了区分遗传和环境的影响，研究者使用非人类动物研究和人类研究，尤其是双生子研究来进行工作。

遗传和环境对于生理特质、智力和人格的影响

- 一般来说，所有的人类特质、特征和行为都是遗传和环境共同作用的结果。很多身体特征受到遗传的影响很大。智力有很大的遗传成分，但环境也可以对其造成显著影响。
- 尽管遗传对智力有重要影响已经是不争的事实，目前研究者争议的焦点在于遗传对智力的影响究竟有多大。
- 一些人格特质（神经质和外向性）与遗传因素相关

联，态度、价值观和兴趣也有遗传成分。在受到遗传影响的一些行为中，人格特质在其中起了中介作用。

- 环境影响人格，文化及其他环境因素也会和遗传因素一起影响它们的表达。

先天因素和后天因素在心理障碍的发展中所扮演的角色

- 像精神分裂症这样的心理障碍有遗传基础，这可以解释为何一些心理障碍似乎有家族发病的趋势。
- 遗传本身并非心理障碍发病的唯一原因，发病也可能受到环境因素的影响。

基因影响环境的方式

- 基因有可能以三种方式影响个体的环境：环境有可能直接反映了个体的遗传倾向；环境有可能受到父母之一或双方共同的遗传倾向的影响；个体的遗传倾向可能被父母注意到，并被父母满足。

产前各个发展阶段

- 受精是生命发展最初的事件，发生在精子和卵子在输卵管里相遇并结合。
- 产前期包括三个阶段：胚芽期、胚胎期、胎儿期。
- 胚芽期（从受精到第 2 周）以快速的细胞分化和细胞专门化，以及受精卵着床于子宫壁为特征。胚胎期（第 2～8 周），外胚层、中胚层和内胚层开始生长和专门化。胎儿期（第 8 周至出生）则以主要器官的快速增长和分化为特征，胎儿变得活跃，大多数身体系统开始发挥功能。

个体在孕期所面临的问题

- 母亲会因饮食、年龄、疾病以及药物、酒精和烟草的使用而影响胎儿。父亲及其周围人的行为也会影响胎儿的健康和发展。
- 受孕对某些伴侣来说可能有困难。不孕不育发生在约 15% 的伴侣中，对此有药物、手术、人工授精以及体外受精等治疗方式。
- 使用代孕母亲、体外受精及性别选择，向父母和学者提出了需要考虑的伦理和法律议题。

产前环境的风险因素以及如何应对

- 胎儿很容易受到环境中致畸剂的影响而导致出生缺陷。受致畸剂影响的时机和剂量可能导致不同的结果。
- 母亲的饮食习惯、年龄和健康状况都有可能影响胎儿的健康。
- 母亲关于合法及非法药物的使用有可能给胎儿带来意料之外的不良影响。
- 母亲在孕期饮酒和吸烟，以及暴露在父亲的二手烟之下（即便剂量很小），都有可能干扰胎儿的正常发展。
- 对伴侣进行身体或精神虐待的父亲会给胎儿造成伤害。

第 4 章

婴儿出生和新生儿

导言：意想不到

阿丽亚娜已做好一切准备，生下她的女儿。她坚持健康饮食，进行低强度孕期锻炼，参加分娩课程。

然而，阿丽亚娜的分娩过程并不顺利。在她宫缩之前，羊水就破了。事实上，她的宫缩在 12 个小时之后才开始，而且宫缩无节律。当她的宫颈收缩至只有 2 厘米时，阿丽亚娜感觉到了巨大的推力。此时，阿丽亚娜觉得她苦练了数月的呼吸练习没有丝毫用处。

在分娩了 24 小时之后，虽然阿丽亚娜接受了硬脊膜外手术以缓解她的处境，但药物的使用和筋疲力尽的状态使她难以使力。当胎儿的心跳开始下降时，医生使用了产钳。几分钟后，阿丽亚娜漂亮的女儿健康地来到人世。然而，由于体温有些许上升，她被留在新生儿科待了一周。

今天，阿丽亚娜的女儿活泼可爱，对世界充满好奇。"结果好就一切都好，"阿丽亚娜说道，"但我明白了生孩子时要预料到那些意想不到的事情。"

预览

尽管分娩和生产基本上要比阿丽亚娜所经历的容易，所有的出生都伴随着兴奋和些许紧张。绝大多数出生过程是很顺利的。一个新生命降生来到世界的时刻真是一个令人激动和快乐的时刻。很快，人们对新生儿非凡天分的惊讶取代了因其出生而带来的兴奋。新生儿一来到这个世界就拥有了令人惊异的能力，使他们能够应付子宫外的新世界并回应他人。

在本章，我们将考察导致分娩和婴儿出生的事件，并对新生儿进行简单的探讨。首先，我们会关注分娩，探讨分娩的一般过程以及分娩过程中可能用到的不同方法。其次，我们会考察婴儿出生时可能遇到的一些并发症，讨论可能造成早产和新生儿死亡的问题。最后，我们探讨新生儿的各种非凡能力。我们不仅关注他们的身体和知觉能力，还关注他们与生俱来的学习能力，以及技能如何为日后他们与其他人建立关系打下基础。

出生

我知道，婴儿只有在电影中才会以粉嘟嘟的、漂亮的干燥状态从子宫中来到人世。然而，在我儿子亮相的一刹那，我还是向后退了几步。因为在经过出生的隧道之后，他的头已经变成圆锥形，就像是一个湿漉漉的、泄了一部分气的足球。护士一定是察觉到了我的反应，所以反复强调这些状况过几天后就会消失。之后，她轻轻擦去我儿子身上的白色黏稠状物质，并告诉我他耳朵上的绒毛只是暂时存在的。我急忙打断了护士的话。"别担心，"我饱含热泪结结巴巴地说，"他绝对是我所见过的最美好之物。"

新生儿（neonates）是指新生婴儿。我们对新生儿的印象大多来自婴儿食品广告，而上述对一个典型新生儿的描述可能会令人非常吃惊。然而，大多数新生儿出生时都是这个样子的。毫无疑问，尽管新生儿刚出生时看上去暂时还有些瑕疵，但是从他们出生的那一刻起，迎接他们的就都是父母的满心欢喜。

新生儿的这种身体外貌是由他们"从母亲的子宫，经过产道来到外面的世界"这个漫长的旅程中的一系列因素造成的。我们可以从启动分娩的化学物质释放为起点追踪这一过程。

分娩：出生过程的开始

受精后大约 266 天，一种叫"促肾上腺皮质激素释放激素"（corticotropin-releasing hormone，CRH）的蛋白质促发了多种激素的释放，从而导致分娩过程的开始。其中，催产素（oxytocin）是一种很关键的激素，它由母亲的垂体（pituitary gland）释放，当催产素累积到一定浓度时，母亲的子宫就开始节律性地收缩（Heterelendy & Zakar，2004；Terzidou，2007；Tattersall et al.，2012）。

自怀孕开始到出生前的这段时间，由肌肉组织构成的子宫随着胎儿的生长而逐渐增大。尽管在怀孕期间母亲的子宫在大多数情况下是稳定的，但是自怀孕四个月后，子宫就会出现不规律的、无痛的收缩，这实际上是在为将来的分娩做准备。这种无痛性收缩被称为"希克斯收缩"（Braxton-Hicks contractions），有时也被称为"假临产"（false labor），因为它可能愚弄了处于热切和紧张期待中的父母，事实上它并不预示着孩子即将出生。

当婴儿出生临近的时候，子宫开始间歇性收缩。剧烈的宫缩逐渐增强，就像老虎钳一开一合，促使婴儿的头部顶向将子宫和阴道分开的子宫颈（cervix）。宫缩力量达到一定的强度，最终能把婴儿推入并慢慢通过产道，婴儿就出生来到外面的世界。正是这个费力而狭窄的通道使得新生儿形成了那种圆锥形的头部外貌。分娩的全过程可以分为三个阶段（见图 4-1）。

在分娩的第一阶段，宫缩为每 8 ~ 10 分钟一次，每次持续约 30 秒。随着分娩过程的推进，宫缩逐渐频繁，每次宫缩持续的时间也会延长。最后，宫缩约每 2 分钟一次，每次持续约 2 分钟。在转变期（transition），即分娩第一阶段的最后时期，子宫的收缩增加到最大强度，此时母亲的子宫颈完全打开，最后扩张到足够大（通常为 10 厘米），允许婴儿的头部（婴儿身体的最大部位）通过。

分娩的第一阶段所持续的时间最长，并且有很大的个体差异，这与母亲的年龄、种族、以前的分娩次

第一阶段	第二阶段	第三阶段
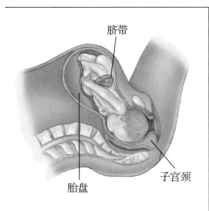	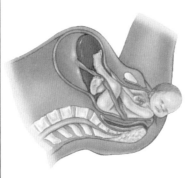	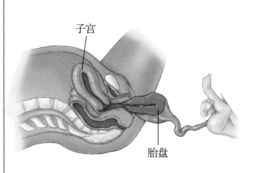
子宫的收缩最初约每8～10分钟一次，每次大约持续30秒。到分娩的最后阶段，收缩约每2分钟一次，每次大约持续2分钟。随着子宫收缩的增强，分开子宫和阴道的子宫颈变宽，最后扩张至足够大，可让婴儿的头部通过	婴儿的头部开始向下移动，依次通过子宫颈和产道。第二阶段通常持续90分钟，当婴儿完全脱离母体该阶段即结束	婴儿的脐带（仍与婴儿的身体相连）和胎盘娩出的过程。这个阶段是最迅速和最容易的一个阶段，只需要几分钟

图 4-1　分娩的三个阶段

数以及胎儿和母亲的很多其他因素有关。一般情况下，如果是第一胎，分娩过程会持续 16 ～ 24 小时，但是同样存在很大的个体差异。如果不是第一胎，分娩过程一般会短一些。

分娩的第二阶段持续约 90 分钟。在该阶段中，随着一次次宫缩，婴儿的头部逐渐下降，阴道的开口也更大一些。由于阴道和直肠之间的组织在分娩时会被横向拉伸，所以有时医生会在该部位进行**外阴切开术**（episiotomy），以增加阴道的大小。然而，由于外阴切开术有潜在的危害，因而进行外阴切开术的数量在过去几十年间急速下降（Graham et al., 2005；Dudding, Vaizey, & Kamm, 2008；Manzanares et al., 2013）。当婴儿完全脱离母体的时候，分娩的第二阶段也就结束了。在分娩的第三阶段，婴儿的脐带（仍然和婴儿的身体相连）和胎盘娩出。该阶段是最迅速也是最容易的一个阶段，只需要几分钟的时间。

女性对分娩的反应往往体现了文化因素。虽然生理过程基本上是相似的，但是不同文化背景下的女性对分娩的预期和对分娩过程中疼痛的理解有显著差异（Callister et al., 2003；Fisher, Hauck, & Fenwick, 2006；Xirasagar et al., 2011；Steel et al., 2014）。

在某些社会中，一些流传着的故事可以反映出其文化观念：一名女性怀孕期间仍在田中劳动，她在劳动过程中放下农具，走到田边产下一个婴儿后，随即就把包裹好的婴儿捆到自己背上，然后立即返回田地继续劳动。根据非洲 Kung 民族成员的描述，女性分娩是不用大费周折或者需要很多援助的，并且很快就能恢复。另外，也有许多社会认为生孩子很危险，甚至把它看作一种相应的病症。文化观念影响着特定社会中的人们对分娩过程的看法。

出生：从胎儿到新生儿

出生的确切时间点应该是婴儿"自母体子宫，通过宫颈，最后经阴道娩出脱离母体"的时刻。在大多数情况下，婴儿出生后会自动完成由胎盘供氧到用肺呼吸供氧的转变。因此，大多数婴儿一脱离母体就会自主啼哭，这会帮助他们清理肺部并开始自主呼吸。

接下来的情况会因为情境和文化背景的不同而存在很大差异。在西方文化背景下，医护人员几乎总是随时准备着在婴儿的出生过程中给予帮助。在美国，99% 的婴儿出生由专业的医护人员助产，但是在世界范围内，只有 50% 的婴儿出生由专业的医护人员助产（United Nations Statistics Division, 2012）。

阿普加量表

在大多数情况下，新生儿出生后先要接受一个快速的初步检查。父母对新生儿的检查可能只是数一数手指和脚趾是否有残缺，而受过专业训练的医护人员则会根据阿普加量表（Apgar scale）这样一个标准测评系统收集一系列信息，以确定婴儿是否健康（见表 4-1）。阿普加量表是由弗吉尼亚·阿普加（Virginia Apgar）医师创建的，以新生儿的五项基本体征为依据：外貌（appearance）、脉搏（pulse）、反射（grimace）、活动性（activity）、呼吸（respiration）。这五项体征的英文单词首字母的组合恰好组成了 Apgar。

医务人员根据这五项指标给新生儿打分，每项指标有 0～2 分，总分范围为 0～10 分。绝大多数新生儿得分大于等于 7 分。约 10% 的新生儿得分小于 7 分，需要在外界的帮助下开始呼吸。如果新生儿得分小于 4 分，则需要医生立即对其进行抢救。

较低的阿普加量表（或布雷泽尔顿新生儿行为评估量表）得分表明，在胎儿阶段孩子可能就已存在问题或出生缺陷。然而，有时分娩过程本身也可能导致较低的阿普加量表得分，其中最有可能的原因是暂时缺氧。

在分娩过程中的各个时刻，胎儿都有可能出现暂时缺氧，原因是多方面的，比如脐带绕颈，宫缩时脐带被牵拉减少了脐带血流量，导致供氧减少而引起缺氧。

虽然几秒钟的缺氧不会对胎儿造成很大的危害，但长时间的缺氧则有可能给胎儿造成严重的危害。如果持续缺氧几分钟，就会引发缺氧症（anoxia），造成孩子出生后的认知障碍（比如语言迟滞），甚至由于

部分脑细胞死亡造成精神障碍（Rossetti，Carrera，& Oddo，2012；Stecker，Wolfe，& Stevenson，2013；Tazopoulou et al.，2016）。

新生儿疾病筛查

在通常情况下，新生儿出生后就会进行一系列传染病和遗传病的筛查。美国医学遗传学会（American College of Medical Genetics）建议，所有的新生儿都应该接受 29 种疾病的筛查，包括从听力障碍、镰刀型细胞贫血病到异戊酸血症（一种极为罕见的代谢障碍）。这些筛查仅需医生从新生儿的足后跟取一滴血样就足够了（American College of Medical Genetics，2006）。

新生儿疾病筛查的好处是：若能筛查出某种疾病，就能够提供早期治疗。在一些情况下，通过早期治疗，人们可以阻止疾病导致的破坏性后果，例如为患有某种特殊代谢性疾病的孩子提供一种特殊的食物（Goldfarb，2005；Kayton，2007；Timmermans & Buchbinder，2012）。

在不同地方，新生儿疾病筛查的确切病种数量有很大的不同。一些地方仅要求筛查 3 种疾病，而另一些地方则要求进行超过 30 种疾病的筛查。若该地区筛查新生儿疾病的病种数量较少，则可能会有很多疾病被漏诊。事实上，美国每年大约有 1 000 名婴儿因在出生时疾病筛查不到位而遭受病痛折磨（American Academy of Pediatrics，2005；Sudia-Robinson，2011；McClain et al.，2017）。

身体外貌和最初的相遇

医护人员在评估了新生儿的健康状况之后，开始

表 4-1　阿普加量表

体征	0 分	1 分	2 分
外貌（皮肤颜色）	全身蓝灰色或全身苍白	躯干红，四肢青紫	全身粉红
脉搏（心率）	无脉搏	低于每分钟 100 次	高于每分钟 100 次
反射（对刺激的反射）	无反射	有些动作	咳嗽、打喷嚏
活动性（肌肉张力）	缺失或松弛	四肢稍弯曲	四肢屈曲活动好
呼吸	缺失	呼吸浅慢，不规律	呼吸顺利，会啼哭

婴儿出生 1 分钟和 5 分钟时分别评定一次。如果婴儿有问题，那么在 10 分钟时需要再评定一次。得分为 7～10 分的婴儿被认为是正常的，得分为 4～7 分的婴儿可能需要一些医学措施帮助其生存，得分低于 4 分的婴儿需要即刻进行抢救。

资料来源："A Proposal for a New Method of Evaluation in the Newborn Infant," V. Apgar, Current Research in Anesthesia and Analgesia, 32, 1953: 260.

清理新生儿通过产道后身上的残留物——厚厚的油脂样（例如奶酪样）的物质布满新生儿的全身。这种物质被称为"胎脂"（vernix），可润滑产道，但当胎儿娩出后，人们就不再需要它了，应尽早清除。新生儿全身长满柔软的暗色绒毛，被称为"胎毛"（lanugo），很快就会自行消失褪去。新生儿的眼睑浮肿，可能是由于分娩过程中液体的积聚所致，同时其身体的某些部位还可能有血液其他体液，人们都需对此擦拭干净。护士把新生儿清理干净后，将新生儿抱给母亲和父亲，这就是父母与孩子奇迹般的初次相见。虽然生孩子这种事每天都在发生，是个普遍现象，但是对父母而言，孩子的出生仍然是个奇迹，大多数父母都很珍惜这个与孩子初次相遇的时刻。

父母与孩子初次相遇的重要性不言而喻。一些心理学家和医学家一直存在着这样一个论断：联结（bonding）是指从孩子呱呱落地那一刻起的一段时间内，父母和孩子在身体和情感上的紧密联系，是亲子间形成长期联系的一个非常关键的因素（Lorenz，1957）。在一定程度上，这一论断基于对一些非人类物种的研究，比如对雏鸭的研究。这项研究显示，在雏鸭出生后有一个关键期，在这个时期存在某种机制，使得雏鸭处在时刻准备好向出现在它们周围的同类学习的状态，这种学习的准备状态也叫作"印刻"。

研究者把联结的概念推广应用到人类，从婴儿落地开始有一个联结的关键期，仅持续几个小时。在这段时间里，母亲和孩子肌肤之间的接触被认为会为母子间深深的情感联结打下基础。在这个假设基础上的一个推论是：从某种意义上讲，如果环境阻止了这种接触，母子之间的联结将永久缺失。由于有很多婴儿在出生后就被放入保暖箱或者需住院治疗而不得不离开母亲，使得婴儿出生后立即进行母子肌肤接触的机会减少，因此这种医学上的操作颇受质疑。

事实上，上述推论缺乏科学依据。发展研究人员仔细回顾研究文献时发现，几乎没有证据支持出生时存在联结的关键期。另外，虽然研究确实表明更早进行母婴接触的母亲对孩子的责任心强于无母婴接触的母亲，但这种差异仅持续几天而已。这些发现对于那些刚出生后就需要进行救治的新生儿的父母来说是欢欣鼓舞的。这也让领养孩子的父母感到安心，毕竟孩子出生时他们并不在其身边（Miles et al.，2006；

Bigelow & Power，2012；Schmidt et al.，2016）。

虽然婴儿刚出生时，母婴联结还不是那么不可或缺，但在孩子出生后，让孩子尽早接受温柔的触摸和按摩还是很重要的。来自身体接触的刺激会促进他们大脑中某些化学物质的分泌，从而促进生长。总之，新生儿接受触摸和按摩与体重增长、良好的睡眠-觉醒模式、更好的神经系统发育及较低的婴儿死亡率等都有关（Field，2001；Kulkarni et al.，2011；van Reenen & van Rensburg，2013）。

分娩的方式：医学和态度的碰撞

凯莉的第一个孩子是在医生的全程看护下降生的。这次经历让她觉得没有人情味，而且过于刻意。因此，她和丈夫萨米决定依靠一种她了解到的非洲接生法来迎接第二个孩子。

"这种非洲接生法更自然。你坐在一个中间有个开口的助产椅上。婴儿从那个开口滑落，而这一切都井井有条。只有在必要时刻才会需要医生在场。"

在曼哈顿的产科中心，凯莉和萨米参加了一个允许产妇使用助产椅的助产项目。他们一同参与分娩的全过程。当第一次宫缩时，萨米帮助凯莉起身并一起摇动。凯莉说："就像是一种缓慢而舒服的舞蹈，这种摇动帮助我度过最严重的宫缩。"

"之后我又坐回接生产椅上。当助产士说'用力'时，我的达拉（凯莉的第二个孩子）的头冒了出来。"助产士将达拉放至凯莉的胸前，然后去准备新生儿的例行检查。

西方的父母发展出了很多种分娩策略来帮助母亲尽量自然分娩，其中有些方法被强烈地推崇，显然在动物世界中是根本不需要考虑这些的。现今父母面临的问题是：应该在医院分娩还是在家分娩？应该由医师、护士还是助产士来辅助分娩？分娩时父亲最好在场还是不在场？家庭的其他成员是否应该参与到分娩过程中去？

大部分此类问题都不会有唯一明确的答案，主要是因为分娩方式的选择常常涉及不同的价值观念。没有一种分娩方式适合所有的父母，并且现在也没有确凿的证据可以证明，某一种分娩方式比另一种更为有效。正如我们看到的，各种各样的问题和选择牵涉其中，包括各种各样的文化因素。很明显，一个人的文化背景在分娩方式的选择上起到重要的作用。

如此之多的分娩方式在很大程度上是对传统医疗实践的一种反叛。在 20 世纪 70 年代初期之前，传统的医疗实践在美国广泛盛行，典型的分娩过程是这样的：一个房间中有多名处在不同分娩阶段的母亲，其中有些人由于疼痛而大声尖叫，而丈夫或其他家庭成员都不允许在身边陪伴。在婴儿就要娩出之前，这名母亲才被推入产房，在那里娩出婴儿。通常她会被麻醉，对于婴儿的出生一点意识都没有。

当时的医生认为，这样的过程对于保证婴儿和母亲的安全是必要的。然而有批评意见指出，还有其他的分娩方式可供选择，不仅能够优化母亲和孩子的健康情况，而且对产妇的情绪和心理有所改善（Curl et al.，2004；Hotelling & Humenick，2005）。

其他分娩方式

并不是所有的产妇都在医院分娩，也并不是所有的分娩都应遵循传统的分娩方式。传统分娩方式的几种主要的替代方式如下。

- 心理助产法：心理助产法在美国很流行，基于费尔南德·拉马兹（Fernand Lamaze）医师的著述，这一分娩方法很好地应用了呼吸技巧和放松训练（Lamaze，1979）。在一般情况下，计划使用该分娩法的准妈妈们将参加一系列的培训，每阶段的培训为期一周，在培训中，她们要练习使自己能够按照指令放松身体的不同部位。同时，准爸爸们扮演着教练的角色，陪伴着准妈妈们。通过训练，准妈妈们学会了集中注意力于呼吸上，并且学会了放松，以应对宫缩导致的疼痛。因为紧张情绪会使宫缩导致的疼痛感变得更强烈。准妈妈们练习将精力集中在一个可以让人放松的刺激上，例如一幅画中平静的景色。训练的目标就是学习如何积极应对宫缩的疼痛，以及如何在宫缩的过程中很好地放松（Lothian，2005）。

  这个方法有用吗？大多数产妇及其丈夫都报告说，练习心理助产法是一段非常积极的经历。他们很享受在分娩过程中所获得的掌控感，即一种通过努力在一定程度上能够控制一段艰难经历的感觉。另外，我们也不能排除选择了心理助产法的父母比起那些没有选择该技术的父母，对于分娩的经历有着更高的动机。因此，她们对心理

助产法的赞美之辞也可能是由于她们最初就投入了很高热情，而不是心理助产法本身的真正作用（Larsen，2001；Zwelling，2006）。

心理助产法与其他自然分娩法一样，都强调向父母传达有关分娩过程的信息以及尽量减少使用药物。然而，在低收入人群（尤其是少数民族）中，参与到心理助产法和其他自然分娩技术培训的人很少。这些人可能因为交通不便、缺少时间或经济原因而不能参加分娩前的训练课程。研究表明，低收入女性人群对于分娩过程中的各种情况缺少准备，从而可能在分娩过程中体验到更多的疼痛（Lu et al.，2003）。

- 布拉德利分娩法：布拉德利分娩法有时也被称为"丈夫指导的分娩法"。基于"分娩应该在没有药物和医疗干预的状态下进行"的理念，这种分娩法教会准妈妈们顺从自己身体的感觉以应对分娩的疼痛。

  与心理助产法相似，布拉德利分娩法倡导准妈妈学会肌肉放松技术，重视孕期良好的营养和运动，鼓励父母对分娩承担责任。这种方法认为，医生的帮助是不必要的，甚至可能会导致危险情况发生。由于不主张使用传统医疗干预分娩的过程，这种方法颇受争议（Reed，2005）。

- 催眠分娩法：催眠分娩法是一种新兴的技术，在美国已逐渐流行起来。该分娩法是指分娩过程中产妇进行自我催眠，产生一种平和安宁的感觉，以减轻疼痛。其基本理念是产妇将注意力集中于放松身体上，同时关注身体内部感受的一种专注状态。越来越多的研究表明，这种技术可以有效减轻疼痛（Olson，2006；White，2007；Alexander，Turnball，& Cyna，2009）。

- 水中分娩法：水中分娩法是指产妇在温水池中分娩的方法，目前在美国仍不普遍。这种方法的理论基础是水的温度与浮力可以减缓产妇分娩和新生儿降生时的痛苦。虽然已有证据证明上述论点，但是依旧存在着因为水未完全杀菌而引起感染的风险（Thöni，Mussner，& Ploner，2010；Jones et al.，2012）。

助产人员：谁来接生

按照传统，女性分娩时一般都求助于产科医

生，即专门负责接生的医生。现在也有很多母亲选择助产士在分娩过程中全程陪伴。助产士是专门服务于分娩过程的护士。选择助产士的一个前提是母亲的状况不会导致婴儿出生时出现并发症。在美国，助产士的数量稳步上升（已达到 7 000 人），如今选择助产士的情况占分娩总数的 10%。在其他国家，助产士辅助的分娩能够达到近 80%，并且通常是在家分娩。不论经济发展程度如何，在家分娩在很多国家都是很常见的，比如在荷兰，约 1/3 的分娩在家里进行（Ayoub，2005；Sandall，2014）。助产方法的最新趋势，同时也是最古老的一种趋势："导乐"（doula）。导乐人员需要接受各种培训，随时准备为分娩过程中的母亲提供情感、心理和教育上的支持。导乐人员并不能取代产科医生或者助产士，也不能提供医学上的检查。不过，她们能够给母亲提供关于分娩方式选择的帮助和建议。

虽然导乐是最近才出现的，却代表了对古老传统的回归。该传统在其他文化中已经存在了好几个世纪，即有经验的年长妇女在年轻母亲分娩的时候提供支持和帮助，当时这一过程并没有被称为"导乐"。

越来越多的研究表明，导乐陪伴分娩对分娩过程是有利的，可加快分娩的速度，并减少产妇对麻醉药物的依赖。然而，导乐人员的使用仍存在一些问题，因为她们与注册助产士不同，注册助产士是需额外进行一年或两年专门训练接生而获得资格证书的护士，而陪产的导乐人员并没有得到认证，也没有接受过任何程度的专业教育（Campbell et al.，2007；Mottl-Santiago et al.，2008；Humphries & Korfmacher，2012；Simkin，2014）。

从保健工作者的视角看问题

在美国，99% 的分娩过程是在专业医疗护理人员的参与下进行的，而在世界范围内，助产比例仅接近 50%，你认为这是什么原因造成的？这些数据又说明了什么？

分娩和疼痛

任何一个生过孩子的妇女都会说："分娩过程是很痛的。"然而，到底有多痛呢？

这个问题从某种意义上来讲是无法回答的。原因之一是疼痛本身是主观的心理现象，很难用客观的标准进行衡量。虽然一些研究试图对疼痛进行量化，但是没有人能够回答"是否自己的疼痛比别人的疼痛更强烈或更严重"这类问题。例如，在一项调查中研究者要求产妇按照 1 ～ 5 的五点量表来评估她们在分娩中经历的疼痛程度，其中"5"代表最痛（Yarrow，1992）。44% 的产妇选择了"5"，25% 的产妇选择了"4"。

因为疼痛通常意味着身体出现了某些异常，所以我们对疼痛的反应一般都是恐惧和担忧。然而，在分娩过程中，疼痛实际上表明身体工作正常：宫缩正在进行，正在推动胎儿通过产道，这是正常的过程。因此，当分娩中的产妇不能恰当理解分娩过程中的疼痛经历时，就会潜在地提高她们的焦虑程度，从而使得她们感受到的宫缩疼痛更强烈。总之，每位产妇的分娩都依赖于下列这些因素：分娩前和分娩过程中的准备和支持情况、她们所处的文化背景对妊娠和分娩的看法、她们对分娩过程本身独特性的理解（Ip，Tang，& Goggins，2009；de C. Williams et al.，2013；Wilsona & Simpson，2016）。

麻醉和止痛药的使用

现代医疗最大的贡献之一就是止痛药的发现，并且这类药物的种类还在不断增多。然而，在分娩过程中使用药物需要权衡利弊。

约 1/3 的女性选择使用"硬膜外麻醉"（epidural anesthesia）的方式进行镇痛。硬膜外麻醉可使腰部以下产生麻木感。传统的硬膜外麻醉过程使得她们下肢无力而不能行走，在分娩过程中也可能不利于她们在娩出胎儿时向下用力。"可行走的硬膜外麻醉"（walking epidural）或"腰麻 – 硬膜外麻醉"（dual spinal-epidural）是新的硬膜外麻醉法，医生使用更细的穿刺针和一个控制系统来管理麻醉药的注射，使麻醉药物在分娩过程中连续小剂量进入人体。这使得女性在分娩过程中能够自由走动，而且与传统的硬膜外麻醉相比，这种麻醉法的副作用更小（Simmons et al.，2007）。

很显然，如果减少甚至不用止痛药，女性在分娩过程中就可能会感到极度疼痛并精疲力竭。不过，在分娩过程中使用止痛药也是有代价的：药物不仅进入了母亲体内，同时也进入了婴儿体内。所用的药物剂量越大，对胎儿和新生儿的影响也就越大。与母亲相比，胎儿的体积是很小的，所以同样的药物剂量对母亲的影响可能不大，但对于胎儿则可能产生巨大的影响。

麻醉有可能暂时抑制胎儿的供氧量，并且可能造成分娩进程的减缓。另外，在母亲使用麻醉药以后，其分娩的新生儿身体反应更少，在出生后的一段时间内表现出较差的运动控制能力，有更多的哭闹行为，并且最初的母乳喂养会更为困难（Ransjo-Arvidson，2001；Torvaldsen et al.，2006）。

目前，大多数研究显示，在分娩过程中使用的止痛药，对胎儿和新生儿的风险是很小的。美国妇产科学会（American College of Obstetricians and Gynecologists）建议，女性在分娩过程的任何阶段提出减轻疼痛的要求都应该受到尊重，而且减轻疼痛药物的少量恰当使用是合理的，不会对孩子将来的身体健康产生显著的影响（ACOG，2002；Alberst et al.，2007）。

分娩后在医院的停留：分娩，然后出院

新泽西州的戴安在医院生下了她的第三个孩子，仅仅一天后，她就被要求出院回家，当时她仍感到筋疲力尽。然而，她的保险公司坚持认为，产后 24 小时已足够戴安进行身体恢复，并拒绝为她额外的住院时间支付费用。3 天后，她的婴儿因黄疸又重新回到医院。医生告诉戴安，如果当初她和孩子在医院多住几天，孩子的黄疸可能会及早发现并得到治疗（Begley，1995）。

戴安的经历并不少见。在 20 世纪 70 年代，正常分娩的女性平均住院时间为 3.9 天，而在 20 世纪 90年代就已缩短至 2 天。这种变化在很大程度上是医疗保险公司只关心如何减少支付费用造成的，他们倡导分娩后只需住院 24 小时。

事实上，医务人员也反对这种趋势，因为这样做无论是对母亲还是对孩子都可能存在很大的风险。比如，母亲在分娩过程中破损的血管可能会再次破裂出血，而且新生儿可能会需要只有医院才能提供的强化医疗护理。此外，母亲产后在医院停留的时间长一些，不仅能够得到更充分的休息，而且她们对医院提供的医疗护理的满意度也会更高（Farhat & Rajab，2011；见图 4-2）。

和上述观点一致，美国儿科学会指出，女性在分娩后至少应该住院 48 小时，并且美国国会已经立法，规定保险公司应至少负担女性分娩后 48 小时的保险费用（American Academy of Pediatrics Committee on Fetus and Newborn，2004）。

出生并发症

艾薇·布朗（Ivy Brown）的儿子一出生就夭折了。一位护士告诉她，并非只有她承受着这样的悲痛：在布朗所住的华盛顿特区，新生儿死亡率高得离奇。这促使布朗成为一名关注婴儿夭折的悲伤顾问。她组织了一个由医生和行政人员构成的委员会，对华盛顿的高婴儿死亡率进行研究并提出解决方案。"如果我可以为一位母亲分担这种可怕的悲痛，那么我的损失便不是毫无意义的。"布朗说。

在世界上最富有的国家首都华盛顿特区，婴儿死亡率高达 13.7‰，超过了匈牙利、古巴、科威特和哥斯达黎加等国家和地区。与其他国家和地区相比，美国的婴儿死亡率排名第 45 位，前 44 个国家和地区的平均婴儿死亡率为 6.26‰（U.S. Department of Health and Human

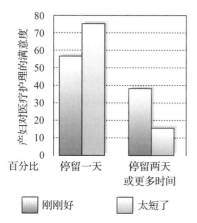

图 4-2 母亲产后留院时间越长越好

很显然，与分娩 1 天后就离开医院的母亲相比，产后住院时间更长的母亲对医疗护理的满意度更高。然而，一些医疗保险公司倾向于将产后住院时间缩短至 24 小时。你认为这种产后留院时间上的缩减合理吗？

资料来源：Finkelstein BS, Harper DL, and Rosenthal GE. "Does length of hospital stay during labor and delivery influence patient satisfaction? Results from a regional study." The American Journal of Managed Care, vol. (4, no. 12, pp. 1701-1708 (01 Dec 1998).).

明智运用儿童发展心理学

应对分娩

每位即将分娩的产妇对分娩过程都会有些害怕。很多人都听说过长达 48 小时的分娩过程，或者听到过有关分娩过程所伴随疼痛的生动描述。尽管如此，几乎所有的母亲仍然坚信，为了孩子的出生，这种疼痛是值得的。

虽然处理分娩的过程没有简单的对错之分，但是有些策略可能会对这个过程有所帮助。

- **灵活性**：虽然你可能已经精心安排了分娩过程中需要做的事，但是不要让严格遵从计划的思路把你限制住。如果某个策略不起作用，请立刻换另一个。
- **与医疗护理人员沟通**：让他们知道你正在经历的事情，从而他们可能会对你的问题提出解决方法。随着产程的推进，他们可能会比较明确地告诉你，你的分娩还要持续多长时间。如果得知最疼痛的阶段只要再持续约 20 分钟，你可能会更有信心坚持下来。
- **记住，分娩是很辛苦的**：你可能会很疲劳，但当你意识到这是分娩的最后阶段时，或许你会感到精神为之一振。
- **接受家人的支持**：如果配偶或其他家属在场，让他令你感到舒适，并为你提供支持。研究表明，有配偶或其他家属支持的妇女的分娩经历会稍微轻松一些（Bader，1995；Kennell，2002）。
- **对分娩疼痛有真切而实际的反应**：虽然你已经计划好了分娩过程中不使用任何药物，但是如果你到时觉得根本无法忍受这种疼痛，你仍可考虑使用药物。最重要的是，不要把寻求医学镇痛看作失败的标志。
- **关注大局**：请记住，分娩最终将带来快乐和幸福。

Services，2009，Sun，2012；Central Intelligence Agency (2016). The World Factbook；见图 4-3）。

为什么相比于有些国家和地区，美国婴儿的存活率更低呢？要回答这个问题，我们需要考察可能发生在分娩过程中的问题的本质。

早产儿与过度成熟儿

大概有 10% 的婴儿早于正常生产日期出生。早产儿（preterm infants）又称"未成熟儿"，是指妊娠 38 周之前出生的婴儿。因为早产儿在胎儿阶段并没有发育完全，因此他们患病和死亡的风险都比较高。反之，有的胎儿在子宫内多生活一段时间，这可以保证胎儿在不受外部世界的影响下继续成长。然而，在预产期后两周内仍未出生的过度成熟儿（postmature infants）也面临着风险。

早产儿：太早，太小

早产儿所面临的危险程度取决于出生体重。出生体重是将来评估婴儿发展状况的一个重要指标。在一般情况下，足月新生儿的平均体重为 3.4 千克左右，低出生体重儿（low-birthweight infants）的出生体重低于 2.5 千克。虽然在美国只有 7% 的新生儿为低出生体重儿，但他们占死亡的新生儿中的绝大部分（Gross，

Spiker，& Haynes，1997；De Vader et al.，2007）。

虽然大多数低出生体重儿为早产儿，但也有一些为小于孕龄的婴儿。小于孕龄的婴儿（small-for-gestational-age infants）因为胎儿发育受限，体重不到同孕龄婴儿体重的 90%。小于孕龄的婴儿可能是早产儿，也可能不是早产儿。这可能是由孕期营养缺乏所导致的（Bergmann，& Dudenhausen，2008；Salihu et al.，2013）。

如果早产时孕周不是太短，新生儿体重不是太低，那么对孩子将来身体健康的威胁相对而言就不是很严重。对这类新生儿的治疗主要是住院以增加体重。增加体重是至关重要的，因为新生儿体温中枢还不能特别有效地调节体温，而增加体重后脂肪层可以保暖，防止新生儿寒战。

研究表明，比起那些没有得到很好照料的早产儿，接触更多的反应刺激并得到规范护理的早产儿，有可能获得更好的结果。例如在"袋鼠式护理"中，婴儿在父母胸前进行肌肤接触似乎对早产儿的发育有帮助。每天多次抚触早产儿将促进某些激素的释放，有助于他们增加体重、促进肌肉生长、提升应激反应的能力（Field et al.，2008；Athanasopoulou & Fox，2014）。

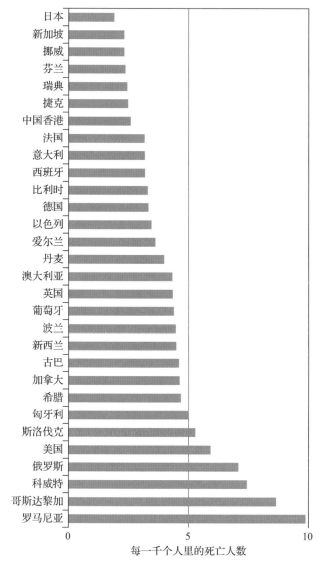

图 4-3　部分国家和地区的婴儿死亡率

此图展示了部分国家和地区的婴儿死亡率。尽管在过去的 25 年间，美国的婴儿死亡率已大大降低，但是其婴儿死亡率仍高于许多工业化国家。哪些原因导致了这个结果呢？

资料来源：Central Intelligence Agency(2016). The World Factbook.

如果婴儿出生时不够成熟，体重比同孕龄胎儿体重低很多，那么他们将面临更困难的局面。对他们而言，生存是首要的任务。比如，因体重低，他们很容易被感染，而且他们的肺发育还极其不成熟，所以不能有效地吸入氧气。其结果是患上呼吸窘迫综合征（respiratory distress syndrome，RDS），这属于具有潜在致命后果的严重情况。

为应对呼吸窘迫综合征，医生通常会将低出生体重儿放到保育箱中。保育箱是完全封闭的，其内部的温度和氧气含量均受到严格监控。对氧气含量的监控是非常精确的，因为含氧量太低则不足以提供新生儿的生命必需的氧气，而含氧量太高将损害新生儿柔弱的视网膜，可能导致永久失明。

因为早产儿尚未发育成熟，所以他们对周围环境的刺激更为敏感。他们对光线、声音和体验到的感受都很敏感，更容易受到惊吓。若受到刺激，他们可能会呼吸中断、心率减慢。他们四肢运动不协调，通常不能随意运动，常常表现出被刺激"吓了一跳"的反应，这种行为常令他们的父母手足无措（Doussard-Roosevelt et al.，1997；Miles et al.，2006）。

尽管早产儿在出生时经历了很多困难，但大多数早产儿最终能够正常发育。不过，与足月新生儿相比，早产儿的发育速度通常较慢，并且之后可能会出现更多问题。到 1 岁时，约 10% 的早产儿会出现明显的问题，并且有 5% 表现为严重的身体缺陷；到 6 岁时，约 38% 的早产儿需要进行特殊教育干预。例如，一些早产儿后来表现出了学习障碍、行为紊乱，或是智商分数低于正常水平，还有一些孩子则存在身体协调上的困难。不过，约 60% 的早产儿仅有轻微的问题，或是基本上没有问题（Hall et al.，2008；Nosarti et al.，2012；El Ayoubi et al.，2016）。

极低出生体重儿：小中更小

对于最极端的早产儿（极低出生体重儿），其情况不容乐观。**极低出生体重儿**（very-low-birthweight-infants）是指出生时体重低于 1 250 克的新生儿，或者是不论出生时体重如何，在孕 30 周前出生的新生儿。

极低出生体重儿不仅体型很小（甚至能被手掌轻易托起），他们从外表上看也和足月新生儿有很大的不同。他们闭着的眼睛好像融合在了一起，他们靠近头部的耳垂看起来就像是一层薄皮。不论他们属于哪一种族，其皮肤都呈暗红色。

因为极低出生体重儿的器官系统发育极不成熟，所以从生下来的那一刻起就面临着极大的生命危险。医学的进步增大了他们的存活率，如今早产儿的存活孕周已提前到 22 周，即比正常分娩提前了近 4 个月。当然，孕周越大，新生儿的存活率就越高。对早于 25 周出生的婴儿而言，其存活率低于 50%（Seaton et al.，2012，见表 4-2）。

表 4-2　存活和妊娠时间[1]

国家和地区　婴儿死亡率（‰）[2]	22～23 周[3]	24～27 周	28～31 周	32～36 周	37 周以上
美国	707.7	236.9	45.0	8.6	2.4
奥地利	888.9	319.6	43.8	5.8	1.5
丹麦	947.4	301.2	42.2	10.3	2.3
英格兰和威尔士[4]	880.5	298.2	52.2	10.6	1.8
芬兰	900.0	315.8	58.5	9.7	1.4
北爱尔兰	1000.0	268.3	54.5	13.1	1.6
挪威	555.6	220.2	56.4	7.2	1.5
波兰	921.1	530.6	147.7	23.1	2.3
苏格兰	1000.0	377.0	60.8	8.87	1.7
瑞典	515.2	197.7	41.3	12.8	1.5

① 在 28～32 周之后，胎儿的存活率显著升高。该表展示的是一定妊娠时间后出生的新生儿在其生命的第一年中存活情况的数据。
② 此处的婴儿死亡率表示特定人群中每 1 000 个活产儿中的死亡数。
③ 因为报道数据不同，可能孕 22～23 周早产儿的死亡率并不可靠。
④ 英格兰和威尔士提供的是 2005 年的数据。
资料来源：MacDorman & Mathews, 2009.

在低出生体重儿和早产儿中出现的身体发育和认知方面的问题，在极低出生体重儿身上表现得更为突出，这将导致巨额的医疗费用。在保育箱中接受重症监护治疗 4 个月的极低出生体重儿将花费成千上万美元，并且即便进行了大量的医学干预，最终仍有约 50% 的新生儿死去（Taylor et al., 2000）。

即便一个极低出生体重儿最终存活了下来，后续的医疗费用也很惊人。有人估算：在出生后的三年里，极低出生体重儿每个月的医疗费用比足月新生儿高出了 3～50 倍。如此庞大的花费引发了伦理上的争论——花费大量的人力、物力、财力，却不太可能有什么积极后果（Prince, 2000; Doyle, 2004; Petrou, 2006）。

随着医疗技术的进步，发展研究人员提出了一些新的策略，这将帮助和改善早产儿的治疗和生存状况，从而早产儿可存活的孕龄可能会更往前提。已有证据表明，高质量的护理能够保护早产儿远离早产所带来的一些风险，并且可以使早产儿在成年后和其他的成年人没有什么差别。即便如此，治疗早产儿的开销十分巨大。美国政府估算每年在这方面的开支高达 260 亿美元（Hack et al., 2002; Saul, 2009）。

分娩早产儿和低出生体重儿的原因

约一半的早产儿和低出生体重儿的分娩是无法解释的，但是另外一半可通过以下几个原因来解释。首先，一些早产的发生是由母亲生殖系统导致的。例如，双胞胎会给母亲生殖系统带来非常大的压力，从而导致早产。事实上，多胞胎在某种程度上很可能会早产（Tan et al., 2004; Luke & Brown, 2008）。

其次，一些早产儿和低出生体重儿的分娩是由母亲生殖系统的不成熟导致的。年龄小于 15 岁的年轻母亲比年龄大一些的母亲发生早产的可能性更大。此外，上次分娩后 6 个月内再次怀孕的母亲更有可能生下早产儿和低出生体重儿，因为她们没有给生殖系统更长的时间从上次的分娩中恢复过来。父亲的年龄也是影响因素之一，年龄越大，早产的可能性也就越大（Branum, 2006; Blumenshine et al., 2011; Teoli, Zullig, & Hendryx, 2015）。

最后，影响母亲健康状况的因素（例如营养、医疗护理水平、环境压力水平、经济支持等）都可能与早产儿和低出生体重儿的分娩有关。不同种族群体的早产发生率也不同。这并不是由于种族本身，而是由于少数民族成员相对收入较低，所承受的压力也更大。例如，非裔美国母亲分娩低出生体重儿的概率是白人母亲的 2 倍（Field, Diego, & Hernandez-Reif, 2008; Bergmann, Bergmann, & Dudenhausen, 2008; Butler, Wilson, & Johnson, 2012; 见表 4-3）。

表 4-3　与低出生体重相关的风险因素

人口学因素

1. 年龄过小或过大（小于 17 岁，大于 34 岁）
2. 民族（少数民族）
3. 低社会经济地位
4. 未婚
5. 受教育水平低下

早产的医学高危因素

1. 之前妊娠次数为 0 次或大于 4 次
2. 体重或身高值低
3. 泌尿生殖系统异常或做过相关手术
4. 患有一些疾病，例如糖尿病、慢性高血压
5. 未进行某些感染性疾病的免疫接种，例如风疹
6. 拥有既往不良产史，包括既往低出生体重儿分娩史和多胎分娩史

目前妊娠的医学危险因素

1. 多胎妊娠
2. 孕期体重增加不够
3. 分娩间隔短
4. 低血压
5. 高血压、毒血症、子痫前期
6. 一些感染，例如无症状菌尿、风疹、巨细胞病毒感染
7. 孕早期或孕中期出血
8. 胎盘因素，例如前置胎盘、胎盘早剥
9. 严重妊娠反应，例如妊娠剧吐
10. 贫血、异常血红蛋白病
11. 胎儿严重贫血
12. 胎儿畸形
13. 宫颈机能不全
14. 自发的胎膜早破

行为和环境高危因素

1. 吸烟
2. 营养状况不良
3. 酒精或其他物质滥用
4. 接触乙烯雌酚或其他有害物质，包括职业危害
5. 高海拔的生活环境

健康护理风险

1. 产前护理不足
2. 医源性早产

其他危险因素

1. 压力（包括身体的和心理的）
2. 子宫敏感
3. 诱发宫缩的事件
4. 分娩前检测到宫颈的变化
5. 某些感染，例如支原体感染、沙眼衣原体感染
6. 子宫体积膨大不足
7. 黄体酮功能不足

资料来源："Committee to Study the Prevention of Low Birthweight," Preventing Low Birthweight, 1985, National Academy Press from Preventing Low Birthweight by the National Academy Press.

过度成熟儿：太晚、太大

我们也许会认为，一个婴儿在母亲子宫中多待了一段时间可能会有些好处，可以在不受外界干扰的情况下继续生长。然而，过度成熟儿（postmature infants），即超过预产期 2 周还未出生的婴儿同样也面临着一些风险。

来自胎盘的血液供给可能不足以满足仍在生长中的胎儿的营养需要，结果导致胎儿大脑的血液供应不足，这可能引发潜在的脑损害。同时，胎儿在子宫内可能已经长成如同出生 1 个月后的婴儿大小，他们在通过产道娩出母体的时候，对母亲和婴儿而言，分娩的风险都会增加（Shea，Wilcox，& Little，1998；Fox，2006）。

与早产儿相比，过度成熟儿所面临的危险要更容易避免。因为如果妊娠时间太长，医务工作者可进行人工引产，不仅可进行药物引产，还可选择剖宫产。我们将在下文讨论剖宫产这种分娩方式。

剖宫产：分娩过程中的一种干预手段

艾琳娜已经进入分娩的第 18 个小时了。负责监控其产程进展的产科医生开始有些担心了。医生告诉艾琳娜和她的丈夫帕布鲁："胎儿监护仪显示，艾琳娜每次宫缩后都出现了胎心率的减慢。"他们试过一些简单的补救措施（比如让艾琳娜换个位置侧躺），都没有效果。所以产科医生认为胎儿已经有危险，必须马上娩出胎儿，所以要立即进行剖宫产。

艾琳娜成为美国每年 100 多万接受剖宫产分娩的母亲之一。在剖宫产（cesarean delivery）中，婴儿通过外科手术被医生从母亲的子宫中取出来，而不是通过产道被母亲分娩出来。

当胎儿显现一些危机情况的时候，产妇通常就会接受剖宫产。例如，胎心率突然升高或是母亲在分娩过程中阴道流血。另外，与年轻一些的产妇相比，超过 40 岁的高龄产妇剖宫产的可能性更大。总体而言，美国目前的剖宫产率为 32%（Tang et al.，2006；Menacker & Hamilton，2010；Romero，Coulson，& Galvin，2012）。

当胎儿的胎位为臀位（breech position），即胎儿双足位于产道前面时，产妇可能也需接受剖宫产。臀位胎儿的发生率为 4%。在分娩过程中，臀位胎儿所面临的危险主要是：脐带可能被挤压从而阻断了婴儿的氧气供应，导致缺氧。当胎儿处于横位（transverse position），即胎儿与子宫纵轴的方向相垂直，胎儿横

着位于子宫内时，产妇也多接受剖宫产。另外，当胎头太大，胎儿难以通过产道时，产妇也需接受剖宫产。

胎心监护仪（fetal monitors）是一种分娩过程中监测胎儿心率的装置。在分娩过程中，胎心监护仪使用的常规化导致了剖宫产率猛增。美国大约有25%的孩子是通过剖宫产这种方式出生的，这个概率自20世纪70年代早期以来增加了5倍（Hamilton, Martin, & Ventura, 2011；Paterno et al., 2016）。

剖宫产是有效的医学干预方式吗？许多其他国家的剖宫产率远远低于美国（见图4-4）。人们发现，剖宫产率与满意的分娩结果之间并没有相关关系。进一步来说，剖宫产是重大的外科手术，会带来危险。剖宫产母亲的身体恢复需要更长时间，而剖宫产母亲感染的风险也更高（Miesnik & Reale, 2007；Hutcheon et al., 2013；Ryding et al., 2015）。

此外，剖宫产对婴儿也有一定的风险。因为剖宫产婴儿没有经受产道的挤压，他们通过相对容易的方式来到这个世界上，这会阻止一些和压力相关的激素的正常释放，例如儿茶酚胺（catecholamines）。这些激素有助于新生儿准备应对子宫外世界的应激事件，缺乏这些激素可能对婴儿不利。

研究指出，剖宫产婴儿在出生时更有可能出现呼吸问题——比起经历过部分分娩过程的婴儿，那些完全没有经历过分娩过程的婴儿更容易发生呼吸问题。剖宫产母亲对分娩经历的满意度也更低，即便这种不满意并没有影响到母子之间的互动质量（Lobel & DeLuca, 2007；Porter et al., 2007；MacDorman et al., 2008）。

正如上文提到的，剖宫产率的升高与胎心监护仪的使用有关。最近医学权威不建议把胎心监护仪的使用常规化。有证据表明，与没有使用胎心监护仪的新生儿相比，使用胎心监护仪的新生儿并没有得到更好的分娩结果。胎心监护仪有时会在胎儿处于正常情况下时，发出错误的警报，显示其存在致命的危险。不过，胎心监护仪确实在高危妊娠、早产、过度成熟儿的监护中发挥了关键作用（Freeman, 2007；Sepehri & Guliani, 2017）。

研究显示，不必要的剖宫产与种族和社会经济差异有关。相对于白人妇女，非裔美国妇女有更大可能性进行不必要的剖宫产。另外，相对于没有医疗保险的妇女（较富有者），持有医疗保险的妇女（较贫困者）有更大可能进行不必要的剖宫产（Kabir et al., 2005）。

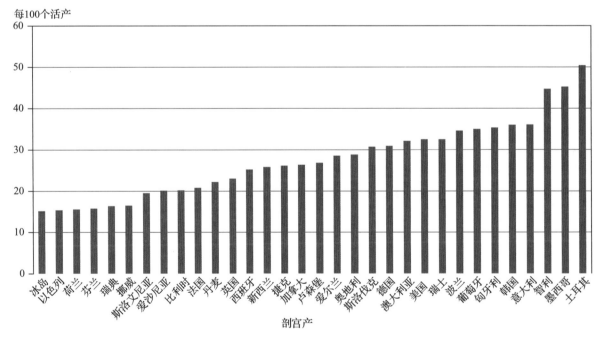

图 4-4　剖宫产率

不同国家之间的剖宫产率有着很大的差异。你认为，美国剖宫产率居高不下的原因是什么？

资料来源：Organization for Economic Cooperation and Development (OECD), 2015.

婴儿死亡率和死产：过早死亡的悲剧

一个孩子出生时带给大家的喜悦在发生婴儿死亡时就会完全走向另一个极端。婴儿死亡这一极罕见事件甚至会令父母难以承受。

有时候，一个孩子甚至在还没有通过产道时就已经死亡了，即分娩过程中发生的死亡。死产（stillbirth）是指娩出的婴儿已经死亡的分娩情况，其发生率不足1%。如果分娩尚未发动就已检测出胎儿在子宫内已经死亡的情况，那么医生需进行人工引产或剖宫产以尽快从母体中取出胎儿。一些死产的情况是婴儿在通过产道的过程中发生的。

婴儿死亡率（infant mortality）是指婴儿在出生后1年内的死亡比率。总体上，婴儿死亡率保持在6.17‰。婴儿死亡率自20世纪60年代以来一直在下降，尤其在2005～2011年下降了近12%（MacDorman，Hoyert，& Matthews，2013；Loggins & Andrade，2014；Prince et al.，2016）。

不管是死产还是出生后发生的婴儿死亡，失去孩子都是一个悲剧，对父母的影响是巨大的。这个情况类似于失去一个年长的亲人。

将生命画卷的第一抹色彩和非自然的早期死亡放在一起是非常难以让人接受和应对的，如果缺乏支持，情况将会变得更糟，一些父母可能会因此而患上创伤后应激障碍（Badenhorst et al.，2006；Cacciatore & Bushfield，2007；Turton，Evans，& Hughes，2009）。

‖发展多样性与你的生活‖

消除婴儿死亡率中种族和文化的差异

即使美国的婴儿死亡率在过去的几十年间有所下降，但是非裔美国婴儿在一岁之前死亡的可能性是白人婴儿的2倍多。这种差异主要是由社会经济因素造成的。较之于白人女性，非裔美国女性的生活更贫困，并且得到的产前保健也较少，所以她们分娩低出生体重儿的可能性就更大，而低出生体重是和婴儿死亡联系最紧密的因素（Duncan & Brooks-Gunn，2000；Byrd et al.，2007；Rice et al.，2017；见图4-5）。

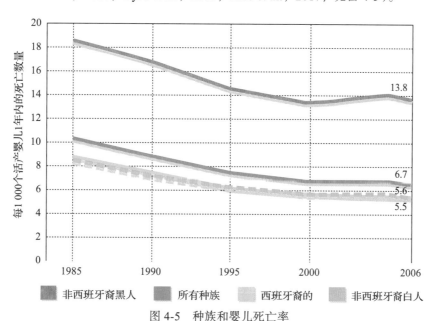

图 4-5　种族和婴儿死亡率

在美国，虽然婴儿死亡率在总体上大幅降低，但非西班牙裔美国黑人的婴儿死亡率仍为白种人的2倍多。本图展示了每1000个活产婴儿在生命第一年中死亡的数目。

资料来源：http://childstarts.gov/2009.

然而，不仅仅是美国特定种族群体成员的婴儿死亡率较高。如前所述，总体而言，美国的婴儿死亡率比其他许多国家都要高，为日本婴儿死亡率的2倍。

这是为什么呢？原因之一是美国的低出生体重儿和早产儿比例比很多国家都高。事实上，当把美国和其他国家同样体重的婴儿分别进行比较时，各国婴儿死亡率的差异也就消失了（Wilcox et al., 1995；MacDorman et al., 2005；Davis & Hofferth, 2012）。

导致美国婴儿死亡率较高的另一个原因与经济状况的分布不平衡有关。美国贫困人口比例比其他许多国家都高。当生活处于较低的经济水平时，人们很难享受到充分的医疗保健，从而导致了较差的健康状况。相对高的经济贫困人口比例对美国整体的婴儿死亡率产生了影响（Bremner & Fogel, 2004；MacDorman et al., 2005；Close et al., 2013）。

尽管美国的婴儿死亡率在总体上大幅降低，但是在不同种族和经济水平的人群中仍存在很大差异。

此外，很多国家向准妈妈们提供产前保健方面的工作也比美国做得好。比如，一些国家经常会提供低廉的甚至是免费的产前和产后保健服务，并且为孕妇提供带薪产假，有些国家的产假长达51周（见表4-4）。

表4-4　部分发达国家的分娩相关假期政策

国家	假期类型	总假期（月）	薪酬支付比例
美国	12周总假期	2.8	没有收入
加拿大	17周的产假	6.2	前15周为之前收入的55%
	10周育婴假		之前收入的55%
丹麦	28周的产假	18.5	之前收入的60%
	1年的育婴假		无业基本福利的90%
芬兰	18周的产假	36.0	之前收入的70%
	26周的育婴假		之前收入的70%
	在家照看孩子直到3岁		基本福利
挪威	52周的育婴假	36.0	之前收入的80%
	在家照看孩子直到2岁		基本福利
瑞典	18个月的育婴假	18.0	第1～12个月为之前收入的80%，第13～15个月享受基本福利，第16～18个月无收入
奥地利	16周的产假	27.7	之前收入的100%
	2年的育婴假		第1～18个月享受无业基本福利，第19～24个月无收入
法国	16周的产假	36	之前收入的100%
	直到孩子3岁的育婴假		如果只有一个孩子，则无收入；如果有两个以上孩子，则根据收入享受基本福利

（续）

国家	假期类型	总假期（月）	薪酬支付比例
德国	14 周的产假	39.2	之前收入的 100%
	3 年的育婴假		前两年根据收入享受基本福利，第三年无收入
意大利	5 个月的产假	11.0	之前收入的 80%
	6 个月的育婴假		之前收入的 30%
英国	18 周的产假	7.2	如果工作经历符合标准，第 1～6 周为之前收入的 90%，第 7～18 周享受基本福利；如果工作经历不符合标准，第 1～18 周均只享受基本福利
	13 周的育婴假		—

资料来源："From Maternity to Parental Leave Policies: Women's Health, Employment and Child and Family Well-Being" by S. B. Kamerman, 2000 (Spring), the Journal of the American Women's Medical Association, p55, table 1, "Parental Leave Policies: An Essential Ingredient in Early Childhood Education and Care Policies, by S. B, Kamerman, 2000, Social Policy Repot, 14, Table 1.0

美国的《家庭和医疗休假法案》（Family and Medical Leave Act，FMLA）要求雇主给生孩子的父母提供 12 周的无薪假期用于抚养、妥善安置孩子。FLMA 也要求雇主为父母双方或一方提供假期用于照顾具有严重医疗问题的孩子。因为是无薪假期，对低收入工人而言，没有经济收入是一个巨大的障碍，他们几乎不太可能利用这个机会在家陪伴孩子。

有机会获得较长的产假是很重要的，会使母亲有更好的心理健康状况，并且让母子之间的互动质量变高（Berger，Hill，& Waldfogel，2005；Hymowitz，2013；Rowe-Finkbeiner et al.，2016）。

更好的医疗保健只是降低婴儿死亡率的部分原因。在欧洲的一些国家，除了一个全面的一揽子服务（全科医生、产科医生和助产士服务），孕妇还会获得许多特权，比如前往医疗机构途中的交通补贴等。在挪威，孕妇会得到多至 10 天的生活补贴，使得在预产期临近的时候能够住在离医院很近的地方；当孩子出生后，新手妈妈还能够以低廉的价格雇用一个训练有素的家政人员（DeVries，2005）。

在美国，情况就很不一样了。国家健康护理保险和国家健康政策的缺乏意味着穷人往往得不到产前保健，大约每 6 名孕妇中就有 1 名没有得到足够的产前保健。约 20% 的美国白人女性和近 40% 非裔美国女性在其怀孕早期根本就没有得到任何产前保健。5% 的美国白人女性和 11% 的非裔美国女性直到分娩前 3 个月才开始接触医护人员，有些甚至在整个怀孕期间都没有接触过任何医护人员（Hueston，Geesey，& Diaz，2008；Friedman，Heneghan，& Rosenthal，2009；Cogan et al.，2012）。

从教育工作者的视角看问题

为什么美国缺乏能够降低整体和低收入人群婴儿死亡率的教育和卫生保健政策？怎样才能改善这一状况？

缺乏孕期保健导致了更高的婴儿死亡率。如果能够提供更好的支持，这种情况将有所改变。首先，要确保所有经济条件差的孕妇从怀孕开始就可获得免费或便宜的高质量医疗保健。此外，政府应减少导致贫困妇女接受医疗保健的壁垒，比如可以发展一些项目以帮助支付孕妇前往医疗机构的交通费用或照顾年长孩子所需的费用。这些项目的成本可能会被省下来的资金所抵消：健康孩子的花费远小于因营养不良或缺乏产前保健而患上慢性疾病的孩子的花费，两者的差额就可抵消上述项目的成本（Cramer et al.，2007；Edgerley et al.，2007；Barber & Gertler，2009；Hanson，2012）。

产后抑郁：从喜悦的巅峰到绝望的低谷

蕾娜塔发现自己怀孕的时候非常高兴，经过好几个月幸福的期盼和准备后，孩子降生了。分娩过程很顺利，孩子是个健康的、脸蛋红扑扑的男孩。然而，孩子出生几天后，蕾娜塔就陷入了抑郁的深渊：她不断地哭泣，感觉无力照顾孩子，感受到无比的绝望和困惑。

对蕾娜塔这种状况的诊断是：典型的产后抑郁。产后抑郁（postpartum depression）是指母亲在孩子出生后一段时间的重度抑郁，它困扰着约10%的新手妈妈。虽然产后抑郁有几种不同的表现形式，但其主要的症状是持久的、深度的悲伤和不快，有些情况可能持续数月甚至数年。经历产后抑郁的母亲可能会远离家人和朋友，感到极度疲劳、精神紧张和易怒。此外，她们还可能感到遭人指责（Mickelson et al.，2017）。

在每500例中会有1例的症状更为严重，会伴随着与现实的完全割裂。在极罕见的病例中，产后抑郁甚至会引发致命的后果。例如，安德莉亚·耶茨（Andrea Yates）是生活在得克萨斯州的一名母亲，她将自己的5个孩子全部溺死在浴缸中，之后的诊断表明她患了严重的产后抑郁症（Yardley，2001；Oretti et al.，2003；Misri，2007）。

患产后抑郁症的母亲的症状常常令人迷惑。抑郁的发作通常突如其来，让人大吃一惊。一些母亲似乎更可能患上产后抑郁症，比如过去曾经有过抑郁的经历或者家庭成员中有抑郁患者。此外，对于因孩子出生而带来的一系列情感变化（积极的或消极的），缺少准备的女性患产后抑郁症的风险更高（Kim，Sherman，& Taylor，2008；Iles，Slade，& Spiby，2011；LaCoursiere，Hirst，& Barrett-Connor，2012；Pawluski，Lonstein，& Fleming，2017）。

产后激素分泌的显著波动也可能引发产后抑郁。在妊娠期间，母体内雌激素和孕激素显著增加，在婴儿出生后24个小时将降至正常水平。这种激素水平的剧烈变化可能会导致抑郁（Klier et al.，2007；Yim et al.，2009；Engineer et al.，2013；Glynn & Sandman，2014）。

不管病因是什么，患有产后抑郁症的母亲都会给婴儿带来难以磨灭的影响。下文很快会提到，婴儿一出生就有着令人惊异的社会能力，并且他们会促使自己和母亲保持同样的情绪。患有抑郁症的母亲与婴儿互动时较少表现出积极情绪，而更多地表现出对孩子的分离和拒绝。这将导致婴儿也表现出较少的积极情绪——不仅表现出对母亲的拒绝，而且也不愿意和其他成人接触，表现出更多的退缩反应。另外，患有抑郁症的母亲的孩子更容易表现出反社会行为（例如暴力）倾向（Hay，Pawlby，& Angold，2003；Nylen et al.，2006；Goodman et al.，2008）。

有能力的新生儿

亲戚们围坐在躺在婴儿车里的凯塔周围。两天前，凯塔出生了，今天是她随母亲回到家里的第一天。作为与她年龄最接近的一个表哥，4岁大的塔柏似乎对这个新生儿的到来一点也不感兴趣。他说："小宝宝不会做任何有趣的事情，他们根本什么也不会。"

塔柏的论断在一定程度上是正确的。有许多事情婴儿是做不了的。比如，新生儿来到这个世界时根本没有能力照顾自己。为什么人类婴儿在出生时具有这么强的依赖性，而许多其他物种的个体生下来就好像已经具备了一些生存技能？

在某种程度上，原因在于人类婴儿降生得太早了。一般而言，新生儿的大脑只有成人大脑的25%。让我们比较一下，恒河猴的幼仔经过24周的妊娠阶段出生，其大脑就已长至成年恒河猴的65%。出生时人类婴儿大脑的发育相对不成熟，一些观察者认为人类出生的时间比本该成熟出生的时间提前了6～12个月。

事实上，进化好像知道它在做什么：如果我们在母亲体内再多待上6～12个月，我们的头就会因为太大而无法通过产道（Schultz，1969；Gould，1977；Kotre & Hall，1990）。在一定程度上，人类婴儿出生时相对不发达的大脑可以解释婴儿明显的能力缺乏。正是因为这一点，与人类年长的个体相比，最早对婴儿的关注点主要集中在他们不能做的事情上。

然而，现在这样的观点已经不再受欢迎，人们更强调新生儿所具有的能力。随着发展研究者开始更多地了解新生儿自身的特性，他们逐渐认识到，新生儿来到这个世界时就已经具备了所有发展领域内的一系列令人惊异的能力，即在生理、认知、社会性方面的能力。

适应新环境的要求

新生儿面对的外部世界和他们在子宫中所体验的世界是完全不同的，例如凯塔在新环境里开始她的生命之旅时，表现出了功能上的显著变化（见表 4-5）。

身体能力

凯塔最紧迫的任务就是吸入足够多的空气。在母亲体内的时候，空气是通过和母亲相连的脐带传送的，脐带同时也是运出二氧化碳的通道。在凯塔出生后，外界的情况就不同了：一旦脐带被剪断，凯塔的呼吸系统就必须开始它一生的工作。

对凯塔而言，这项任务是自动完成的。正如我们之前所提到的，大多数新生儿从他们暴露在空气中的那一刻起就能够自主呼吸。尽管在子宫中没有演练过真正的呼吸，新生儿通常能够立即开始呼吸，这个能力预示着呼吸系统已经发育完全，运行正常。

新生儿一出生就具有一些与生俱来的身体反射活动。比如，像凯塔一样的新生儿能够自动地显示出多种反射（reflexes），即对一些刺激的天生的、有组织的、无意识的反应。这些反射中有一些在出生前几个月就已经存在了。吮吸反射（sucking reflex）和吞咽反射（swallowing reflex）使得凯塔出生后立刻就能够摄入食物。定向反射（rooting reflex）是指婴儿的嘴能够主动转向刺激来源，这使得婴儿能够找到嘴边潜在的食物来源，比如母亲的乳头。

新生儿按照预先安排的程序进入这个世界，通过定向反射、吮吸反射和吞咽反射来寻找、摄入与吸收食物。

新生儿出生时就具备的反射并不都是帮助新生儿寻找食物的。例如，凯塔会咳嗽、打喷嚏、眨眼，这些反射帮助她避免潜在的烦扰或危险的刺激（见第 5 章）。

凯塔的吮吸反射和吞咽反射，帮助她吸入母亲的乳汁，与之相伴随的还有婴儿消化营养成分的能力。新生儿的消化系统最初以胎粪（meconium）的形式排泄废弃物。胎粪是胎儿时期产生的一种墨绿色的残留物。

肝脏是新生儿消化系统中的重要组成部分，最初并不总能有效地工作，约有一半新生儿的身体和眼睛的颜色会带有明显的淡黄色。这种颜色上的变化是新生儿黄疸（neonatal jaundice）的症状之一。在早产儿和低出生体重儿中，发生新生儿黄疸的概率会更大一些，但这通常不会使新生儿陷入危险。治疗的方法常常是把婴儿放到荧光灯下照射，或者进行药物治疗。

感觉能力

就在凯塔出生后，她的父亲很确定地说，她会盯着他看。那么事实上，她看见父亲了么？

表 4-5　凯塔在降生时第一次面对的事

1. 只要凯塔一通过产道，在与从子宫提供珍贵氧气的脐带断开后，她就开始自动地依靠自己呼吸。

2. 反射开始起作用。吮吸反射和吞咽反射使凯塔可以立即摄取食物。

3. 能够使她主动转向刺激来源的定向反射，指导凯塔向附近的潜在食品源（比如母亲的乳头）移动。

4. 凯塔开始咳嗽、打喷嚏、眨眼，这些反射帮助她避免潜在的、令人困扰的、有害的刺激。

5. 她的嗅觉和味觉已经高度发达。当她闻到薄荷味时，她的肢体活动和吮吸便增加了。当她的嘴唇触碰到酸味时便产生褶皱。

6. 相对于其他颜色，凯塔似乎对蓝色和绿色的物体更感兴趣。她对突然的巨大噪声反应剧烈。如果听到了别的新生儿啼哭，她也会持续大哭。不过，当她听到自己哭声的录音时，哭声便止住了。

这是一个很难回答的问题，原因有以下几个方面。首先，当感觉方面的专家谈论"看见"时，他们的意思既有针对视觉感官刺激的感觉反应，同时也有对该刺激的理解（感觉和知觉的区别）。新生儿缺乏解释其体验的能力，从而突出强调他们特定的感觉能力显得有些棘手。

然而，我们关于新生儿能否"看见"这个问题确实找到了一些答案，并且从某种意义上能够推广到其他的感觉能力。新生儿在一定程度上能够看见：尽管新生儿的视觉敏锐度还没有完全发展成熟，他们仍然积极地关注着环境中的各种信息。

新生儿密切地关注着其视野中信息量最高的画面部分，比如和环境对比强烈的物体。此外，婴儿可以分辨不同的亮度。有证据表明，新生儿甚至具有大小恒常性的感觉。尽管物体在视网膜上图像的大小随着距离的远近而有所不同，但他们似乎明白物体的大小是恒定不变的（Chien et al., 2006；Frankenhuis, Barrett, & Johnson, 2013；Wood & Wood, 2016）。

此外，新生婴儿不仅能够区分不同的颜色，他们好像还会偏好某些颜色。比如，他们能区别红、绿、黄、蓝，并且盯着蓝色物体和绿色物体的时间长于其他颜色的物体，这表明他们偏爱这些颜色（Dobson, 2000；Alexander & Hines, 2002；Zemach, Chang & Teller, 2007）。

新生儿一出生就能区分不同的颜色，并且表现出对某些特定颜色的偏好。

新生儿具有明显的听觉能力。他们能够对一些声音做出反应，比如他们会对喧闹的、突然的噪声表现出惊吓反应。他们也表现出对某些声音很熟悉。比如，正在哭泣的新生儿如果听到周围其他新生儿的哭声，他们就会继续哭泣。然而，如果听到的是自己哭声的录音，他就会很快停止哭泣，好像认出了这个熟悉的声音（Dondi, Simion, & Caltran, 1999；Fernald, 2001）。

和视觉类似，婴儿的听觉灵敏度也没有长大以后那么好。听觉系统没有发育完全，最初中耳会有部分羊水的残留在，只有羊水排净后他们才能清晰地听到声音。除了视觉和听觉，新生儿的其他感觉也开始充分发挥功能。很显然，新生儿对于触摸是非常敏感的。比如，他们对于毛刷刺激会有反应，并且他们能够感觉到成人感觉不到的微小气流。

新生儿的嗅觉和味觉也有了很好的发展。当研究者把薄荷糖放在新生儿鼻子边上时，新生儿闻到薄荷味道就会产生吸吮反射，身体的活动也会随之增加。当酸味的东西触及新生儿的嘴唇时，他们的双唇会紧闭起来。对于不同的味道，他们可以恰当地表现出相应的面部表情。结果表明，婴儿的触觉、嗅觉和味觉在出生时不仅存在，而且已经具备一定的复杂性（Cohen & Cashon, 2003；Armstrong et al., 2007）。

从某种意义上来说，新生儿（比如凯塔）具有复杂的感觉系统，这一点并不会让人感到惊异。毕竟，一个新生儿已经花了9个月的时间准备好应对外面的世界。正如我们在第2章所讨论的，人类感官系统在出生之前就已经开始很好地发展了。分娩时产道的挤压使婴儿处于较高的感知觉的状态，使得他们准备好和外面世界进行第一次接触。

早期的学习能力

一个月大的迈克尔坐车与他的家人一起外出，正好遇上暴风雨。暴风雨突然变得很猛烈，电闪雷鸣。迈克尔显然是被吓坏了，他开始哭闹。随着一个个雷声越来越紧密、越来越响亮，他哭闹得更厉害了。不幸的是，没过多久，不只是雷鸣会令迈克尔感到焦虑，光是看到闪电就足以让他害怕地哭叫。事实上，即使成年后，仅仅是闪电的景象就会让迈克尔感到胸腔受到压迫和胃绞痛。

经典条件作用

迈克尔恐惧的来源就是经典条件作用。经典条件作用是巴甫洛夫最先定义的一种基本学习形式。在经

胎儿是否在子宫中就习得了食物偏好

你是否有朋友喜欢某种你认为很可怕的、辛辣的食物？也许你对大蒜和咖喱情有独钟，但是你的一些朋友并不喜欢？我们看似古怪的食物口味源自哪里？研究表明，人们有一些食物偏好是胎儿时期在子官内形成的。

当研究者让孕妇在其临产前几周服用无味或大蒜味的胶囊时，成年志愿者能通过闻羊水和乳汁样本轻易辨别哪些孕妇服用过大蒜味的胶囊。在这个阶段的胎儿已有味觉和嗅觉的能力，因此人们得出了一个合理结论：如果成人能够闻出大蒜味，胎儿同样可以。此外，当使用大蒜味牛奶喂养这些新生儿时，在怀孕期母亲服食过大蒜的那些新生儿会感到开心，而其他新生儿则十分抗拒。使用其他味道的实验也展示出类似的结果（Mennella & Beauchamp，1996；Underwood，2014）。

使用鼠类进行的实验则确认了子宫内的味道接触与之后味觉偏好的联系存在着神经学基础。当胎鼠接触到薄荷味时，针对薄荷味的嗅觉感受器与杏仁核（与情绪相关的脑区）之间的神经通路增强了（Todrank，Heth，& Restrepo，2011）。

那么，你今日的饮食偏好是否出于母亲孕育你时饮食的持续印记呢？事实也许并非如此。当我们不断接触到新的食物和味道，味觉也会随着时间的推移而发生改变。对于味觉的早期影响最相关的是婴儿时期的饮食好恶，它有助于人们了解婴儿所需要的特别膳食。此外，母亲在怀孕期间所偏好的食物很有可能会持续成为她们将来哺育孩子的首选。因此，这解释了为什么我们到今天还依旧愿意去尝一尝从胎儿时期到幼年持续接触到的大蒜或咖喱（Trabulsi & Mennella，2012）。

对于和母亲有相同饮食偏好的婴儿，他们的进化优势可能是什么？

典条件作用（classical conditioning）中，有机体学习对一个中性的刺激做出特定的反应，而通常情况下该中性刺激本身并不会带来这种类型的反应。巴甫洛夫发现通过重复匹配两个刺激，例如铃声和食物，他可以让饥饿的狗学会不仅在食物出现时分泌唾液，还会在铃声响起而食物没有出现时也分泌唾液（Pavlov，1927）。

经典条件作用的关键特征就是刺激的替代作用，即把不能自发引起目标反应的一个刺激和另一个能够引发目标反应的刺激匹配起来。重复呈现这两种刺激使得第二个刺激在一定程度上具有第一个刺激的某种性质。实际上，就是用第二个刺激替代了第一个刺激。

研究表明，经典条件作用在塑造人类情绪方面影响巨大，早期的例子是被研究者所熟知的一个 11 个月大的婴儿小阿尔伯特（Watson & Rayner，1920；Fridlund et al.，2012）。虽然阿尔伯特最初很喜欢有毛的动物，也不害怕老鼠，但是后来他在实验室里学会了害怕这些动物。在实验中，每当阿尔伯特试图和可爱而不会伤害他的小白鼠一起玩时，他的周围就会

响起巨大的噪声，这使得阿尔伯特开始害怕小白鼠。事实上，这种恐惧还扩展到了其他带毛的物体，包括兔子，甚至还有圣诞老人的面具。当然，这样的实验设计在如今可能会被认为是不符合伦理的，并且不会被允许实施。

通过经典条件作用，婴儿很早就具备了学习的能力。比如，在每次给 1～2 天大的新生儿吮吸带有甜味的水之前，大人都抚摸一下他们的头，很快他们就学会只要大人抚摸了他们的头，他们就会转过头并开始吮吸。显然，经典条件作用从婴儿一出生就开始发挥作用了（Dominguez，Lopez，& Molina，1999；Herbert et al.，2004；Welch，2016）。

操作性条件作用

经典条件作用并不是婴儿学习的唯一机制，他们也可以通过操作性条件作用来学习。操作性条件作用（operant conditioning）是学习的一种形式，在这个过程中，自发性反应根据与其相联系的正性或负性结果而被增强或被减弱。在操作性条件作用中，婴儿学会为了得到他们想要的结果而故意做出某些行为。例如，一个婴儿学会通过哭泣这种途径达到立即将父母

的注意吸引过来的目的，这实际上就是操作性条件作用的应用。

与经典条件作用一样，操作性条件作用也在生命的最初阶段就开始发挥作用。研究发现，通过操作性条件作用，新生儿已经学会要想继续听母亲讲故事或听音乐，就需要一直吮吸橡胶乳头（Decasper & Fifer，1980；Lipsitt，1986）。

习惯化

可能最原始的学习方式正是由习惯化这一现象所展示出来的。**习惯化**（habituation）是指在某个刺激重复多次呈现之后，个体对其反应的降低。

婴儿的习惯化基于这样的事实：当婴儿接触一个新的刺激时，他们会产生指向反应（orienting response），他们可能会变得安静、专注，并且心率也会减缓。由于重复接触这个刺激，新鲜感会慢慢褪去，婴儿就不再出现最初的指向反应。然而，当婴儿接触了另一个新的刺激时，他们又会重新出现指向反应。当这一现象发生时，我们就可以说，婴儿已经学会了识别最初的那个刺激，并且能够把它和其他的刺激区分开来。

每种感官系统都有可能出现习惯化。研究人员通过多种方式来考察习惯化，其中的一种方式是考察吮吸的变化。当一个新的刺激出现时，婴儿的吮吸会暂时停止。这种反应和成年人在进餐过程中对别人的有趣言论表现出放下刀叉的反应大同小异。其他对于习惯化的测量还包括心率、呼吸频率，以及对特定刺激注视时间的变化（Brune & Woodward，2007；Farroni et al.，2007；Colombo & Mitchell，2009；Macchi et al.，2012）。

习惯化的发展是与婴儿身体和认知上的成熟有关。习惯化在婴儿一出生就有所表现，并在婴儿出生后的 12 周内逐步发展成熟。在习惯化上存在困难是发展上存在问题的标志之一，比如婴儿可能有智力迟滞（Moon，2002）。综上，婴儿学习的三个基本过程包括经典条件作用、操作性条件作用、习惯化（详见表 4-6）。

社会能力：回应他人

露西亚出生后不久，她的哥哥低头看着婴儿床中的她，然后张着大大的嘴巴，假装出一副惊讶的神情。露西亚的妈妈在旁边看着，非常惊异地发现，露西亚好像在模仿哥哥的表情，张着嘴巴，表现出她也很惊讶的神情。

当研究者发现新生儿确实具有模仿他人行为的能力时，他们也惊诧不已。虽然人们知道新生儿面部肌肉已经长成，具备表达基本面部表情的可能性，但是这些表情的出现在很大程度上仍然被认为是随机的。

然而，从 20 世纪 70 年代晚期以来的研究得出了不一样的结论。例如，发展研究者发现，当看到成人示范某种行为时，婴儿也能够自发地行动起来，例如张嘴或伸出舌头等。新生儿好像在模仿他人的行为（Meltzoff & Moore，1977，2002；Nagy，2006）。

发展心理学家蒂凡尼·菲尔德（Tiffany Field）及其同事的一系列研究结果更加令人兴奋（Field，1982；Field & Walden，1982；Field et al.，1984）。他们最早证明了婴儿可以区分基本的面部表情，例如高兴、悲伤、吃惊等。他们让成人向新生儿展示高兴、悲伤或吃惊的面部表情，结果发现新生儿能够在一定程度上精确地模仿成人的表情。然而，之后的研究仅在新生儿对伸舌头这个动作的模仿上比

表 4-6　婴儿学习的三个基本过程

类型	描述	举例
经典条件作用	有机体学会以特定的方式对一个中性刺激进行反应，而该刺激在一般情况下不会引起此种反应	饥饿的婴儿可能在母亲抱起他时停止哭泣，因为他学会将抱起来和之后的哺乳联系起来
操作性条件作用	自发的反应由于与其相联系的正性或负性结果而增强或减弱的一种学习方式	婴儿发现向父母展现笑容会吸引他们积极的注意，之后他可能更多表现出笑的行为
习惯化	对某个刺激的反应由于该刺激的重复出现而逐渐减低	婴儿看到一个新奇的玩具时会表现出很感兴趣、很惊讶，但是之后多次看到同一个玩具就不再感到有趣和惊讶了

较一致，因此新生儿能够模仿他人行为的观点遭到了质疑。即便是伸舌头这种模仿行为，在婴儿两个月大的时候也消失了。因为模仿似乎不大可能只限于一个单独的动作上，而且也不太可能仅仅持续几个月。因此，一些研究者认为，伸舌头并不是一种模仿行为，而是某种探索性的行为（Anisfeld，1996；Bjorklund，1997；Jones，2006，2007；Tissaw，2007；Huang，2012）。

发展心理学家蒂凡尼·菲尔德开展了关于婴儿面部表情的先驱研究。

虽然某些形式的模仿在生命历程中开始得非常早，但真正的模仿到底是何时开始的？这个问题到现在仍没有确切的结论。模仿技能是非常重要的，因为个体与他人之间有效的社会互动在一定程度上依赖于能够以恰当的方式回应他人，并且能够了解他人情绪状态的意义。因此，婴儿的模仿能力为将来与他人的社会互动打下了重要的基础（Heimann，2001；

Meltzoff，2002；Rogers & Williams，2006；Zeedyk & Heimann，2006；Legerstee & Markova，2008）。

婴儿很多其他方面的行为也是将来更加正式的社会互动行为的早期形式。新生儿的某些特征与父母的行为相互协调，这有助于与父母之间以及与其他人之间形成社会关系（见表4-7）。例如，新生儿在多种唤醒状态（states of arousal）中循环。唤醒状态是指不同程度的睡眠和觉醒状态，从深度睡眠一直到高度兴奋。虽然这种循环在出生后就被中断了，但是很快又会变得更加规律。照料者试着帮助婴儿更容易地完成从一个状态到另一个状态的转换。例如，父亲有节奏地摇动哭泣的女儿，试图让她安静下来。这种联合行为（joint behavior）拉开了婴儿和他人之间不同类型的社会互动的序幕。类似地，新生儿倾向于特别关注母亲的声音，可能是由于他们在母亲的子宫中待了几个月，从而对母亲的声音特别熟悉。反过来，父母在与婴儿讲话的时候也会改变自己的讲话方式，改变原本的音调和速度，从而引起婴儿的注意，促进互动（Smith & Trainor，2008；Barr，2011；Huotilainen，2013）。

> **从儿童保健工作者的视角看问题**
>
> 发展研究者不再将新生儿看作依赖他人的、没有能力的生命体，而是看作具有惊人能力的、正在发展中的人类个体。你认为这种观点上的变化会对儿童的养育和照料产生什么样的影响？

新生儿最终的社会互动能力以及他们从父母那里习得的对行为的反应方式，为他们将来和他人的社会互动打下了基础。总体来说，新生儿在生理、感觉和社会性方面表现出了非凡的能力。

表 4-7　促进足月新生儿和父母之间社会互动的因素

足月新生儿	父母
有选择地注意某些刺激	提供这些刺激
表现特定交际意图的行为方式	寻找交际意图
对父母的行为进行系统地反应	想要影响新生儿，感觉有效
以在时间上可预测的方式反应	根据新生儿的时间规律调整行为
学习并适应父母的行为	做出重复的和可预测的行为

资料来源：C.O. Eckerman, J.M. Oehler, "Very Low Birthweight Newborns and Parents as Early Social Partners," in S.L. Friedman & M.B. Sigman eds., The Psychological Development of Low-Birthweight Children, NL: Ablex, 1992.

案例研究

是否有比家更好的地方

詹姆斯和罗伯塔在他们第一个孩子的分娩方式上不能达成一致意见。詹姆斯想采用令人愉快的、自然的、助产士主导的在家分娩方式。他经历了前妻在医院分娩孩子的过程,认为整个过程一点儿也不人性化,不能掌控,也很刻板机械。当时,前妻看着许多人在为她忙上忙下而把她当作一个局外人,她异常恐惧和不解,毕竟这对她来说是很重要的一天。詹姆斯不想让罗伯塔经历那样的状况。每天都有婴儿降生在世界各地,很多分娩是在家中或田野里进行的,通常没有医生的干预。为什么他们的孩子就非得在医院出生呢?

罗伯塔想在医院生孩子。她想请助产士帮助分娩,并且希望自己的分娩过程尽量自然。她听说过很多的妇女都曾尝试过在家分娩,而到最后,她们都因为支持或设备的原因而不得不转为在医院分娩。她所了解的很多在家分娩的情况是这样的:分娩中麻醉药物的使用被延迟或被拒绝,导致分娩时疼痛难忍;计划外的急诊剖宫产需立即前往急诊室;新生儿的心跳突然消失,需要产科医生的紧急抢救。这些家中分娩的意外情况让她对家

中分娩缺乏安全感和幸福感。

夫妻两人都希望相互理解并协作,但是对于分娩该怎样进行都持有自己的观点,谁也说服不了谁。

1. 罗伯塔可能提出哪些想法来帮助詹姆斯克服他关于在医院分娩的抵触心理?医院的体验可以更加个性化和自然吗?

2. 詹姆斯可能提出哪些想法来帮助罗伯塔解决她关于家中分娩的恐惧?有哪些方法可以让家中分娩如同医院分娩一样安全?

3. 如果你要为罗伯塔和詹姆斯提供建议,你会先问他们什么问题?

4. 罗伯塔和詹姆斯似乎陷入了对比家中分娩和医院分娩的僵局。有没有其他的选择能够同时解决双方的忧虑?有哪些其他的选择,以及它们如何能够解决双方的忧虑?

5. 如果你知道了罗伯塔的母亲和姐妹都面临过长时间痛苦的分娩并最终不得不进行剖宫产手术时,你的建议是否会改变?为什么?

‖ 本章小结

本章揭示了神奇的分娩和出生的过程。对父母来说,有一系列可供选择的分娩方式,这些选择需要父母权衡考虑分娩过程中可能的并发症而决定。除了讨论对太早或太晚出生的新生儿的各种治疗和干预措施的重大进展,本章还讨论了有关死产和婴儿死亡率等严肃话题。我们认为,新生儿具有令人惊异的能力,并且他们的社会互动能力在生命的早期就已经形成。

在我们开始更详尽地讨论婴儿的身体发育之前,让我们来回顾一下导言中阿丽亚娜的案例。请根据你对本章中所讨论问题的理解,回答下列问题。

1. 极度耗竭和为了让阿丽亚娜放松而使用的硬膜外麻醉使她不能按时分娩。哪些并发症可能会延迟她女儿的出生?

2. 如果产科医生决定不能使用产钳来帮助阿丽亚娜的女儿成功诞生,还可以采取哪些措施?还有什么其他的并发症有可能会产生?

3. 你认为即使阻碍阿丽亚娜顺利生产,使用硬膜外麻醉减轻她的痛苦和疲劳是不是一个好的决定?医生可能已经采取了哪些非药物措施来帮助她放松?

4. 请设想阿丽亚娜的女儿在刚刚降生后的情况。

‖ 本章回顾

分娩的正常流程

- 在分娩的第一阶段,宫缩每 8 ~ 10 分钟一次,随后宫缩间隔时间逐渐缩短,宫缩持续的时间和强度

也逐渐增加,直至子宫颈完全扩张。

- 分娩的第二阶段大约持续 90 分钟,胎儿开始通过宫颈和产道,最终脱离母体。

- 分娩的第三阶段一般只需几分钟，脐带和胎盘被排出母体。

新生儿出生后一般发生的现象

- 在绝大多数情况下，新生儿自动地开始使用肺摄取氧气。
- 新生儿的健康状况可由阿普加量表（用于显示是否需要紧急救护干预的标准测量系统）来评估。婴儿可能也要进行关于多种疾病和遗传病症的筛查。
- 新生儿身上裹覆着一种名为"胎脂"的物质。它能够帮助胎儿通过产道。出生之后，胎脂即被拭去。新生儿的身体还会被胎毛覆盖。其色深，也会迅速消失。
- 母子之间的联结是指两者紧密的身体与情感接触。人们认为在孩子诞生后，母子应立刻建立联结，以便形成一种持续性的关系。然而，发展心理学研究者发现，鲜有证据能够证明这段重要过程的存在。另外，在新生儿诞生后，有人为其按摩以释放其大脑中刺激生长的化学物质是十分重要的。

分娩方式

- 替代传统分娩法的主要方式有：心理助产法（利用呼吸技巧）、放松训练帮助产妇分娩；布拉德利分娩法也被称为"丈夫指导的分娩法"，基于分娩应该尽量自然的原则；自我催眠分娩法是指一种在分娩过程中进行自我催眠的技术；水中分娩法是指一种产妇进入温水池分娩的方法。
- 关于生产准备、医疗人员、是否让孩子父亲或其他家庭成员陪伴，产妇有多种选择。有时，诸如剖宫产手术这样的医疗干预是必要的。
- 分娩是令人疼痛且精力耗竭的过程。药物可以缓解产妇的痛苦以及伴随而来的焦虑。一种新型的硬膜外麻醉具有较少的副作用，能够使产妇在分娩过程中自由移动。
- 因为两者体重的差异，分娩过程中严格管控的药物对胎儿的影响远大于产妇。即使大部分研究表明现在被管控的止痛药具有极低风险，麻醉剂依旧会抑制对胎儿的供氧。

出生时的并发症及其成因、影响、治疗方法

- 早产儿，又称未成熟儿，是指婴儿在妊娠不足 38 周时出生，一般为低出生体重儿，可能会出现感染、呼吸窘迫综合征以及对环境刺激的高敏感性。在早产儿今后的生活中，他们也可能表现出发育迟缓、学习障碍、行为紊乱、智商分数低于平均水平以及身体协调方面的问题。
- 极低出生体重儿由于其器官、系统发育极不成熟，

面临着更大的危险。即便如此，医疗技术的进步已将早产儿的存活胎龄提前至妊娠 22 周左右。

- 过度成熟儿，即胎儿在母亲的子宫里多待了额外的时间，这种情况也有风险。医生可以通过人工引产或进行剖宫产来解决这种情况。剖宫产是在胎儿窘迫、胎位异常或在分娩时胎儿无法继续通过产道时采用的一种分娩方式。

必须进行剖宫产手术的情况

- 剖宫产是指通过手术把胎儿从子宫中取出而不是通过产道分娩的一种分娩方式。
- 胎儿出现某些危险情况是施行剖宫产的最常见原因。

导致新生儿死亡的因素

- 新生儿死亡被定义为在婴儿出生一年之内的死亡，主要受到社会经济因素的影响。生活贫困的妇女难以得到足够的产前护理，以至于她们分娩出更高比例的低出生体重儿。低出生体重儿与新生儿死亡紧密相关。此外，产假的缺失也让许多低收入母亲难以产后在家照顾新生儿。

产后抑郁

- 产后抑郁是指产后一段时间持久的、深度的悲伤，困扰着约 10% 的新手妈妈。在严重的情况下，产后抑郁可能对母亲和孩子造成伤害。人们应采用积极的方法治疗产后抑郁。
- 一些母亲的抑郁症状发生得突然，而另一些母亲可能是激素水平的急剧变化促发了产后抑郁。

新生儿的身体和感知能力

- 新生儿迅速掌握了通过肺进行自主呼吸，他们具备了帮助自己进食、吞咽、寻找食物和避免不愉快刺激的反射。
- 虽然新生儿的视力尚未充分发育，但是他们能注意到具有高对比性质的物体，并能分辨出不同的明亮程度。

新生儿的早期学习能力

- 新生儿一出生就可以通过经典条件作用、操作性条件作用和习惯化进行学习。例如，婴儿会学习到以一种特定形式啼哭能引起父母的立即注意。在这个例子中，新生儿通过操作性条件作用学习，通过与积极或消极结果的联系来增强或减弱某种自发的反应。

新生儿回应他人的方式

- 研究人员发现，新生儿有模仿他人面部表情的能力，并且他们可以区分出快乐、悲伤和惊奇的面部表情。
- 新生儿的某些特征与父母的行为相互协调，这有助于他们与父母以及他人之间的社会关系的形成。

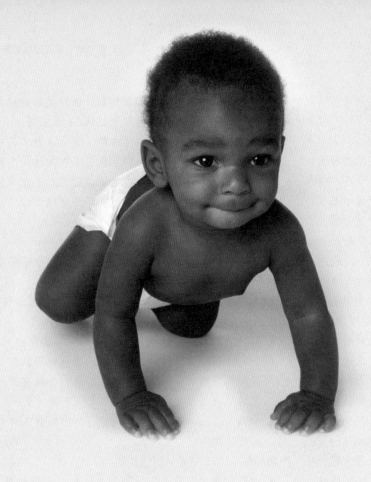

学习目标

1. 描述人类身体的发展。
2. 解释神经系统及大脑的发展。
3. 描述婴儿身体系统整合的过程。
4. 探讨 SIDS 和 SUID 以及如何预防。
5. 描述反射及其对运动发展的贡献。
6. 讨论婴儿运动技能的发展与协调。
7. 解释如何使用和解读发展常模。
8. 解释营养状况与身体发展之间的关系。
9. 婴儿的视觉感知能力。
10. 婴儿的听觉感知能力。
11. 婴儿的嗅觉、味觉和触觉能力。
12. 解释多通道感知觉。

第 5 章

婴儿期的生理发展

导言：渴望睡眠

莉兹和赛斯太累了，晚饭时很难保持清醒。因为没有任何迹象显示他们 3 个月大的儿子埃文很快就能够养成正常的饮食和睡眠习惯。莉兹说："我原以为宝宝都很喜欢睡觉，但埃文整晚只睡一个小时，然后一整天都没合眼。我没办法取悦他了，因为我只想睡觉。"

莉兹深受埃文饮食问题的困扰。莉兹说："埃文每隔 5 个小时要喝一次母乳，这让我很难维持供应。然而，在他不喝奶的 5 个小时里，我经历着涨奶痛，赛斯要帮忙用吸奶器将奶汁吸出来。在埃文晚上睡不着的时候，我们要陪他散步。在凌晨 3 点，当我们给他喝一瓶吸出来的奶时，他可能会拒绝喝。因为他想贴在我身上，喝最新鲜的母乳。"

儿科医生向这对夫妇保证，他们的儿子会健康成长。莉兹说："虽然我们非常肯定埃文会安然无恙，但我们想知道自己会变成什么样。"

预览

埃文的父母可以放松了。他们的儿子会安定下来。一夜安睡只是婴儿在生理上取得巨大成就过程中的一个里程碑。在本章中，我们将考察婴儿从出生到 2 岁时身体自然发展的过程。我们将从婴儿的成长速度开始，注重讨论其身高、体重和神经系统的变化，并且考察婴儿会如何快速发展出稳定的基本活动模式，例如睡眠、吃饭和对周围环境的注意等。

接下来，我们的话题将会转向婴儿怎样获得令人兴奋的运动技能：这些技能的出现使得婴儿能够翻身、迈出第一步，以及捡起地上的饼干屑。这些基本技能逐渐形成日后更加复杂的行为基础。我们从最基本的、由遗传所决定的反射开始，考察它们是如何通过基本的经验来调整改变的。我们还会讨论特定身体技能发展的性质和出现的时间点，看看它们是否可以提前发展，并考察早期营养状况对这些技能发展的重要性。

最后，我们探索婴儿期的感觉如何发展。我们将考察婴儿的感知觉系统，例如视觉和听觉系统如何发挥作用，以及婴儿如何通过他们的感觉器官对原始数据进行分类，并将它们转化成有意义的信息。

成长与稳定

一般来说，新生儿的体重平均为 7 磅（约 3.18 千克），这远低于感恩节所用的火鸡的平均重量。新生儿身高约 20 英寸（50.80 厘米），比一根法式面包还要短。新生儿非常无助，如果让他们自己照顾自己，他们将无法生存。

然而，几年后的情况会大不相同。婴儿将会长大很多，他们具有活动能力，并且逐渐变得独立。这种成长变化是如何发生的？我们先描述在婴儿生命的前两年中身高和体重的变化，再通过考察引导成长并作为成长基础的一些原则来回答这个问题。

身体发育：婴儿期的快速成长

婴儿生命中的头两年是他们快速成长的时期（见图 5-1）。一般到 5 个月时，婴儿的体重达到他出生时的 2 倍，重约 15 磅（约 6.80 千克）。到 1 岁生日时，幼儿的体重已经是出生时的 3 倍，约为 22 磅（约 9.99 千克）。尽管第一年时他们的体重增长相对缓慢，但是仍然持续增加。到他们 2 岁时，一般幼儿的体重是他们出生时的 4 倍。当然，婴儿之间的发展速度也有很大差异。婴儿出生后的一年中，在医生那里做常规检查时记录的体重和身高的测量数据可以显示出在发展过程中他可能出现的问题。

婴儿的体重随身高的增长而增加。到 1 岁末时，婴儿已经长到了 80 厘米左右。到 2 岁时，儿童的身高约有 91 厘米。

婴儿身体的各个部分不以相同的速度成长变化。正如我们在第 2 章中所提到的，刚出生时，婴儿的头部占整个身体比例的 1/4。在生命的前两年中，身

体的其余部分的发展开始赶上来。2 岁儿童的头部是其身高的 1/5，成年人的头部是其身高的 1/8（见图 5-2）。

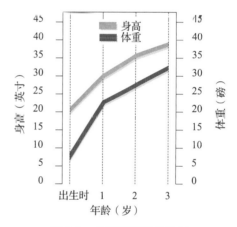

图 5-1　身高和体重的发展

尽管婴幼儿的身高和体重在第一年中出现了最大程度的增长，但他们在整个婴儿期和儿童早期还会继续成长。

资料来源：Cratty, Bryant J. (1979), Perceptual and Motor Development in Infants and Children. Second Edition, New Jersey: Prentice Hall.

在身高和体重方面，人们也存在性别和民族的差异。总的来说，女婴比男婴的体重略轻，身高略矮，这差异在整个儿童期都是如此，而这种性别之间的分化在青春期之后会变得更大。亚洲的婴儿比北美高加索人种的婴儿更加瘦小，而非裔美国人的婴儿又比北美高加索人种的婴儿略大。发展的主要原则有如下四条（见表 5-1）。

● **头尾原则**（cephalocaudal principle）是指身体发展所遵循的模式先从头部和身体上半部开始，然

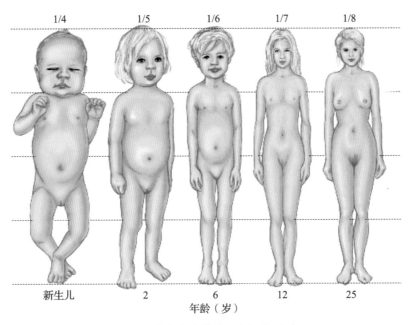

图 5-2　头部占身体的比例逐渐减小

刚出生时，新生儿的头部占身体的 1/4。到了成年期，个体头部只占身体的 1/8。为什么新生儿的头部如此之大？

后进行至身体的其他部分。该原则意味着视觉能力（位于头部）的发展先于走路能力（位于身体末端）的发展。

- 近远原则（proximodistal principle）是指发展从身体的中央部位进行至外围部位。近远原则意味着躯干的发展先于四肢末端的发展。使用身体各个部分的能力发展也同样遵循近远原则。例如，有效使用手臂的能力要先于使用手的能力的发展。
- 等级整合原则（principle of hierarchical integration）是指简单技能一般是独立发展的。随后这些简单的技能被整合成更加复杂的技能。因此，相对复杂的用手抓握东西的技能，要到婴儿学会如何控制和协调每个手指的运动时才能够掌握。
- 系统独立性原则（principle of the independence of systems）是指不同的身体系统有着不同的发展速率。例如，不同个体的身体大小、神经系统和性别特征等不同系统的发展模式可能是非常不一样的。

神经系统与脑：发展的基础

当里娜出生时，她是父母朋友圈里的第一个孩子。身边这些年轻的成年人对这个婴儿十分好奇。她的每一个喷嚏、每一个微笑、每一次啜泣都会让他们惊奇万分，并尝试猜测其中的含义。里娜所体验到的所有情绪、所做的任何运动，以及她所进行的思维，都是由同一个复杂的网络所负责的，即婴儿的神经系统。神经系统由大脑和贯穿全身的神经组成。

神经元（neuron）是神经系统的基本细胞（见图 5-3）。和身体中所有的细胞一样，神经元具有一个包含着细胞核的细胞体。然而，与其他细胞不同的是，神经元具有特殊的能力：神经元通过一端的"树突"（dendrites）接受来自其他细胞的信息，从而与其他细胞相联系；在另一端，神经元有一段长长的伸展部分被称为"轴突"（axon），它负责给其他神经元传输信息。神经元之间并没有实际接触。神经元通过化

表 5-1　发展的主要原则

头尾原则	近远原则	等级整合原则	系统独立性原则
发展遵循"先从头部和身体的上半部分开始发展，然后是身体的其余部分发展"的模式	发展从身体的中央部位进行至外围部位	简单技能一般是分开独立发展的，随后这些简单的技能被整合成更加复杂的技能	不同的身体系统以不同的速率发展

学信使"神经递质"（neurotransmitters）穿过细胞之间的突触（synapse）来传递信息。

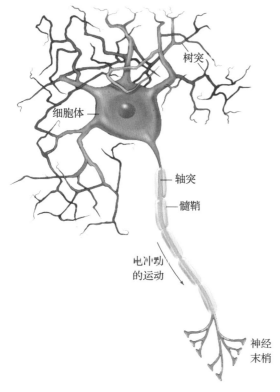

图 5-3　神经元

作为神经系统的基本要素，神经元由很多成分组成。

资料来源：Kent M Van De Graaff, Human Anatomy 5th ed. McGraw-Hill, 2000.

婴儿出生时的神经元数量为 1 000 亿～ 2 000 亿个。为了达到这个巨大的数目，神经元在出生前以惊人的速度进行分裂。事实上，在产前发育的某些节点上，细胞分裂的速度可以达到每分钟产生 250 000 个新的神经元细胞。

在刚出生时，新生儿大脑中的神经元很少与其他神经元相连接。然而，在出生后的头两年里，婴儿的大脑中的神经元之间将会建立起几十亿个新联结。而且，这个神经元网络会变得越来越复杂（见图 5-4）。神经元网络的复杂性在人的一生中会持续增加。事实上，成人的单个神经元与其他神经元或其他身体部位至少建立了 5 000 个联结。

突触修剪

婴儿出生时所拥有的神经元数目实际上远远多于所需要的数量。在一生中，随着我们经历的不断变化，突触会不断地形成。那么，多余的神经元和突触到哪儿去了呢？

就像一个果农，为了增强果树的生命力，他需要修剪多余的树枝，大脑发展在一定意义上也需要通过"去掉"多余的神经元来增强相应的能力。随着婴儿对外界经验的增加，那些没有与其他神经元相互连接的神经元就会变得多余。它们最终会逐渐消失，以提升神经系统的运作效率。

随着多余神经元的减少，剩余神经元之间的联结

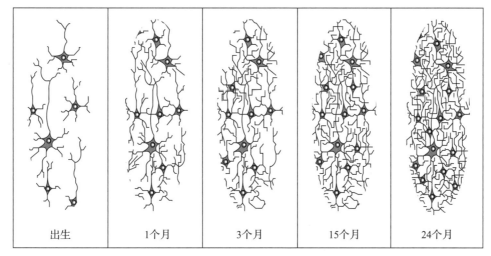

图 5-4　神经网络

在生命的头两年中，婴儿的神经网络逐渐变得复杂。为什么神经元的联结很重要？

资料来源：Colonel, J. LeRoy. 1939. The Postnatal Development of The Human Cerebral Cortex, Vols. I-VIII. Cambridge, MA: Harvard University Press.

将会由于"它们是否在婴儿经验中得到使用"而被扩展或被消除。如果一个婴儿的经历没有刺激某些神经元建立的联结，那么这些联结就会像没有被使用过的神经元一样被消除——该过程被称为"突触修剪"（synaptic pruning）。突触修剪的结果使得已有的神经元与其他神经元建立起更加完善的交流网络。然而，不同于其他部分的发展，神经系统的发展在很大程度上是通过损失一些细胞而变得更加有效的（Iglesias et al., 2005；Schafer & Stevens, 2013；Athanasiu et al., 2017）。

婴儿出生后，神经元的体积继续增加，树突会继续生长。神经元的轴突会被髓鞘（myelin）包裹，而髓鞘是一种脂肪般的物质，类似于包裹在电线外的绝缘体，用于为轴突提供保护，并加速神经冲动的传递速度。尽管人类失去了许多神经元，但是剩余神经元的体积不断增大，复杂性不断增强也促成了惊人的人脑发展。在婴儿生命中的头 2 年里，大脑重量是刚出生时的 3 倍；2 岁孩子的大脑能达到成人脑重和脑容量的 75%。

神经元在生长时会重新定位，根据功能进行重组。一些神经元进入大脑皮层（cerebral cortex）——人脑的表层，由灰质构成。其他神经元则转移到大脑皮层下方，对呼吸和心率之类的基本活动进行调节，这些基本活动在婴儿出生时大多已发育完善。随着时间的推移，大脑皮层中那些负责高级思维过程的细胞，开始逐步发展起来并互相连接。

在婴儿 3～4 个月大的时候，听觉皮层（auditory cortex）和视觉皮层（visual cortex）的突触和髓鞘会经历一种冲刺式的生长。这种生长伴随着听觉和视觉的飞速发展。同样，管理身体运动的大脑皮层的生长使得运动技巧得到发展。

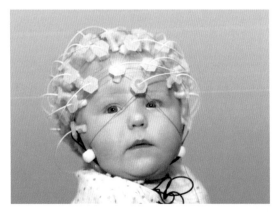

利用复杂的测量技术，科学家能够确定婴儿神经发育的本质。

尽管颅骨保护着大脑，但是大脑对某些形式的损伤还是很敏感的。有种特别值得注意的灾难性的损伤来自一种儿童虐待，被称为婴儿摇晃综合征。婴儿摇晃综合征往往是由于儿童哭泣，其照料者出于挫败感和愤怒而摇晃婴儿所导致的。摇晃婴儿会使得婴儿的大脑在颅骨内转动，从而导致血管破裂并破坏复杂的神经联结，视网膜血管可能出血（见图 5-5）。

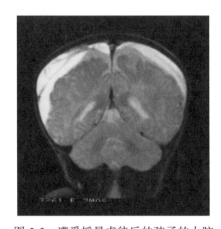

图 5-5　遭受摇晃虐待后的孩子的大脑
电子计算机断层扫描（CT）显示，一名婴儿脑部严重受伤，怀疑是受到照料者摇晃的虐待。
资料来源：Matlung et al.（2011）.

摇晃婴儿的结果可能是毁灭性的，导致严重的医疗问题和长期的身体残疾，例如失明、听力障碍和语言障碍。有些孩子有学习障碍和行为障碍。在最严重的情况下，摇晃婴儿会致其死亡。在美国，婴儿摇晃综合征的发病率估计在每年 1 000～1 500 例之间，25% 的摇晃死亡都是由脑部受损导致的（Hitchcock, 2012；Narang & Clarke, 2014；Grinkevičiūtė et al., 2016）。

环境对大脑发展的影响

大脑的发展由于受到遗传预定模式的影响，很多方面都自动地发展起来，但人脑的发展同时也深受环境的影响。大脑的可塑性（plasticity）是指发展中的大脑结构或个体行为随着经验的积累而发生改变的程度。事实上，大脑的可塑性对于人脑而言相当重要。

在生命的前几年，大脑的可塑性是非常强的，因为大脑的一些区域还没有形成特定的功能。如果一个大脑区域受到损伤，其他的大脑区域可以取代其功能。例如，由于脑部出血而受到伤害的早产儿在 2 岁时几乎可以完全康复。此外，即使婴儿大脑的特定部分在事故中受伤，大脑的其他部分也可以对其进行补偿，帮助恢复其功能（Guzzetta et al.，2013；Rocha-Ferreira & Hristova，2016）。

同样，由于大脑的高度可塑性，遭受脑损伤的婴儿通常比遭受类似脑损伤的成年人受影响更小，恢复得更充分，显示出高度的可塑性。当然，即使是大脑固有的可塑性也不能完全保护我们免受严重的伤害，例如婴儿摇晃综合征中常见的剧烈摇晃所造成的伤害（Vanlierde，Renier，& DeVolder，2008；Mercado，2009；Stiles，2012）。

婴儿的感觉经验既影响个体神经元的大小，也影响神经元之间的联结。生活在受到严重限制的环境中的婴儿与生活在丰富环境中的婴儿相比，两者大脑的结构和重量都不太相同（Cirulli，Berry，& Alleva，2003；Couperus & Nelson，2006；Glaser，2012）。

关于非人类物种的研究有助于揭示出人脑可塑性的本质。有研究比较了两组大鼠，一组被饲养在具有丰富视觉刺激的环境里，另一组则被饲养在典型的、较乏味的笼子里。此类研究的结果表明，那些被饲养在丰富环境中的大鼠与视觉有关的脑区相对而言更厚、更重（Degroot，Wolff，& Nomikos，2005；Axelson et al.，2013；Stephany，Frantz，& McGee，2016）。

与之相反，贫乏的或受限制的环境将会妨碍大脑的发展。关于非人类物种的研究再一次提供了一些有趣的数据。在一项研究中，实验者给一些幼猫戴上使视觉能力受到限制的遮光镜，使得它们只能看到垂直线（Hirsch & Spinelli，1970）。当这些猫长大后，即使实验者拿掉了遮光镜，它们也看不到水平的线条，尽管它们看垂直线的能力完全正常。类似地，如果小猫在早期被遮光镜剥夺了看到垂直线的机会，那么在它们长大后，即使它们看水平线的能力相当精确，但它们看不到垂直的线条。

然而，如果给从小在相对正常的环境里长大的猫戴上遮光镜，去掉遮光镜时却不会出现上述结果。事实上，视觉发展存在敏感期。敏感期（sensitive period）是一段特殊的但有一定时间限制的时期，通常是在有机体生命的早期（见第 1 章）。在敏感期阶段，有机体与发展有关的一些特殊方面特别容易受到环境的影响。敏感期可能与某种行为相联系（比如完整视觉能力的发展），也可能与身体结构的发展相

联系（比如大脑的构造）（Uylings，2006；Hartley & Lee，2015）。

敏感期的存在引起的几个重要争论。例如，有人认为除非婴儿在敏感期得到一定程度的早期环境刺激，否则这个婴儿可能遭受损害或者无法发展出某些能力，而且这些能力永远都不能完全恢复。如果真是这样的话，对此类儿童提供后期干预将是一种巨大的挑战（Gottlieb &Blair，2004；Zeanah，2009）。然而，人们也提出了相反的问题：在敏感期给予非常高强度的刺激所获得的发展会胜过只是提供了普通程度刺激所获得的发展吗？

对于这样的问题，人们无法简单地给出答复。确定异常贫乏或异常丰富的环境如何影响后来的发展，是发展研究人员在努力寻找最大限度地为发展中儿童提供机会时所解决的主要问题之一。与此同时，很多发展心理学家认为，家长和照料者有很多简单的方法为婴儿提供具有丰富刺激的环境，从而促进其大脑的健康发展。搂抱婴儿、对着婴儿说话和唱歌，或者与婴儿一起玩耍都有助于丰富他们的成长环境。此外，抱着孩子读故事给他们听是很重要的，因为它同时涉及多种感官，包括视觉、听觉和触觉（Lafuente et al.，1997；Garlick，2003）。

整合身体系统：婴儿期的生活周期

如果你碰巧听到初为父母者在谈论他们的宝宝，宝宝的某个或几个身体功能有可能会是谈话的主题。在生命最初的日子里，婴儿的身体节律（例如醒着、吃奶、睡觉以及上厕所等）控制着婴儿的行为，通常没有固定的规律。

这些最基本的活动是由多个身体系统所控制的。尽管每个单独的行为模式能够非常有效地发挥功能，但婴儿却花费了许多时间和精力来整合这些分离的行为。事实上，新生儿的主要使命之一是使单个行为协调有序，例如帮助自己睡一个晚上的好觉（Ingersoll & Thoman，1999；Waterhouse & DeCoursey，2004）。

节律和状态

将行为整合起来最重要的方式之一是各种节律的发展。节律（rhythms）是指反复的、周期性的行为模式。一些节律是立刻显现的，例如从清醒到熟睡状

态的转变。其他的节律则复杂得多，但仍然是显而易见的，例如呼吸和吮吸模式。还有一些节律可能需要人们仔细观察才能注意到。例如，在某个时期新生儿的腿每隔几分钟可能会有规律地抽搐。尽管有些节律在出生时就已经显现，但其他节律则在生命的第一年里，随着神经系统中的神经元逐渐整合才慢慢出现（Thelen & Bates，2003；Xiao et al.，2017）。

主要的身体节律之一是婴儿的**状态**（state），即婴儿所显示出的对内在和外在刺激的觉知程度。这些状态包括了觉醒行为的多种水平，例如警觉、慌乱和哭闹，以及不同深度的睡眠状态。随着每一种状态的转变，引起婴儿注意所需的刺激也会随之发生变化（Balaban，Snidman，& Kagan，1997；Diambra & Menna-Barretio，2004；Anzman-Frasca et al.，2013）。

婴儿在多种状态中不断循环，其中包括哭泣和警觉状态。这些状态通过身体节律被整合起来。

婴儿所体验到的一些不同状态产生了脑电活动的变化。这些变化以不同模式的脑电波反映出来，而脑电波可以通过脑电图（EEG）来进行测量。从出生前3个月开始，人们就可以记录这些脑电波，但其模式相对不规则。然而，当婴儿到3个月大时，更加成熟的模式开始出现，脑电波也变得更加规律（Burdjalov，Baumgart，& Spitzer，2003；Thordstein et al.，2006）。

是否偶尔也做梦

在婴儿早期，占据婴儿时间的主要状态是睡眠。父母认为，当婴儿睡觉时，他们在很大程度上能够获得短暂的解放和休息。一般而言，新生儿每天的睡眠时间为16～17个小时。可是，个体之间有很大的差异，有些婴儿每天的睡眠时间超过20个小时，而有些婴儿每天的睡眠时间只需10个小时（Murray，2011；de Graag et al.，2012；Korotchikova et al.，2016）。

虽然婴儿的睡眠时间很长，但你可能不应该希望自己"睡得像个婴儿"。婴儿的睡眠是一阵阵的。他们不是一次睡很长时间，而是睡上2个小时，然后醒过来，如此这般循环往复。因此，婴儿及其父母与别人的睡眠步调并不一致，别人在晚上睡觉，但夜间父母因照顾婴儿而被剥夺了睡眠（Groome et al.，1997；Burnham et al.，2002）。大部分婴儿接连几个月夜里不睡觉。父母的夜间睡眠有时会好几次被婴儿的哭声所打断。

幸运的是，对父母来说，婴儿将逐渐习惯成人的模式。一个星期后，婴儿的夜间睡眠时间会变得更长一点，白天醒着的时间也稍微长些。一般来说，婴儿到16周大时能够在晚上连续睡6个小时，而白天的睡眠开始变成有规律的小睡形式。大部分婴儿在1岁末就能够做到整晚熟睡，而他们每天所需要的睡眠时间降到了约15个小时（Thoman & Whitney，1989；Mao，2004；Sankupellay et al.，2011）。

隐含在假定的安静睡眠背后的是另一种循环模式。在睡眠过程中，婴儿的心跳开始加速，并变得不太规律；他们的血压上升，呼吸也变快。有时候，他们紧闭的眼睛开始前后移动，好像在看一个内容丰富有趣的场景。这一积极睡眠阶段与快速眼动睡眠（rapid eye movement，REM）非常相似。年纪更大的儿童和成年人所表现出的快速眼动睡眠与做梦有关。

首先，这种类似快速眼动的积极睡眠活动几乎占据了婴儿50%的睡眠时间，而在成人睡眠中只占20%（见图5-6）。到6个月大时，婴儿的积极睡眠时间急剧减少，约占总睡眠时间的1/3（Burnham et al.，2002；Staunton，2005；Ferri，Novelli，& Bruni，2017）。

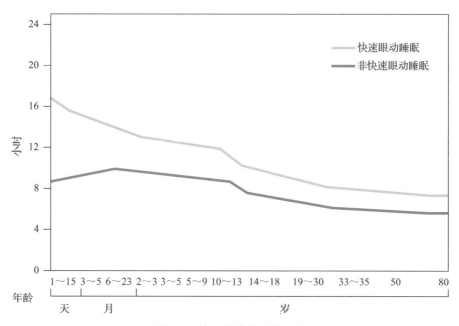

图 5-6　毕生的快速眼动睡眠

随着我们年龄的增长，非快速眼动睡眠比例逐渐下降，而快速眼动睡眠比例逐渐上升。此外，总睡眠时间随着年龄的增加而缩短。

资料来源：Based on Roffwarg, Howard P., Muzio, Joseph N., and Dement, William C. "Ontogenetic development of the human sleep-dream cycle," Science, vol. 152, no. 3722: 604-619. (1966).

婴儿的积极睡眠阶段明显类似于成人的快速眼动睡眠期，于是人们提出了一个有趣的问题：婴儿是否在这个时候也做梦的？尽管这看起来不太可能，但没人知道答案。

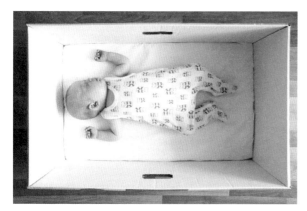

对年幼的婴儿来说，婴儿箱（baby box）可能比婴儿床更好。

首先，考虑到婴儿相对有限的经历，他们没有太多内容可以做梦。其次，婴幼儿睡眠时的脑电波看起来与成人做梦时的脑电波有质的不同，只有当他们到 3～4 个月大时，脑电波的形状才与成人做梦时的波形相类似。这意味着婴幼儿在积极睡眠过程中是不做梦的，或者至少与成人做梦的方式不同（Zampi, Fagioli, & Salzarulo, 2002）。

那么，快速眼动睡眠在婴儿期又有什么功能呢？尽管我们不能确切地知道答案，但是一些研究者指出，它提供了一种让大脑刺激自己的方式，引发了"自动刺激"（autostimulation）的过程（Roffwarg, Muzio, & Dement, 1966）。神经系统的刺激对婴儿来说特别重要，因为他们花费如此多的时间在睡觉上，而处于清醒状态的时间则相对较少。

婴儿的睡眠周期似乎在很大程度上受遗传因素的影响，但环境因素同样发挥其作用。例如，在婴儿生活的环境中，长期和短期的应激源（例如热浪）都能影响他们的睡眠模式。如果周围的环境能使婴儿保持醒着的状态，那么当困意最终来临之时，婴儿此时的睡眠就会更安静（Halpern, MacLean, & Baumeister, 1995；Goodlin-Jones, Burnham, & Anders, 2000；Galland et al., 2012）。

文化实践同样会影响婴儿的睡眠模式。例如，在非洲的齐普斯基族（Kipsigis），婴儿在夜间和母亲一起睡觉，无论他们何时醒来，都可以得到母亲的照料。在白天，婴儿被缚在母亲的背上，伴随着母亲做日常家务。此时他们经常处于睡眠的状态。因为齐普斯基族的婴儿经常外出并不时地动来动去，所以他们睡整觉的年龄比西方的婴儿要晚很多。在生命的头 8 个月中，他们很少一觉睡上 3 个小时。相比之下，在美国，8 个月大的婴儿每次睡眠都在 8 个小时左右（Super & Harkness, 1982; Anders & Taylor, 1994; Gerard, Harris, & Thach, 2002）。

> **从社会工作者的视角看问题**
>
> 什么样的文化或亚文化可以影响父母接受医生和其他专家的建议？

SIDS 和 SUID：不可预料的杀手

婴儿小部分的睡眠节律被致命的痛苦所中断。它就是婴儿猝死综合征（sudden infant death syndrome, SIDS），即看似健康的婴儿在睡眠中突然死亡的一种障碍。婴儿上床午休或晚上睡觉将永远不再醒来。

在美国，每年大约有 4‰ 的婴儿会遭受 SIDS。尽管这种情况看起来是婴儿正常睡眠时的呼吸模式被打断，但科学家仍未找到真正原因。显然，婴儿没有窒息而死。他们平静地死去，只是停止了呼吸。

不过，人们尚未发现可靠的方法来防止 SIDS 的发生。如今美国儿科医生学会建议，婴儿应该仰着睡觉而不是侧卧或俯卧，这一建议被称为"仰睡指南"。他们还建议，父母在婴儿打盹和睡觉的时候给他一个橡皮奶嘴（Senter et al., 2011; Ball & Volpe, 2013; Catalini, 2017）。

自从"仰睡指南"问世之后，SIDS 的致死人数明显下降。具体来说，SIDS 的死亡率从 1990 年每 10 万新生儿死亡 130 人下降到 2015 年每 10 万新生儿死亡 39 人。然而，SIDS 仍然是导致 1 岁以下儿童死亡的首要原因（Eastman, 2003; Daley, 2004; Blair et al., 2006）。

有些婴儿比其他婴儿更容易处于 SIDS 的危险中，例如男婴和非裔美国婴儿。另外，人们还发现，低出生体重儿和阿普加量表得分较低的婴儿与 SIDS 有关，而母亲在怀孕期间抽烟也和 SIDS 有关。一些证据也表明，大脑缺陷会影响呼吸，从而产生 SIDS。

在为数不多的案例中，儿童被虐待可能是真正的原因。也有其他原因，人们猜想这些婴儿也许患有未经诊断的睡眠障碍、营养缺乏、反射问题或者其他疾病。然而，人们至今无法明确地解释"为什么一些婴儿会突然死于 SIDS"。每个种族和社会经济阶层的婴儿都会出现 SIDS，而那些婴儿在此之前也没有发现明显的健康问题（Howard, Kirkwood, & Latinovic, 2007; Richardson, Walker, & Horne, 2009; Behm et al., 2012; Horne, 2017）。

SIDS 属于一个更广泛的类别，即婴儿猝死（sudden unexpected infant death, SUID）。最常见的 SUID 是 SIDS，SIDS 患儿占婴儿死亡人数的 43%。25% 的 SUID 由于婴儿在床上（意外）窒息。75% 的 SUID 来自不知名原因（见图 5-7）。

因为父母对 SIDS 导致的婴儿死亡毫无准备，所以这样的事真是犹如晴天霹雳。父母常会感到内疚，担心是由于他们自己的疏忽，在某种程度上造成了孩子的死亡。既然人们至今尚未确定能够防止婴儿猝死的方法，那么这样的内疚感是不必要的（Krueger, 2006）。

运动的发展

假设你受聘于一家遗传工程公司来重新设计新生儿，把他们改造成新的、更灵活的版本。为了完成这一工作（所幸这是虚构的），你先要考虑新生儿身体构造的变化。

新生儿的体形和比例完全不利于简单移动。婴儿的头太大、太重，以至于他们没有力气抬起头来。与身体的其他部位相比，由于他们的四肢太短，所以他们的活动进一步受到限制。此外，他们的身体太胖，基本上没有什么肌肉，其结果是他们缺乏力量。

幸运的是，不久婴儿就开始进行大量的活动。实际上，他们在刚出生时，就拥有了由先天反射带来的一系列广泛的行为可能性。在生命最初的两年中，他们的运动技能得到快速发展。

反射：我们天生的身体技能

当父亲用手指压着 3 天大的克里斯蒂娜的手掌时，她的反应是紧紧地抓住父亲的手指不放。当父亲把手指往上提时，她握得很紧，好像父亲完全可以把她从婴儿床上拎起来。

基本反射

事实上，克里斯蒂娜确实可以这样被提起来。她

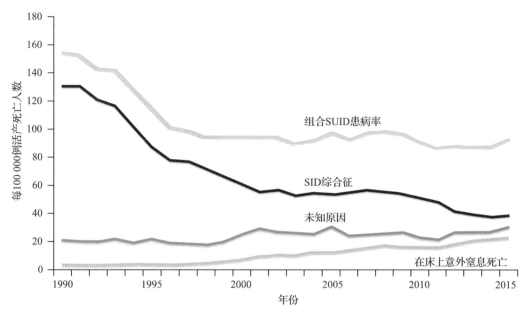

图 5-7　婴儿猝死的趋势

这张图表展示了 1990 ～ 2015 年美国婴儿猝死率的趋势。

资料来源：CDC/NCHS, National Vital Statistics System, Compressed Mortality File (2017).

紧紧握住父亲手指的原因是婴儿出生时就具有的许多反射中的一种被激活了。反射（reflexes）是个体受到某种刺激后做出的不需要学习的、有组织的、自动发生的反应。新生儿出生时就具有一系列的反射行为模式来帮助他们适应新的环境，并以此保护自己。

很多反射清晰地表现出了生存价值，它们都有助于确保婴儿的健康（见表 5-2）。例如，游泳反射是指在水中脸朝下的婴儿会做出游泳的动作，例如划水和踩水。显然，这种行为有助于婴儿脱离危险，直到照料者过来营救。同样，眨眼反射似乎是设计出来保护眼睛免遭太多光线直射，因为光线直射可能会损伤视网膜。

表 5-2　婴儿的一些基本反射

反射	大概消失的年龄	描述	可能的功能
定向反射	3 周	新生儿会把头转向触碰他们脸颊的物体	食物摄入
踏步反射	2 个月	当孩子被人扶着，而他们的脚轻触地面时，会移动腿部	让婴儿为独立活动做好准备
游泳反射	4 ～ 6 个月	当脸朝下整个人在水里时，婴儿会做出划水和踩水的游泳动作	避免危险
莫罗反射	6 个月	当人们突然挪开婴儿脖子和头部的支撑物时，莫罗反射被激发，婴儿的手臂突然向外伸出，好像要抓住什么物体	类似于灵长类动物保护自己以防跌落
巴宾斯基反射	8 ～ 12 个月	当婴儿的脚掌受到击打时，其反应是张开脚趾	尚不清楚
惊跳反射	以不同的形式保留	当面对突然的响声，婴儿伸出手臂，背部形成弓形，并且张开手指	自我保护
眨眼反射	保留	面对直射的光线时，快速闭眼	保护眼睛避免直射光的侵害
吮吸反射	保留	婴儿倾向于去吮吸触碰其嘴唇的物体	摄取食物
呕吐反射	保留	清喉咙的婴儿反射	防止噎住

鉴于很多反射的保护价值，保留这些反射似乎对我们终生都很有益处。有些反射确实如此：眨眼反射在我们的一生中都保留着它的功能。另外，相当多的反射（例如游泳反射），在婴儿出生后几个月后就消失了。为什么会发生这种情况呢？

大多数研究者认为，这种反射会逐渐消失，原因是随着婴儿控制自身肌肉能力的不断增强，自主控制的行为越来越多。此外，反射可能是形成今后更为复杂行为的基础。当婴儿很好地掌握了更为复杂的行为时，这些复杂的行为其实也包含了早期的反射（Myklebust & Gottlieb，1993；Lipsitt，2003）。

一些研究者认为，踏步反射的练习有助于大脑皮质今后发展出走路的能力。发展心理学家菲利普·泽拉佐（Philip Zelazo）及其同事开展了一项研究，他们让2周大的婴儿在6周的时间里，每天练习走路4次，每次3分钟。结果表明，这些经过走路训练的婴儿确实要比未受过此种训练的婴儿早好几个月开始独立行走。泽拉佐认为，这种训练刺激了踏步反射，踏步反射又反过来刺激了大脑皮质，为婴儿更早独立运动做好了准备（Zelazo et al.，1993；Zelazo，1998）。

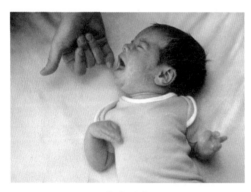

定向反射

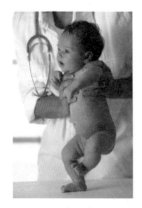

踏步反射

游泳反射

这些发现是否意味着父母应该格外努力地刺激婴儿的反射？并不一定如此。虽然有证据表明密集的训练可以使某些活动提早出现，但没有证据表明受过训练的婴儿要比没受过训练的婴儿做得更好。此外，即使婴儿在生命早期有所获益，但他们在成年后并没有表现出在运动技巧方面更有优势。

实际上，结构化训练的弊大于利。根据美国儿科学会的调查显示，对婴儿的结构化训练可能导致肌肉拉伤、骨折、四肢脱臼，这远远超出尚未证实的训练益处（National Association for Sport and Physical Education，2006）。

在反射方面，不同民族与文化间的异同

虽然反射是由遗传决定的，并且在所有婴儿中都是普遍存在的，但是它们的表现方式确实存在文化上的差异。例如，当人们突然挪开婴儿脖子和头部的支撑物时，莫罗反射被激发，婴儿的手臂突然向外伸出，好像要抓住什么物体。多数科学家认为，莫罗反射代表了我们人类从祖先那里继承的残余反应。莫罗反射对依附在母亲背上四处游荡的猴宝宝非常有用。除非它们能够运用莫罗反射，迅速抓住母亲的毛发，否则它们就会掉下去（Zafeiriou，2004）。

我们在每个婴儿身上都能看到莫罗反射，但不同个体表现出来的活动能量大不相同。一些差异反映了文化和民族间的差异（Freedman，1979）。例如，白人婴儿在生成莫罗反射的情形下表现出有声反应。他们不仅张开双臂，而且一般还会不安地哭泣。相反，纳瓦霍族的婴儿处于同种情形下做出的反应则相对平静得多。他们的手臂不如白人婴儿挥动得那么厉害，而且也很少哭泣。

在有些情况下，反射还能作为儿科医生有用的

诊断工具。因为反射出现和消失的时间都很有规律，在婴儿期的既定时刻，它们的消失或出现能够为医生判定婴儿的发展是否出现问题提供线索。即使对于成人，医生也会把反射用于诊断，例如医生用橡皮锤敲击患者的膝盖，来观察患者的小腿能否向前弹出。

反射也在进化，因为它们在人类历史的某一时刻具有维持生存的价值。例如，吮吸反射能帮助婴儿自动吸取营养，定向反射能帮助婴儿找到乳头。此外，一些反射也有着社会功能，促进照料和养育。例如，克里斯蒂娜的父亲发现，当自己的手指压在女儿的手掌上时，她会握紧他的手指，他可能不会在乎她只是凭借天生的反射做出了这种反应。相反，他更有可能将女儿对他的反应视为对自己的回应，从而增加他对女儿的兴趣和慈爱。当我们讨论婴儿的社会性发展和人格发展时，这种明显的反应有助于巩固婴儿和照料者之间不断发展的社会关系（见第6章）。

婴儿期的运动发展：身体发展的里程碑

可能没有其他的身体变化能够比婴儿不断取得的运动技能更加明显、更加令人期待。大多数父母可能还记得他们的孩子很自豪地迈出第一步，并且惊叹他们如此快速地从一个不会翻身的无助婴儿变成一个运动技能相当熟练的人。

粗大运动技能

尽管新生儿的运动技能还不是十分熟练，但他们还是能够完成一些运动。例如，当婴儿面朝下趴着时，他们会摆动手臂和双腿，可能还会试图抬起沉重的头部。随着婴儿力气的增强，他们能够撑起自己的身体向不同方向移动。结果他们通常是向后移，而不是向前移。但到了6个月大时，他们就可以让自己往特定的方向挪动。这些初始的努力是爬行的前兆，婴儿通过这些努力协调了手臂和腿部的运动，并使自己往前移动。爬行一般出现在婴儿8～10个月大时。图5-8总结了一些正常运动发展的里程碑。

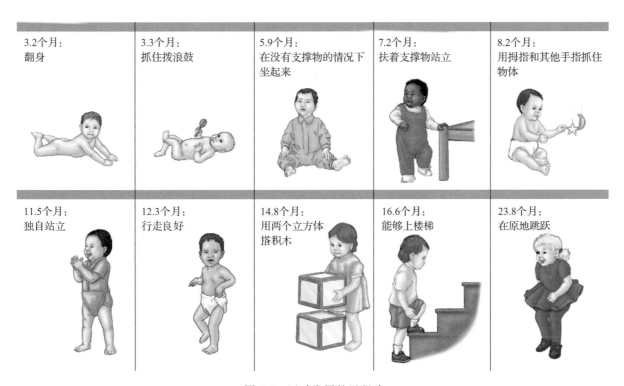

图 5-8　运动发展的里程碑

50%的儿童能够在图中所标出的月份完成相应技能。但是每种技能出现的具体时间有很大差别。例如，25%的儿童在11.1个月大时就能很好地走路，90%的儿童到14.9个月大时能够走得不错。这种平均基准的知识对父母有益还是有害？

资料来源：Data from Frankenburg, W. K., Dodds, J., Archer, P., Shapiro, H., & Bresnick, B. (1992). The Denver II: A major revision and restandardization of the Denver Developmental Screening Test. Pediatrics, Vol. 89, 91-97.

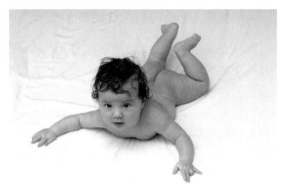

这个 5 个月大的女孩展示了她的粗大运动技能。

婴儿学会走路相对较晚。大多数婴儿大约在 9 个月时能够借助家具来走路，有 50% 的婴儿在 1 岁之前能够很好地行走。

在婴儿学习四处移动的同时，他们也能够坐在一个固定位置上保持不动。刚开始的时候，如果没有支撑物，婴儿就无法坐直。不过后来他们很快掌握了坐直的能力，大多数婴儿在 6 个月大时没有支撑物也能够坐起来。

精细运动技能

当婴儿在完善粗大运动技能（例如笔直地坐着和行走）时，他们在精细运动技能方面同样取得了很大的进步。例如，3 个月大的婴儿表现出了一些协调四肢的能力。

尽管婴儿出生时就具有伸手够取某物的能力，但这种能力尚不完善，也不精确，而且在出生后大约 4 周就消失了。4 个月大时，婴儿又重新表现出一种全新的、更为精确的够取某物的能力。虽然在婴儿伸出手之后，他们还需要花费一些时间以成功地协调一系列抓握动作，但这些时间并不长，他们很快就能够伸出手去抓住感兴趣的物体（Daum, Prinz, & Aschersleben, 2011；Foroud & Whishaw, 2012；Libertus, Joh, & Needham, 2016）。

4 个月大时，婴儿在一定程度上能精确地够到某物体。

精细运动技能的复杂性会继续发展。11 个月大时，婴儿能够从地上捡起小到弹球之类的物体——照料者尤其需要注意这些物体，因为这些物体接下来通常要去的地方就是婴儿的嘴部。到 2 岁时，婴儿可以小心地端起杯子，把它送到嘴边，并做到一滴不洒地喝下去。

像其他的动作发展一样，抓握动作也遵循着一个有序的发展模式，那就是简单技能被逐渐整合到更为复杂的技能中去。例如，婴儿一开始用整只手捡东西。当他们长大一些，他们就会进行钳形抓握（pincer grasp）——拇指和食指形成一个圈，像钳子一样。钳形抓握使婴儿可以进行相当精确的动作控制（Barrett & Needham, 2008；Thoermer et al., 2013）。

动力系统理论：如何协调运动发展

尽管我们很容易认为运动发展在一定意义上是一系列个别运动成就的集合，但实际上每种技能的发展都不是凭空而来的。每种技能（例如，婴儿拿起勺子放到嘴里的能力）的进步都是在其他运动能力（例如，够取勺子和把它放回原来地方的能力）的配合下实现的。此外，当运动技能在发展的时候，其他非运动技能（例如，视觉能力）也在发展。

发展学家埃斯特·泰伦（Esther Thelen）已经创立了一种开创性的理论来解释运动技能是如何发展和协调起来的。**动力系统理论**（dynamic system theory）描述运动技能是如何被整合的。泰伦口中的"整合"，是指儿童发展过程中多种技能的协调，包括婴儿肌肉的发展、知觉能力和神经系统的发展，以及执行特定活动的动机和来自环境的支持（Thelen & Bates, 2003；Gershkoff-Stowe & Thelen, 2004；Thelen & Smith, 2006）。

根据动力系统理论，在特定方面的运动发展要依靠多种技能的协调。例如，爬行并不仅仅需要依靠人脑启动"爬行程序"，促使肌肉向前推动婴儿，还需要协调肌肉、知觉、认知和动机。该理论强调"儿童的探索行为如何使他们的运动技能得以提高"，这种探索行为在他们与周围的环境互动时产生了新的挑战（Corbetta & Snapp-Childs, 2009）。

值得注意的是，动力系统理论强调了儿童的自身动机（一种认知状态）对于促进运动发展方面的重要作用。例如，一个婴儿需要具备触碰他们"够不着"

的物体的动机，从而发展出"爬过去"的技能。该理论也有助于解释不同儿童在运动技能方面表现出的个体差异。对此，我们将在下文进行讨论。

发展常模：个体和总体之间的比较

请记住，我们前面所讨论的运动发展里程碑的时刻表，都是建立在常模基础上的。常模（norms）代表了某一特定年龄段大样本儿童的平均表现。它可以用来比较某个儿童和常模样本中的儿童在某个特定行为方面的表现水平。例如，一个广泛用来测定婴儿的标准化工具是布雷泽尔顿新生儿行为评估量表（Brazelton neonatal behavior assessment scale，NBAS），该量表用来测定婴儿对其所处环境的神经和行为反应。

NBAS 是对传统的阿普加量表（见第 4 章）的补充，阿普加量表是在婴儿出生后立即施测的。NBAS 大约需要施测 30 分钟，包括 27 种不同的反应类别，涉及婴儿行为的四大方面：与他人互动（例如警觉和拥抱）、运动能力、生理方面的控制（例如，在惊扰后是否容易被安抚），以及对应激的反应（Brazelton，1990；Davis & Emory，1995；Canals，Fernandez-Ballart，& Esparo，2003；Ohta & Ohgi，2013）。

尽管这些量表所提供的常模在做出关于各种行为和技能出现时间的广泛推论时是有帮助的，但人们在解释它们时必须谨慎。因为常模只是一个平均数，它会掩盖儿童获得不同成就时的巨大个体差异。例如，有些儿童的发展要早于常模，而其他完全正常的儿童的发展可能会相对落后。常模也可能隐藏了一个事实，那就是每个儿童发展出不同行为的顺序也会有所差异（Boatella-Costa et al.，2007；Noble & Boyd，2012）。

常模只有当其数据取样来自一个具有不同层次的、富含文化多样性的大儿童样本时才有效。不幸的是，发展研究者一直所依赖的许多常模都取自中上社会经济地位家庭的婴儿。其原因是：许多研究是在大学校园里进行的，研究对象是研究生和教职工的孩子。

如果来自不同文化、种族和社会阶层的儿童在发展时间表上不存在差异，那么这种局限就不会被指责。然而，他们确实存在差异。例如，非裔美国婴儿在整个婴儿期的运动技能发展要快于白人婴儿。此外，还有和文化因素相关的显著差异，我们将在下文进行讨论（de Onis et al.，2007；Wu et al.，2008；Mendonça，Sargent，& Fetters，2016）。

婴儿期的营养：促进运动发展

当罗莎坐下来给孩子喂奶时又叹了口气。她今天几乎每隔 1 个小时就去给 5 个星期大的胡安喂奶，然而他看起来还是很饿的样子。有些天她好像只是在做喂孩子喝奶这件事。当她坐在自己喜欢的摇椅上给孩子喂奶时，她断言："胡安肯定进入快速成长期了。"

在婴儿期，个体只有得到足够的营养，身体才会迅速成长。如果婴儿没有得到足够的营养，那么他们便无法实现身体的潜能，并且这会损害他们的认知和社会交往能力（Tanner & Finn-Stevenson，2002；Costello，Compton，& Keeler，2003；Gregory，2005）。

尽管合理的营养结构在很多方面存在个体差异性，婴儿的成长速度、身体组成、代谢和活动水平有所不同，但一般的指导方针还是适用的。总的来说，婴儿体重平均每磅[一]每天要消耗 50 卡路里，人们建议婴儿的卡路里摄入量应该是成人卡路里摄入量的 2 倍（Dietz & Stern，1999；Skinner et al.，2004）。

在通常情况下，人们不需要去计算婴儿究竟摄入了多少卡路里。大多数婴儿自己能有效地调整他们的卡路里摄入量。婴儿看上去需要多少卡路里，人们就提供给他们多少，不需要迫使他们吃更多，他们自己可以调节得很好。

母乳喂养 vs. 人工喂养

50 年前，如果有母亲向儿科医生询问母乳喂养和人工喂养哪个更好，她会得到一个简单明确的答案：人工喂养是更受欢迎的方法。从 20 世纪 40 年代开始，儿童护理专家普遍认为母乳喂养已经过时，这种方法会导致儿童面临不必要的危险。

父母通过人工喂养可以明确婴儿摄入的牛奶量，因此可以确保婴儿摄入充足的营养。相反，使用母乳的母亲不能确定孩子会摄入多少奶水。人工喂养也可以帮助母亲实行那个年代所推崇的每 4 个小时一瓶牛

〔一〕　1 磅 = 0.4 535 924 千克。

奶的严格程序。

然而今天，对于同样的问题，一个母亲会得到一个完全不同的答案。儿童护理权威指出，在婴儿出生后的前12个月，没有比母乳更好的食物了。母乳不仅含有儿童生长所需的所有营养物质，而且似乎还能对各种儿童疾病，如呼吸道疾病、耳部感染、腹泻和过敏，提供免疫。只有为期4个月的母乳喂养就平均减少了45%的感染，与配方奶喂养的婴儿相比，为期6个月的母乳喂养减少了65%的感染。母乳比牛奶或配方奶更容易消化，而且它是无菌的、温暖的，方便母亲喂养。甚至有证据表明，母乳可以促进儿童的认知发展，在他们长大成人时有高的智力表现（Tanaka et al.，2009；Duijts et al.，2010；Rogers & Blissett，2017）。

‖ 发展多样性与你的生活 ‖

运动发展的文化维度

阿切族（Ache）生活在南美洲的热带雨林，其婴儿的身体活动受到严格限制。阿切族以一种游牧方式生存，住在雨林空旷地带中的一些小帐篷里，人口非常稀少。因此，在早年的生活中，婴儿几乎与他们的母亲寸步不离。即使离开母亲的身边，他们也必须在母亲周围的几米之内活动。

齐普斯基族生活在非洲肯尼亚一个相对开阔的环境中，其婴儿体验着完全不同于阿切族婴儿的生活。他们的生活中充满了活动和锻炼。父母试着在婴儿早期教他们的孩子坐下、站立和走路。例如，父母把非常小的婴儿放在地上的浅洞里，从而让他们保持直立的姿势。婴儿出生8周后，父母就开始教他们走路，婴儿被扶着用脚触地，并被推着往前走。

显然，这两个族群中的婴儿过着完全不同的生活（Super，1976；Kaplan & Dove，1987）。然而，阿切族婴儿早期活动刺激的相对缺乏与齐普斯基族鼓励婴儿活动发展的努力是否真的会带来不同的结果呢？

答案不置可否。一方面，与齐普斯基族儿童和西方儿童相比，阿切族儿童的运动发展相对迟缓。尽管他们的社会能力没什么不同，但阿切族儿童一般在23个月时才会走路，比一般的美国儿童晚了近1年。相反，齐普斯基族儿童被鼓励发展运动技能，学会坐和行走的时间平均要比美国儿童早几个星期。另一方面，从长期来看，阿切族儿童、齐普斯基族儿童和西方儿童之间的差异最终会消失。在6岁左右，所有阿切族儿童、齐普斯基族儿童和西方儿童的总体运动技能之间已经没有差异。

从上述例子中我们可以看出，运动技能发展的时间差异似乎部分地依赖于父母的期望，这种期望源自特定技能出现的"适当"时间表。例如，有一项研究考察了英格兰某市儿童运动技能的发展情况，样本中儿童的母亲来自不同的种族。在这项研究中，研究者考察了英国、牙买加和印度母亲对孩子运动技能发展时间节点的期望。牙买加母亲期望时间她们的孩子坐立和行走的时间显著早于英国和印度的母亲，但是这些活动出现的确切时间符合她们的期望。牙买加婴儿较早掌握运动技能的原因似乎在于父母对待他们的方式。例如，牙买加母亲在婴儿早期就让她们的孩子练习行走（Hopkins & Westra，1989，1990）。

总之，文化因素有助于确定特定运动技能出现的时间节点。体现文化本质的运动更易于被成人传授给他们的婴儿，从而使得这种运动较早出现（Nugent，Lester，& Brazelton，1989）。

在一个特定的文化中，父母常会期望孩子掌握一种特定技能。这些孩子很小就被传授特定技能的知识，相比那些没有此类期望和训练的文化中的孩子，他们可能更早地精通这些技能。然而最大的问题是：特定的文化中较早出现的基本运动行为，对于特定运动技能和其他领域的成就是否具有长远的效果。这一问题尚无定论。

不过，有件事是确定的，那就是一种技能最早什么时候出现是有一定时间限制的。1个月大的婴儿的身体本身无法实现站立和行走，尽管他们可能得到来自文化的鼓励和训练。急于加快孩子运动发展的父母要防止"揠苗助长"。事实上，他们可以问问自己，婴儿是否有必要比同龄的孩子早几个星期获得一种运动技能。

最理智的回答是"没有必要"。尽管有些父母为孩子较早学会走路感到骄傲，为孩子较晚学会走路感到担忧，但从长远来看走路的早晚不会对孩子的后期发展带来巨大差异。

母乳喂养在提供母亲和孩子间的情感交流方面还有明显的优势。大部分母亲谈到，母乳喂养为她们带来了幸福感，增强了她们与孩子在一起的亲密感，这可能由于母亲脑中产生了内啡肽。母乳喂养的婴儿在哺乳过程中更有可能对母亲的抚摸和凝视做出回应，并在哺乳过程中安静下来。我们将在第 6 章看到，这种互动反应会促进良好的社会性发展（Gerrish & Mennella，2000；Zanardo et al.，2001）。

"我忘记告诉你我是母乳喂养的。"

母乳喂养甚至可能对母亲的健康有益。研究表明，使用母乳喂养的妇女在更年期之前罹患卵巢癌和乳腺癌的比例较低。此外，在哺乳期间产生的激素有助于产后女性缩小子宫，使她们更快恢复到孕前体型。这些激素还可以阻止排卵，降低（但不排除）再次怀孕的可能性，因此有助于防止短期内生下另一个孩子（Kim et al.，2007；Pearson，Lightman，& Evans，2011；Kornides & Kitsantas，2013）。

母乳喂养并不是解决婴儿营养和健康问题的万灵药，许多人工喂养的孩子也不应该担心自己会遭受不可弥补的伤害。近期研究表明，服用配方奶粉的婴儿比服用传统奶粉的婴儿表现出更好的认知发展。不过，人们对母乳喂养的倡导仍是正确的，母乳喂养是最好的（Birch et al.，2000；Auestad et al，2003；Rabin，2006；Ludlow et al.，2012；）。

引入固体食物：什么时候？吃什么

虽然儿科医生赞同母乳是最初的理想食物，但是到了一定年龄，母乳所能提供的营养不能满足婴儿的生理需求。美国儿科学会建议，婴儿在出生后 6 个月左右可以开始吃 1 ～ 2 汤匙固体食物，9 个月以后每天进食 2 ～ 3 次健康营养的零食（Clayton et al.，2013）。

固体食物应该每餐增加一点，逐渐引入婴儿膳食中，以了解婴儿的偏好和过敏情况。虽然每个婴儿所需要的食物各不相同，但是大部分婴儿应首选谷类，其次是水果，然后是蔬菜和其他食物。

断奶（weaning）的时间，即逐渐停止母乳或者人工喂养的时间各不相同。在发达国家如美国，一般早在婴儿 3 ～ 4 个月时就断奶了。然而，有一些母亲继续使用母乳喂养直到两三岁。美国儿科学会建议婴儿应该接受母乳喂养到 1 岁左右（American Academy of Pediatrics，1997；Sloan et al.，2008）。

营养不良

营养不良（malnutrition）是指营养不足和不平衡的情况。营养不良只会带来不好的后果。例如，与生活在工业化程度更高、更加富裕国家的儿童相比，生活在发展中国家的儿童更容易出现营养不良的问题。在发展中国家，营养不良的婴儿在 6 个月大时发育速度开始变慢。到 2 岁时，他们的身高和体重只有工业化程度更高国家中的儿童的 95%。

从研究到实践

母乳的科学

鉴于母乳（婴儿的主要营养来源）的重要性，你可能会认为，科学家长期以来一直在仔细研究母乳的成分以及婴儿如何消化和利用母乳。然而，事实并非如此。直到最近，研究人员才对母乳进行了仔细的研究，他们发现母乳的复杂程度令人吃惊。

对科学家来说，母乳不仅仅是食物，它还发挥着很多作用。由于多年前母乳喂养的婴儿的死亡率低于人工喂养的婴儿，母乳在免疫系统中的作用即使没有得到很好的理解，也得到了人们的认可。母乳含有复杂碳水化合物（低聚糖）。虽然人类无法消化这些东西，但细菌可以，这表明母乳在培养人体肠道的正常菌群方面发挥着重要的保护作用。事实证明，母乳中的低聚糖是非常特殊的，只有长双歧杆菌有消化它们所需的所有酶，这使得长双歧杆菌能够在婴儿肠道内起到主导作用。

为什么长双歧杆菌如此特别？因为它排挤了其他细菌，包括那些由于无法消化低聚糖而难以生存的潜在有害病原体。它还能选择性地促进其他有益细菌的生长（Ward et al., 2007；Gura, 2014）。

婴儿胃部的酸性较弱，酶偏少，它们只限于消化

极少数特定类型的蛋白质，而这些蛋白质只存在于母乳中。事实上，牛奶本身提供了一种非活性酶，婴儿需要消化它，然后它在胃中被激活。因此，母乳在某种程度上确保了自身的易消化性。"母乳是最好的"这句话适用于很多的方面，进一步的研究可能会有更多的发现（Dallas et al., 2014）。

早产儿面临的一个主要健康风险是肠道受到有害细菌的感染，而长双歧杆菌的引入没有成功地阻止这种情况的发生。你认为，为什么会这样？

那些在婴儿期已经遭受长期营养不良的儿童，长大后智力测验得分较低，而且在校的学业成绩也不好。即使这些儿童的饮食在后来得到了充分改善，但是早期营养不良的影响仍会继续存在（Grantham-McGregor, Ani, & Fernald, 2001；Ratanachu-Ek, 2003；Peter et al., 2016）。

在发展中国家，营养不良的问题显著，有将近10%的婴儿存在严重的营养不良。在有些国家，营养不良的问题特别严重，例如在朝鲜，估计有25%的儿童长期处于营养不良状态，4%处于极端营养不良（Chaudhary & Sharma, 2012, United Nations World Food Programme, 2013）。

然而，营养不良的问题并不只局限于发展中国家。在美国，大约20%的儿童生活在贫困中，这使他们面临营养不良的风险。总的来说，大约26%有3岁及以下孩子的家庭生活在贫困中，6%的美国人生活在极端贫困中（家庭年收入在1万美元以下）。西班牙裔和非裔美国家庭的贫困比率甚至更高（Addy, Engelhardt, & Skinner, 2013, 见图5-9）。

各种各样的社会服务项目，例如联邦补充营养援助计划（SNAP），都是为了解决这个问题而设立的。这些项目意味着其中的儿童很少会有严重的营养不良，但由于饮食中某些营养成分的缺乏，这些儿童仍然容易面临营养不足（undernutrition）的问题，所以人们要推动这些项目的实施。调查发现，25%的1～5岁美国儿童每天的饮食远远低于营养专家所建议的最低摄入量。尽管还不至于严重到营养不良，但是营养不足会导致长期的健康代价，例如，即使是轻度到中度的营养不足也会影响儿童后期的认知发展（Tanner & Finn-Stevenson, 2002；Lian et al., 2012）。

婴儿期严重的营养不良可能会导致一些障碍。

在生命第一年中的营养不良会导致婴儿"消瘦症"（marasmus），这是一种会使婴儿停止成长的疾病。消瘦源于婴儿身体吸收的蛋白质和卡路里的严重不足，这将导致身体日益瘦弱，并且最终可能会导致死亡。年长儿童则容易罹患夸休可尔症（kwashiorkor），即因恶性营养不良而导致儿童的胃部、四肢和脸部水肿。那些夸休可尔症患儿看上去很胖。然而，这只是一种错觉，实际上那些患儿的身体正在由于缺乏营养而苦苦支撑着。

从教育工作者的视角看问题

营养不良导致发育迟缓、降低智商测量得分、影响学业成绩，营养不良有哪些可能的原因？营养不良将如何影响第三世界国家的教育？

在有些情况下，尽管婴儿的营养充分，但他们看起来好像因缺少食物而消瘦，主要表现为发育迟缓、情绪低落、兴趣缺乏。然而，真正的原因却是情感方面的：他们缺乏足够的关爱和情感支持。这被称为非器质性发育不良（nonorganic failure to thrive）。在这种情况下，儿童停止发育并不是出于生理原因，而是由于缺乏来自父母的刺激和关注。这种现象常常出现在婴儿18个月大时。通过强化父母的相关意识，或把婴儿放在能够提供情感支持的家庭里收养，婴儿的非器质性发育不良可以得到改善。

肥胖

显然，婴儿期的营养不良会对婴儿造成潜在的灾难性后果。然而，人们对肥胖所造成的影响还不是特别清楚。肥胖（obesity）是指个体的体重超过其身高所对应的标准体重的20%。虽然婴儿肥胖与青少年

肥胖没有明确的相关，但一些研究表明，婴儿期的过量饮食会导致产生额外的脂肪细胞，这种细胞在体内将永久存在并有可能导致超重。事实上，婴儿期的体重增加与儿童 6 岁时的体重相关。研究表明，6 岁以后出现的肥胖与成年期的肥胖有一定的联系，这说明婴儿期的肥胖可能最终与成年期的体重问题相关。然而，人们还没有找到婴儿超重与成人超重之间确切的联系（Taveras et al.，2009；Carnell et al.，2013；Mallan et al.，2016）。

尽管婴儿肥胖与成人肥胖之间的联系还没有最终定论，但显然关于"胖婴儿是健康的婴儿"这一广为流传的社会观点是错误的。某些文化因素会导致过度喂养现象，其他一些因素也与婴儿肥胖有关，例如剖宫产的婴儿体重一般是阴道分娩孩子的 2 倍，前者更可能成为肥胖儿（Huh et al.，2012）。假如父母缺乏婴儿肥胖的清晰概念，他们应该少关注婴儿的体重，多提供给婴儿充足的营养。

感知觉的发展

作为心理学的奠基人之一，威廉·詹姆斯（William James）认为婴儿的世界是"极其混乱的"（James，1890/1950）。他的看法正确吗？

此时，智慧的他却说错了。虽然新生儿的感觉世界确实缺乏我们成人区分事物的清晰度和稳定性，但是日复一日，随着婴儿感知和觉察环境能力的增强，他们越来越能够理解外部世界。事实上，婴儿在充满着愉快感觉的环境中茁壮成长。

婴儿理解他们周围环境的过程就是感觉和知觉。感觉（sensation）是感觉器官对物理刺激的反应。知觉（perception）是分类、解释、分析和整合来自感觉器官和人脑刺激的心理过程。

研究婴儿在感觉和知觉领域的能力对研究者提出了挑战。我们将看到，研究者在不同领域中发展出许多理解感觉和知觉的加工过程。

视知觉：看世界

从李·恩格（Lee Eng）出生开始，每个见到他的人都感觉到他在有意识地注视着他们。他似乎在专注

地盯着来访者的眼睛，他的双眼好像能够深深地感知到看着他的这些人的脸庞。

李的视力到底怎么样？他能够在周围的环境中识别出什么？至少在近距离的范围之内，他能识别很多物体。根据一些研究，新生儿的视敏度在 20/200 到 20/600 之间，这意味着婴儿在 20 英尺[⊖]处所看到物体的清晰度，就像正常视力的成人在 200 ～ 600 英尺处看到的一样（Haight，1991；Jones et al.，2015）。

这些数据表明：婴儿的视力范围是一般成人的 1/10 至 1/30。这是一个很不错的结果。其实，新生儿的视力与很多视力不太好的成人不戴眼镜时有着同样的视敏度。如果你平时戴着眼镜或隐形眼镜，那么在不戴眼镜时看到的外部世界与婴儿感觉到的是一样的。婴儿的视力的清晰度会变得越来越高。6 个月大婴儿的视力几乎可以达到 20/20，即达到成人的视力水平（Cavallini et al.，2002；Corrow et al.，2012）。

新生儿只能看清距离自己 20 ～ 36 厘米的物体，看不清超过这一距离范围的物体。

1 个月之后，虽然婴儿的视力水平有所提高，但是很难看清细节。

⊖　1 英尺 = 0.304 8 米。

3 个月时，婴儿能够看清物体的细节。

其他的视觉能力也发展得很快。例如，双眼视觉（binocular vision）在大约 14 周时发育成熟，双眼视觉是把来自两只眼睛的成像结合起来得到有关深度和运动方面信息的能力。在此之前，婴儿无法整合来自双眼的信息。

深度知觉是特别有用的视觉能力，它能帮助婴儿获得有关深度的知识，以避免跌落。在 1960 年，发展心理学家埃莉诺·吉布森（Eleanor Gibson）和理查德·沃克（Richard Walk）做了一项经典实验：婴儿被放置在一块很厚的玻璃上，玻璃下方有一半铺着方格图案，让人感觉婴儿趴在一块稳当的地板上；然而，另一端的玻璃下方，方格图案与玻璃具有几十厘米的高度差，形成了明显的视崖（visual diff）。吉布

森和沃克提出的问题是：当母亲召唤婴儿的时候，他们是否会愿意爬过这个视崖（见图 5-9）。

结果很明显，研究中大部分 6 ～ 14 个月大的婴儿不会爬过视崖。显然，在这个年龄段，大多数婴儿的深度知觉能力已经发展成熟。另外，该实验没有明确指出深度视觉何时出现，因为只有在婴儿学会爬行后才能施测。在其他实验中，实验者让 2 ～ 3 个月大的婴儿俯卧在地板和视崖上，结果发现婴儿在这两个位置上的心率有所不同（Campos, Langer, & Krowitz, 1970；Kretch & Adolph, 2013）。

然而，我们应当记住的是，这些研究结果并没有告诉我们，婴儿不跨越视崖的行为是对深度本身做出的反应，还是当他们从一个没有深度到有深度的地方移动时，因视觉刺激的改变而做出的反应。

婴儿从出生时就表现出明显的视觉偏好。相比于简单的视觉刺激，婴儿更喜欢看复杂的、带图案的视觉刺激（见图 5-10）。我们是怎么知道的呢？发展心理学家罗伯特·范茨（Robert Fantz）在 1963 年发明了一个经典测试。他建造了一个小隔间，婴儿可以躺在里面看到上方成对的刺激。范茨通过观察婴儿眼睛里所反射的物体来判断他们正在看什么。

范茨的工作推动了关于婴儿视觉偏好的大量研究，其中大多数研究得出了一个重要的结论：婴儿

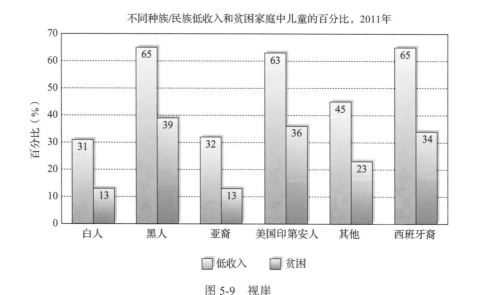

不同种族/民族低收入和贫困家庭中儿童的百分比，2011年

图 5-9 视崖

视崖实验考察的是婴儿的深度知觉能力。大部分 6 ～ 14 个月大的婴儿在母亲的呼唤下不会爬过视崖，这显然是对几十厘米高度差的方格图案所做出的反应。

天生偏好某些特殊刺激。例如，出生几分钟的婴儿对不同刺激的特定颜色、形状和结构有偏好。他们喜欢曲线胜过直线，喜欢三维图形胜过二维图形，喜欢人脸图像胜过非人脸图像。这种能力可能反映了大脑中存在能够对特定的模式、方位、形状和运动方向进行反应的高度专门化的细胞（Hubel & Wiesel，1979，2004；Kellman & Arterberry，2006；Gliga et al.，2009）。

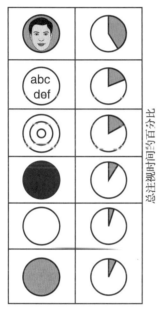

图 5-10　对复杂性的视觉偏好

在一个经典实验中，研究者罗伯特·范茨发现，2～3个月大的婴儿更喜欢看复杂的视觉刺激，而不是简单的视觉刺激。

资料来源：Based on Robert L.Fantz，"Pattern Vision in Newborn Infants," Science, New Series, vol. 140, no. 3564: 296-297 (1963).

然而，遗传并不是婴儿视觉偏好的唯一决定因素。仅仅在出生几个小时后，相比其他人的面孔，婴儿已经对自己母亲的面孔产生了视觉偏好。同样，婴儿在6～9个月大时更容易区分人脸，却不太能区分其他物种的面孔（见图5-11）。他们也能区分男性和女性的面孔。这些发现又一次提供了遗传和环境因素共同决定婴儿能力的清晰证据（Otsuka et al.，2012；Bahrick et al.，2016）。

听知觉：声音的世界

母亲的催眠曲能如何抚慰一个哭闹、焦躁的婴

儿？在我们考察婴儿听知觉能力的时候，可以得到一些这方面的线索。

图 5-11　区分面孔

研究者使用了本图中的面孔对婴儿进行测试。结果发现，婴儿在6个月大时区分人类面孔和猴子面孔的能力一样好，然而当婴儿9个月大时，他们区分猴子面孔的能力差于区分人类面孔的能力。

资料来源．Science, Vol. 296 (17 May 2002), p.1321-1322, "Is Face Processing Species-Specific During the First Year of Life?" by Olivier Pascalis, Michelle de Haan, Charles A. Nelson. Reprinted with permission from AAAS.

婴儿在出生时（甚至更早）就能听到声音。婴儿在出生之前就已经具备听觉能力。即使在子宫里，胎儿对母亲体外的声音也有反应（见第2章）。婴儿天生具有对特定声音组合的偏好（Trehub，2003；Fujioka，Mourad，& Trainor，2011；Pundir et al.，2012）。

因为婴儿在出生前就有一些听力练习，所以出生后他们具有很好的听力知觉是很自然的事。事实上，对于某些极高频声音和极低频声音，婴儿比成人更敏感。这种敏感能力在2岁之前逐渐增强。对于中频声音，婴儿最初不如成人敏感，但最终他们这方面的能力将得到提高（Fenwick & Morrongiello，1991；Werner & Marean，1996；Fernald，2001）。

婴儿对中频声音敏感性的提高可能与神经系统的成熟有关，但确切原因尚不清晰。更令人困惑的是，过了婴儿期，儿童对极高频声音和极低频声音的敏感性却逐

渐下降。一种可能的解释是处于高水平的噪声中可能会损害这种听极端频率范围内声音的能力（Trehub et al.，1989；Stewart，Scherer & Lehman，2003）。

除了觉察声音的能力，婴儿还需要一些其他能力来进行有效倾听，例如声音定位（sound localization）使我们确定声音来自哪个方向。相对于成人，婴儿在精确的声音定位方面还有些欠缺，因为有效的声音定位需要我们在一个声音到达双耳时，利用声音到达时间的细微差异来进行区分。若右耳先听到声音，这就说明声音源头在我们右边。由于婴儿的头比成人的头小，所以同样的声音到达两只耳朵的时间差小于成人，因此他们在定位声音时存在困难。

然而，尽管婴儿因头部较小而存在潜在声音定位的局限，但婴儿的声音定位能力在出生时就已经相当好了，并且在1岁时就能达到成人水平。有趣的是，这种能力的提高是不稳定的：尽管我们不知道其中的确切原因，但是有研究表明，声音定位的准确性在婴儿刚出生的两个月之内是下降的，随后又开始提高（Clifton，1992；Litovesky & Ashmead，1997；Fenwick & Morrongiello，1998）。

婴儿能够区分几组不同的声音，他们对声音的发音模式和其他听觉特征的感知能力相当好。例如，婴儿在6个月大时就可以察觉六声调式（six-tone）旋律中单个音符的变化，他们也会对音乐键和节奏的变化做反应。总之，他们对于爸爸妈妈哼唱的催眠曲的旋律非常敏感（Phillips-Silver & Trainor，2005；Masataka，2006；Trehub & Hannon，2009）。

对于婴儿最终成功融入社会来说更重要的方面是，他们能够对将来需要理解的语言做出精细的区分（Bijeljac-Babic，Bertoncini，& Mehler，1993；Gervain et al.，2008）。例如，在一个经典研究中，一组1～5个月大的婴儿每次吸奶时就会触发播放"ba"的人声录音（Eimas et al.，1971）。刚开始时，他们对于声音的兴趣使得他们用力地吮吸，然而很快他们渐渐习惯于这种声音（见第4章的"习惯化"），吮吸不像刚才那样有力。当实验者将录音换成"pa"音，婴儿立刻表现出新的兴趣并且再次用力吮吸。该实验的明显结论是：即使1个月大的婴儿也可以区分两个相似的声音（Miller & Eimas，1995）。

更有趣的是，婴儿可以区分不同的语言。4个半月大的婴儿可以区分自己的名字与其他相似的发音。5个月大的婴儿能够区分大段英语和西班牙语，即使这两种语言的长度、音节数目以及语速都相同。事实上，一些证据表明，2天大的婴儿对他们周围人所说的语言表现出了一定的偏好（Palmer et al.，2012；Chonchaiya et al.，2013；Pejovic & Molnar，2017）。

4个月大的婴儿能把自己的名字和其他发音相似的单词区分开来。

假如婴儿具有可以区分两个只有细微差异的辅音字母的能力，那么他们自然能区分不同人的声音。事实上，在婴儿早期他们就更为偏好某些声音。例如，在一个实验中，当婴儿吮吸奶嘴时，研究者就会播放一段讲故事的录音。如果这段录音是母亲的声音，那么此时婴儿吮吸奶嘴的时间要长于播放陌生人录音时的吮吸时间（DeCasper & Fifer，1980；Fifer，1987）。

这种偏好是如何产生的呢？一种假设认为，在出生以前胎儿总是听到母亲的声音是关键所在。为了支持这种推测，研究者指出这样一个事实：与其他男性的声音相比，新生儿并没有表现出对自己父亲的声音有偏好。此外，相对于在婴儿出生之前母亲没有唱过的旋律，新生儿更喜欢听在他们出生之前母亲唱过的旋律。尽管胎儿被子宫的液态环境包围着，但出生之前听到母亲的声音似乎有助于形成婴儿的听觉偏好（Palmer et al.，2012；Chonchaiya et al.，2013；Pejovic & Molnar，2017）。

嗅觉、味觉、触觉

当婴儿闻到臭鸡蛋味时，他们会怎么做？他们像成人一样，皱起鼻子，看起来很不愉快的样子。而婴儿在闻到香蕉和黄油的味道时却也会产生愉快的反应（Steiner, 1979, Pomares, Schirrer, & Abadie, 2002）。那他们对甜蜜的东西有什么反应，对疼痛或触摸有什么反应？

嗅觉、味觉

即使很小的婴儿，味觉也发展得相当不错，至少一些 12～18 天大的婴儿只凭气味就能够分辨出自己的母亲。在一项实验中，当婴儿闻前一天晚上成人胳膊下的纱布垫时，母乳喂养的婴儿能够区分母亲的气味和其他成年人的气味，而人工喂养的婴儿则无法做出区分。此外，无论是母乳喂养的婴儿还是奶瓶喂养的婴儿，都无法根据气味分辨出他们的父亲（Mizuno & Ueda, 2004；Allam, Marlier, & Schaal, 2006；Lipsitt & Rovee-Collier, 2012）。

婴儿好像特别喜欢甜食（即使在他们有牙齿之前），当他们尝到苦味时会做出厌恶的表情。当你在很小的婴儿舌头上放一点有甜味的液体时，他们会微笑。如果奶瓶有点甜味，那么他们也会使劲地吮吸。由于母乳是甜的，这种味觉上的偏好可能是我们演化过程中遗传的一部分，这种偏好提供了有利于生存的优势。那些偏爱甜食的婴儿比其他婴儿可以吸收到更充足的养料从而存活下来（Steiner, 1979；Rosenstein & Oster, 1988；Porges & Lipsitt, 1993）。

婴儿还会基于母亲在其胎儿期的饮食而形成味觉偏好。例如一项研究发现，在孕期常喝胡萝卜汁的孕妇，她们的婴儿对胡萝卜的味道也有一定的偏好。

对疼痛的敏感性

在伊莱 8 天大的时候，他接受了传统的犹太教割礼。当他躺在父亲的怀里时，被剌掉了阴茎的包皮。尽管伊莱大声尖叫，让他那焦虑的父母认为这是疼痛的表示，但他很快安定下来并进入了梦乡。其他观察这个仪式的人们向伊莱的父母保证说，像他这般大的婴儿不会真正体验到疼痛，至少不会像成人那么疼。

伊莱的亲戚们说较小的婴儿不会感受到疼痛是正确的吗？在过去，许多医生会同意这种说法。事实上，因为他们假定婴儿不会体验到那种令人焦虑的疼痛，许多内科医生会进行常规医疗操作，甚至在一些外科手术中，一点也不用止痛剂或者麻醉药。他们认为，用麻醉药的风险比婴儿所体验的潜在疼痛更危险。

今天，众所周知，婴儿天生就具有感受疼痛的能力。显然，没人能确定儿童所体验的疼痛是否和成人相同，正如我们不能说，一个朋友在抱怨头痛时所体验的疼痛会比我们自己在头痛时所体验的疼痛严重或轻微。

我们所知道的是，疼痛给婴儿带来了痛苦。当他们受伤时，他们心跳加快、出汗、面部表情痛苦、哭声的强度和声调也变了（Kohut & Pillai, 2008；Rodkey & Riddell, 2013；Pölkki et al., 2015）。

对疼痛的反应似乎有一个发展的过程。例如，当新生儿接受脚踝的抽血化验时，他们的反应会很痛苦，但是要在数秒钟后才有反应。相反，在几个月后进行同样抽血化验的程序时，他们会立刻就有反应。婴儿发育不完善的神经系统传导信息速度较慢，从而导致了这种反应的延迟（Anand & Hickey, 1992；Axia, Bonichini, & Benini, 1995；Puchalsi & Hummel, 2002）。

有关大鼠的研究表明，在婴儿期经历疼痛会导致神经系统形成某种永久的环路，从而导致在成年期对疼痛变得更加敏感。这些结果表明，经历剧烈疼痛的医学治疗和测试的婴儿通常在长大后对疼痛更加敏感（Ruda etal., 2000；Taddio, Shaha, & Gibert-Macleod, 2002；Ozawa et al., 2011）。

越来越多的人支持这种说法：婴儿能够体验到疼痛以及这种影响可能会持续很长一段时间，对此，医学专家的反应是支持在手术中使用麻醉药和止痛剂（很小的婴儿也不例外）。根据美国儿科学会的观点，在大多数外科手术（包括包皮坏切术）中，麻醉药的使用是恰当的（Sato et al., 2007；Urso, 2007；Yamada et al., 2008）。

触觉

很显然，不是只有刺痛才能引起婴儿的注意。即使是很小的婴儿对温和的触摸都有反应，比如轻柔的抚摸可以使一个哭闹、焦躁的婴儿安静下来（Hertenstein, 2002；Gitto et al., 2012；Aznar & Tenenbaum, 2016）。

对于新生儿来说，触觉既是高度发育成熟的感觉系统之一，也是人体最先发展的感觉系统之一。有证据表明在孕妇怀孕 32 周后，胎儿的整个身体对触摸就已经很敏感。此外，婴儿在出生时已有一些基本反射，例如定向反射，需要他们有敏感的触觉——婴儿的嘴巴必须具有感知触摸的能力，以便自动找到乳头吃奶（Haith，1986）。

对于新生儿来说，触觉是高度发育成熟的感觉系统之一。

婴儿感受触摸的能力对他们努力探索世界特别有帮助。一些理论认为，触觉是婴儿获取有关这个世界信息的一种方式。如前所述，6 个月大的婴儿倾向于把任何东西都放到嘴里，通过该物体在嘴里的感觉反应来获取有关其结构的信息（Ruff，1989）。

触觉对有机体未来的发展起着很重要的作用，因为它触发起一种复杂的化学反应，有助于婴儿存活下来（见第 4 章）。例如，轻柔地按摩可以刺激婴儿大脑特定化学物质的产生，从而促进生长。触觉也与社会性发展有关。事实上，大脑会对缓慢轻柔的触觉有一个积极的反应（Diego, Field, & Hernandez-Reif, 2009；Gordon et al., 2013；Ludwig & Field, 2014）。

多通道知觉：整合单通道的感觉输入

当埃里克 7 个月大时，祖父母送给他一个吱吱响的橡皮玩具。他一看到它，就伸出手来一把抓住，并在它吱吱响时仔细听着。他看起来相当满意这个礼物。

思考埃里克对玩具的感觉反应的一种方式是分别关注每一种感觉：在埃里克眼里，这个玩具看起来像什么？在手里的感觉如何？它听起来像什么？实际上，这种方法在婴儿感知觉研究中一直占主导地位。让我们来看看其他方法：我们将考察不同的感觉反应如何彼此整合起来。我们可以思考这些反应如何共同发挥作用，以及如何整合起来成为埃里克最终的行为反应，而不是只考虑每一种单独的感觉反应。多通道知觉理论（multimodal approach to perception）考察各种单个感觉系统所接收的信息是如何整合和协调起来的。

> **从健康护理工作者的视角看问题**
>
> 一个天生没有某种感觉能力的人往往会发展出某种或多种其他超常的感觉能力。医护专业人员该怎样帮助那些缺乏某方面特定感觉能力的婴儿？

在研究婴儿如何理解感觉世界的过程中，尽管多通道知觉理论是一种相对较新的研究方式，但它引发了关于感知觉发展的一些重要争论。例如，一些研究者认为婴儿的感觉从一开始就彼此整合，而另一些研究者则坚持婴儿感觉系统最初呈分离状态，大脑的发展逐渐导致感觉的整合（De Gelder, 2000；Lewkowicz, 2002；Flom & Bahrick, 2007）。

虽然我们不知道哪种观点是正确的，但婴儿在早期就已经能够将那些通过某一感觉通道得到的有关某物体的信息与另一感觉通道得到的信息关联起来。比如，1 个月大的婴儿能够视觉辨认出先前含在嘴里却未曾见过的某个物体（Meltzoff, 1981；Steri & Spelke, 1988）。毫无疑问，不同感觉通道之间的交流在出生后 1 个月已经成为可能。

婴儿在多通道知觉方面的能力显示了婴儿复杂的知觉能力，这种能力在婴儿期一直在发展。此类知觉发展得益于婴儿对于情境支持（affordances）的发现，即特定情境或刺激可以提供的选项。例如，婴儿知道当他们走陡坡时可能会摔倒，即斜坡提供了使人摔倒的可能。此类知识在婴儿从爬行到走路的转变中至关重要。同样，婴儿知道，如果没有正确地握住某些形状的物体，它们就会从手中滑落下去。例如，埃里克正在尝试以多种方式玩他的玩具（玩具的情境支持），他可以抓它或压它，听它吱吱响的声音，如果他正在长牙齿，他甚至可以舒服地咬它（Flom & Bahrick, 2007；Wilcox et al., 2007；Huang, 2012；Rocha et al., 2013）。

明智运用儿童发展心理学

锻炼你孩子的身体和感官

回想一下文化预期和环境是如何影响各种身体发展中的里程碑出现的年龄的，例如第一次走路。大部分专家认为，企图加速婴儿身体和感知觉发展的努力没有什么好处，父母应该确保他们的婴儿接受充足的身体和感觉刺激。以下有一些具体方法可以达到这样的目标。

- 在身体不同位置携带婴儿，例如：在后面背着；在前面的挎包里裹着；像抱足球一样把婴儿的头放在手掌里，脚放在胳膊上。这样可以让婴儿从不同的角度观察世界。
- 让婴儿探索他们周围的环境。不要让他们在一个单调贫乏的环境里待太长时间。先把周围的危险物品移走，让婴儿处在一个相对安全的环境中，让他们到处爬行。
- 让婴儿参加一些打闹游戏（非暴力活动），例如摔跤、跳舞、在地板上旋转。这些活动有助于激发他们的兴趣，并能刺激年龄较大婴儿的运动和感觉系统的发展。
- 让婴儿触碰他们的食物，即使是拿着玩。婴儿太小还没到能教他们餐桌礼仪的时候。
- 给婴儿提供能刺激其感觉的玩具，尤其是那些可以同时刺激多个感官的玩具。例如颜色鲜亮、质地柔软、可以活动的玩具更加有趣，并且有助于提高婴儿的感觉能力。

案例研究

一步一步来

莱拉和她 6 个月大的儿子丹尼，搬到了亚特兰大以后，找到了一个亲子小组，这使她非常兴奋。这个小组里的女性都很友好，莱拉也很高兴遇见一帮和丹尼年龄相仿的孩子的新手妈妈。

然而，莱拉也烦恼于这些妈妈们暗自较劲的风气。其中的一个妈妈在每次聚会的时候都会炫耀她女儿科拉最新的成就，科拉在 6 个月大的时候就能够爬行，在 8 个月大的时候就能够靠着家具在家里游走，10 个月大的时候她就能迈出独立的第一步。

莱拉感到非常失望，丹尼在 10 个月大的时候才开始爬行。他拼命地想要站起来，但是又扑通一下跌倒了。莱拉怀疑他是否能够走路，并且担心丹尼和科拉之间发展的巨大差距是否说明存在严重的问题。

莱拉读到一个研究，其声称在婴儿早期给一些规范的训练能够使婴儿更早的走路。尽管丹尼已经过了这个研究中提出的训练年龄，但莱拉还是对丹尼进行了一项严格的行走常规训练。她每天握着丹尼的手，让丹尼绕着屋子转 3 圈，每次持续 45 分钟。每当丹尼要蹲下时，她都会纠正他。在训练 3 周以后，每当莱拉握着丹尼的手时，丹尼就开始啜泣。他躺在地板上不肯起来。莱拉感到很吃惊，她停止了训练。

1. 你认为莱拉对丹尼发展上的担心是合理的吗？为什么是或者为什么不是？

2. 为缓解莱拉的焦虑，你能够告诉她婴儿身体发展的正常时间范围是多少吗？

3. 你认为，为什么莱拉的行走常规训练没有达到她预期的效果？

4. 莱拉能够做些什么来帮助丹尼的粗大运动发展而不让丹尼感到难受？

5. 在孩子的发展速度方面，同龄孩子之间的比较有什么弊端？当下次莱拉的朋友说那些让她担忧的话时，她该对自己说些什么？

‖ 本章小结

首先，我们讨论了婴儿身体发展的本质和速度、大脑和神经系统的成熟速度，以及婴儿发育模式和状态的规律。

然后，我们了解了运动发展、反射的发展和作用、环境在影响运动发展速度和形式时的作用，以及营养的重要性。

最后，我们讨论了感知觉，以及婴儿整合多种感觉通道信息的能力。

请回忆本章导言内容，然后回答下列问题。

1. 埃文的父母想知道他是否能睡到天亮。你是否能告诉他们婴儿时期节律的发展是怎样的，以保证他们的儿子最终会采取更常规的行为？

2. 埃文的母亲提到，她没有办法让儿子开心，因为他整天都醒着。你认为，埃文的觉醒在一定程度上因为他所处的环境刺激太丰富了吗？你能给他的母亲提供什么建议，让她和埃文都放松一下？

3. 埃文的父亲经常在晚上用奶瓶喂他，这样他的妻子就可以休息了。为什么瓶子里装的是埃文母亲的奶，而不是配方奶？

4. 根据导言内容，如果给埃文看一组男女照片，你认为他会选择其中一张照片吗？请解释你的想法。

‖ 本章回顾

人类身体的发展

- 婴儿的身高和体重发育得很快，尤其是在生命的头两年里。
- 支配人类成长的主要原则包括头尾原则、近远原则、等级整合原则、系统独立性原则。

神经系统及大脑的发展

- 神经系统包含大量的神经元，比成人所需的还要多。突触修剪是对不必要的神经元进行淘汰的过程。
- 神经元要生存并发挥作用，必须根据婴儿对世界的体验与其他神经元建立联结。
- 被称为婴儿摇晃综合征的虐待儿童的行为会对婴儿的大脑造成损害，这可能会导致严重的问题，甚至死亡。
- 大脑的发展主要由基因预先决定，但也包含很强的可塑性——对于环境影响的敏感性。
- 有机体在敏感期阶段对环境影响特别敏感，发展的很多方面在这一时期得以发生。

婴儿身体系统整合的过程

- 行为整合的主要方式之一是通过节律的发展——行为的循环模式。
- 一个重要的节律与婴儿的状态（对刺激表现出的觉知程度）有关。在婴儿初期，婴儿的主要状态是睡眠。

如何预防 SIDS 和 SUID

- SIDS 是一种令人费解的疾病，表现为明显健康的婴儿在睡眠中死亡。
- 虽然人们对 SIDS 没有找到明确的解释或补救办法，但建议父母让他们的婴儿仰卧，而不是侧卧或俯卧。
- SIDS 属于 SUID（一个更广泛的类别），即婴儿突然意外死亡。

反射及其对运动发展的贡献

- 反射是一种非习得的、对刺激的自动反应，帮助新生儿生存和保护自己。
- 一些反射是未来更有意识的行为的基础。

婴儿运动技能的发展与协调

- 粗大运动技能和精细运动技能的发展通常是有规律的。婴儿按照一个大致一致的时间表练习和扩展他们与生俱来的运动技能。
- 动态系统理论描述了运动技能是如何通过儿童发展的各种技能的协调，结合儿童的动机及其环境支持而组合起来的。

使用和解读发展常模

- 发展常模代表了给定年龄的大量儿童样本的平均表现。常模允许人们对个体的发展时间表进行比较。
- 虽然发展运动技能的时间表是相当有规律的，但也有很大的个体和文化差异。将个别变异自动解释为缺陷是不正确的。

营养状况与身体发展之间的关系

- 充足的营养对身体发育至关重要。
- 母乳喂养比奶瓶喂养更有优势，包括母乳易于消化、营养全面，以及对某些儿童期疾病具有一定程度的免疫力。此外，母乳喂养对孩子和母亲的身心都有显著的好处。
- 固体食物逐渐被引入婴儿的膳食结构。父母每次只喂孩子一种固体食物，以便知道孩子的喜好和过敏源。美国儿科学会建议，婴儿在 6 个月左右就可以开始吃固体食物。
- 营养不良和营养不足影响孩子生长的生理方面，也可能影响智商和学业表现。

- 尽管还没有明确的证据表明婴儿肥胖和后来的肥胖之间存在联系，但婴儿肥胖仍是一个问题。

婴儿的视觉感知能力

- 感觉（感觉器官的刺激）不同于知觉（感觉刺激的解释和整合）。
- 即使是很小的婴儿也能观察到近距离刺激，婴儿的视觉能力在婴儿期迅速增长。
- 出生几个小时后，婴儿就学会了更喜欢自己母亲的面孔而不是其他人的面孔，在大约 9 个月大的时候，婴儿就能更好地区分人类的面孔而不是其他物种的面孔。

婴儿的听觉感知能力

- 听觉能力在出生前就有了，婴儿出生后拥有相当好的听觉感知能力，包括定位声音的能力。
- 在几个月内，婴儿就能辨别音调，并做出对他们未来理解和说话能力至关重要的细微区分。

婴儿的嗅觉、味觉和触觉能力

- 像辨别甜味和苦味的味觉能力一样，婴儿的嗅觉在出生时就得到了很好的发展。婴儿似乎天生就喜欢吃甜食。
- 人们普遍认为婴儿生来就有体验疼痛的能力。触觉是新生儿最发达的感觉系统之一，也是人体最早发展的感觉系统之一。
- 婴儿用他们高度发达的触觉来探索和体验世界。此外，触觉在个人未来的发展中扮演着重要的角色。

多通道知觉

- 多通道知觉是指整合和协调各种感官系统所收集信息的能力。
- 婴儿似乎具有跨感官整合信息的能力，但他们多通道知觉的程度尚未得到最终确定。

第 6 章

婴儿期的认知发展

导言：让事情发生

9 个月大的赖莎刚开始学会爬。"我必须保证每样东西对婴儿来说都是安全的。"她的母亲贝拉说。当赖莎爬到客厅时，她发现了收音机。刚开始，她随机按下这些按钮。但是在一周后，她知道红色按钮会打开收音机。"赖莎非常喜欢音乐，"贝拉说，"她对于她能够随时随地打开收音机感到兴奋不已。"赖莎现在围绕着屋子到处跑以寻找收音机和 DVD 播放器的按钮。"当她开始学会走的时候我真是手忙脚乱。"贝拉说。

预览

婴儿有多理解这个世界？他们什么时候开始使得这一切有意义？智力开发会加速婴儿的认知发展吗？

在本章中，我们会探讨个体生命第一年中的认知发展，阐述这些内容及其相关问题。我们将集中考察一些发展心理学家的研究，他们试图理解婴儿如何掌握知识和理解世界。首先，我们将讨论瑞士心理学家让·皮亚杰的理论，他的发展阶段理论对于认知发展的研究工作起到了巨大的推动作用。同时，我们将探讨这位重要的发展研究专家的贡献和局限性。

其次，我们将涉及更多认知发展的当代观点，考察信息加工理论，试图解释认知是如何发展的。在思考了学习是如何发生的之后，我们将考察婴儿的记忆，以及婴儿加工、储存和提取信息的方法。我们会探讨有关婴儿期回忆往事的争论。我们还会阐释智力的个体差异。

最后，我们会探讨语言，也就是使婴儿能够与他人进行交流的认知技能。我们将着眼于前语言言语中的语言根源，并追溯婴儿语言技能发展的里程碑（从发出第一个单词到说出短语和句子）。我们还会着眼于成人与婴儿交流时的特征，这些特征具有惊人的跨文化一致性。

皮亚杰的认知发展理论

奥利维亚的爸爸正在清理她高椅下面的一堆东西，而且这已经是今天的第三次了！在他看来，14 个月大的奥利维亚似乎非常喜欢从高椅上往下扔食物。她还会乱扔玩具、勺子，她似乎只是想看看这些东西是如何碰撞地面的。她好像正在做实验，看看她丢的每个不同的东西会制造出什么样的声音，或飞溅成什么样子。

瑞士心理学家让·皮亚杰可能会说，奥利维亚爸爸的推测是正确的，即奥利维亚正在进行她自己的一系列实验，以更多地学习世界是如何运作的。皮亚杰对于儿童学习方式的观点可以总结为一个简单的等式：行动 = 知识（action = knowledge）。

皮亚杰认为，婴儿并不是通过与他人交谈事实来获取知识的，也不是通过感觉和知觉。他认为，知识是直接运动行为的产物。尽管他的很多基本解释和观点受到了后续研究的挑战，但是婴儿通过"做"这一重要方式来学习的观点仍未有任何争议（Piaget，1962，1983；Bullinger，1997；Zuccarini et al.，2016）。

瑞士心理学家让·皮亚杰

皮亚杰理论的核心要素

皮亚杰理论基于发展的阶段论（见第 2 章）。他假设，所有的儿童从出生到青春期都要以固定的顺序经历四个普遍的系列阶段：感觉运动阶段、前运算阶段、具体运算阶段、形式运算阶段。同时他还提出，当儿童的身体发展达到了某一适当的水平，并接触到相关的经验时，儿童就会从一个阶段转变到另一个阶段。如果没有这样的经验，儿童就无法发挥出他们的认知潜能。有些认知的观点关注儿童对于世界认识"内容"的改变，但是皮亚杰认为，当儿童从一个阶段发展到另一个阶段时，考虑他们的知识和理解在"质"上的改变也是非常重要的。

随着婴儿认知能力的发展，他们对于"世界上什么事情能发生，什么事情不能发生"的理解产生了变化。如果一个婴儿参加了一个实验，通过摆放一些镜子，婴儿同时看到了三个完全一样的母亲。

3 个月大的婴儿会很高兴地和每一个"母亲"进行互动，但是 5 个月大的婴儿在看到多个母亲时会感到非常不安。很显然，5 个月大的婴儿明白了自己只有一个妈妈，同时看到三个妈妈是非常吓人的（Bower，1977）。皮亚杰认为，这样的反应表明一个孩子开始掌握有关世界运作方式的规律，也表明孩子开始建构关于这个世界的心理意识，而在 2 个月之前他还不曾拥有这个心理意识。

皮亚杰认为，我们理解世界的基本建构方式是一种被称为图式（schemas）的心理结构，即机能的组织模式，它随着心理的发展而调整和改变。起初，图式与身体或感觉运动的行为有关，例如捡起玩具或伸手拿玩具。随着儿童的发展，他们的图式发展到一种心理层面，能够进行反思。图式与计算机软件相似：它们引导和决定如何思考和处理来自外界的数据，例如新的事件或新的物体（Achenbach，1992；Rakison & Oakes，2003；Rakison & Krogh，2012）。

如果你给婴儿一本新的布书，他会摸摸这本书，咬咬这本书，可能还会试图撕破它，或者把它重重地丢到地上。皮亚杰认为，这每一个动作都代表了一个图式，它们是婴儿获得知识、理解这个新物体的方式。另外，成人会采用一种不同的图式来对待这本书。他们可能会被书中的文字所吸引，试图透过字里行间的含义来理解这本书，而不是把书拿起来咬一咬，或者把它重重地丢到地上。

皮亚杰认为，儿童图式的发展遵循两个原则：同化和顺应。同化（assimilation）是人们根据其当前的认知发展阶段和思维方式来理解自身经历的过程。当一个刺激或事件出现后，人们对它的感知和理解与现存的思维方式相一致时，就产生了同化。例如，一个婴儿试图以相同的方式吮吸玩具时，就是将这个物体同化到她现存的吮吸图式中。类似地，一个儿童在动物园看到一只鼯鼠，并称它为"鸟"时，就是在把鼯鼠同化到他现存的有关鸟的图式中。

当我们遇到新的刺激或事件时，如果我们改变了我们现有的思维、理解或行为方式，顺应（accommodation）就发生了。例如，当一个儿童看到一只鼯鼠，并称它为"有尾巴的鸟"时，他就是在顺应新知识，修正他关于鸟的图式。

皮亚杰认为，最早的图式主要局限于我们一出生就都具有的反射中，例如吮吸反射和定向反射。最初，婴儿几乎是立刻开始通过探索环境时的同化和顺应过程来修正这些早期的简单图式。随着婴儿运动能力的进一步提高，图式很快变得越来越复杂——皮亚杰认为，这是更高级的认知发展潜力的标志。由于皮亚杰的感觉运动阶段开始于出生，并持续至2岁左右，我们将在本章详细讨论。在后续各章中，我们会讨论其他阶段的发展。

感觉运动阶段：认知发展的六个亚阶段

皮亚杰认为，感觉运动阶段（sensorimotor stage）作为认知发展早期的主要阶段，可以分为六个亚阶段（见表6-1）。很重要的一点是，尽管感觉运动期的这

表6-1　皮亚杰感觉运动阶段的六个亚阶段

亚阶段	年龄	描述	例子
亚阶段1：简单反射	0～1个月	在这一时期，决定婴儿与世界互动的各种反射是他们认知活动的中心	吮吸反射使得婴儿吮吸放在他们嘴上的任何东西
亚阶段2：最初习惯和初级循环反应	1～4个月	在这一年龄段，婴儿开始将分离的行动协调成单一的、整合的活动	婴儿可能会抓握和吮吸同一个物体，或者边看边触摸同一个物体
亚阶段3：次级循环反应	4～8个月	在这一时期，婴儿的主要进步在于，将他们的认知区域转移至身体以外的世界，并且开始对外面的世界产生作用	一个婴儿会在其婴儿床上反复地拨弄拨浪鼓，并且用不同的方式摇晃它以观察声音的变化，这体现了他调整自己有关摇拨浪鼓这一认知图式的能力
亚阶段4：次级循环反应的协调	8～12个月	在这一阶段，婴儿开始采用更多有计划的方式引发事件，协调几个图式来产生单一的行动；他们在这一阶段理解了客体永存	婴儿会把一个放好的玩具推开，以拿到另一个放在它下面的、只露出一部分的玩具
亚阶段5：三级循环反应	12～18个月	在这一阶段，婴儿发展出皮亚杰所说的，有目的的行为改变以达到想要的结果；婴儿不仅会重复喜欢的活动，还会进行微型实验来观察结果	一个儿童从不同的位置反复扔一个玩具，并仔细观察每次玩具掉在哪里
亚阶段6：思维的开始	18个月～2岁	这个阶段的主要成就在于心理表征或符号思维能力；皮亚杰认为，只有在这个阶段，婴儿能够想象他们看不到的物体可能在哪里	儿童甚至能够在头脑中勾画出看不见的物体轨迹，因此，如果一个球滚到某个家具下面，他们能判断出球可能出现在家具另一边的哪个位置

些特定亚阶段看起来十分有规律，好像婴儿到了一个特定年龄就会自然而然地进入下一个亚阶段，但认知发展的实际情况并非如此。首先，不同的儿童达到某一特定阶段的年龄差异很大。达到某一阶段的确切时间反映了婴儿的体能成熟和其所处社会环境的交互作用。结果就是，尽管皮亚杰主张对于不同孩子而言，各个亚阶段的发展顺序相同，但是他也承认个体达到某一阶段的时间在某种程度上有所差别。

皮亚杰将发展看作一个循序渐进的过程，而非"突变"过程。婴儿不会在某晚睡觉时处于一个亚阶段，第二天醒来时就进入了下一个亚阶段。相反，婴儿走向下一个认知发展阶段，是一种相对渐进和稳定的行为转变。婴儿也要经历一段过渡期，在这一时期他们行为的某些方面反映了下一个更高阶段的特点，而其他方面仍反映当前阶段的特征（见图 6-1）。

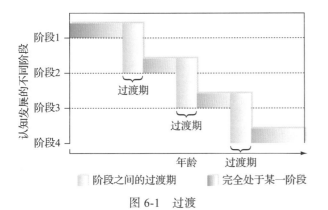

图 6-1 过渡

婴儿不是突然从一个认知发展阶段转换至下一个阶段的。相反，皮亚杰认为这中间存在一个过渡期。在这期间，一些行为反映了某个阶段，而另一些行为反映了更高的阶段。这种渐进主义是否与皮亚杰的阶段解释相对立呢？

亚阶段 1：简单反射

感觉运动期的第一个亚阶段出现在婴儿生命的第一个月。在这段时间里，不同的先天反射是婴儿生理和认知生活的中心，决定了他们与世界互动的本质（见第 4、5 章）。例如，吮吸反射使得婴儿吮吸放在他嘴边的任何东西。根据皮亚杰的观点，这种吮吸行为为新生儿提供了关于这个物体的信息，这些信息为进入感觉运动期的下一个亚阶段奠定了基础。

与此同时，一些反射开始将婴儿的经验与世界的本质相顺应。例如，一个婴儿如果以母乳喂养为主，以奶瓶喂养为辅，那么这个婴儿可能已经开始根据碰

到的是乳头还是奶嘴，来改变他吮吸的方式。

亚阶段 2：最初的习惯和初级循环反应

感觉运动期的第二个亚阶段出现在婴儿 1 ～ 4 个月大时。在这一时期，婴儿开始将分离的行动协调成单一的、整合的活动。例如，婴儿可能会抓握和吮吸同一个物体，或者边看边触摸同一个物体。

如果一项活动引起了婴儿的兴趣，他可能会单纯为了体验而不停地进行这个活动。奥利维亚在高椅上的重力"实验"就是一个例子。重复一些偶然的运动事件有助于婴儿开始通过循环反应（circular reaction）建立认知图式。初级循环反应是反映婴儿重复感兴趣或喜爱的活动的图式，婴儿不断地重复只是因为喜欢。皮亚杰之所以把这称为初级循环反应，是因为婴儿参与的这些活动主要集中在他们自己的身体上。因此，婴儿第一次把大拇指放到嘴里开始吮吸时，纯粹是一个偶然事件。然而，当他随后重复吮吸他的大拇指时，则代表了一种初级循环反应。婴儿之所以会重复吮吸这一行为，是因为吮吸的感觉让他很愉快。

亚阶段 3：次级循环反应

根据皮亚杰的观点，这一阶段涉及更有目的性的行动，出现在婴儿 4 ～ 8 个月大时。在这一阶段，婴儿开始作用于外部世界。例如，如果婴儿在自己所处的环境中碰巧通过偶然活动引发了愉快的事件，那么他们就会试图进行重复。一个儿童会在其婴儿床上反复地拨弄拨浪鼓，并且用不同的方式摇晃它以识别声音的变化，这体现了他调整自己有关摇拨浪鼓这一认知图式的能力。这时，他就处于皮亚杰所说的次级循环反应阶段。

皮亚杰认为，婴儿通过作用于他们的环境不断寻求、重复令人愉快的事件。

次级循环反应是一种不断重复那些能给自己带来想要结果的行为图式。初级循环反应和次级循环反应之间的主要差别在于，婴儿的活动只集中于婴儿及其自身身体（初级循环反应），还是包含了与外界有关的行为活动（次级循环反应）。

在这一阶段中，随着婴儿开始注意到自己所制造出的噪声，以及周围其他人会对他们的噪声做出的反应，婴儿的发声能力有了大幅提高。类似地，婴儿开始模仿他人发出的声音。发声成为一种次级循环反应，并最终有助于婴儿语言的发展和社会关系的形成。

亚阶段 4：次级循环反应的协调

这是一个有重大飞跃的阶段，出现在婴儿 8 ~ 12 个月大时。在该阶段之前的行为，仅仅包含了对物体的直接动作。当某一随机事件的发生引起了婴儿的兴趣，他们就会试图采用单一的图式重复这一事件。在这一阶段，婴儿开始使用**目标指向的行为**（goal-directed behavior），这种行为将多个图式进行合并和协调，产生出解决问题的单一行动。例如，婴儿会把一个放好的玩具推开，以拿到另一个放在它下面的、只露出一部分的玩具。他们也开始预期即将发生的行为。例如，皮亚杰指出，他的儿子劳伦特在 8 个月大时"能够在快喝完奶时，识别出奶瓶中的空气发出的噪声，这时他不会坚持喝完最后一滴奶，而是把奶瓶丢到一边"（Piage，1952：248-249）。

婴儿新获得的目的性，为获得特定结果而采用某种方法的能力，以及他们预期未来环境的能力，可能都部分归功于婴儿在亚阶段 4 出现的客体永存这一发展成就。**客体永存**（object permanence）指的是即使看不到人和物，也能意识到他们的存在。这是一个简单的原则，但它具有深远的影响。

例如，7 个月大的朱（Chu）尚未形成客体永存概念。朱的爸爸在他面前摇一个拨浪鼓，然后把拨浪鼓放到地毯下面，对还没有掌握客体永存概念的朱来说，拨浪鼓就不存在了。他不会费力地去找拨浪鼓。

几个月之后，当朱进入了亚阶段 4，情况就完全不同了（见图 6-2）。这一次，当朱的爸爸把拨浪鼓放到地毯下面时，朱会试图把地毯翻开，急切地寻找拨浪鼓。很显然，朱已经知道即使看不到客体，它依然存在。对获得了客体永存概念的婴儿而言，不在视线里并不意味着不在脑海中。

客体永存不仅涉及没有生命的物体，还会扩展到人。即使爸爸妈妈离开了房间，但他们依然存在，这一意识使朱有了安全感。这种意识可能是社会依恋发展的一个重要元素（见第 7 章）。客体永存概念会增强婴儿的自信心：当他们意识到从他们身边拿走的物体并没有消失，只是放到了另一个地方时，他们通常的反应可能是想把它拿回来，而且是尽快拿回来。

尽管在亚阶段 4，婴儿出现了对于客体永存的理

获得客体永存之前

获得客体永存之后

图 6-2 客体永存

在婴儿理解客体永存概念之前，他不会去寻找刚刚在他们眼前消失的物体。然而，几个月后，他会寻找消失在眼前的物体，这表明他已经获得了客体永存概念。为什么客体永存概念对照料者来说如此重要呢？

解，但这只是一种初步的理解。婴儿对这个概念的充分理解还需要花上几个月的时间。婴儿在以后的几个月里还会继续犯下各种与客体永存相关的错误。例如，当一个玩具第一次被藏在某块地毯下面，下一次被藏到另一块地毯下面时，婴儿常常会分不清楚。大部分处于亚阶段 4 的婴儿会去第一次藏东西的位置找玩具，而忽略了玩具现在所处的位置。即使别人当着婴儿的面把玩具藏起来，这种情况也会发生。

亚阶段 5：三级循环反应

这一阶段出现在婴儿 12 ~ 18 个月大时。这一阶段婴儿发展出皮亚杰所说的"三级循环反应"，其图式与有意的行为改变带来所希望的结果有关。此时婴儿似乎在进行微型实验以观察结果，而不是像次级循环反应那样，单纯地重复喜爱的活动。

皮亚杰观察到，他的儿子劳伦特会反复将一只玩具天鹅扔到地上，每次朝不同的地方扔天鹅，并仔细观察每次玩具掉在哪里。劳伦特每次不再是简单的重复动作（例如次级循环反应），而是在情境中不断调整来学习行为结果。这种行为代表了科学方法的本质：实验者在实验室中改变情境，来得知这种变化带来的影响。对处于亚阶段 5 的婴儿来说，这个世界就是他们的实验室，他们每天悠闲地进行着一个又一个的实验。我们在前面讲过的婴儿奥利维亚，她喜欢从高椅上向下扔东西，她是另一个积极活动的小科学家。

在亚阶段 5 中，婴儿最引人注目的行为是他们对意料之外事件的兴趣。他们觉得，意料之外的事不仅仅是有趣的，而且是可以解释和理解的。婴儿的这种探索发现虽然能够使他们获得新技能，但也可能会制造一定程度的混乱，例如奥利维亚的爸爸要不断清理她高椅下的东西。

亚阶段 6：思维的开始

这是感觉运动期的最后一个阶段，出现在婴儿 18 个月 ~ 2 岁大时。在亚阶段 6，婴儿会觉察到心理表征，并收获象征性思维能力。心理表征（mental representation）是指对于过去事件或客体的内部图像。皮亚杰认为，到了这个阶段，婴儿能够想象出看不到的物体可能在哪里。他们甚至能够在自己的脑海中勾画出看不见的物体的运动轨迹，因此，如果一个球滚到某个家具下面，他们能判断出球可能出现在另一边的哪个位置。

因为儿童具有了产生客体内部表征的新能力，他们对于因果关系的理解也变得更复杂。例如，看看皮亚杰对他的儿子劳伦特试图打开花园大门的描述。

劳伦特试图打开花园大门，但是由于门被一件家具挡住了，所以他推不动。他既不知道门打不开的原因，也无法通过声音来解释。在试着硬推门未果之后，他似乎突然间理解了；他绕过墙，来到门的另一侧，把挡住门的椅子移开，然后开心地把门打开了（Piaget，1954：296）。

心理表征的获得也使得另一个重要能力得以发展：假装能力。儿童看到真实世界发生的某些场景，他们在一段时间后，即使这个人不在儿童面前，儿童也能够使用皮亚杰所说的延迟模仿（deferred imitation）能力来模仿这个人，假装自己正在开车、给玩具娃娃喂奶或者做晚饭。皮亚杰认为，延迟模仿是儿童形成了内部心理表征的明显证据。

随着延迟模仿这一认知技能的获得，儿童能够模仿他们过去看到的人和场景。

评价皮亚杰：支持与挑战

对于皮亚杰有关婴儿期认知发展的描述，大多数发展学家可能会认可其中很多重要的方面（Harris，1987；Marcovitch，Zelazo，& Schmuckler，2003）。然而，对于这一理论的效度和其中很多特定的假设，仍然存在争议。

我们先来看看皮亚杰理论中明显正确的地方。皮亚杰十分善于描述儿童的行为，他对于婴儿期发展的描述正是他超强观察力的体现。无数研究已经支持了皮亚杰的观点：儿童是通过摆弄环境中的物体来了解这个世界的。皮亚杰概述的关于认知发展顺序的框架和他提出的在婴儿阶段逐步增加的认知发展成就，基本都是准确的（Kail，2004；Schlottmann &

Wilkening, 2012；Bibace, 2013；Muller, Ten Eycke, & Baker, 2015）。

自从皮亚杰开展其开创性工作以来，其理论的很多特定方面在几十年来面临了越来越多的检验和批评。例如，一些研究者对构成皮亚杰理论基础的发展阶段概念提出质疑。如前所述，尽管皮亚杰承认儿童在不同阶段之间的过渡是渐进的，但批评者认为发展是一种更加连续的过程。能力的发展并不是在一个阶段的末尾和下一个阶段的开始出现一个飞跃，而是以更加渐进的方式，通过一个又一个技能的学习逐步提高的。

发展心理学研究者罗伯特·西格勒（Robert Siegler）认为，认知的发展不是阶段式的，而是波浪式的。根据他的观点，儿童并不是某天丢弃了一种思维模式，第二天开始采用另一种新的思维模式。实际上，儿童理解世界的认知方式是有起伏的，类似于涨潮和退潮。儿童可能某一天使用了一种形式的认知方式，而之后的某一天他们可能又会选择一种没那么高级的策略。认知方式在一段时期内会来回波动。尽管在某一年龄段，某种策略可能会使用得最为频繁，但儿童仍然可能会使用其他的思维方式。西格勒认为，认知发展是不断波动的（Opfer & Siegler, 2007；Siegler, 2007, 2012, 2016）。

另一些批评者反驳了皮亚杰有关"认知发展基于运动活动"的这种观点。他们指责皮亚杰忽视了这一事实：婴儿很早就具有感知觉系统。直到近期才有大量研究发现，婴儿期的感知觉系统是相当复杂的，因此当时皮亚杰对此知之甚少。对于先天缺少四肢的儿童（由于母亲在怀孕期间无意中服用了导致畸形的药物，见第3章）的研究表明，这些儿童尽管缺乏运动活动，但他们仍表现出正常的认知发展。有证据表明，皮亚杰夸大了运动发展和认知发展之间的联系（Decarrie, 1969；Butterworth, 1994）。

为了支持自己的观点，皮亚杰的批评者还指出，近期研究质疑了皮亚杰有关"婴儿接近1岁时才能掌握客体永存概念"的观点。例如，有些研究表明，年幼的婴儿不能理解客体永存是因为测试这一能力的方法不够敏感，探测不到他们的真实能力（Baillargeon, 2004, 2008；Vallotton, 2011；Brernner, Slater, & Johnson, 2015）。

根据研究者勒妮·巴亚尔容（Renée Baillargeon）

的观点，婴儿至少在3.5个月大时就能在一定程度上理解客体永存概念。她认为，年幼婴儿之所以不去寻找藏在地毯下面的拨浪鼓，可能是因为他们还没有掌握搜寻所必需的运动技能，而非他们没有理解拨浪鼓仍然存在。类似地，年幼婴儿不能领会客体永存概念可能反映的是其记忆的缺失，而不是缺乏对客体永存概念的理解。也就是说，因为年幼婴儿的记忆比较差，所以他们只是记不住刚才玩具藏匿的地点而已（Hespos & Baillargeon, 2008）。

巴亚尔容通过独创的精巧实验，证实了婴儿早期就具有理解客体永存的能力。例如，在她的违背预期（violation-of-expectation）实验中，她先反复给婴儿呈现一个物理事件，然后呈现一个实际上不可能的事件，观察婴儿此时的反应。结果发现，3.5个月大的婴儿对于这一不可能事件有很强的生理反应。这说明，婴儿在很小的时候就有一定的客体永存概念，这要远远早于皮亚杰所观察到的时间点（Luo, Kaufman, & Baillargeon, 2009；Scott & Baillargeon, 2013；Baillargeon et al., 2015）。

同样，其他类型的行为似乎也比皮亚杰所认为的更早出现。例如，婴儿出生几小时后就能模仿成人的基本面部表情（见第4章），这一能力在如此早的年龄就能出现，这也与皮亚杰的观点相矛盾。皮亚杰认为，婴儿最初只能使用他们能清楚看到的自己身体的部分（比如手和脚）来模仿他们从别人那里看到的行为。事实上，婴儿的这种面部模仿说明，人类天生就有模仿他人行为的基本能力，这种能力依赖于特定的环境体验。然而皮亚杰认为，这一能力在婴儿后期才发展出来（Vanvuchelen, Roeyers, & De Weerdt, 2011；Gredeback et al., 2012；Parsons et al., 2017）。

皮亚杰的研究似乎更适合描述西方发达国家的儿童，而不适合非西方国家的儿童。一些证据表明，对于非西方国家的儿童与欧美发达国家的儿童，两者认知能力出现的时间不同。例如，非洲有些婴儿进入感觉运动阶段各个亚阶段的时间要早于法国婴儿（Dasen et al., 1978；Mistry & Saraswathi, 2003；Tamis-LeMonda et al., 2012）。

尽管皮亚杰关于感觉运动阶段的观点存在上述问题，但即使是最激烈的批评者也认为，皮亚杰为我们提供了大量关于婴儿认知发展主要框架的权威描述。他的失败之处似乎在于，低估了年幼婴儿的能力，以及认为"感觉运动能力以一致的、固定的模式发展"。尽管很多当代的发展心理学家已经把关注点转向了比较新的认知加工观点，但是皮亚杰的影响依然是非常巨大的，他仍然是发展研究领域伟大的开创者（Kail，2004；Maynard，2008；Fowler，2017）。

> **从儿童照料者的视角看问题**
>
> 　　一般而言，皮亚杰对儿童理解世界方式的观察给儿童养育实践带来了哪些启示？对于非西方国家的儿童，你会不会使用与西方国家相同的方法抚养他们？为什么？

认知发展的信息加工理论

　　安珀 3 个月大了。当哥哥马库斯站在安珀床边，拿着一个布娃娃吹起口哨时，她突然笑了。事实上，安珀似乎对于马库斯努力地逗她笑从不感到厌倦。只要马库斯一出现，刚拿起布娃娃，安珀就开始咧嘴笑。

　　显然，安珀记住了马库斯以及他幽默的行为方式。然而，她是如何记住他的呢？安珀还记住了多少其他东西呢？

　　为了回答这类问题，我们需要从皮亚杰的理论中跳出来。我们必须要考虑一个婴儿获取和使用周围信息的特定加工过程，而不是像皮亚杰所做的那样，考察所有儿童都要经历的认知发展过程中普遍的、广泛的里程碑。那么，我们需要较少地关注儿童心理生活的质变，更多地考虑他们能力的量变。

　　认知发展的信息加工理论（information-processing approaches）试图发现个体获取、使用和存储信息的方式。根据这一理论，婴儿组织和操控信息能力的量变是他们认知发展的标志。

　　从这个角度来看，认知的发展表现为信息加工复杂度、速度和能力的提高。之前，我们把皮亚杰的图式概念比喻为引导计算机如何处理外部信息的计算机软件。我们可以将认知发展的加工观点看作使用更有效的程序，这些程序可以提高信息加工的速度和复杂度。信息加工理论关注的是人们在试图解决问题时所使用的"心理程序"的类型（Siegler，1998；Cohen & Cashon，2003；Fagan & Ployhart，2015）。

编码、存储、提取：信息加工的基础

　　信息加工有三个基本方面：编码、存储、提取（见图 6-3）。编码（encoding）是指信息最初以一种可用于记忆的形式记录下来的过程。所有人都会面临大量的信息，如果试图加工所有的信息，那么人们会不堪重负。结果，人们只挑选自己所关注的信息，有选择地进行编码。

　　即使一个人最初接触到了某个信息，并以恰当的方式对它进行了编码，仍然无法确保将来他能够使用这一信息。信息还必须适当地存储在记忆中。存储（storage）是指将资料放置于记忆之中。提取（retrieval）是指对记忆中存储的信息定位，将其带入意识层面并使用的过程。通过提取过程，人们能成功地使用存储资料。

　　这里，我们依然可以用计算机做比喻。信息加工理论认为，编码、存储和提取类似于计算机的不同部分。编码可以看成计算机的键盘，人们通过键盘输入信息；存储就是计算机的硬盘，信息被保存在这里；提取类似于将访问的信息显示在屏幕上的软件。只有当编码、存储和提取这三个过程都在运行时，信息才能得到加工。

　　有些情况下，编码、存储和提取是相对自动的，而在另一些情况下，它们则是有意识地进行的。自动化（automatization）与一个活动需要注意的程度有关。需要较少注意的加工是自动的，需要较多注意的

图 6-3　信息加工
编码、存储和提取信息的过程。

加工是受控的。虽然散步、用叉子吃饭或者阅读等活动，对现在的你而言可能是自动的，但最初的你需要全神贯注才能完成它们。

在儿童最初面对世界时，自动的心理加工有助于他们以特定的方式轻松自动地进行信息加工。例如，5 岁的儿童能够自动地根据频率编码信息，他们不必投入大量的注意去计算，就能意识到自己遇到不同人的频率，这让他们能够区分熟悉的人和不熟悉的人（Homae et al.，2012）。

在无意图和无意识的情况下，婴儿和儿童就能意识到不同刺激同时出现的频率。这有利于他们对具有共同特征的人、事、物进行分类，从而发展出概念分类的能力。例如，通过编码"四条腿、摇摆的尾巴、会叫"这些经常一起出现的信息，我们在很小的时候就学会理解"狗"的概念。不论是儿童还是成人，都很少能意识到他们是如何学会这些概念的，而且他们常常无法清楚地表达出两个概念（比如狗和猫）的具体差异特征。学习常常是自动发生的。

有些我们自动学习的事情具有意想不到的复杂性。例如，婴儿就具有学习精细的统计模式和关系的能力；越来越多的研究表明，婴儿具有惊人的数学能力。5 个月大的婴儿就能进行简单的加法和减法运算。在发展心理学家卡伦·温（Karen Wynn）进行的一项实验中，实验者先给婴儿呈现一个米老鼠雕像，然后升起一个屏风，挡住这个雕像。接下来，实验者给婴儿呈现另一个相同的米老鼠雕像，然后把它放到同一个屏风后面（Wynn，1995，2000）。

实验者设定了两种实验情境：屏风落下，露出两个小米老鼠雕像，此处遵循"正确加法"（1 + 1 = 2）原则；屏风落下，只露出一个小米老鼠雕像，此处遵循"错误加法"（1 + 1 = 1）原则。

实验者检验了婴儿在两种情境下的注视模式。在一般情况下，婴儿注视违背预期结果的时间要长于符合预期结果的时间。在实验中，婴儿注视错误结果的时间要长于注视正确结果的时间。这表明婴儿预期出现的米老鼠雕像数目（2 个）与错误加法结果（1 个）不一致。这也意味着婴儿可以区分正确和错误的加法结果。类似地，婴儿注视错误减法结果的时间也要长于注视正确减法结果的时间。由此得出结论：婴儿具有初级的数学能力，使得他们能够理解数量是否正确。

婴儿的确存在基本的数学能力。非人类也具备与生俱来的一些基本数字能力，甚至一些刚孵出的小鸡也有一些计数能力。婴儿不久之后也能够理解诸如移动轨迹和重力等基本物理概念（Gopnik，2010；Hespos & vanMarle，2012；Edwards et al.，2016）。

越来越多的研究结果表明，婴儿先天就掌握了一定的基本数学公式和统计模式。这种与生俱来的精通很可能是日后学习更复杂的数学和统计关系的基础（McCrink & Wynn，2007，2009；vanMarle & Wynn，2009；Starr，Libertus & Brannon，2013）。

现在，我们就来看看信息加工的几个方面，主要是记忆和智力的个体差异。

婴儿期的记忆

埃琳娜的婴儿期在某战区度过。埃琳娜的母亲在她 6 个月的时候因寻找食物而被杀。在那之后，虽然许多邻居会看护她，但她总显得孤独落寞。没有人知道埃琳娜会如何解释她的经历，但是当她在 18 个月大时，一对美国夫妇收养了她，她没有表现出任何的情绪甚至没有说话。当时，她几乎不能坐起和拿住一个瓶子。

不过，埃琳娜的故事有一个圆满的结局。她的养父母带她去看了一个儿童发展专家，并且花费了许多时间陪伴她。埃琳娜拥有一个充满爱的家庭，接受正规的学校教育，有了朋友和同学。6 年过去了，埃琳娜几乎忘记了所有婴儿期的痛苦回忆。她的婴儿期生活似乎完全是空白的。

有多大可能埃琳娜真的记不得婴儿期的事情了？如果她曾经回忆起她 2 岁前的生活，那么她的记忆会有多准确呢？为了回答这些问题，我们需要考虑婴儿期记忆的质量。

婴儿期的记忆能力

当然，婴儿是有记忆（memory）能力的，所谓记忆是指信息最初被编码、存储和提取的加工过程。正如我们所看到的，婴儿能够区分新刺激和旧刺激，这就说明一定存在关于旧刺激的记忆。除非婴儿对最初的刺激有一定的记忆，否则他们不可能识别出一个新刺激与先前的刺激有所不同。

然而，婴儿区分新刺激和旧刺激的能力，并不能告诉我们，随着年龄的增长，记忆能力及其基本性质是如何变化的。婴儿的记忆能力是否会随着年龄的增长而不断提高？答案显然是肯定的。在一项研究中，研究者教婴儿通过踢腿来移动挂在婴儿床上方的运动物体（见图 6-4）。2 个月大的婴儿在几天后会忘了自己受过的训练，而 6 个月大的婴儿在 3 周后仍然记得自己受过的训练（Rovee-Collier，1999；Rose et al.，2011；Oakes & Kovack-Lesh，2013）。

图 6-4　记忆的早期迹象

当婴儿已经知道踢腿与移动物体相关时，如果人们给他提供一个关于这一记忆的提示物，他就会表现出惊人的回忆能力。

如果人们促使婴儿回忆踢腿和移动物体之间的关系，婴儿会表现出惊人的回忆能力，从而表明记忆会持续存在很长时间。仅仅接受两次训练（每次持续 9 分钟）的婴儿在大约一周后仍能够回忆起训练内容：踢腿可移动物体。当他们被放到有这个运动物体的婴儿床里时，就会开始踢腿。但是两周后，他们就不再试图踢腿了，这说明他们已经完全忘记了。

事实上，当婴儿看到提示物（一个正在运动的物体）时，他们的记忆显然又被激活了。如果有提示，婴儿对于训练内容的记忆能够再持续一个月。还有一些研究也证实了这一结果，提示物能够重新激活那些最初似乎已经丢失的记忆，而且婴儿的年龄越大，这种提示越有效（DeFrancisco & Rovee-Collier，2008；Moher，Tuerk，& Feigenson，2012；Fisher-Thompson，2017）。

婴儿的记忆与年长的儿童及成人相比有质的差异吗？研究者普遍认为，在毕生发展中，尽管被加工的信息种类会有所变化，所使用的脑区也会有所不同，但是信息加工的方式是相似的。根据记忆专家卡洛琳·罗伊-柯利尔（Caronlyn Rovee-Collier）的观点，虽然提示物会让人们重新获得记忆，但人们还是会渐渐地失去记忆。一个记忆被提取的次数越多，这

个记忆就越持久（Turati，2008；Zosh，Halberda，& Feigenson，2011；Bell，2012）。

记忆的保持

尽管在人的毕生发展中，记忆保持和回忆的加工过程看起来类似，但是信息存储量和回忆量却随着婴儿的发展有显著的差异。大一点的婴儿提取信息更快，记忆也更持久。记忆到底能保持多久呢？人们长大后还能回忆起他们婴儿期的记忆吗？

对于记忆能够被提取的年龄，研究者看法不一。尽管早期的研究支持婴儿遗忘症（infantile amnesia）的观点，即人们的记忆中缺少 3 岁以前的经历，但是近期的研究表明，人们能够保持婴儿期的记忆。例如，在一项研究中，实验者让 6 个月大的孩子经历了一系列不寻常的事件，比如光暗的交替出现和一些不寻常的声音。当这些孩子在 1 岁半或 2 岁半再接受测试时，他们对早期参与实验的情形仍有一些记忆。另一些研究表明，婴儿对于他们只见过一次的行为和场景也有记忆（Neisser，2004；Callaghan，Li & Richardson，2014）。

这些结果与大脑中记忆的物理痕迹相对永久这一证据相符，表明记忆可能从婴儿期开始就一直持续存在。然而，记忆并不会那么轻易地、准确地被提取出来。例如，记忆很容易受到其他新信息的干扰，这些新信息可能取代或屏蔽了旧信息，阻碍了人们对旧信息的回忆。

语言在决定对早期记忆进行回忆的方式上起了至关重要的作用，故人们婴儿期的记忆比较少。在事件最初发生时，年长的儿童和成人能用语言来存储记忆。因为在事件最初发生时，婴儿的语言词汇可能非常有限，所以他们在以后的生活中无法描述出这一事件，即使事件确实存在于他们的记忆中（Bauer et al.，2000；Simcock & Hayne，2002；Heimann et al.，2006）。

婴儿期的记忆在成年期被保存得如何？人们对此依然没有确切的答案。尽管婴儿在不断接触提示物的情况下，他们的记忆可能非常详细，也相当持久，但是在毕生发展的过程中，这些记忆的准确性依然不得而知。实际上，如果在最初的记忆形成之后，人们接触到了相关的矛盾信息，那么早期的记忆很容易被错误地提取。此类的新信息可能不仅会削弱对最初内容的回忆，还会不知不觉地融入原始记忆，从而降低回忆内容的准确性（DuBreuil，Garry，& Loftus，

1998；Cordon et al.，2004）。

总之，尽管在理论上存在"如果后来的经验没有干扰回忆，婴儿期的记忆依然能够完整保存"的可能性，但在大部分情况下，婴儿期有关个人经历的记忆是不会持续到成年期的。研究发现，18 ～ 24 个月之前的个人经历记忆似乎不可能是准确的（Howe et al.，2004；Bauer，2007；Taylor，Liu，& Herbert，2016）。

记忆的神经学基础

在记忆发展研究中，一些最令人振奋的结果来自人们对记忆神经学基础的研究。大脑扫描和对脑损伤患者的研究都表明，长时记忆涉及两个分离的系统：外显记忆和内隐记忆。它们保存着不同类型的信息。

外显记忆（explicit memory）是指有意识的、能被有意回忆起的记忆。当我们试图回忆一个名字或是电话号码时，我们使用的就是外显记忆。内隐记忆（implicit memory）是指那些我们不能自觉意识到的、却能够影响我们表现和行为的记忆。内隐记忆包括动作技能、习惯和一些不需要有意识的认知努力就能记住的活动，比如，如何骑自行车或爬楼梯。

外显记忆和内隐记忆出现的时间不同，涉及的脑区也不同。最早的记忆似乎是内隐记忆，与小脑和脑干的活动有关。外显记忆的最初形式涉及海马体，真正的外显记忆直到出生后 6 个月才会出现。当外显记忆出现的时候，它涉及越来越多的大脑皮层区域（Bauer，2007；Low & Perner，2012）。

动物研究强化了海马体在支持记忆发展中的重要性。例如，幼猴原先存在对新异刺激的偏好，但当它被切除海马体后，这种偏好就会消失。对新异刺激的偏好是记忆的一种显示，因为只有当它意识到这个刺激是新的时，它才能产生偏好。大脑扫描结果显示，脑区的激活与幼猴的记忆有关，也与其对新异刺激的偏好相关。简而言之，神经科学有关记忆的证据正在逐渐显露（Blue et al.，2013；Thompson et al.，2014；Bachevalier，Nemanic，& Alvarado，2015）。

从研究到实践

婴儿遗忘症是否与大脑发育有关

你最早的记忆是什么？你可能会回忆起儿时的朋友、幼儿园老师，或者是你第五次生日聚会的细节。然而，即使尽你所能，你也不能回忆起任何婴儿期的事情。

任何人都不行。心理学家已经对可能的原因探察了许久，称之为婴儿遗忘症，并且认为婴儿存在一些功能（自我意识、语言）的缺失，这阻碍了记忆的编码。现在研究者考虑可能存在另外一种解释：持续成长的新的大脑细胞。

大脑能力的成长、改变和创造细胞间新的联系是一件好事。这个现象被称之为"神经可塑性"。大脑会同化新的信息，并且在一些极端情况下提升某种能力以克服损伤。然而，新的路径的发展会干扰或者替代已经存在的路径，因此会把旧的信息"排挤出去"。研究者假设婴儿大脑中快速成长的新的大脑细胞干扰了他们之后对这段时期生活的回忆。

为了检验他们的假设，神经科学家希娜·乔斯林（Sheena Josselyn）、鲍·弗兰科兰（Paul Frankland）的团队做了如下实验：他们条件化处理组小鼠，从而让其恐惧特定的刺激。之后，他们诱发在小鼠海马体区域的细胞的生长，这个区域和编码新的记忆有关。与控制组小鼠相比，处理组小鼠较少表现出对特定刺激的恐惧性反应，这体现出其大脑细胞成长对旧有记忆的干预，它们已经忘了早先的条件化。乔斯林和弗兰科兰的团队发现，小鼠在自然经历脑细胞迅速发展的过程中，也会表现出"婴儿遗忘症"；当自然成长受到阻碍时，处理组小鼠对信息的存储要好于控制组小鼠（Akers et al.，2014）。

在婴儿期之后，大脑细胞的成长速度开始变慢，到达了可塑性和稳定性的平衡状态，允许在保有旧记忆的同时编码新记忆。虽然一些遗忘仍旧存在，但这是一件好事。我们做的大多数事情是平凡的。弗兰科兰认为，"在记忆的功能方面，健康的成年个体不仅需要能够记忆，同时需要能够清理不合适的记忆"（Sneed，2014：28）。

忘掉婴儿期的事件可能具有哪些好处？

智力的个体差异：一个婴儿是否比另一个更聪明

曼迪好奇心强，能量十足。6 个月大的她拿不到玩具就会放声大哭，而当她看到镜中的自己时，就会咯咯地笑，像是发现了什么有趣的事情。

虽然贾里德也 6 个月大，但是他比曼迪拘谨。当球滚出他能碰到的范围时，他似乎并不在意。与曼迪不同的是，他几乎忽略了镜子中的自己。

如果人们花一点时间观察多个婴儿，就会发现，并不是所有的婴儿都是一样的。有一些婴儿能量充沛，活力十足，有一种与生俱来的好奇心。相比较而言，另一些婴儿好像不太在意周围的世界。这是否意味着这些儿童在智力上存在差异呢？

要想回答"婴儿的智力如何不同，以及在何种程度上有所不同"这一问题并不容易。尽管不同婴儿的行为表现的确存在显著的差异，而关于何种行为与认知能力有关的问题却很复杂。有趣的是，心理学家最初考察婴儿间的个体差异是为了理解认知的发展，而此类问题仍然是该领域的研究重点。

婴儿的智力

在我们阐述婴儿是否在智力方面存在差异，以及存在怎样的差异之前，我们需要考虑"智力"的含义。教育家、心理学家以及其他发展方面的专家对智力的一般定义尚未达成共识，即便对于成人的智力也是如此。高智力是指学业优异，精通商务谈判，还是指擅长在变幻莫测的海域航行就如那些不具备西方导航技术的南太平洋人所表现出来的能力？

相比于成人的智力，婴儿的智力更难被定义和测量。我们是基于婴儿通过经典或操作性条件作用学习一项新任务的速度，还是婴儿习惯一个新刺激的速度，或是婴儿学会爬或走的年龄？即使我们能够确认一些特定的行为，这些行为似乎可以让我们依据婴儿的智力对不同的婴儿进行区分，但我们还需要进一步说明一个更重要的问题：测量出来的婴儿的智力与最终的成人的智力有多高的相关？

发展心理学家所面临的重大挑战是：定义和测量婴儿的智力。

显然，这样的问题并不简单，也未能得到简单的答案。然而，发展学家设计出了一些方法来阐明婴儿智力个体差异的本质（见表 6-2）。

发展量表

发展心理学家阿诺德·格塞尔（Arnold Gesell）最早提出测量婴儿发展的方法，该方法主要是用于区分正常发展的婴儿和非典型发展的婴儿（Gesell, 1946）。格塞尔根据对上百名婴儿的测试发展出这一量表。他比较了不同年龄段儿童的表现，以了解在某一特定年龄段最普遍的行为是什么。如果一个婴儿与特定年龄段的常模存在显著差异，那么他就会被认为是发展迟滞或超前。

表 6-2　用于探查婴儿期智力差异的方法

发展商数	发展商数由阿诺德·格塞尔提出，它是一个整体发展得分，与四个领域的表现相关：运动技能（平衡和坐的表现）、语言使用、适应行为（机敏和探索）、个人 – 社会行为（自己穿衣、吃饭）。
贝利婴儿发展量表	贝利婴儿发展量表是南希·贝利提出的，它评估的是 2 ～ 42 个月婴儿的发展。贝利婴儿发展量表关注两个领域：心理能力（感觉、知觉、记忆、学习、问题解决和语言）、运动能力（精细运动技能和粗大运动技能）
视觉再认记忆测验	视觉再认记忆测验是指对先前见过刺激的记忆和再认，这与智力相关。婴儿从记忆中提取某个刺激表征的速度越快，婴儿的信息加工可能越有效

在那些致力于通过一个特定分数（智商或 IQ 分数）来量化智力的研究者的带领下，格塞尔（1946）提出了发展商数（developmental quotient，DQ），即一个整体的发展得分，与四个领域的表现相关：运动技能（平衡和坐的表现）、语言使用、适应行为（机敏和探索）、个人 – 社会行为（自己穿衣、吃饭）。

随后，研究者又发展出了其他的发展量表。南希·贝利（Nancy Bayley）提出了婴儿测量中应用颇为广泛的工具——贝利婴儿发展量表（Bayley scales of infant development）。该量表评估的是 2 ～ 42 个月婴儿的发展，关注两个领域：心理能力和运动能力。心理量表关注感觉、知觉、记忆、学习、问题解决和语言，而运动量表关注精细运动技能和粗大运动技能（见表 6-3）。与格塞尔的方法类似，贝利也提出了一个发展商数：当儿童的发展商数得分处于平均水平（100分）时，这代表他在同龄人中的发展表现为平均水平（Lynn，2009；Bos，2013；Greene et al.，2013）。

格塞尔和贝利为儿童当前的发展水平提供了一个快速的评估方法。通过使用这些量表，我们就能够以客观的方式分辨某个婴儿的发展比年龄同伴是提前了还是落后了。特别是在识别那些显著落后于同伴、需要立即给予特别关注的婴儿，这些量表尤其有用（Aylward & Verhulst，2000；Sonne，2012）。

此类量表不适用于预测儿童未来的发展进程。这些测量工具测出某儿童 1 岁时发展相对迟滞，这不一定表明他在 5 岁、12 岁、25 岁时也会表现出发展的迟缓。多数对婴儿期行为的测量结果与成人智力的判定之间联系不大（Murray et al.，2007；Burakevych et al.，2017）。

> **从护士的视角看问题**
>
> 如何使用格塞尔或贝利婴儿发展量表之类的量表才会有帮助？如何使用会有危险？如果你要给家长一些建议，那么如何才能使益处最大化而危害最小化？

个体智力差异的信息加工理论

平时谈到智力的时候，我们常常会区分反应快的个体和反应慢的个体。根据信息加工速度的相关研究，这样区分有一定的道理。目前有关婴儿智力的研究表明，婴儿加工信息的速度与其日后的智力（成年时测得的智商分数）密切相关（Rose & Feldman，1997；Sigman，Cohen，& Beckwith，1997）。

我们如何得知一个婴儿的信息加工速度是快是慢呢？大部分研究者使用习惯化测试的方法：能够高效

表 6-3　贝利婴儿发展量表的样题

年龄	心理量表	运动量表
2 个月	把头转向声音的来源 对面孔的消失做出反应	保持头部直立 / 稳定 15 秒 在有支撑的情况下保持坐姿
6 个月	握住把手拿起杯子 看书中的图片	独自保持坐姿 30 秒 用手抓住脚
12 个月	建造两层的方块塔 翻书页	在他人的帮助下走路 抓住铅笔的中部
17 ～ 19 个月	模仿蜡笔画 识别照片中的物体	用右脚独自站立 在他人的帮助下上楼梯
23 ～ 25 个月	图片配对 重复双词句	串 3 个珠子 跳 10 厘米远
38 ～ 42 个月	命名 4 种颜色 使用过去式 识别性别	照着画圈 单脚跳 2 次 换脚下楼梯

资料来源：Based on *Bayley, N. 7 1993. Bayley Scales of Infant Development* [BSID-II], 2nd ed., San Antonio, TX: The Psychological Corporation.

地加工信息的婴儿，其学习刺激的速度也快。我们预测，与那些低效地加工信息的婴儿相比，他们会更快地把注意力从给定的刺激上转移出来，表现出习惯化。类似地，视觉再认记忆（visual-recognition memory）是指对先前见过刺激的记忆和再认，它与智商有关。婴儿从记忆中提取刺激表征的速度越快，其信息加工可能就越有效率（Rose，Jankowski，& Feldman，2002；Robinson & Pascalis，2004；Trainor，2012；Otsuka et al.，2014）。

使用信息加工框架进行的研究清楚地表明了信息加工的效率和认知能力之间的关系。婴儿对先前看过的刺激失去兴趣的速度，以及他们对新刺激的反应，都与他们后期测得的智力有中等程度的相关性。对于 6 个月大的婴儿，其信息加工效率越高，他们在 2～12 岁的智商分数也越高，在其他认知能力测验中的得分也相对较高（Domsch，Lohaus，& Thomas，2009；Rose，Feldman，& Jankowski，2009）。

还有一些研究表明，与多通道知觉理论相关的能力（见第 5 章）可能为其日后的智力水平提供线索。例如，跨通道迁移能力是指对先前通过某一感觉体验到的刺激，使用另一种感觉对其识别的能力，它就与智力相关。如果一个婴儿先前只是触摸过螺丝刀，而没有看到螺丝刀，但他却能够进行视觉上的识别，那么他就表现出了跨通道迁移能力。研究发现，1 岁婴儿表现出来的跨通道迁移能力（需要高水平的抽象思维能力）与几年后的智商分数有关（Rose，Feldman，& Jankowski，1999，2004；Nakato et al.，2011）。

尽管婴儿期的信息加工效率和跨通道迁移能力与其日后的智商分数之间存在中等程度的相关，我们仍然要牢记两点。第一，即使早期的信息加工能力与日后的智商分数之间存在相关，但这一相关也只是中等程度的。其他的因素（例如环境刺激的程度）也对成人的智力起到了重要的作用。因此，我们不应该想当然地认为，智力从婴儿期就已经定型了。

第二，通过传统的智力测验测得的智力只涉及一种特定类型的智力，即强调的是能够带来学业成功的能力，而不是艺术或职业方面的成功。因此，预期儿童在后来的智力测验中得分高，并不等同于预期他在今后生活中获得成功。

尽管有上述局限，但是近期的研究表明，信息加工的效率与日后的智商分数之间存在联系。这意味着

认知发展在人的毕生发展中具有一定程度的一致性。虽然早期对于量表（例如贝利婴儿量表）的依赖使得人们产生了一种误解，认为认知发展缺乏连续性，但是近期的信息加工理论表明，从婴儿期到之后的生命阶段，认知的发展呈现一种更有序、更连续的方式。

评价信息加工理论

婴儿期认知发展的信息加工理论与皮亚杰的理论有很大的差异。皮亚杰主要关注的是对婴儿能力发生质变的一般性解释，而信息加工理论则关注量变。皮亚杰把认知发展看作一种相当突然的改变（类似于跨栏的田径运动员），而信息加工理论则把认知发展视为更缓慢的、更逐步的发展（类似于缓慢但稳定的马拉松选手）。

因为支持信息加工理论的研究者根据个别技能的集合来研究认知发展，所以与支持皮亚杰理论的研究者相比，前者常常会使用更精确的方法来测量认知能力，比如考察个体的加工速度和回忆能力。然而，恰恰是这种对于个体认知能力的准确测量，使得信息加工理论很难对认知发展的本质性质有整体的把握，而皮亚杰理论却做到了这一点。信息加工理论理论更关注认知发展难题的个体层面，而皮亚杰理论更关注整个认知发展难题（Kagan，2008；Quinn，2008；Minagawa-Kawai et al.，2011）。

对于婴儿期认知发展的解释，皮亚杰理论和信息加工理论都是很重要的。这两种理论，再加上大脑的生物化学研究以及考虑社会因素对于学习和认知影响的理论，可以帮助我们完整地描绘认知发展。

语言的根源

薇琪和多米尼克在为他们的孩子毛拉说出的第一个词进行一场友谊赛。在把毛拉交给多米尼克换尿布之前，薇琪会轻柔地对毛拉说："叫妈妈（mama）。"多尼米克则会笑着接过女儿，哄着她说："不，叫爸爸（daddy）。"当毛拉似乎指着一个瓶子，说出了第一个听起来像"baba"的音时，父母双方感到既失败又胜利。

大部分父母都能够记住自己孩子说的第一个词："妈妈""爸爸""饼干"。毫无疑问，这种人类独有技能的出现是一个令人兴奋的时刻。毛拉最初说出的

"baba"只是语言的第一个也是最明显的表现。婴儿在几个月以前,就开始理解其他人描述周围世界所使用的语言。这种语言能力是如何发展的?语言发展的模式和顺序是什么?语言的使用是如何改变婴儿和其父母的认知世界的?在说明生命的第一年中的语言发展时,我们会考虑上述问题以及其他问题。

语言的基础:从声音到符号

语言(language)是系统的、有意义的符号排列,为交流提供了基础。然而,语言的作用远不止如此:它与我们思考和理解世界的方式有着密切的关系,它使我们对人、事、物能进行思考,也使我们能够将自己的想法传递给他人。

随着言语能力的发展,我们必须掌握语言的一些形式特征。

- 语音(phonology):语音指的是语言中基本的声音,即音素(phonemes),这些可以组合起来产生单词和句子。例如,"mat"中的"a"和"mate"中的"a"在英语中代表了两个不同的音素。英语中只有40个音素来创造所有的单词,有的语言只有15个音素,而有的语言却有多达80个音素(Akmajian, Demers, & Harnish, 1984)。
- 词素(morphemes):词素是最小的有意义的语言单位。有些词素是完整的单词,而有些词素则是为了解读一个单词而增加的必要信息,比如代表复数的后缀"-s"和代表过去式的后缀"-ed"。
- 语义(semantics):语义是控制单词和句子含义的规则。随着儿童语义知识的发展,他们能够理解"艾莉曾被球击中过"(对艾莉为什么不想玩投球游戏的回答)和"球击中了艾莉"(用于说明现在的状况)之间的细微差别。

在考虑语言的发展时,我们需要区分语言理解(comprehension)和语言产生(production)之间的区别。语言理解是对言语的理解,语言产生则是使用语言进行交流。两者之间关系的基本原则是:理解先于产生。一个18个月大的婴儿也许能够理解一系列复杂的指示("从地上捡起你的外套,把它放在火炉边的椅子上"),但他自己说话时可能还无法将两个以上的词串起来。在整个婴儿期,语言理解的发展也

是超越语言产生的。例如,在婴儿期,对单词的理解是以每个月新增22个单词的速度增长,而一旦婴儿开始说话,其产生单词的速度是每个月新增9个左右(Tincoff & Jusczyk, 1999; Shafto et al., 2012; Swingley et al., 2017, 见图6-5)。

早期的声音和交流

即使和一个非常小的婴儿待在一起24个小时,你也会听到各种各样的声音:咕咕的叫声、哇哇的哭声、咯咯的笑声、嘟哝的抱怨声以及很多其他的声音。尽管这些声音本身没有特殊的含义,但它们在语言发展中起到了重要的作用,为真正的语言产生奠定了基础(O'Grady & Aitchison, 2005; Martin, Onishi, & Vouloumanos, 2012)。

尽管我们倾向于把语言看作字词和词组的产生,但婴儿在说出第一个字或词之前,他们就已经开始进行言语交流了。

前语言交流(prelinguistic communication)是一种通过声音、面部表情、手势、模仿和其他非语言方式进行的交流。如果一名父亲用自己发出的"ah"来回应女儿发出的"ah",而后女儿会重复这个声音,然后父亲再回应一次,他们就在进行前语言交流。很显然,"ah"这个声音没有任何特别的意义。然而,这种重复像是一种有来有往的对话,教给了婴儿有关交流需要轮流进行、双方参与的知识(Reddy, 1999)。

前语言交流最明显的表现是牙牙学语。牙牙学语(babbling)发出的是一种类似语言但又没有意义的声音,它开始于婴儿出生后2~3个月,一直持续到1岁左右。当婴儿牙牙学语时,他们一次次地重复着相同的元音,并且不断从高到低改变音调(例如,以不同的音调重复"ee-ee-ee")。婴儿5个月后,牙牙学语的声音有所扩展,增加了辅音("bee-bee-bee")。

牙牙学语是一个普遍的现象,在所有的文化中都以一种相同的方式实现。当婴儿牙牙学语时,他们会

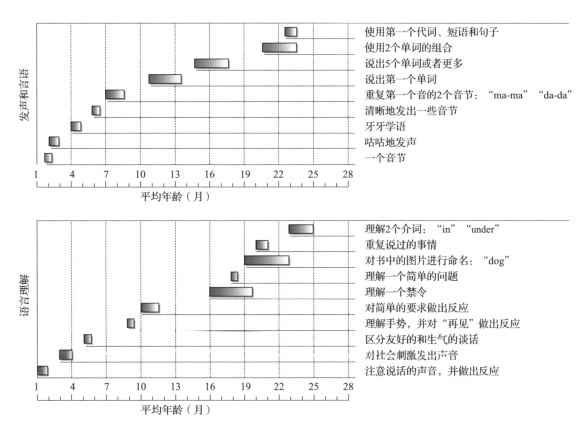

图 6-5　语言理解先于语言产生

在整个婴儿期，语言理解先于语言产生。

资料来源：Adapted from Bornstein & Lamb. (1992). Development in Infancy: An Introduction, McGraw-Hill.

自发地产生每种语言中都存在的声音，而不是仅仅产生他们听到的周围人所说的话语。

即使聋童也有自己牙牙学语的形式。失去听觉的婴儿接触的是符号语言，他们用手而不是声音来牙牙学语，他们通过手势表现的牙牙学语类似于听力正常儿童言语的牙牙学语。产生手势所激活的脑区与生成语言时所激活的脑区相似，这表明口语可能是从姿势语言进化而来的（Senghas et al.，2004；Gentilucci & Corballis，2006；Caselli et al.，2012；见图 6-6）。

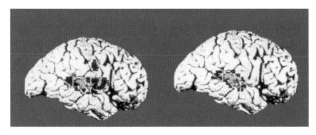

图 6-6　布洛卡区

讲话时激活的脑区是布洛卡区（左图），与产生手势时激活的脑区相同（右图）。

牙牙学语典型的发展轨迹是从简单声音过渡到复杂声音。尽管处于某种特定语言声音环境中似乎并不会影响最初的牙牙学语，但是这种经历最终会造成个体之间牙牙学语的差异。到了 6 个月大，牙牙学语就反映出婴儿所处环境的语言声音的情况（Blake & de Boysson-Bardies，1992）。这种差异是十分显著的，以至于即使没有受过训练的听众，也能区分成长在不同文化环境之中婴儿的牙牙学语，例如讲法语的、阿拉伯语的、广东话的地区。婴儿开始导向他们自己语言的速度与其日后的语言发展速度相关（Whalen，Levitt，& Goldstein，2007；DePaolis，Vihman，& Nakai，2013；Masapolla，Polka，& Menard，2015）。

前语言言语还有一些其他的迹象。比如，5 个月大的玛尔塔发现，自己偏偏够不到红色的球。在她试图伸手去拿球，结果发现自己拿不到之后，就生气得哭了起来，以此来提醒父母自己有了麻烦，然后她的母亲就会把球递给她。这样交流就发生了。

4个月之后，当玛尔塔再次面对同样的情境时，她不再为拿不到球而烦恼，也不会用生气来应对。她会向球的方向伸出胳膊，用带有目的性的尝试来吸引母亲的注视。当她的母亲看到她的这一行为时，就知道玛尔塔想要什么了。显然，玛尔塔的交流技术虽然仍是前语言的，但有了很大的飞跃。

即使是手势这种前语言技能也在仅仅几个月内就会被替代，手势会让位于一种新的交流技能：产生一个真正的单词。玛尔塔的父母能够清楚地听到她说"球"。

第一个单词

当爸爸妈妈第一次听到他们的孩子说"mama"或者"dada"，甚至是"baba"时，他们都会喜出望外。然而，当父母发现婴儿要小甜饼、布娃娃和破烂的旧毛毯时都会用到这同一个声音时，他们最初的热情可能就会降低，甚至变得有些沮丧。

婴儿一般会在10～14个月大的时候，说出第一个单词，但也可能早在9个月大的时候就已经说出第一个单词。关于如何确认婴儿确实发出第一个单词，语言学家们观点不一。有些人认为，当婴儿清楚地理解了单词，并且发出与成人所说的单词相近的声音，比如用"mama"代表她想要的任何东西时，第一个单词就产生了。另一些语言学家对第一个单词使用了更严格的标准：他们认为，只有当儿童对人、事、物有了清晰一致的命名时，第一个单词才真正产生。以这种观点来看，只有当婴儿在不同的情境下看到妈妈做不同的事情，都能一致地把"mama"这个词用到她身上，而不会用于命名其他人时，它才能算是第一个单词（Hollich et al., 2000；Masataka, 2003；Koenig & Cole, 2013）。

尽管人们对于婴儿何时能说出第一个单词的意见不统一，但是没有人怀疑一旦婴儿开始说出第一个单词，其词汇量就会快速增长。15个月大时，儿童平均掌握的单词量是10个，而且会系统地扩充，直到18个月大单字词阶段结束时。一旦这个阶段结束了，词汇量会突然出现一个爆发式增长。在16～24个月，儿童的词汇量一般会从50个单词迅速增长到400个单词（Nazzi & Bertoncini, 2003；McMurray, Aslin, & Toscano, 2009；Dehaene-Lambertz, 2017）。

儿童早期词汇里的第一个单词一般都与客体有关，包括有生命的和无生命的。最经常出现的，是不断出现和消失的人或客体（"妈妈"）、动物（"小猫"），或者暂时的状态（"湿的"）。这些单词常常是单字句（holophrases），即能够代表完整短语的一个单词，该单词的含义依赖于使用它们的特定情境。比如，根据不同的情境，婴儿使用"ma"这个短语可能意味着"我想让我妈妈接我"，或者"妈妈，我想吃东西了"，或者"妈妈在哪里"（Dromi, 1987；O'Grady & Aitchison, 2005）。

文化对婴儿说出的第一个单词的类型会产生影响，例如，北美说英语的婴儿最初更倾向于使用名词，而中国说普通话的婴儿则不同，相比于名词，他们更多地使用动词。到了20个月大的时候，所讲单词的类型会出现明显的跨文化相似性。例如，比较阿根廷、比利时、法国、以色列、意大利和韩国20个月大的婴儿发现，每一个文化中婴儿的词汇量都包含更高比例的名词，而不是其他类型的单词（Tardif, 1996；Bornstein, Cote, & Maital, 2004）。

第一个句子

当亚伦19个月大时，他听到妈妈从后面的楼梯走上来的声音，就像每天吃饭前一样。亚伦转向爸爸，清楚地说道："妈妈来了。"尽管亚伦只是将两个单词（ma和come）串到了一起，但这仍是他语言发展向前迈出的巨大一步。

在18个月左右，儿童的词汇量迅速增长，与此相伴的是另一项成就：将单个的单词组合成一个句子，表达出一个含义。尽管儿童说出第一个双词句的时间差异较大，但一般来说，这发生在他们说出第一个单词的8～12个月之后。

双词句的产生所代表的语言进步非常重要，因为这种连接儿童不仅为外界的事物提供了标签，也能表明多个事物之间的关系。例如，这种双词句可能表明对某事物的所有权（"妈妈的钥匙"）或者反复发生的事件（"狗吠"）。有趣的是，儿童说出的大部分早期句子并不代表其有所需求，甚至不一定需要别人有所回应。这些句子通常是对发生在儿童世界里的事情的评论和观察（O'Grady & Aichison, 2005；Rossi et al., 2012）。

2 岁时，大多数儿童能够使用双词句，例如 ball play。

当 2 岁儿童使用双词句时，倾向于采用特定的顺序，这种顺序与成人建构句子的方式相似。英语中的句子一般遵循这样的模式：句子的主语放在最前面，后面跟谓语，然后接宾语，例如"乔希扔球"（Josh threw the ball）。儿童的言语尽管没有包含特定句子中所有的单词，但是常常采用相似的顺序。因此，儿童可能会说"乔希扔"（Josh threw）或者"乔希球"（Josh ball）来表达同一想法。重要的是，他们的言语顺序一般不会是"扔乔希"（threw Josh）或者"球乔希"（ball Josh），而是正常的英语顺序，这就使得此类表达对于说英语的人而言更容易理解（Hirsh-Pasek & Michnick-Golinkoff，1995；Masataka，2003）。

尽管双词句的产生代表了一种进步，但儿童使用的语言仍然与成人不同。正如我们刚才所看到的，2岁儿童倾向于省去信息中不太重要的词，这与我们写电报的方式类似，因为电报是按字付费的。因此，他们的话常常被称作电报语（telegraphic speech）。使用

电报语的儿童不会说"I showed you the book"，而可能会说"I show book"，"I am drawing a dog"可能就会变成"drawing dog"（见表 6-4）。

早期的语言可能还会有其他有别于成人语言的特征。例如，萨拉可能会把自己睡觉时盖的被子称为"blankie"（"褓袄"）。当她的姑姑埃塞尔给她一条新毯子时，萨拉不把这张新毯子也称为"blankie"，而只是把这个词用在她最初盖的那条毯子上。

泛化不足（underextension）是指使用单词过于局限，一般发生在刚刚学会说话的儿童身上。萨拉不能将"blankie"这个标签泛化到一般的毯子上，是泛化不足的一个例子。如果一个语言初学者认为一个词只代表某概念的一个特例，而不是指这个概念的所有实例，这时就会出现泛化不足（Caplan & Barr，1989；Masataka，2003）。

像萨拉这样的婴儿发展到能够更熟练地使用语言时，有时会出现相反的现象。过度泛化（overextension）是指使用词语过于广泛，过度扩展了其本身的含义。例如，当萨拉把公共汽车、卡车和拖拉机都叫作"小汽车"时，她就会表现出过度泛化，她假设任何一个有轮子的物体都是小汽车。尽管过度泛化是一种言语错误，但它表明了儿童思维加工过程的进步：儿童开始发展出一般的心理范畴和概念（McDonough，2002）。

婴儿使用语言的风格也存在个体差异。例如，一些婴儿使用指示性风格（referential style），即主要使用语言标注物体。另一些婴儿倾向于使用表达性风格（expressive style），即主要使用语言表达自己和他人的感受和需求（Bates et al.，1994；Nelson，1996；

表 6-4　儿童模仿句子时表现出的电报语的减少

样例	儿童名字	26 个月	29 个月	32 个月	35 个月
I put on my shoes	Kim	Shoes	My shoes	I put on shoes	I put on my shoes
	Darden	Shoes on	My shoes on	Put on shoes	Put on my shoes
I will not go to bed	Kim	No bed	Not go bed	I not go bed	I not go to bed
	Darden	Not go bed	I not go bed	I not go to bed	I will not go to bed
I want to ride the pony	Kim	Pony, pony	Want ride pony	I want ride pony	I want to ride pony
	Darden	Want pony	I want pony	I want the pony	I want to ride pony

资料来源：Adapted from R. Brown, C. Fraser, "The Acquisition of Syntax," in C.N. Cofer & B. Musgrave (eds.) Verbal Behaviour and Learning: Problems and Processes, McGraw-Hill, 1963.

Bornstein，2000）。

语言风格在一定程度上反映了文化因素。例如，与日本母亲相比，美国母亲更会经常对客体进行标记，因而激发婴儿语言的指示性风格。与美国母亲相比，日本母亲更常谈论社会互动，这就更能培养婴儿语言的表达性风格（Fernald & Morikawa，1993）。

语言发展的源起

学龄前期语言发展的巨大进步引发了一个重要问题：如何才能精通语言？语言学家在如何回答这一问题上存在很大的分歧。

学习理论观：语言是一种习得的技能

一种语言发展的观点强调学习的基本原则。根据学习理论观（learning theory approach），语言的获得遵循强化和条件作用的基本法则（Skinner，1957）。例如，当一个孩子清楚地说出 "da" 这个音时，他的父亲可能会立即做出结论，认为他指的是他（ "dad"），因而会拥抱他、奖励他。这种反应强化了孩子的语言表达，他就更有可能重复 "da" 这个音。

学习理论观认为，儿童通过制造类似语言的声音而获得奖赏的方式学习说话。通过这种塑造（shaping）过程，儿童的语言越来越像成人的语言。

然而，学习理论观存在一个问题：它似乎不能充分解释儿童如何像他们所做的那样获得语言的规则。例如，幼儿犯错时也会受到强化。若当孩子说 "Why the dog won't eat？" "Why won't the dog eat？" 时，父母做出的回应相似，那么说明这两种形式的问题都被父母正确地理解了，也都引发了相同的反应，由此正确和不正确的语言使用方式都被强化了。在这种情况下，学习理论观很难解释儿童如何学会正确地说话。

儿童也能够超越他们所听过的特定言语表达，产生出新异的词语、句子和句法结构，这同样无法用学习理论观来解释。儿童能够将语言规则应用于无意义的词。在一项研究中，当 4 岁儿童在 "the bear is pilking the horse" 一句中听到了一个无意义动词 "pilk" 时，如果你问他马（the horse）发生了什么事情，那么他会把这个无意义动词以正确的时态和语态表述出来，即 "He's getting pilked by the bear"。

先天论观点：语言是一种天生的技能

学习理论观的难题导致了先天论观点的发展，先天论观点得到了语言学家诺姆·乔姆斯基（Noam Chomsky）的支持（1999，2005）。先天论观点（nativist approach）指出，语言的发展由一种受基因决定的、先天的机制所引导。根据乔姆斯基的观点，人们生来就具有使用语言的能力，这种能力因发育成熟而自动出现。

乔姆斯基对于不同语言的分析发现，世界上所有的语言都有一个相似的内部结构，他称之为普遍语法（universal grammar）。以这种观点来看，人类的大脑中有一个被称为语言获得机制（language acquisition device，LAD）的神经系统，它既能够让人们理解语言结构，也提供了一套策略和技术，用于学习儿童所处环境中语言的特征。这样看来，语言是人类所独有的，它是通过基因预存的方式使得人们可以理解和产生词句（Stromswold，2006；Wonnacott，2013；Yang et al.，2017）。

研究发现了与言语加工相关的特殊基因，这进一步支持了乔姆斯基的先天论观点。研究表明，婴儿语言加工所涉及的脑结构与成人语言加工所涉及的脑结构相似，这提示我们语言是有演化基础的（Wade，2001；Dehaene-Lambertz，Hertz-Pannier，& Dubois，2006）。

关于 "语言是人类独有的先天能力" 的观点遭到了批评。一些研究者认为，某些灵长类动物至少能够学会语言的基本要素，这一结论挑战了人类语言能力的独有性。有人指出，尽管人类可能为语言使用做好了基因准备，但是要想有效地使用语言，人类依然需要相当多的社会经验（Savage-Rumbaugh et al.，1993；Goldberg，2004）。

交互作用观点

学习理论观和先天论观点都不能完全解释语言的获得。于是，一些理论家转而将这两类观点结合起来，提出交互作用观点（interactionist perspective），认为基因（先天因素）和环境（后天因素）相结合促使了语言的发展。

交互作用观点承认先天因素对语言发展总体框架的塑造作用，并提出语言发展的特殊进程是由 "儿童接触的语言环境" 和 "以特定方式使用语言时所受到的强化" 共同决定的。社会因素是语言发展的关键，因为促进语言使用和语言能力提升的动机，来自一个人作为社会文化中的成员以及与他人之间的互动

（Dixon，2004；Yang，2006）。

正如有些研究支持学习理论观和先天论观点的某些方面一样，交互作用观点也得到了一些支持。到目前为止，我们仍不知道哪一种观点最终会为语言的获得提供最好的解释。很可能是不同因素在儿童期的不同时间发挥了不同作用。我们仍需进一步探索语言获得的完美解释。

和儿童说话：语言中的婴儿指向言语

请大声说出这句话："你喜欢苹果酱吗？"

现在，假装你要对婴儿重复这句话。

当你把这句话说给婴儿时，常常会发生下面这些事情。首先，你的措辞可能会发生改变，你可能会说："宝宝喜欢果酱吗？"其次，你的音调可能会升高，你的语调会更抑扬顿挫，像唱歌似的，并且你可能会仔细地把每个词分开发音。

婴儿指向言语

上述的语言变化是因为你使用了婴儿指向言语（infant-directed speech），这种言语模式多指向婴儿。这种言语模式过去常常被称为"妈妈语"（motherese），因为人们一般假设只有妈妈才会使用。然而，这个假设是错误的，现在人们更多地使用"婴儿指向言语"这一中性术语。

婴儿指向言语一般都是简单的短句。当一个人使用婴儿指向言语时，其音调会变高，语速会变慢，语调更会富有变化。此外，这个人还会不断地重复单词，谈话内容多是认为婴儿能够理解的，比如婴儿周围的具体物品。婴儿并不是这种特殊言语模式的唯一接收者，当我们和外国人说话时，同样会改变我们的言语风格（Soderstrom，2007；Schachner & Hannon，2011；Scott & Henderson，2013）。

有时，婴儿指向言语包括一些有趣的声音，这些声音甚至不是单词，而是模仿婴儿的前语言言语。在其他情况下，它很少有正式结构，更像是婴儿用以发展自己语言能力时所使用的电报语。

婴儿指向言语也被称为"妈妈语"，包括使用简单的短句，以及采用高于与年长儿童和成人谈话时所使用的语调。

婴儿指向言语随着婴儿的成长而不断改变。在 1 岁末左右，婴儿指向言语呈现出更多类似于成人语言的特征。尽管单个词仍然说得很慢、很仔细，但是句子变得更长、更复杂。同样，音调主要集中于强调特定的重要单词（Soderstrom et al.，2008；Kitamura & Lam，2009）。

婴儿指向言语在婴儿获得语言过程中发挥了重要的作用。尽管存在一定的文化差异，但全世界都有婴儿指向言语。与成人指向言语相比，婴儿更喜欢婴儿指向言语，这表明他们可能更容易接受这种言语模式。研究表明，如果婴儿在生命早期听到了更多的婴儿指向言语，他们似乎会更早地开始使用语词，更早地表现出其他形式的语言能力（Matsuda et al.，2011；Bergelson & Swingley，2012；Eaves et al.，2016）。

> **从教育工作者的视角看问题**
>
> 成人会采用不同的方式和男孩、女孩说话，这对我们有什么意义和启示？这种差异如何对孩子长大之后的言语和态度产生影响？

‖发展多样性与你的生活‖

婴儿指向言语是否在所有文化中都相似

美国母亲、瑞典母亲、俄罗斯母亲和婴儿说话的方式是否相同？

在某些方面，她们显然是相同的。尽管不同语言之间的词语本身有所差异，但是把这些词语说给婴儿的方式是非常相似的。越来越多的研究表明，婴儿指向言语的本质具有跨文化的基本相似性（Rabain-Jamin & Sabeau-Jouannet，1997；Werker et al.，2007；Schachner & Hannon，2011；Broesch & Bryant，2015）。

表 6-5 比较了母语是英语和母语是西班牙语的人在使用婴儿指向言语上的主要特征。在 10 个常见特征中，两种语言有 6 个共同特征：夸张的语调、高频、拉长的元音、重复、压低的音量和指导性的强调（着重强调某一关键词，例如在"不，那是一个球"这句话中，强调"球"）（Blount，1982）。类似地，美国母亲、瑞典母亲和俄罗斯母亲虽然说不同的语种，但她们都会以相似的方式与婴儿说话：夸大和拉长三个元音（"ee""ah""oh"）的发音（Kuhl et al.，1997）。

表 6-5 婴儿指向言语最普遍的特征

英语	西班牙语
1. 夸张的语调	1. 夸张的语调
2. 大声呼吸	2. 重复
3. 高频	3. 高频
4. 重复	4. 指导性的强调
5. 压低的音量	5. 引起注意的语气
6. 拉长的元音	6. 压低的音量
7. 嘎吱声	7. 抬高的音量
8. 指导性的强调	8. 拉长的元音
9. 紧实的元音	9. 快节奏
10. 假音	10. 人称代词替换

资料来源：B.G. Blount，"Culture and the Language of Socialization: Parental Speech" in D.A. Wagner & W. W. Stevenson eds., Cultural Perspectives on Child Development. San Francisco: Freeman and Co.

即使是失聪的母亲也会以某种形式来使用婴儿指向言语。当失聪的母亲与她们的孩子交流时，其使用手语的速度要比与成人交流时更慢，而且会频繁地重复手势（Swanson，Leonard，& Gandour，1992；Masataka，1996，1998，2000）。

事实上，婴儿指向言语具有相当大的跨文化一致性，针对特定类型互动的语言也具有这种相似性。在对讲英语、德语、汉语的母亲进行比较发现，当她们试图吸引婴儿的注意力或给予回应时，音调都会升高；当她们试图安抚婴儿时，音调都会降低（Papousek & Papousek，1991）。

我们为什么会在差异非常大的语言之间发现这种相似性呢？一种解释是，婴儿指向言语的特征会激活婴儿天生的反应。相比于成人指向言语，婴儿更喜欢婴儿指向言语，这表明婴儿的知觉系统更容易对婴儿指向言语做出反应。另一种解释是，婴儿指向言语促进了语言的发展，它在婴儿发展出理解语词意义的能力之前，为婴儿提供了有关言语含义的线索（Trainor & Desjardins，2002；Falk，2004；Hayashi & Mazuka，2017）。

尽管婴儿指向言语的风格存在跨文化的相似性，但是婴儿从其父母那里听到的言语数量还存在较大的文化差异。例如，尽管肯尼亚的古斯（Gusii）族人对婴儿的照顾在身体上极为亲密，但是他们和婴儿说的话要明显少于美国父母（LeVine，1994）。

在美国，也存在一些与文化因素相关的语言风格上的差异。性别差异会带来语言用词差异。父母会对女儿说"birdie"（鸟）、"blankie"（毯子）、"doggy"（狗），而对儿子说"bird"（鸟）、"blanket"（毯子）、

"dog"（狗）。

至少，这是父母表现出来的想法，他们对其儿子和女儿使用不同的语言。根据发展心理学家吉恩·伯科·格里森（Jean Berko Gleason）的研究，实际上从出生开始，孩子的性别差异就带来了父母与孩子交流的语言差异（Gleason et al.，1994；Gleason & Ely，2002；Arnon & Ramscar，2012）。

格里森发现，到了 32 个月大时，女孩听过的指小词（比如 kitty 或 dolly，而不是 cat 或 doll）是男孩听过的 2 倍。尽管随着年龄的增长，父母会减少指小词的使用，但相较于男孩，父母仍然更常对女孩使用指小词（见图 6-7）。

父母对于男孩和女孩要求的回应不同。例如，当拒绝孩子的要求时，母亲更可能对男孩说一个坚决的"不"字，而对女孩更可能会用一种转移注意力的回答（"你不如不试试另一个"），或者不直接拒绝女孩的要求。结果，男孩会听到更坚决、更明确的语言，而女孩则会听到更温和的语言（Perlmann & Gleason，1990）。

在婴儿期，男孩指向言语和女孩指向言语的这种差异会不会影响他们成年以后的行为呢？尽管人们没有直接的证据明确支持着这样的联系，但是男性和女性成年后，的确会使用不同种类的语言。例如，作为成人，女性倾向于使用更多的试探性语言而较少使用肯定性语言（比如，"或许我们应该试着去看电影"），而不像男性那样（"我知道，我们去看电影吧！"）。尽管我们并不知道这些差异是不是早期语言体验的反映，但这样的发现显然很有吸引力（Tenenbaum & Leaper，2003；Hartshorne & Ullman，2006；Plante et al.，2006）。

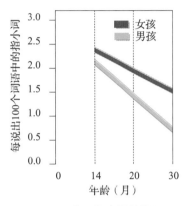

图 6-7　减少指小词的使用

尽管随着年龄的增长，父母对男孩和女孩使用指小词的频率都会降低，但是在指向女孩言语中，指小词的使用一直保持较高的水平。你认为，这一现象的文化意义是什么？

资料来源：Gleason, J. B., et al. (1991). The babytalk register: Parents' use of diminutives. In J. L. Sokolov & C. E. Snow (Eds.), Handbook of research in language development using CHILDES. Hillsdale, NJ: Erlbaum.

明智运用儿童发展心理学

如何促进婴儿的认知发展

虽然所有父母都希望孩子能够实现其全部的认知潜能，但他们有时试图以奇异的方式来达到这一目标。例如，有些父母花费上百美元参加"如何提升宝宝的智力"的工作坊，并且买一些关于"怎样教宝宝阅读"的书（Doman & Doman，2002）。

这样的努力会成功吗？尽管有些父母断言他们会成功，但并没有科学研究支持此类课程的有效性。例如，尽管婴儿拥有很多认知能力，但没有婴儿能真正地进行阅读。美国儿科学会和美国神经学会已经公开指责了那些声称能"提升"婴儿智力的课程。

我们可以做一些事情来促进婴儿的认知发展。依据发展研究的结果，有如下建议供父母和其他照料者参考（Gopnik，Melzoff，& Kuhl，2002；Cabrera，Shannon，& Tamis-LeMonda，2007）。

- 为婴儿提供探索世界的机会。正如皮亚杰所言，儿童通过"做"来学习，他们需要有机会探索世界。
- 在言语和非言语两个水平都要对婴儿做出快速反应。你应该试着去和婴儿交流，而不是只说给婴儿听。你可以向婴儿提问题，倾听他的回答，并做进一步的交流（Merlo，Bowman，& Barnett，2007；Weisleder & Fernald，2013）。
- 给婴儿读书。虽然婴儿可能并不理解你所说词语的含义，但是他们会因你轻柔的声调和亲密的行为而做出回应。给婴儿读书有助于培养其读写能力，而且这是培养终身阅读习惯的开端。美国儿科学会建议从婴儿 6 个月大开始，父母和其他照料者可以每天给他们读书（American Academy of Pediatrics，1999；Holland，2008；Robb，Richert，& Wartella，2009）。

- 记住你没必要一天 24 小时都和婴儿在一起。正如婴儿需要时间自己去探索他们的世界一样，父母和其他照料者也需要时间做自己的事情。
- 不要强迫婴儿，也不要很快就对他们期望过多。你的目标不应该是创造一个天才，而是应该提供一个温暖的养育环境，使婴儿能够发挥他的潜能。

促进婴儿认知发展的方法之一是给婴儿读书。

案例研究

woggie 之谜

劳拉仍然记得儿子雅各布碰碰她的胳膊说出"妈妈"（mama）的那天。雅各布只有 10 个月大，这是他说出的第一个词。在接下来的几个月中，他又说了一些新词，包括小狗（doggy）、爸爸（dada）、卡车（truck）、boggie。劳拉知道 boggie 意味着百吉饼（bagel），而百吉饼是雅各布最喜欢的点心。把她难住的是雅各布最新说出来的一个词：woggie。当雅各布说这个词时，劳拉会环视四周，她没有在厨房和雅各布的卧室中发现这个词相对应的东西。然而，雅各布坚持使用这个词。当劳拉重复"woggie"这个词时，她的儿子笑了。然而，劳拉仍然不解其意。

直到 6 个星期以后，这个谜解开了。当劳拉开车带雅各布去镇上时，雅各布突然指着窗外。他边叫边说着"woggie"。劳拉在路口停下来想看看是什么引起了雅各布的注意：镇上的图书馆。这是一个她经常带雅各布去的地方，雅各布喜欢坐在她的脚上听她说故事。"你想要去 woggie 吗？"劳拉问。"Woggie！Woggie！Woggie！"雅各布高兴地重复道。她停下车，随后他们在图书馆度过了快乐的时光。

直到 2 岁，雅各布一直用 woggie 指代图书馆。事实上，劳拉想起来雅各布最开始说出的双词句就是"go woggie"。劳拉知道雅各布是想去他最喜欢的地方（图书馆）。

1. 雅各布说的新词（包括"woggie"）反映了儿童早期词汇什么特征？

2. 你认为，雅各布最初使用的"woggie"是否可以被视为整字句？为什么？怎么区分整字句和电报语？

3. 雅各布说出的第一个双词句"go woggie"体现了他对母语习俗的哪种理解？语言发展的先天论者会如何解释这样的理解？

4. 你认为婴儿是否会说出无意义的词，或者对婴儿来说是否每个词都有具体含义呢？请从婴儿对语言的获得角度进行回答。

5. 父母如何影响婴儿的语言发展？父母在哪些方面的影响是有限的？

‖ 本章小结

在本章中，我们从皮亚杰理论到信息加工理论的不同角度探讨了婴儿的认知发展。我们考察了婴儿的学习、记忆和智力，并且介绍了婴儿的语言。

在进入下一章之前，请回顾本章导言，回忆那个刚刚学会爬的婴儿赖莎的故事，并回答下列问题。

1. 根据皮亚杰理论，赖莎有关收音机的经验是同化或顺应的例子吗？请解释。

2. 皮亚杰认为，运动能力的发展意味着潜在的认知能力的发展。赖莎的故事怎么印证了他的这一观点？

3. 如果赖莎和她的家人离开家一个月，你认为赖莎仍会记得如何打开收音机吗？什么东西可能会唤回她的记忆？

4. 你认为独立行走会怎样促进赖莎的认知发展？

‖ 本章回顾

1. 皮亚杰认知发展理论的基本特点
- 皮亚杰的阶段理论认为，儿童以一个固定的顺序经历认知发展的各个阶段。这些阶段不仅表现了婴儿知识的量变，还表现了这些知识的质变。
- 皮业杰指出，当儿童处于某一适宜的成熟水平并接触到相关类型的体验时，所有的儿童会逐步经历认知发展的四个主要阶段（感觉运动阶段、前运算阶段、具体运算阶段、形式运算阶段）及其各个亚阶段。

2. 发生在感觉运动阶段的认知发展
- 皮亚杰将感觉运动阶段（0～2岁）分为六个亚阶段。在前三个亚阶段中，婴儿从使用简单的反射开始，到能够对外部世界采取行动，并重复行动以带来想要的反应和结果。
- 在随后的亚阶段中，婴儿开始采用更加精细的方式来作用外部世界，协调多个图示以产生单个行为。他们开始能够进行小的实验来看看会发生什么。
- 在感觉运动阶段的第四个亚阶段，婴儿能够获得客体永存。在第六个亚阶段，他们开始产生符号思维。

3. 随后的研究与皮亚杰理论
- 皮亚杰十分善于描述儿童的行为，他对于婴儿期发展的描述是他超强观察力的卓越体现。
- 随后的研究质疑皮亚杰理论的基础（即阶段的概念），因为发展似乎是以一种更加连续的方式进行的。

4. 婴儿如何加工信息
- 认知发展研究的信息加工理论试图了解个体如何接收、编码、存储和提取信息。
- 不同于皮亚杰的理论，信息加工理论考虑的是儿童信息加工能力的量变。

5. 婴儿的记忆能力和记忆的持续时间
- 尽管婴儿记忆的准确性是一个存在争议的问题，但不可否认的是，婴儿从很早就有记忆能力。
- 在理论上存在"如果后来的经验没有干扰回忆，那么小时候的记忆依然完整保存"的可能性，但在大多数情况下，婴儿期有关个人经历的记忆是不会持续到成年的。
- 现在的研究发现，18～24个月之前的个人经历记忆似乎是不可能准确的。

6. 已知的儿童记忆的神经学基础
- 外显记忆是指我们能自觉意识到有意识的、能被有意识地回忆起的记忆。
- 内隐记忆指那些我们不能自觉意识到的、能够影响我们表现和行为的记忆。

7. 婴儿的智力，以及如何测量婴儿的智力
- 婴儿智力的传统测量方法，比如格塞尔的发展商数和贝利婴儿发展量表，关注的是某一特定年龄儿童群体的平均智力水平。
- 虽然在比较同龄儿童的智力方面，传统的婴儿智力测量方法是有用的，但它不适用于预测儿童智力未来的发展状况。
- 信息加工理论对智力的评估主要取决于婴儿加工信息的速度和质量上的差异。
- 信息加工理论认为，从婴儿期到之后的生命发展阶段是连续的。环境刺激等因素对成人智力的发展也很重要。

8. 构成儿童语言发展基础的过程
- 前语言交流包括使用声音、手势、面部表情、模仿和其他非语言方式来表达思维和状态。
- 一般在10～14个月大时，儿童会说出他们的第一个单词。大约在18个月大时，儿童开始将单词连

接到一起，构成简单的句子，表达单一的想法。

- 儿童最初的言语多使用单字句、电报语，而且存在泛化不足和过度泛化的现象。

9. 各种语言发展理论

- 语言获得的学习理论认为，成人和儿童使用基本的行为过程来学习语言，比如条件作用、强化和塑造。与此相反，乔姆斯基提出了一种先天论观点，认为人类具有遗传上的语言获得机制，这使得人们可以觉察和使用普遍的语法规则。

- 交互式的观点认为，语言发展受到基因和环境的共同影响

10. 儿童如何影响成人的语言

- 成人的语言会受到与之谈话的儿童的影响。婴儿指向言语的特征具有惊人的跨文化一致性。这些特征使婴儿指向言语对婴儿来说更有吸引力，也可能会促进婴儿语言的发展。

- 成人的语言根据其指向儿童的性别表现出一定的差异，这可能会影响儿童日后的发展。

学习目标

1. 描述婴儿体验和解码情绪的方式。
2. 解释婴儿如何发展出关于"他们是谁"的意识。
3. 举例说明婴儿如何利用他人的情绪来解释社会情境。
4. 描述婴儿的心理世界。
5. 解释婴儿的陌生人焦虑与分离焦虑的原因。
6. 定义婴儿的依恋。
7. 总结依恋如何影响个体未来的社会能力。
8. 解释父母在婴儿依恋发展中的作用。
9. 比较其他人在婴儿社会性发展中的作用。
10. 解释婴儿如何发展出独特的人格。
11. 定义婴儿的气质并解释它们的起源。
12. 解释性别分化的原因和导致的结果。
13. 描述"家庭"一词的定义在近些年的变化。
14. 描述非父母照护对婴儿的影响。

第 7 章

婴儿期的人格及社会性发展

导言：情绪的翻滚过山车

在米歇尔的印象里，女儿仙黛尔一直是个很快乐的女孩。然而，当米歇尔聚餐归来，到邻居亚尼内家接 10 个大月的仙黛尔回家时，令她吃惊的一幕发生了，仙黛尔泪流满面！

"仙黛尔认识邻居亚尼内，"米歇尔说，"她经常在院子里看到亚尼内。我不明白为什么她这么不高兴。我仅仅离开了两小时。"亚尼内告诉米歇尔，她已经尝试了所有的办法哄仙黛尔：摇一摇她，唱歌给她听……然而，这些都没用。哭得小脸通红的仙黛尔直到再次看到她的妈妈时才露出了笑容。

预览

总有一天，米歇尔不用再担心女儿会在自己外出时伤心欲绝。对一个 10 个月大的孩子来说，仙黛尔的反应是很正常的。本章我们将会探讨婴儿的社会性和人格发展。

首先，我们会考察婴儿的情绪世界，探讨他们能感受到何种情绪，以及能够在多大程度上解读他人的情绪。我们会关注他人的回应如何塑造婴儿的反应，以及婴儿如何看待自己和他人的心理世界。

然后，我们把焦点转向婴儿的社会关系，关注婴儿如何形成依恋，以及他们与家庭成员和同伴的互动方式。

最后，我们会关注哪些特征能够把一个婴儿与其他婴儿区分开，并且讨论婴儿由于性别的不同而受到的不同养育方式。我们还将思考现在家庭生活的本质，并探讨其与过去家庭生活的不同。如今，越来越多的家庭选择家庭外婴儿照护，我们将讨论这一保育方式，分析其利弊。

发展社会性根源

杰曼会在瞥一眼母亲后浅露微笑。托万达会在自己正在玩的勺子被母亲拿走后略显愠色。西尼会在一架吵闹的飞机飞过头顶后紧皱眉头。

婴儿的情绪都写在脸上。婴儿体验情绪的方式和成人一样吗？婴儿何时开始能够及时理解他人的情绪体验？他们如何利用他人的情绪状态来认识自己所处的环境？这些问题会在我们探寻婴儿的情绪时有所涉及。

婴儿期的情绪

任何人只要花时间和婴儿相处，就会知道婴儿的表情是其情绪状态的指示器。当我们预测他们会快乐时，他们会露出微笑；当我们认为他们受挫时，他们会表现生气；当我们预测他们不高兴时，他们会显得伤心。

这些基本的面部表情即便在差别很大的文化之间也具有惊人的相似性。不管是印度、美国的婴儿，还是新几内亚丛林的婴儿，其基本情绪的表情都是相同的（见图 7-1）。被称为"非言语编码"（nonverbal encoding）的表情在各个年龄阶段都相当一致。这些一致性让许多研究者得出结论，我们天生就具有表达基本情绪的能力（Ackerman & Izard, 2004; Bornstein, Suwalsky, & Breakstone, 2012; Rajhans et al., 2016）。

婴儿表现出相当广泛的情绪表达。一些研究考察了母亲在其孩子的非言语行为中看到的内容。根据这些研究，几乎所有的母亲都认为，她们的孩子在 1 个月时就已经表达出兴趣和喜悦。此外，84% 的母亲认为她们的孩子已经表达出愤怒，75% 的母亲认为她们的孩子已经表达出恐惧，58% 的母亲认为她们的孩子已经表达出惊讶，34% 的母亲认为她们的孩子已经表达出悲伤。兴趣、悲伤和厌恶在出生时

已经出现，而其他情绪会在之后的几个月表现出来（Sroufe, 1996; Benson, 2003; Graham et al., 2014; 见图 7-2）。

图 7-1　面部表情的相似性

在各个文化中，婴儿展示出的与基本情绪相关的面部表情是相似的。你认为，在动物中这些表情也类似吗？

尽管婴儿表现出了相似的情绪种类，但是在情绪表达的程度上，不同婴儿之间仍存在差异。不同文化中的儿童在情绪表达上存在显著差异，这种差异在婴儿期便已经出现。例如，同样是 11 个月大，相比于欧洲、美国和日本的婴儿，中国的婴儿普遍表现出更少的情绪（Camras et al., 2007; Nakato et al., 2011; Easterbrooks et al., 2013）。

当婴儿能够以一种一致的、可靠的方式表达非言语情绪时，这是否意味着他们真的体验到了情绪？如果他们真的能够体验到情绪，他们的体验与成人的体验相似吗？

虽然儿童能够展示和成人相似的非言语表情，但这并不一定意味着他们和成人有着完全相同的体验。

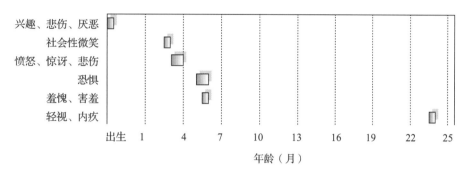

图 7-2　儿童出现情绪表情的时间

儿童大约在上述时间出现情绪表情。请记住，儿童在出生后几星期内出现的表情不一定反映其特定的内在感受。

事实上，如果这种展示的本质是先天的，面部表情的产生就有可能不伴随着情绪体验的知觉。那么，幼小婴儿的非言语表情可能没有情绪，就像是医生轻轻敲打你膝盖时的膝跳反射，没有情绪卷入（Cole & Moore，2015）。

然而，大多数发展研究者并不这样认为，他们辩解说婴儿的非言语表情代表了真实的情绪体验。事实上，情绪表情可能不仅可以反映情绪体验，而且有助于调节情绪本身。

婴儿天生就有一套反映其基本情绪状态（例如高兴和悲伤）的情绪表情库。随着儿童的成长变化，他们会不断扩展和修正这些基本的表情，越来越熟练地控制他们的非言语行为表达。例如，经过不断地修正表情，儿童最终会知道，通过在恰当的时间微笑可以提高按照自己想法做事的机会。此外，随着儿童的成长，他们不仅能够表达更多种类的情绪，还能体验到更广泛的情绪（Izard et al.，2003；Buss & Kiel，2004；Hunnius et al.，2011）。

总而言之，婴儿的确能体验情绪，只是在出生时，情绪的范围还相当有限。随着他们的长大，婴儿展示和体验到更大范围的复杂情绪（Buss & Kiel，2004；Killeen & Teti，2012；Soderstrom et al.，2017）。

婴儿大脑复杂性的增强，使得婴儿的情绪生活有可能得以进步。最初，在生命前 3 个月，随着大脑皮层开始运作，情绪出现分化。到了 9 ～ 10 个月时，构成边缘系统（情绪反应的脑区）的结构开始生长。边缘系统与额叶配合工作，使得情绪的范围得以不断扩大（Davidson，2003；Schore，2003；Swain et al.，2007）。

微笑

当卢斯躺在摇篮里睡觉时，她的父母看见她脸上露出了无比灿烂的微笑。她的父母确信，卢斯正在做一个甜美的梦。他们的想法对吗？可能并不对。最早在睡眠中表现的微笑可能没有意义。6 ～ 9 周大的婴儿在看到使他们高兴的刺激（玩具、汽车、人）时，会露出微笑。最初的微笑相对比较随意，婴儿只要看到任何他们觉得有趣的事情便会开始微笑。然而，随着他们逐渐成长，微笑会更具有选择性。

社会性微笑（social smile）是指婴儿对于他人而不是非人刺激做出反应的微笑。随着婴儿的逐渐成长，他们会针对特定的个体展现社会性微笑，而不对任何人都展现社会性微笑。到了 18 个月时，婴儿对母亲和其他照料者的社会性微笑会比对于非人物体的微笑更为频繁。如果成人对婴儿的社会性微笑没有回应，婴儿微笑的次数就会减少。到了 2 岁末时，儿童会很有目的地使用微笑来展现他们的积极情绪，并且很敏锐地察觉到他人的情绪（Reissland & Cohen，2012；Wörmann et al.，2014；Planalp et al.，2016）。

当婴儿对着一个人而不是非人刺激微笑时，他们展现的就是社会性微笑。

解读他人的表情和声音

在第 4 章中，我们讨论了刚出生几分钟的新生儿就能模仿成人面部表情的可能性。婴儿具有模仿能力，虽然这不意味着他们能够理解他人的面部表情，但这类模仿的确有助于其非言语解读（nonverbal decoding）能力的培养。婴儿能够运用非言语解读能力去解释他人的表情和声音中传递的情绪含义。例如，婴儿能够判断照料者什么时候乐意看到他们，能够很快地熟悉他人脸上的忧虑或恐惧（Hernandez-Reif et al.，2006；Striano & Vaish，2006；Folm & Johnson，2011）。

婴儿对于声音表达的情绪区分似乎稍早于对于面部表情的情绪区分。尽管相对而言，人们几乎没有关注过婴儿对于声音表达的知觉，但婴儿似乎在 5 个月时就能够区分快乐和悲伤的声音表达（Montague & Walker-Andrews，2002；Dahl et al.，2014）。

科学家对于婴儿在非言语面部解读能力的发展顺序有着更多的认识。在 6 ~ 8 周，婴儿的视觉精准度十分有限，所以他们无法过多地注意到他人的表情。但随后不久，他们开始区分不同的面部表情，甚至能够对面部表情所传达的不同情绪强度做出反应。他们会对异常的表情做出反应。例如，当母亲摆出无动于衷的、没有反应的表情时，婴儿就会表现出焦虑不安的样子（Adamson & Frick，2003；Bertin & Striano，2006；Farroni et al.，2007）。

4 个月大时，婴儿可能已经开始理解隐藏在他人面部表情和声音背后的情绪。我们是如何知道这些的呢？在一项对 7 个月大婴儿的研究中，当实验者向婴儿呈现喜悦的面部表情时，配以一个代表喜悦（上升的声调）或者悲伤（下降声调）的声音；当实验者向婴儿呈现悲伤的面部表情时，配以一个代表喜悦（上升的声调）或者悲伤（下降声调）的声音。当面部表情和声调达到情绪上的匹配时，婴儿给予了更多的注意，这表明婴儿对面部表情和声调的情绪意义至少具备基本的理解能力（Kochanska & Aksan，2004；Grossmann，Striano，& Friederici，2006；Kim & Johnson，2013）。

总之，婴儿在很早的时候就学会了表达和解读情绪，并开始知晓自己的情绪对于他人产生的影响。这样的能力不仅对于帮助他们体验自身的情绪有重要作用，对促进其使用他人情绪来理解模糊的社会情境也意义深刻（Buss & Kiel，2004；Messinger et al.，2012）。

自我的发展：婴儿是否知道他们自己是谁

8 个月大的埃尔莎爬过挂在父母卧室门上的穿衣镜。经过镜子时，她很少注意镜中的自己。与之不同的是，2 岁的布丽安娜经过镜子时却凝视着镜中的自己，她注意到自己额头上沾了少许果酱，于是她笑了起来，然后用手擦掉果酱。

你或许有过这样的经验：当你看到镜中的自己时，你会发现有一束头发不怎么整齐。此时，你可能会试着把它梳理整齐。你的这一反应不仅表明你在意自己的仪容仪表，更意味着你有自我意识，意识到自己是一个社会性个体，会使他人产生反应，会试图以一种受欢迎的方式展现自己。

我们并不是天生就知道自己是独立于他人以及外部世界而存在的。较小的婴儿并没有感觉到他们是独立的个体，他们不会认出照片和镜中的自己。自我意识（self-awareness）是关于自己的知识。通过一个简单但却无比天才的实验技术，即镜像鼻点技术（mirror-and-rouge technique），我们了解到：婴儿大约在 12 个月大时开始发展自我觉知。人们在一个婴儿鼻子上悄悄涂上一个红点，然后让他坐在镜子前。如果婴儿触碰他的鼻子或者试着抹掉这个红点，我们就有证据说他至少有一些关于自己身体特征的知识。这种意识是婴儿发展出"理解自己是一个独立个体"的过程中的一步。例如，当布丽安娜试着擦掉额头的果酱时，就显示出她已经意识到自己的独立性（Asendorpf，Warkentin，& Baudonniere，1996；Bard et al.，2006；Rochat，Broesch，& Jayne，2012）。

尽管有些儿童早在 12 个月大时就似乎对红点感到吃惊，但大多数儿童要直到 17 ~ 24 个月时才会做出反应，此时儿童开始意识到自己的能力在一项关于 23 ~ 25 个月大婴儿的实验中，实验者要求婴儿模仿一系列涉及玩具的复杂行为。尽管他们能够完成一些较为简单的行为序列，但他们仍然会哭。这种反应说明他们意识到自己缺乏能力去执行困难的任务，并且为此感到难过，该反应是自我意识的清晰标志（Legerstee，1998；Asendorpf，2002）。

这个 18 个月大的婴儿已经明显地发展出自我意识。

儿童养育方式的文化特点会影响到儿童自我认知的发展。例如，希腊儿童会比喀麦隆儿童更早地表现出自我认知。希腊父母教养中强调自主和分离，而在喀麦隆文化中，父母教养强调身体接触和温暖，这导致婴儿和父母之间有着更强的互依性，最终使得自我认知发展较晚（Keller et al.，2004；Keller，Voelker，& Yovsi，2005）。

在 18 ～ 24 个月大时，处于西方文化中的婴儿至少已经发展出对于自己身体特征和能力的意识，而且了解到他们的外貌是稳定的。尽管人们并不清楚这种意识能够扩展多宽，但是越来越明确的是，婴儿不仅具有理解自己的基本能力，也开始理解心理是如何运作的（Lewis & Ramsay，2004；Lewis & Carmody，2008；Langfur，2013）。

社会性参照：感受别人的感受

23 个月大的斯蒂法妮亚专注地看着哥哥埃里克和他的朋友陈争斗。斯蒂法妮亚不知道发生了什么事，于是瞥了母亲一眼。母亲知道埃里克和陈只是在玩，因此露出了微笑。看到了母亲的回应，斯蒂法妮亚模仿着母亲的表情，也笑了起来。

同斯蒂法妮亚一样，我们也曾处于感受不确定的情境中。在这种情境中，我们有时会去看看别人是如何反应的。这种对别人的依赖被视为一种社会性参照，能够帮助我们决定怎样的反应才是合适的。

社会性参照（social referencing）是指个体有意地搜寻关于他人感受的信息，以帮助解释不确定环境和

事件的含义。像斯蒂法妮亚一样，我们使用社会性参照去澄清情境的意义，减少我们对于正在发生事件的不确定性。

在 8 ～ 9 个月大时，婴儿开始使用社会性参照。它是一种相当复杂的社会能力：通过社会性参照，婴儿凭借面部表情等线索，来理解他人行为的含义，以及理解特定情境下他人行为的意义（Stenberg，2009；Hepach & Westermann，2013；Mireault，et al.，2014）。

在社会性参照中，婴儿尤其会使用面部表情。通过社会性参照，斯蒂法妮亚注意其母亲的微笑。在一项研究中，实验者让婴儿玩一个不常见的玩具。婴儿玩这个玩具的时间取决于母亲的面部表情。当母亲的表情从愉快转换到厌恶时，婴儿玩玩具的时长显著缩短。即便稍后婴儿有机会再玩相同玩具，而母亲此时的表情没有表现出好恶，婴儿仍不愿玩这个玩具，这说明父母的态度可能对婴儿有持续性的影响（Hertenstein & Campos，2004；Pelaez，Virues-Ortega，& Gewirtz，2012）。

实验中运用的静止脸技术（still face technique）体现了婴儿对社会性参照的运用。在这一过程中，一位母亲面无表情地看着她的孩子，不表达任何情绪。当婴儿开始使用社会性参照时，面对母亲的"静止脸"，他们会变得非常激动。事实上，当他们的母亲带着"静止脸"面对他们时，他们通常会表现得比母亲本人离开他们时还要沮丧（Montirosso et al.，2010；DiCorcia et al.，2016）。

> **从儿童照料者的视角看问题**
>
> 　在什么情境下，成人会借助社会性参照来做出合适的反应？如何利用社会性参照去影响父母针对儿童做出的行为？

当情境是不确定、模糊的时候，社会性参照最有可能发生。对于那些已经长大到能够运用社会性参照的婴儿，当他们接收到成人之间冲突的非语言信息时，他们就会变得相当不安。例如，对儿子打翻一盒牛奶这一行为，如果一个母亲的面部表情显得十分恼怒，而祖母却认为这一举动很可爱，并且露出了微笑，那么这个孩子便收到了两个相互矛盾的信息。对婴儿而言，这种混乱的信息可能是一个真正的应激源（Stenberg，2003；Vaish & Striano，2004；Schmitow & Stenberg，2013）。

心理理论：婴儿对他人及自我心理世界的观点

婴儿对思维有着怎样的认识？越来越多的研究表明，婴儿在很小的时候就开始理解某些关于他们自己和他人心理过程的一些事情。研究者检验了儿童的心理理论（theory of mind），即他们关于心理如何运作以及怎样影响行为的知识和信念。儿童使用心理理论来解释别人是如何进行思考的。

我们在第 5 章讨论了婴儿期的认知进步，这种进步使得较大的婴儿能够以一种与看待事物非常不同的方式来看待人。他们学会将他人视为"依从的能动者"（compliant agent），即和他们自己相似，在自己的意志下行动，并且有能力回应婴儿的要求。例如，18 个月大的克里斯已经意识到他可以要求父亲拿给他更多的果汁（Rochat，1999，2004；Luyten，2011；Slaughter & Peterson，2012）。

此外，儿童理解意图和因果性的能力在婴儿期也有所发展。例如，10 ～ 13 个月大的婴儿能够在心理上表征社会支配地位，认为体积大的物体能够支配体积小的物体。婴儿表现出一种天生的道德品质，他们会表现出乐于助人的偏好（Thomsen et al.，2011；Sloane，Baillargeon，& Premack，2012；Yott & Poulin-Dubois，2016）。

除此之外，早在 18 个月大时，儿童就开始知道，相对于非生命物体的"行为"，人的行为是有含义的，是用来完成一些特定目标的。例如，儿童开始理解：当父亲在厨房做三明治的时候，他会有一个特定的目的；父亲的汽车仅仅是在路边停着，没有任何心理活动或目标（Ahn，Gelman，& Amsterlaw，2000；Wellman et al.，2008；Senju et al.，2011）。

孩子对心理活动的感知逐渐增强的证据是，2 岁的儿童开始表现出共情能力。共情（empathy）是对于他人感受的一种情绪反应。2 岁的儿童有时会去安慰或关心别人。要做到这一点，他们需要了解别人的情绪状态。例如，我们在第 5 章曾提及过，1 岁的婴儿能够通过观察电视上女演员的行为而获得情绪线索（Liew et al.，2011；Legerstee，Haley & Bornstein，2013；Xu，Saether，& Sommerville，2016）。 从 1 岁到 2 岁的这一年里，儿童开始在玩假装游戏（pretend play）时欺骗他人。说谎的儿童必须知道他人拥有关于这个世界的信念，而这种信念是可以被操纵的。简而言之，在婴儿期的末尾，儿童已经发展出他们自己的心理理论的雏形，这能够帮助他们了解他人的行动，也能影响自己的行为（ven der Mark et al.，2002；Caron，2009）。

从研究到实践

婴儿理解道德吗

你可能会认为，除了哭、微笑、大笑，婴儿没有太多社会互动。研究表明，婴儿对社会互动的理解要远远超过上述内容，他们甚至拥有基本的道德感（是与非、公平与不公平），而道德感曾经被认为是后来才发展起来的。在一项研究中，3 个月大的婴儿观看一个木偶爬山的情形。在一些情况下，一个助人木偶会帮助爬山木偶上山；在另外一些情况中，一个损人木偶会把爬山木偶推到山脚下。随后，相比于损人木偶，婴儿会表现出对助人木偶更多的偏好。社会互动是这种差异产生的原因。当实验者将爬山木偶换成无生命的物体时，婴儿对搬上或搬下无生命物体的木偶没有表现出差异性偏好（Hamlin，et al.，2011）。

在另外一个研究中，一些儿童（21 个月大）观察同一个房间里的一个成年人。这个成年人会拒绝把玩具给

一些儿童并拿着玩具嘲笑他们，或者试图把玩具给另外一些儿童却因为无法走到他们面前而没有给出玩具。随后，当儿童有机会对那个成年人施予帮助时，相比于被嘲笑的儿童，被友善对待的儿童更乐于施以帮助。研究表明，婴儿能够理解谁值得或不值得被平等地对待。当他们看到两个成年人完成一项任务并得到相同的报酬时，婴儿并不会感到惊讶。然而，当婴儿看到一个成年人玩的同时，另一个成年还在工作，而最后两人的报酬相同时，婴儿表现出了惊讶的神情。虽然"公平原则是先天的还是习得的"这类问题未有定论，但不管怎样，关于公平，婴儿懂得比看起来得要多（Dunfield & Kuhlmeier，2010；Sloane，Baillargeon，& Premack，2012）。

- 婴儿可能从哪里习得这些公平原则？
- 只帮助那些帮助你的人有什么好处？

陌生人焦虑和分离焦虑

"之前，埃里卡一直是一个友善的宝宝，"埃里卡的妈妈认为，"不管遇到谁，她总是露出灿烂的微笑。然而，她在 7 个月大时，看见陌生人就像见了鬼似的。她皱起眉头，要么扭过头去，要么用怀疑的眼光盯着人家。她不想跟不认识的人待在一起。她像是接受过人格移植。"

埃里卡身上发生的事情相当典型。在 1 岁末时，婴儿通常会发展出陌生人焦虑和分离焦虑。**陌生人焦虑**（stranger anxiety）是指婴儿在遇见不熟悉的人时所表现出来的谨慎与戒心。陌生人焦虑通常出现在 0.5 ～ 1 岁的阶段。

哪些原因导致了陌生人焦虑？大脑的发展以及婴儿与日俱增的认知能力在这里起了作用。随着婴儿记忆的发展，他们能够把认识和不认识的人区分开。认知的进步一方面使得婴儿能够积极地回应熟悉的人，另一方面使得他们具有辨认陌生人的能力。此外，6 ～ 9 个月大的婴儿会试着去理解他们的世界，试着盼望和预测事件。当某件他们并没有预测到的事件发生了，比如出现了一个陌生人，他们便会感到恐惧。婴儿好像存在疑问，却没有能力回答（Volker，2007；Bornstein，& Arterberry，2013）。

尽管到了 6 个月之后，婴儿常出现陌生人焦虑，但个体之间仍然存在着显著的差异。相比于那些与陌生人接触有限的婴儿，经常接触陌生人的婴儿会表现出更少的焦虑症状。并不是所有的陌生人都会让婴儿产生同样的反应。比如，相比于面对男性陌生人，婴儿在面对女性陌生人时会表现出更少的焦虑。此外，相比于面对陌生成年人，婴儿在面对陌生儿童时会表现出更少的焦虑，这可能是源于儿童的身材大小没那么吓人（Swingler，Sweet，& Carver，2007；Murray et al.，2007；2008）。

分离焦虑（separation anxiety）是婴儿在熟悉的照料者离开时表现出来的痛苦。分离焦虑在不同的文化背景下具有普遍性，通常在婴儿七八个月大时开始出现，在 14 个月大时达到顶峰，然后逐渐降低。在很大程度上，分离焦虑和陌生人焦虑的原因相同。婴儿逐渐增长的认知技能使得他们能够产生一些合理的问题，而这些问题可能是一些自己还无法理解和回答的问题，例如："为什么我的妈妈离开了？""她去哪里了？""她会回来吗？"

陌生人焦虑和分离焦虑代表着婴儿重要的社会性加工。它们都反映了婴儿的认知发展以及婴儿与照料者之间不断增进的情感联结和社会联结。

关系的形成

38 岁的路易斯清楚地记得，当年妹妹凯蒂降生在医院时，他在奔赴医院的途中那种困扰他的感觉。尽管当时他年仅 4 岁，但他仍记得自己那天的感受。路易斯不再是家里唯一的孩子，他将不得不与凯蒂分享他的生活。她将会玩他的玩具、读他的书，并且和他一起坐在汽车后座上。当然，真正困扰他的是，他不得不将父母的爱和关注与妹妹凯蒂分享。路易斯想起了他的堂兄曾跟他讲过的关于妹妹的事情，他担心他的父母会觉得凯蒂比自己更可爱、更有趣。他担心父母觉得他碍事。

路易斯知道，他应该表现得开心，并且欢迎凯蒂的到来。所以到达医院时，他毫不犹豫地走进母亲和妹妹的房间。

新生儿的降临会给一个家庭的动态系统带来剧烈的变化。不管小宝贝的诞生有多受欢迎，它都会使得家庭成员的角色发生根本性的转变。父母必须开始和他们的婴儿建立关系，而年长的孩子必须因家庭新成员的出现而做出调整，并且建立自己与新弟弟或新妹妹的联盟关系。

尽管婴儿期社会性发展的过程既不简单也不会自动发生，它却十分关键：婴儿与父母、兄弟姐妹、家人以及其他个体之间逐渐形成的联结，是他们未来一生的社会关系的基础。

儿童在刚出生前几年与他人形成的情感联结对其一生起着关键性作用。

依恋：形成社会联结

在婴儿期，社会性发展最重要的方面就是依恋的形成。依恋（attachment）是在儿童和特定个体之间形成的一种正性情感联结。当儿童与某人形成依恋关系时，儿童与依恋对象在一起时会感到愉悦；当儿童难过时，只要依恋对象出现，儿童会感到安慰。婴儿期依恋的质量会影响到我们的余生如何与他人建立关系（Fischer, 2012；Bergman et al., 2015；Kim et al., 2017）。

为了理解依恋，研究者最早研究的是动物与其幼崽之间的联结。例如，习性学家康拉德·洛伦茨在1965年观察到刚出生的小鹅有一种天生跟随它们母亲的倾向——它们把出生后看到的第一个移动的物体当作母亲，并且跟在母亲的后面。洛伦茨发现，从孵化器里孵出后的小鹅，如果第一眼看到的是他，它们就会无时无刻跟在他的身后，就好像他是它们的妈妈一样。洛伦茨把这个过程叫作印刻，即在关键期发生的、涉及对观察到的第一个移动物体产生依恋的行为。

洛伦茨的发现意味着依恋是基于生物学因素的，而其他理论家也同意这种观点。例如，弗洛伊德指出，依恋产生于母亲满足儿童口唇需要的能力。

然而，事实证明，提供食物和其他生理需求的能力可能并不像弗洛伊德等理论家最初所认为的那么重要。在一项经典研究中，心理学家哈利·哈洛（Harry Harlow）让幼猴在两类猴"妈妈"（提供食物的铁丝猴和温暖但不提供食物的软布猴）之间做出选择，看它们会选择偎依在哪个猴"妈妈"身上（见图7-3）。幼

图7-3 对猴"妈妈"的选择

哈洛的研究显示，相比于提供食物的铁丝猴，幼猴更偏好温暖的软布猴。

猴的偏好十分明显：尽管它们偶尔会到铁丝猴身上获取食物，但它们大部分时间都攀附在软布猴身上。哈洛指出，幼猴通过触摸软布猴而获得安慰（Harlow & Zimmerman, 1959；Blum, 2002）。

哈洛的研究表明，满足食物需求并不是依恋的唯一基础。幼猴对软布猴的偏好形成于出生后的某个时期，这与我们在第3章里所讨论的研究结果相一致——人类出生后并不立即存在形成母子联结的关键期。

英国精神病学家约翰·鲍尔比（John Bowlby, 1951）最早开展了关于人类依恋的研究，其研究到现在仍然具有很大的影响力。在鲍尔比看来，依恋主要是建立在婴儿安全需要的基础上，即他们天生具有躲避捕食者的动机。随着婴儿的成长，他们开始知道某个特定的个体能够提供给他们安全的保障。这种意识最终导致了婴儿与该个体（通常是母亲）发展出特殊的关系。鲍尔比认为，和主要照料者的专一关系在质上有别于婴儿与其他人（包括父亲）形成的联结——这一观点引发了一些争议，我们稍后会进行讨论。

根据鲍尔比的观点，依恋提供了一个安全基地。当儿童逐渐独立时，他们能够在离安全基地更远的地方自在漫步。

安斯沃斯陌生情境和依恋类型

发展心理学家玛丽·安斯沃斯（Mary Ainsworth）在鲍尔比的理论基础上发展了一个被广泛用于测量依恋的实验技术（Ainsworth et al., 1978）。安斯沃斯陌生情境（Ainsworth strange situation）是由用以说明儿童和母亲之间依恋强度的系列阶段性情境所构成。"陌生情境"通常包括以下8个步骤：①母亲和儿童进入一个不熟悉的房间；②母亲坐下来，让儿童自由探索；③一个成年陌生人进入房间，先和母亲说话，然后再和儿童说话；④母亲离开房间，留下儿童单独和陌生人在一起；⑤母亲回来，和儿童打招呼，并安慰儿童，陌生人离开；⑥母亲再次离开，留下儿童独自一人；⑦陌生人回来；⑧母亲回来，陌生人离开（Ainsworth et al., 1978；Pederson et al., 2014）。

婴儿对陌生情境不同方面的反应有着巨大的差异，这取决于他们与母亲依恋的本质。1岁儿童通常会表现出安全型、回避型、矛盾型和混乱型这四种依恋类型中的一种（见表7-1）。

表 7-1　婴儿依恋类型的分类

类别	分类标准			
	寻求接近主要照料者	保持与主要照料者的接触	避免接近主要照料者	抗拒与主要照料者接触
回避型	低	低	高	低
安全型	高	高（婴儿难过时）	低	低
矛盾型	高	高（通常在婴儿与照料者分离前）	低	高
混乱型	不一致	不一致	不一致	不一致

资料来源：From E. Waters, " The Reliability and Stability of Individual Differences in Infant-Mother Attachment," Child Development, vol. 49, 1978. The Society for Research in Child Development, Inc. pp. 480-494; p. 188.

玛丽·安斯沃斯设计了陌生情境来测量依恋。

安全依恋型（secure attachment pattern）儿童把母亲视为鲍尔比口中的安全基地。在陌生情境中，只要这些儿童的母亲在场，他们就很安心。他们独立地探索环境，偶尔回到母亲的身边。尽管当母亲离开时安全依恋型儿童会表现得不安，但只要母亲一回来，他们就会马上回到母亲身边寻求接触。大约 66% 的北美儿童是安全依恋型儿童。

回避依恋型（avoidant attachment pattern）儿童并不寻求和母亲接近，而且在母亲离开后，他们看起来并不难过。此外，当母亲回来时，他们看上去是在回避母亲。他们的所谓作为透露着对母亲的漠视。大约 20% 的 1 岁儿童是回避依恋型儿童。

矛盾依恋型（ambivalent attachment pattern）儿童对母亲表现出一种既积极又消极的反应。刚开始时，矛盾依恋型儿童紧紧地挨着母亲，基本上不去独立探索环境。他们甚至在母亲离开前就显得有些焦虑。当母亲真的离开时，他们表现得非常难过。然而，一旦母亲回来，他们却表现出矛盾的反应，一方面寻求和母亲接近，另一方面又踢又打，明显十分生气。10% ～ 15% 的 1 岁儿童是矛盾依恋型儿童（Cassidy & Berlin, 1994）。

尽管安斯沃斯只确认了三种依恋类型，但近年来的扩展研究发现了第四种类型——混乱依恋型。混乱依恋型（disorganized-disoriented attachment pattern）儿童表现出不一致、矛盾、混乱的行为。当母亲回来时，他们可能会跑到母亲身边却不看母亲，或者是最

首先，儿童的母亲在场，儿童独自探索房间。然后，母亲离开，儿童开始哭泣。最后，母亲回来了，儿童立刻得到安抚，并停止哭泣。结论是：这是一个安全依恋型儿童。

初显得平静，后来却愤怒地哭泣。他们的混乱行为意味着他们可能是最没有安全依恋的孩子。5% ～ 10%的儿童属于混乱依恋型（Mayseless，1996；Cole，2005；Bernier & Meins，2008）。

如果不是母子之间的依恋质量对儿童今后的人际关系有着重要的影响，儿童的依恋类型就没有那么重要了。例如，相比于回避依恋型儿童或矛盾依恋型儿童，安全依恋型男孩（1岁时）在长大后会表现出更少的心理困难。类似地，安全依恋型儿童（婴儿期）在今后会具有更好的情绪和社会性能力，他人对他们的评价也更加积极。成人之间的浪漫关系与婴儿期的依恋风格有关（Simpson et al.，2007；MacDonald et al.，2008；Bergman，Blom，& Polyak，2012）。

与此同时，我们既不能说那些非安全依恋型儿童（婴儿期）在以后的生活中都会经历困难，也不能说安全依恋型儿童（1岁时）在以后总能很好地调整自己。事实上，有些证据表明，在陌生情境中被划分为回避依恋型和矛盾依恋型的儿童，在日后的表现也相当好（Fraley & Spieker，2003；Alhusen，Hayat，& Gross，2013；Smith-Nielsen et al.，2016）。

依恋发展受到强烈破坏的儿童会表现出童年反应性依恋障碍，这是一种在与他人形成依恋时存在极端问题的心理障碍。童年反应性依恋障碍患儿（年龄较小）会对他人的社会性表示没有反应，出现喂食困难、发育停滞的现象。童年反应性依恋障碍非常罕见，通常是由儿童虐待或儿童忽视导致的（Hornor，2008；Schechter & Willheim，2009；Puckering et al.，2011）。

形成依恋：母亲和父亲的作用

当5个月大的安妮放声大哭时，妈妈来到她的房间，温柔地把她从摇篮里抱起来。妈妈一边轻柔地摇晃她，一边轻声地同她说话。仅仅过了片刻，安妮便蜷缩在妈妈的怀里，停止了哭泣。然而，当妈妈一把她放回摇篮时，她又开始号啕大哭，妈妈只好又把她抱起。

大多数父母都很熟悉这样的模式。婴儿哭泣，父母做出反应，孩子再次做出回应。这些看似不太重要的行为顺序在婴儿和父母的生活中反复地发生着，这为儿童和父母以及社会世界之间建立关系铺平道路。我们将逐一考虑每一个主要照料者和婴儿如何在依恋的发展过程中发挥作用。

母亲和依恋

安全依恋型婴儿的母亲都会对婴儿愿望和需求保持敏感性。此类母亲往往知道孩子的心情，而且在和孩子互动时知道要考虑孩子的感受。她会在面对面的母婴互动中做出回应；在孩子一旦有进食需求时，她便进行喂食；她很温暖，深爱她的孩子（McElwain & Booth-LaForce，2006；Priddis & Howieson，2009；Evans，Whittingham，& Boyd，2012）。

仅仅凭借回应婴儿信号的方式，并不能完全区分安全依恋型婴儿的母亲和非安全依恋型婴儿的母亲。安全依恋型婴儿的母亲倾向于提供适当水平的反应。事实上，过度回应的母亲和回应不足的母亲都可能拥有非安全依恋型婴儿。当母亲以适当的方式回应婴儿，双方的情绪状态相匹配时，母婴沟通呈现互动同步的形式，这样更可能产生安全依恋型婴儿（Hane，Feldstein，& Dernetz，2003；Ambrose & Menna，2013）。

研究表明，母亲对婴儿的敏感性和婴儿的安全依恋有对应关系，这与爱因斯沃斯主张的"依恋取决于母亲如何回应婴儿情绪信号"的观点相一致。爱因斯沃斯认为，安全依恋型婴儿的母亲会快速而积极地回应婴儿。例如，对于安妮的哭泣，她的母亲快速地做出拥抱和安慰的回应。相反，那些非安全依恋型婴儿的母亲常常忽视婴儿的行为线索，在婴儿面前表现得不一致，忽略或拒绝婴儿的社交努力。例如，试想一个婴儿在推车里不停地哭闹和打滚，试图获得母亲的注意，而他的母亲却在跟别人聊天，忽略了他（母亲对其行为线索的忽视可能导致他会是一个非安全依恋型婴儿）(Higley & Dozier，2009）。

母亲是如何学会对她们的婴儿做出反应的呢？一种途径是来自她们自己的母亲。母亲对于婴儿的习惯性反应基于她们自己的依恋风格。因此，代际之间的依恋模式会有较大的相似性（Peck，2003）。

在一定程度上，母亲对婴儿的回应可以被视为她们针对"婴儿是否有能力提供有效线索"的回应。一位母亲很难对一个本身行为就含糊不清、模棱两可的儿童做出有效的回应。例如，相比于行为模糊的儿童，能够清楚表达愤怒、恐惧或不高兴的儿童更容易被人理解，更能得到有效的回应。因此，婴儿传达出信号的种类可能部分地决定母亲成功回应的程度。

父亲和依恋

直到现在，我们仍然很少谈及儿童养育过程中的关键角色——父亲。事实上，如果你查看关于依恋的早期理论和研究，你会发现，它们很少提及父亲以及他们对婴儿生活的潜在贡献（Tarmis-LeMonda & Cabrera，1999）。针对这种现象至少存在两种解释。

首先，提出依恋理论的约翰·鲍尔比认为，母子关系有其独特性。他相信母亲在生物学构造上就是独特的，可以为孩子提供食物营养。他认为，母亲的独特性导致了母子之间会发展出特殊关系。其次，关于依恋的早期研究受到当时传统社会观念的影响——这些观念认为，母亲是主要照料者，而父亲要外出挣钱养家，这是很"自然"的事情。

一些因素使得传统社会观念发生改变。一是，社会规范发生了改变，父亲开始在养育孩子的活动中承担更多的责任。二是，研究结果越来越清晰地表明，尽管在社会规范上父亲属于次要的养育角色，但有些婴儿和父亲形成了最初的情感联结（Brown et al.，2007；Diener et al.，2008；Music，2011；McFarlandPiazza et al.，2012）。三是，越来越多的研究表明，父亲养育、温暖、支持和关心的表达对于孩子情感和社会健康非常重要。事实上，某些心理障碍（例如抑郁）跟父亲行为的相关要高于与母亲行为的相关（Roelofs et al.，2006；Condon et al.，2013；Braungart-Rieker et al.，2015）。

婴儿的社会联结将扩展到他们的父母之外，特别是在他们年龄稍大的时候。例如，一项研究发现，尽管大多数婴儿只和一个人形成最初的主要关系，但大约 1/3 的婴儿拥有多重依恋关系，而且很难决定与哪一个人的依恋关系才是最主要的。大多数婴儿到 18 个月时已经形成了多重依恋关系。总而言之，婴儿不仅和母亲形成依恋关系，还和其他个体形成依恋关系（Booth，Kelly，& Spieker，2003；Seibert & Kerns，2009）。

对母亲的依恋 vs. 对父亲的依恋

尽管婴儿完全有能力既与母亲形成依恋关系，也与父亲或其他个体形成依恋关系，但是母子和父子之间的依恋关系在本质上并不完全相同。例如，在不寻常的应激环境中，大多数婴儿偏好向他们的母亲而不是父亲寻求安慰（TSchope-Sullivan et al.，2006；Yu et al.，2012；Dumont & Paquette，2013）。

父母跟孩子在一起时所做的事情不一样。母亲花更多的时间在喂食和直接的养育上。父亲花更多的时间和婴儿玩耍。几乎所有的父亲对照料儿童都会有所贡献：调查显示，95% 的父亲说，他们每天会做一些照料孩子的小事。但总体而言，父亲做的仍然比母亲少。例如，在双职工家庭中，有 30% 的父亲每天会花 3 个小时或者更多的时间来照料孩子，与此同时，承担相同养育任务的母亲却高达 74%（Grych & Clark，1999；Kazura，2000；Whelan & Lally，2002）。

此外，在与孩子玩耍方面，母亲和父亲通常不大相同。父亲更多的是跟孩子进行身体性的、追逐打闹类的活动。母亲更多的与孩子玩传统游戏（例如捉迷藏）和具有更多语言元素的游戏（Paquette，Carbonneau，& Dubeau，2003）。

父母用不同的方式和儿童玩游戏，这种差异甚至发生在美国少数以父亲为主要照料者的家庭中。这种差异存在于各种不同的文化中。在澳大利亚、以色列、印度、日本、墨西哥以及中非的阿卡俾格米部落，父亲和孩子玩耍的时间比照料孩子的时间更多。例如，阿卡俾格米部落的父亲会花在照料孩子的时间比其他已知文化中的成员多，他们搂抱孩子的时间大约是世界上其他地方父亲的 5 倍（Roopnarine，1992；Bronstein，1999；Hewlett & Lamb，2002）。不同的社会在养育孩子上既存在相似性，也存在差异性。这引出了一个重要的问题：文化是如何影响依恋的？

不同文化背景下的父母会采用不同的方式和孩子玩耍，这种差异甚至存在于一些以父亲为主要照料者的家庭中。基于这一观察，文化是如何影响依恋的？

婴儿的互动：发展一种工作关系

关于依恋的研究表明，婴儿会发展出多重依恋关系，并且随着时间的推移，婴儿主要的依恋对象可能会发生改变。这些依恋上的变化强调了一种事实，即关系的发展是一个不断持续的过程，不仅在婴儿期，而且贯穿我们的一生。

亲子互动

婴儿期关系发展的基础有哪些？我们可以从亲子互动的研究中找到答案。所有成人在遗传上的预先设置都是对婴儿敏感的。大脑扫描技术发现，婴儿的面部特征会在约 0.14 秒内激活成人大脑中的"梭状回"，从而引发成人的养育行为，触发成人与婴儿进行社会性互动（Kringelbach et al., 2008；Zebrowitz et al., 2009；Kassuba et al., 2011）。

研究表明，几乎所有文化中的母亲都以一种典型的方式和婴儿相处。她们倾向于做出夸张的面部表情和声音，这可以视作母亲跟婴儿说话时所使用的婴儿指向言语的非言语等同物（见第 6 章）。类似地，母亲经常模仿婴儿的行为，而且不断重复以回应独特的声音和动作。各地母亲和孩子玩的游戏也几乎一致，比如捉迷藏、拍手、唱童谣等游戏（Harrist & Waugh, 2002；Kochanska, 1997, 2002）。

根据**相互调节模型**（mutual regulation model），通过亲子互动，婴儿和父母学会彼此交流情绪状态，并做出适当的反应。例如，在拍手游戏中，婴儿和父母轮流做动作，此时，个体必须等待他人完成一个动作后自己才能开始下一个动作。因此，在 3 个月大的时候，婴儿和母亲对彼此行为的影响程度是相同的。有趣的是，虽然 6 个月大的婴儿对轮流行为会有更多的控制，但 9 个月大的婴儿和母亲对彼此的影响力大致相等（Tronick, 2003；Salley et al., 2016）。

‖ **发展多样性与你的生活** ‖

依恋是否具有跨文化的差异

约翰·鲍尔比对动物幼崽在寻求安全基地的生物学动机进行了观察，这类观察结果其依恋理论的基础。他认为，寻求依恋具有生物学的普遍性，我们不仅可以在非人类物种中找到普遍性，也可以在不同文化社会的人类中找到普遍性。

然而，研究显示，人类的依恋并不像鲍尔比所预测的那样具有跨文化一致性。某些依恋类型似乎更可能存在于特定文化的婴儿身上。例如，一项关于德国婴儿的研究显示，大多数婴儿被划分为回避依恋型婴儿。其他研究发现，相比于美国婴儿，以色列婴儿和日本婴儿的安全依恋型比例较小。在陌生情境中，中国儿童比加拿大儿童表现得更加拘谨（Grossmann et al., 1982；Takahashi, 1986；Chen et al., 1998；Rothbaum et al., 2000；Kieffer, 2012）。

这些研究结果是否意味着依恋不具有普遍的生物学倾向？并不必要。虽然鲍尔比关于"渴望依恋是普遍存在"的观点有些过于强烈，但大多数关于依恋的研究数据都是使用安斯沃斯陌生情境测验而获得的，这种测量方法可能并不完全适合于非西方文化社会的人群。例如，日本父母会避免与婴儿分离，而且他们并不刻意去培养像西方父母所要求的那种独立性。日本婴儿相对缺乏与父母分离的经验，因此当他们处于陌生情境时，会产生更多的应激反应，这使得日本婴儿中安全依恋型婴儿的比例较少。如果研究者使用不同的测量方式，在婴儿期后期进行测量，那么更多的日本婴儿可能会被划分为安全依恋型婴儿（Vereijken et al., 1997；Dennis, Cole, & Zahn-Waxler, 2002；Mesman et al., 2016）。

现在人们常认为，依恋容易受到文化规范和期望的影响。各种文化间的依恋差异以及某一文化内依恋的个体性差异反映了不同文化的期望，以及测量方式的不同。一些发

日本父母会避免与婴儿分离，他们并不刻意去培养婴儿的独立性。因此，根据陌生情境测验，日本婴儿中安全依恋型婴儿的比例较少。如果使用其他测量技术，那么他们的得分可能会有所提高。

展专家建议，尽管我们可以把依恋视为一种普遍的趋势，但是儿童对依恋的表达方式有所不同，这种不同取决于不同文化背景下的主要照料者对儿童灌输独立性观念的程度。安全依恋型儿童是在具有西方倾向的陌生情境测验中界定的。因此，在提倡独立性的文化社会中，儿童会更早地被界定为安全依恋型儿童；在独立性并不具有如此重要价值的文化社会中，儿童被界定为安全依恋型儿童的时间可能会有所延迟（Rothbaum et al.，2000；Rothbaum，Rosen，& Ujiie，2002；Hong et al.，2013）。

在婴儿和父母互动时，他们会通过面部表情向彼此传递信号。即便是很小的婴儿，也能读懂照料者的面部表情，并且能对这些表情做出反应。例如，在实验中母亲流露出僵硬不变的面部表情，婴儿便会自己发出多种声音，做出一些手势和面部表情来回应这个令人困惑的情境，试图引起母亲新的回应。当母亲看起来很高兴时，婴儿会表现得更加快乐，并且注视母亲的时间会更长。当母亲流露出不快乐的表情时，婴儿倾向于用悲伤的表情进行回应，并转过身去（Crockenberg & Leerkes，2003；Reissland & Shepherd，2006；Yato et al.，2008）。

从社会工作者的视角看问题

假设你是一个社会工作者，正在拜访一个寄养家庭。当时正是上午 11 点，你看到他们早餐的碗筷堆着没洗，书本和玩具散落一地。被寄养的儿童正在随着养母的拍子开心地敲打锅碗瓢盆，而放置婴儿高椅的厨房地板粘腻不堪。你会如何评价这个家庭？

总之，婴儿的依恋发展并不只是代表他们对周围人的行为的反应。事实上，存在一个**交互式社会化**（reciprocal socialization）的过程，在这个过程中，婴儿的行为使得父母和其他照料者做出回应，照料者的行为又会引发孩子的回应，然后这个过程不断循环下去。举个例子，请你回想上文中安妮的故事。当妈妈把安妮放进摇篮时，安妮便一直哭泣以便被再次抱起。父母和儿童的所有动作和回应加强了依恋关系，婴儿和照料者不断沟通彼此的需求，并相互做出回应，他们之间的情感联结得到了塑造和强化。图 7-4 总结了婴儿—照料者互动的序列（Kochanska & Aksan，2004；Spinrad & Stifter，2006）。

婴儿间的互动

尽管在生命的早期，婴儿还没有形成传统意义上的"友谊"，但他们的确对同伴的出现有着积极的反应，而且这是他们参与社会互动的最初形式。

婴儿的社会交往表现在很多方面。从生命最初的几个月开始，当他们看到同伴时，会发出声音，会微笑或大笑。他们对同伴的兴趣会多于没有生命的物体，对同伴的注意也会多于镜中的自我。相比不认识的同龄人，他们开始表现出对熟悉者的偏好。例如，对同卵双生子的研究显示，双胞胎婴儿对彼此表现出的社会性行为水平会高于对不熟悉的婴儿（Eid et al.，2003；Legerstee，2014）。

婴儿的社会交往水平一般随着年龄的增长而上升。9～12 个月大的婴儿会相互给予玩具，并接受对方的玩具，特别是在彼此认识的时候。他们也会玩一些社交游戏，例如捉迷藏。此类行为十分重要，因为它是未来社会交换的基础。在社会交换中，儿童将会试着引发他人的回应，然后再对这些回应做出反应。这些社会交换甚至会持续到成年期。例如，当有人说"你好，最近怎么样"时，可能他想要引出一个随后能够做出回答的反应（Endo，1992；Eckerman & Peterman，2001）。

随着婴儿年龄的增长，他们开始相互模仿。例如，彼此熟悉的 14 个月大的婴儿会相互模仿对方的行为。这样的模仿具有社交的功能，而且也能够成为一种有力的教学工具（Ray & Heyes，2011；Brownell，2016）。

安德鲁·梅尔佐夫（Andrew Meltzoff）是一位来自华盛顿大学的发展心理学家，他认为，婴儿会从其他婴儿身上学到很多东西，特别是所谓的"专家"婴儿。"专家"婴儿能够教给其他婴儿技巧和信息，这些从"专家"婴儿身上学到的信息也会被保持，并且

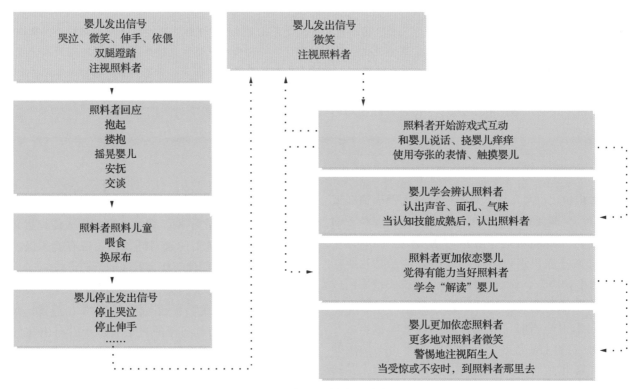

图 7-4　婴儿 – 照料者互动序列

照料者和婴儿的动作和回应以一种复杂的模式影响彼此。你认为，在成人 – 成人的互动中也会出现类似的模式吗？

资料来源：Adapted from Bell, S. M., & Ainsworth, M. D. S. (1972). Infant crying and maternal responsiveness. Child Development, 43, 1171-1190; Tomlinson-Keasey, C. (1985). Child development: Psychological, sociological, and biological factors. Homewood, IL: Dorsey.

在后来会被发挥到惊人的程度。通过接触进行学习，这在生命早期便已开始。近期的证据显示，7 周大的婴儿就能对早先看到的新异刺激（例如成人伸出舌头）进行延迟模仿（Meltzoff & Moore, 1999；Meltzoff, 2002；Meltzoff, Waismeyer, & Gopnik, 2012）。

一些发展学家认为，幼儿天生具有模仿的能力。为了支持这一观点，研究聚焦于与先天模仿能力相关的大脑中的一类神经元。镜像神经元是指那些"不仅会在个体做出特定动作时被激活，而且当个体观察其他个体做出相同动作时仍被激活"的神经元。例如，当你扔球时，大脑中一些特定的神经元就会被激活；当你看到别人扔球时，一些相同的神经元也会被激活，这些神经元就是镜像神经元（Falck-Ytter, 2006；Lepage & Théret, 2007）。脑功能研究显示，额下回在个体做出特定动作和看到其他个体做出相同动作时都会被激活。镜像神经元可能会帮助婴儿理解他人的行为，并且发展出心理理论。镜像神经元

的机能失调可能与涉及心理理论的发展障碍（例如孤独症，即一种涉及情绪和语言问题的心理障碍）有关（Martineau et al., 2008；Welsh et al., 2009；Yang et al., 2013）。

婴儿通过与他人接触学会新的行为和技能。一方面，婴儿间的互动不仅使其在社交上获益，也可能对其将来的认知发展有所影响。另一方面，婴儿可能会因参加儿童照护中心而获益。对处于儿童照护中心的婴儿而言，向同伴学习可能具有长远的益处。

婴儿间的差异

林肯的父母都认为，林肯是一个很难带的孩子。举个例子，林肯在晚上永远不能好好睡觉。只要有轻微的噪声，他便会大哭。从他的摇篮被放到临街窗户的位置开始，他出现了这个问题，直到现在他的问题都没有解决。更糟糕的是，一旦他开始哭泣，就不知

要到何年何月才能再次安静下来。有一天，他的母亲艾莎告诉婆婆玛丽，做林肯的母亲是一件多么有挑战的事。玛丽回忆起她的儿子（林肯的父亲马尔科姆）当年也有着同样的情况。"马尔科姆是我的第一个孩子，而当时我以为所有的孩子都是这样的，所以我不断尝试不同的方法，试图弄清楚究竟是怎么回事。我记得，他的摇篮被放到过家里的每个地方，直到我们找到能够让他睡着的地方。最后，他的摇篮被放在门厅里好长一段时间。后来，他的妹妹马丽雅出生了，她是如此安静，我都不知道多出来的时间可以做些什么！"

正如林肯家的故事一样，婴儿之间并非一样，家人之间也并不相同。接下来，我们将会看到，一些人与人之间的差异自人们出生的那一刻起便开始出现。婴儿间的差异既包括人格、气质方面的差异，也包括因家庭特点、被照料方式等而引起的生活差异。

人格发展：让婴儿变得独一无二的特征

人格（personality）是区分个体的持久性特征的总和，它源自婴儿期。婴儿一出生就开始展现出独特的、稳定的行为和特质，而这些行为和特质最终使得婴儿作为独特的个体进行发展（Caspi，2000；Kagan，2000；Shiner，Masten，& Robert，2003）。

根据心理学家埃里克森的人格发展理论（见第 1 章），婴儿的早期体验会影响其人格的塑造——他们可能信任他人，也可能不信任他人。

埃里克森的心理社会性发展理论（Erikson's theory of psychosocial development）考虑个体如何理解自己，以及理解他人和自身行为的意义（Erikson，1963）。埃里克森提出，发展的变化贯穿人一生中八个不同的阶段，而第一个阶段是在婴儿期。

根据埃里克森的观点，在生命最初的 18 个月里，我们经历了信任对不信任阶段（trust-versus-mistrust stage）。在这个阶段，婴儿发展出信任感或不信任感，这主要取决于照料者在多大程度上能够满足婴儿的各种需求。在前面提到的故事中，玛丽对马尔科姆的注意可能会帮助他发展出对世界的基本信任感。埃里克森提出，如果婴儿能够发展出信任感，那么他们便会产生希望感（对自我需求的满足抱有希望）。不信任感导致婴儿认为这个世界是残酷的、不友善的，而且

使得婴儿随后与他人形成情感联结时出现各种困难。

在婴儿期的最后阶段，儿童进入自主对羞愧怀疑阶段（autonomy - versus - shame - and - doubt stage）。在这个阶段（1.5 ～ 3 岁），如果父母在安全范围内鼓励孩子进行探索，并给予孩子一定的自由，那么孩子会发展出独立性和自主性；如果孩子受到限制或被过度保护，他们便会感到羞愧、自我怀疑和不快乐。

根据埃里克森的观点，当孩子处于 1.5 ～ 3 岁的阶段，如果父母在安全范围内鼓励孩子进行探索并给予孩子一定的自由，那么孩子就会发展出独立性和自主性。如果该阶段的孩子受到限制或被过度保护，埃里克森认为孩子会怎么样？

埃里克森认为，人格主要由婴儿的经验所塑造。然而，接下来我们将讨论，其他发展心理学家聚焦于婴儿出生时甚至婴儿出生之前行为的一致性，这些一致性被认为主要由遗传决定并提供了建构人格的原材料。

气质：婴儿行为中稳定的成分

莎拉的父母想：肯定是哪里出了问题！莎拉的哥哥乔希从婴儿期开始便一直很活泼，好像永远静不下来似的，而莎拉却不同，她要安静得多。她时常打盹，即便偶尔被激怒也很容易被安抚。是什么使得她如此平静？

最可能的答案是：莎拉和乔希之间的不同反映了二人的气质差异。气质（temperament）包含唤醒和情绪模式，是一致而持续的个体特征（Kochanska & Aksan，2004；Rothbart，2007，见第 3 章）。

气质是指儿童怎样做事，而不关涉他们做什么或为什么这么做。从出生开始，婴儿由于遗传因素的主要作用，便表现出一般倾向上的气质差异，而到了青

春期，气质仍然相当稳定。另外，气质并不是固定不变的，儿童养育实践能够显著地改变气质。事实上，一些儿童在不同年龄阶段并没有表现出气质的一致性（Rothbart & Derryberry，2002；Werner et al.，2007；de Lauzon-Guillain et al.，2012）。

气质反映在行为的多个维度上，其中一个核心维度是"活动水平"（activity level），它反映了总体运动的程度。有些婴儿（例如马丽雅和莎拉）的活动水平较低，性情比较温和，动作缓慢而悠闲。相反，另外一些婴儿（例如乔希）的活动水平就相当高，胳膊腿儿总是不停使劲地运动着。

气质的另一个重要维度是婴儿的心境，特别是儿童的"易激惹性"（irritability）。就像上文提到的林肯一样，有些婴儿很容易被打扰，也很容易哭泣，而其他婴儿则相对比较温和。易激惹的婴儿很容易大惊小怪，也很容易感到不安，一旦开始哭泣就很难被安抚。这种易激惹性相对稳定：出生时易激惹的孩子在 1 岁时仍然易激惹，甚至到 2 岁时他们仍然比出生时不易激惹的孩子更容易感到不安（Worobey & Bajda，1989）。气质的维度还表现在其他方面（见表 7-2）。

气质的生物学基础

最近人们从行为遗传学（见第 3 章）的框架中发展出关于气质的研究方法。人们认为，气质具有遗传性的特质，在儿童期以及一生中都相当稳定。这些特质被看作构成人格的核心，并对个体未来的发展起着重要作用（Sheese et al.，2009；Goodnight et al.，2016）。

举个例子，某种特质的生理反应特征是对新异刺激做出高水平的运动和肌肉反应活动。这种高反应性被称作"对新异刺激的抑制"（inhibition to unfamiliar），表现为害羞。"对不熟悉刺激的抑制"具有明确的生物学基础，任何新异刺激都会让人心跳加快、血压升高、瞳孔放大，并激活大脑边缘系统。例如，一个人在 2 岁时产生了"对新异刺激的抑制"，当他在成年后看到不熟悉的面孔时，其大脑内的杏仁核仍会有较强的反应。与"对新异刺激的抑制"相联系的害羞反应可能从儿童期一直持续到成年期（Arcus，2001；Schwartz et al.，2003；Propper & Moore，2006；Kagan et al.，2007；Anzman-Frasca et al.，2013b）。

婴儿期对不熟悉情境的高反应性与成年期抑郁和焦虑障碍的高易感性有关。此外，相比婴儿期反应性较低的人，在婴儿期反应性较高的人在成年后的前额皮层会发展得更厚。因为杏仁核（控制情绪反应）、海马体（控制恐惧反应）与前额皮层联系紧密，所以前额皮层的差异可以帮助解释抑郁和焦虑障碍的高发病率（Schwartz & Rauch，2004；Schwartz，2008）。

气质类别：容易型、困难型、慢热型

由于人们可以通过很多维度来考察气质，一些研究者就提出：是否有更广泛的类别可用于描述儿童全部的行为？亚历山大·托马斯（Alexander Thomas）和斯泰拉·切斯（Stella Chess）进行过一项大型的婴儿群体研究，即著名的"纽约纵向追踪研究"（*New York Longitudinal Study*）（Thomas & Chess，1980）。根据他们的研究，儿童可以被划分为如下类别。

表 7-2　气质的维度

维度	解释
活动水平	活动时间和不活动时间的比例
接近 – 退缩	对新的人或客体的反应，基于儿童是接受新环境还是退缩
适应性	儿童有多容易适应其所处环境的变化
心境的质量	友善、喜悦、愉快的行为和不友善、不高兴行为的对比
注意广度和持久性	儿童致力于某一活动的时间量和活动时分心事件的影响
注意分散	环境中刺激改变行为的程度
节律性（规律性）	饥饿、排泄、睡眠、觉醒等基本功能的规律性
反应的强度	儿童回应的能量水平或反应
反应的阈限	引发反应所需的刺激强度

资料来源：Thomas, Chess, & Birch（1968）.

- 容易型婴儿（easy babies）具有积极的性情。他们的身体功能运作得很有规律，并且具有很强的适应性。他们一般会对新情境表现出好奇心，而且他们的情绪处于中低强度状态。大约有 40% 的婴儿属于这个类别。
- 困难型婴儿（difficult babies）有更多消极的心境，而且适应新情境的速度较慢。当面临新情境时，他们倾向于退缩。大约有 10% 的婴儿属于这个类别。
- 慢热型婴儿（slow-to-warm babies）不太活跃，对环境表现出相对平静的反应。他们的心境普遍较为消极，在新情境中会退缩，适应缓慢。大约有 15% 的婴儿属于这个类别。

剩下 35% 的婴儿不能被一致地归类。这些婴儿表现出混合的气质特点。例如，他们虽然有相对快乐的心境，在面对新情境却有消极的反应；他们的气质特征并不固定。

气质是否重要

研究发现，气质是相对稳定的，而从这些研究中又产生一个问题：某种特定的气质是否有益？答案似乎是没有哪种气质类型总是好的或不好的。婴儿长期的适应依赖于他们特定的气质与所处环境的性质及要求的拟合度（goodness of fit）。例如，低活动水平和低激惹性的儿童可能在允许他们自由探索和自己决定行动的环境中表现很好。相反，高活动水平和高激惹性的儿童可能在有更多指导的情况下表现得最好，这些指导能够帮助他们以更恰当的方式消耗精力（Thomas & Chess, 1980；Strelau, 1998；Schoppe-Sullivan et al., 2007）。

研究发现，某些气质通常更具有适应性。例如，困难型婴儿通常比容易型婴儿更容易在学龄期表现出问题行为。然而，不是所有困难型婴儿都会出现问题。关键因素可能是父母对婴儿困难行为的反应方式。如果父母呈现出愤怒和不一致的反应来回应婴儿的困难行为，那么婴儿日后有可能会出现行为问题。如果父母更温暖、更一致地回应婴儿的困难行为，那么婴儿日后会更有可能避免出现行为问题（Pauli-Pott, Mertesacker, & Bade, 2003；Canals, Hernández-Martínez, & Fernández-Ballart, 2011；Salley, Miller, & Bell, 2013）。

此外，"婴儿的气质"和"婴儿对成人照料者的依恋"有微弱的相关性。例如，婴儿在表现非言语情绪的频率上有着很大的差异。有些个体是"扑克脸"，很少有面部表情，而有些个体的反应更容易被解读。那些更具表达性的婴儿能够为他人提供更容易辨别的线索，因此照料者更能轻松回应他们的需求，进而促进依恋的形成（Feldman & Rimé, 1991；Laible, Panfile, & Makariev, 2008；Sayal et al., 2014）。

文化差异对特定气质的结果有很大的影响。例如，西方文化下的困难型儿童，实际上在东非的马赛文化中可能占有优势。为什么呢？因为在东非的马赛文化中，母亲只在婴儿哭闹时才喂奶，所以易激惹的困难型婴儿可能比安静的容易型婴儿得到更多的营养。特别是在恶劣的环境下（比如干旱），困难型婴儿可能更占优势（deVries, 1984；Gaias, et al., 2012；Farkas & Vallotton, 2016）。

性别：为什么男孩穿蓝色，而女孩穿粉色

儿童出生后，人们常会说："是个男孩。""是个女孩。"从出生的那一刻起，男孩和女孩就受到不同的对待。他们的父母会以不同的方式通告孩子的诞生。他们穿着不同的衣服，包裹在不同颜色的毛毯里。他们得到的玩具也不相同（Coltrane & Adams, 1997；Serbin, Poulin-Dubois, & Colburne, 2001）。

父母与男孩和女孩玩耍的方式不同。从孩子出生开始，父亲倾向与儿子进行更多的互动，而母亲和女儿有更多的互动。父亲多与男婴进行身体性的、追逐打闹类的活动，而母亲多与女婴进行捉迷藏等传统游戏（Laflamme, Pomerleau, & Malcuit, 2002；Clearfield & Nelson, 2006；Parke, 2007）。

成人对男孩和女孩行为的解释是不同的。例如，研究者给成人展示一段视频，视频中婴儿的名字要么叫"乔治"，要么叫"玛丽"，尽管是同一个婴儿做同样的事情，但成人觉得"乔治"是爱冒险的、好奇的，而"玛丽"是易恐惧的、易焦虑的（Condry & Condry, 1976）。显然，成人是通过性别的透镜来看待儿童的行为。（心理）性别（gender）是指我们作为男性或者女性的意识。"（心理）性别"和"（生理）性别"相似但不完全相同。"（生理）性别"指的是解剖学上的性和性行为，"（心理）性别"指的是男性或女性的社会知觉。所有的文化都制定了男性和女性的"性别角色"，但性别角色在不同文化间存在很大的差异。

性别差异

尽管大多数人同意男孩和女孩出于性别的不同而经历了不同的生活，但对于性别差异的范围和原因存在较大的争议。有些性别差异从出生开始就十分明显。例如与女孩相比，男孩更加活跃和急躁，男孩的睡眠更容易被打乱。尽管男孩女孩在哭泣的总体次数上不存在差异，但男孩扮鬼脸的次数更多。有些证据表明，新生儿中男孩比女孩更容易被激惹（Eaton & Enns，1986；Guinsburg et al.，2000；Losonczy-Marshall，2008）。

不过，男婴和女婴之间的差异一般是比较小的。事实上，就像"乔治"和"玛丽"录像研究所显示的那样，在大多数情况下，男婴和女婴看起来是非常相似的。此外，我们必须要记住的是：男孩和男孩之间、女孩和女孩之间的个体差异要比男孩和女孩之间的性别差异大得多（Crawford & Unger，2004）。

性别角色

随着年龄的增长，性别差异日益明显，而且逐渐受到性别角色的影响。例如，1岁前的孩子就能够辨别男性和女性。此时女孩喜欢玩洋娃娃和毛绒玩具，男孩喜欢玩积木和卡车。当然，在父母和其他成人为孩子提供玩具时，就已经替孩子做了决定（Cherney, Kelly-Vance, & Glover，2003；Alexander, Wilcox, & Woods，2009）。

儿童对于某些特定种类玩具的偏好受到父母的强化。一般而言，相比女孩的父母，男孩的父母更关心他们孩子的选择。当男孩玩社会公认的男性化玩具时，他的行为会得到更多的强化，而且这种强化会随着年龄的增长而不断增加。女孩玩卡车不会像男孩玩洋娃娃那么引人注意。相比于女孩玩男性化玩具时受到的阻力，男孩玩女性化玩具时受到的阻力要大得多（Schmalz & Kerstetter，2006；Hill & Flom，2007）。

当男孩玩女性化玩具时，父母会感到担忧。当女孩玩男性化玩具时，父母不会那么担忧。

到2岁的时候，男孩比女孩表现出更多的独立性和更少的服从性。这类行为可以追溯到父母对孩子行为的早期反应。例如，当孩子迈出第一步时，父母倾向于根据孩子的性别做出不同的反应：男孩被鼓励走得更远和探索世界，而女孩被父母抱起。因此，到2岁时女孩可能会表现出较少的独立性和较多的顺从性（Poulin-Dubois, Serbin, & Eichstedt，2002；Laemmle，2013）。

然而，社会的鼓励和强化机制并不能完全解释男孩和女孩之间的行为差异。例如，我们将在第10章讨论一项研究，该研究考察了在怀孕（怀的是女孩）时误服含雄性激素类药物的母亲，女孩在出生前就处于高雄性激素水平，后来这些女孩更有可能去玩男性化玩具（比如汽车），而不太可能去玩女性化玩具（比如洋娃娃）。产生这种现象的原因可能是：暴露在雄性激素中使得这些女孩的大脑发育受到影响，从而导致她们喜好男性化玩具（Mealey，2000；Servin et al.，2003）。

总之，婴儿期男孩和女孩之间的行为差异将会持续贯穿儿童期，甚至在儿童期之后仍然继续。尽管性别差异有许多复杂的原因，代表了与生理相关的先天因素和环境因素的综合作用，但它们在婴儿的社会性和情绪发展中发挥了非常深远的作用。

21世纪的家庭生活

20世纪50年代的电视节目常会用一种今天看起来老式而离奇的方式描绘家庭世界：父母结婚多年，而他们的孩子在生活上很少遇到大问题。这样的家庭生活即便是在20世纪50年代也是过于理想、不切实际的。到了21世纪的今天，上述情形仅代表了美国一小部分的家庭生活。下面是美国家庭生活的一些情况。

- 随着双亲家庭数量的减少，单亲家庭的数量在最近30年来急剧增加。0～17岁的孩子与双亲共同生活的比例从1980年的77%下降到2013年的64%；大约25%的孩子只和母亲生活在一起，4%的孩子只和父亲生活在一起，4%的孩子没有跟父母中的任何一方生活在一起（Childstats.gov，2013）。
- 家庭成员的平均数量在减少，家庭规模在缩小。

在 1970 年每个家庭平均有 3.1 个人，而在 2013 年每个家庭平均有 2.5 个人。没有跟家人生活（没有跟任何亲戚一起生活）的人数超过 4 100 万人（U. S. Bureau of the Census，2013）。

- 虽然近 10 年来青少年生育的人数显著地下降了，但在 2013 年，15 ～ 17 岁的美国青少年女性的生育数量仍然达到 96 000 人（Childstats.gov，2013）。
- 在美国，57% 婴儿的母亲都在外工作（Childstats.gov，2013）。
- 在美国，2011 年 45% 的孩子（0 ～ 18 岁）生活在低收入家庭，相比 2006 年的 40% 有所上涨。近 2/3 的非裔和西班牙裔美国儿童生活在低收入家庭（National Center for Children in Poverty，2013）。

这些数据最起码表明了许多婴儿正生活在存在大量应激源的环境中。这些压力使得养育孩子变得异常困难——即便在最好的环境中，养育孩子也绝非易事。社会正在变化，以适应 21 世纪家庭生活的新面貌。如今，存在很多社会支持（机构）来帮助父母照料儿童。一个例子是，帮助在职父母照料儿童的照护机构正在逐渐增加，接下来我们就讨论这一内容。

从社会工作者的视角看问题

社会工作者在为寄养儿童寻找好家庭时，应该评估寄养父母的哪些方面？

婴儿照护如何影响儿童随后的发展

一位家长说："因为我在家工作，所以我决定在白天将女儿送到儿童照护中心（从 2 岁开始，直到女儿上幼儿园）。然而，每次我送她去的时候她看起来都很难过，我一直感到深深地愧疚。我伤害到她的情绪了吗？我是否剥夺了对她来说必不可少的东西？她会因为我的自私而受到伤害吗？"

像这样的问题，父母每天都会问自己。对许多父母而言，由于经济、家庭或职业要求，他们需要在一天中的某些时间里将孩子交由他人看管，因此儿童照护如何影响后来的发展是一个十分紧迫的问题。事实上，在 4 个月到 3 岁的儿童中，大约 2/3 不是由父母照护的。总体而言，超过 80% 的婴儿在出生后的第一年不是由母亲照护的（见图 7-5）。这些婴儿中的大多数在不到 4 个月大时便开始接受每周 30 个小时的家庭外照护（NICHD，2006a；Zmiri et al.，2001）。这样的安排对孩子日后的发展有怎样的影响？

大多数证据显示，高质量的家庭外儿童照护在许多方面跟家庭照护只有微小的差异，前者甚至更可能

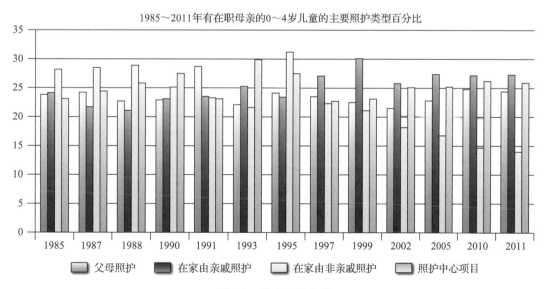

图 7-5　谁在照护儿童

照护儿童的人在儿童不同年龄中有很大差异。

资料来源：U.S. Census Bureau (2011).

促进儿童某些方面的发展。研究发现，曾接受过高质量儿童照护和只由父母养育的儿童在亲子依恋关系强度和本质上几乎没有差异（NICHD Early Child Care Research Network，2001b；Vandell et al.，2005；Sosinsky & Kim，2013；Ruzek et al.，2014）。

除了有直接益处，家庭外儿童照护还有一些间接益处，比如有机会接触大量的同伴。例如，来自低收入家庭或单身母亲家庭的儿童可能会得益于儿童看护中心的教育和社会经历，从而获得与较高收入家庭的父母照护同样的益处（Love et al.，2003；NICHD Early Child Care Research Network，2003b；Dearing，McCartney，& Taylor，2009）。

此外，相比于没有参加开端计划（Head Start）的贫困儿童，参加开端计划的儿童会更好地解决问题，更能关注他人，更有效地使用语言。他们的父母，也参加了开端计划，也会从中获益。这些参与开端计划的父母和孩子说话的时间更多，而且更少打孩子。此外，接受了良好的、有回应的照护的儿童更可能与其他儿童玩得好（Maccoby & Lewis，2003；Loeb et al.，2004；Fuhs & Day，2011）。

一些关于参与家庭外儿童照护的发现却显得并不如此乐观。当儿童被放置在低质量的儿童照护中心，或者他们母亲的敏感性或反应性相对较差时，他们就可能感到不安。此外，儿童如果每天在家庭外照护中心待的时间较长，则其独立工作的能力和时间管理技能也会更差（Vandell et al.，2005）。

最新的一项关注学龄前儿童的研究发现，那些每天接受 10 小时或更长时间集体照护并持续 1 年或更长时间的儿童，在班级中受到干扰的可能性会增加，而且这种效应会持续到 6 年级。虽然儿童的主动干扰行为增加得并不显著，每年接受儿童照护中心在标准化问题行为测试的分数上高出 1% 但结果相当可靠（Belsky et al.，2007）。

研究发现，当儿童参与集体照护时，其效果既不全是积极的，也不全是消极的。很清楚的一点是，儿童照护的质量非常关键。我们需要更多的研究去考察谁应该使用儿童照护以及社会不同阶层的成员应如何使用它，以便全面理解儿童照护的效果（NICHD Early Child Care Research Network，2005；de Schipper et al.，2006；Belsky，2006，2009）。

明智运用儿童发展心理学

选择正确的儿童照护中心

一项关于婴儿照护项目效果的研究清晰地表明，只有高品质的照护，才能使得婴儿在同伴学习、社交技巧、自主性发展等方面获益。然而，高质量和低质量的儿童照护有何区别呢？美国心理学会建议父母在选择项目时应考虑以下问题（Committee on Children，Youth and Families，1994；Love et al.，2003；de Schipper et al.，2006）。

- 儿童照护中心是否有足够多的照护者？成人与婴儿最佳的比例是 1:3（1 个成人照看 3 个婴儿），不过 1:4 的比例也可以接受。
- 每组的婴儿数量是否便于管理？即便有很多照护者，每组中的婴儿也不要超过 8 个。
- 儿童照护中心是否符合政府的所有规定，是否具有营业执照？
- 提供照护的人员是否喜欢他们的工作？他们工作的动机是什么？对他们而言，照护婴儿是临时工作，还是长期的职业？他们是否经验丰富？他们是乐于工作，还是仅仅为了糊口？
- 照护人员每天都做些什么事情？他们是否会花时间与儿童一同游戏、沟通，并且悉心照顾儿童？他们是不是打心眼里对儿童很感兴趣，而不把照护儿童当成的工作环节？儿童照护中心的电视机是否一直开着？
- 这里的儿童是否安全和干净？这里的环境是否能够保证儿童可以安全地进行活动？各项设备是否运转良好？照护人员本身的清洁卫生是否到达最高标准？照护者在给儿童更换尿片后是否洗手？
- 照护者在照护儿童方面接受过怎样的培训？他们是否具备关于儿童发展的基本知识，是否了解正常儿童的发展过程，是否能够敏锐地察觉异常发展的征兆？
- 这里的氛围是否欢乐祥和？儿童照护中心不只是一个提供放置儿童服务的场所。当婴儿来到这里时，这就是婴儿的整个世界。因此，你必须确保这里会给予孩子尊重和个性化的照顾。

案例研究

不同气质的例子

阿尔玛和路易莎既是邻居也是朋友。因为她们都在家工作，所以她们会经常一起喝咖啡，聊聊新闻，交流想法。后来，她们在几周之内先后有了孩子，于是养育孩子就成为她们交流的一个话题。她们不仅交流养育孩子的观点（阿尔玛是一个严格的家长，而路易莎不太约束孩子），还开始交换照看孩子的时间，让一个人同时带两个孩子，另一个人就可以做自己的事情。

阿尔玛认为，路易莎的儿子特奥多罗是一个非常平和安静的男孩，与她的女儿梅利莎完全不同。梅利莎会在整个房子里到处爬，无休止地试着爬到椅子和桌子上，对手机、厨房抽屉和关闭的门有无穷的好奇心，而特奥多罗会躺在地板上，或者坐在桌子旁，用蜡笔在纸上画好几个小时。当天气变暖，孩子们可以到室外玩耍时，阿尔玛不得不每时每刻盯着梅利莎，而对于特奥多罗，无论阿尔玛把他放在哪里（沙盘、门廊或是苹果树下），她再找他的时候，他都还会待在那里。

阿尔玛有些沮丧，她很羡慕随和的路易莎。路易莎如何在没有教训和控制的情况下培养出这么乖巧的孩子？

阿尔玛鼓起勇气告诉了路易莎自己的感受。"你是

怎么做到的？我希望我也可以让梅利莎像特奥多罗一样安静。你的秘诀是什么？"路易莎听后盯着她看。"这真好笑，"她说，"我正要问你，你是怎么让梅利莎这么活泼和富有好奇心的。我真的很想让特奥多罗展示出梅利莎的那种能量和活力。"

1. 梅利莎的高活动水平中有多少是来自遗传，有多少是来自环境？

2. 严格的阿尔玛有一个活泼的孩子，不约束孩子的路易莎有个安静的孩子，这令人惊讶吗？孩子可能表现得与家长真实的性情相反吗？

3. 假设两位母亲都又有了一个孩子。这个孩子有多大可能重复第一个孩子的行为模式？阿尔玛的第二个孩子可能会更安静，而路易莎的第二个孩子可能会更活泼吗？

4. 关于两位母亲将自己孩子的性格和其他孩子的性格做比较的倾向你有怎样的建议呢？当孩子上学后有更多孩子可以进行比较时又会有什么变化呢？

5. 如果两个孩子继续一起玩的话，你认为他们会进行社会性参照吗？你认为，两个孩子的性格会开始影响对方的行为吗？

‖ 本章小结

婴儿成长为社会性个体的道路漫长而曲折。在本章中，我们看到婴儿在很早的时候便能够利用社会性参照来解读情绪，并最终发展出"心理理论"。我们讨论了婴儿展现出的依恋模式会产生怎样深远的影响（例如影响到婴儿长大后所形成的父母类型）。除了考察埃里克森的心理社会性发展理论，我们还讨论了婴儿气质以及性别差异的原因和本质。最后，我们讨论人们对婴儿照护方式的选择。

在本章导言中，仙黛尔有 10 个月大，当她的妈妈把她留在邻居家时，她哭了 2 个小时。根据这个故事，请你回答以下问题。

1. 你认为仙黛尔具有陌生人焦虑、分离焦虑，还是两者都有？你将如何向她的妈妈解释，这种现象预示着孩子正朝积极的方面发展进步？

2. "仙黛尔对自我意识的缺失"在多大程度上与"母亲离开而造成的焦虑"有关？

3. 仙黛尔的泪水和涨红的脸是否表明她正在经历真实的沮丧和悲痛？请解释你的想法。

4. 请运用仙黛尔同龄孩子的社会性参照方面的知识，向仙黛尔的妈妈提出建议，帮助仙黛尔更容易接受邻居的照护。

‖ 本章回顾

1. 婴儿体验和解码情绪的方式

- 婴儿表现出不同的面部表情，反映了基本的情绪状

态，这具有跨文化的一致性。

- 大多数研究人员认为，婴儿出生时会产生一系列情

绪表达，随着年龄的增长，他们会不断增加和修改情绪表达，并学会控制这些情绪表达。

- 在 6 周到 18 个月之间，婴儿的微笑（从几乎无意义的表达到社交微笑）变得越来越有针对性和控制性。
- 在生命的早期，婴儿就发展出非言语解读能力：根据其他人的面部表情及声音表达判断他人的情绪状态。

2. 婴儿如何发展出关于"他们是谁"的意识。

- 婴儿大约在出生后第 12 个月开始发展出自我意识。
- 在 18 ～ 24 个月时，婴儿发展出关于自己身体特征和能力水平的意识，而且知道他们的表现是稳定不变的。

3. 婴儿如何利用他人的情绪来解释社会情境

- 通过社会性参照，8 ～ 9 个月大的婴儿可以利用他人的表情判断模糊情境，并习得适当的反应。

4. 婴儿的心理世界

- 在很早的时候，婴儿开始发展出心理理论：关于自我和他人如何思考的知识和信念。
- 到 2 岁时，儿童开始表现出共情，即对于他人感受的一种情绪反应。

5. 婴儿的陌生人焦虑与分离焦虑的原因。

- 在 1 岁末的时候，婴儿通常会发展出陌生人焦虑，对不熟悉的人产生警觉，出现分离焦虑，在熟悉的照料者离开时表现出痛苦。
- 陌生人焦虑和分离焦虑都是婴儿社会性发展的重要方面，反映了婴儿认知的进步以及婴儿和照护者之间不断增进的联系。

6. 婴儿的依恋

- 依恋是指在婴儿与一个或多个重要他人之间形成的强烈的、正性的情感联结，它是使得个体发展出社会关系的关键因素。

7. 依恋如何影响个体未来的社会能力

- 婴儿的依恋类型有四种：安全依恋型、回避依恋型、矛盾依恋型、混乱依恋型，每个婴儿都表现出其中一种类型。研究表明，婴儿依恋类型与其成年后的社会性和情绪能力有关。

8. 父母在婴儿依恋发展中的作用

- "对婴儿的需求、愿望和感受非常敏感，并可以适当地回应婴儿"的母亲最有可能培养出安全依恋型婴儿。
- 如果父亲在育儿方面起到更多作用，那么婴儿也会对父亲形成同母亲一样的依恋。事实上，一些婴儿会与父亲形成最基本的初步依恋关系。
- 尽管婴儿完全有能力对母亲和父亲或者其他人形成依恋，但婴儿和母亲之间以及婴儿和父亲之间的依恋性质是不一样的。例如，当他们处于应激环境时，大多数婴儿更愿意被母亲（而不是父亲）抚慰。

9. 其他人在婴儿社会性发展中的作用

- 母亲与婴儿的互动对婴儿的社会性发展至关重要。能有效地回应婴儿社会交往需求的母亲能够帮助儿童形成安全依恋。
- 通过交互式社会化过程，婴儿与主要照料者相互作用、相互影响，从而进一步增强了彼此之间的关系。
- 从生命中最早的几个月开始，婴儿在看到同伴时会笑和发出声音。
- 婴儿对同伴的兴趣会多于对没有生命的物体，对同伴的注意也会多于对镜中的自我。

10. 婴儿如何发展出独特的人格

- 人格是指区分个体的持久性特征的总和，它源自婴儿期。
- 埃里克森的理论指出，婴儿的早期经验会影响其人格的塑造。

11. 婴儿的气质并解释它们的起源

- 气质包含唤醒和情绪模式，是一致而持续的个体特质。它反映在行为的关键和稳定的维度上，包括活动水平和易激惹性。
- 气质具有遗传性的特质，在儿童期以及一生中都相当稳定。
- 气质差异是划分容易型婴儿、困难型婴儿、慢热型婴儿的基础。
- 没有哪种气质类型总是好的或不好的。婴儿长期的适应依赖于他们特定的气质与所处环境的拟合优度。"婴儿的气质"和"婴儿对成人照料者的依恋"有微弱的相关性。

12. 性别分化的原因和导致的结果

- 在环境因素的影响下，随着婴儿年龄的增长，性别差异变得更加明显。父母的期望和行为加剧了孩子的性别差异。
- 性别分化导致性别角色、儿童的实际行为和偏好以及社会期望的差异。

13. "家庭"一词的定义在近些年的变化

- 自 20 世纪中叶以来，家庭发生了变化，所谓的"核心家庭"开始衰落。
- 从那时起，单亲家庭的数量增加，家庭成员的平均数量减少，家庭规模缩小，母亲越来越多地外出工作，青少年生育数上升，更多有孩子的家庭被列为低收入家庭。

14. 非父母照护对婴儿的影响

- 通过社会手段改变家庭自然状态，高质量的儿童照护有利于儿童的社会性发展，促进社会互动和合作。

学习目标

1. 描述学龄前儿童的身体所经历的变化。
2. 总结学龄前儿童的大脑如何变化。
3. 解释大脑发育怎样影响认知和感觉发展。
4. 描述学龄前儿童的睡眠模式。
5. 概括学龄前儿童的营养需要，解释造成肥胖的原因。
6. 识别学龄前儿童面临的疾病。
7. 解释为什么意外伤害对学龄前儿童的健康构成主要威胁。
8. 解释儿童虐待的类型和成因。
9. 列出具有较高心理弹性的儿童特质。
10. 解释粗大运动技能和精细运动技能在学龄前期的发展。
11. 识别"儿童何时接受如厕训练"的决定因素。
12. 解释学龄前儿童的利手和艺术表达是如何发展的。

第8章

学龄前期的生理发展

导言：在幼儿园的抑郁

马西娅是伊利诺伊州林肯市的一位学前教师，她说："像其他所有教师一样，我对孩子可能遇到的问题都保持警惕。大卫是一个乖巧的 4 岁孩子，很讨人喜欢。当其他小孩哭泣时，他也能与他们共情。当他的父母提出他们的担忧时，我仔细观察了大卫。"

"我发现大卫好像不是一个爱玩的孩子——从不跑来跑去，从不玩滑梯，从不荡秋千。当我问他时，他告诉我'这些东西都不好玩，它们很无趣'。有一次他把一块乐高积木砸向墙壁，当我走过去时，他觉得自己不擅长玩乐高（永远不会擅长玩这个），他自己就不应该玩乐高。"

"我开始注意到，大卫很容易把学习挫折转化为个人的内疚感。例如，在圆圈时间（circle time）中，在他完全掌握星期的读法之前，他从不尝试说'星期几'。实际上，他从不试着做任何事，无论是背字母表或是从 1 数到 10。直到他确信自己完全掌握这些技巧前，他都不会尝试。当我注意到大卫常会突然发呆时，我会开始想大卫不仅容易分心，而且常被一些事情所困扰。"

"我和主管谈过，并且我们也和大卫的父母见了面。他们决定带他去找一位儿童心理学家，这位专家最终诊断大卫患上了儿童抑郁症。"

预览

几年前还很难支撑自己头部的幼儿，在进入学龄前期时就已经能够随意运动了——跑、跳，搭积木。这些运动的发展给父母带来了挑战，他们必须更加机警，以防止孩子受伤。

在学龄前期，儿童虽然掌握了跳和爬等能力，但还面临着一些新的问题。例如，心理复杂性可以使得大卫在尝试搭积木的同时，对自己的努力感到不足，并向老师表达自己的羞愧感。

学龄前期是儿童生命中的重要阶段。从某种意义上说，学龄前期是一个准备阶段：为儿童正式教育的开始进行准备，而在正式教育阶段，社会便开始将其智力成果传递给下一代。

我们不应机械地看待学龄前期。3～6岁这一阶段不只是人生的一个"小站"，不只是等待着更加重要的阶段开始的过渡期。相反，学龄前期是一个生理、智力和社会性高速发展和变化的阶段。

首先，我们会聚焦于学龄前儿童的生理变化，探讨这一阶段发育的本质，包括身高、体重的快速发展以及大脑及其神经回路的发展变化。我们还会介绍一些关于不同性别的、不同文化的大脑运作方式的有趣发现。

其次，我们将聚焦于学龄前儿童的健康状况。在探讨学龄前儿童的营养需求之后，我们将介绍他们所要面临的疾病和受伤风险。同时，我们也注意到某些儿童所面临的更加严酷的经历：儿童虐待和心理虐待。

最后，我们将探讨精细运动和粗大运动的发展，考察学龄前期精细运动和粗大运动的重要变化，以及这些变化能够帮助儿童达成什么成就。我们也注意到左利手、右利手的影响，同时也将探讨学龄前儿童的艺术能力是如何发展的。

生理发展

那天，库什曼山幼儿园迎来了漫长冬日后的第一个好天气。玛丽班上的孩子们开心地脱下冬衣，在室外玩耍。杰茜与杰曼在玩抓人游戏，萨拉和莫利在玩滑梯，克雷格和玛尔塔追逐嬉戏，杰西和伯恩斯坦笑呵呵地玩着蛙跳游戏。弗吉尼亚和奥利坐在跷跷板的两端，使劲儿地压着，这使他俩都处于被撞击的危险之中。艾瑞克、吉姆、斯科特和保罗在操场上畅快地赛跑。

这些现在如此活跃、行动利落的孩子，几年前却连爬和走都不会。当我们审视他们在身高、体形和能力方面发生的改变时，就会发现他们经历了怎样的发展。

发育的身体

出生2年之后，一个普通的美国儿童体重为25～30磅（11.34～13.61千克），身高接近36英寸（91.44厘米）——差不多是普通成年人身高的一半。在学龄前期，儿童生长速度稳定。6岁时，儿童平均体重为46磅（约20.87千克），平均身高为46英寸（116.84厘米）（见图8-1）。

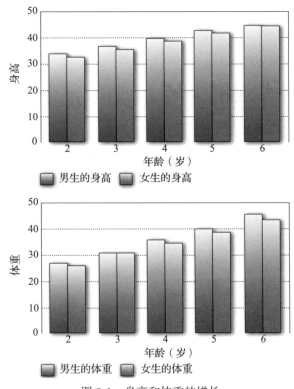

图8-1　身高和体重的增长

身高和体重的稳步增长是学龄前儿童的标志。图中展示的是各个年龄男女身高、体重的中位数，即各有50%儿童的身高或体重分布在其两侧。

资料来源：National Center for Health Statistics, 2000.

身高与体重的个体差异

身高和体重的平均水平掩盖了巨大的个体差异。例如，有 10% 的 6 岁儿童体重在 55 磅（约 24.95 千克）及以上，也有 10% 的儿童体重在 36 磅（约 16.33 千克）及以下。同时，在学龄前期，男女身高、体重的平均差异会随着年龄的增长而愈加明显。尽管 2 岁时，这种差异相对较小，但在学龄前期，平均而言，男孩开始变得比女孩更高、更重。

全球经济会对孩子的平均身高和体重产生影响。发达国家与发展中国家的儿童在身高和体重方面存在显著的差异，因为发达国家的儿童能够摄取更多的营养，得到更好的照料。例如，瑞典 4 岁儿童的平均身高与孟加拉国的 6 岁儿童的差不多（Leathers & Foster，2004；Chakravarty & Pati，2013；Mendoza et al.，2017）。

同样，儿童身高、体重的差异反映了美国国内经济水平的差异。例如，相比于来自富裕家庭的儿童，那些来自贫困家庭的儿童身材矮小的可能性更大（Barrett & Frank，1987；Ogden et al.，2002）。

从保健工作者的视角看问题

如果一个婴儿出生于发展中国家，而后被发达国家的人抚养，那么遗传因素和环境因素将如何共同影响儿童的生理发展呢？

体形和身体结构的变化

如果将 2 岁和 6 岁的儿童加以比较，我们就会发现他们不仅在身高和体重方面发生变化，而且身体形态也有所不同。在学龄前期，儿童变得更加纤瘦，他们的婴儿肥开始消退，不再是一副肉嘟嘟的样子。他们的四肢更加纤长，头身比例更接近于成年人。事实上，当儿童 6 岁时，他们身体的各部分比例就非常接近于成年人了。

在学龄前期，我们所观察到的儿童在身高、体重和外表上的变化不过是冰山一角，他们身体内部也经历着生理变化。他们肌肉的尺寸增大，骨骼也变得更加坚实，这些都使儿童变得更加强壮。同时，他们的感觉器官不断发展。例如，耳咽管（将声音从外耳传到内耳的结构）位置的改变有时会导致学龄前期耳痛的频率增加。

发育的大脑

大脑的发展速度要快于身体的其他部分。营养均衡的 2 岁儿童的脑容量和脑重达到成年人的 75%。5 岁时，儿童的脑重达到成年人的 90%。与此形成鲜明对比的是，5 岁儿童的平均体重仅相当于成年人体重的 30%（Nihart，1993；Housem，2007）。

发展因素

为什么大脑发展得如此之快？一方面，细胞间彼此的连接增多（见第 5 章）。这些连接能够使神经元完成更加复杂的交流，从而为认知功能的快速发展提供可能——这些我们将在下一章探讨。另一方面，髓鞘的数量增加，不仅加快了电刺激在脑细胞间的传导速度，也增加了脑重。大脑的快速发展不仅为认知功能的增加提供可能，也为复杂的精细运动和粗大运动的发展奠定了基础（Dalton & Bergenn，2007；Klingberg & Betteridge，2013；Dean et al.，2014）。

在学龄前期末期，大脑某些部分会经历尤为重要的变化。例如，胼胝体（corpus callosum，大脑两半球之间的神经纤维束）变得更厚，增加了 8 亿条单根纤维，这些纤维能够协调两半球的脑功能。

营养不良的儿童的大脑发展出现延迟。例如，相比于一般儿童，严重营养不良的儿童的髓鞘数量更少（Hazin，Alves，& Rodtigues Falbo，2007）。

大脑功能侧化

在学龄前期，大脑的两个半球表现出更多的差异性和专门化。功能侧化（lateralization），即某些特定功能更多分布在大脑某一半球的现象，在学龄前期变得更加显著。

对于大多数人来说，左半球主要涉及与语言相关的能力，例如言语、阅读、思维以及推理。右半球也发展出自身的优势，尤其是在非语言领域，例如空间关系的理解、图案与图片的再认、音乐以及情绪的表达（Pollak，Holt，& Wismer Fries，2004；Watling & Bourne，2007；Dundas，Plaut & Behrmann，2013；见图 8-2）。

大脑两个半球的信息加工方式开始有些许不同。左半球趋向于序列加工，每次只分析一条信息，而右半球则趋向于整体加工，将信息看作一个整体进行分析（Ansaldo，Arguin，& Roch-Locours，2002；Holowka & Petitto，2002；Barber et al.，2012）。

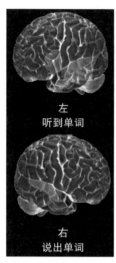

图 8-2　大脑活动

正电子发射型计算机断层（PET）扫描结果显示，大脑左右半球的活动随任务的不同而不同。教育者应如何将这个发现应用于教学之中？

尽管大脑两个半球存在一定程度的专门化，但它们在很多方面协同工作，相互依存，这时两者之间的差异是次要的。甚至对于某些特定的任务，二者之间的专门化并不是绝对的。事实上，任一半球都能完成另一半球绝大多数的任务。例如，右半球也能进行一些语言加工，在语言理解中起到重要作用（Hall, Neal, & Dean, 2008；Rowland & Nobel, 2011；Hodgson, Hirst, & Hudson, 2016）。

大脑具有很强的可塑性。如果擅长处理某种类型信息的大脑半球遭到损坏，另一半球能够进行弥补。例如，某个儿童的左脑（言语加工专门化）受损后，虽然在开始时他会失去言语的能力，但通常这种语言缺陷并不是永久的。在这种情况下，右脑会介入，并且可以基本上补偿左半球的损伤（Kolb & Gibb, 2006；Elkana et al., 2011）。

大脑的功能侧化存在个体差异。例如，10% 的左利手或双利手（能够灵活使用双手），其言语中心在右脑或没有言语中心（Isaacs et al., 2006；Szaflarski et al., 2012；Porac, 2016）。更有趣的是，功能侧化还存在性别差异和文化差异。

‖ 发展多样性与你的生活 ‖

性别和文化是否与脑结构有关

在大脑半球专门化的所有发现中，与性别、文化有关的研究颇具争议。例如，从出生第一年开始一直到学龄前期，男孩和女孩会表现出某些大脑半球上的差异，这些差异与低级身体反射和听觉信息的加工有关。男孩的言语发展更趋向于左半球专门化，而女孩更趋于左右半球间的平衡，这种差异可以帮我们解释"为什么在学龄前期女孩言语发展速度要显著高于男孩"（Grattan et al., 1992；Bourne & Todd, 2004；Huster, Westerhausen, & Herrmann, 2011），这些我们将在下一章具体介绍。

心理学家西蒙·巴伦－科恩（Simon Baron-Cohen）认为，男女大脑的差异可能有助于解释孤独症谱系障碍的谜题。孤独症谱系障碍是一类发展障碍，会导致语言缺陷，以及与他人交往困难。巴伦－科恩声称，那些孤独症谱系障碍患儿（男性较多）具有他称之为"极端男性化的大脑"。一方面，这种大脑有助于个体系统化地梳理世界。另一方面，这种大脑会让人难以理解他人的情绪，也难以与他人产生共情。对于巴伦－科恩来说，那些拥有极端男性化大脑的个体，具有正常男性大脑的相关特性，而这些特性的过度表达使他们表现出孤独症谱系障碍（Stauder, Cornet, & Pinds, 2011；Auyeung & Baron-Cohen, 2012；Lau et al., 2013）。

尽管巴伦－科恩的理论充满争议，但可以明确的是，功能侧化确实存在性别差异。不过，我们仍不清楚这种差异的程度和产生差异的原因。一种解释是基因造成了这种差异，认为男女大脑在先天设置上就存在细微的差异。有研究数据支持这一观点——男女大脑存在微小的结构差异。例如，女性胼胝体的某一部分要比男性的大。同时，对其他物种（例如灵长类动物、仓鼠）的研究发现，其脑的大小与结构均存在性别差异（Matsumoto, 1999；Király et al., 2016）。

在我们接受"基因导致大脑的性别差异"这一观点之前，我们应该考虑另一个同样看似合理的观点：之所以女孩比男孩更早地出现语言能力，可能是因为女孩比男孩受到更多的鼓励来学习语言技能。例如，即使是在婴儿期，人们也更多地对女孩说话，这种高水平的言语刺激可能会导致女孩大脑特定区域的发展，但男孩却没有出现这种情况。因此，可能是环境因素，而不是遗传因素导致了大脑功能侧化的性别差异（Beal，1994；Rosenberg，2013）。

个体的文化背景与大脑的功能侧化有关吗？某些研究证明了这种猜想：个体的文化背景与大脑的功能侧化有关。例如，以日语为母语的人基本上使用左脑来加工元音。与此形成鲜明对比的是，美洲人、欧洲人以及具有日本血统但不以日语为母语的日本人，基本上使用右脑加工元音。

这种元音加工的文化差异可用日语的属性加以解释。日语的与众不同在于可以只用元音来表述复杂的概念。在较小的年龄学习和使用日语，可使大脑发展出特殊的功能侧化（Tsunoda，1985；Hiser & Kobayashi，2003）。

这种推测性的解释不能排除基因差异对功能侧化带来的可能影响。我们再一次发现，梳理遗传和环境的相互影响是一项具有挑战性的工作。

大脑的发育与认知、感觉发展的联系

神经学家刚开始了解大脑发育是如何影响认知和感觉发展的。

认知发展

在儿童期的某些时期，个体的大脑会快速发育，认知能力也得到相应的高速发展。有研究测量了大脑电活动的毕生发展，发现 1.5 ～ 2 岁个体的大脑电活动异常活跃，也正是在这一时期，其语言能力迅速提高。在认知发展迅猛的年龄阶段，也是大脑电活动的活跃期（Mabbott et al.，2006；Westemann et al.，2007；见图 8-3）。

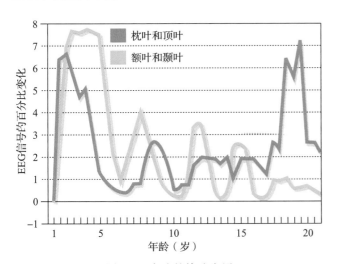

图 8-3　大脑的快速发展

研究表明，不同时期大脑电活动与认知能力的发展有关。1.5 ～ 2 岁个体的大脑电活动异常活跃，也正是在这一时期，其语言能力迅速提高。

资料来源：Fischer & Rose，1995.

其他研究显示，髓鞘（myelin）是指神经元外保护性绝缘体。髓鞘数量的增加，可能与学龄前儿童认知能力的发展有关。例如，网状结构（与注意和专注有关的脑区）的髓鞘化，在儿童 5 岁左右完成。儿童入学前注意广度的增加可能与髓鞘化有关。学龄前期记忆的发展也可能与髓鞘化有关。在学龄前期，海马体（与记忆相关的脑区）完成了髓鞘化（Rolls，2000）。

我们并不清楚是大脑发育造成了认知发展，还是认知发展促进了大脑发育。然而，我们可以肯定的是，随着对大脑生理方面了解的增多，我们会越来越清楚大脑发育与认知发展之间的关系，最终会对父母和教师产生重大影响。

感觉的发展

学龄前期大脑的发育为感觉的发展提供了可能，例如促使学龄前儿童更好地控制眼动与视觉聚焦。然而，学龄前儿童的视觉发展并非十全十美，仍需在以后的阶段继续强化。当人们要求学龄前儿童阅读小写字母时，学龄前儿童难以简明而精确地扫描一组组的小写字母。学龄前儿童在阅读时，通常会注意首字母，靠猜测来感知其他字母，因而经常产生错误。直到 6 岁左右，儿童才能够对小写字母进行有效的聚焦和扫描。即使在此时，他们仍未达到成年人的水平（Wollows，Kruk，& Corcus，1993）。

学龄前儿童对多成分组合体的视觉加工方式不断发生转变。例如，当感知一只"蔬菜水果鸟"（见图 8-4）时，学龄前儿童并不像成年人一样把它看作一只鸟，而是关注组成它的各个部分（"胡萝卜""樱桃""梨")。直到儿童期中期（大约七八岁），他们才开始从整体和部分两个层次来看这只"蔬菜水果鸟"。

图 8-4　感觉的发展

当学龄前儿童感知这只"蔬菜水果鸟"时，他们会关注组成它的各个成分。直到儿童期中期，他们才能从整体和部分两个层次来看这只"蔬菜水果鸟"。

资料来源：Elkind（1978）。

学龄前儿童对物体的判断可能反映了他们在感知图画时的眼动方式（Zaporozhets，1965）。在观察二维物体方面，儿童在三四岁时主要观察内部细节而忽略物体的外表，在四五岁时更多地关注物体的外表。在六七岁时能系统地观察物体的外表，对内部细节的浏览更少，从而对物体有了更为全面的了解。

当然，视觉并不是学龄前期唯一发展的感觉。听觉（例如，听觉灵敏度）也得到了发展。因为听觉在学龄前期的早期已经得到充分发展，所以并不像视觉发展那么明显。

有些学龄前儿童的听觉灵敏度有待提高，当他们同时听见多种声音时，可能很难将某一特定的声音提取出来（Moores & Meadow-Orlans，1990）。这就可以解释为什么当有些学龄前儿童处在像教室这样的团体情境中，会容易因其他声音而分心。

睡眠

有些活跃的学龄前儿童，无论他们多累，都很难从白天的兴奋中解脱出来，进入睡眠状态。这可能使照护者与学龄前儿童在睡觉时间上产生摩擦。儿童抗拒被告知应该睡觉，并且往往需要花些时间才能入睡。

尽管大多数儿童很容易入睡，但对于某些儿童而言，这却是个大问题。多达 20% ～ 30% 的儿童会有超过 1 个小时还难以入睡的经历。另外，他们会在夜晚醒来，并叫醒父母寻求安慰。拥有稳定的睡觉时间，并且减少睡前的媒体接触，可以帮助儿童减轻睡眠障碍（Morgenthaler et al.，2006）。

一旦学龄前儿童去睡觉，大部分学龄前儿童都能睡得很安稳。10% ～ 50% 的 3 ～ 5 岁儿童会做噩梦。在这些孩子中，相比于女孩，男孩做噩梦的频率更高。噩梦（nightmare）是指那些生动的负性梦境，通常在临近清晨的时候发生。偶尔的噩梦不用大惊小怪，但若儿童频繁做噩梦，并引起白天的焦虑时，就可能意味着儿童身心出现了问题（Pagel，2000；Zisenwine et al.，2013；Floress et al.，2016）。

夜惊（night terrors）会让儿童产生强烈的生理觉醒，并能使他们在极度恐惧中惊醒。在经历了夜惊之后，儿童很难平静。他们无法解释为什么如此惊恐，也无法回忆出噩梦。在第二天早上，他们并不记得有这样一件事。仅有 1% ～ 5% 的儿童经历过夜惊，其发生的频率远远小于噩梦（Bootzin et al.，1993）。

健康

妮科尔担心她 3 岁的儿子卡尔没有摄入足够的食物。她说："卡尔之前会把自己盘子里的所有东西都吃掉，现在他却几乎不动这些食物。我很担心他不能健康成长。"她也担心，他们关于吃饭问题的争论会影响母子关系。她说："如果我能确定他已经获得了足够的营养，我就能放松一些。然而，我不相信有谁可以仅靠这么点食物就能生存下来。"

从研究到实践

学龄前儿童会注意到成年人忽视的东西

你可能跟大多数人一样看过经典电影《绿野仙踪》（The Wizard of OZ）。然而无论你看过多少次电影，和大多数人一样，你可能从未注意过电影中一系列的错误，例如桃乐茜忽长忽短的头发。同样，如果你需要在两幅相似的图中找出五个不同之处，你就能够发现从视觉刺激中找到不同点是多么困难的一件事情。这种难以在视觉刺激中发现不同的现象被称为"变化盲视（change blindness）"（Bergmann et al.，2016）。

变化盲视看起来像是未能正确注意刺激。实际上，它更像是注意成功的结果。之所以成年人不能很好地注意视野范围内的变化，通常是因为他们的注意力集中在任务相关的特征上。简而言之，成年人非常善于忽略不重要的信息。这是随着年龄的增长而逐渐发展起来的一项技能，年少的儿童尚不具备操控这种注意过滤的认知能力（Posner & Rothbart，2007）。这就引出一个问题：儿童是不是更不容易受到变化盲视的影响？

为了回答上述问题，研究者进行了变化探测任务的研究。他们向 4～5 岁的儿童和大学生展示一系列图片，图片中有两个物体，其线条轮廓的颜色分别是红色和绿色，二者相重合。例如，一个红色的五角星可能画在一个绿色爱心的上面。在每个试次中，第一张图片会出现 1 秒，接着被遮掩 0.5 秒，然后第二张图片会出现 1 秒，被试被要求判断两张图片是否一致。在前五个试次中，红色线条总是发生变化，这是为了帮助被试将注意力集中在红色物体上。在接下去的试次中，有时候是红色线条发生变化，有时是绿色线条发生变化，有时两者都不发生变化（Plebanek & Sloutsky，in press）。

成年人在判断注意力集中的目标（红色线条）时，表现超过了 4～5 岁的儿童。然而，当非注意力集中目标（绿色线条）变化时，儿童的表现超过了成年人。成年人被线索引导，因而只关注红色线条，过滤掉了绿色线条；儿童将他们的注意力平均分配在两种线条上，使得他们能够注意到成年人忽视的东西。

正如研究者提出的那样，儿童对变化盲视逐渐降低的敏感性可能是一件好事情。这意味着他们保持开放的态度，注意并探索更广阔的信息，而不是忽略那些潜在的重要学习机会。通过提高探索能力，儿童有缺陷的注意集中能力在他们的认知发展过程中扮演了重要的角色（Deng & Sloutsky，2015；Plebanek & Sloutsky，in press）。

- 学前班的老师如何将本项研究结果应用到教室实践中？
- 儿童对变化盲视逐渐降低的敏感性对他们而言有什么好处，又有哪些坏处呢？

营养：吃对东西

学龄前期个体的生长速度要慢于婴儿期，因此儿童只要摄取较少的食物就能维持正常的生长。在学龄前期，儿童食量的改变非常明显，以至于他们的父母有时会担心他们吃得不够。如果食物搭配合理、营养均衡，那么儿童会非常善于将食量维持在一个适当的水平。事实上，因担心儿童吃不饱而鼓励他们吃太多的东西，超过他们自身的需求，可能会导致他们的食量超过正常水平。

有些儿童的食量过大，会导致超重，即身体质量指数（body mass index，BMI）在同年龄、同性别的儿童中处于第 85 百分位数和第 95 百分位数之间。如果身体质量指数更高，则被认为是肥胖（obesity），即身体质量指数处于同年龄、同性别儿童的第 95 百分位数及以上的区间。从 20 世纪八九十年代开始，学龄前期后期儿童肥胖者的数量显著增加。然而，2014 年的一项研究表明，在过去 10 年儿童肥胖发生率在不断下降，从接近 14% 到刚超过 8%，这是儿童健康的一项重要进步（Robertson et al.，2012；Tavernise，2014；Ogden et al.，2016）。

在保持良好用餐氛围的同时，父母怎样保证他们的孩子获取足够的营养？在大多数情况下，最好的方法是确保种类丰富的食物（低脂肪、高营养）。那些含铁量高的食物非常重要。引起慢性疲劳的缺铁性贫血，是美国儿童常见的营养问题。含铁量高的食物包括深绿色蔬菜（例如西兰花）、全谷类（例如玉米）以及某些肉类（例如瘦牛肉）。儿童需要避免摄入含钠量高的食物，以及多摄入低脂肪食物（Grant et al.，2007；Akhtar-Danesh et al.，2011；Jalonick，2011）。

为学龄前儿童提供多种食物以保证充足的营养。

因为学龄前儿童和成年人一样，并非所有的食物对他们都有足够的吸引力，所以，我们应该给予儿童足够的机会去形成自己的自然偏好。只要他们的饮食结构总体均衡，没有某种食物是必不可缺的。给儿童呈现各种各样的食物，并鼓励他们尝一尝新的食物，这是一种压力较小的拓宽儿童饮食的好方法（Busick et al.，2008；Struempler et al.，2014）。

一些儿童对于他们将会摄入的食物类型发展出强烈的仪式和惯例。他们可能只吃以特定方式烹饪、以特定方式摆盘的食物。对成年人而言，这些行为可能预示着心理疾病。然而，对儿童来说，这属于正常行为。几乎所有的学龄前儿童最终都会脱离这类行为的限制（Evans et al.，1997）。

学龄前儿童的疾病

对普通的美国儿童来说，因感冒而流鼻涕是最普遍、最严重的学龄前健康问题。事实上，在学龄前期，大多数的美国儿童是非常健康的。健康的主要威胁并不是疾病，而是意外导致的伤害。

小病

一般来说，3～5岁的学龄前儿童每年患有7～10次感冒以及其他轻微的呼吸系统疾病。尽管像流鼻涕、咳嗽等生病症状会让儿童相当烦恼，但好在这些不适并不严重，疾病本身也仅仅持续几天（Kalb，1997）。

事实上，这些小病可能会带来某些意想不到的好处：不仅能够帮助儿童提升免疫力以应对未来更加严重的疾病，而且还会产生某些情绪上的好处。一些研究者发现，小病能够帮助儿童更好地认识自己的身体，也教会他们如何更有效地应对未来更严重的疾病。除此之外，小病还可以帮助他们更好地理解其他生病的人。这种将自己置于他人立场的能力，被称作共情能力，它能使儿童更有同理心（Natarom，Gelman，& Zimmerman，2002；Raman & Winer，2002；Willians & Binnie，2002）。

重大疾病

学龄前期不总是健康的。在发明儿童疫苗和常规免疫之前，学龄前期是一段危险时期。即使是今天，在世界上的许多地方以及美国的一些欠发达地区，学龄前期仍然是危险的（Ripple & Zigler，2003）。

为什么经济实力强大的美国并没有为儿童提供理想的健康照顾呢？文化在其中起到了主要的作用。美国的文化传统认为，儿童照料完全是父母的责任，而不是政府或其他个体的责任。这就意味着，社会经济因素会阻碍某些儿童获取良好的健康照顾，那些低收入的少数民族的儿童，承受着糟糕的照护（见图8-5）。

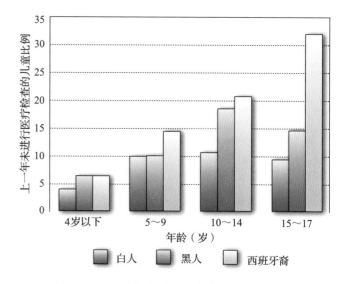

图 8-5 2007 年未进行医疗检查的儿童比例

在每个年龄组中，对于 2007 年没有进行医疗检查的儿童，非裔和西班牙裔美国儿童要多于白人儿童。从社会工作者的角度来看，我们应该怎样帮助少数民族的儿童有更多的机会接受健康服务？

资料来源：Health Recourse and Services Administration，2008.

在其他文化中，养育儿童被看作一种共担的、集体的责任。除非美国在健康方面给予儿童更多的优先权，否则在有效照料儿童方面，美国将继续落在后面（Ren，Pritzker，& Leung，2016）。

最频繁侵袭学龄前儿童的重大疾病是癌症，尤其是白血病。白血病会引起骨髓产生过量的白细胞，诱发严重的贫血甚至死亡。尽管在 20 年前，被诊断出白血病与死亡无异，在今天却完全不同。凭借先进的诊疗技术，超过 70% 的白血病患儿会痊愈（Ford & Martinez-Ramirez，2006；Brown er al.，2008；Krull & Brinkman，2013）。

另外，艾滋病（也称获得性免疫缺陷综合征）患儿要面对许多困难。例如，即使在日常接触中并没有被传染的危险，旁人还是会排斥艾滋病患儿。他们的父母可能患有艾滋病（儿童染上艾滋病主要源自母亲产前患有艾滋病），经常会因为父亲或母亲去世而造成家庭瓦解。目前，我们可以借助药物减少 HIV 母婴传播，艾滋病患儿的数量已经在减少（Plowfield，2007）。

对住院治疗的反应

对于那些必须住院治疗的学龄前儿童，住院经历是痛苦的。2 ～ 4 岁儿童最常见的反应是焦虑，这主要是与父母分离造成的。年龄稍长的学龄前儿童可能会沮丧，因为在某种程度上，他们将住院经历解释为被家庭遗弃。他们的焦虑可能会发展成为新的恐惧，例如对黑暗或医院员工的恐惧（Taylor，1991）。

医际处理儿童焦虑的一种方法是，允许他们和父亲或母亲长时间地待在一起，在某些情况下，甚至会允许父母在儿童房间里的简易床上过夜。然而，并不只有父亲或母亲才能缓解儿童的焦虑，"代理妈妈"（比如护士或其他能够支持和照顾儿童的看护者）也能缓解儿童的焦虑。除此之外，让年长的儿童有机会参与决定如何照料他们他们自己，这也可以减缓他们的焦虑（Branstetter，1969；Runeson，Martenson，& Enskar，2007）。

心理疾病

生理疾病只是学龄前期的一个小问题，而使用药物治疗心理疾病（例如抑郁症）的儿童越来越多。例如，在美国，现在大约有 4% 的学龄前儿童受到抑郁的影响，并且诊断率也在明显增加。一些学龄前儿童还面临其他问题，例如恐惧症、焦虑和行为问题。另外，儿童使用抗抑郁药和兴奋剂等药物的情况也有显著增长（Bufferd et al.，2012；Muller，2013；Black，Jukes & Willoughby，2017；见图 8-6）。

人们尚且无法明确是什么导致了对儿童心理疾病的诊断和治疗的增长。实际上，有专家认为，儿童心理疾病被过度诊断了，实际上某些行为只是正常发展的行为模式。在一些情况下，父母和老师为了给学龄前儿童的行为问题找到快速的修补方法而使用药物。事实上，这些行为问题也许只是一些普通问题（Zito et al.，2000；Colino，2002；Zito，2002；Mitchell et al.，2008）。

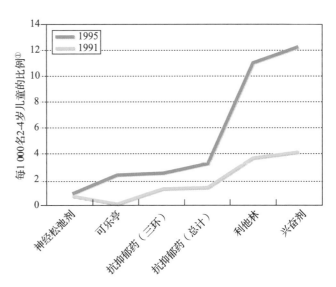

图 8-6　学龄前儿童因行为问题而用药的数量
尽管无法明确为什么使用兴奋剂和抗抑郁药的学龄前儿童数量在增加，但有专家认为，这源于父母和老师想要给学龄前儿童的行为问题找到快速的修补方法。事实上，这些行为问题也许只是成长中的一些普通问题。教育工作者应该如何确定儿童行为问题的程度？

①参与了医疗补助计划的美国中西部儿童
资料来源：Based on Zito et al.（2000）.

受伤：安全玩耍

学龄前儿童面临的最大危险既不是疾病也不是营养问题，而是意外。在 10 岁之前，儿童受伤致死的概率是疾病致死的 2 倍。事实上，在美国每年有 1/3 的儿童受伤并需要接受治疗。在全球范围内，每 30 秒就有 1 个儿童死于本可以避免的伤害（Field & Behrman，2003；National Safety Council，2013）。

学龄前儿童之所以容易受伤，在一定程度上是因为大量的身体活动。3 岁儿童可能会爬上不稳的椅子去抓东西，4 岁儿童可能喜欢抓住矮树枝荡秋千。正是这类高水平的躯体活动，再加上学龄前儿童缺乏判断、富有好奇心，导致他们容易发生意外事故（MacInnes & Stone，2008）。

相比于小心谨慎的儿童，那些冒险倾向强的儿童更容易受伤。男孩比女孩更加活跃、更愿意冒险，因此也更容易受伤。儿童发生意外的概率存在文化差异，可能因为对于如何管理儿童，不同的文化有着不同的规则。被父母严格管教的美国亚裔儿童，是儿童发生意外概率较低的文化群体。经济因素也会对其产生影响。城区中那些贫困儿童，其生活环境中包含了更多的危险因素，这使得他们受伤致死的概率是家庭富裕儿童的 2 倍（Morrongiello & Hogg，2004；Morrongiello，Klemencic，& Corbett，2008；Steinbach et al.，2016）。

学龄前儿童所面临的危险多种多样。跌倒、烧伤、溺水都会造成伤害。车祸在学龄前儿童伤害中占了很大的比例。另外，学龄前儿童可能因接触有毒物质（例如有些家用清洁剂）而受伤。

铅中毒风险

家长和老师需要了解学龄前儿童可能遭受的长期危害，例如铅中毒（Morrongiello，Corbett，& Bellissimo，2008；Morrongiello et al.，2009；Sengoelge et al.，2014）。根据美国疾病控制与预防中心的数据，大约有 1 400 万的儿童因接触铅而面临铅中毒的风险。尽管美国法律对油漆和汽油的铅含量有严格规定，但在涂漆的墙面和窗框（特别是老房子）仍含有铅，在陶瓷、铅焊管、尾气、灰尘甚至水中也含有铅（Fiedler，2012；Dozor & Amler，2013；Herendeen & MacDonald，2014）。

如果儿童饮用水含有铅，即使只是很少的含量，那么也会造成儿童永久性的健康和发展问题。这一点在密歇根州弗林特市的悲剧案例中表现得很明显。从 2014 年开始，铅泄露进供水管道中，弗林特市的城市供水因此被污染。居民不得不一直使用桶装水，直到情况得到改善（Goodnough & Atkinson，2016）。

因为即使微量的铅也足以对儿童造成永久性伤害，美国卫生和公众服务部（U.S. Department of Health and Human Services）将铅中毒列为对 6 岁以下儿童最大的威胁。同铅接触与较低的智商、语言和听力障碍、多动和注意力分散均有关联。高浓度的铅接触和学龄儿童高水平的反社会行为（包括攻击行为和违法行为）有关（见图 8-7）。暴露在更高浓度的铅中引起的铅中毒会导致疾病甚至死亡（Brown，2008；Zhang et al.，2013；Earl et al.，2016）。

相比富裕家庭的儿童，贫困儿童更容易铅中毒，并且其铅中毒的后果更加严重。贫困儿童更容易住在含有铅涂料的房子里，或住在邻近空气污染严重、交通繁忙的城区。同时，贫困家庭的稳定性较差，难以提供持续的智力刺激，而这种智力刺激可抵消由中毒引起的某些认知问题（Dilworth-Bart & Moore，2006；

Polivka，2006）。

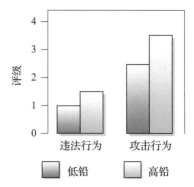

图 8-7 铅中毒的后果

高浓度的铅接触和学龄儿童高水平的反社会行为（包括攻击行为和违法行为）有关。社会工作者与保健工作者在预防儿童铅中毒中应起到什么作用？

资料来源：Needleman et al.，(1996).

减少危险

尽管我们不能完全消除危险物质（例如铅）、意外事故等危险因子对儿童的伤害，但可以采取措施减少危险。我们可以把毒素、药物、家用清洁剂以及其他潜在危险因子从房中移出去或锁起来。当父母开车或骑车带着孩子出去时，可以将孩子固定在车座上。儿童在浅水中短时间内就可能发生溺水，因此当儿童在浴缸中时必须有人照顾。成年人应该尽早告诉儿童基本的安全规则。成年人应关注"伤害控制"而不是"阻止意外"，因为意外随时都有可能发生，也不是任何人的过错（Schwebel & Gaines，2007）。

儿童虐待与心理虐待：家庭生活残忍的一面

统计数字是如此的令人沮丧：在美国，每天有五名儿童死于虐待和忽视，每年有 14 万人受到伤害。儿童虐待（child abuse）包括躯体虐待、心理虐待与忽视。美国有超过 300 万的受虐儿童。虐待的形式不同，既有躯体虐待也有心理虐待（Herrenkohl & Sousa，2008；Child Welfare Information Gateway，2016；见图 8-8）。

躯体虐待

儿童虐待可能发生在任何家庭，与父母的经济和社会地位无关，但生活在压力之中的家庭发生儿童虐待的频率更高。贫困、单亲以及高于平均水平的夫妻冲突都会形成这种压力环境。相比于亲生父子，继父更容易对继子施虐。当夫妻间存在暴力史时，更有可能发生虐待儿童事件（Osofsky，2003；Evans，2004；Herrenkohl et al.，2008；Ezzo & Young，2012）。表 8-1 列举了一些虐待儿童的警示信号。

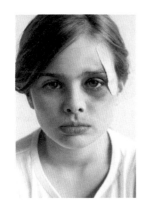

美国每年的受虐儿童超过 300 万名。

受虐儿童更有可能变得挑剔、不服管教，并难以适应新环境。他们出现更多的头痛和腹痛情况，更容易尿床，整体上更焦虑，并有可能会出现延迟发展的现象（Haugaard，2000；Pandey，2011；Carmody et al.，2014）。

当你思考受虐儿童的特质时，请记住，并不是那些高危儿童自己的过错才导致受虐，而是那些虐待者的问题。研究结果只是说明具有某些特点的儿童更容易成为家庭暴力的受害者。

为什么会发生躯体虐待？大多数的父母当然不是故意伤害自己的孩子。事实上，大多数虐待儿童的父母后来均对自己的行为感到迷惘和后悔。

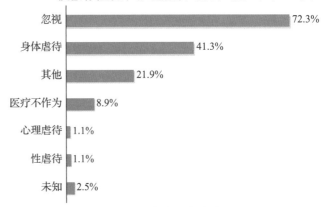

图 8-8 各类儿童虐待

尽管忽视是出现频率最高的虐待形式，但其他形式的虐待也很常见。儿童照料者、教育工作者、保健工作者、社会工作者怎样在儿童虐待变得更严重之前及早发现呢？

资料来源：Child Welfare Information Gateway, 2014.

虐待儿童的一个原因是躯体惩罚与躯体虐待之间的界限模糊。"打屁股"和"殴打"的划分并不明确。因生气而打屁股很容易就会发展成虐待。

另一个导致高虐待率的原因是西方文化中儿童教养的隐私性。在许多其他文化中，教养儿童被看作多个个体甚至是整个社会的共同责任。在西方文化，尤其是美国文化中，儿童在私密的、独立的家庭之中被教养。因为照料儿童被看作父母的单独的责任，所以当父亲或母亲的耐心经受考验的时候，并没有其他人能够提供帮助（Chaffin，2006；Elliott & Urquiza，2006）。

有时，父母对特定年龄儿童的安静与服从能力有

表 8-1 虐待儿童的警示信号

虐待儿童是典型的秘密犯罪，因此鉴定虐待的受害者十分困难。仍有一些警示信号可以表明儿童是暴力的受害者

- 没有合理解释的、明显且严重的伤口
- 咬、窒息的痕迹
- 烟头或热水烫伤的痕迹
- 过度警惕，好像随时准备应对坏事的发生
- 害怕成年人或看护者
- 突然的、无法解释的行为变化
- 天气温暖时不合理的着装（长袖、长裤、高领衣服），可能是为了掩盖脖子、胳膊和腿上的伤痕
- 极端行为（高攻击性、极端被动、极端孤僻）
- 害怕躯体接触

如果你怀疑一名儿童正在受到虐待，你有责任做出行动：报警，或者联系社区服务部门。记住，采取果断的行动，你很可能会拯救一名儿童的生命

资料来源：Child Welfare Information Gateway, 2013.

着不切实际的高期望，儿童没能达到这种不切实际的期望导致了虐待（Peterson，1994）。

从社会工作者的视角看问题

如果社会对家庭隐私的强调会导致儿童虐待的流行，那么你认为针对家庭隐私应该制定什么样的社会政策？为什么？

很多时候，那些施虐者也曾是受虐儿童。根据暴力循环假设（cycle-violence hypothesis），那些童年时遭受过虐待和忽视的儿童更可能成为虐待和忽视自己孩子的成年人（Widom，2000；Heyman & Slep，2002）。

根据暴力循环假设，受虐儿童从他们的童年经历中认识到，暴力是一种合理的、可以接受的纪律形式。暴力可能会代代相传，因为在虐待、暴力的家庭中，每一代都学会了虐待（却没有学会处理问题的技巧，不懂得如何在没有躯体暴力的情况下解决问题并贯彻纪律）（Blumenthal，2000；Craig & Sprang，2007；Ehrensaft et al.，2015）。

幼时的受虐经历并不一定导致个体虐待自己的子女。事实上，数据显示大约 1/3 的受虐儿童长大后会虐待他们自己的子女，大约 2/3 的受虐儿童并不会变成施虐者。很明显，童年时的受虐经历并不足以解释成年人对儿童的虐待（Ethier, Couture, & Lacharite, 2004；Noll, Reader, & Bensman, 2017）。

心理虐待

儿童可能会遭受更加不易察觉的虐待。心理虐待（psychological maltreatment）表现在父母或其他看护者损害儿童的行为、认知、情绪或躯体功能。它既可以是外显行为，也可以是忽视（Higgins & McCabe，2003；Arias，2004；Garbarino，2013）。

施虐的父母可能会吓唬、轻视、羞辱、恐吓、骚扰他们的孩子。儿童可能会产生无助感或挫败感，或者他们会一直认为自己是父母的负担。父母可能会告诉孩子，他们希望自己从来没有孩子或从没把孩子生下来。父母可能会威胁说，要把孩子遗弃或者杀死。在其他一些情况中，年龄稍长的儿童可能会遭到剥削，他们可能被强迫着去工作，并把工作所得交给父母。

在心理虐待的其他案例中，虐待以忽视的形式表现出来。儿童忽视（child neglect）是指父母忽略儿童，或对儿童没有情感上的回应。在这种情况下，儿童可能会被赋予不现实的责任，或不得不自己照顾自己。

没人能够确定每年会发生多少心理虐待，因为人们还没有将心理虐待的数据从其他形式的虐待中分离出来。大多数的虐待发生在家中。心理虐待不会造成躯体伤害（例如擦伤、骨折），医生、教师与其他监管机构很难发现蛛丝马迹。因此，可能还有许多心理虐待没有被发现。但可以肯定的是，像不照顾、不监管儿童这类的忽视行为是最常见的心理虐待（Hewitt，1997）。

心理虐待有什么后果？有些儿童心理弹性好，能够从虐待的阴影中走出来，成为心理健康的成年人。然而，不幸的是，许多虐待对儿童造成了长久的伤害。例如，心理虐待与低自尊、撒谎、不良行为以及低学业成就有关，在一些极端的情况下，甚至会导致儿童出现攻击行为和犯罪行为。在一些案例中，那些遭受过心理虐待的儿童变得抑郁，甚至出现自杀行为（Koeing, Cicchetti, & Rogosch, 2004；Allen，2008；Tarber et al.，2016）。

与躯体虐待一样，心理虐待会造成众多不良后果的原因之一是，虐待使受害者的大脑发生永久的改变（见图 8-9）。例如，受虐儿童长大后的杏仁核和海马体体积会缩小。因虐待而产生的恐惧和害怕也会造成大脑永久性的改变，因为对边缘系统（负责记忆与情绪调节）进行了过度的刺激，会导致成年期的反社会行为（Rick & Douglas, 2007；Twardosz & Lutzker，2009；Thielen et al.，2016）。

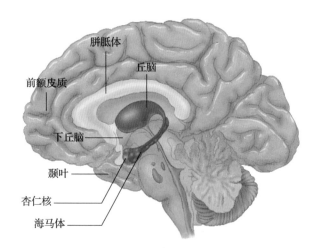

图 8-9　虐待改变大脑

由杏仁核与海马体组成的边缘系统，会因童年期的虐待而产生永久性的改变。

资料来源：Scientific American, 2002, p.71.

心理弹性：克服逆境

对许多孩子来说，儿童期是一段艰难的时光。根据联合国儿童基金会报告的结果，超过 10 亿的儿童（占全球儿童人口数的 50%）因战争、艾滋病或者贫困而经历极度的剥夺。超过 6.4 亿儿童生活在仍是泥地板的房子里或过于拥挤的环境中。每天有近 3 万儿童死于可以避免的疾病。200 万儿童（大部分是女孩）被卷入商业活动（United Nations Children's Fund，2004）。

并非所有的孩子都会对生活的逆境低头。事实上，考虑到他们所面对的困境，有些儿童处理得出乎意料得好。是什么让这些孩子能够克服那些可能对其他人造成终身阴影的压力和创伤？

这可能得益于一种被心理学家称作为心理弹性的心理品质。心理弹性（resilience）是克服易致使心理和躯体受损的高风险环境的能力，帮助个体应对极端贫困、产前应激、家庭暴力或其他形式的社会紊乱等不利情况。在某些案例中，一些因素似乎能降低或消除儿童对可能产生深远负面影响的艰难环境的反应（Trickett，Kurtz，& Pizzigati，2004；Bonanno & Mancini，2007；Monahan，Beeber & Harden，2012）。

根据发展心理学家埃米·沃纳（Emmy Werner）的观点，具备较强心理弹性的儿童更倾向于激发各类养育者的积极反应。他们充满感情、随和、温柔，在任何环境中都能引发养育者的关怀。因此，在某种意义上，心理弹性水平高的儿童能够通过激发别人做出某些行为，从而创造自身发展所需的有利环境（Werner & Smith，2002；Martinez-Torteya et al.，2009；Newland，2014）。

年长儿童的心理弹性与相同的特质相关。具有较高水平的心理弹性的学龄儿童性格外向，并且拥有良好的沟通技能。他们相对聪明和独立，能够掌握自己的命运而不是依赖于他人或运气（Curtis & Cichetti，2003；Kim & Cicchetti，2003；Mathiesen & Prior，2006）。

我们应该如何帮助那些面临一系列发展威胁的儿童？除了降低暴露于危险环境中的概率，我们还应该教会他们处理问题的方法，提高他们处理问题的能力。事实上，成功帮助弱势儿童的计划都拥有一个共同思路：为他们提供有能力和同理心的成年人榜样，教这些儿童解决问题的技能，并且帮助他们将自己的需求告诉那些能够帮助他们的人（Ortega，Beauchemin，& Kaniskan，2008；Goldstein & Brooks，2013；Hills，Meyer-Weitz，& Asante，2016）。

明智运用儿童发展心理学

保证学龄前儿童的健康

即使最健康的学龄前儿童也会偶尔生病。社会交往会使疾病从一个儿童传到另一个儿童。只要采取简单的措施就可以预防一些疾病，并使其他疾病的患病率降到最低。

- 学龄前儿童应该摄入营养均衡的食物，包含适当的营养元素，特别是富含蛋白质的食物。2～4 岁儿童每天大约应摄入 1 300 卡路里；4～6 岁儿童每天大约应摄入 1 700 卡路里。因为学龄前儿童的胃非常小，他们每天可能需要进餐 5～7 次。
- 学龄前儿童要多锻炼身体。进行锻炼的儿童比那些久坐不动的儿童更不容易发胖。
- 儿童想睡多久就让他们睡多久。营养不良或睡眠不足而导致的弱体质会使儿童容易患病。
- 儿童应讲究卫生，避免与患病儿童过度接触。例如，父母应保证儿童在和患病儿童玩耍后必须洗手（平时也应强调洗手的重要性）。
- 确保儿童根据免疫接种计划进行接种。儿童应该分 5～7 次接种 9 种疫苗和其他预防性药物（见表 8-2）。疫苗接种的重要性不容小觑。一些家长受到流行文化的误导，听信了一些名人（例如，Jenny McCarthy）的话，认为不应该接种疫苗。但是完全没有任何科学依据说明应该禁止普通疫苗接种，并且疫苗接种也不会提高儿童患孤独症谱系障碍的概率。事实上，没有给孩子接种疫苗的父母会让孩子承受各种各样的疾病风险。此外，他们还将其他人置于危险境地，因为孩子可能会将疾病传染给那些无法接种疫苗的群体，例如 6 个月以下的婴儿和因癌症和其他疾病导致免疫系统低下的人（Sifferlin，2013；Turville & Golden，2015）。简言之，根据美国儿科学会和美国疾病控制与预防中心的意见，除非由具有声誉的医学专家告知不用接种，否则儿童应该接种所有推荐的疫苗。
- 请记住，儿童期的小病有时会为以后更严重的疾病提供免疫力。

表 8-2 推荐接种疫苗和其他预防性药物

疫苗	出生	1个月	2个月	4个月	6个月	9个月	12个月	15个月	18个月	19～23个月	2～3岁	4～6岁	7～10岁	11～12岁	13～15岁	16岁	17～18岁
B型肝炎（HepB）	1st 剂	←—— 2nd 剂 ——→			←——————— 3rd 剂 ———————→												
轮状病毒（RV）RV1（2剂量系列）；RV5（3剂量系列）			1st 剂	2nd 剂	3rd 剂												
白喉、破伤风、百日咳（DTaP：<7岁）			1st 剂	2nd 剂	3rd 剂		←—— 4th 剂 ——→					5th 剂					
B型流感嗜血杆菌（Hib）			1st 剂	2nd 剂	2nd 剂		3rd、4th 剂										
肺炎链球菌联合（PCV13）			1st 剂	2nd 剂	3rd 剂		4th 剂										
灭活脊髓灰质病毒（IPV：<18岁）			1st 剂	2nd 剂	←——————— 3rd 剂 ———————→							4th 剂					
流行感冒（IIV）						每年定期接种（IIV）1-2 剂								每年定期接种（IIV）1 剂			
麻疹、腮腺炎、风疹（MMR）							←—— 1st 剂 ——→					2nd 剂					
水痘（VAR）							←—— 1st 剂 ——→					2nd 剂					
甲型肝炎（HepA）							←——————— 2 剂量系列 ———————→										
脑膜炎球菌（Hib-MenCY ≥ 6 周；MenACWY-D ≥ 9个月；MenACWY-CRM ≥ 2个月）														1st 剂		2nd 剂	
破伤风，白喉和百日咳（Tdap：≥ 7岁）														百日咳混合疫苗			
人乳头瘤病毒（HPV）																	
脑膜炎球菌 B																	
肺炎球菌（PPSV23）																	

图例：
- 儿童接种推荐年龄范围
- 儿童补种推荐年龄范围
- 高危人群接种推荐年龄范围
- 可接种疫苗的非高危人群的推荐年龄范围
- 不推荐

资料来源：Centers for Disease Control and Prevention. (2017). *Recommended immunization schedule for children and adolescents aged 18 years or younger, United States, 2017.* Washington, DC: Centers for Disease Control and Prevention.

运动发展

安雅坐在公园的沙箱里，一边和其他父母聊天，一边看着她的两个孩子——5岁的尼古拉和13个月大的索菲亚。在聊天的时候，安雅紧紧看着索菲亚。过去索菲亚常将沙子放进嘴里，而今天她看起来只满足于看沙子划过手掌，并试图将沙子装进桶里。同时，尼古拉正忙着和另外两个男孩一起快速地装满沙桶，然后把沙子倒出来，去搭建精致的城堡，最后再用玩具卡车将其摧毁。

当不同年龄的儿童聚集在操场上的时候，人们很容易就能看出，学龄前儿童的运动技能相比于婴儿期已经有了长足的发展。他们的粗大运动技能和精细运动技能已经越来越趋向熟练精巧。例如，索菲亚仍然在学着如何将沙子装入桶中，而她的哥哥尼古拉已经可以轻松地应用这种技能来建造沙土城堡了。

粗大运动技能和精细运动技能

为什么运动技能的重大变化发生得如此之快？是哪种潜在的进步支持了运动技能的发展？不同儿童在运动技能方面的发展速度一致吗？让我们通过了解学龄前儿童运动技能的发展过程，来回答上述的问题。

粗大运动技能

到3岁的时候，儿童已经掌握了多种技能：单脚跳、双脚跳、换脚跳和跑步。到4～5岁时，他们对肌肉的控制越来越好，使得技能更加精细化。例如，在4岁时他们能够准确地抛球让同伴接到，5岁时他们可以将一个套环扔到5英尺（152.40厘米）外的一

个柱子上。5岁儿童可以学会骑自行车、爬梯子、滑雪，这些活动都需要一定的协调能力。表8-3概括了儿童早期主要的粗大运动技能。

粗大运动技能的发展与大脑的发育以及部分脑区（负责平衡和协调）的神经元髓鞘化有关。学龄前儿童用大量的时间来练习粗大运动技能。学龄前儿童似乎永远都在运动着，其活动水平相当高。事实上，3岁时儿童的活动水平比其他任何时期的活动水平都要高。除此之外，随着年龄的增长，儿童身体的灵活性也随之增强（Planinsec，2001）。

尽管总体活动水平很高，但儿童间仍有一些显著的差异。部分差异与遗传气质有关。由于气质的稳定性，那些在婴儿期就异常活跃的孩子在学龄前期也会非常活跃，而那些婴儿期就相对温顺的孩子在学龄前期还会一直如此。相比异卵双生子，同卵双生子表现出更多的行为一致性，这说明了遗传对活动水平的重要作用（Wood et al.，2007）。

当然，遗传不是决定学龄前儿童活动水平的唯一因素。环境因素（例如父母的管教风格、关于适当行为的文化观念）也会对学龄前儿童活动水平产生影响。有些文化对学龄前儿童过于活跃的行为采取相对宽容的态度，而另一些文化则相对严苛。

遗传和环境共同决定了儿童行为的活动水平。大体上说，学龄前期是儿童一生之中活动水平最为活跃的时期。

从教育工作者的视角看问题

文化如何影响儿童的活动水平？这会对儿童产生什么长期影响？

表 8-3　儿童早期主要的粗大运动技能

3岁	4岁	5岁
不能突然或快速地转身或停止	能更有效地控制起身转身和停止	在游戏中可迅速地起身、转身和停止
跳 15～24 英寸（38.10～60.96 厘米）	跳 24～33 英寸（60.96～83.82 厘米）	能够助跑跳 28～36 英寸（71.12～91.44 厘米）
在没有他人帮助的情况下，双脚交替走楼梯	在有支撑的情况下，双脚交替走一段长长的楼梯	双脚交替走一段长长的楼梯
能够单脚跳，在很大程度上使用各种不规范的跳跃步伐，步伐多变	单脚跳 4～6 步	轻松地单脚跳 16 英寸（40.64 厘米）的距离

资料来源：C. Corbin, (1973).

男孩和女孩在粗大运动的协调性上存在不同。这在一定程度上是由于肌肉力量存在差异，男孩比女孩更强有力一些。例如，男孩一般都会把球扔得更远、跳得更高，而且男孩的整体运动水平高于女孩（Pelligrini & Smith，1998；Spessato et al.，2013）。

尽管女孩并不像男孩那么强壮，整体运动水平更低，但女孩通常在肢体协调能力方面超过男孩。例如，5 岁女孩在跳爆竹和单脚平衡方面会比 5 岁男孩更好（Cratty，1979）。

有很多影响因素造成了学龄前儿童粗大运动技能在某些方面的个体差异。遗传和环境都会影响个体的活动水平。性别对儿童活动种类的影响越来越大，社会文化观念认为某种活动适合女孩或适合男孩（见第10 章）。例如，与文化观念中适合女孩的游戏相比，文化观念中适合男孩的游戏包含更多的粗大运动，男孩的粗大运动技能在该类游戏中得到更多的锻炼，最终更加熟练地掌握粗大运动技能（Yee & Brown，1994；Shala，& Bahtiri，2011）。

不考虑性别因素，儿童的粗大运动技能在学龄前期都会得到显著发展。这种发展使他们到 5 岁的时候，能够爬梯子、玩"跟我做"（follow the leader）的游戏，并能相对轻松地使用滑雪板。

精细运动技能

在发展粗大运动技能的同时，儿童的精细运动技能也在进步，发展出更为灵敏的、更为小巧的身体运动，例如使用叉子和勺子、用剪刀剪东西、系鞋带、弹钢琴等。

在学龄前期，儿童的粗大运动技能和精细运动技能均得到发展。

精细运动技能需要大量的练习，例如 4 岁儿童会费力地抄写字母表中的字母。精细运动技能表现出明显的发展模式（见表 8-4）。3 岁时，儿童能够自己脱裤子上厕所，能够完成简单的拼图，还能够将不同形状的木块放在相应的孔中。然而，他们在完成这些任务时并不精准或完美，例如他们可能试图将 1 块拼图

表 8-4　儿童早期的精细运动技能

3 岁	4 岁	5 岁
剪纸	把纸折成三角形	将纸对折、再对折
用手指贴贴纸	写名字	画三角形、矩形和圆
用 3 块积木搭桥	串珠子	有效使用蜡笔
画 0 和 1	画 ×（叉）	使用黏土创造物体
画娃娃	用 5 块积木搭桥	抄写字母
从大水壶中倾倒液体而不溅出	从各种各样的容器中倾倒液体而不溅出	抄写 2 个简单的单词
完成简单拼图	打开和放置衣夹	—

硬塞到某个不恰当的地方。到 4 岁时，他们的精细运动技能得到大幅提升，能够把纸折成三角形，能用蜡笔写下自己的名字。到 5 岁的时候，他们能够正确地握住并使用细铅笔。

父母发现，学龄前儿童在肌肉控制方面的最大问题就是排泄问题。训练上厕所的时间和本质是一个充满争议的话题。

何时以及如何训练儿童上厕所

在何时以及如何训练儿童上厕所方面，人们持有很多不同意见。例如，著名儿科医师贝里·布雷泽尔顿（Berry Brazelton）主张灵活的如厕训练方法，提倡在儿童表现出做好准备的迹象时再进行。一向在媒体上以保守、传统的儿童养育立场而为人所知的心理学家约翰·罗斯蒙德（John Rosemond），却更赞成使用更为严格的方法，使如厕训练尽早尽快完成（Brazelton & Sparrow，2006）。

很明显，在过去的几十年中，进行如厕训练的年龄有所提高。例如，在 1957 年，92% 的儿童在 18 个月大的时候就接受了如厕训练。在 1999 年，仅有 25% 的儿童在 18 个月大的时候接受如厕训练，而 60% 的儿童在 36 个月大的时候才接受如厕训练，约有 2% 的儿童在 4 岁时还没有接受训练（Goode，1999）。

目前美国儿科学会的指导方针支持布雷泽尔顿的观点，认为进行如厕训练没有统一的时间表，应该在儿童表现出他们做好准备之后再进行。小于 12 个月的儿童不具有膀胱或肠道的控制力，在此之后的 6 个月仅具有初步的控制力。虽然一些 18 ～ 24 个月大的儿童已经表现出做好如厕训练的迹象，但有些儿童则要到 30 个月甚至更大的时候才做好准备（Fritz & Rockney，2004；Connell-Carrick，2006；Greer，Neidert，& Dozier，2016）。

儿童做好如厕训练准备的迹象包括：白天中至少有 2 个小时保持臀部干燥，或午睡后醒来没有尿湿；规律的、可预见性的肠蠕动；通过面部表情或言语表明要撒尿或拉便便；听从简单指令的能力；独自脱裤子的能力；对弄脏的尿布感到不舒服；有使用便器或便壶的需求；有穿内衣的愿望。此外，儿童不仅要做好身体方面的准备，而且要做好情绪上的准备。如果儿童表现出强烈抗议如厕训练的迹象，那么训练就该被延迟。

即使在接受了白天的如厕训练后，儿童通常还需要几个月甚至几年的时间才能在夜里保持干燥。约有 75% 的男孩和大多数女孩在 5 岁后能够不尿床。

儿童准备好放弃尿布的迹象是，他们能够听从指令，去往厕所，并独自脱裤子如厕。

当儿童成熟并能够更好地控制自身肌肉时，大多数儿童可以进行完整的如厕训练。然而，推迟的如厕训练可能会成为忧虑的原因。因为它可能使儿童对此感到心烦，或者因为它使儿童成为兄弟姐妹嘲笑的对象。这时，一些治疗方法可以有效改善这种状况。特别是在儿童没有尿床时给予奖励，或是通过设备感应他们尿床并及时叫醒他们，这些疗法通常很有效（Houts，2003；Vermandel et al.，2008；Millei & Gallagher，2012）。

利手和表达

当学龄前儿童进行抄写或使用其他精细运动技能时，他们怎样决定用哪只手来拿铅笔？艺术在儿童的发展中起到了怎样的作用？

区分左右

在学龄前期末期，大多数儿童发展出利手（handedness），即表现出了更多地使用某一只手的偏好。事实上，利手早在婴儿期就有所表现，婴儿可能表现出对某一侧身体的偏好。到 7 个月时，一些婴儿似乎喜欢更多地用某一只手而不是另一只手来抓东西。在学前末期，许多儿童年龄期会表现出这种偏好，而一些儿童两手同利，能够轻松地使用两只手（Segalowitz & Rapin，2003；Maeschik et al.，2008；Bryden，

Mayer & Roy，2011）。

到 5 岁时，大多数儿童会表现出明显的利手倾向：约 90% 的儿童是右利手，约 10% 的儿童是左利手。同时，利手倾向存在性别差异：在左利手孩子中，男孩的数量要多于女孩。

人们关于"利手的"含义有很多猜想，部分是因为长期以来神话中左利手的神秘性。例如，在伊斯兰文化中，左手一般在上厕所时使用，使用左手吃饭会被认为是不文明的行为。在许多基督教的艺术作品中，描绘的魔鬼常是左利手。

关于"使用左手是不好的"这种说法没有科学依据。事实上，左利手还可能与某些优势有关。例如，一项对 10 万名参加 SAT 考试的学生进行的研究表明，得分最高的学生中有 20% 是左利手，是一般人群中左利手比例的 2 倍。此外，米开朗基罗·博那罗蒂（Michelangelo Buonarroti）、莱昂纳多·达·芬奇（Leonardo da Vinci）、本杰明·富兰克林（Benjamin Franklin）、巴勃罗·毕加索（Pablo Picasso）都是左利手（Bower，1985）。

虽然过去的许多教育者试图迫使左利手的人改用右手，特别是在学习写字的时候，但现在这种看法已经改变。许多教师现在鼓励儿童使用他们愿意使用的手。然而，大多数左利手的人认为，桌子、剪刀以及其他日常用品的设计都更方便右利手的人。事实上，这个世界是如此"偏向右利手的人"，以至于它对那些左利手的人来说可能是个危险的地方：一些研究表明，相比于右利手的人，左利手的人发生意外和早亡的概率都更高（Ellis & Engh，2000；Bhushan & Khan，2006；Dutta & Mandal，2006）。

尽管关于利手的意义有许多推测，但人们很少能得出定论。一些研究表明左利手与高成就有关，另一些研究则认为左利手没有任何优势，还有研究显示双手同利的儿童在学业考试中表现较差。显然，利手对个体的影响众说纷纭（Corballis, Hattie, & Fletcher, 2008, Casasanto & Henetz, 2012；Nelson, Campbell & Michel, 2013）。

艺术：发展的图画

许多厨房的共同特征是：冰箱上粘贴着儿童新创作的画。儿童画的重要性远远不只体现在装饰厨房上。发展心理学家认为，艺术在锻炼儿童的精细运动技能以及其他领域的发展中起到重要作用。

从最基本的水平来说，艺术的产生包含诸如画笔、蜡笔、铅笔和标识器等工具的使用。随着学龄前儿童学会操纵这些工具，他们从中获得的运动控制技能有助于他们学习写字。

艺术也教会儿童其他重要的东西。例如，儿童了解到计划、抑制以及自我纠正的重要性。当 3 岁的儿童拿起画笔时，他们对最终的作品没有构想，喜欢满纸乱画。但当他们 5 岁时，他们会花更多的时间构想最终的作品。很有可能在他们着手开始画的时候，头脑中已经有了明确的目标，当他们完成的时候，他们会检验作品，看看画的是否成功。年长的儿童会重复地画同一幅画，试图克服先前的错误使最终的作品更好。

根据发展心理学家霍华德·加德纳（Howard Gardner）的观点，学龄前儿童粗糙、不成型的艺术作品与婴儿时期的牙牙学语相似。学龄前儿童的乱涂乱画为以后创作出更复杂的作品奠定基础（Gardner & Perkins，1989；Golomb，2002）。

还有研究者认为，学龄前儿童的艺术表达过程经历了一系列阶段。

首先，学龄前儿童刚开始进行艺术表达时，处于乱涂乱画阶段。在这一阶段，学龄前儿童的最终作品就像是乱涂乱画出来的。然而，乱涂乱画包含 20 种类型，例如水平直线和锯齿形。

其次，当 3 岁儿童会画矩形和圆时，这标志着其艺术表达会进入形状阶段。在这一阶段，儿童画出各种各样的形状，例如加号。

然后，儿童的艺术表达会进入设计阶段，儿童开始具有将多种形状组合起来形成一个复杂组合体的能力。

最后，对于 4～5 岁儿童，其艺术表达会进入形象化阶段。在这一阶段，儿童的画作开始接近具体的物体（见图 8-10）。

具象派艺术注重对现实世界物体的描绘，与先前的艺术形式相比有诸多先进之处，因此父母十分鼓励儿童这样作画。然而，对具象派艺术的重视会让儿童的关注点偏离设计。伟大的艺术家毕加索认为，自己一生都在"学习如何像孩子一样画画"（Winner，1989）。

图 8-10　儿童在形象化阶段的画作

4～5 岁儿童的艺术表达会进入形象化阶段。在这一阶段，儿童的画作开始接近具体的物体。

案例研究

令人沮丧的愿望

4 岁的伊娃有一个愿望：赶上哥哥里基。里基是一个活跃的 8 岁男孩，会玩滑板，会踢球，会读书，还会画好看的龙。伊娃下定决心要完成哥哥做的每件事情，她已经受够了做一个"小孩子"。

伊娃的父母对她希望学习阅读感到开心。他们为她买了一套包含押韵词汇的早期读物，还买了一盒专属于她的彩色铅笔。不过，他们对伊娃想玩滑板这件事不太满意，总是对伊娃说："你还太小了。你会受伤的！"。

事实上，伊娃已经够沮丧了，父母的担心让她更加难过。她常常不能将读物上的字连成词语。她在画画方面表现得要好些，不过她还在努力让画笔真实地呈现脑海中的事物。"坚持住，"她的爸爸对她说，"多练习你就能画得更好。"

伊娃 5 岁那天，她的妈妈对她说："快上车，我有个惊喜要给你。"伊娃特别兴奋，她肯定妈妈是要带她去报名踢足球。因为妈妈之前承诺过伊娃 5 岁时就可以去踢足球。然而，伊娃的妈妈带她去了当地的舞蹈学校，在那里她得到了一双粉色的舞蹈鞋，上了人生中第一节芭蕾舞课。伊娃很失望，她拒绝听从老师的指导。

"别担心，"她的老师告诉她的妈妈，"过几个星期伊娃就会成为一个舞蹈小公主。"

1. 伊娃的父母担心她会因为玩滑板而受伤。为了让他们改变这一观点，你有什么关于粗大运动技能在这一年龄段发展的性别差异可以告诉他们？他们怎样才能帮助伊娃安全地玩滑板呢？

2. 对于伊娃不能够很好地读懂早期读物的现象，你可以用哪些关于这一时期感觉发展的知识来帮助解释？在接下来两年，这种现象会发生怎样的变化？

3. 研究者定义了儿童艺术发展的各个阶段。你认为，伊娃处于哪个阶段？在这个故事中，有哪些证据支撑你的答案？

4. 尽管伊娃的父母鼓励伊娃对绘画和阅读的兴趣，但也不急于阻止她对滑板和足球的兴趣。你认为，伊娃的父母是支持型父母吗？为什么？他们对伊娃兴趣的各种反应会如何影响伊娃的发展？

5. 芭蕾舞老师确信伊娃很快就会变成一个"舞蹈小公主"。如果老师说得没错，你认为这对于伊娃的发展是好事吗？为什么？

‖ 本章小结

我们在本章中看到，从婴儿期到学龄前期，儿童发生了许多生理变化，包括脑部的变化。学龄前儿童在身体发育（包括身高和体重）方面发生了巨大的生理飞跃。他们大脑的发展为认知和心理复杂性的发展开拓了道路。在学龄前期，尽管儿童面临着疾病和意外伤害的威胁，但大多数儿童都表现出健康、活跃、好奇的一面，并掌握了大量的运动技能。

在我们开始讨论儿童的认知发展之前，先结合本章导言中大卫（患有儿童抑郁症）的故事，考虑以下问题。

1. 你认为，大卫所在的学前班提供的活动、玩具和游戏是否符合这个年龄阶段儿童的发展？请从运动、感觉和脑发展的角度解释你的答案。

2. 为什么大卫的老师很难发现大卫的抑郁症状？当大卫的老师说到对班里儿童"可能遇到的问题都保持警惕"时，你认为她指的是哪些问题？由于大卫外显的行为表现，你认为老师可能会忽略哪些问题？

3. 大卫大脑的哪些发展，使得他能够"因为玩乐高而沮丧，因为担心自己背不出字母表而害怕"？你认为，这些感觉会影响他将来学习和认知的发展吗？

4. 为帮助大卫克服抑郁，心理医生会向大卫的父母和老师提出什么样的建议？为了使大卫和其他孩子在试错的过程中感到安全，你认为是否需要改变教室的环境？

‖ 本章回顾

1. 学龄前儿童的身体所经历的变化

- 学龄前儿童的身体发育稳定。在身高和体重方面的差异反映了个体差异、性别差异、社会经济地位差异。
- 除了身高和体重的增长，学龄前儿童的身体也经历了体形和结构方面的变化。儿童的身材变得更加纤细，肌肉和骨骼变得更加强健。

2. 学龄前儿童的大脑如何变化

- 学龄前期大脑的发育非常迅速，细胞间相互连接的数量以及神经元外髓鞘的数量大幅增加。在功能侧化的过程中，大脑两半球开始侧重于不同的功能。尽管发生功能侧化，但大脑两半球还是一个功能联合体，二者的实际差异十分微小。
- 有证据表明，性别和文化因素会导致大脑结构的差异。例如，在身体反射、听觉信息加工以及语言方面，男女表现出某些大脑半球的差异。研究表明，关于元音加工的结构差异可能是由文化差异造成的。

3. 大脑发育怎样影响认知和感觉发展

- 一些研究者认为，学龄前期髓鞘数量的增加与儿童认知能力的发展、注意力广度的增加和记忆力的提升相关。研究发现，学龄前儿童大脑放电的活跃期与这一时期语言能力的快速增强相一致。
- 学龄前儿童大脑的发展为感觉发展奠定了基础，包括更好地控制眼动和视觉聚焦，以及提高视知觉和听觉灵敏度。然而，学龄前儿童的视觉发展并非十全十美，仍需在以后的阶段继续强化。

4. 学龄前儿童的睡眠模式

- 睡眠对有些儿童来说非常困难，学龄前儿童的睡眠问题主要包括噩梦和夜惊。
- 大多数学龄前儿童晚上睡得很好。

5. 学龄前儿童的营养需求，解释造成肥胖的原因

- 相比于婴儿期，学龄前期的儿童需要的食物较少，他们更需要均衡的营养。如果父母和照料者能够为学龄前儿童提供多种多样的健康食品，那么他们将会保持合适的营养摄入量。
- 遗传因素和环境因素都会导致肥胖。一个重要的环境因素是父母和照料者，他们可能会用自己的理解来替代儿童自身对食物的需要和控制。

6. 学龄前儿童面临的疾病

- 学龄前儿童一般只经历一些小病，但他们也容易遭到某些危险疾病的侵害，例如儿童白血病和艾滋病。
- 在某些经济发达的地区，人们通过免疫项目很好地保护学龄前儿童免遭危险疾病的侵害。然而，在经济欠发达的地区，人们却难以做到这一点。

7. 为什么意外伤害对学龄前儿童的健康构成主要威胁

- 相比于疾病或营养问题，学龄前儿童更容易遭受意外伤害。之所以出现这种情况，一部分是因为学龄前儿童的高活动水平，一部分是因为环境中的危险因素，例如铅中毒。

8. 儿童虐待的类型和成因

- 当人们虐待儿童时，可能会采取躯体虐待的形式，也可能采取不易察觉的虐待方式。心理虐待包括恐吓、羞辱、不切实际地要求或剥削儿童，以及在情感上忽视儿童。
- 在美国，虐待儿童事件发生的频率令人担忧，尤其是在充满压力的家庭环境中。那些保护家庭隐私性、支持惩罚儿童的文化观念，推动虐待儿童的事件频频发生。
- 暴力循环假设指出，那些学龄前期受到虐待的儿童在成年后可能会变成施虐者。

9. 具备心理弹性品质强的儿童的特质

- 心理弹性是指克服易致使心理和躯体受损的高风险环境的能力。
- 具备心理弹性品质的儿童充满感情、随和、温柔，像婴儿一样容易抚慰，在任何环境中都能引发养育者的关怀。

10. 粗大运动技能和精细运动技能在学龄前期的发展

- 粗大运动技能在学龄前期得到迅速发展，儿童的活动水平在这一时期达到最高。遗传因素和环境因素决定了儿童的活动程度。
- 在学龄前期，粗大运动技能发展水平的性别差异显现出来。男孩表现出更强的力量和活动水平，而女孩展示出更好的四肢协调能力。遗传因素和环境因素共同导致了这些差异。
- 精细运动技能在学龄前期得到迅速发展，儿童在大量练习之后能够掌握越来越多的精细运动。

11. "儿童何时接受如厕训练"的决定性因素

- 18 个月及更小的儿童几乎没有对膀胱和肠道的控制力。
- 美国儿科学会强调，开始如厕训练没有一个正确的时间。儿童必须做好身体和情绪两方面的准备。儿童做好准备的信号包括：白天中至少有 2 个小时保持臀部干燥，或午睡后醒来没有尿湿；规律的、可预见性的肠蠕动；通过面部表情或言语表明要撒尿或拉便便；听从简单指令的能力；具有去往厕所的能力，具有独自脱裤子的能力；对弄脏的尿布感到不舒服；有使用便器或便壶的需求；有穿内衣的愿望。

12. 学龄前儿童的利手和艺术表达是如何发展的

- 在学龄前期末期，绝大多数儿童表现出明显的右手偏好，即表现出右利手倾向。
- 尽管利手的意义尚不得而知，但因为社会"偏向右手"的传统而使右利手占有一定的优势。
- 学龄前期艺术表达的发展经历了乱涂乱画阶段、形状阶段、设计阶段、形象化阶段。艺术表达使儿童的相关重要技能得到发展，包括规划、抑制和自我纠正。

第 9 章

学龄前期的认知发展

导言：认知学徒

艾娃和娜塔莉亚是学前班的同班同学，正在一起完成一幅地板拼图。"你需要找到那块刚好能和这块拼在一起的拼图，就像这样，"艾娃解释道，"否则我们就没法拼好它。"娜塔莉亚看着艾娃又拼了 3 块拼图，之后才开始自己尝试完成拼图。尽管找到恰好的拼图并不容易，但在尝试了几次之后，娜塔莉亚找到了对的那块。"做得好！"艾娃像在模仿学前班老师一样说道。

之后回到家中，娜塔莉亚的妈妈无意中听到女儿在自言自语道："刚好找到能和它拼在一起的那块拼图。"她悄悄看向客厅，发现娜塔莉亚正在拼一幅小狗拼图，那副拼图原来是儿子卡洛斯的。当找到对的那块拼图时，3 岁的娜塔莉亚开心地拍起了手。

预览

对艾娃和娜塔莉亚这样的学龄前儿童来说，玩耍就是学习，而同伴经常扮演着好老师的角色。第一次上学的经历标志着儿童正式踏上智力和社交学习的旅程，而之后这一旅程也会持续很多年，对儿童的发展产生深远的影响。

在本章中，我们聚焦于学龄前期认知和语言的发展。首先，我们将检验认知发展的各种主流观点，包括皮亚杰理论、信息加工理论，以及维果斯基的观点。维果斯基的观点将文化对认知发展的影响考虑在内，目前越来越具有影响力。

其次，我们转而讨论学龄前期语言发展的重要进步。对于学龄前期特有的语言能力的快速提高，我们将考虑几种不同的解释，同时还会考虑贫穷对于语言发展的影响。

最后，我们将讨论影响学龄前期认知发展的两种主要因素：学校教育和媒体。我们会考虑不同类型的儿童照护方法和学龄前教育计划，并讨论"电视和电脑是如何影响学龄前受众的"。

智力发展

3 岁的萨姆正在自言自语。他的父母在另一个房间颇有兴趣地听着他使用两种截然不同的嗓音自娱自乐。他先低声说道："找到你的鞋。"后来，他高声说道："今天不，我不去，我讨厌鞋。"然后，他又低声回答道："你真是个坏孩子。找出你的鞋，坏孩子。"最后，他又高声回答道："不，不，不！"

萨姆的父母意识到，萨姆正在跟自己想象中的朋友吉尔玩游戏。吉尔是一个经常不听妈妈话的"坏孩子"，至少在萨姆的想象中如此。事实上，根据萨姆的想象，吉尔经常犯下的错误与父母责备萨姆的那些错误完全相同。

在某些方面，3 岁儿童智力的复杂程度令人惊讶。他们的创造力和想象力飞跃到了一个新的高度，他们的语言越发复杂，其推理和思考世界的方式在几个月前都是不可想象的。是什么引起了智力发展贯穿整个学龄前期的这些引人注目的进步？从回顾皮亚杰在学龄前期认知变化上的发现开始，我们将考虑几种不同的观点。

皮亚杰的前运算思维阶段

瑞士心理学家皮亚杰将学龄前期视为一个兼具稳定和剧变的时期。他提出，将学龄前期单独划为一个认知发展阶段——前运算阶段（2 ～ 7 岁）。

在前运算阶段（preoperational stage），儿童逐渐开始使用象征性符号思维，出现了心理推理，并更多地使用概念。看到妈妈的车钥匙后，儿童可能会想这样的问题："去商店？"因为儿童开始将钥匙视为一个象征"乘车"的符号。通过这种形式，儿童开始在内部表征事物，更少地依赖直接的感觉运动活动来理解周围的世界。然而，他们尚未具备运算能力。运算（operations）是一种有组织的、形式化的、有逻辑的心理过程。运算能力在前运算阶段的末期才开始有所展现。

根据皮亚杰的观点，前运算思维的一个重要方面在于符号功能（symbolic function），即一种使用心理符号、词语或客体代替或表征一些并不在场的东西的能力。例如，在这一阶段，儿童能够使用一个心理符号来表示汽车（词语"汽车"），而他们也懂得一个小玩具车可以用来代表真正的汽车。因为儿童开始拥有使用象征性符号的能力，他们不需要跟在一辆真的汽车后面来了解它的基本用途。

语言与思维的关系

对语言越发熟练地使用是前运算阶段儿童的主要进步之一，而对象征性符号的使用是这一进步的关键。在该阶段，儿童在语言技能上取得了实质性进展。

皮亚杰提出，语言和思维存在紧密的内在联系，学龄前期语言的进步反映了思维方式的进步，这种思维方式在较早的感觉运动阶段可能就存在。例如，具身思考在感觉运动活动中相对较慢，因为这需要实际的身体运动，受到人类身体的一些限制。相较而言，象征性思维的使用（例如想象自己拥有某个朋友），使得学龄前儿童可以用象征性符号来表征行为，从而让他们能更快地进行具身思考。

更为重要的是，语言的使用允许儿童跳过现在去思考未来。因此，学龄前儿童能够通过语言以精细的幻想和白日梦的形式想象未来的可能性。

学龄前儿童语言能力的提高是否引起了前运算思维的进步？或者相反地，前运算思维的进步是否导致了学龄前儿童语言能力的提高？"思维决定语言，还是语言决定思维"这一问题是心理学领域最为持久而富有争议的问题之一。皮亚杰对此的回答是，语言产生于认知的进步，而非相反。他提出，早期感觉运动阶段的进步是语言发展所必需的，而前运算时期认知能力的持续增长为语言能力提供了基础。

中心化：所见即所想

将一个狗面具戴在一只猫身上，你会看到什么？对于三四岁的学龄前儿童而言，答案是一只狗。对于他们而言，一只戴着狗面具的猫也应该像狗一样吠叫，像狗一样摇尾巴，并且吃狗粮。从各个方面来看，这只猫都已经转变成一条狗（de Vries，1969）。

在皮亚杰看来，这种信念的根源在于中心化，这是前运算阶段儿童思维的一个关键成分和局限所在。**中心化**（centration）是一种将注意集中于刺激的某个方面，而忽略其他方面的过程。

学龄前儿童无法兼顾一个刺激的所有可用信息；相反，他们只关注看得见的表面信息和显而易见的成分。这些外部成分主导了学龄前儿童的思维。

当学龄前儿童看到两行纽扣，一行10个纽扣紧靠在一起，另一行只有8个纽扣松散排开，此时学龄前儿童会认为哪一行中包含更多的纽扣（见图9-1）。如果被问及哪一行中包含更多的纽扣，四五岁的儿童通常会选择看起来更长而非实际上纽扣数量更多的那行，尽管该年龄段的儿童已经很清楚10比8更多。

图9-1 哪一行中的纽扣更多

当学龄前儿童看到这两行纽扣，并被问及哪行纽扣更多时，他们通常回答下面那行包含更多纽扣，因为它看起来更长。即使知道10比8大，他们仍然这样回答。你认为，教育工作者能够教会学龄前儿童回答出正确的答案吗？

儿童回答错误的原因在于，更长那行纽扣的视觉图像主导了他们的思维。他们并没有考虑数量，而仅仅集中于表象。对学龄前儿童来说，表象代表了一切。学龄前儿童对于表象的关注可能与前运算思维的另一方面有关：尚未掌握守恒概念。

守恒：认识到表象的欺骗性

请你想象如下场景：

4岁的杰米面前摆放着两个形状不同的水杯：一个又矮又粗，一个又高又细。老师往又矮又粗的杯子（矮粗杯子）里注入半杯苹果汁，然后又将这些苹果汁倒入又高又细的那个杯子（细高杯子）。这些果汁几乎装满了又高又细的那个杯子。老师问杰米："第二个杯子中的果汁比第一个杯子中的果汁更多吗？"

你可能将这视为一个简单的任务，而像杰米这样的儿童也这么认为。他们毫不费力地做出回答，然而却几乎总是给出错误的答案。

大多数4岁儿童回答细高杯子里的苹果汁比矮粗杯子里的更多。事实上，如果这些果汁被重新倒入矮粗杯子，他们将迅速地回答现在的果汁比刚才细高杯子中的要少了（见图9-2）。

图9-2 哪一杯的液体更多

对于大多数4岁儿童，即使他们亲眼看着等量的液体被倒入两个不同形状的杯子，也会认为液体发生了量的变化。

造成这一错误判断的原因在于，该年龄段的儿童尚未掌握守恒概念。**守恒**（conservation）是物体的量与其排列和外在形状无关的知识。他们无法意识到，一个维度上的改变（例如，外观上的变化）并不一定意味着其他维度（例如，数量）的改变。例如，尚未理解守恒的儿童会自然而然地认为，液体在两个不同形状的杯子间来回倾倒时发生了量的改变。他们只是不明白外观的转变并不意味着量的变化。

皮亚杰通过"田中牛"（cow-in-the-field）测验表

明，学龄前儿童尚未理解面积的守恒概念（Piaget，Inhelder，& Szenubsjam，1960）。在这一问题中，儿童将看到两张相同尺寸的绿色纸张（指代两块牧场），研究者在每张纸上面放置一头玩具牛。随后，研究者在每张纸上放置一个玩具谷仓，询问儿童哪只牛能吃到更多的草。儿童典型的回答是每头牛可以吃的草是一样多的——到目前为止该回答是正确的。

在下一步中，研究者在每块牧场上放置了第二个玩具谷仓。第一块牧场上的两个谷仓是相邻放置的，而第二块牧场上的两个谷仓彼此分散放置。尚未理解守恒的儿童通常会说，相比于第二块牧场上的牛，第一块牧场上的牛能吃到更多的草。相较而言，理解守恒的儿童会做出正确回答，即两只牛能吃到等量的草。研究者对儿童进行了各类守恒测试，得出其理解守恒的年龄阶段（见图9-3）。

为什么学龄前儿童无法理解守恒概念？皮亚杰提出其主要原因在于，他们中心化的思维倾向让他们难以聚焦于情境中的其他信息。此外，他们无法完全理解伴随着情境的表面变化而发生的一系列转变。

守恒的类型	形式	物理外观的变化	理解守恒的平均年龄（岁）
数量	集合中元素的数量 	重新排列 	6～7
物质（质量）	有延展性物质的量（例如黏土或液体） 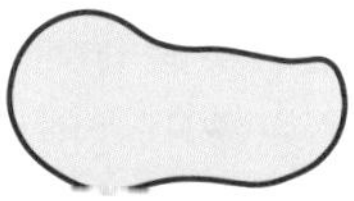	改变形状 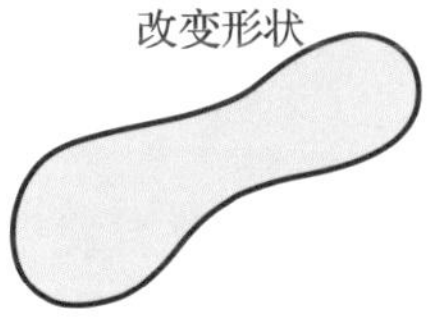	7～8
长度	线段或物体的长度 	改变形状或构造 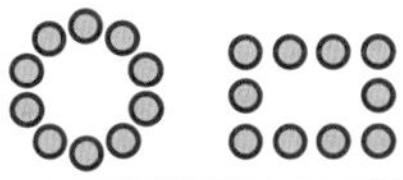	7～8
面积	平面覆盖的面积 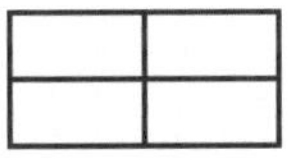	重新排列 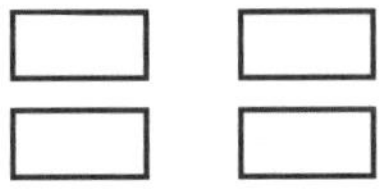	8～9
重量	物体的重量 	改变形状 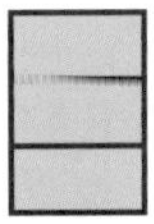	9～10
体积	物体的容量（例如排水量） 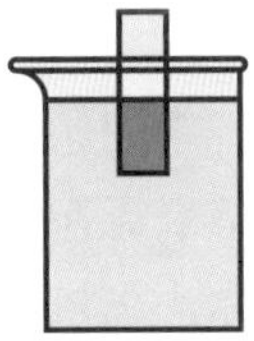	改变形状 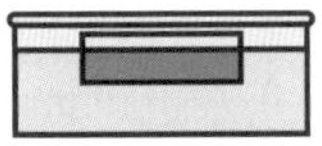	14～15

图 9-3 对儿童是否理解守恒的测试
从教育工作者的视角来看，为什么儿童需要理解守恒？

对转变的不完全理解

当一个学龄前儿童在树林里看到几条虫子时，他可能会认为它们是同一只虫子。原因在于他孤立地看待所见的每个情境，而不能理解虫子从一个地方快速挪动到另一个地方必然需要发生转变。她还不明白虫子本身并不具备这种转变能力。

皮亚杰指出，转变（transformation）是指一个状态变为另一状态的过程。例如成年人知道，让一支直立的铅笔自然下落，它将经历一系列连续的阶段直至到达终点，即水平静止点（见图9-4）。在前运算阶段，儿童无法想象或回忆铅笔从垂直到水平的连续转变。如果研究者要求儿童以绘画的方式重现这一序列，他们只会画出直立和倒下的铅笔而没有任何中间过程。大体而言，他们会忽略中间步骤。

自我中心：不能采择他人观点

在前运算阶段，儿童的另一标志性特点就是自我中心思维。自我中心思维（egocentric thought）是指不考虑他人观点的思考方式。学龄前儿童不理解他人具备与自己不同的视角。自我中心思维表现为以下两种形式：缺乏对"他人看待事物的物理视角与自己不同"的意识；不能认识到"他人可能持有和自己不同的想法、感受和观点"。在前运算阶段，儿童的自我中心思维并不意味着他们故意以自私或不顾他人的方式思考问题。

自我中心思维使儿童对自己的非言语行为，以及自己的行为会对他人产生怎样的影响缺乏关注。例如，一个4岁儿童原本期待得到更好的礼物，但却收到一双自己并不想要的袜子，他可能在打开礼物盒子时会皱眉头沉下脸来，此时他并没有意识到自己的表情能被他人看到，从而暴露了自己对礼物的真实感受（Cohen，2013）。

在前运算阶段，儿童的很多行为体现了自我中心思维。例如，即使有他人在场，学龄前儿童也可能会自言自语，并且有时会完全忽略他人对自己所说的话。这些行为反映了学龄前儿童自我中心思维的本质：他们无法意识到，自己的行为会引发他人的反应和回复。因此，学龄前儿童表现出的大部分言语行为

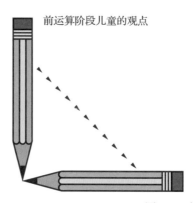
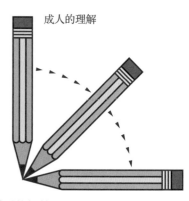

前运算阶段儿童的观点　　　　成人的理解

图 9-4　倒下的铅笔

皮亚杰指出，在前运算阶段，儿童不理解当一支铅笔从垂直位置落向水平位置时，它经过了一系列中间步骤。相反，他们认为，在垂直到水平的改变中不存在中间步骤。

并没有社交动机，而只对他们自己有意义。

类似地，在前运算阶段，儿童自我中心思维也体现在捉迷藏游戏中。在捉迷藏游戏中，3岁儿童可能尝试用枕头遮住自己的脸，并认为这样就算藏好了——虽然这仍然可被他人看到。他们的理由是，如果他们不能看到别人，别人也就不能看到他们。在他们的思维中，别人和他们的想法是一样的。

直觉思维的出现

皮亚杰将学龄前期称为"前运算阶段"，这很容易让人认为，学龄前儿童不具备真正的运算能力，各项能力有所欠缺。学龄前儿童的许多特点都强调了其能力的欠缺，比如学龄前儿童尚未掌握认知能力。然而，儿童在前运算阶段并非虚度时光，认知发展在稳定地进行着，例如直觉思维的发展。

直觉思维（intuitive thought）是指学龄前儿童对初级推理的运用，以及对世界相关知识的热切获取。在4～7岁的阶段，儿童的好奇心非常旺盛，他们不断地寻找各种问题的答案，几乎每件事情都要问"为什么"。同时，该阶段的儿童可能表现得仿佛是某些话题的权威，觉得他们对于问题有正确且最终的解释。当人们进一步询问他们时，他们无法解释自己是如何知道这些的。换言之，直觉思维使他们认为自己知道所有问题的答案，而他们在对世界运行方式的理解上是毫无逻辑基础的。这可能导致学龄前儿童骄傲地宣称，飞机之所以会飞，是因为它们像鸟一样上下扇动翅膀，即使他们从未见过一架飞机像这样扇动两翼。

在前运算阶段后期，儿童的直觉思维为他们更复杂的推理形式做好了准备。例如，学龄前儿童开始懂得"越用力蹬脚踏板，自行车跑得越快"，或者"按遥控器的按钮可以更换电视频道"。在前运算阶段结束时，学龄前儿童开始理解"功能性"（functionality）的概念，即行为、时间和结果以固定模式彼此关联。

在前运算阶段后期，儿童开始意识到同一性的概念。"同一性"（identity）是指特定的事物保持不变，无论其形状、大小和外观如何改变。例如，同一性的概念使一个人意识到，一块黏土不论是被揉成球还是被拉成条，它的质量是不变的。理解同一性对于儿童理解守恒概念是不可或缺的。皮亚杰认为，儿童在守恒上的发展标志着从前运算阶段转入了下一阶段，即具体运算阶段（见第 12 章）。

评价皮亚杰的认知发展观点

作为儿童行为的大师级观察者，皮亚杰对学龄前儿童的认知能力进行了详细的描述。其理论的主要观点有助于我们理解儿童在学龄前期的认知能力发展（Siegal，1997）。

然而，我们需要结合恰当的历史背景和更多近期研究成果来考虑皮亚杰的认知发展观点。通过对较少的儿童进行大量的观察，皮亚杰提出儿童认知发展方面的观点（见第 6 章）。尽管皮亚杰进行了富有洞察力的开创性观察，但近期研究表明，皮亚杰在某些方面低估了儿童的能力。

以皮亚杰关于"学龄前儿童如何理解数"的观点为例，他主张学龄前儿童的思维存在严重的缺陷，他们难以理解守恒和可逆性（理解转变是可逆的，从而使事物能够回到其初始状态）的概念。然而，近期更多的研究得出了其他结论。例如，发展心理学家罗切尔·戈尔曼（Rochel Gelman）发现，当一行的动物玩具个数为 2 个或 3 个时，3 岁的儿童不会因为玩具的间距长短，就说错玩具的个数。大一些的儿童能够辨别数字大小，完成涉及加减法的任务（McNeil et al.，2011；Brandone et al.，2012；Dietrich et al.，2016）。

基于这些证据，戈尔曼认为儿童天生具有数数能力，这一能力被一些学者认为是普遍的且由遗传决定，就像语言能力那样。这一结论显然与皮亚杰的观点不符。皮亚杰认为，儿童的数学能力在前运算阶段结束后才会快速发展。

一些发展心理学家（尤其是那些支持信息加工理论的人）认为，认知技能以一种更为连续的方式发展。他们认为，发展从本质上更倾向于量变，即逐步的提高，而并不像皮亚杰所主张的那样产生质变。在那些皮亚杰理论的批评者看来，随着年龄的增长，产生认知技能的潜在加工过程只是经历着小幅的改变。

皮亚杰的认知发展观点还面临着进一步的困难。皮亚杰认为，直到前运算阶段结束，甚至更晚时，儿童才掌握守恒原则。然而，这个说法没能经得起严谨的实验检验。儿童通过一定的训练和经历便能学会正确回答守恒任务的问题。皮亚杰认为，学龄前儿童尚未达到足够的认知成熟度以理解守恒，而儿童在守恒任务上的精彩表现挑战了皮亚杰的这一观点（Ping & Goldin-Meadow，2008）。

显然，儿童早期具备的能力超出了皮亚杰的预期。为什么皮亚杰会低估儿童的认知能力？一个原因是皮亚杰在询问儿童时采用了过难的语言，以致儿童的回答不能反映其真实的技能水平。此外，皮亚杰倾向于关注学龄前儿童在思维上的缺陷，将他的观察集中于儿童逻辑思维的不足。通过更多地聚焦于儿童的能力，现在的理论家找到了越来越多的证据来证明学龄前儿童的惊人能力。

认知发展的信息加工理论

甚至在成年后，帕科对他的第一次农场之旅仍记忆犹新。那时他才 3 岁，他去看望生活在波多黎各的祖父，两人来到了附近的一所农场。帕科叙述了他所见的上百只鸡，还清晰地回想起他很害怕那些看起来很大、臭臭的猪。此外，他对和祖父骑马时的那种兴奋之情印象深刻。

帕科对他的农场之行记忆犹新，这个事实并不令人诧异：许多人都有着清晰的、看似准确的记忆，这些记忆可以追溯至 3 岁时。学龄前期记忆形成的过程和长大之后记忆形成的过程是类似的吗？更宽泛地说，学龄前期的信息加工发生了什么一般性的变化吗？

信息加工理论关注儿童在处理问题时使用的"心理程序"的变化。信息加工理论指出，学龄前儿童认知能力上的变化，就像是计算机程序随着程序员基于经验的改进而越发地精妙一样。事实上，许多儿童发展心理学家认为，信息加工理论代表了有关儿童认知发展的主导的、综合的、准确的解释（Lacerda, von Hofsten, & Heimann, 2001）。

我们将讨论信息加工理论关注的两个领域：学龄前儿童对数的理解和记忆的发展。

学龄前儿童对数的理解

批评者在皮亚杰理论中注意到的瑕疵之一在于，学龄前儿童对数的理解比皮亚杰所想的要好得多。持有信息加工理论的研究者已经发现了越来越多的证据，支持学龄前儿童具有良好的数理解能力。在一般情况下，学龄前儿童不仅能数数，而且能够以一种相当系统且一致的方式进行（Siegler, 1998）。

学龄前儿童在数数时会遵循一些数字法则。当研究者给他们呈现一组物品时，他们知道应该给每个物品分配一个数字，并且每个物品只分配一个数字。此外，即便他们使用的数字与物品个数不符，他们仍会用这个数字来指代该物品。例如，当一个4岁儿童数面前的3个物品时，他会将这3个物品分别配有数字"1、3、7"，对于另外3件物品仍分别配有数字"1、3、7"；当他被问到这组物品（3个）有多少个时，他可能会说有7个（Le Corre & Carey, 2007；Slusser, Ditta, & Sarnecka, 2013；Xu & LeFevre, 2016）。

简而言之，虽然学龄前儿童展现出的数理解能力并不完全准确，但他们的这种能力仍令人惊讶。尽管如此，在4岁左右，大多数儿童能够通过数数完成简单的加减法，并且能够相当成功地对不同的数量进行比较（Gilmore & Spelke, 2008）。

记忆：回忆过去

请回想你自己最早的记忆。如果你像帕科或者大多数人一样，你能想到的记忆很可能属于3岁以后发生的事件。**自传体记忆**（autobiographical memory）是指对自己生活中特定事件的记忆，在3岁以后才有一定的准确性，而其准确性在随后的整个学龄前期逐步而缓慢地提高（Reese & Newcombe, 2007；Wang, 2008；Bohn & Bernsten, 2011）。

学龄前儿童回忆发生在自己身上的事件有时是准确的。例如，3岁儿童能够很好地记得日常事件的要素，例如在饭店吃饭发生的事件的顺序。此外，学龄前儿童对于开放性问题（例如，你在游乐园最喜

欢骑什么）的回答尤为准确（Pathman et al., 2013；Valentino et al., 2014；McDonnell et al., 2016）。

儿童对这一事件的记忆在将来会有多详细和准确？

学龄前儿童记忆的准确性部分取决于记忆是何时得到评估的。一个事件除非特别生动鲜活或富有意义，否则不大会被记住。并非所有自传体记忆都会保留到日后的生活中，例如，一名儿童在幼儿园入园后的6～12个月内可能还记得第一天入园的场景，而在后来的生活中却完全没有印象了。

记忆同样受到文化因素的影响。例如，中国大学生对于童年早期的记忆可能带有较少的情感色彩，其记忆内容更多是有关自己社会角色的活动，例如在自家商店帮忙；美国大学生的早期记忆则在情感上更为详尽，并且更关注特殊事件，例如弟弟妹妹的出生（Peterson, Wang, & Hou, 2009；Stevenson, Heiser, & Resing, 2016）。

学龄前儿童的自传体记忆不仅会消退，记忆内容还可能不完全准确。例如，如果一件事经常发生，例如去杂货店，学龄前儿童可能很难记得事件发生的某个特定时间。学龄前儿童关于熟悉事件的记忆常常被组织为**脚本**（scripts），即事件及其发生顺序在记忆中的概括性表征。

例如，当一个年幼的学龄前儿童回忆饭店进餐过程时，他得出的脚本可能是：和服务员谈话，得到食物，进餐。随着年龄的增长，这个脚本变得更加详细：进入车里，在饭店就座，选择食物，点菜，等待菜肴，进餐，点甜点，付账。频繁重复的事件被纳入脚本。与没有脚本的事件相比，学龄前儿童在回忆有脚本的事件时，其回忆内容的准确性更低（Fivush,

Kuebli，& Clubb，1992；Sutherland，Pipe，& Schick，2003）。

为什么学龄前儿童的自传体记忆会是不完全准确的？由于学龄前儿童在描述某些信息（例如，复杂的因果关系）时存在困难，他们可能将回忆过于简化了。例如，一名目击了祖父母争论的儿童，可能仅仅记得祖母从祖父那儿把蛋糕拿走了，而不记得祖父母关于祖父体重和胆固醇的讨论（祖母拿走蛋糕的原因）。学龄前儿童的记忆容易受到他人暗示的影响。当儿童被要求为法律事件（例如虐待等）作证时，这个问题尤为值得关注。

司法发展心理学：将儿童发展带入法庭

我正看着捕鼠器，然后不知怎么我的手指就被夹住了……我们家之所以有个捕鼠器，是因为家里有只老鼠……捕鼠器放在地下室，挨着木柴……当时，我正在玩一个叫"演习"（operation）的游戏，然后我下楼对爸爸说："我想吃午饭。"后来，我的手指被捕鼠器夹住了……爸爸在地下室收集木柴……昨天，（我的哥哥）推了我……老鼠昨天在我的房间里。我的手指昨天被夹住了。我昨天去了医院（Ceci & Bruck，1993，p. A23）。

尽管这名 4 岁儿童对自己关于捕鼠器的遭遇以及随后的医院之旅做出了详细的说明，但问题在于，这一事故从未发生过，他的记忆全是假的。之所以会出现这种现象，是因为这名儿童参与了一项关于儿童记忆的研究。在连续 11 周里，每周都有人问这名 4 岁儿童："你去了医院，因为你的手指被捕鼠器夹住了。这件事情在你身上发生过吗？"

在第 1 周，这名儿童相当准确地说："没有，我从来没去过医院。"但是第 2 周，答案变成"是的，我哭了"。第 3 周时，这名儿童说："是的，妈妈和我一起去了医院。"在第 11 周时，他的回答扩展成了上文所述的那样（Bruck & Ceci，2004；Powell，Wright，& Hughes-Scholes，2011）。

这一引诱儿童产生错误记忆的研究属于一个新兴且快速发展的研究领域：司法发展心理学。司法发展心理学关注儿童在司法系统情境下自传体记忆的可靠性，主要考虑儿童回忆生活事件的能力及其作为目击者或受害者时呈堂证供的可靠性（Bruck & Ceci，2004；Goodman，2006；McAuliff & Kovera，2012）。

对幼儿园教师凯利·迈克尔斯（Kelly Michaels）性骚扰数名学龄前儿童的定罪，可能是对儿童进行诱导性提问的结果。

幼儿的记忆脆弱、易感、不准确，对完全虚假的事件进行润色是幼儿记忆的特点。幼儿可能会产生错误的回忆，笃定发生了并未真正发生过的事件，并忘掉真正发生过的事件。

儿童的记忆很容易受到成人提问中暗示的影响，这一点在学龄前儿童身上尤为明显，他们比成人或学龄儿童更易受到暗示的影响。学龄前儿童更倾向于对他人行为背后的原因做出不准确的推论，更难基于他们对情境的知识得出恰当的结论（例如，"他在哭，因为他不喜欢那个三明治"）（Goodman & Melinder，2007；Havard & Melon，2013；Otagaar，Howe，& Muris，2017）。

当然，学龄前儿童能够准确回忆许多事情，例如 3 岁儿童能不失真地回忆起他们生活中的一些事件。然而，并非所有回忆都是准确的，一些看上去准确的事件事实上从未发生过。

当同一个问题被反复问起时，儿童的错误率将会提高。错误记忆实际上可能比真实记忆更持久。此外，当问题具有很高的暗示性时（例如，当提问者试图引导一个人得出特定结论时），儿童在回忆时更倾向于出错（Loftus & Bernstein，2005；Goodman & Quas，2008；Boseovski，2012）。

如何才能使儿童在接受询问时给出最准确的回忆？方法之一是在事发后尽快询问他们。真实事件与询问的间隔时间越久，儿童的回忆越不牢靠。此外，特殊疑问句回答起来（你是跟布莱恩一起下楼的吗）比一般疑问句（你和谁一起下楼）更容易让儿童得出准确的回忆。在法庭之外展开询问是更可取的方式，因为法庭的环境可能令儿童感到恐惧（Ceci & Bruck, 2007；Hanna et al., 2013；见表 9-1）。

表 9-1 引导儿童准确回忆

推荐做法
装聋作哑
访谈者：现在我对你更了解一些了，告诉我，你今天为什么在这儿？
询问跟进问题
儿童：鲍勃摸我的私处。
访谈者：告诉我有关的一切。
鼓励儿童描述事件
访谈者：告诉我，你在鲍勃的房子里发生的所有事。
避免表现出访谈者期望某种特定事件的描述
避免提供奖励或表达不赞成

资料来源：Poole, D. A., & Lamb, M. E. (1998). Investigative interviews of children: A guide for helping professionals. Washington, DC: American Psychological Association.

评价信息加工理论

根据信息加工理论的观点，认知发展包括人们知觉、理解和记忆信息方式的逐渐改进。随着年龄的增长和练习的增加，学龄前儿童的信息加工更加高效和熟练，能够处理越来越复杂的问题。在信息加工理论的提倡者眼中，正是这些信息加工过程中量的进步，而非皮亚杰所提的质变，形成了认知的发展（Zhe & Siegler, 2000；Rose, Feldman, & Jankowski, 2009）。

对于信息加工理论的支持者来说，这一理论最大的特点在于，它依赖于定义清晰的过程，并且这些过程能够通过相对严谨的研究进行检验。信息加工理论并非建立在相对模糊的概念（比如皮亚杰的同化和顺应）上，而是提供了一套综合而富有逻辑性的概念。

随着学龄前儿童年龄的增长，他们具有了更大的注意广度，能够更有效地监控和计划他们所关注的事务，并开始逐渐意识到他们认知的局限性。这些进步可能源于大脑的发展。这种增长的注意广度为皮亚杰的某些发现提供了新的解释。例如，注意力的提高使得年长儿童能够同时关注高杯子和矮杯子的高度和宽度，从而理解当液体在两个杯子间倒来倒去时，量保持不变。相比之下，学龄前儿童不能同时注意到所有维度，没有理解守恒（Miller & Seier, 1994；Hudson, Sosa, & Shapiro, 1997）。

信息加工理论的支持者成功地解释了一些重要的认知过程，而这些过程通常被其他理论所忽视，例如记忆和注意等心理技能对儿童思维的贡献。他们认为，信息加工理论为认知发展提供了一个清晰的、逻辑化的、完整的解释。

然而，也有一部分人对信息加工理论持批评态度。其中，一个重要的批评在于，该理论关注一系列单一的、个体的认知过程，忽视一些影响认知的重要因素，例如忽视社会和文化因素。

另一个更重要的批评在于，信息加工理论"只见树木，不见森林"。换言之，信息加工理论过于关注构成认知加工及发展的细节的、个别的加工过程序列，以至于从来没有对认知发展形成足够整体和综合的理解——在这一点上，皮亚杰无疑做得相当不错。

持信息加工理论的发展心理学家回应了这些批评，声称他们的认知发展模型经过了精确的阐述，能引导出可验证的假设，因而存在优势。他们还辩称，支持信息加工理论的研究远比支持其他认知发展理论的多，信息加工理论更为准确地阐释了认知发展。

信息加工理论在过去的数十年中非常具有影响力，启发了大量的认知发展研究，由此帮助我们更深刻地理解儿童的发展。

维果斯基的认知发展观点：考虑文化的作用

在奇尔科廷部落，一位母亲在女儿的注视下，正为晚餐烹饪一条鲑鱼。当女儿对过程中的一个小细节提出疑问时，这位母亲取出了另一条鲑鱼并重复了整个烹饪过程。依照该部落的观点，儿童只有理解了整个过程才能真正学会该流程，而非只学习它的一部分。

奇尔科廷部落关于儿童如何了解世界的观点与西方社会的普遍观点不同，后者假定个体只有分别掌握过程的各个部分才能获得对过程的完全理解。特定文化和社会解决问题的差异会影响认知发展吗？根据发展心理学家列夫·维果斯基（Lev Vygotsky, 1896—1934）的观点，答案是肯定的。

维果斯基把认知发展看作社会交互的产物。他认为，通过有指导的参与，或是与指导者一起工作，儿童能够学习解决问题的方式。虽然维果斯基的观点目前越来越具有影响力，但它不像皮亚杰理论或很多其他观点那样强调个体的表现，而是关注发展和学习的社会性方面。

维果斯基认为，作为学徒，儿童从成人和同伴指导者那里学习认知策略和其他技能；成人与同伴指导者不仅展示新的解决问题的方式，而且提供帮助、指导和动机。因此，他聚焦于儿童所处的社会和文化世界，并将其作为认知发展的源泉。根据维果斯基的观点，儿童在成人和同伴的帮助下逐渐变得聪明起来，并开始自己解决问题（Vygotsky，1926/1997；Tudge & Scrimsher，2003）。

维果斯基认为，发展中的儿童与成人及同伴间的关系在很大程度上取决于文化和社会因素。例如，文化和社会建立幼儿园和托儿所等公共机构，这些机构通过提供认知成长的机会来促进儿童的发展。此外，通过强调特定任务，文化和社会塑造了特定的认知进步的本质。除非我们注意到对一个特定社会的成员而言什么是重要的和有意义的，否则我们可能会严重低估个体最终所能获得的认知能力的实质和水平（Balakrishnan & Claiborne，2012；Nagahashi，2013；Veraksa et al.，2016）。

从教育工作者的视角看问题

如果儿童的认知发展依赖于与他人的交互，社会对幼儿园和社区等社会环境具有怎样的义务？

举例而言，儿童的玩具能够反映出特定社会中什么是重要和有意义的。在西方社会，学龄前儿童通常会玩玩具马车、汽车或其他交通工具，这在某种程度上反映了文化的流动性本质。

性别的社会期待同样在儿童对世界的了解中扮演了重要的角色。例如，一项在科技博物馆进行的研究发现，父母在博物馆展览中更多地向男孩而非女孩做出详细的科学解释。在解释水平上的这一差异可能导致男孩对科学产生更复杂和精细的理解，并最终导致日后学习科学时的性别差异（Crowley et al.，2001）。

因此，维果斯基与皮亚杰有很大不同。皮亚杰把

发展中的儿童视作小科学家，通过自身的努力发展出对世界的独立理解；维果斯基则把儿童看作认知学徒，从高明的老师那里学习文化中的重要技能。皮亚杰看到的学龄前儿童是自我中心的，只能从自己有限的视角考虑世界；维果斯基看到的学龄前儿童能够通过他人来了解世界。

发展心理学家列夫·维果斯基提出，认知发展研究应该聚焦于个体所处的社会和文化世界。这与皮亚杰的观点相违背，后者认为认知发展研究更应关注个体的表现。

因此，在维果斯基的观点中，儿童的认知发展依赖于同他人的互动。他主张儿童只有通过与他人（同伴、父母、老师或其他成人）的伙伴关系才能充分发展他们的知识、思维、信念和价值观（Fernyhough，1997；Edwards，2004）。

最近发展区和脚手架：认知发展的基础

维果斯基提出，通过接触能够引发自身兴趣且不难以处理的新信息，儿童能够有提高其认知能力。他认为，最近发展区（zone of proximal development, ZPD）是指在一定的水平范围内，儿童几乎能够却又不足以完全独立完成某一任务，需要在更有能力的人的帮助下完成该任务。当在最近发展区之内给予恰当的指导时，儿童便能够增进理解并掌握新的任务。因此，为了促进儿童的认知发展，就必须由父母、教师或者能力更强的同伴在其最近发展区内提供新信息。例如，一个学龄前儿童自己可能不知道如何把一个

小把手粘在他做的泥锅上，而在看护老师的指导下，他就能做到这一点（Zuchkerman & Shenfield，2007；Norton & D'Ambrosio，2008；Warford，2011）。

最近发展区的概念表明，即使两个儿童在没有他人帮助的情况下能够做到同样的程度，如果某个孩子获得了他人的帮助，他就有可能比另一个孩子取得更大的进步。在他人帮助下取得的进步越大，最近发展区就越大。

他人提供的协助或扶持被称为脚手架（scaffolding），它是指在学习和问题解决中对儿童的独立和成长起到鼓励作用的支持（Puntambekar & Hübscher，2005；Blewitt et al.，2009；Jadallah et al.，2011）。

对维果斯基而言，脚手架不仅能帮助儿童解决特定的问题，而且能够促进儿童整体认知能力的发展。在建筑设计领域，"脚手架"是指建筑在建设过程中的辅助结构，在施工完成后将被移除。在教育领域中，脚手架涉及帮助儿童以适当的方式思考和界定任务。此外，父母或教师应为儿童提供适合其发展水平的线索，帮助儿童完成任务，塑造能够有助于任务完成的行为。更有能力的人通过提供这类支持来帮助儿童完成特定任务，而一旦儿童能够独立地解决问题他们就会将脚手架移除（Taumoepeau & Ruffman，2008；Eitel et al.，2013；Leonard & Higson，2014；Muhonen et al.，2016）。

为了举例说明脚手架是怎样起作用的，请思考发生在母子间的如下对话：

母：还记得你以前怎样帮我做曲奇饼干吗？

子：不记得。

母：我们做好面团，然后把它放进烤炉，记得吗？

子：之前奶奶来的时候，我们做过曲奇饼干？

母：是的，没错。你能帮我把面团弄成曲奇饼干的形状吗？

子：好的。

母：你还记得奶奶在的那次我们做的曲奇饼干有多大吗？

子：很大。

母：没错。你能向我展示一下有多大吗？

子：我们用了大木勺。

母：好孩子，就是这样。我们用了大木勺，然后我们做出了大曲奇饼干。不过，今天让我们试试别的，用雪糕勺来做曲奇饼干吧！

尽管这段对话并不十分复杂，但它蕴含了脚手架的运用技巧。母亲正在支持儿子的努力，并让儿子以对话的方式回应。在这一过程中，她不仅通过使用不同的工具（用雪糕勺代替大木勺）拓展了儿子的能力，还示范了一些语言沟通技巧。

在某些社会中，家长对学习的支持因性别而异。在一项研究中，墨西哥的母亲比父亲提供更多的脚手架。一个可能的解释是墨西哥的母亲比父亲更关注孩子的认知能力（Tenenbaum & Leaper，1998；Tamis-LeMonda & Cabrera，2002）。

在更有能力的人为学习者提供的帮助中，一个重要方面是以文化工具的形式呈现的。文化工具可以是现实的、实在的事物（例如铅笔、纸、计算器、计算机等），也可以是一种解决问题的智力性和概念性的框架。这种学习者所获得的智力性和概念性的框架包括在某种文化中使用的语言系统、字母和数字系统、数学和科学系统，甚至是宗教系统。这些文化工具提供了一定的结构来帮助儿童定义和解决特定的问题，并提供了智力角度的观点来鼓励认知发展。

在人们谈论距离时的差异体现了其文化工具的差异。在美国的城市中，距离通常以"街区"（block）为单位（例如，"商店离这儿约有 15 个街区的距离"）。然而，对一个有乡村背景的孩子来说，"街区"这一计量单位没有意义，更有意义的单位可以是英里，或经验法则（例如，"抛出一个石头那么远"），或参照其他已知的距离和地标（例如，"大约是到城里距离的一半"）。更复杂的是，"多远"这个问题有时不以距离而是以时间来回答（例如，"从这儿到商店大约是 15 分钟的路程"），而这也依赖于情境，根据所指的是步行还是乘车（考虑乘车形式）还会有不同的理解。一些儿童会把"乘车"（ride）理解为"乘牛车"，而另一些儿童会把"乘车"理解为骑自行车、乘公共汽车、坐独木舟、乘小汽车等，这些理解同样依赖于儿童所处的文化情境。在儿童解决问题和完成任务时，可用文化工具的性质在很大程度上依赖于他们所处的文化。

评价维果斯基的贡献

维果斯基认为，特定的认知发展本质只有在将文化和社会因素纳入考虑后才能被理解。在过去 10 年里，维果斯基的这一观点越来越流行。从某种意义上说，这个现象令人吃惊，毕竟 80 多年前维果斯基就已英年早逝（Winsler，2003；Gredler & Shield，2008）。

几个因素可以用来解释维果斯基观点日益扩大的影响力。其中之一是他直到近年才被发展心理学家所认识。随着好的英语译者越来越多，他的著作现今才开始在美国广为传播。事实上，在 20 世纪的大部分时间里，维果斯基即使在他的祖国也并不广为人知。维果斯基长期隐藏在他的发展心理学同道身后，直到去世多年后才走到台前（Wertsch，2008）。

然而，更重要的是维果斯基观点的价值和意义。是维果斯基提出了一个一致的理论系统，这有助于解释社会互动在促进认知发展中的重要性。儿童对世界的理解是他们与父母、同伴和其他社会成员互动的结果，这一思想也得到了很多研究的支持。这与大量多元文化和跨文化研究结果相一致，这些研究结果指明，认知的发展部分是由文化因素塑造而成的（Hedegaard & Fleer，2013；Friedrich，2014；Yasnitsky，2016）。

当然，维果斯基理论的每个方面并非都得到了支持，他因对认知发展缺乏精确的概念界定而受到批评。例如，他提出的一些概念（例如最近发展区）过于宽泛，难以精确界定，难以用实验进行验证（Wertsch，1999；Daniels，2006）。

此外，维果斯基没有说明基本的认知过程（例如注意和记忆等）是如何发展的，也没有解释儿童先天认知能力的展现。由于其重点在于广泛的文化影响，他没有关注单个的细小信息是如何得到加工和合成的。这些过程是我们要完全理解认知发展所必须考虑的，而信息加工理论更直接地解释了这些过程。

虽然如此，维果斯基对于儿童认知世界和社会世界的融合是我们理解认知发展的一项重要进步。我

们只能想象，假如他更长寿将会有怎样的影响力。表 9-2 展示了皮亚杰理论、信息加工理论和维果斯基观点之间在认知发展方面的区别。

语言的发展

3 岁的蒂米说：

这辆卡车是红色的，我很喜欢它。

卡车被凯文弄到了泥巴里，整个卡车变得脏兮兮的。

在我摔倒的时候，爸爸过来把我拉了起来。

我不知道有些狗能够浮在水里游动。

你把我午睡用的绿色大毛毯放在哪了？

约翰逊夫人把曲奇饼干放在了袋子里，袋子在高高的架子上。

把它给我，直到我进去前，我都可以替你保管它。

如果你想和我玩"交通道路"的游戏，那么请带着你自己的玩具车。

当我长大后，我会拥有一辆可以开的大卡车，还有很多玩具、衣服和椅子给妈妈们分给她们的孩子。

除了认识字母表中的大多数字母，写自己名字的首字母以及单词"hi"外，蒂米已经能够轻易地说出上述这些复杂句了。

在学龄前期，儿童的语言能力在复杂性上达到了新的高度。虽然他们在这一时期开始就具有了一定的语言能力，但在语言的理解和生成上还存在显著的差距。事实上，没有人会将 3 岁儿童的话误认为出自成人之口。然而到学龄前期结束时，在语言的理解或是生成上，儿童都能够达到成人的水平。这些转变是如

表 9-2　比较皮亚杰理论、信息加工理论和维果斯基观点对认知发展的解释

	皮亚杰理论	信息加工理论	维果斯基观点
关键概念	认知发展的阶段；阶段间的质变	注意、知觉、理解和记忆的逐渐量变	文化和社会情境驱动认知发展
阶段的作用	重中之重	没有明确的阶段	没有明确的阶段
社会因素的重要性	低	低	高
教育观点	儿童必须达到特定的发展阶段，特定类型的教育干预才有效	教育反映在技能的逐步增加上	教育对于促进认知成长极具影响力；教师起到了促进者的作用

何发生的呢?

学龄前期的语言发展

语言在 2 岁末至 3 岁半间发展得如此之快,以至于研究者尚未了解其确切的模式。已经明确的是,句子的长度稳步增长,而这一年龄段的儿童掌握的句法数量按月加倍递增。句法(syntax)是指把单词和短语组成句子的方式。到儿童 3 岁时,各式组合已经达到了上千种(Pinker, 2005;Rowland, & Noble, 2011)。

除句子复杂性不断增长之外,儿童使用的单词数量也会出现巨大的飞跃。6 岁儿童的平均单词量在 14 000 个左右——要达到这一数量,按每天 24 个小时计算,学龄前儿童几乎每 2 个小时就学会 1 个新词。他们通过一个被称作快速映射(fast mapping)的过程实现这一壮举。在快速映射的过程中,儿童能迅速将新单词与其意义联系在一起(Kan & Kohnert, 2009;Marinellie & Kneile, 2012;Venker, Kover, & Weismer, 2016)。

3 岁时,学龄前儿童按照常规使用名词的复数形式和所有格形式(例如"boys"和"boy's")、过去式(在动词后面加"-ed"等)和冠词("the"和"a"等)。他们能够提出和回答复杂疑问句(例如,"你说我的书在哪里"和"那些是卡车,对吗")。

学龄前儿童的技能拓展到了他们从未遇到过的单词的合适形式上。例如,在一个经典实验中,学龄前儿童看到一些画有卡通鸟的卡片(Berko, 1958;见图 9-5)。首先,实验者指着某一图案告诉儿童:"这里有一个 wug。"其次,实验者给儿童看一张有两个这种图案的卡片,给他们一个句子("这里有两个_____"),并且让他们填上缺失的单词。

儿童不仅表现出对名词复数形式这一规则的理解,而且能够理解名词的所有格和第三人称单数形式,以及动词的过去式——这些单词都是他们过去未曾接触过的,它们都是无意义的假词(O'Grady & Aitchison, 2005)。

在习得了语法规则后,学龄前儿童还懂得了什么是不能说的。语法(grammar)是语言如何表达我们思维的规则系统。语法是一个广泛的概括性的术语,包含句法和其他的语用规则。例如,学龄前儿童开始明白"I am sitting"是正确的,而相似的结

这是一个 wug。

现在,这里又有了另一个,
所以就有了两个。
那么,这里有两个_____。

图 9-5　单词的恰当形式

尽管没有哪个学龄前儿童之前曾经遇到过一个"wug",他们却能够在空白处填上适当的单词("wugs")。

资料来源:Adapted from Berko, J. (1958). The child's learning of English morphology. Word, vol. 14, 150-177.

构"I am knowing that"是不正确的。尽管 3 岁儿童会常常犯这样或那样的错误,但大多数时候他们还是遵循语法规则的。学龄前儿童很少犯明显的错误(例如"mens"和"catched"),出现这类错误的概率只有 1‰ ~ 8%。换句话说,学龄前儿童的语法结构在 90% 的时间里都是正确的(Pinker, 1994;Guasti, 2002)。

一些发展心理学家认为自言自语(private speech),即儿童所说的指向自己的语言,具有重要的作用。它是一种非常普遍的行为:即使只和学龄前儿童做一次短暂的接触,你也很可能注意到一些儿童在玩耍时会自言自语。一个儿童可能一边玩着玩偶,一边说他要带玩偶去商店。另一个儿童可能在玩小赛车时谈到说着一场即将来临的比赛。在一些例子中,这种对话是不间断的,比如一个儿童在玩拼图时可能会说这样的话:"这块放这里……哎呀,这块不合适……我该把它放哪呢? ……不能这样放。"

维果斯基认为,自言自语可用于指导儿童的行为和思想。通过以自言自语的方式与自己交流,儿童能够说出自己的想法,并且回应自己。从这个角度来说,自言自语促进儿童的思维,有助于他们对自己行为的控制。你在试图控制自己怒气的情境下对自己说过"放轻松"或"冷静"吗?在维果斯基的观点中,

自言自语具有重要的社会功能，使儿童能够解决问题并反思所遇到的困难。他认为，自言自语是内心对话的前身，当我们在思考中进行自我推理时会进行内心对话（Al-Namlah，Meins，& Fernyhough，2012；McGonigle-Chalmers，Slater，& Smith，2014）。

此外，自言自语可能是儿童练习交谈所需技能的一种方式，这种实践技能被称作"语用"。**语用**（pragmatics）是语言的一个方面，涉及与他人进行有效和适当的交流。语用能力的发展能使儿童理解交流的基础——轮流表达、贴合主题以及社会习俗规定的"什么该说，什么不该说"。儿童被教导收到礼物时适宜的回答是"谢谢"，或是在不同场合下（在操场跟朋友玩，或和老师在教室里）使用不同语言，他们就

是在学习如何使用语言。

社会性语言在学龄前期有很大的发展。**社会性语言**（social speech）是指向他人并以使他人明白为目的的言语。在 3 岁以前，儿童说话仿佛只是自娱自乐，似乎并不关心别人是否能够明白。然而在学龄前期，儿童开始将他们的言语指向他人，希望他人倾听，并在他人无法理解时感到沮丧。因此，他们开始通过语用调整自己的言语以便他人理解。皮亚杰认为，大多数前运算阶段的言语都是自我中心的——学龄前儿童不怎么考虑自己的言语对他人的影响。然而，更近期的实验证据表明，和皮亚杰当初所认为的相比，儿童会更多地考虑他人。

从研究到实践

用手书写如何刺激大脑的发展

你是那种随身携带笔记本电脑或其他移动设备，并通过打字记录所有东西（包括你的课堂笔记）的学生吗？或者你可能更喜欢手写笔记，因为你觉得用这种方式自己能学习得更好？日益发达的数字化社会给学校带来了压力，迫使学生们开始在更小的时候学习键盘的使用技能，甚至到了书写被完全搁置的地步。这种现象很可能潜藏着一些问题。因为研究表明，书写学习在儿童的认知发展中起着重要的作用。

在近期的一项研究中，研究者向还没有学会读书或写字的 5 岁孩子展示一封信，并要求他们复制这封信。第一组孩子被要求在一张白纸上用手写的方式复制这封信。第二组孩子被要求描绘这封信中字母的虚线轮廓线。第三组孩子被要求通过键盘打字输入这封信。然后，所有的孩子会再次看到他们刚刚复制的那封信的图像，并同时进行 fMRI 扫描（该扫描会显示大脑的哪些区域当前处于活动状态）。

fMRI 扫描结果揭示了采用不同方式复制信的儿童之间的差异。在采用书写方式的孩子的大脑中，与成人阅读和写作相关的三个区域的激活增加。对于采用键盘输入的孩子和描绘信的轮廓的孩子，在他们的大脑区域并没有发生同样的激活。这些结果表明，用手写作会使大脑发生变化，而打字（或描绘轮廓）就不会使大脑发生变化。研究人员推测，当个体在没有他人帮助的情况下，复制字母形状时，大脑会发挥十分重

要的作用，它需要仔细关注字母的形状以及写出字母所需的步骤，并对动作进行规划（James & Engelhardt，2012）。

也许最重要的是，书写字母要求容忍字母外观的可变性。毕竟，你的 g 与你朋友的 g 不同，而且它们中的任何一个都可能与敲打键盘产生的 g 完全不同。努力写出你自己风格的字母，并经常使它们看起来不那么工整，可能会帮助你更准确地识别字母，即使这些字母的来源不同，书写形式各异。仅仅学习识别印在键盘上的字母形状并不是那么有用的，因为它们是永远不会变化的。

研究表明，印刷、用手书写和打字与幼儿大脑活动的不同模式有关。在这项研究中，和通过打字来构思写作的孩子相比，当孩子亲手写下他们的想法时，他们写的想法更多、更丰富。当他们考虑撰写主题时进行 fMRI 扫描，那些书写技巧更好的儿童在与记忆、阅读和写作相关的脑区表现出更强的激活。这样看来，学会用手书写似乎能训练孩子的大脑更好地思考写作（Berninger et al.，2006）。

- 为什么描绘字母的虚线轮廓并不会产生与直接用手书写字母相同的学习效果？
- 如果你是幼儿的父母或教师，那么你会如何应用这些研究发现来帮助你的孩子或学生更好地学习阅读和写作？

贫穷生活如何影响语言发展

根据心理学家贝蒂·哈特（Betty Hart）和托德·里斯利（Todd Risley）的里程碑式的系列研究，学龄前儿童在家中听到的语言对其将来的认知成就具有复杂的影响（Hart & Risley，1995；Hart，2000，2004）。研究者在两年的时间中研究了一群不同经济水平的家长在与子女交流时所使用的语言。他们对大约1 300个小时的日常亲子互动进行了考察，得到了几个主要的发现。

- 父母越富裕，他们与子女说的话越多。儿童单位时间接受的语言显著地取决于家庭经济状况（见图9-6）。
- 在每个小时中，专业人员家长（professional parents）与子女互动的时间是接受社会救济的家长（welfare parents）的2倍。
- 到4岁时，相比那些被划分为专业人员的家庭，接受社会救济家庭中的儿童大约少接触1 300万个单词。
- 在家中使用的语言因家庭类型而不同。接受社会救济家庭中的儿童听到的禁令（例如"不"或"停下"）是专业人员家庭的儿童的2倍。

研究发现，儿童接触语言的类型与其智力测验的表现相关联。比如，儿童听到的单词的数量和种类越多，他们3岁时在各类智力成就测量中表现得越好。

从社会工作者的视角看问题

你认为，造成贫困和富裕家庭语言使用差异的潜在原因是什么？这些语言上的差异如何影响一个家庭的社会互动？

尽管这些发现都只是相关研究，因而无法按因果关系来解释，但它们还是清晰地表明了早期语言接

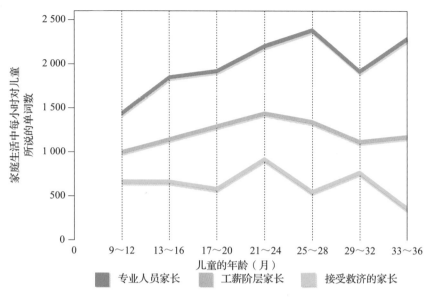

图9-6 不同的语言接触

不同经济水平的家长为儿童提供不同的语言经验。专业人员家长和工薪阶层家长对儿童说的单词通常比接受社会救济的家长更多。你认为，这是为什么？

资料来源：Hart, B., & Risley, T. R. (1995). Meaningful differences in the everyday experience of young American children. Baltimore, MD: Paul Brookes. p. 239.

触的重要性，不管是在质量上还是数量上。研究表明，教父母如何更频繁地使用更丰富的语言与子女交谈的干预程序有助于缓解一部分由贫困带来的潜在损害。

越来越多的证据发现，家庭收入和贫困对于儿童的一般认知能力的发展和行为具有很大的影响，而这与上述结果一致。到5岁时，与富裕环境下长大的儿童相比，贫困环境下长大的儿童可能有更低的IQ分数，并在其他认知发展测量中表现较差。此外，儿童在贫困环境中生活得越久，这些后果就越严重。贫困不仅减少了儿童可以获得的教育资源，还将对父母产生消极影响，限制他们对家庭提供的心理支持。简而言之，贫困的后果是严重的，而且迁延日久（Barone，2011；Leffel & Suskind，2013；Sharkins, Leger, & Ernest，2016）。

学校教育和社会

在玫瑰园舞厅，数百名年轻演员在百老汇那边排着长长的队伍。这是《芝麻街》（sesame street）有史

以来第一次为某个角色公开招募演员。这个角色是一个西班牙裔美国人，符合该节目 20 世纪 70 年代以来一直强调的文化多样性宗旨。

"我通过《芝麻街》学习英语。"其中一位候选者表示。另一位有抱负的演员补充道："当我 5 岁的时候，我是一名临时演员。我惊讶地发现，有人通过在幕后操控布偶，来展现表演艺术。现在，我想成为他们中的一员。"

当你询问学龄前儿童时，他们几乎都能认出《芝麻街》的各个角色，例如艾摩、大鸟、伯特、厄尼等。《芝麻街》是面向学龄前儿童的十分成功的电视节目，每天有数以百万计的观众观看。

然而，学龄前儿童不仅会观看电视，还会每天花很多时间待在各种儿童照护机构中——在某种程度上，这些家庭外的机构旨在促进儿童的认知发展。我们将会讨论早期儿童教育和电视等媒介是如何与学前发展相关联的。

早期儿童教育

约有 75% 的美国儿童接受家庭以外的照护，其中大多数看护或明或暗地计划教授促进智力和社会能力发展的技能（见图 9-7）。出现这种情况的一个重要原因是父母双方都在外工作的家庭越来越多。例如，父亲在外工作的比例很高，而在拥有 6 岁以下子女的女性中接近 60% 都有工作，其中多数为全职工作（Borden，1998；Tamis-LeMonda & Cabrera，2002）。

越来越多的证据表明，儿童在接受正式的学校教育前（在美国通常始于 5 ～ 6 岁），可以通过参与一些形式的教育活动得到实际的好处。这是学前学校盛行的原因。相比于待在家中并未参与学前教育的儿童，参加良好学前教育的儿童在认知和社会性方面受益明显（Campbell，Ramey，& Pungello，2002；Friedman，2004；National Institute of Child Health and Human Development，2005）。

早期教育的可选种类很多。一些家庭外的儿童照护人员和临时保姆没什么两样，另一些则着眼于促进儿童的智力和社会性发展。后者主要来自如下机构。

- **儿童照护中心**。在家长工作时，儿童照护中心的人员为儿童提供全天的照护服务。儿童照护中心过去被称作日托中心，然而随着更多的家长不按标准工时工作，儿童照护中心的人员有时需要在白天以外的其他时间照料孩子，因此该类机构的首选名称则被改成是儿童照护中心。尽管许多儿童照护中心创立之初意在为儿童创造安全温暖的环境，以便儿童在其中得到照顾并能够与其他儿童进行互动，但现在这类机构的目的则显得更为宽泛，它们旨在提供一些形式的智力训练。与认知的培养相比，儿童照护中心的活动目标更偏向于情绪的、社会性的培养。

- **家庭儿童照护中心**。家庭儿童照护中心是一种在私人家中运营的小型儿童照护机构，为儿童提供照护服务。因为在某些地区这类中心是无照经营的，其看护质量参差不齐，家长在为子女注册前应该考虑该家庭儿童照护中心是否具备执照。相比之下，由学校、社区中心、教堂等机构开设的中心式照护场所往往是具备执照的，并受到政府

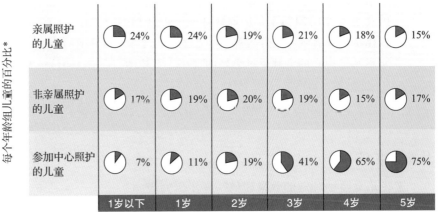

*每列加起来不等于100，因为有些儿童参加了不止一种照护方式。

图 9-7　家庭以外的照护

美国约有 75% 的儿童在家庭以外接受某种形式的照顾。这是父母全职就业的结果。有证据表明，儿童可以从早期教育中受益。照护人员可以提供什么样的角色来帮助孩子的教育发展呢？

资料来源：Child Health USA，2003.

有关部门的监管。这些儿童照护计划的教师通常比那些提供家庭儿童照护的人接受过更多的专业训练，因此照护的质量通常也更高。

- **幼儿园。** 幼儿园是明确旨在为儿童提供智力和社会性发展体验的场所，其时间安排和家庭照护中心相比受到更多限制，通常每天只提供 3～5 个小时的儿童照护。由于这些限制，幼儿园主要服务于那些社会经济地位中等及以上的家庭。因为在美国，这些家庭中的父母不需要全天工作。

    与儿童照护中心一样，各幼儿园在为儿童提供的活动上千差万别。一些强调社会技能，而另一些关注智力发展，还有一些两者兼顾。例如，蒙特梭利幼儿园采用意大利教育家玛利亚·蒙台梭利所开发的方法，使用一套精心设计的材料以创造一种通过玩耍培养儿童感觉、运动和语言等能力的环境。儿童有各式各样的活动可供选择，也可以从一项转到另一项（Gutek，2003；Greenberg，2011）。

    相似地，在瑞吉欧·艾米利亚（Reggio Emilia）幼儿园，儿童参加的"谈判课程"，强调儿童和教师的共同参与。课程建立在儿童的兴趣之上，通过综合各种艺术学习和为期 1 周的项目参与促进他们的认知发展（Rankin，2004；Paolella，2013；Mages，2016）。

- **学校儿童照护中心。** 美国的一些地方学校系统会制订儿童照护计划。针对贫困弱势儿童，美国几乎一半的州为 4 岁儿童制订了照护计划。相比于不那么规范的儿童照护中心人员，学校儿童照护中心的老师受过更好的训练。学校的儿童照护计划通常比其他早期教育计划的质量更高。

儿童照护的效果

这些儿童照护计划的效果如何？许多研究表明，进入儿童照护中心的学龄前儿童在智力发展上至少与在家中接受看护的儿童相当，甚至更好。例如，一些研究发现，与在家中接受看护的儿童相比，进入照护中心的儿童的口头表达能力、记忆力、理解能力更强，甚至有着更高的 IQ 分数。研究发现，较早和长期参与儿童照护将特别有益于来自贫困家庭或其他风险环境的儿童。一些研究甚至发现，儿童照护计划对儿童 25 年后的发展仍有积极的作用（Clarke-Stewart & Allhusen，2002；Vandell，2004；Mervis，2011a；Reynolds et al.，2011）。

儿童照护计划对儿童的社会性发展具有类似的优点。参加高质量照护的儿童比那些没有参加的儿童更加自信、独立，并且具有更多关于所处社会的知识。然而，家庭外照护的结果并不都是积极的：这些儿童缺乏对成人的礼貌、顺从和尊敬，并且有时比他们的同伴更争强好胜和富有攻击性。此外，每周在幼儿园的时间超过 10 个小时的儿童在 6 年级时出现扰乱行为的可能性要略微高一点（NICHD Early Child Care Research Network，2003a；Belsky et al.，2007；Douglass & Klerman，2012；Vivanti et al.，2014）。

从经济的视角出发，儿童照护具有一定的效果。例如，一个关于得克萨斯州幼儿园学龄前教育的研究发现，在高质量的学前计划中每投入 1 美元，就能带来 3.5 美元的效益，这些效益包括毕业率的增加、更高的收入、更少的青少年犯罪以及儿童福利成本的降低（Aguirre et al.，2006）。

需要记住的是，并非所有儿童早期照护计划都具有同等效果，正如我们在第 7 章中对婴儿照护的评论，关键因素在于计划的质量：高质量的照护能为儿童智力和社会性发展带来益处，而低质量的看护不仅不太可能提供这些益处，还有可能伤害儿童（Votruba-Drzal，Coley，& Chase-Lansdale，2004；NICHD Early Child Care Research Network，2006b；Dearing，McCartney & Taylor，2009）。

我们如何界定"高质量"？几项特征是十分重要的，包括以下内容（Vandell，Shumow，& Posner，2005；Layzer & Goodson，2006；Leach et al.，2008；Rudd，Clain，& Saxon，2008；Lloyd，2012）。

- 照护者接受过良好的训练，最好拥有学士学位。
- 儿童照护中心的规模合适，照护者与儿童的人数比例合理。一个班不应超过 14～20 个儿童，每个照护者最多照顾 5～10 个 3 岁儿童或者 7～10 个 4～5 岁儿童。
- 儿童照护中心的课程并非随意编排，而是经过教师仔细规划和协商而来的。

- 语言环境丰富，包含大量对话。
- 照护者能洞察儿童的情感需求和社交需求，并且知道何时干预，何时不干预。
- 活动适合儿童年龄。

- 活动符合基本的健康和安全标准。
- 儿童需要接受视力、听力和健康检查。
- 每天至少提供一顿饭。
- 照护者需要提供至少一项家庭支持服务。

‖ 发展多样性与你的生活 ‖

全世界各地的学龄前教育：为什么美国会落后

在法国和比利时，进入幼儿园是一项法定权利。在瑞典和芬兰，政府为工作的父母提供儿童照护服务。俄罗斯具备一套广泛的公立托儿所—幼儿园系统，75% 的 3 ～ 7 岁城市儿童参加了这一系统。

美国对学前教育或者宽泛而言对的儿童照护没有相应的国家政策，几项原因可以解释这一现象。其一，教育的决策权已经按惯例下放给了各个州和当地学区；其二，美国没有教育学龄前儿童的传统，不像其他国家数十年来儿童都会参与正式的学前计划；其三，学前教育机构在美国的地位一直比较低，例如幼儿园和托儿所的教师在所有教师中的收入最低（教师的薪水随着所教儿童年龄的增长而提高，也就是说大学和高中教师的薪水最多，而幼儿园和小学教师的薪水最少）。

根据不同社会对早期儿童教育所设定的目标，学前教育在不同国家间存在很大差异（Lamb et al., 1992）。例如，一项跨国研究发现，中国、日本、美国的父母对于幼儿园的目的有不同的看法。中国的父母倾向于认为，幼儿园的主要目的在于给孩子的学业提供良好的开端；美国的父母认为，其主要目的在于使孩子更加独立、自立，尽管良好的学业开端和集体体验同样重要（Huntsinger et al., 1997；Johnson et al., 2003；Land, Lamb, & Zheng, 2011；见图 9-8）。

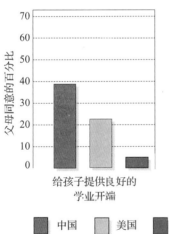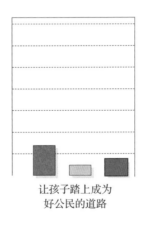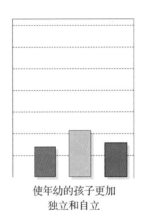

图 9-8　幼儿园的目的

中国、日本、美国的父母对于幼儿园的目的有不同的看法。中国的父母倾向于认为，幼儿园的主要目的在于给孩子的学业提供良好的开端；美国的父母认为，其主要目的在于使孩子更加独立，尽管良好的学业开端和集体体验同样重要。作为一个学前教育者，你如何解释这些看法？

资料来源：Adapted from Tobin, Wu, and Davidson (1989).

没有人知道在美国有多少儿童照护中心可以称得上"高质量"。事实上，无论是在儿童照护的质量，还是可获得性和可负担性，美国都要落后于大多数工业化国家（Zigler & Finn-Stevenson, 1995；Scarr, 1998；Muenchow & Marsland, 2007；Pianta et al., 2009）。

使学龄前儿童为学业追求做好准备：开端计划是否真的提供了有利的开端

尽管许多为学龄前儿童设计的计划主要聚焦于情绪和社会性的发展，但也有一些主要是为了促进认知发展，并为儿童在幼儿园中体验更正式的指导做准备。在美国，为促进儿童日后学业成功所设计的计划中最广为人知的就是开端计划。这一计划诞生于 20 世纪 60 年代美国向贫困宣战之际，已经服务了 1 300 万儿童及其家庭；每年有将近 100 万的 3 ～ 4 岁儿童参与开端计划。开端计划强调父母参与，意在提供"儿童的全面养育"，涵盖儿童的生理健康、自信、社会责任感，以及情绪和社会性的发展（Zigler & Styfco, 2004; Gupta et al., 2009; Zhai, Raver, & Jones, 2012）。

我们从不同的角度来看待开端计划，会得出不同的结论。如果期望这一计划能够提供长效的 IQ 增长，它无疑是令人失望的。尽管开端计划的参与者倾向于在当时表现出 IQ 增长，但这种增长并没能持续。

开端计划能促使学龄前儿童为入学做好准备。比起未加入开端计划的儿童，加入开端计划的学龄前儿童为之后的学校教育做了更充分的准备。此外，开端计划的毕业生比同龄人能够更好地适应学校，并且更少进入特殊教育班或留级。研究表明，开端计划的参与者即使在高中结束时仍能有较好的学业表现，尽管这种优势仅有中等程度（Brooks-Gunn, 2003; Kronholz, 2003; Bierman et al., 2009; Mervis, 2011b）。

在开端计划以外，其他类型的学前准备计划的优势也一直延续到学龄期。研究表明，与未参加学前准备计划的儿童相比，参加学前准备计划并成功毕业的儿童更少留级，而且完成学校教育的比例更高。学前准备计划似乎也颇具成本效益。对一个准备计划的成本效益分析发现，纳税人在学前准备计划上每花费 1 美元，在参与者 27 岁之前便能省下 7 美元（Schweinhart, Barnes, & Weikart, 1993; Gormley et al., 2005; Lee et al., 2014）。

对早期干预计划最新的综合评估表明，总体来说这些计划能够提供显著的益处，政府基金早年的投入可能带来日后成本的降低。例如，与没有参加早期干预计划的儿童相比，参与各种计划的儿童在情绪和认知发展上会获得更多的益处，拥有更好的教育成果，在经济上更自给自足，犯罪率更低，并且与健康有关的行为也会得到改进。虽然并非每个计划都能产生上述效益，也并非每个儿童都同等程度地获益，但评估结果仍然表明早期干预能够带来大量潜在益处（NICHD Early Child Care Research Network & Duncan, 2003; Love et al., 2006; Barnard, 2007; Izard et al., 2008; Mervis, 2011a）。

当然，传统计划（例如开端计划那样强调通过传统教育带来学业成功的那些计划）并非早期干预的唯一有效途径。

并非每个人都认为在学龄前期寻求学业技能提升是件好事。事实上，在发展心理学家大卫·埃尔金德（David Elkind）看来，美国社会存在将儿童逼迫得太紧的倾向，以至于他们在小时候就开始感受到紧张和压力（Elkind, 1994）。

埃尔金德认为学业成功很大程度上取决于父母控制不了的因素，例如先天的能力以及儿童的成熟速率。因此，不能在不考虑当前认知发展水平的情况下期望特定年龄的儿童掌握学习材料。简而言之，儿童需要适合发展的教育实践（developmentally appropriate educational practice），即基于典型发展和特定儿童的特点进行的教育活动（Robinson & Stark, 2005）。与其武断地期望儿童在特定年龄掌握学习材料，埃尔金德认为更好的策略是提供一个鼓励学习的环境，而非逼迫儿童。通过营造一个促进学习的氛围（例如，为学龄前儿童朗读），父母能够帮助儿童以他们自己的步伐前进，而非在逼迫中超出他们的极限（van Kleeck & Stahl, 2003）。

尽管埃尔金德的建议如此恳切，人们很难否认应当避免儿童压力和焦虑水平的增长，但也并非没有人对埃尔金德的建议持反对意见。例如一些教育者声称，对儿童的逼迫现象可能主要出现在社会经济地位处于中等及以上的家庭。对于贫穷家庭的儿童，他们的父母并没有足够的资源逼迫子女或是为子女创造促进学习的环境，这种情况下那些促进学习的正式计划可能利大于弊。此外，发展研究者发现，父母有很多途径帮助儿童为将来的教育成就做好准备，例如进行亲子阅读。

从教育工作者的视角看问题

美国是否应该制定更具鼓励性和支持性的幼儿园政策？如果应该，那么美国应该制定何种政策？如果不该，为什么？

给幼儿读书的重要性

每个人都曾听闻，父母花时间给孩子读书是个好主意。故事时间和睡前故事对父母和孩子来说无疑是愉快的活动，这有助于培养健康的亲子关系。然而，当父母给孩子读书时，孩子会在智力上受益吗？

答案是肯定的。至少近 100 项研究的大规模元分析（统计总结、分析多个实验结果的方法）告诉我们是这样的。在孩子 2 岁之前养成亲子阅读的习惯似乎能为加强语言发展奠定基础。它在阅读和语言之间建立了一种自我强化的关系，早期对印刷媒体的接触有助于培养儿童的词汇和语法能力，从而有利于促进未来对书籍和阅读的兴趣（Collins，2010；Mol & Bus，2011）。

元分析还发现，具有较好的理解能力和识字能力的儿童往往阅读更多，而阅读往往会进一步提高他们的理解能力和读写能力。给幼儿读书使他们更有可能在成长过程中继续在闲暇时间进行阅读。频繁地接触印刷媒体与多种读写能力的良好发展有关，包括理解能力、阅读技巧、拼写能力、口语技能。这种关系存在于整个童年和青春期，甚至延伸到大学时代。

即便是低能力的读者在闲暇时间更多地接触印刷媒体也会受益。事实上，低能力读者所获得的好处是最大的，尽管他们最初的阅读困难使得父母的鼓励和支持变得尤为重要。综合来看，研究人员认为在家中给幼儿读书是促进孩子语言、阅读和拼写能力发展的有效方式，其作用贯穿整个学龄前期和学龄期，甚至是再往后的时期（Mol & Bus，2011）。

通过媒体学习：接触电视和数字媒体

电视、计算机和手持设备在许多美国家庭中扮演了中心角色。这对学龄前儿童有什么特别的影响呢？我们也刚刚开始了解各种媒体的作用。可以确定的是，在 2 岁之前，儿童从媒体的使用中学到的东西并不多。之所以他们能从数字媒体的使用中学到东西，这通常是因为父母与他们一起观看在线的材料，并将其重新传授给学龄前儿童。像《芝麻街》这样的节目具有一定的教育价值，Skype 和 FaceTime 等视频聊天平台确实看起来很鼓励儿童进行对话和互动（DeLoache et al.，2010）。

媒体的使用

学龄前儿童平均每天的屏幕时间超过 4 个小时，其中包括看电视和使用电脑的时间。此外，超过 1/3 的 2 ~ 7 岁儿童的家庭表示，家中的电视"大多数时候"是开着的（Bryant & Bryant，2003；Gutnick et al.，2010；Tandon et al.，2011；见图 9-9）。

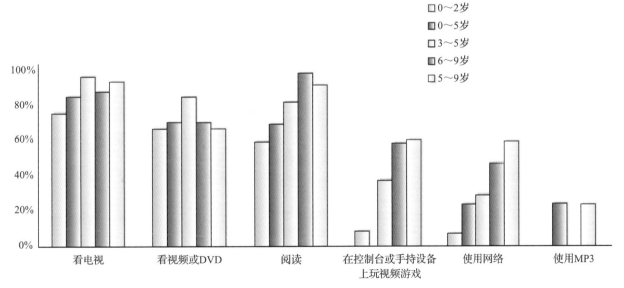

图 9-9　电视时间

电视在美国几乎家家都有，而只有约 2/3 的 11 岁或 11 岁以下儿童的家庭拥有电脑。平均每天超过 80% 的美国幼儿和学龄前儿童观看电视，电视是 0 ~ 11 岁儿童最常用的媒体（Gutnick et al.，2010）。

资料来源：Gutnick, A. L., Robb, M., Takeuchi, L., & Kotler, J. (2010). Always connected: The new digital media habits of young children. New York: The Joan Ganz Cooney Center at Sesame Workshop: 15.

限制儿童观看电视的原因之一在于，看电视使他们不活动。每天观看电视或视频超过 2 个小时（或长时间使用电脑）的儿童肥胖的风险较高（Jordan & Robinson, 2008; Strasburger, 2009; Cox et al., 2012）。

事实上，我们仍然不清楚学龄前儿童在接触媒体时学到了什么。当他们看电视时，学龄前儿童通常并不能完全理解故事情节，特别是较长的节目；看完节目后他们回忆不起主要的故事情节，而且他们对人物动机的推论是十分局限的，经常是错的。不仅如此，学龄前儿童难以将电视节目中的虚拟与现实分离，有些儿童甚至相信电视中的是真的，比如相信《芝麻街》的大鸟是真实存在的（Wright et al., 1994）。

学龄前儿童在接触电视广告时不能批判性地理解和评价接触到的信息，因此他们很容易完全接受广告商声称的产品信息。儿童相信广告信息的可能性如此之高，以至于美国心理学会建议禁止面向 8 岁以下年龄段的广告（Pine, Wilson, & Nash, 2007; Nash, Pine, & Messer, 2009; Nicklas et al., 2011）。

此外，美国儿科学会在 2016 年建议，不鼓励 18 个月以下的儿童使用视频聊天以外的屏幕媒体。对于 2 岁以上的学龄前儿童，他们建议将媒体限制在高质量节目中，每天接触 1 小时或更短的时间。他们还建议，学龄前儿童在用餐期间和睡前 1 小时不应使用屏幕（American Academy of Pediatrics, 2016）。

简而言之，学龄前儿童在电视上接触到的世界是未被完全理解的，也是不现实的。而随着他们年龄的增长和信息加工能力的进步，他们对于电视和电脑上信息的理解也有所进步。他们能更准确地记住事物，并且能更好地聚焦于他们正在看的东西的核心信息。这些进步表明，电视媒介的力量可以得到驾驭，从而带来认知上的收获——这正是《芝麻街》的制片人打算做的（Berry, 2003; Uchikoshi, 2006; Njoroge et al., 2016）。

《芝麻街》

《芝麻街》是美国运行时间最长的儿童教育节目之一，几乎半数的美国学龄前儿童都会观看这一节目，它还在 100 个国家中以 13 种语言播放。像大鸟和艾摩这样的角色已经为全世界成人和学龄前儿童所熟悉（Bickham, Wright, & Huston, 2000; Cole, Arafat, & Tidhar, 2003; Moran, 2006）。

《芝麻街》的创设目的明确，旨在为学龄前儿童提供教育经验。其具体目标包括教授字母和数字、

明智运用儿童发展心理学

促进学龄前儿童的认知发展：从理论到教室

我们已经考虑了"学龄前期的焦点之一在于促进日后学业成功"的这一观点，也讨论了与之对立的观点——在学业上对儿童逼迫太紧可能损害其幸福感。

然而，有些人持折中的立场。根据发展心理学家对学龄前期认知发展的研究（Reese & Cox, 1999），我们能够为家长和学前教师提供如下建议，以促进儿童的学业准备而不造成过分的压力。

- **家长和教师应该意识到每个儿童所达到的认知发展阶段以及相应的能力和局限**。除非他们认识到了儿童当前的发展水平，否则不可能提供适当的材料和经验。
- **指导应当略高于儿童当前的认知发展水平**。新内容太少会让儿童感到无趣，而如果新内容太多则会让他们感到困惑。
- **指导应尽可能个性化**。由于同一年龄的儿童可能处于不同的认知发展水平，个性化的课程材料更有可能获得成功。
- **应当提供社会互动的机会，既包括与其他学生互动，也包括与成人互动**。通过来自他人的反馈以及观察他人在特定处境中的反应，学龄前儿童将学习思考世界的新途径和新方式。
- **让学生犯错**。认知的成长往往来自遇到错误并予以纠正的过程。
- **不应过分强求学龄前儿童超出当前的认知发展状态**。认知发展只有当儿童达到合适的成熟水平时方能发生。
- **为儿童朗读**。儿童从听到的故事中学习，这样还将促使他们学会自己阅读。

增加词汇量，以及教授识字前的一些技能。《芝麻街》达到了它的目的吗？大多数证据表明，答案是肯定的。

相比不看节目的学龄前儿童，观看节目的低收入家庭儿童为学校教育做了更好的准备，并且六七岁时在几项语言和数学能力的测量上表现得更好。此外，《芝麻街》的观众会花更多的时间在阅读上。到六七岁时，《芝麻街》和其他教育节目（例如《爱探险的朵拉》（*Dora the Explorer*）和《蓝色斑点狗》（*Blue's Clues*））的观众倾向于成为更好的阅读者，并得到教师更积极的评价（Augustyn，2003；Linebarger & Walker，2005）。

最近的评估得到了更为积极的发现。2015 年的一项研究发现，看《芝麻街》被认为与上幼儿园一样有用。事实上，观看节目与保持年级的适当名次有关。这在男孩身上表现明显，在非裔美国人和生长于贫困地区的孩子身上尤其突出（Kearney & Levine，2015）。

然而，《芝麻街》也不乏批评者。例如一些教育工作者声称，节目以狂乱的节奏切换不同的场景，使观众对于传统教学形式的接受能力下降，而后者正是他们进入学校后将要经历的。然而，严谨的节目评估并没有发现证据能证明观看《芝麻街》会减弱对传统学校教育的兴趣。事实上，关于《芝麻街》和类似教育性节目的发现表明，这些节目对观众有相当积极的作用（Fisch，2004；Zimmerman & Christakis，2007；Penuel et al.，2012）。

案例研究

秘密的阅读者

作为城市幼儿园的一名助理教师，黛拉注意到学生劳森对阅读没什么兴趣。她知道劳森的妈妈是一位从事两份工作的单身母亲，而她希望能够鼓励这位母亲更加努力地帮助劳森重视阅读。

在与劳森的妈妈聊天时，黛拉提到，培养劳森对学习和阅读的兴趣是十分重要的，而劳森从不参加读书会，也从不会从我这儿找书来阅读，却常常玩乐高积木和卡车等玩具。

黛拉注意到，劳森的妈妈先是沉默了一会儿，然后说："谢谢您的关心。之所以劳森不参加读书会，很可能是因为他是一个喜欢独处的害羞男孩。之所以他不选择你的那些书，可能是因为他已经读过其中的大多数了。我每周三晚上和周六早上都带他去图书馆，不管我有多累，我为他朗读并让他为我朗读。他几乎已经通读了学前部分的每本书。之所以他想玩乐高积木，可能是因为他在家没有这样的玩具。"

黛拉不知道该说什么。

1. 黛拉是否正确解读了劳森在教室中的选择？为什么她做出了这样的解读？

2. 对于像劳森这样的学龄前儿童，"秘密的阅读生活"是否合理？他在这个年纪是否拥有足够的语言技巧阅读这些书？

3. 黛拉是否应该继续关心劳森的阅读？她是否应该悄悄地对他的能力进行一对一的测试？

4. 一个学业能力良好的学生是否可能出身于劳森那样的环境？为什么可能或为什么不可能？哪些因素可能影响他的学业成就？

‖ 本章小结

在本章中，我们着眼于学龄前期的儿童。我们从皮亚杰的视角讨论了认知发展，包括对前运算阶段思维特征的描述，并对信息加工理论和维果斯基的观点进行了讨论。接下来，我们讨论了语言能力在学龄前期的爆发。最后，我们讨论了学前教育、电视和电脑对学龄前儿童发展的影响。

请根据本章导言内容，学龄前儿童艾娃教她的同班同学娜塔莉亚完成地板拼图的描述，回答以下问题。

1. 艾娃和娜塔莉亚之间的互动如何反映了维果斯基对儿童作为学徒的看法？

2. 当娜塔莉亚试图在家里自己组装拼图时，自言自语对她起到了什么作用？

3. 根据学龄前阶段语言发展的知识，你认为艾娃能够在仅仅2岁时就向娜塔莉亚解释如何完成拼图吗？

4. 儿童在2岁和3岁之间的语言发展会发生什么变化？

‖ 本章回顾

1. 皮亚杰关于学龄前期的认知发展理论

- 在皮亚杰所描述的前运算阶段，儿童还不能进行有组织的、形式化的、逻辑性的思考。然而，象征性符号功能的发展将他们从感觉运动学习的局限中解放出来，使得他们能够进行更快更有效的思考。

- 学龄前期的儿童首次使用直觉思维，并主动运用初级推理技巧来获取世界知识。

- 前运算思维的一个重要方面在于象征性符号功能。

- 皮亚杰认为，学龄前儿童在中心化、守恒和转变方面存在困难。中心化指专注于刺激的一个方面，而忽视其他方面。守恒指理解物体在外观改变时量不一定会改变。转变涉及掌握事物可能以不同的状态和形式出现的概念。

- 中心化的思维强调个体没有考虑到他人的观点。它会使得学龄前儿童在不考虑他人想法或感受的前提下思考和行动。

- 从出生那一刻起，儿童的知识和推理便处在发展中。

2. 信息加工理论对学龄前儿童认知发展的解释

- 信息加工理论的支持者对认知发展持有不同观点，他们关注学龄前儿童的信息存储和回忆，以及信息加工能力（例如注意）的量变机制。

- 信息加工理论的支持者关注记忆（尤其是儿童早期自传体记忆）的发展。他们发现，自传体记忆无论多么生动和有说服力，可能都不完全准确。

- 学龄前儿童的记忆可能并不可靠。他人可能植入错误的记忆，无论是有意还是无意。为了使幼儿的记忆在法庭上发挥作用，应尽可能在事件发生后立即进行询问，并且应由受过训练的提问者（保持中立态度）以特殊疑问句而非一般疑问句进行询问。

- 信息加工理论提醒我们明确定义问题的价值，并关注可以定量测试和测量的过程。

3. 维果斯基的认知发展观点

- 维果斯基提出，儿童的认知发展依赖于儿童所处的社会和文化情境。维果斯基提出，儿童对于世界的理解源于他们与父母、同伴以及其他社会成员的互动。这一观点与越来越多的多元文化和跨文化研究结果相一致，这些研究支持认知发展部分地由文化因素所塑造。

- 维果斯基建议，将儿童的认知能力暴露在他们几乎要掌握但并不完全掌握的信息中，可以促进儿童认知能力的提高。他称这种刚刚超出能力范围的知识领域为"最近发展区"。

- 儿童需要社会中的其他人帮助他们进一步进入最近发展区，从而增加他们获得的知识，这个过程被称为"搭建脚手架"。

4. 儿童的语言能力在学龄前期如何发展

- 儿童迅速地从双词句发展出更长、更复杂的表达，这反映出他们正在增长的词汇量和对语法的初步掌握。

- 快速映射过程使儿童能够迅速地扩展词汇量。

- 自言自语是指向儿童自己的言论，社会性言语是指向他人的言论。

- 自言自语有助于儿童进行思考，控制行为，培养语用能力以及与他人交流的习惯。

5. 贫困对语言发展的影响

- 语言能力的发展受到社会经济地位的影响，结果可能表现为贫困儿童语言能力较低，学业表现较差。

6. 学前教育的途径

- 学前教育计划由儿童照护中心、家庭儿童照护中心、幼儿园和学校儿童照护中心来实施。

7. 家庭外儿童照护的影响

- 大多数研究表明，进入儿童照护中心的学龄前儿童表现出了与在家儿童一样或更好的智力发展水平。

- 一些研究发现，与在家的儿童相比，接受儿童照护的学龄前儿童能更流利地语言，在记忆和理解能力上表现出优势，甚至取得更高的IQ分数。

8. 开端计划和类似学前准备计划的效果

- 开端计划在为幼儿接受正规教育做准备这方面取得了很大成功。开端计划的参与者比未参加开端计划的同龄人能更好地适应学校，并且不太可能在以后参与特殊教育课程。

- 研究表明，完成学前准备计划的儿童不太可能留级，并且更有可能完成高中学业。
- 一些研究人员担心，过早关注学业成功可能会给儿童带来压力。其他研究人员指出，对于学龄前儿童（尤其是贫困的学龄前儿童），正式的学前准备计划的好处超过其潜在的缺点。

9. 给孩子读书的重要性

- 研究表明，给儿童读书会产生多种认知益处。
- 早期接触印刷媒体有助于培养儿童的词汇和语法能力，从而培养儿童对阅读的兴趣。

10. 电视和数字媒体对学龄前儿童的影响

- 电视和其他媒体资源（例如电脑）对儿童的影响有利有弊。虽然有些课程可以在教育方面有所帮助，但前提是学龄前儿童对此类媒体的接触受到限制。
- 虽然学龄前儿童经常被暴露于各种情境之中不能代表他们真的在关注现实世界，但他们可以通过观看《芝麻街》等节目在认知上取得进步。

学习目标

1. 解释学龄前儿童如何发展自我概念。
2. 比较关于儿童性别差异的不同理论。
3. 描述学龄前儿童处于怎样的社会关系中，参与哪些游戏。
4. 讨论学龄前儿童如何发展心理理论。
5. 描述父母的教养方式及其效果。
6. 比较儿童养育实践中的文化差异。
7. 比较关于儿童道德发展的不同理论。
8. 解释学龄前儿童的攻击行为如何发展。
9. 描述社会学习理论和认知理论如何解释攻击行为。
10. 阐明暴力电视节目和暴力电子游戏会对学龄前儿童带来的影响。

第 10 章

学龄前期的社会性和人格发展

导言：一臂之力

4 岁的洛拉看到妈妈准备把一锅炖菜带给刚出院的邻居。洛拉问妈妈为什么要给邻居送吃的，妈妈解释说，当人们遇到困难时，帮他们做饭或者跑腿是很友善的行为。

1 个小时后，朋友罗莎来找洛拉玩。罗莎今天异常安静。洛拉问她是不是很难过，罗莎说自己的祖母快要去世了。洛拉想了一下，然后提议一起唱歌。"虽然我是个很棒的歌手，"她告诉罗莎，"但是我和朋友一起时会唱得更好。"洛拉的妈妈放了一些音乐，女孩们很快就开始唱歌跳舞。当罗莎离开时，洛拉说："音乐会帮助罗莎，音乐能使每个人快乐。"

预览

洛拉努力鼓舞朋友的行为体现出学龄前儿童逐渐发展的理解他人情绪的能力。在本章中，我们关注学龄前儿童的社会性和人格发展，学龄前期是儿童发生巨大变化的阶段。

首先，我们将考察儿童如何进一步形成自我意识，重点是他们如何发展自我概念。我们还将特别探讨与性别相关的自我概念，这对儿童看待自我和他人非常重要。

其次，我们将考察学龄前儿童的社会生活，关注儿童如何和他人玩游戏，父母和其他权威人物如何通过训练来塑造儿童的行为。

最后，我们将考察学龄前儿童社会行为的两个关键方面：道德发展和攻击。我们将探讨儿童如何发展出是非观，以及道德发展如何促使他们帮助他人。在攻击方面，我们将考察导致学龄前儿童做出伤害他人行为的因素，以及如何能帮助学龄前儿童成为更具道德、更少攻击的个体。

形成自我意识

尽管"我是谁"这个问题并没有被很多学龄前儿童直接提出来，但这毫无疑问是他们很多方面发展的基础。在学龄前期，儿童思考自己的本性，对这一问题的答案将影响他们未来的人生。

心理社会性发展和自我概念

当 4 岁的玛丽－艾丽斯（Mary-Alice）脱下外套时，她的幼儿园老师微微扬起眉毛。通常穿着搭配很好的玛丽－艾丽斯今天却穿得十分奇怪。她穿着花裤子和一个极不协调的格子上衣，搭配着条状的头巾、印有动物图案的袜子和圆点雨鞋。她的妈妈尴尬地耸了耸肩："玛丽－艾丽斯今天完全是自己打扮的。"她一边解释，一边把装着另一双鞋的袋子递给老师，以防玛丽－艾丽斯白天穿雨鞋会不舒服。

精神分析学家埃里克森可能会表扬玛丽－艾丽斯的妈妈，因为她没有限制玛丽－艾丽斯自我意识的发展。埃里克森（1963）提出，学龄前儿童面临着一个关键的冲突——与主动性有关的心理社会性的发展。同时，他们开始发展自我概念。

解决冲突

心理社会性发展（psychosocial development）包括个体对自己和他人行为理解的变化。根据埃里克森的观点，社会和文化为发展中的个体呈现了一系列随年龄增长而变化的特定挑战。他认为，人们会经历 8 个明显不同的阶段，每一个阶段都以人们必须解决的冲突或危机为特征。努力解决这些冲突时获得的经验将引导人们发展出持续一生的自我意识。

儿童从 18 个月开始的自主对害羞（怀疑）阶段在 3 岁左右结束。在这个阶段，如果父母鼓励儿童进行自由探索，那么儿童将变得更加独立自主，反之如果他们被限制行动或者被过度保护，就可能感到羞愧和自我怀疑。

在学龄前期（3 ~ 6 岁），大部分儿童处在埃里克森所说的主动对内疚阶段（initiative-versus-guilt stage）。在这段时期里，儿童对自己的看法变了，面临着"想要不依赖父母而独立做事情"和"失败时产生的内疚"之间的冲突。他们迫切希望自己做事（学龄前儿童常挂在嘴边的话是"让我做"），而在做出的努力失败后又感到内疚。他们开始自己做决定。对儿童的独立性倾向采取积极反应的父母（就像玛丽－艾丽斯的母亲），能够帮助他们的孩子缓解上述冲突。通过给孩子提供自立的机会，同时给予指导，父母能够支持和鼓励孩子的主动性。相反，那些阻止孩子寻求独立性的家长，则可能会增加孩子生活中持续存在的内疚感，进而影响到在孩子这个时期开始形成的自我概念。

> **从儿童照料者的视角看问题**
>
> 你如何将埃里克森的信任对不信任阶段、自主对害羞（怀疑）阶段、主动对内疚阶段与前面章节讨论的"安全依恋"联系起来？

对自我的思考

如果你让学龄前儿童指出"是什么使得他们与其他孩子不同"，那么他们很容易给出这样的答案："我跑得快""我喜欢彩色""我是个坚强的孩子"。与这些答案相关的是自我概念（self-concept）——一系列关于自己作为个体是什么样的信念（Tessor, Felson, & Suls, 2000；Marsh, Ellis, & Craven, 2002；Bhargava, 2014）。

儿童的自我概念并不需要很精确。事实上，学龄前儿童一般会高估自己在所有专业领域的技能和知识。因此，他们对未来的看法是非常乐观的：他们期待赢得下一场游戏、击败下一场比赛中的所有对手、长大后功成名就。即使他们刚刚在某项任务上经历了失败，他们还是会期望在未来做得更好。之所以他们持有这样乐观的看法，一部分是因为他们还没有开始把自己和他人进行比较。这种自我概念的不精确有时是有益的，能够让他们自由地把握机会并尝试新的活动（Verschueren, Doumen, & Buyse, 2012；Ehm, Lindberg, & Hasselhorn, 2013；Jia et al., 2016）。

学龄前儿童对自己的看法反映了他们所处的特定文化中的自我概念。例如，亚洲社会存在**集体主义取向**（collectivistic orientation），强调人与人之间相互依存。在这类文化中的人们倾向于把自己看成社会网络中的一部分，在这个社会网络中自己与他人相互联系，并对他人负有责任。然而，西方文化中的儿童更可能发展出反映**个体主义取向**（individualistic orientation）的自我，即强调个人认同以及个体的独立性。他们更倾向于把自己看成独立和自主的个体，与他人竞争稀缺资源。因此，西方文化中的儿童更可能关注那些将自己与他人区别开来的东西——那些让他们变得与众不同的东西。

学龄前儿童自我概念的发展在一定程度上取决于他们所处的文化背景。

种族和民族意识的发展

学龄前期是儿童的重要转变期，他们在回答"我是谁"这个问题时开始考虑种族和民族认同的内容。

对大多数学龄前儿童而言，种族意识出现得相对较早。在婴儿期，人们就能区分不同肤色，其知觉能力允许自身很早就能进行这种颜色区分。然而，要到更晚的时候，儿童才能开始意识到不同种族特征的意义。

到三四岁的时候，学龄前儿童注意到人们肤色的不同，并开始将自己归到某个群体里，例如"西班牙裔美国人"或"非裔美国人"。虽然此时他们并不知道"种族和民族是关于他们是谁的永久不变的特征"，但是之后他们逐渐开始理解建立在种族和民族上的社会地位的重要性（Quintana et al., 2008；McMillianRobinson, Frierson, & Campbell, 2011）。

一些学龄前儿童对种族和民族认同具有复杂的感觉。有些儿童经历着**种族失调**（race dissonance），即少数民族儿童表现出对多数民族价值或个体的偏好。例如，一些研究发现，相比于在画册中描绘白人儿童，多达90%的非裔美国儿童在描绘非裔美国儿童时的反应更为负性。然而，这种负性反应并没有转化为较低的自尊。相反，对白人的偏好只是源于白人文化强大的影响力，而不是对本民族特征的轻视（Holland, 1994；Quintana, 2007；Copping et al., 2013）。

民族认同的出现比种族认同稍晚，因为民族特征通常不如种族特征显著。例如，在一项关于墨西哥裔美国人的民族意识的研究中，学龄前儿童表现出对他们民族认同相当有限的知识，在他们更大些时候，他们发展出更多对于本民族重要性的意识。说双语（西班牙语和英语）的学龄前儿童更容易具有民族认同的意识。总之，种族和民族在儿童整个认同发展过程中起着重要的作用（Quintana et al., 2006；Mesinas & Perez, 2016）。

这些观点在文化中扩散开来，有时以很微妙的方式存在。例如，在西方文化中，有一个很有名的观点："会哭的孩子有奶吃。"这告诉儿童，他们应该站出来获得他人注意，从而让别人知道他们的需求。然而，在亚洲文化中，人们强调"枪打出头鸟"。这句格言告诉儿童，他们应该试图融入群体，避免自己变得与众不同（Lehman, Chiu, & Schaller, 2004；Wang, 2006；Aykil, et al., 2016）。

文化中对不同种族和民族的态度会影响学龄前儿童自我概念的发展。正如上文所提到的，学龄前儿童所接触的个体、学校以及其他文化机构的相关态度会影响儿童的种族认同或民族认同的意识。

性别认同：发展中的男性和女性特征

赞美男孩的词：最有思想、最好学、最有想象力、最热情、最有科学精神、最友善、最有个性、最勤劳、最有幽默感。

赞美女孩的词：人见人爱、最甜美、最可爱、最善于分享、最有艺术天赋、最大度、最有礼貌、最热心助人、最有创造力。

在幼儿园毕业典礼上，当老师用上述赞美之词来表扬孩子时，有哪些不妥？对女孩来说，上述赞美之词确实有不少不妥之处（Deveny, 1994）。女孩由于她们的性格而得到赞扬，男孩由于他们的智力表现和分析性技能而获得奖励。

从出生开始到学龄前期，女孩和男孩常生活在不同的世界。这种性别差异延续至青春期和之后的生命中（Martin & Ruble, 2004；Bornstein et al., 2008；Eklund, 2011；Brinkman et al., 2014）。

在学龄前期，儿童已经形成了男性和女性相区分的意识。"（心理）性别"（gender）与"（生理）性别"（sex）是不一样的，"（生理）性别"通常是指解剖学意义上的性以及性行为，而"（心理）性别"是指在特定社会下知觉到的男性或女性（见第 7 章）。到 2 岁时，儿童能够识别他人是男性还是女性（Raag, 2003；Campbell, Shirley, & Candy, 2004）。

性别差异会在游戏中表现出来。学龄前男孩与学龄前女孩相比，学龄前男孩花更多的时间玩追逐打闹类游戏，学龄前女孩花更多的时间玩有组织的游戏和角色扮演。追逐打闹类游戏是很重要的，因为它能促

进前额叶的发育，帮助学龄前儿童调节自己的情绪（Kestly, 2014）。

在学龄前期，男孩开始更多地跟男孩玩，女孩更多地跟女孩玩，这种趋势在儿童中期逐渐增长。女孩比男孩更早开始偏好同性玩伴，她们在 2 岁时就明显地偏爱和女孩玩，而男孩要直到 3 岁才表现出这种同性偏好（Martin & Fabes, 2001；Raag, 2003）。

这种同性偏好在多种文化下出现。在游戏中，性别因素比种族因素更能影响人的行为，西班牙裔美国男孩会和白人男孩玩，而不是和西班牙裔美国女孩玩（Whiting & Edwards, 1988；Aydt & Corsaro, 2003）。

学龄前儿童经常对"男孩和女孩应该怎样行事"有着严格的想法。实际上，他们对于性别适宜行为的期望甚至比成年人更加刻板。相比于生命的其他时期，学龄前期的性别认同缺乏灵活性。5 岁前，儿童对性别刻板印象的信念很强烈，尽管到 7 岁时这些信念或多或少不再那么刻板，却并不会消失（Halim, Ruble & Tamis-LeMonda, 2013；Halim et al., 2014；Emilson, Folkesson, & Lindberg, 2016）。

学龄前儿童对性别特征有哪些预期？和成人一样，学龄前儿童预期男性会更有能力，具有独立、竞争力等方面的特质，预期女性善于表达，具有友善、顺从等方面的特质。尽管这只是预期，并不代表男性和女性实际上的行为方式，但是这样的预期给学龄前儿童提供了观察世界的透镜，并影响着他们的行为以及他们与同伴和成人互动的方式（Blakemore, 2003；Gelman, Taylor, & Nguyen, 2004；Martin & Dinella, 2012）。

学龄前儿童性别预期的普遍性和强度，以及男孩与女孩间的行为差异一直令人困惑。为什么性别会在学龄前期（以及生命的其他时期）起着这样大的作用？发展学家已经给出了一些解释，包括生物学理论和精神分析理论等。

性别差异的生物学理论

性别与自己是男性或女性的认识有关，而性与男女在身体上不同的生理特征有关。生理特征与性别差异有关，这已经得到证实。

与性有关的生理特征影响激素的分泌，而激素会影响以性别为基础的行为。出生前接触高水平雄

性激素的女孩，比她们没有接触雄性激素的姐妹更可能表现出刻板印象中被认为属于男性的相关行为（Knickmeyer & BaronCohen，2006；Burton et al.，2009；Mathews et al.，2009）。出生前接触雄性激素的女孩更喜欢与男孩玩耍，会比其他女孩花更多时间玩与男性角色相关的玩具，例如小汽车和卡车。同样，男孩如果在出生前接触异常高的雌性激素，也会更倾向于表现出刻板印象中被认为属于女性的相关行为（Servin et al.，2003；Knickmeyer & Baron-Cohen，2006）。

此外，生理上的差异同样存在于男性与女性的大脑中。例如，女性的胼胝体（大脑两半球之间的神经纤维束）要比男性的大。一些理论家认为，这说明性别差异可能是由激素这种生理因素导致的（Westerhausen，2004）。

在接受这种观点之前，探讨不同的解释方式很重要。例如，有可能是某种特定的经验以特定的方式影响了大脑的发育，才导致女性的胼胝体比较大。在婴儿期，女孩说话比男孩多（见第6章），这可能导致了大脑的某种发展。如果这种假设成立，那么就是环境经验影响了生理上的变化。

一些发展学家把性别差异看作通过繁殖服务于种族生存的生物学目标。基于演化的观点，他们认为，男性如果表现刻板化的男子气概（例如有力量和富有竞争力），就会更吸引那些能为他们生育强壮后代的女性。在女性刻板任务上（例如养育后代）表现出色的女性可能成为更有价值的配偶，因为她们能够帮助孩子度过充满危险的童年期（Browne，2006；Ellis，2006；McMillian，Frierson，& Campbell，2011）。

当然，在其他涉及遗传与环境交互的领域，我们很难将行为特征明确地归因于生物学因素。因此，我们必须考虑关于性别差异的其他解释。

性别差异的精神分析理论

弗洛伊德的精神分析理论指出，人们会经历一系列与生理驱力有关的发展阶段（见第1章）。学龄前儿童正经历性器期，此时他们的快乐与生殖器特征有关。

弗洛伊德认为，性器期结束的标志（恋母情结）是个体发展的重要转折点。在弗洛伊德看来，恋母情结发生在5岁左右，当男性与女性在解剖学上的差异越来越明显的时候，男孩开始对母亲有了性方面的兴趣，把父亲看作竞争对手，产生杀掉父亲的冲动。然而，因为男孩眼中的父亲非常有力量，男孩害怕被报复，就导致了阉割焦虑。为了克服阉割焦虑，男孩压抑自己对母亲的欲望，转而认同自己的父亲，试图尽可能地变得像父亲一样。认同（identification）就是儿童试图变得像与自己同性的父母的过程，包括态度和价值观。

弗洛伊德认为，女孩会经过一个不同的过程。她们开始在父亲身上感受到性冲动，经历阴茎嫉妒。为了解决她们的阴茎嫉妒，女孩最终认同了她们的母亲，试图变得尽量像母亲一样。人们批判弗洛伊德的这一观点，认为他把女性看得低男性一等。

不论男孩还是女孩，认同同性父母的最终结果就是作为孩子接受了父母的性别态度和价值观。弗洛伊德认为，通过这种方式，社会对"男性和女性'应该'表现出什么行为"的预期理念传给了下一代。

你可能很难接受弗洛伊德对性别差异的详细阐述，很多发展学家也是这样的，他们相信通过其他机制可以更好地解释性别发展。在某种程度上，他们认为弗洛伊德的理论缺乏科学依据。例如，儿童不到5岁就已习得性别刻板印象。这种学习在单亲家庭中照样发生。

不过，人们仍支持精神分析理论的某些方面，比如学龄前儿童的父母如果有性别刻板行为，那么这些儿童也倾向于表现出类似行为。当然，人们可以用更简单的过程解释这种现象，很多发展学家找到了与弗洛伊德不同的对性别差异的解释（Martin & Ruble，2004；Chen，& Rao，2011）。

性别差异的社会学习理论

社会学习理论认为，儿童通过观察他人来学习与性别相关的行为和期望，这里的他人包括父母、教师、兄弟姐妹以及同伴。一个小男孩感受到美国职业棒球大联盟选手的荣光之后开始对运动感兴趣。一个小女孩看到她上高中的邻居练习啦啦队舞蹈，就开始自己试着练习起来。观察到他人因性别适宜行为而获得奖励会引导儿童效仿这些行为（Rust et al.，2000）。

图书和媒体（特别是电视和电子游戏），能够帮助传递性别相关行为的传统观点。例如，对流行电视节目的分析发现，男性角色与女性角色的比例是 2：1。另外，女性更倾向于同男性一起出现，而不太倾向于同女性一起出现（Calvert，Kotler，& Zehnder，2003；Chapman，2016）。

电视将传统的性别角色赋予男性和女性。电视节目通过女性角色和男性角色的关系来定义女性角色。女性角色更可能作为受害者出现。她们不太可能作为创造者或决策者出现，而是更可能被刻画成对爱情、家庭、家人感兴趣的人物。社会学习理论认为，这样的榜样对学龄前儿童定义性别适宜行为具有很大的影响（Nassif & Gunter，2008；Prieler et al.，2011；Matthes，Prieler & Adam，2016）

根据社会学习理论，男孩会观察父亲的行为并进行模仿，女孩会观察母亲的行为并进行模仿。

在某些情况下，儿童直接通过榜样进行社会角色的学习。例如，我们经常听到父母教育学龄前儿童要做个"小女孩"或"小男孩"。这通常意味着女孩应该落落大方而男孩应该坚韧不拔，这些特征都与对男性和女性的刻板印象有关。这些直接的训练提供了关于性别差异所期望行为的清晰信息（Leaper，2002）。

性别差异的认知理论

一些理论家认为，清晰认同感的表现在于形成**性别认同**（gender identity），即知道自己是男是女。为了做到这一点，儿童发展了**性别图式**（gender schema），即组织性别相关信息的认知框架（Martin & Ruble，2004；Signorella & Frieze，2008；Halim et al.，2014）。

作为学龄前儿童看待世界的一个透镜，性别图式发展于生命早期。例如，他们使用逐渐发展的认知能力，发展出一套关于对男性和女性而言哪些是适宜的、哪些是不适宜的"规则"。因此，一些女孩会认为裤子是男孩穿的，并僵化地应用这条规则，从而拒绝穿裙子以外的衣服。一些学龄前男孩可能会认为只有女孩才化妆，因此拒绝在学校的演出中化妆，即使其他孩子都化了妆（Frawley，2008）。

根据劳伦斯·科尔伯格（Lawrence Kohlberg）的认知发展理论，这种僵化在一定程度上反映了学龄前儿童对性别的认识（Kohlberg，1969）。僵化的性别图式受到学龄前儿童关于性别差异的错误信念的影响。特别是年幼的学龄前儿童认为，性别差异是基于外表或行为的差异而不是生物学因素。在这种观念的影响下，一个女孩可能会认为长大后她能成为"爸爸"，一个男孩可能认为他穿上裙子，扎好马尾辫就可以变成女孩。到了四五岁的时候，儿童才能理解**性别恒常性**（gender constancy），即建立在固定不变生物学因素上的关于一个人一直是男性或女性的信念。

有趣的是，有关学龄前儿童的研究发现，性别恒常性的发展在跟性别关联的行为上并没有特别的效应。性别图式实际上早在儿童理解性别恒常性之前就已经很好地存在着了。甚至年幼的学龄前儿童，可以基于性别的刻板观点来判断行为是否适宜（Martin & Ruble，2004；Ruble et al.，2007；Karniol，2009）。

与其他关于性别发展的理论一样（见表 10-1），认知理论并没有暗示两性之间的差异是不正确或不合适的。相反，该理论认为，应该教导学龄前儿童把他人看作独立的个体。另外，学龄前儿童需要学会理解，要以独立的个体去践行自己的才能，而不是依照性别的刻板观点去行动。

表 10-1 4 种关于性别发展的观点

观点	核心概念	在学龄前儿童上的应用
生物学观点	我们的祖先以现在看来刻板的雌性或雄性行为来获得更成功的繁殖；大脑的差异可能导致了性别差异	通过进化，女孩可能在遗传上被"设定"为更善于表达和具有养育功能，男孩被"设定"为更具有竞争力和更加强壮；出生前接触异性激素已经与男孩和女孩表现出异性典型行为联系起来
精神分析观点	性别发展是对父母认同的结果，通过经历一系列跟生物的冲动有关的阶段来获得	如果男孩（女孩）的父亲（母亲）具有性别刻板行为，那么他们有可能也这么做，这可能是源自男孩（女孩）对父亲（母亲）的认同
社会学习观点	儿童学习与性别相关的行为，从对他人行为的观察中获得期望	儿童注意到其他儿童和成人以符合性别刻板的行为方式来获得奖赏，以及有时由于违反这些刻板规则而受到惩罚
认知观点	通过使用生命早期发展出来的性别图式，学龄前儿童获得一个观察世界的透镜；他们利用日益增长的认知技能来发展出关于什么对男性和女性才是恰当的"规则"	相比其他年龄阶段的孩子，学龄前儿童对适当的性别行为的态度更加刻板；这可能是由于他们刚发展出性别图式，尚不能允许刻板的预期出现太多的变化

朋友和家庭：学龄前儿童的社会生活

当胡安 3 岁的时候，他有了自己第一个最好的朋友埃米利奥。胡安和埃米利奥住在圣何塞的同一幢公寓楼里，两人亲密无间。他们在公寓走廊里不停地玩着玩具车，直到有些邻居开始抱怨噪声才停下来。他们假装为对方读故事，有时还在彼此的家里睡觉——对一个 3 岁小孩来说这可是件大事，他们都觉得没有比和这个"最好的朋友"在一起更快乐的事情了。

一个婴儿的家庭能够提供他们需要的几乎所有的社会接触。但是到了学龄前期，很多儿童就像胡安和埃米利奥一样，开始发现同伴之间友谊的快乐。尽管他们可能会扩展他们的社交圈子，父母和家庭仍然在学龄前儿童的生活中很有影响力。让我们看看学龄前儿童社会性发展中朋友和家庭这两个方面。

友谊和游戏的发展

3 岁之前，儿童的大部分社交活动仅发生在同一时间和同一地点，并无真正的社会互动。到 3 岁左右时，就像胡安和埃米利奥一样，他们开始发展真正的友谊，因为同伴开始变成了拥有特别品质和给予奖赏的个体。如果说学龄前儿童与成人的关系反映出他们对于照顾、保护和指导的需求，那么他们与同伴的关系更多建立在对陪伴、玩耍和娱乐的需求上。

学龄前儿童关于友谊的概念在逐渐发展。他们开始认为友谊是连续稳定的，不仅存在于当下的时刻，而且也对未来活动提供承诺（Sebanc et al.，2007；Proulx & Poulin，2013；Paulus，2016）。

儿童与朋友互动的质量和种类在学龄前期不断发生变化。3 岁儿童关注一起做事情和一起玩耍的快乐，就像胡安和埃米利奥一起在走廊玩玩具车一样。然而，大一些的学龄前儿童更关注信任、支持和共同兴趣。纵观整个学龄前期，一同玩耍始终是友谊的一个重要部分。游戏模式会随着时间的推移而改变（Park，Lay，& Ramsay，1993；Kawabata & Crick，2011）。

随着学龄前儿童年龄的增长，他们对于友谊的观念会发生变化，互动的质量也在改变。

学龄前儿童在交友时并非不在意肤色。1 岁儿童就能识别种族差异，友谊通常会反映种族相似性。然而，许多儿童在学龄前期发展出跨种族的友谊（McDonald et al.，2013；Markant，Oakes，& Amso，2016）。

游戏不只是学龄前儿童用来打发时间而做的事情，它从很多重要方面帮助儿童发展。美国儿科学会认为，游戏对儿童和青少年的认知、身体、社交和情绪健康是必要的；联合国人权事务高级专员办事处主张，游戏是每个儿童的基本权利（Whitebread et al.，2009；McGinnis，2012；Holmes & Romeo，2013）。

在学龄前期之初，儿童开始进行**功能性游戏**（functional play），这是 3 岁儿童的典型游戏，涉及重复性的简单活动。功能性游戏包括反复移动物体（例如玩偶或玩具车），以及进行重复性的肢体运动（例如连续跳跃、卷起黏土 – 展开黏土）。功能性游戏的目的只是保持活动，而不是创造什么物体（Bober，Humphry，& Carswell，2001；Kantrowitz & Evans，2004）。

在儿童长大些后，功能性游戏会减少。到 4 岁时，儿童开始进行一种形式更为复杂的游戏。在**建构性游戏**（constructive play）中，儿童操控物体以生成或建造某物。建构性游戏包括用积木建造一幢房子或完成一幅拼图。在这类游戏中，儿童的最终目标是：造出点什么。这类游戏并非一定要创造新鲜的事物，儿童可能重复地建起一座积木房子，推倒再重建。

建构性游戏有助于儿童练习认知技能和运动技能。他们获得了解决相关问题的经验，例如物体结合在一起的方式和顺序。随着游戏的社会性本质的变化，他们还学会如何与他人合作。因此，对照料学龄前儿童的成人来说，为功能性游戏和建构性游戏提供丰富多样的玩具是很重要的（Edwars，2000；Shi，2003；Love & Burns，2006；Oostermeijer，Boonen，& Jolles，2014）。

如果两个学龄前儿童并排坐在同一张桌子旁，各自玩着不同的拼图游戏，他们算在一起玩吗？

根据米尔德丽德·帕滕（Mildred Parten，1932）的开创性工作，答案是"他们算在一起玩"。她指出，这两个学龄前儿童在进行**平行游戏**（parallel play），即儿童虽然以相似的方式玩相似的玩具，但彼此之间不一定有互动。平行游戏是儿童在学龄前期较早阶段的典型游戏方式。学龄前儿童也进行一种十分被动的游戏：旁观者游戏。在**旁观者游戏**（onlooker play）中，儿童仅仅观看他人玩耍，自己并不参与。他们可能只是静静地观看，或者会给予一些鼓励或建议。

在平行游戏中，儿童虽然以相似的方式玩相似的玩具，但彼此之间不一定有互动。

随着年龄的增长，学龄前儿童开始进行形式更为复杂、涉及更高水平互动的社会性游戏。在**联合游戏**（associative play）中，两个或多个儿童尽管各自做着不同的事情，但通过共同分享或转借玩具和工具进行互动。在**合作游戏**（cooperative play）中，儿童真正与他人一起玩耍，轮流做游戏，或发起竞赛。表 10-2 汇总了各类游戏。

通常直到学龄前期末尾阶段，联合游戏和合作游戏才在儿童群体中越来越受欢迎。相比那些经验较少的儿童，那些在学龄前有大量经验的儿童会更早地参与更多社会形式的活动，比如联合游戏和合作游戏（Brownell，Ramani，& Zerwas，2006；Dyer & Moneta，2006；Trawick-Smith & Dziurgot，2011）。

独自游戏和旁观者游戏在学龄前期末尾阶段仍然存在。有时儿童更愿意自己玩。当新伙伴想加入一个团队时，一个容易成功的策略就是采取旁观者游戏，并等待机会较为主动地加入游戏（Lindsey & Colwell，2003）。

表 10-2 学龄前儿童的游戏

游戏类型	描述	例子
一般分类		
功能性游戏	3 岁儿童的典型游戏，涉及重复性的简单活动	反复移动物体（例如玩偶或玩具车），以及进行重复性的肢体运动（例如连续跳跃、卷起黏土 – 展开黏土）
建构性游戏	儿童在 4 岁左右开始进行这类游戏，涉及更为复杂的游戏，儿童在游戏中操控物体以生成或建造某物；建构性游戏有助于儿童练习认知技能和运动技能	用积木建造一幢房子或完成一幅拼图
游戏的社会性方面（帕滕的分类）		
平行游戏	儿童虽然以相似的方式玩相似的玩具，但彼此之间不一定有互动	杰克和阿莫斯并排坐着，虽然两个人都在玩玩具车，但没有任何互动
旁观者游戏	儿童仅仅观看他人玩耍，自己并不参与	詹娜只是在一旁看着丹和毛拉玩耍，自己并不参与
联合游戏	两个或多个儿童尽管各自做着不同的事情，但通过共同分享或转借玩具和工具进行互动	乔基姆把自己的玩具车分享给了马克斯，然后他们各自玩自己的玩具车
合作游戏	儿童真正与他人一起玩耍，轮流做游戏，或发起竞赛	迈尔斯和亚历克斯进行赛车比赛，看谁能把自己的车推得更远

从教育工作者的视角看问题

一名托儿所教师应该如何鼓励一个害羞的学龄前儿童参与其他孩子的游戏？

假装游戏的性质在学龄前期会发生变化。随着儿童从仅仅使用真实物体到借助更抽象的事物，假装游戏在一定程度上变得更加脱离实际、更具想象力。因此，在学龄前期的初始阶段，儿童可能只有在拥有一个看似是真收音机的塑料收音机时才能够假装听广播，而后来他们更可能使用一个完全不同的物体（例如一个大纸盒），来假装听广播（Parsons & Howe, 2013; Thibodeau et al., 2016）。

发展心理学家维果斯基认为，假装游戏（尤其当假装游戏涉及社会性游戏成分时），是学龄前儿童扩展认知技能的重要途径（见第 9 章）。通过假装游戏，儿童能够"练习"那些作为他们特定文化内容的活动（例如假装使用电脑或假装看书），并且扩展他们对世界如何运转的认识。

进一步来说，游戏帮助大脑发育并使之变得更加成熟。基于动物的实验研究，神经科学家塞尔吉奥·佩利斯（Sergio Pellis）发现，不只是特定种类的脑损伤会导致游戏类别的异常，剥夺动物游戏的能力也会影响到大脑发育（Pellis & Pellis, 2007; Bell, Pellis, & Kolb, 2010）。

在一项研究中，佩利斯和他的同事观察两种不同条件下的大鼠。在控制条件下，年幼的目标鼠和 3 只雌鼠同居一室，它们有机会参与相同的游戏。在实验条件下，尽管年幼的目标鼠和成年雌鼠没有机会游戏，但是前者通过梳理毛发或与后者相触碰而获得社交经验。佩利斯在检查大鼠的大脑后发现，没有机会游戏的大鼠在前额皮层的发育上存在缺陷（Henig, 2008; Bell, Pellis, & Kolb, 2009; Pellis & Burghardt, 2017）。

虽然从大鼠的游戏到学步儿的游戏是个很大的跨越，但是该研究的结果的确表明，游戏在促进大脑和认知发展方面具有重要作用。游戏可能作为引擎为学龄前儿童的智力发展提供动力。

另外，文化因素可能会影响到儿童的游戏风格。例如，韩裔美国学龄前儿童与英裔美国学龄前儿童相比，前者更多地参与平行游戏，后者更多地参与假装游戏（Faver, Kim, & Lee-Shin, 1995; Farver & Lee-Shin, 2000; Bai, 2005; Pellegrini, 2009; 见图 10-1）。

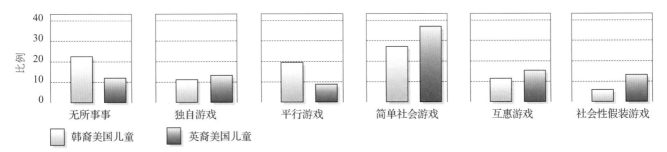

图 10-1 比较游戏的复杂性

一项研究比较了韩裔美国学龄前儿童和英裔美国学龄前儿童的游戏复杂性，发现他们的游戏模式具有明显的差异。儿童照料者会怎样解释这个结论呢？

资料来源：Adapted from Farver, J. M., Kim, Y. K., & Lee-Shin, Y. (1995). "Cultural differences in Korean- and Anglo-American preschoolers' social interaction and play behaviors." *Child Development*, vol. 66: 1088–1099.

学龄前儿童的心理理论：理解他人的想法

儿童游戏发生变化的一个原因是学龄前儿童心理理论的持续发展。心理理论是指关于心理活动的知识与信念（见第 7 章）。通过运用心理理论，学龄前儿童逐渐能够解释他人如何思考以及为什么他人如此行事。换句话说，儿童逐渐从他人的视角来看待世界。即使 2 岁的儿童也能理解他人具有情绪。

到 3 岁或 4 岁时，学龄前儿童能够将他们头脑中的事物和真实世界的事物区分开来。例如，3 岁儿童知道他们可以想象一些实际没有出现的事物（比如斑马），而且知道他人能够做同样的事。他们能够假装某事已经发生，并对此进行反应，他们在想象游戏中培养这种技能，并且他们知道其他人有同样的技能（Cadinu & Kiesner, 2000；Mauritzson & Saeljoe, 2001；Andrews, Halford, & Bunch, 2003；Wellman, 2012；Wu & Su, 2014）。

学龄前儿童开始能够洞察他人行为背后的动机和原因了。他们开始理解妈妈因会面迟到而不开心，即便他们没有亲眼见到她的迟到。在 4 岁左右，学龄前儿童对于人们会被客观事实愚弄或误导（例如涉及熟练手法的魔术戏法）的理解变得老练。这能够帮助儿童更好地掌握社会技能以洞察他人的想法（Eisbach, 2004；Petrashek & Friedman, 2011；Fernández, 2013）。

然而，3 岁儿童的心理理论具有局限性。尽管儿童在 3 岁时能够理解"假装"这一概念，然而他们不能完全理解"信念"。当 3 岁儿童完成错误信念任务时，他们有些难以理解"信念"的含义。在错误信念任务中，研究者告诉学龄前儿童有关玩偶"马克西"的事：马克西把巧克力放在壁橱里，然后出去了；马克西离开后，它的母亲把巧克力转移到新的地点。

随后，研究者询问学龄前儿童："马克西回来后会去哪里找巧克力？"3 岁儿童会（错误地）回答说，马克西会去新的地点找巧克力。4 岁儿童能够正确地意识到，马克西存在错误的信念，会去壁橱找巧克力（Amsterlaw & Wellman, 2006；Brown & Bull, 2007；Lecce et al., 2014；Ornaghi, Pepe, & Grazzani, 2016）。

到了学龄前期末尾阶段，大多数儿童都能很轻松地处理错误信念任务。然而，孤独症谱系障碍患者在一生中都难以应对错误信念任务。孤独症谱系障碍是一种会产生语言和情绪困难的心理疾病。患有孤独症谱系障碍的儿童很难跟他人相处，一部分原因是他们很难理解他人的想法。美国疾病控制与预防中心指出，孤独症谱系障碍的患病率约为 1/68，患者大多是男性。其特征之一是缺乏与他人（即使是父母）的联结，并回避人际交互情境。孤独症谱系障碍患者不管年龄多大，他们都难以应对错误信念任务（Carey, 2012；Miller, 2012；Peterson, 2014）。

哪些因素会影响心理理论的出现呢？大脑发育的成熟是一个重要因素。随着额叶髓鞘的形成，学龄前儿童发展出更多关于自我意识的情绪能力。此外，激素的变化也跟情绪的发展相关（Davidson, 2003；Schore, 2003；Sabbagh et al., 2009）。

语言技能的发展与儿童心理理论复杂性的增长有

从研究到实践

孩子如何学会更成功地说谎

学龄前儿童在 3 岁左右时，被教育犯错后要说实话而不要说谎。然而，"知道说谎是错误的"和"控制住说谎的欲望"是两码事。儿童确实会说谎。儿童说谎必须具备两个条件：他们必须理解"让谎言或多或少被接受的"社会规范；他们必须具备心理理论（Feldman，2010；Lee，2013）。

理解社会规范是很重要的，因为在一些环境下，人们允许他人说谎，甚至期望说谎发生。例如，出于礼貌，即使你不喜欢某个礼物，你也应该表达感激；在另一些时候，善意的谎言可以避免他人感到尴尬，或者避免他人受到不必要的伤害。在一项研究中，研究者让 3~7 岁的儿童为一名模特拍一张照片，这名模特的鼻子上有一个大而明显的标记。在拍照前，这名模特问儿童自己看起来怎么样，大多数儿童在模特面前回答"看起来不错"，而后告诉研究者他们其实并不认为模特看起来不错。

在另一项研究中，一组同龄儿童收到研究者送的礼物（他们不想要的肥皂）。尽管很多儿童说自己喜欢这个礼物，但是他们在打开礼物后的面部表情显示，他们其实并不喜欢（Talwar & Lee，2002a；Talwar，Murphy，&

Lee，2007）。如果在儿童回答喜欢这个礼物（肥皂）之后，研究者立即询问他们为什么喜欢，大一些的儿童会把谎言编得更加精细复杂，例如说自己家里的肥皂用完了，或者他们喜欢收集肥皂。心理理论可以通过维持似乎真实的伪装来进行有效的欺骗。

在某项研究中，儿童被告知在研究者离开期间不要偷看被藏起来的玩具，虽然大部分儿童都偷看了，但他们谎称自己没有偷看。当研究者询问他们"被藏起来的玩具可能是什么"时，大多数 2~3 岁儿童脱口而出，不知不觉暴露了自己在说谎。然而，大一些的儿童明白要假装自己一无所知——一旦他们提出一个错误的前提（没有偷看玩具），就必须建构其他错误的前提（他们对玩具一无所知），以此来维持听者视角的一致性。

因此，进行言语欺骗就需要知道什么时候说谎，并且保持后续的言行和谎言一致。在学前期，这种能力得以快速发展（Talwar & Lee，2002b，2008；Lee，2013）。

- 你认为，儿童为什么在小时候就学会了用说谎来保护他人的感受？
- 有效的说谎为什么很依赖心理理论？

关，尤其是理解"认为""知道"这些词语的意义的能力有助于学龄前儿童理解他人的心理活动（Astington & Baird，2005；Farrant，Fletcher，& Maybery，2006；Farrar et al. 2009）。

儿童心理理论的发展能促使儿童更多地参与社会交往和游戏活动，社会交往和假装游戏也能促进心理理论的发展。例如，有比自己大的哥姐（提供了更高水平的社会交往机会）的学龄前儿童拥有更复杂的心理理论。被虐待的儿童在应对错误信念任务方面存在滞后现象，部分原因在于缺乏正常的社会交往经验（McAlister & Peterson，2006；Nelson，Adamson，& Bakeman，2008；Müller et al.，2011）。

文化因素在心理理论的发展与儿童对他人行为的解释中扮演了重要的作用。例如，在工业化程度更高的西方文化下，儿童更有可能认为他人的行为与"这是个怎样的人"有关，基于个性和特质（例如，"之所以她赢了赛跑，是因为她真的很快"）。然而，其他

文化下的儿童可能认为，其他人的行为是由一些个人很难控制的因素导致的（例如，"之所以她赢了赛跑，是因为她很幸运"）（Tardif，Wellman，& Cheung，2004；Wellman et al.，2006；Liu et al.，2008）。

学龄前儿童的家庭生活

晚饭后，当妈妈做清洁的时候，4 岁的本杰明在看电视。过了一会儿，他走过来并拿了一块毛巾说："妈妈，让我帮你刷碗吧！"妈妈对孩子第一次做出这样的行为颇为惊讶，问道："你在哪里学会了刷碗？"

"我在电视里看到的，"他说，"只是那里面是爸爸帮妈妈刷碗。我没有爸爸，所以我想应该由我来做。"

对许多学龄前儿童而言，生活并不是电视连续剧的重演，他们需要面对现实中越来越复杂的世界。美国儿童越来越有可能只和父母中的一方一起生活（见

第 7 章和第 13 章）。在 20 世纪 60 年代，只有不到 10% 的 18 岁以下儿童生活在单亲家庭。30 年之后，有 25% 的家庭都是单亲家庭。这里面存在巨大的种族差异：接近 50% 的非裔美国儿童和 25% 的西班牙裔美国儿童生活在单亲家庭，白人儿童的这一比例是 22%（Grall，2009）。

尽管如此，对大多数儿童来说，学龄前期并不是一个剧变和混乱的时期，而是一个逐渐与世界进行互动的时期。学龄前儿童开始跟其他儿童发展出真正的友谊，密切的联系也在此时出现。温暖的家庭环境促使学龄前儿童与其他儿童发展出真正的友谊。儿童与父母之间强烈而积极的关系可以推动儿童与他人之间关系的发展（Howes，Galinsky，& Kontos，1998）。那么，父母是如何与孩子建立积极关系的呢？请根据如下故事，回答问题。

当玛丽亚认为一旁没有人的时候，她走进了哥哥亚历杭德罗的卧室，那里藏着哥哥的万圣节糖果。当她拿起哥哥装糖果的杯子时，妈妈走进了房间，立刻明白了情况。如果你是玛丽亚的母亲，你认为下列反应中哪个是最合理的？

1. 告诉玛丽亚，她必须立刻回到自己的房间待上一天，并且她将失去最喜欢的毛毯（她每天睡觉时喜欢盖的毯子）。

2. 温和地告诉玛丽亚，她的行为是不对的，以后不应该再犯。

3. 让玛丽亚知道她这样做会令亚历杭德罗难过，并且惩罚她待在房里 1 个小时。

4. 忽略这件事，让孩子自己解决。

这四种反应分别反映了由戴安娜·鲍姆林德（Diana Baumrind）定义并由埃莉诺·麦科比（Eleanor Maccoby）及其同事修订的主要父母教养方式中的一种（Maccoby & Martin，1983；Baumrind，1980，2005）。

专制型父母（authoritarian parents）会做出上述第一种行为，他们控制欲强、严格、冷酷，喜欢惩罚孩子，他们的话就是法则，他们要求孩子无条件地严格服从他们的价值观，不允许孩子表达不同意见。

放任型父母（permissive parents）会做出上述第二种行为，为孩子提供不严格、不一致的反馈，对孩子的要求很少，他们不觉得自己对于孩子的未来负有责任。尽管放任型父母很少或几乎不控制孩子的行为，但他们会温暖地对待孩子。

权威型父母（authoritative parents）会做出上述第三种行为，严格地设定清晰一致的限制，尽管他们像专制型父母一样，会相当严格，但也会关爱孩子、提供情感上的支持。他们会试着和孩子讲道理，解释为什么孩子应该按照特定方式做事（亚历杭德罗会难过），告诉孩子他们为什么要接受惩罚。权威型父母鼓励孩子独立。

忽视型的父母（uninvolved parents）会做出上述第四种行为，对孩子几乎没有兴趣，表现出漠不关心和拒绝的行为。他们与孩子的感情疏远，认为自己对孩子的职责不过是"给饭吃、给衣服穿、给地方住"。在极端情况下，在这类家庭中存在儿童忽视（父母忽略儿童，或对儿童没有情感上的回应）现象。

这四类父母对应四种教养方式（见表 10-3）。

表 10-3 四种教养方式

父母对孩子的回应 ╲ 父母对孩子的要求	有要求的	没有要求的
高回应性	权威型教养方式 **特点**：严格地对孩子设定清晰一致的限制 **与孩子的关系**：尽管他们像专制型父母般严格，但是他们深爱着孩子，会鼓励孩子独立，并给予孩子情感支持；他们尝试与孩子讲道理，解释为什么孩子应该按照特定方式做事，告诉孩子他们为什么要接受惩罚	放任型教养方式 **特点**：为孩子提供不严格、不一致的反馈 **与孩子的关系**：他们不觉得自己对于孩子的未来负有责任；尽管他们很少或几乎不控制孩子的行为，但会温暖地对待孩子

（续）

父母对孩子的回应 ╲ 父母对孩子的要求	有要求的	没有要求的
	专制型教养方式	忽视型教养方式
低回应性	**特点**：控制、惩罚、严格、冷漠 **与孩子的关系**：他们的话就是法则，他们要求孩子无条件地严格服从他们的价值观，不允许孩子表达不同意见	**特点**：表现出漠不关心和拒绝的行为 **与孩子的关系**：他们与孩子的感情疏远，认为自己对孩子的职责不过是"给饭吃、给衣服穿、给地方住"；在极端情况下，忽视型父母会导致忽视——儿童虐待的一种形式

父母所采取的特定教养方式会导致儿童行为上的差异吗？答案是肯定的，不过也存在许多例外（Jia & Schoppe-Sullivan，2011；Lin, Chiu, & Yeh, 2012；Flouri & Midouhas，2017）。

- 专制型父母的孩子性格内向，社交技能较差。他们不是非常友好，在同伴中经常表现不自在。专制型父母的女孩特别依赖父母，而男孩往往对他人表现出过多的敌意。
- 放任型父母的孩子与专制型父母的孩子拥有很多相同的特点。他们倾向于依赖他人，喜怒无常，其社交技能和自我控制能力较差。
- 权威型父母的孩子表现最好。他们多表现为独立、友善、自信，有合作精神。他们追求成就的动机很强，也常获得成功并受到他人喜爱。无论在人际关系方面，还是在自我调节方面，他们均能有效调节自己的行为。一些权威型父母表现出支持性教养的特点，包括在日常互动中给予孩子温暖、积极地辅导孩子学习、与孩子平静地对话，以及鼓励孩子与同伴进行互动。这类父母的小孩能表现出更好的自我调节能力，以及在逆境面前更好地保护自己（Pettit, Bates, & Dodge, 1997；Belluck, 2000；Kaufmann et al., 2000）。
- 忽视型父母的孩子表现最差。父母投入过少使得孩子在情绪发展方面较为混乱，他们感受不到爱，或者遭受情感上的疏离，其身体和认知方面的发展受阻。

虽然教养方式的区分对于分类和描述父母的行为很有用，但教养方式不是教养成功的秘诀。教养和成长很复杂！例如，也有很多专制型父母和放任型父母教育的孩子发展得很好。

大部分父母的教养方式并不是完全不变的。有时候，父母的教养方式会从一种类型转为另一种类型。例如，当孩子冲入马路时，即使是最懒散和宽容的父母也会以很严厉、专制的方式要求孩子注意安全。在这种情况下，父母最可能采取专制型教养方式（Eisenberg & Valiente，2002；Gershoff，2002）。

儿童养育实践中的文化差异

需要注意的是，上述教养方式针对的是西方家庭。成功的教育方式在很大程度上依赖于特定的文化标准，这类标准判定具有恰当教养经验的父母类型（Nagabhushan，2011；Calzada et al., 2012；Dotti Sani & Treas，2016）。

例如，在中国，父母有责任培养孩子遵从社会规范和文化要求的标准，特别是在学校要有良好的表现。儿童对这种风格的接受与认同被视作对父母的尊重（Ng, Pomerantz, & Lam, 2007；Lui & Rollock, 2013；Frewen et al., 2015）。通常，中国的父母对孩子有高指导性，比西方国家的父母在更高程度上推动孩子去胜过他人以及控制自己的行为。这确实有用：亚洲父母的孩子注重成功，特别是学业成功（Steinberg, Dornbusch, & Brown, 1992；Nelson et al., 2006）。

美国的父母通常被建议"采取权威型教养方式，避免使用专制型教养方式"来教育小孩。有趣的是，以前并不是这样。直到第二次世界大战，主流文献的主流看法还是建议父母采取专制型教养方式。清教文化推动了这种教养观念的改变——儿童有"原罪"，他们需要将自己的愿望打碎（Smuts & Hagen，1985）。

对西班牙裔美国父母来说，尊重是一个非常核心

明智运用儿童发展心理学

管教儿童

关于"如何最有效地管教儿童"的问题已经历经世世代代的讨论，来自发展心理学家的答案包括了下列建议（Brazelton & Sparrow，2003；Flouri，2005；Mulvaney & Mebert，2007）。

- **对于西方文化下的大多数儿童，权威型教养方式最有效。** 父母应该严格地对孩子设定清晰一致的限制，对孩子期待的行为给出清晰的指导。虽然权威型的管教父母为孩子提供规则，但是要用儿童能够理解的语言向他们解释为什么要设定这些规则。
- 美国儿科学会提出，**打孩子绝不是一种合适的管教方法。** 相对于其他纠正不适宜行为的方法，打孩子不仅效果更差，还会导致额外的有害后果，例如孩子更可能出现攻击行为。大多数美国人在小时候挨过打，而研究表明打孩子是不合适的（Bell & Romano，2012；American Academy of Pediatrics，2012）。
- **父母可以使用计时隔离的方法惩罚儿童。** 儿童在做错事后，父母不允许他们在一段时间之内参与其喜欢的活动。
- **父母要调整管教行为以适应儿童及情境的特征。** 父母要注意到儿童的个性，并据此采取合适的管教行为。
- **父母可以利用惯例（例如洗澡惯例、上床睡觉惯例等）来避免冲突。** 例如，就寝问题可能会引发亲子冲突。父母可以用一些令人愉悦的策略来赢得孩子的顺从，例如每晚就寝前例行地阅读故事，或者跟孩子来场"摔跤"比赛来消除这种潜在的冲突。

的价值观。西班牙裔美国父母相信，儿童应该听从规则，并且服从权威人物（O'Connor et al.，2013）。

简而言之，儿童养育实践反映了文化中关于"如何看待儿童本质以及恰当的父母角色"的观点。没有哪一种单一的教养方式能够广泛适用，或总是养育出成功的儿童（Chang Pettit & Katsurada，2006；Wang，Pomerantz，& Chen，2007；Pomerantz et al.，2011）。

道德发展和攻击行为

布琳去幼儿园迟到了，玩具箱里只剩下一个玩具，是一辆旧的黄色玩具车。她的朋友克里斯汀拥有一整套积木。当克里斯汀很开心地玩积木时，布琳看着自己的玩具车开始哭泣。过了几秒，克里斯汀对布琳的伤心做出了反应，她给了布琳一些积木。布琳拿着这些积木玩儿，很快两人开始一起玩耍。克里斯汀进行了换位思考，理解布琳为什么会那样伤心、为什么那样想，并且表现出同理心。

在这一短短的场景中，我们可以看到很多与道德有关的关键性成分。儿童对于"什么是正确行为"的观点发生了变化，这一变化是学龄前期成长的重要方面。

与此同时，学龄前儿童所表现出的攻击行为也在发生着变化。作为人类行为的两个相反方面，道德和攻击的发展都与他人意识的增长密切相关。

道德发展：遵循社会的是非标准

道德发展（moral development）是指人们的公正感、对于正确与否的认识以及与道德问题相关的行为的变化。发展学家已经从儿童对道德的推理、对道德堕落的态度以及面对道德问题时的行为等方面考察了道德发展。在研究道德发展的过程中，研究者提出了一些理论。

皮亚杰的道德发展理论

儿童心理学家皮亚杰是较早研究道德发展问题的学者。他认为，道德发展就像认知发展一样是阶段性的（Piaget，1932）。道德发展的最初阶段为"他律道德阶段"（heteronomous morality stage），年龄段为4 ~ 7 岁。在这一阶段中，儿童把规则看作是恒定不可变的，死板地按照规则进行游戏，假设有且只有一种对的游戏方式，其他的游戏方式都是错的。学龄前儿童可能无法完全掌握游戏规则，结果一群儿童在一起玩时，每人都有各自稍许不同的规则。尽管如此，他们还是玩得很开心。皮亚杰指出，每个儿童都会"赢"得这种游戏，因为玩得开心（不是真正和他人竞争）就意味着"赢"。

皮亚杰指出，在他律道德阶段，儿童认为自己做错事的程度和打碎物品的数目直接相关。

严格的他律道德阶段最终会被后续的道德阶段所取代。在 7 ～ 10 岁，儿童处于"初始合作阶段"（incipient cooperation stage），儿童的游戏更加社会化，他们习得了正式的游戏规则，并根据共享的规则来玩游戏。不过，规则仍然被看作是大致不变的，学龄前儿童仍然认为有"正确的"方式，并依据这些规则进行游戏。

大概从 10 岁开始，儿童进入"自主合作阶段"（autonomous cooperative stage），充分意识到如果一起游戏的人同意，就可以改变原本正式的游戏规则。我们将在第 15 章中介绍科尔伯格和吉利根的理论时，讨论学龄前期之后的人生时期的道德发展阶段，其中蕴含着学龄儿童对人创造的并依据人们的意愿改变的法规的理解。

不过，在进入学龄前期之后的人生时期之前，儿童对规则和公正的理解还是基于固定标准的。同时，处于他律道德阶段的儿童不会考虑行为的意图。

处于他律道德阶段的儿童会相信"内在公正"（immanent justice）——相信破坏规则会得到即刻的惩罚。学龄前儿童认为，如果他们做了不好的事，即使他们没有被抓到现行，也会马上受到惩罚。大一些的孩子意识到，做错事的惩罚是由人判断并执行的。

跨过了他律道德阶段的孩子开始理解，判断错事的严重性时，必须考虑犯错之人是否有意作恶。

评价皮亚杰的道德发展理论

近期研究指出，尽管皮亚杰沿着正确的轨迹描述道德发展过程，但其道德发展理论与认知发展理论存在同样的问题，尤其是皮亚杰低估了学龄前儿童的道德能力。

近期研究表明，学龄前儿童理解意图的年龄是 3 岁左右。这允许他们可以在比皮亚杰认为的年龄更早的时候，基于意图进行判断。当人们问学龄前儿童关于强调意图的道德问题时，学龄前儿童可以判断有意作恶的人比无意作恶的人更"放肆"，即便无意作恶的人在客观上造成了更大的破坏。而且在 4 岁的时候，他们会判断故意撒谎是错的（Yuill & Perner, 1988; Bussey, 1992; LoBue et al., 2011）。

道德发展的社会学习理论

在道德发展方面，社会学习理论与皮亚杰理论相区别。皮亚杰理论强调学龄前儿童认知发展的局限性如何导致特定形式的道德推理，社会学习理论更加关注学龄前儿童所处的环境如何使他们产生**亲社会行为**（prosocial behavior），即有利于他人的帮助行为（Caputi et al., 2012; Schulz et al., 2013; Buon, Habib, & Frey, 2017）。

社会学习理论是依赖行为学派的，之所以儿童表现出某些亲社会行为，是因为他们以道德适宜方式做出的行为得到了正强化。例如，当克莱尔的妈妈在她给弟弟分享饼干后称她是一个"好女孩"时，克莱尔的行为得到了强化，其结果是，今后克莱尔更愿意做出与他人分享的行为（Ramaswamy & Bergin, 2009）。

社会学习理论更进一步地指出，并不是所有的亲社会行为都会得到直接的强化。根据社会学习理论，儿童可以通过观察他人（这类人被称为"榜样"）的行为间接地学习道德行为（Bandura, 1977）。当儿童看到榜样的行为得到强化后，最终学会自己表现出榜样的这类行为。例如，当克莱尔的朋友杰克看到，克莱尔（榜样）和弟弟分享糖果，并因此受到表扬时，杰克就更有可能在以后某个时刻自己也做出这种分享行为。

很多研究强调榜样和社会学习对学龄前儿童在亲社会行为方面的作用。研究发现，儿童在看到了别人表现得慷慨无私之后，倾向于模仿榜样的行为，后来当他们进入相似的情境时，他们也表现得慷慨无私。然而，如果榜样的行为非常自私，观察到这些行为的儿童也表现得更自私（Hastings et al.，2007）。

并不是所有的榜样对于亲社会行为都有相同的效力。例如，学龄前儿童更倾向于模仿温暖、有责任感的成人，而非冷酷的成人。学龄前儿童更倾向于模仿更能干、更有威望的榜样。

儿童并不是简单地、不假思索地模仿他们看到其他人得到奖赏的行为。通过道德观察，社会规范提醒着他们重视家长、教师以及其他权威人物的道德行为。他们能注意到特定情境和某些行为之间的联系。这增强了相似情境激发观察者相似行为的可能性。

抽象模仿（abstract modeling）是指儿童在模仿榜样的过程中，学到的并非具体的行为，而是更普遍的抽象原则。相对于总是模仿他人行为，大一些的学龄前儿童开始发展出构成他们所观察行为基础的概括性原则。在观察到榜样由于做出符合道德期望的行为而受到奖励的重复事件后，儿童开始推理和学习道德行为的普遍原则（Bandura，1991）。

遗传对道德的影响：人性本善吗

颇具争议的近期遗传观点是，某些道德行为可能基于一些特别的基因。根据这个观点，学龄前儿童具有慷慨或者自私的遗传易感性。

在一项证明遗传观点的研究中，研究者为学龄前儿童提供了一个可以慷慨地分配贴纸的机会。那些倾向于自私分配的孩子的AVPR1A基因更可能存在变异，这种基因调节大脑中与社会行为有关的激素（Avinum et al.，2011）。

基因突变不太可能完全解释学龄前儿童的慷慨缺乏。儿童成长的环境可能在道德行为中具有显著的作用，甚至起到主导作用。不过，某些研究仍然主张，慷慨可能有一定的遗传根源。

共情和道德行为

共情（empathy）是对其他人感受的情绪反应。简单来说，共情是对他人感受的理解。一些发展心理学家认为，共情是某些道德行为的核心。共情的萌芽出现得很早。1岁婴儿听到其他婴儿哭泣后会跟着哭起来。到2～3岁时，儿童会送给其他儿童或成人礼物，并自发地和他们共享玩具，即使他们是陌生人（Zahn-Waxler & Radke-Yarrow，1990）。

在学龄前期，共情持续发展。一些理论学家认为，不断增长的共情能力和正性情绪（例如欣赏）使得儿童表现出更加道德的行为。此外，一些负性的情绪（例如对不公平情形的愤怒，或对以前的违规行为感到羞愧）也能促进儿童道德行为的发展（Vinik，Almas，& Grusec，2011；Bischof-Köhler，2012；Eisenberg，Spinrad，& Morris，2014）。

弗洛伊德在他的精神分析人格发展理论中首先提出，负性情绪可能促进道德发展。弗洛伊德认为，儿童的超我（人格中表征社会人该做和不该做的部分）是通过解决恋母情结发展起来的（见第2章）。儿童能够认同他们的父母，内化父母的道德标准来避免由于恋母情结而产生的无意识的内疚。

不管我们是否接受弗洛伊德关于"恋母情结，以及恋母情结会产生内疚"的说法，他的理论和近期发现一致。学龄前儿童会试图避免体验到负性情绪，这有时会致使他们做出更道德的行为。例如，当儿童面临其他人的不快或不幸时，他们帮助他人的原因之一是避免感受到个人悲伤（Valiente，Eisenberg，& Fabcs，2004；Eisenberg，Valiente，& Champion，2004；Cushman et al.，2013）。

学龄前儿童的攻击和暴力行为

4岁的杜安再也克制不住他的愤怒和挫败感了。虽然他向来脾气温和，但当埃舒开始嘲笑他裤子上的破口，并喋喋不休地持续了几分钟后，杜安终于爆发了。他冲向埃舒，把他推倒在地，开始用紧握的小拳头打他。杜安太过激动，尽管他的攻击并没有造成很大的伤害，但也足够在幼儿园老师介入之前让埃舒尝到苦头，并大哭起来。

学龄前儿童之间的攻击行为是相当普遍的，尽管类似上述例子的攻击并不多见。言语攻击、相互推搡、拳打脚踢以及其他形式的攻击都可能在整个学龄前期发生，只是随着儿童年龄的增长，攻击的程度也会发生变化。

埃舒的嘲笑其实是一种攻击行为。攻击（aggression）是指对他人有目的的侮辱或伤害。婴儿不会表现出攻击行为。我们很难说婴儿会有意伤害他人。进入学前期后，儿童就会表现出真正的攻击行为。

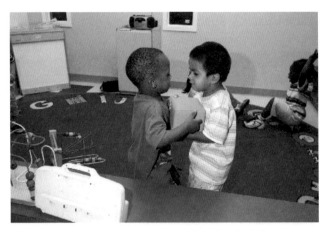

身体攻击和言语攻击在整个学龄前期都会出现。

在学龄前期初始阶段，一些攻击行为是为了达到一个特定的目的，例如从他人那里抢走玩具或霸占他人所占有的特定空间。因此，从某种意义上来说，这种攻击是无意的，小小的混战可能实际上只是学龄前儿童典型生活的一部分。毫无攻击行为的儿童非常罕见。

极端和持续的攻击行为必须要引起关注。对大部分学龄前儿童而言，随着年龄的增长，其攻击行为的数量、频率和每次攻击行为的平均持续时间都会下降（Persson，2005；Olson et al.，2011）。

儿童的社会性和人格发展对攻击行为的减少有所贡献。在整个学龄前期，大部分儿童能够越来越好地控制他们的情绪。情绪的自我调节（emotional self-regulation）是指将情绪调整到理想的状态、强度、水平的能力。从 2 岁开始，儿童能够说出他们的感受，并且能够运用策略来调节这些感受。当他们再长大一些的时候，就能够运用更为有效的策略，学会更好地应对消极情绪。除了自我控制能力的增长，儿童还能够发展出老练的社交技能。大多数儿童学会使用语言来表达自己的愿望，以及逐渐能够和他人进行协商谈判（Philippot & Feldman，2005；Helmsen，Koglin，& Petermann，2012；Rose et al.，2016）。

尽管攻击行为会随着年龄的增长而呈现普遍下降的趋势，一些儿童却在整个学龄前期持续地表现出攻击行为。攻击性是一种相对稳定的特质：攻击性最强的学龄前儿童可能成长为攻击性最强的学龄儿童，而攻击性最弱的学龄前儿童可能成长为攻击性最弱的学龄儿童（Tremblay，2001；Schaeffer，Petras，& Ialongo，2003；Davenport & Bourgeois，2008）。

男孩通常比女孩表现出更高水平的身体攻击和工具性攻击。工具性攻击（instrumental aggression）是指由达成具体目标的愿望（例如，想得到另一个儿童正在玩的玩具）所驱动的攻击。

尽管女孩表现出的工具性攻击水平相对较低，但她们仍然具有攻击性，只是在攻击方式上与男孩不同。女孩更可能使用关系攻击（relational aggression），即伤害他人感受的非身体攻击。这种攻击可能表现为辱骂中伤，与朋友断交，或者通过说刻薄话，做令人痛苦的事情来让对方难受（Werner & Crick，2004；Murray-Close，Ostrov，& Crick，2007；Valles & Knutson，2008）。我们如何解释学龄前儿童的攻击行为呢？一些理论家认为，攻击行为是一种本能，作为人类的一部分而存在。弗洛伊德的精神分析理论指出，人们都由性和攻击本能所驱动（Freud，1920）。习性学家、动物行为专家康拉德·洛伦茨认为，动物（包括人类）共同享有一种战斗本能，即从原始的保护领土、保持稳定的食物供给以及淘汰较弱动物的动机中衍生出来的本能（Lorenz，1974）。

演化心理学家考虑社会行为的生物学根源，他们提出了类似的观点。他们认为，攻击导致了交配机会的增加，提高了个体基因传递给后代的可能性。最强壮的个体才最有可能存活下来，因此攻击可能从整体上帮助强化种族及其基因库。攻击本能促进存活下来的个体将基因传递给下一代（Archer，2009；Farbiash et al.，2013）。

虽然对于攻击行为的本能解释是符合逻辑的，但是大部分发展心理学家认为，这类解释不仅没有考虑到人类随着年龄的增长而越来越复杂的认知能力，还缺乏相关的实验证据的支持。这类解释只是指出了攻击行为是人类固有的一部分，而对于判断儿童和成人何时以及如何进行攻击行为，无法给出指导意见。因此，发展学家已经转向了其他理论来解释攻击行为和暴力行为。

攻击行为的社会学习理论和认知理论

琳恩目睹了杜安击打埃舒的过程。第二天，她与伊利娅发生了争执。她们先是斗嘴，然后琳恩把手攥成拳头试图击打伊利娅。幼儿园老师被吓坏了，因为琳恩很少生气，她以前从未做出过攻击行为。

"杜安击打埃舒"和"琳恩试图击打伊利娅"这两件事之间有什么联系吗？大多数人会说"有联系"，特别是支持社会学习理论的人，他们认为攻击主要是学习而来的。

攻击行为的社会学习理论

社会学习理论认为，攻击是基于观察和先前学习的。为了理解攻击行为的成因，我们应该讨论儿童成长环境中的奖惩系统。

攻击的社会学习理论强调社会和环境条件如何教会个体具有攻击性。这一想法来自一种行为主义观点，即攻击行为是通过直接的强化而习得的。例如，学龄前儿童可能会学到，通过带有攻击性地拒绝同伴分享的要求，他们就能一直独占喜欢的玩具。用传统的学习理论的说法，他们因为做出攻击行为而受到强化（持续地占用玩具），所以日后他们更有可能表现出攻击行为。

然而，社会学习理论认为，强化也可能是间接的。很多研究提出，与具有攻击性的榜样接触导致了观察者攻击行为的增加，尤其是当观察者本身处于生气、受辱或者挫败的状态下。例如，阿尔伯特·班杜拉及其同事在一项关于学龄前儿童的经典研究中说明了榜样的力量（Bandura，Ross，& Ross，1962）。首先，一组儿童观看成人带有攻击性地、粗暴地对待玩偶波波（一个大的充气塑胶小丑，是为儿童设计的拳击吊袋，推倒之后还能够恢复到原来站立的姿势）的录像；另一组儿童观看成人安静地玩万能工匠（成人玩的万能工具玩具）的录像（见图 10-2）。其次，实验者不让这些儿童玩自己最喜欢的玩具，让他们处于沮丧状态。最后，实验者让学龄前儿童玩很多玩具（包括玩偶波波和万能工匠），并观察他们的反应。正如社会学习理论预测的那样，这些学龄前儿童模仿了成人的行为。那些看到成人粗暴对待玩偶波波的儿童比那些看到成人平静地玩万能工匠的儿童更具有攻击性。

后来的研究支持这一早期的实验，目睹榜样的攻击行为后，一部分目击者更可能做出攻击行为。这一发现有很深远的影响，特别是对那些生活在暴力行为很普遍的社区的儿童。例如，在美国的一些社区，有 1/3 的儿童看到过凶杀案，有 2/3 的儿童看到过严重

图 10-2　模仿榜样的攻击行为

这一系列图片来自阿尔伯特·班杜拉经典的玩偶波波实验，该实验旨在说明攻击行为的社会学习。图片清晰地展示了目睹了榜样的攻击行为的儿童是如何模仿成人榜样的攻击行为的。

的暴力袭击事件，如此频繁地接触暴力事件肯定会增加目击者以后做出攻击行为的可能性（Farver et al., 1997；Evans，2004；Huesmann et al., 2016）。

攻击行为的认知理论：暴力背后的观念

两个儿童在踢球，当他们同时去接球时无意中撞在了一起。其中一个的反应是道歉，另一个则推搡着对方生气地说："够了！"

尽管事实上两个人对这件事应该承担同等的责任，却做出完全不同的反应。第一个儿童把这看成意外，而第二个儿童看成挑衅并用攻击行为回应。

关于攻击的认知理论认为，理解道德发展水平的关键是考察学龄前儿童对他人行为以及当时情境的解释。根据发展心理学家肯尼思·道奇（Kenneth Dodge）及其同事的研究，一些儿童比另一些儿童更倾向于假设行为是出于攻击性动机的，他们无法注意到情境中的适宜线索，而是错误地理解情境中的行为，认为事件的发生是具有敌意性的。随后，在决定

如何反应时，他们的行为会基于那些错误的理解。总体来说，他们会对事实上并不存在的情况做出攻击性的反应（Petit & Dodge，2003）。

例如，内森正在桌子边和加里一起画画，内森伸手去拿一支红色的蜡笔。加里刚好也想用这支蜡笔，所以认定内森"知道"他想用这支蜡笔，然后故意拿走了。出于对心理状态的这种解释，加里因为内森"偷"了他想要的蜡笔，把他揍了一顿。

关于攻击的认知理论尽管描述了导致一些儿童做出攻击行为的过程，却不能成功地解释"为什么他们会对情境产生错误的知觉""为什么他们容易做出攻击性反应""为什么这种错误的知觉会引发攻击行为""为什么他们认为攻击是适当的，甚至是最佳反应"。

然而，认知理论在帮助孩子减少攻击行为方面是有用的：通过教会学龄前儿童更准确地解释情境，我们可以引导他们不要轻易认为别人的行为具有敌意动机，结果就不太可能用攻击本身进行反应。

明智运用儿童发展心理学

鼓励学龄前儿童的道德行为，减少他们的攻击行为

基于前面提到过的许多有用的理论，我们可以在鼓励学龄前儿童的道德行为、减少他们的攻击行为方面找到一些易于操作的策略。以下是一些切实可行的策略（Bor & Bor, 2004；Larson, Jim；Lochman, 2011；Eisenberg, 2012）。

- **为学龄前儿童提供观察他人进行合作、提供帮助、做出亲社会行为的机会。**我们可以鼓励他们参与合作活动，进行同伴互动。这些合作活动能够教会他们合作和帮助他人的重要性和可取性。我们可以进一步鼓励儿童参与对他人有利的活动，例如分享。然而，我们不要因为他们这样做了，就给他们具体的奖励（比如，给他们糖果或钱），口头奖励是比较好的。此外，和学龄前儿童谈论"处在困难中的人会有怎样的感受"，培养他们的共情能力。

- **不要忽略攻击行为。**当看到学龄前儿童的攻击行为时，家长和教师应该进行干预，并明确说明攻击是不可接受的解决冲突的方法。

- **帮助学龄前儿童对他人的行为做出其他的解释。**这对于那些具有攻击性和倾向于把别人的行为看得比实际情况更具有敌意的儿童尤其重要，家长和教师应该帮助这些儿童认识到他们同伴的行为有多种可能的解释。

- **监控学龄前儿童看电视，尤其是观看暴力电视节目的情况。**有很多证据表明，观看暴力电视节目会导致儿童随后攻击水平的上升。同时，鼓励学龄前儿童观看旨在促进儿童道德发展的节目，例如《芝麻街》《爱探险的朵拉》（*Dora the Explorer*）、《海绵宝宝》（*SpongeBob SquarePants*）。

- **帮助学龄前儿童了解自己的感受。**当儿童生气时，他们应该知道怎样用一种建设性的方式来处理自己的情绪。告诉他们一些可以改善这种情况的具体建议，例如告诉孩子："我知道你因为利亚姆不让你玩而非常生气。不要打他。你可以告诉他，你也想玩那个游戏。"

- **明确教导他们进行推理和自我控制。**学龄前儿童可以理解道德推理的基本原理，应该告诉他们为什么某些行为是适当的，例如明确地说"如果你吃掉了所有的小甜饼，其他人就没有甜点了"好过于"乖孩子不会吃掉所有的小甜饼"。

暴力电视节目和电子游戏：是否有害

大多数学龄前儿童虽然没有在真实生活中目击过暴力行为，但他们在电视上会看到攻击行为。儿童电视节目包含的暴力水平（69%）实际上高于其他节目（57%）。在平均 1 个小时的时间里，儿童节目包含的暴力事件是其他节目的 2 倍多（Wilson，2002）。

我们不得不关注一个重要的问题：观看攻击行为是否会增加儿童（以及他们成年后）做出攻击行为的可能性？我们很难明确回答这个问题，毕竟科学家不能构建一个离开实验室的真实情境。

在实验室观看电视节目中的攻击行为之后，儿童做出攻击行为的频率有所上升。然而，有证据表明，儿童在现实世界看到攻击行为与他后来的攻击行为之间是相关关系。（请你思考一下：构建包含儿童观看习惯的真实实验需要哪些东西？我们需要控制儿童在一段时期内在家观看的电视节目内容，持续稳定地提供一些暴力节目以及一些非暴力节目，而绝大多数家长是不会同意这样做的。）

虽然"观看电视节目中的攻击行为"与"做出攻击行为"之间是相关关系，但越来越多的研究表明，观看暴力电视节目的确会导致儿童随后的攻击行为。纵向研究发现，8 岁儿童对暴力节目的偏好程度和他们 30 岁时犯罪行为的严重程度有关。其他证据支持以下观点：接触媒体暴力将导致儿童更轻易地做出攻击行为、欺凌行为，而且对暴力受害者遭受的伤害不敏感（Christakis & Zimmerman，2007；Kirsh，2012；Merritt et al.，2016）。

电视并不是媒体暴力的唯一来源。许多电子游戏包含大量的攻击行为，而且很多儿童经常玩这些游戏。例如，14% 的 0 ～ 3 岁儿童和 50% 的 4 ～ 6 岁儿童都在玩电子游戏。关于成人的研究表明，玩暴力游戏与表现出的攻击行为有关，因此，玩暴力电子游戏的儿童将更有可能表现出攻击行为（Barlett，Harris，& Baldassaro，2007；Polman，de Castro，& van Aken，2008；Bushman，Gollwitzer，& Cruz，2014）。

克雷格·安德森及其同事的元分析发现，玩暴力电子游戏是增强个体攻击性的风险因素（Anderson et al.，2010；Bastian，Jetten，& Radke，2012）。

研究者分析了超过 130 篇已发表的研究，这些研究共涉及超过 130 000 名被试来探究暴力电子游戏的影响。他们关注的结果变量是攻击性想法、攻击性行为、攻击性情绪、生理唤起、共情 / 脱敏以及帮助行为。他们的分析包括所有包含这些变量的纵向研究（除了生理唤起这种短期现象），并且关注文化和性别差异。

元分析研究表明，玩暴力电子游戏和更多的攻击性想法、情绪、行为有关。横断研究、纵向研究和实验研究同样得出这一结果，并且在东西方文化中没有差异。玩暴力电子游戏和对暴力脱敏、缺乏共情能力、缺乏帮助行为有关，并且无性别差异（Anderson et al.，2010）。

安德森及其同事非常谨慎地指出，这些结果除了具有理论价值，还具有实践价值。暴力电子游戏的影响是随时间的推移而逐渐增加的，这种影响适用于很大一部分玩暴力电子游戏的人身上。它们可以与其他变量交互地产生作用，导致严重的后果。

研究者注意到，在分析结果中，坑暴力电子游戏和其他风险因素（例如物质滥用、父母虐待和贫穷）同样与更多的攻击行为有关。他们主张，对暴力游戏视频的讨论应该从"它们是否有害"（它们显然有害）转变为"家长、学校和社会可以做什么以减轻暴力游戏视频的危害"（Anderson et al.，2010）。

社会学习理论指出，通过暴力电视节目和暴力电子游戏，学龄前儿童习得攻击行为。这启发了人们如何减轻媒体的负面影响，例如明确指导儿童用批判性的眼光看待暴力行为，告诉儿童"暴力不是真实世界的表征，观看暴力行为会给他们带来负面的影响，他们不应该模仿在电视上看到的暴力行为"。这会帮助儿童以不同的视角来观看暴力节目，更少地受到它们的影响（Persson & Musher-Eizenman，2003；Donnerstein，2005）。

> **从教育工作者的视角看问题**
>
> 学龄前儿童的老师或家长该如何帮助儿童注意到电视节目中的暴力行为，并保护他们不受影响？

此外，正如观察攻击性榜样会导致攻击行为那样，观察非攻击性榜样会减少攻击行为。学龄前儿童从他人那里不仅会学到如何进行攻击，还会学到如何避免冲突和控制攻击行为。

案例研究

错误的角色榜样

吉姆很仔细地照看着儿子贾森。吉姆在距家 90 分钟的地方做生意，而在家附近工作的妻子特莎承担起照料贾森的主要责任。吉姆越来越担忧 4 岁贾森的生活。

贾森在很小的时候说话轻柔，容易害羞。后来 3 岁的贾森在圣诞节想要一个娃娃，吉姆觉得有必要改变贾森的喜好。于是，他送给贾森一个美国大兵模型 G. I. 乔，而没送娃娃。当贾森更喜欢打扮 G. I. 乔，而不是带着它到处奔跑，或是用它"炸飞"一些东西时，吉姆感到更加焦虑。后来，贾森喜欢画画和捏黏土，而不喜欢玩吉姆送他的玩具枪和运动用品。

吉姆坚信，让特莎将贾森放在多是女孩的日托机构是个极大的错误。吉姆认为这种环境影响了贾森的行为，让他变得更女性化。他希望明年，贾森的幼儿园能够有更多的男生，以使他儿子转变女性化的生活方式。

1. 根据学龄前儿童性别差异的知识，你认为吉姆对于贾森的"怪癖"和行为习惯的担忧是否合理？为什么？

2. 吉姆将贾森的行为归咎于环境的影响。遗传因素是否会影响贾森的行为？我们能否精确地阐明先天因素和后天因素的相对影响？

3. 如果贾森参加全是男孩的日托机构，他的行为和偏好是否就一定会跟现在不同？为什么？

4. 在生物学理论、精神分析理论、社会学习理论、认知理论中，哪一类理论能够更好地解释贾森的行为？为什么？

5. 你认为，吉姆"通过把贾森放到有更多男生的幼儿园来改变贾森的行为"的做法是正确的吗？如果这样能行，那么这会是如何实现的呢？

‖ 本章小结

在本章我们考察了学龄前儿童的社会性和人格发展，包括他们自我概念的发展。学龄前儿童游戏特点的改变反映了其社会关系的改变。我们讨论了父母典型的教养方式及其影响，我们也考察了教养方式的文化差异。我们从几种发展理论的维度来谈论道德的发展，最后我们讨论了攻击。

在进入下一章之前，请根据本章导言洛拉的故事（4 岁的洛拉理解她的同伴非常难过，努力帮她打起精神），回答以下问题。

1. 洛拉的行动如何表明她的心理理论已经发展起来了？

2. 社会学习理论会怎样解释洛拉对罗莎的行为？

3. 你在故事里看到哪些内容是关于洛拉的自我概念的？你认为，洛拉会怎样回答"我是谁"这个问题？

4. 根据这个故事，你认为洛拉和朋友之间的互动属于什么质量和类型？你预计洛拉会参加哪种类型的游戏？

‖ 本章回顾

1. 学龄前儿童如何发展自我概念

- 根据埃里克森的观点，在自主对害羞（怀疑）阶段（1.5～3 岁），学龄前儿童发展了独立性以及对他们身体和社交世界的掌控感，会感到羞愧、自我怀疑和苦恼。在主动对内疚阶段（3～6 岁），学龄前儿童会面对"独自行动的渴望"和"失败时产生的内疚"之间的冲突。
- 学龄前儿童的自我概念一部分来自他们关于自身特征的知觉和预期，一部分来自他们父母对他们的影响，一部分来自文化的影响。

2. 关于儿童性别差异的不同理论

- 性别差异出现在学龄期初始阶段，此时的儿童已形成适合于不同性别的行为意识，这类意识一般符合社会刻板印象。
- 学龄前儿童持有的较强的性别预期可以通过不同的理论从不同的角度来进行解释。

- 生物学理论从生物学角度解释认为，性别差异源自遗传因素，例如和性有关的激素以及和性有关的脑结构差异。然而，由于儿童在出生后会经历种类繁多的环境影响，很难说行为特征仅仅由生物学因素导致。
- 弗洛伊德的精神分析理论强调，当男性和女性的解剖学差异在儿童（5 岁左右）身上变得明显时，男孩会压抑对母亲的欲望，寻求对父亲的认同；女孩会压抑对父亲的欲望，寻求对母亲的认同。弗洛伊德相信，这个认同的过程使父母的态度和价值得以延续。女孩模仿她们的母亲，男孩模仿他们的父亲。
- 弗洛伊德对于性别差异发展的解释受到大量质疑，部分原因是他的理论缺乏科学证据支持。
- 社会学习理论关注环境的影响，包括父母、老师、同伴以及媒体。认知理论关注儿童的性别图式和关于性别信息的认知框架。

3. 学龄前儿童处于怎样的社会关系中，参与哪些游戏

- 对学龄前儿童来说，和同伴的社会关系最初基于陪伴和乐趣。当学龄前儿童成长成熟后，友谊会加深（更信任朋友，与朋友有更多的共同兴趣）。儿童开始认识到，友谊是持续稳定的。
- 在学龄前期初始阶段，儿童主要参与功能性游戏。大一些的学龄前儿童会更多地参与建构性游戏，也就是旨在通过构建和操纵物体来创造一些最终产品的游戏。他们会更多地参与联合游戏和合作游戏，而更年幼的儿童会更多地参与平行游戏和旁观者游戏。当学龄前儿童在游戏中从使用现实中的物体变为使用不那么具体的物体时，假装游戏变得更富有想象力。维果斯基认为，假装游戏可以拓展儿童的认知技能，因为假装游戏涉及"练习"儿童所在文化中包含的部分活动，因此可以提升儿童对于世界怎样运转的理解。

4. 学龄前儿童如何发展心理理论

- 学龄前儿童逐渐从他人的视角来看待这个世界。他们可以逐渐解释他人的看法、推理别人的行为。
- 更多的社会互动能够加强儿童心理理论的发展，接着更复杂的心理理论能力也得到提升。文化因素对儿童心理理论的发展产生影响。

5. 父母的教养方式及其效果

- 教养方式存在个体差异和文化差异。在西方社会里，父母的教养方式大部分可以分为专制型、放任型、忽视型、权威型，其中权威型教养方式被认为是最有效的。
- 专制型父母和放任型父母的孩子倾向于依赖他人，喜怒无常，其社交技能和自我控制能力较差。忽视型父母的孩子可能感受不到爱，或者遭受情感上的疏离。权威型父母的孩子多表现为独立、友善、自信，有合作精神。

6. 儿童养育实践中的文化差异

- 成功的教育方式在很大程度上依赖于特定的文化标准，这类标准判定具有恰当教养经验的父母类型。
- 中国的父母通常比西方国家的父母给予孩子更多的指导。

7. 关于儿童道德发展的不同理论

- 皮亚杰认为，学龄前儿童处在道德发展的他律道德阶段，其特征是儿童相信存在不变的外部规则，以及确信所有的错误行为都有即时的惩罚。
- 道德发展的社会学习理论强调环境和行为在道德发展中的相互影响，榜样的行为在儿童发展过程中扮演重要的角色。
- 一个遗传观点是，特定的基因会影响道德行为的某些方面，比如慷慨和自私。
- 一些发展心理学家相信，道德行为根植于儿童的共情发展。其他的情绪（包括生气和羞耻等负性情绪）可能也会促进道德行为。

8. 学龄前儿童的攻击行为如何发展

- 攻击是指对他人的有意伤害。进入学前期后，儿童表现出真正的攻击行为。随着儿童年龄的增长和语言技能的提高，攻击行为在发生频率和持续时间上通常会逐渐减少。
- 一些习性学家（比如洛伦茨）认为，攻击只是人类生命中一个简单的生物学事实。这一观点深受许多演化心理学家的支持，他们关注物种通过竞争来将基因传递给下一代。

9. 社会学习理论和认知理论如何解释攻击行为

- 社会学习理论关注环境的作用，包括榜样的影响以及社会强化。
- 认知理论强调对他人行为的理解决定了个体是采取攻击性回应还是非攻击性回应。

10. 暴力电视节目和暴力电子游戏会对学龄前儿童带来的影响

- 实验研究表明，频繁地暴露在暴力电视节目前会导致更高水平的攻击，包括欺凌。纵向研究表明，8 岁儿童对暴力节目的偏好程度和他们 30 岁时犯罪行为的严重程度有关。
- 通过社会学习，儿童可以学会控制由接触暴力媒体而带来的攻击性情绪。成人可以教孩子用批判性视角看待暴力行为，并且为他们提供非攻击性的榜样。

学习目标

1. 描述儿童在学龄期如何成长，以及哪些因素会影响他们的成长。
2. 解释学龄儿童需要的营养以及营养不当的后果。
3. 列举儿童肥胖的成因和后果，并解释如何治疗儿童肥胖。
4. 总结学龄儿童面临的健康威胁。
5. 描述学龄儿童可能患有的心理疾病。
6. 解释儿童中期运动发展的特点。
7. 讨论学龄儿童可能受到的安全威胁，以及如何预防它们的发生。
8. 解释视力、听力和言语问题对学龄儿童的影响。
9. 描述注意缺陷与多动障碍和相应疗法。

第 11 章

儿童中期的生理发展

导言：正面对决

这是 9 岁的简的第一次小联盟棒球赛。她曾经在父母的大力鼓励下，成功入选当地棒球队（当时棒球队只招了她和另外一个女孩），现在她已经是纽约洋基队的一员。

简担任二垒手。她的眼睛紧紧盯着球，手套也时刻准备着，可是一轮又一轮，球总是去了游击手那里，被扔到一垒出局。尽管感到失望，但简仍然保持警觉。"棒球不仅仅是击球和接球，"她的教练总是这样说，"要打好，就得动动脑筋。"

现在是最后一局了。虽然纽约洋基队领先一轮，但巴尔的摩金莺队有最后一击的机会，他们最好的击球手已经上板，只有一人出局，一垒有一名跑垒员。比赛到了关键的时候。

随后，随着击球手的挥舞，简看到球径直朝着球棒来了。她知道它会和球棒正面相遇，然后朝中间飞去。游击手没有机会处理这个球，这是她的球。当球击中球棒时，她跑向她的右边，伸展身体以抓住弹跳的球，在二垒让跑垒手触杀出局，并将球投回一垒完成双杀。比赛结束了，简帮助她的球队获得了胜利。

预览

　　从几年前的学龄前儿童到现在，简已经走过了很长的一段路。在学龄前期，快速而协调地奔跑以及击中目标对她来说都是不可能的事情。

　　随着儿童的生理、认知和社会技能水平上升到新的高度，儿童中期的发展特点也被清晰地描绘出来。在本章中，我们关注典型儿童和特殊需要儿童在儿童中期的身体发展。儿童中期（6～12 岁）通常被称作"学龄期"，因为对大多数孩子来说，它标志着正规教育的开始。在儿童中期，尽管身体和认知的发展有时是缓慢的，有时又是迅速的，但它总是值得注意的。

　　首先，我们先要考虑儿童中期的生理和运动发展，讨论儿童的身体是如何发生变化的，以及"营养失调和儿童肥胖"等问题。

　　其次，我们转而讨论运动发展，讨论儿童在粗大运动技能和精细运动技能方面的发展，以及身体能力在儿童生活中的作用。我们还将讨论关于儿童的安全威胁，包括一种通过个人电脑进入家庭的新威胁。

　　最后，我们会探讨影响特殊儿童的感官和身体能力的一些特殊需要。本章结尾部分会关注特殊需要儿童应该如何融入社会。

成长的身体

　　辛德瑞拉（灰姑娘），穿着黄裙子，
　　跑上楼梯去亲吻她的男伴。
　　但她不小心亲了一条蛇，
　　这得需要多少个医生呢？
　　一个、两个……

　　当其他女孩唱着这首经典的跳绳押韵小诗时，凯特骄傲地展示了她新近发展起来的向后跳绳的能力。在 2 年级时凯特开始学会跳绳，而 1 年级时她还没能掌握这项技能。整个夏天她花了很长时间练习跳绳，现在练习似乎得到了回报。

　　儿童中期是儿童身体快速发展的时期，随着他们更高大、更强壮，他们掌握了各种新技能，这个过程是如何发生的呢？

身体的发展

　　儿童中期成长的特点是"缓慢但稳定"。与儿童出生后前 5 年的快速发展和青春期的迅速发展相比，个体在儿童中期的发展相对稳定，相比学龄前期，虽然生长节奏有所减缓，但身体发育仍然在继续。

　　在美国，儿童在小学期间平均每年增长 5～7.5 厘米。11 岁时，女孩的平均身高是 147 厘米，男孩是 146 厘米，这是毕生发展中女孩平均身高高于男孩的唯一时期。这一身高差异反映了女孩的身体发育稍快，她们在 10 岁左右就进入了迅速发展的青春期。

　　体重的增长呈现出类似的模式，在儿童中期，男孩和女孩每年都增长 2～3 千克。重量会被重新分配，随着"婴儿肥"的消失，儿童的身体变得更加强健，力量也逐渐增加。

　　身高和体重的平均增长掩盖了显著的个体差异，任何见过一排 4 年级学生走过走廊的人都会注意到这一点。同龄儿童之间有 15～17 厘米的身高差异，这是正常现象。

同龄儿童之间有 15～17 厘米的身高差异，这是正常现象。

处于童年中期的儿童具有力量增强的特点。在此期间，儿童的力量加倍，男孩通常要比女孩强壮，因为男孩有更多的肌肉细胞。此外，儿童的骨头变得更硬，这一过程被称为"骨化"。

显著的牙齿发育也发生在儿童中期。从6岁开始，恒牙以每年约4颗的速度取代乳牙。

营养：与整体机能有关

在生活中，儿童的营养水平会显著地影响他们行为的很多方面。例如，一项在危地马拉乡村持续多年的纵向研究显示，学龄儿童的营养基础与社会和情感功能的一些方面相关。与营养不足的同龄儿童相比，获得更多营养的儿童与同伴的关系更密切，表现出更多的积极情绪、更少的焦虑和更适度的活动水平（Barrett，Frank，1987；Stutts et al.，2011；Nyaradi et al.，2013；见图11-1）。

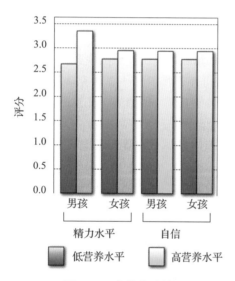

图 11-1　营养的益处

与营养不足的同龄儿童相比，获得更多营养的儿童有更多的精力，并且更自信。社会工作者可以如何使用这一信息？

资料来源：Adapted from Barrett, D. E., & Radke-Yarrow, M. R. (1985). "Effects of nutritional supplementation on children's responses to novel, frustrating, and competitive situations." American Journal of Clinical Nutrition, vol. 42: 102-120.

营养与认知表现有关。例如，在一项研究中，营养充足的肯尼亚儿童在言语能力测试和其他认知能力测量中，比营养不足的儿童表现得更好。研究表明，营养失调可能会通过抑制儿童的好奇心、反应性和学习动机而影响其认知的发展（Wachs，2002；Grigorenko，2003；Drewett，2007；Kesselset al.，2011；Jackson，2015；Tooley，Makhoul，& Fisher，2016）。

成长的文化模式

在北美，大多数儿童得到了充足的营养，从而能最大限度地成长。然而，在世界的其他地方，营养不足和疾病对儿童的身体发育造成了严重的后果，使得他们比营养充足的儿童更加矮小和瘦弱。

这种差异是很明显的。在加尔各答、里约热内卢等城市的贫穷孩子，比在同一城市的富裕儿童更矮小。

在美国，大部分身高和体重的差异是由不同人种独特的基因决定的，包括与种族和民族背景有关的遗传因素。例如，来自亚太地区的儿童，通常比来自北欧和中欧地区的儿童更矮小。另外，非裔美国人在儿童期的发育速度普遍比白人快（Deurenberg，Deurenberg-Yap，Guricci，2002；Deurenberget al.，2003）。

当然，即使在特定的种族和民族中，个体间也有显著的差异。我们不能把种族和民族间的差异仅仅归因于遗传因素，饮食习惯和富裕水平的不同也可能导致差异。此外，父母冲突或酗酒等因素所导致的严重应激反应，会影响脑垂体的机能，从而影响身体的发育（Koskaet al.，2002）。

激素促进生长：是否要用激素促进矮小儿童的生长

在美国社会中，大多数人认为高是一种优势。出于这种文化偏好，如果孩子身材矮小，父母经常会担心他们的成长。一些家长的做法是给他们的孩子使用人工生长激素，使矮小的孩子长得高于应有的样子（Sandberg，Voss，2002；Lagrou et al.，2008；Pinquart，2013）。

应该给儿童这些药物吗？这是一个比较新的问题。用人工激素促进生长是近20年才可以实现的。虽然成千上万的自然生长激素不足的儿童在吃这些药，一些观察者怀疑激素不足是否足以严重到需要使用药物。当然，身材矮小的人的社会功能也可以很好。此外，这些药物非常贵，而且有潜在的副作用。在某些情况下，这些药物可能会导致青春期过早开始，也可能会限制以后的成长。

不可否认的是，人工生长激素能有效提高儿童的身高。在某些情况下，人工生长激素使非常矮的儿童增高 30 多厘米，使他们拥有正常的身高。在有关这种治疗长期安全性的研究完成之前，家长和医务人员在给孩子用药前必须仔细权衡利弊（Heymanet al., 2003；Ogilvy-Stuart & Gleeson, 2004；Wanget al., 2011；Webb et al., 2012；Dykens, Roof, & Hunt-Hawkins, 2016）。

> **从保健工作者的视角看问题**
>
> 在什么情况下，你会建议儿童使用生长激素？"儿童身材矮小"主要是身体问题，还是文化问题？

儿童肥胖

进餐时，当妈妈问朱瑟琳，她是否想要一片面包时，朱瑟琳回答说"不要"，她认为自己可能正在变胖。然而，朱瑟琳现在才 6 岁，身高和体重正常。

虽然在儿童中期身高可能是孩子和父母关注的问题，但对一些人来说，保持适当的体重是更让他们犯愁的事情。事实上，尤其对女孩来说，对体重的担心近乎痴迷。例如，许多 6 岁的女孩担心自己变"胖"，40% 的 9 ～ 10 岁女孩正在努力减肥。为什么？她们对体重的担忧反映了美国对于苗条的崇尚，这种崇尚弥漫于美国社会的每个角落（Schreiberet al., 1996；Greenwood & Pietromonaco, 2004）。

尽管人们普遍认为苗条是一个优点，但越来越多的儿童正在变胖。肥胖是指一个人的体重指数处于其所对应年龄和性别的第 95 百分位数及以上区间。根据这一定义，17.5% 的美国儿童达到了肥胖水平，这个比例自 20 世纪 60 年代以来已经增加了 3 倍（Cornwell & McAlister, 2011；Ogden et al., 2015；见图 11-2）。

儿童肥胖的代价会持续一生。肥胖儿童在成年期更可能超重，他们患上心脏病、糖尿病和其他疾病的风险更大。事实上，一些科学家认为，在美国肥胖的蔓延可能会导致人口寿命的缩短（Krishnamoorthy, Hart, & Jelalian, 2006；Park, 2008；Mehlenbeck, Farmer, & Ward, 2014）。

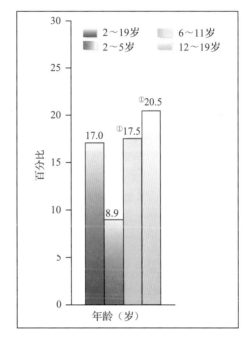

图 11-2　儿童肥胖

2011 ～ 2014 年，2 ～ 19 岁儿童的肥胖率显著增长。

①与 2 ～ 5 岁孩子的肥胖率存在显著差异

资料来源：Cynthia L. Ogden, et al. (November 2015). Prevalence of Obesity Among Adults and Youth: United States, 2011–2014. Centers for Disease Control and Prevention, National Center for Health Statistics.

"还记得以前我们得先把孩子喂胖吗？"

肥胖的原因

肥胖由基因和环境因素共同引起，与肥胖相关的特定遗传基因使儿童容易超重。被收养儿童的体重往往与他们亲生父母的体重更相似（Whitakeret al., 1997；Bray, 2008；Skledar et al., 2012；Maggi et al., 2015）。

然而，不只是遗传因素会导致体重问题，糟糕的饮食习惯也会导致肥胖。很多家长给孩子提供的水果和蔬菜太少，而提供的脂肪和甜食太多，这有悖于均衡营养的饮食模式（见图11-3）。学校午餐计划有时不能提供营养的饮食，这也导致了孩子的肥胖问题（Johnston, Delva, & O'Malley, 2007；Story, Nanney, & Schwartz, 2009）。

儿童肥胖的另一个主要因素是缺乏锻炼。总的来说，学龄儿童往往很少参加体育锻炼，并且不是非常健壮。例如，在6～12岁男孩中，40%的男孩只能做1个引体向上，25%的男孩连1个引体向上也做不了。学校健康调查显示，尽管美国政府在努力提高学龄儿童的健康水平，但儿童的运动量不增反减——在6～18岁人中，男孩的运动量减少了24%，而女孩减少了36%（Moore，Gao，& Bradlee，2003；Stork & Sanders，2008；Ige，Deleon，& Nabors，2017）。

图11-3　均衡营养的饮食模式

美国农业部发布了"我的餐盘"（MyPlate）计划，为儿童和成人提供了简化版的饮食指南，旨在帮助人们做出更好的食物选择和配制健康的餐食。"我的餐盘"将5种食物类型分布在1个餐盘上。

资料来源：U.S. Department of Agriculture（2011）.

明智运用儿童发展心理学

保持儿童的身体健康

周一至周五，泰瑞整天都坐在桌子前工作。即便是周末他也不进行体育锻炼。无论是在家还是在餐厅，他都吃高脂肪低营养的食物。泰瑞总是窝在沙发整晚看着电视，嚼着薯片，喝着碳酸饮料。

尽管这样的描绘可以用在许多成年男女身上，但实际上泰瑞才6岁。在美国，许多学龄儿童都像泰瑞一样，很少或从来不进行定期锻炼，结果导致身体欠佳，有肥胖和其他健康问题的风险。

人们可以采取下列方法鼓励儿童参与更多的锻炼（Tyre & Scelfo，2003；Okie，·2005）。

- **使锻炼富有趣味**。养成锻炼习惯的前提是，发现锻炼的乐趣。那些让孩子自卑或过度竞争的活动可能会让技能低下的孩子终身讨厌锻炼。
- **做锻炼的榜样**。当儿童意识到锻炼是其父母、老师或成年朋友生活中的定期活动时，他们也会将锻炼（保持身体健康）视为自己生活中定期要做的事情。
- **使活动适合儿童的身体水平和运动技能**。例如，使用儿童专用器械使他们有成就感。
- **鼓励儿童寻找搭档**。儿童的搭档可以是其朋友、兄弟姐妹或者父母。锻炼包括各种活动，例如滑旱冰或徒步旅行。如果有其他人参加，几乎所有的活动都更容易进行。
- **慢慢地开始**。让那些坐惯了、不定期做运动的儿童慢慢开始。例如，他们可以在开始时一周锻炼7次，每次锻炼5分钟。10周之后，他们就可以一周锻炼3～5次，每次锻炼30分钟。
- **督促儿童参加有组织的体育运动，但不要逼得太紧**。不是所有的儿童生来就爱运动，而且对参加有组织的体育运动逼得太紧可能会适得其反。参加体育活动的目标是参与和享受其乐趣，而不是取胜。
- **不要使跳跃或俯卧撑等体育活动成为对不良行为的一种惩罚**。相反，学校和家长应该鼓励儿童参加那些他们喜欢的、有组织的活动。
- **提供健康的食谱**。与常吃零食的儿童相比，饮食健康的儿童会更有精力参加体育活动。

为什么我们看到的是孩子在学校操场上奔跑、参加体育运动并互相追逐打闹，而儿童的实际锻炼水平相对较低呢？其中一个回答是许多孩子在家里待着，看电视玩电脑，这些久坐的活动让孩子缺乏锻炼，另外他们在看电视、玩游戏和上网时还经常吃零食（Davis et al.，2011；Goldfield，2012；Cale & Harris，2013；Lambrick et al.，2016）。

此外，由于父母都在工作，许多儿童从学校回家没有成人监督。在这种情况下，家长会为了安全起见，禁止孩子离开家，这就意味着即使孩子想运动，他们也无法运动（Murphy & Polivka，2007；Speroni，Earley，& Atherton，2007）。

治疗肥胖

不管是什么导致儿童变得肥胖，对肥胖的治疗是很棘手的，因为必须避免对食物和进食的关注。儿童需要学会自己控制饮食，家长特别控制和规定孩子的饮食，可能会使孩子缺乏对自己进食的内部控制（Wardle，Guthrie，& Sanderson，2001；Okie，2005；Doub，Small & Brich，2016）。

一种方法是控制在家里可得到的食物，橱柜和冰箱里都是健康的食物，家中不要有高热量、深加工的食物，儿童基本上只能吃到健康的食物。此外，避免高热量、高脂肪的即食品是很重要的（Campbell，Crawford，& Ball，2006；Lindsay et al.，2006；Hoerr，Nurashima，& Keast，2008）。

另一种方法是增加孩子在学校课间的运动量。当孩子参与有规划的课间活动时，肥胖率下降。事实上，大课间时长的增加和体重的降低存在关联（Fernandes & Sturm，2010；Ickes，Erwin & Beighle，2013）。

在大多数情况下，改善饮食和增加运动有助于治疗儿童肥胖。最终，肥胖儿童身高的正常增长会使他们的体重越来越正常。

儿童中期的健康

伊曼正经受着感冒的折磨。她流鼻涕，嘴唇干裂，喉咙疼痛。虽然她没有上学，待在家里整天看电视里重播的节目，但她仍旧感到自己遭受着强烈的痛苦。

尽管伊曼很痛苦，她的情况并不是很糟糕。几天之后，她的感冒就会好转，她的身体也不会因为生病而虚弱。事实上，她的状况好些了。现在她的身体对那些导致她生病的感冒病毒已经有了免疫力。

感冒可能是伊曼在儿童中期得的最严重的病。在这个时期，绝大多数儿童的身体是非常强健的，并且他们要是患病也往往是比较轻微和短暂的。儿童期定期的疫苗接种，已经大大降低了那些威胁生命的疾病的发病率，而那些疾病曾在 50 年前夺去了许多儿童的生命。

生病是很平常的现象。一项大规模的调查显示，在儿童中期，90% 以上的儿童都可能至少有一次大病。多数儿童会患有短期疾病，而 1/9 的儿童患有慢性疾病，例如反复发作的偏头痛。事实上，有一些疾病已经变得越来越普遍了（Dey & Bloom，2005）。

哮喘（asthma）是一种慢性疾病，特点是喘息、咳嗽和气促的周期性发作。哮喘是最近几十年中患病率显著提升的一种疾病，有超过 700 万的美国儿童患有哮喘，在全世界这一数字超过 1.5 亿，少数民族成员罹患哮喘的风险尤其高（Akinbami，2011；Celano，Holsey & Kobrynski，2012；Bowen，2013；Gandhi et al.，2016；见图 11-4）。

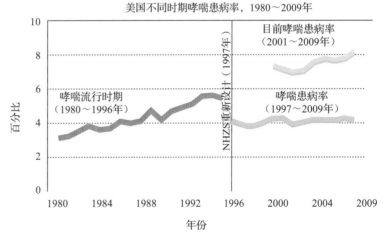

图 11-4　美国人哮喘患病率的增长

从 20 世纪 80 年代初，罹患哮喘的美国人数量已经增加了 2 倍多，有 2 500 万的美国人患哮喘病，其中患病儿童有 700 多万。美国人哮喘患病率增长的原因有很多，包括空气污染的加剧、疾病检测手段的优化。

资料来源：Akinbami, L. J. (2011, January 12). Asthma prevalence, health care use, and mortality: United States, 2005–2009. National Health Statistics Reports, 32, 1–15.

当通向肺部的气道收缩，部分阻塞空气通道时，人们就会发生哮喘。由于呼吸道受阻，人们的呼吸变得困难。因为当空气被迫通过受阻的呼吸道时，人体会发出喘息的声音，所以称为"哮喘"。

儿童往往非常害怕哮喘发作，因呼吸困难而产生的焦虑和不安，实际上可能使情况变得更糟。在某些情况下，哮喘患儿会呼吸非常困难，进而发展出其他的身体症状，包括出汗、心率提高，甚至脸和嘴唇因缺氧而发青。

哮喘发作的原因有很多，常见原因有呼吸道感染（例如感冒）、锻炼问题，以及对空气中的刺激物（例如香烟烟雾、尘螨和动物皮屑及排泄物）产生过敏反应。有时甚至是空气温度或湿度的突然变化，都足以引发哮喘（Tibosch，verhaak，& Merkus，2011；Ross et al.，2012；Sicouri et al.，2017）。

虽然哮喘会很严重，但人们对哮喘病患者的治疗越来越有效。有些哮喘频发的儿童会使用带有特殊喷口的喷雾器，将药物喷到肺部。其他哮喘患者会服用药片或接受注射（Israel，2005）。

关于哮喘最令人困惑的问题是为什么越来越多的儿童患有哮喘。一些研究者认为，越来越严重的空气污染现象导致了儿童哮喘患病率的上升。另一些研究者认为，过去没有被查出的哮喘病例现在被准确地鉴别出来了。还有一些研究者认为，"哮喘诱发因素"（例如灰尘）的暴露机会增加了，新建筑比旧建筑更耐受风雨，因此室内的空气流动更有限。

贫困可能对儿童哮喘患病率的上升有间接作用。生活在贫困环境中的儿童比其他儿童的哮喘患病率更高，原因可能是医疗服务和卫生生活条件差。例如，贫穷的青少年比富裕的青少年更可能暴露在哮喘诱发因素中，例如尘螨、蟑螂和鼠类及其排泄物（Johnson，2003；Caron，Gjelsvik，& Buechner，2005；Coutinho，McQuaid & Koinis-Mitchell，2013）。

心理障碍

身高不到140厘米的7岁男孩罗恩有卷曲的棕色头发和深棕色的眼睛。他时而极具魅力，时而气愤多疑，充满敌意。他能在眨眼之间从开怀大笑转而陷入深深的沮丧。他几乎没有危险意识，往树林深处跑

去，从树上跳下来，再从山坡上滚下去。罗恩患有双相情感障碍，这令他的父母心烦意乱，而罗恩自己也感到惊恐不安。

像罗恩这样，当人在精神、精力异常高涨和抑郁这两种极端的情绪状态之间循环反复时，就被诊断为双相情感障碍。长期以来，大多数人都忽视了儿童这类心理障碍的症状，甚至到现在有些情况还没有引起父母和老师的重视。

儿童患有心理障碍的情况并不少见：在美国生活的儿童中，每年有13%～20%承受着心理疾病的困扰。大约5%的小学儿童患有严重的儿童期抑郁症，13%的9～17岁儿童患有焦虑障碍。美国用于治疗儿童心理疾病的费用大约为250亿美元（Tolan & Dodge，2005；Cicchetti & Cohen，2006；Kluger，2010；Hollyet al.，2015）。

在过去的几十年里，儿童心理疾病的发病率在上升。虽然这一现象并未得到明确的解释（儿童心理疾病的发病率可能并未上升，只是诊断标签的增加造成了发病率上升的现象），但心理疾病对儿童健康的影响是真实存在的。诊断心理疾病的困难之处，部分在于儿童与成人的症状表现存在差异。当儿童的心理障碍被确诊时，相应的治疗方法也不总是显而易见的。例如，人们在治疗各种儿童心理障碍（包括抑郁和焦虑）的过程中，越来越常使用抗抑郁药物。在2002年，美国医生为18岁以下的心理疾病患者开出了超过1000万份处方。令人震惊的是，美国政府从来没有批准抗抑郁药物可以用于儿童。然而，由于这些药物已获批对成人使用，医生给儿童开出这种药方是合法的（Goode，2004）。

提倡让儿童使用百忧解、左洛复、帕罗西汀和安非他酮等抗抑郁药物的人认为，抑郁症和其他心理障碍可以用药物疗法成功治愈。在很多情况下，传统的言语治疗（心理咨询）通常是没有效果的，这时药物是唯一能减轻病情的方法。此外，至少已有一个临床研究说明，药物对儿童来说是有效的（Velaet al.，2011；Hirschtritt et al.，2012；Lawrence et al.，2017）。

然而，批评者质疑抗抑郁药物对儿童的长期影响。更糟的是，没有人知道抗抑郁药物对儿童发育中的大脑是否有影响，以及其长期的作用是什么。没有

人知道给特定年龄或体型的儿童服用多大剂量的抗抑郁药物。此外，一些观察者认为，给儿童使用带有香甜气味（例如橘子味或薄荷味）的这类药物，可能会导致孩子用药过量，或最终鼓励了非法药物的使用（Cheung，Emslie，& Mayes，2006；Rothenberger & Rothenberger，2013；Seedat，2014）。

有证据表明，抗抑郁药物的使用与自杀风险的增加有关。虽然这种联系还没有得到最终的证实，美国食品药品监督管理局在 2004 年发布了一条对选择性 5-羟色胺再摄取抑制剂（SSRI）这种抗抑郁药的使用警告。一些专家强烈要求完全禁止给未成年人服用这些抗抑郁药物（Bostwick，2006；Goren，2008；Sammons，2009）。

尽管使用抗抑郁药物来治疗儿童还存在争议，但是儿童期抑郁症和其他心理障碍的存在属于不争的事实，我们一定不能忽视儿童期心理障碍。儿童的心理障碍不仅在儿童期具有扰乱性，而且会增加他们在未来成年期患有心理障碍的风险（Vedantam，2004；Bostwick，2006；Sapyla & March，2012）。

除了心理需求，成年人还需要关注影响学龄儿童的其他特殊需求。

运动发展和安全

彼得和其他 4 年级的孩子很不一样。他讨厌踢球，喜欢看书。他不玩电子游戏，喜爱国际象棋和大富翁。他还喜欢做作业，尤其是数学和历史作业。

彼得的父母鼓励他去运动。然而，无论他尝试哪项运动（飞盘、足球、棒球），他总是得到相同的结论："这不适合我。"

有一天，他在电视上看到奥运会的体操比赛。出乎意料的是，彼得对妈妈说："就是这个。这就是我想做的。爸爸可以教我吗？"

虽然爸爸不能教彼得，但是当地的体操中心可以。他进入体操中心学习，并且对体操着了迷。现在他每周上 3 次课，并且正为了春季的第一次比赛而努力训练。

彼得的妈妈说："彼得不仅仅在身体上发生了改变，还变得更开心，更愿意说话，交了更多的朋友，就好像他被安上了新马达一样"。

在儿童中期，儿童的运动能力有重要的作用，它决定了儿童如何看待自己，以及别人如何看待他们。儿童中期是身体技能大幅度发展的时期。

运动技能：持续提高

当你看到一个校园垒球投手绕过击球手将球送入接球手的手中，或者一个小学 3 年级的运动员在比赛中跑到终点时，你很难不被儿童取得的巨大进步所打动。在儿童中期，粗大运动技能和精细运动技能都有显著的改善。

粗大运动技能

肌肉协调性的增加是粗大运动技能发展的一个重要方面。例如，大多数学龄儿童能很容易学会骑车、滑冰、游泳和跳绳的技能，这些都是他们早期做不好的运动（见图 11-5）。

在儿童中期，儿童掌握了很多他们以前不能很好完成的技能，例如骑车、滑冰、游泳和跳绳。

男孩和女孩在运动技能上有差异吗？许多年前，发展学家认为，6～12 岁的儿童在粗大运动技能上的性别差异较为明显，男孩的表现好于女孩（Espenschade，1960）。然而，最近的很多研究对这一观点表示质疑。当研究人员对定期参加垒球等类似活动的男孩和女孩进行比较时，就会发现他们在粗大运动技能上的差异实际上非常小（Jurimae & Saar，2003）。

我们如何解释近期研究结果与早期研究结果的差异？原因可能是动机和期望的不同。当社会灌输给人们的观念是"女孩的运动能力比男孩的差"时，女孩的实际表现也会是如此。

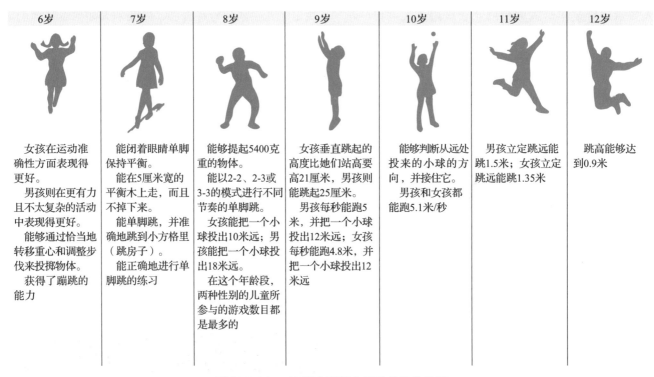

6岁	7岁	8岁	9岁	10岁	11岁	12岁
女孩在运动准确性方面表现得更好。 男孩则在更有力且不太复杂的活动中表现得更活跃。 能够通过恰当地转移重心和调整步伐来投掷物体。 获得了蹦跳的能力	能闭着眼睛单脚保持平衡。 能在5厘米宽的平衡木上走，而且不掉下来。 能单脚跳，并准确地跳到小方格里（跳房子）。 能正确地进行单脚跳的练习	能够提起5400克重的物体。 能以2-2、2-3或3-3的模式进行不同节奏的单脚跳。 女孩能把一个小球投出10米远；男孩能把一个小球投出18米远。 在这个年龄段，两种性别的儿童所参与的游戏数目都是最多的	女孩垂直跳起的高度比她们站高要高21厘米，男孩则能跳起25厘米。 男孩每秒能跑5米，并把一个小球投出12米远；女孩每秒能跑4.8米，并把一个小球投出12米远	能够判断从远处投来的小球的方向，并接住它。 男孩和女孩都能跑5.1米/秒	男孩立定跳远能跳1.5米；女孩立定跳远能跳1.35米	跳高能够达到0.9米

图 11-5　6 ～ 12 岁儿童粗大运动技能的发展

为什么社会工作者有必要了解 6 ～ 12 岁儿童粗大运动技能的发展？

资料来源：Adapted from Cratly, Bryant J. (1979). Perceptual and Motor Development in Infants and Children. Second Edition. New Jersey: Prentice Hall.

现在，社会观念已经发生改变。美国儿科学会提出，男孩和女孩应该参加相同的运动和游戏，并建议他们可以一起参加活动。青春期之前就在体育锻炼和运动中把儿童按性别分开，是没有道理的。只有到青春期时，相比男性，体格较小的女性更容易在身体接触的运动项目中受伤（American Academy of Pediatrics，2004，Kanters et al.，2013；Deaner，Balish，& Lombardo，2016）。

精细运动技能

在键盘上打字、用笔写字画画等精细运动技能在儿童早期和中期有所改善。六七岁的儿童能系鞋带、扣扣子；到 8 岁时，他们可以独立地用一只手做事；到 11 ～ 12 岁，他们操作物体的能力几乎达到了成人的水平。

精细运动技能发展的原因之一是大脑中髓鞘的数量在 6 ～ 8 岁时显著增加，髓鞘为部分神经细胞周围提供保护性绝缘物质。由于髓鞘化水平的提升，神经元之间的电脉冲传导速度大大提升，信息能更快地到达肌肉，并更好地控制它们。

身体能力的社会效益

设想在某个星期六早上，5 年级的学生马特在足球队的表现很突出，他会因此而更受欢迎吗？

他很可能会因此更受欢迎。长期研究表明，身体技能上表现好的学龄儿童与表现差的儿童相比，前者更容易被同龄人接受和喜欢（Pintney，Forlands，& Freedman，1937；Branta，Lerner，& Taylor，1997）。

然而，与女性相比，男性身体能力和受欢迎程度之间的关联度更高。这种性别差异的原因，可能涉及对男性和女性适当行为的不同社会标准。尽管越来越多的证据表明，女性和男性在运动表现上没有显著差异，但对于男性而言，仍然存在"身体强健"的运动标准，而对女性并没有此标准。无论年龄大小，相比于矮小虚弱和身体能力弱的男性，高大强壮和身体能力强的男性更受欢迎。女性的受欢迎程度与身体能力的关系不大。事实上，相比于男性，女性更少收到关于身体能力方面的赞美。虽然这些社会标准可能正在发生改变，女性越来越频繁地参与体育活动，女性的身体能力越来越受到重视，但性别偏见依然存在

（Bowker，Gabdois，& Shannon，2003）。

对小学和中学的男生而言，虽然人们对其运动技能的社会期望在持续增加，但在某些情况下，其运动能力和社会吸引力的关联程度在逐渐减弱。其他特征对其社会吸引力越来越有影响（见第 13 章）。

此外，人们很难分出哪些方面的运动优势是出于实际的身体能力，哪些是身体提早成熟的结果。身体成熟速度比同龄人快的男孩，或者那些碰巧更高、更重和更强壮的男孩，往往由于他们相对的身体优势而在运动中表现得更好。因此，可能是身体提早成熟而不是身体能力本身，为他们带来了运动优势。

运动能力和运动技能通常在学龄儿童的生活中有显著的作用。然而，帮助儿童避免过分强调身体能力的意义是很重要的。参加体育活动应该是一种乐趣，而不是把孩子分成各种等级，或者提升儿童和家长的焦虑水平。因此，让儿童的运动技能的需求与发展水平相匹配非常重要。当运动技能的需求超过了儿童的身心承载能力时，他们可能会感到不适或沮丧（American Academy of Pediatrics，2001）。

事实上，在一些有组织的运动（例如少年棒球联盟的运动比赛）中，儿童可能会被批评说太看重比赛成绩。当儿童觉得在运动中成功是唯一的目标，游戏乐趣就会减少，尤其对那些天生不擅长运动的儿童来说（Weber，2005）。参加球类和其他体育活动的目标应该是保持身体健康，学习体育技能，并在这个过程中获得快乐。

儿童的安全威胁：线下和线上

学龄儿童独立性和活动性的增强引发了新的安全问题。事实上，在 5 ～ 14 岁，儿童受伤的比率有所增长（见图 11-6）。可能因为男孩身体活动的总体水平较高，他们比女孩更容易受伤。美洲印第安人和阿拉斯加土著的受伤死亡率最高，亚裔和太平洋岛民最低，白人和非裔美国人的受伤死亡率大致相同（Noonan，2003；Borseet al.，2008）。

参加球类和其他体育活动的目标应该是保持身体健康，学习体育技能，并在这个过程中获得快乐。

意外事故

学龄儿童活动性的增强是意外事故发生的根源之一。例如，那些经常自己步行上学的儿童，很多都是第一次独立走这么长的路，他们面临着被汽车和卡车撞到的风险。由于他们缺乏经验，当判断自己与迎面而来的车辆相距多远时，就可能会误判距离。此外，自行车事故也呈增长趋势，尤其是儿童更频繁地

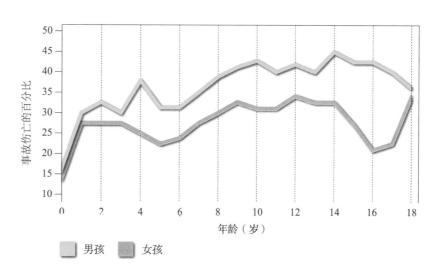

图 11-6　不同年龄段儿童的受伤死亡率

在儿童中期，儿童的意外死亡多与交通事故有关。你认为，什么导致了与交通事故有关的死亡人数在儿童中期之后激增？

资料来源：Borse, N. N., Gilchrist, J., Dellinger. A. M., Rudd, R. A., Ballesteros, M. F., & Sleet, D. A. (2008). CDC Childhood Injury Report: Patterns of Unintentional Injuries among 0–19 Year Olds in the United States, 2000–2006. Atlanta, GA: Centers for Disease Control and Prevention, National Center for Injury Prevention and Control.

冒险穿梭在繁忙的道路上（Schnitzer，2006；Green，Muir & Maher，2011）。

对儿童来说，儿童受伤最常见的原因是车祸。在5～9岁的儿童中，每年每10万人就有4人在车祸中丧生。火灾和烧伤、溺水以及枪杀致死的发生频率依次递减（Field & Behrman，2002；Schiller & Bemedel，2004）。

在车内坚持使用座椅安全带，以及带上有保护功能的骑车用具，是减少汽车和自行车意外伤害的方法。佩戴自行车头盔有助于降低头部伤害，而且许多地区强制要求骑行者佩戴头盔。相似的保护措施对其他活动仍是有用的，例如，护膝和护肘能够降低儿童在轮滑运动和滑板运动中的受伤概率（Lee, Schofer, & Koppelman，2005；Blakeet al.，2008；Lachapelle, Noland & Von Hagen，2013）。

网络空间安全

当代学龄儿童的安全威胁也常来自互联网，网络空间存在许多家长反感的内容。

虽然某些程序可以自动封锁对儿童有害的网址，但大多数专家认为最可靠的保护措施来自父母的密切监督。作为一个非营利性组织，美国国家失踪与受虐儿童服务中心（National Center for Missing and Exploited Children）与美国司法部共同开展工作。该服务中心认为，父母应该告诫孩子不要把个人信息（例如家庭住址、电话号码）告诉"聊天室"里的陌生人（常使用公共电脑）。另外，在没有父母陪同的情况下，儿童能和那些通过网络结识的人见面。

> **从教育工作者的视角看问题**
>
> 你认为，使用拦截软件或程序来屏蔽网络不良信息，是否有可行性？这是一个好想法吗？这是不是保障儿童网络空间安全的最佳方式？

虽然人们还没有关于网络空间风险的具体数据，但潜在的危险是存在的，父母必须指导孩子安全地使用网络资源。如果我们认为儿童用家里的电脑上网就很安全的话，那就大错特错了，儿童需要遵循一些上网安全守则（Mitchellet al.，2011a；Reio & Ortega，2016；见表11-1）。

表 11-1 儿童上网安全守则

儿童上网安全守则
● 不要泄露个人信息，例如你的家庭地址、电话号码、父母的工作地址或电话，以及学校的名称和地址
● 如果你在网上遇到感觉不舒服的事情，就要告诉你的父母
● 没有父母的允许，不要与你在网上结识的人见面。如果你的父母同意你们见面，那么你要确保在公共场所见面，并且带父母一起去
● 不要回复令你不舒服的信息，例如淫秽、威胁的内容等。如果出现这类情况，你就要把这些信息复制一份给你的父母，并向互联网服务供应商举报信息发出者
● 在未事先告知父母的情况下，不要发你自己的照片，或其他个人资料给你在网上认识的人
● 请遵循父母为你的网上活动设置的规则
● 有些网络空间只适用于成年人，如果你发现自己进入了这些网络空间，那么你要及时离开，并且去一个专供儿童使用的网络空间

资料来源：National Center for Missing and Exploited Children, 2017.

特殊需要儿童

8岁的西奥多不会阅读。上学对他来说是痛苦的，他的父母只能看着他日渐消沉。他的母亲说："我们不知道该怎么办。西奥多假装生病，这样他就可以待在家里了。他在所有科目上都跟不上。"在西奥多母亲的强烈要求下，学校给西奥多进行了权威的诊断测验。结果显示，他存在许多大脑加工方面的问题，这些问题会导致他混淆字母和发音。西奥多被诊断患有"学习困难"，并且在法律上有权获得帮助。

西奥多已被纳入上百万学习困难儿童的行列，这是特殊需要儿童中的一类。虽然每个儿童的具体能力不同，但是特殊需要儿童与一般儿童在身体素质或学习能力上存在显著差异。儿童的特殊需要对其照料者和教师提出了巨大的挑战。

儿童的特殊需要对其照料者和教师提出了巨大的挑战。

我们现在把关注点转向影响正常智力儿童最为普遍的一些障碍：感觉困难、学习困难和注意缺陷与多动障碍（见第 12 章）。

感觉困难：视觉、听觉和言语问题

曾经弄丢过自己眼镜或隐形眼镜的人都知道，对于感觉受损的人来说，即便是基本的日常任务，做起来也是非常困难的。视力、听力或言语能力不足对个体来说都是巨大的挑战。

视觉损伤（visual impairment）有其法定和教育含义。法定视觉损伤的标准是非常明确的：失明是指视敏度在矫正后小于 20/200，即在 20 英尺（约 6 米）远的距离，都无法看见一般能在 200 英尺（约 60 米）远的距离看到的物体；部分失明是指视敏度在矫正后小于 20/70。

即使儿童的视觉损伤没有严重到失明的程度，其视觉问题也可能对学业造成严重的影响。首先，视觉损伤的标准只与远距离视力有关。儿童在功课时常需要近距离视力。另外，这种对视力的界定没有考虑到有关颜色、深度和亮度知觉的能力，而所有这些能力都可能会影响学生的学业成绩。大约有 1‰的学生需要接受视觉损伤方面的特殊教育服务。

大多数严重的视觉问题很早就能得到确诊，但有时视觉问题也可能在后期才被检查出来。随着儿童的生理发展和眼部视觉器官的变化，视觉问题可能逐渐出现。父母和教师应该留意儿童视觉问题的征兆，包括频繁的眼部不适（发红、睑腺炎或感染），阅读时持续地眨眼和面部扭曲，经常把阅读材料贴近脸部，书写困难，以及经常头痛、头晕眼花或眼睛灼热。

听觉损伤（auditory impairment）也可能导致学业问题，还会造成社交困难，因为同伴间的交往大多是通过一些非正式的谈话进行的。听力损失（hearing loss）影响着 1% ～ 2% 的学龄儿童，它不仅仅是听力不好的问题，更涉及听觉的其他方面（Smith，Bale，& White，2005；Martin-Prudent et al.，2016）。

在一些情况中，儿童只是在感知特定频率或音高的声音上存在损伤。例如，他们的听力可能在正常言语范围内的音高上损伤很大，而在其他频率（例如那些非常高或低的声音上），损伤很小。因此，这就可能需要人们为儿童提供对不同频率声音具有不同放大程度的助听器。统一放大所有频率声音的助听器可能是无效的，因为它会把这些儿童能够听到的声音放大到听起来不舒服的程度。

儿童如何适应这种损伤，取决于他们听力损失开始的时间。如果听力损失发生在婴儿期，其影响可能会比发生在 3 岁以后要严重得多。几乎没有或根本没有听过语音的儿童无法理解和说出语言。在儿童学习语音之后丧失听力，对随后的语言发展不会有过于严重的影响。严重的和早期的听力损失与抽象思维有关，因为听力受损的儿童对语言的接触有限，他们可能更难掌握抽象概念，这些概念只能通过语言才能被完全理解，而不像具体概念那样可以通过视觉来阐明。例如，不用语言就很难解释"自由"或"灵魂"的概念（Butler & Silliman，2003；Marschark，Spence，& Newsom，2003；Meinzen-Derr et al.，2014）。

听觉困难有时伴有言语损伤。每当有听觉困难的儿童大声说话时，听者都能很明显地发现儿童的言语损伤。事实上，言语损伤（speech impairment）是指说话者与他人的言语相差甚远，引起他人对其言语本身的注意，妨碍交流。换句话说，如果一个儿童的言语听起来受损了，他可能就患有言语损伤。3% ～ 5% 的学龄儿童患有言语损伤（Bishop & Leonard，2001）。

口吃（stuttering）是一种常见的言语损伤，它极大地破坏了人们说话的节奏和流畅性。目前人们还不能确定口吃的具体原因。对年幼儿童来说，偶尔口吃是不足为奇的，而且口吃偶尔也会发生在成人身上。但长期口吃可能是一个严重的问题。口吃不仅会阻碍交流，还会使儿童尴尬和紧张，从而使他们变得害怕交谈，不敢在课堂上大声发言（Whaley & Parker，2000；Altholz & Golensky，2004；Loganet al.，2011；Sasisekaran，2014）。

父母和教师可以采取一些策略来解决儿童的口吃问题，例如不是一味地关注儿童的口吃问题，而是给儿童足够的时间，让他们把已经开始说的话说完，无论儿童的说话时间会延长多久。替口吃者说完剩下的话，或者纠正口吃者的话的做法，都无益于帮助他们解决口吃问题（Ryan，2001；Beilby，Byrnes & Young，2012）。

就像上文中的西奥多那样，约10%的美国学龄儿童被诊断为患有"特殊学习障碍"。**特殊学习障碍**（specific learning disorders）的特点是在获得和使用听、说、读、写、推理和数学能力方面存在困难。当儿童的实际学业表现与其潜在的学习能力之间存在差异时，儿童就会被诊断为患有"特殊学习障碍"（Lerner，2002；Bos & Vaughn，2005；Bonifacci et al.，2016）。

特殊学习障碍涵盖了一系列困难。例如，一些儿童具有"诵读困难"（dyslexia），这种困难会导致他们在读写时对字母产生错误的视知觉，很难诵读和拼写字母。虽然我们还没有完全了解诵读困难的成因，但问题可能出在大脑的特定区域，这些区域负责把单词分解成"构成语言的声音元素"（Paulesuet al.，2001；McGough，2003；Lachmannet al.，2005）。

尽管特殊学习障碍一般被归为某种形式的脑功能紊乱，并可能是由遗传因素导致的，但人们尚不清楚其成因。有专家认为，特殊学习障碍的成因可能是一些环境因素，例如早期较差的营养或过敏反应等（Shaywitz，2004）。

注意缺陷与多动障碍

查理的父母正在轮流对付他。当查理的父亲雷淋浴和刮胡子时，母亲塞利斯正准备早餐。7岁的查理和塞利斯一起在厨房里，查理全速地围着桌子跑。麦片盒被弄飞了，麦片撒了一地。正当塞利斯打扫地板的时候，查理从冰箱里拿出牛奶，手一抖，把牛奶洒了一地。

不久，雷走进厨房，扑向查理。然而，查理不想被抓住，他踢打雷。尽管雷习惯了查理这样的行为，但还是不小心被查理踢中了腹部，眼镜也被打掉了。塞利斯打扫完地板，雷设法让查理坐在桌子旁吃吐司，喝牛奶。

查理吃了几口吐司之后，就从椅子上跳下来追赶猫咪。他打翻了一盏灯，然后拖着毛毯穿过房子，造成了更多的破坏。接下来，他在桌子上发现了一个未完成的拼图，他把已完成的那部分拼图拆成了碎片。

塞利斯试图让查理集中注意力。

查理全家的一天就这样开始了。

7岁的查理之所以精力充沛和注意力不集中，是因为他患有注意缺陷与多动障碍，这种障碍在学龄期人群中的发病率为3%～5%。

注意缺陷与多动障碍（attention deficit and hyperactivity disorder，ADHD）患儿的特点是注意力不集中，冲动，难以忍受挫折，以及总是表现出大量注意力不恰当的行为。虽然所有的儿童都会在某些时段里表现出这样的行为，但ADHD患儿长时间地表现出这样的行为，并且这种情况干扰了他们在家和学校的正常活动（Nigg，2001；Whalenet al.，2002 Van Neste et al.，2015）。

ADHD患儿的常见症状是什么？人们通常很难把活力旺盛的儿童和ADHD患儿区分开。ADHD患儿的常见症状包括以下几个方面。

- 在完成任务、遵照指令和组织工作方面一直有困难。
- 不能看一个完整的电视节目。
- 频繁地打断别人或说话过多。
- 往往在听完所有指令之前就急于开始某项任务。
- 很难等待或久坐。
- 坐立不安，扭曲身体。

因为没有简单的测验能够鉴别ADHD，所以人们很难确切地知道究竟有多少儿童患有ADHD。美国疾病控制和预防中心的数据表明，9%的3～17岁美国儿童患有ADHD，男孩的患病率是女孩的2倍。其他来源的ADHD患儿比例要低一些。只有训练有素的临床医生在对儿童进行广泛的评估以及对父母和教师进行访谈之后，才能做出准确的诊断（Sax & Kautz，2003）。

对ADHD患儿的治疗一直存在着很大的争议。许多医生通常对儿童使用利他林、右旋安非他命（奇怪的是，它们都是兴奋剂）等药物，因为这些药物能降低过度活跃儿童的活动水平（List & Barzman，2011；Weissman et al.，2012；Pelham et al.，2016）。

尽管这些药物能有效地提升注意广度、增加顺从行为，但某些情况下其副作用（例如易怒、食欲减退、抑郁）很大，而且人们尚不清楚它们对健康的长期影响。尽管这些药物能够帮助 ADHD 患儿在短期内改善在校表现，但没有证据表明它们能长期改善患儿的在校表现。无论如何，有越来越多的 ADHD 患儿接受药物治疗（Grahamet al., 2011；Prasad et al., 2014；Thapar & Cooper, 2016）。

除了药物疗法，行为疗法也常常被用于治疗 ADHD 患儿。父母和教师可以使用口头表扬、实际奖励等方法来改善儿童的行为。此外，老师可以增强课堂活动的结构性，调整课堂管理方法，来帮助那些难以进行无结构任务的 ADHD 患儿（Chronis, Jones, & Raffi, 2006；DuPaul & Weyandt, 2006）。

将特殊需要儿童融入传统教育体系，为他们提供广泛的教育选择。

ADHD 药物能否产生长期效益

在美国，至少有 350 为儿童正为治疗 ADHD 而服用药物，以提高他们在学校的表现。利他林和阿德拉等药物能改善 ADHD 患儿的短期认知功能。具体来说，这些药物会提升儿童的注意力和专注力，使 ADHD 患儿能够更长时间地将注意力集中在手头的任务上。一些证据甚至表明，这些药物可以改善 ADHD 患儿的记忆力，使他们的表现与没有这种障碍的儿童一致（Bidwell, McClernon, & Kollins, 2011；Maul & Advokat, 2013；Visser et al., 2014）。

然而，没有证据表明这些药物能长期改善 ADHD 患儿的在校表现。在美国政府为期多年的 ADHD 多模型治疗研究中，研究者将数百名 ADHD 患儿分配到四种治疗条件中：药物疗法、行为疗法、同时接受药物疗法和行为疗法，以及对照组。经过 14 个月的治疗后，同时接受药物疗法和行为疗法的 ADHD 患儿在学业成绩方面优于对照组。然而 3 年后，这一差异也消失了，4 组儿童在学业成绩、考试成绩、社会适应等指标上均无显著性差异。8 年后的情况也是如此：服用药物并不能对学业成绩的改善产生长期效益（Parkeret al., 2013；Sharpe, 2014）。

如何解释 ADHD 药物在短期疗效和长期疗效之间的差异？一种可能性是，随着时间的推移，患儿的药物依从性有所下降。ADHD 患儿可能对药物产生耐受性，他们的服药剂量可能跟不上其日益增长的身体需求，他们可能改变了药物的优先顺序，或者出于副作用而停止服药。然而，短期行为变化与长期绩效改善之间存在复杂关系。例如，服用 ADHD 药物的患儿在课堂上变得更加平静和易于管理，以至于他们的老师疏于关注和帮助他们（Currie, Stabile, & Jones, 2013；Sharpe, 2014）。

另外，ADHD 药物只是改善了患儿长期学业成就的一小部分。虽然 ADHD 药物有助于提升患儿的短期专注力水平，但它们并不能帮助患儿克服与其他儿童在智力、学习能力、时间管理技能、家庭支持、社会经济地位、父母教育等方面的差异。ADIID 多模型治疗研究表明，智力、学习能力等上述因素比给定的治疗条件更能预测长期的学业成功。尽管 ADHD 药物的长期效益未得到证实，但其短期效益仍具有存在的意义。毕竟，一个美国人在申请大学之前，必须顺利度过小学 2 年级（Parker et al., 2013；Sharpe, 2014）！

- 既然 ADHD 药物的长期效益未得到证实，那么这些药物是否还应该被用于治疗儿童的 ADHD 症状？理由是？
- 如果你朋友的孩子刚被诊断出患有 ADHD，那么你会如何向朋友解释这项研究的结果？

‖发展多样性与你的生活‖

特殊需要儿童的主流化和全纳教育

人们按照有无特殊需要将儿童区分开来，给特殊需要儿童提供专业服务，这是最好的做法吗？还是不加区分，最大限度地将同龄儿童放在一起培养更好？

如果你 30 年前问这个问题，答案很简单：特殊需要儿童不在普通班更好，应将他们放到特殊教育班级。这些班级的学生通常具有各类困难，例如情绪困难、阅读困难，以及多发性硬化症等身体残疾。此外，这些班级让孩子远离正常教育的过程。

20 世纪 70 年代中期，美国国会通过了《全体残障儿童教育法案》，上述情况发生了改变。该法案的目的是确保特殊需要儿童在**最少限制的环境**（least restrictive environment）中，接受全面教育，而最少限制的环境类似于无特殊需要儿童的环境（Handwerk，2002；Swain，2004）。

在实践层面上，该法案意味着特殊需要儿童必须尽可能地进入普通班，进行普通活动。对特殊需要儿童来说，只有当他们因自身特殊性而无法上某些课程时，他们才能与普通班成员分开；对于其他课程，他们要在普通班与无特殊需要儿童一起上。当然，一些有严重障碍的儿童，根据他们疾病的程度，仍然接受相应程度的独立教育。该法案的目的是尽可能将特殊需要儿童与一般儿童整合到一起（Bums，2003）。

主流化（mainstreaming）这种特殊教育的方法，旨在尽可能结束对特殊儿童的隔离，将特殊儿童融入传统教育体系，为他们提供广泛的教育选择。

主流化旨在提供一个机制，让所有儿童都得到平等的机会。主流化的最终目标是确保所有人（无论残疾与否），在全面教育的基础上，尽可能有机会选择他们的目标，使他们得到公平的生活回报（Burns，2003）。尽管教师在一定程度采用了主流化的教学方法，发挥了其作用，但他们仍需要大量的支持（物质支持、人力支持）。教一个学生能力差异很大的班级是不容易的。此外，为特殊需要儿童提供必要支持是昂贵的，有时相比无特殊需要儿童的父母，特殊需要儿童的父母会存在预算紧张的情况（Jones，2004；Waite，Bromfield，& McShane，2005；Lindsay et al.，2013）。

在主流化的教育倡导下，一些专业人士纷纷推广名为"全纳教育"的替代教育模式。**全纳教育**（full inclusion）将所有学生（甚至是重度残疾学生）整合到一个普通班。在这种教育模式下，独立的特殊教育停止运营。全纳教育是有争议的，这一做法的普及程度还有待观察（Begeny & Martens，2007；Magyar，2011；Greenstein，2016）。

从教育工作者的视角看问题

主流化和全纳教育的优势是什么，面临的挑战是什么？你认为哪些情况下不适合推行主流化和全纳教育吗？

案例研究

喘口气

10 岁的威利从记事起，就知道自己"病了"。每个人都这么说，尤其是他的母亲。她要确保威利总是穿着暖和，并不断地警告他不要过分活跃。自从他威利患上哮喘后，她就更加警惕了。

尽管威利接受了药物治疗，但还是时常喘不过气来，直到他拿出吸入器，才得以缓解。因为威利的母亲坚持要他远离运动，所以他总是静静地看别人运动。

某一天，他在现场观看极限飞盘比赛。运动员们奔跑着，跳跃着，令人惊异地捕捉着飞盘，然后平稳地将飞盘抛向前卫。威利的同学里克在跳跃能力和抛飞盘的力度方面表现得尤为出色。

比赛结束后发生的一幕让威利难以置信。他看到里克从运动包里拿出一个吸入器，快速地吸着。他不自觉地走到里克身边——尽管他们住在同一个社区，但他们从未说过话。

"怎么了，威利？"里克说。

"呃，里克，你有哮喘吗？"威利说。

里克笑了，回答道："是的。从 6 岁起，我就患有哮喘，情况很糟糕。你什么时候患上的哮喘？"

威利很惊讶里克知道自己也有哮喘。威利疑惑道："你做运动的时候不会感到非常劳累吗？"

"劳累？我没留意过。不过，我服药，我还有吸入器，它困扰不到我！"里克接下来的话让威利感到惊讶，

"你应该试着运动。也许我可以帮你，我们可以一起运动，或者做些别的事情。"

威利高兴地点点头，决心回家和他的母亲长谈，以后可以上场运动。

1. 你认为是什么促使威利的母亲禁止他去运动？她的担心有道理吗？

2. 你会建议威利如何与他的母亲讨论自己的运动愿望？他能在学校或社区争取到什么资源来帮助自己呢？

3. 不参加运动对威利的身体发育和身体健康有什么影响？当他运动的时候，他应该采取什么预防措施？

4. 威利的决定是否会对他的社会性发展产生影响？请解释一下原因。

5. 威利一旦开始参加运动，他的营养需求会不会发生变化？他变胖的可能性会降低吗？在以后的生活中，他会超重吗？

‖ 本章小结

本章的重点是儿童中期的身体发展。首先介绍了儿童在这一时期身高和体重的增长情况。然后，鉴于身体能力的重要性，我们探讨了粗大运动技能和精细运动技能的发展。最后，我们讨论了特殊需要儿童的感觉和身体能力。

在本章结束前，让我们回顾一下导言的内容，考虑以下几个问题。

1. 哪种身体能力使简能够打棒球？从学龄前期进入儿童中期，她的这些能力是如何发生变化的？

2. 考虑到简的发展阶段，她可能还缺乏哪些能力？这些不足会怎样影响她的身体发展？

3. 有什么证据显示简已经获得皮亚杰所说的具体运算思维？

4. 如果简的特殊需要降低了她的身体能力，应该鼓励她和其他儿童一起参加运动吗？如果应该，那么要在什么情况下可以这样做？

‖ 本章回顾

1. 儿童在学龄期如何成长，以及哪些因素会影响他们的成长

- 儿童中期的特点是缓慢但稳定的成长。在这一阶段的儿童平均每年体重增长 2 ~ 3 千克，身高增加 5 ~ 7.5 厘米。随着婴儿肥的消失，脂肪会得到重新分配。

- 在某种程度上，生长由基因决定，但社会因素也有显著的影响，例如富裕程度、饮食习惯、营养和疾病。

2. 学龄儿童需要的营养以及营养不当的后果

- 充足的营养非常重要，因为它有利于身体成长和健

康，促进社会和情感功能以及认知能力的发展。

- 饮食习惯和富裕程度的差异会导致营养水平的差异。父母冲突或酗酒等因素所导致的严重应激反应，会影响身体的发育。

3. 儿童肥胖的成因和后果，如何治疗儿童肥胖

- 儿童肥胖在一定程度上受遗传因素的影响，但也与儿童缺乏内在控制、暴饮暴食、沉迷于久坐不动的活动（例如看电视）、不进行体育锻炼有关。

- 儿童肥胖可产生终身效应。肥胖的儿童成年后往往超重，患有心脏病、糖尿病和其他疾病的风险更

大。肥胖也会导致缺乏锻炼，这会在以后的生活中造成额外的健康问题。

- 治疗儿童肥胖有一定的难度。成年人应该帮助儿童学会控制饮食，形成正确的饮食习惯，为儿童提供充足的健康食品，并避免儿童接触高热量或深加工的食物。

4. 学龄儿童面临的健康威胁

- 在一般情况下，学龄儿童的健康状况良好，很少出现健康问题。
- 一些影响儿童健康的疾病（例如哮喘）的发病率正在上升。

5. 学龄儿童可能患有的心理疾病

- 学龄儿童可能患有的心理疾病包括儿童抑郁症。
- 因为儿童时期的抑郁会导致成人后情绪低落，甚至自杀，所以我们应该严肃对待。

6. 儿童中期运动发展的特点

- 在儿童中期，粗大运动技能有很大改善。文化期望可能会导致男孩和女孩粗大运动技能的不同。在儿童中期，精细运动技能的发展也很快。
- 身体技能的发展与自尊和自信有关。身体技能的发展会带来社会性的效益，尤其是对于男孩。

7. 学龄儿童可能受到的安全威胁，以及如何预防它们的发生

- 儿童中期的安全威胁主要与儿童独立性和活动性的增加有关，大多数伤害是由事故导致的，尤其是汽车、其他交通工具（例如自行车和滑板）和运动。在大多数情况下，适当地使用防护设备会大大减少伤害。
- 对儿童而言，网络空间存在潜在的危险。不受监管的网络活动，会使儿童接触到不良的网络信息，并且他们可能会被人利用。

8. 视力、听力和言语问题对学龄儿童的影响

- 视觉损伤包括近距离视觉的障碍，以及对颜色、深度和光线的感知缺乏。这些方面的不足可能导致学习和社会问题，必须以敏感和适当的援助加以改善。
- 听觉损伤可能干扰课堂学习和社会互动，剥夺学生完好的学校经验。在某些情况下，补救措施只能起到一定的作用。
- 言语损伤在课堂和社会环境中尤其明显，它会改变自我意识，导致尴尬和孤立。言语问题通常可以通过付出时间和努力来解决。
- 特殊学习障碍的特点是在获得和使用听、说、读、写、推理和数学能力方面存在困难，影响着一小部分人。虽然特殊学习障碍的原因尚不明确，但似乎与一些脑区功能失调有关。

9. 注意缺陷与多动障碍和相应疗法

- 注意缺陷与多动障碍的特点是注意力不集中、冲动、不能完成任务、缺乏组织以及过多的无法控制的活动。
- 药物疗法是有争议的。利他林和右旋安非他命已被广泛使用，但它们有潜在的严重副作用，并且可能缺乏长期效益。
- 行为疗法也被使用，旨在帮助孩子控制冲动，实现积极的目标。
- 现在，特殊需要儿童通常被放到最少限制的环境中，一般是普通班。主流化和全纳教育使特殊需要儿童获得有用的社会互动技能，这让他们获益良多。

学习目标

1. 总结皮亚杰理论对儿童中期认知发展的看法。
2. 根据信息加工理论解释记忆的发展。
3. 描述维果斯基推荐的促进儿童认知发展的课堂实践。
4. 解释语言在儿童中期是如何发展的。
5. 描述双语的影响。
6. 确定影响美国和全球学校教育的趋势。
7. 列举有助于儿童获得积极学业成果的因素。
8. 讨论多元文化教育的成果。
9. 比较和对比传统公立学校教育与其他选择的区别。
10. 描述测量智力的方法。
11. 解释传统智力测试中可能出现的偏差。
12. 比较和对比智力的传统定义和替代概念。
13. 描述超出正常智力范围的儿童是如何进行分类的。

第 12 章

儿童中期的认知发展

导言：播种一座花园

丹尼正在三年级的数学课上向学生介绍数学应用题。丹尼问学生："你们会怎么编写数学应用题呢？"

一阵沉默过后，一名学生勇敢地说："应该根据寻常的事物编写数学应用题，比如地毯或其他东西的尺寸。"紧接着，丹尼不断提出设想，启发学生思考。

"是的，或者画一堵墙，或者切一块比萨饼。不过，你必须告诉人们该做什么，而且这其中必须有数学。那让我们来切一块比萨饼吧！"丹尼说道。

"可以用花园编写数学应用题吗？"有学生问道。

"可以，例如你需要多少袋种子来覆盖它。"丹尼回答道。

最终，他们共同出了一道看似合理的数学应用题。

"因为很多学生害怕解答数学应用题，"丹尼说道，"所以我让学生从元认知的角度思考如何编写数学应用题。通过合作编写问题，他们能更好地揭示这类问题的主要特征，从而能够以更加周到的方式解决问题。"

预览

儿童中期的特点是儿童的认知技能将会达到一个新的高度。本章我们将会讨论儿童中期会有哪些认知能力的提升。

首先，我们会对皮亚杰的认知发展理论以及信息加工理论进行解释，并讨论记忆的发展和改善记忆的方法。

其次，我们会探讨儿童中期的语言发展的重要进展。我们将重点讨论儿童语言技能的提升，此外还有双语（使用一种以上的语言进行交流）带来的影响。

然后，我们会考察学校教育和社会是如何将知识、信念、价值观等传递给儿童的。我们会关注儿童怎样解释自己的学业表现和教师的期望是如何影响自我成就的。

最后，我们会关注智力，重点讨论发展心理学家对智力的定义、智力与学业表现的关系，以及儿童彼此间不同的智力表现。

认知和语言发展

当贾里德跑回家告诉父母，自己在幼儿园学到了"为什么天空是蓝的"时，他的父母很开心。贾里德开始讲出"大气层"这几个字（尽管他的发音并不正确），还有空气中的水蒸气是如何折射光线的。虽然他的解释很粗略（他还不太了解什么是大气层），但他已经了解了大致的过程和结果。对于5岁的贾里德来说，这无疑是很大的成就了，他的父母也感到无比自豪。

6年飞逝而过，11岁的贾里德刚做了1小时作业，完成了2页的分数乘除法计算。现在，他正着手做"美国宪法"的专题作业。他在不断地记录需要写进报告的知识点，思考政治派别在撰写美国宪法中的作用，以及美国宪法出台后是如何被修正的。

贾里德不是唯一一个在儿童中期智力这样显著地发展的儿童。在这一阶段，儿童的认知能力不断提升，他们能够理解并逐渐精通复杂的认知技能。然而，他们仍然无法像成人一样思考。

儿童期思维的优势和不足是什么？如下观点解释了儿童中期认知发展的过程。

皮亚杰的认知发展理论

依据皮亚杰理论，学龄前儿童的思维处于前运算阶段（见第9章）。自我中心是前运算阶段思维的重要表现，处于前运算阶段的儿童缺乏运算（有组织、有条理、合乎逻辑的心理过程）能力。

具体运算思维的出现

依据皮亚杰的理论，随着学龄期具体运算阶段的到来，这一切都改变了。**具体运算阶段**（concrete operational stage）在儿童7～12岁时出现，其特征是能够主动且恰当地使用逻辑。

具体运算思维能够在具体问题中应用逻辑思维。例如，处于具体运算阶段的儿童面临一个守恒问题（例如，把一个容器的液体倒入另一个形状不同的容器中，液体总量是否有变化）时，他们会运用认知和逻辑思维解决问题，而不再只是受到事物表象的影响。他们能够正确地推理出整个过程中液体并没有漏出，其总量是没有变化的。由于自我中心程度较低，他们能够考虑到一个情境中的多个方面，即拥有**去中心化**（decentering）的能力。11岁的贾里德就在用他的去中心化的能力思考政治派别在撰写美国宪法过程中的作用。

当然，从前运算思维到具体运算思维的转变不可能在一夜之间发生。在儿童形成稳固的具体运算思维之前的两年中，他们的思维会在前运算思维和具体运算思维之间来回转换。例如，他们尽管能够正确回答守恒问题，却说不出其中的原因。如果让他们解释原因，他们可能就只能给出简单的回复。

一旦具体运算思维发展完全，儿童就能表现出更高的逻辑思维能力，出现一些代表性的认知发展。例如，他们将获得**可逆性**（reversibility）的概念，即转变某一刺激的过程是可以逆转的，可使其恢复到初始状态。可逆性概念的获得能够让儿童理解球状的黏土可以被捏成像蛇一样的长条，也可以恢复到原来的球状。更抽象地讲，这一概念能让学龄儿童理解 3 加 5 等于 8，5 加 3 也等于 8。在具体运算阶段末期，儿童便能理解 8 减去 3 会等于 5。

拥有具体运算思维的儿童能够理解时间、速度和路程之间的关系，例如时间相同，增速能够达到更长的路程。如图 12-1 所示，两辆车的起始点相同，路上所用的时间相同，行驶的路程不同。刚步入具体运算阶段的儿童会认为，两辆车是以相同速度行驶的。8～10 岁时，他们开始推理出正确的结论：与行驶路程较短的车相比，行驶路程较长的车的速度更快。

尽管儿童在具体运算阶段有许多进步，但他们的思维仍存在不足。他们还是不能脱离具体的物理事实，不能理解真正的抽象性问题、假设性问题、形式逻辑方面的问题。

评价皮亚杰的理论

支持皮亚杰理论的研究者会发现，皮亚杰理论有许多是值得肯定的，也有许多遭到了批评（见第 6 章和第 9 章）。

皮亚杰是观察儿童的顶级专家，他的许多著作都涉及对儿童学习和游戏的精彩细致的观察记录。他的理论具有重大的教育意义，很多学校都采用由他的观点衍生出来的原则，来选择教学材料的性质和呈现形式（Siegler & Ellis，1996；Brainerd，2003）。

在某种程度上，皮亚杰的理论非常成功地描述了认知发展过程。然而，评论家也对皮亚杰的理论提出了强有力的合理质疑。许多研究者提出，皮亚杰低估了儿童的能力，部分原因在于他所进行的迷你实验具有一定的局限性。当儿童进行一系列范围更广的实验任务时，他们在各阶段的表现就与皮亚杰预测的不太一致（Bjorklund，1997；Bibace，2013；Siegler，2016）。

此外，皮亚杰似乎错误地判断了儿童认知能力出现的年龄。越来越多的证据表明，儿童的能力出现得比皮亚杰预期的更早一些。有些儿童在 7 岁前就能表现出具体运算思维，而皮亚杰却提出 7 岁时具体运算思维才刚刚开始出现。

当然，我们不能摒弃皮亚杰的理论，虽然一些早期的跨文化研究表明，在某些文化下的儿童从未脱离过前运算阶段，也不能掌握守恒原则，更无法发展到具体运算阶段。例如，帕特里夏·格林非尔德（Patricia Greenfield）在 1966 年的开创性实验表明，在非洲西部塞内加尔的沃洛夫的儿童中，只有 50% 的 10～13 岁儿童能够理解液体守恒的概念。来自其他地区（例如新几内亚岛、巴西、澳大利亚的偏远村庄）的研究也验证了她的结果。当人们采用更大的样本，考察更多文化下的儿童时，即脱离皮亚杰理论主要涉及的西方文化背景后，不是每个儿童都能够发展到具体运算阶段（Dasen，1977）。于是有人提出，皮亚杰认为自己的阶段论描述了普遍的认知发展过程，这一结论夸大了事实情况。

通过适当的培训后，一些本来没有守恒概念的非西方文化下的儿童也能理解守恒。一项研究比较了澳大利亚城市儿童（具体运算阶段出现的时间与皮亚杰理论表述相一致）和土著儿童（一般在 14 岁时还未理解守恒概念）（Dasen，Ngini，& Lavalée，1979）。研究结果发现，经过培训，澳大利亚土著儿童能够像城市儿童那样理解守恒概念，尽管时间上比城市儿童晚了 3 年（见图 12-2）。

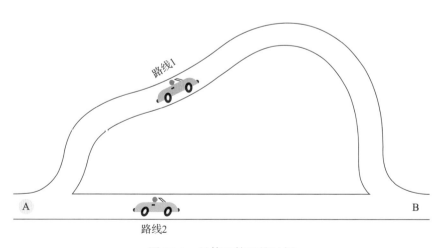

图 12-1　具体运算思维示例

实验者告诉儿童：行驶在路线 1 和路线 2 的两辆车的起点和终点相同，路上所用的时间也相同。刚步入具体运算阶段的儿童认为，两辆车是以相同速度行驶的。8～10 岁时，他们开始推理出正确的结论：与行驶路程较短的车相比，行驶路程较长的车的速度更快。

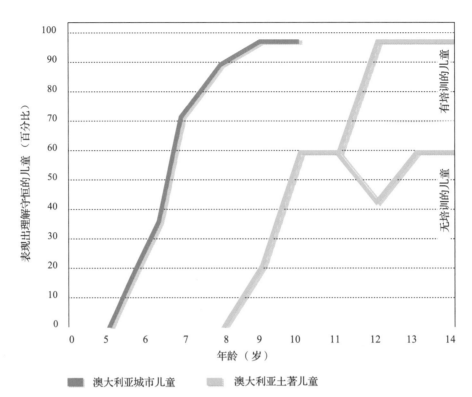

图 12-2　澳大利亚城市儿童和土著儿童对守恒概念的理解

澳大利亚土著儿童对守恒理解的发展落后于城市儿童。经过培训，澳大利亚土著儿童能够像城市儿童那样理解守恒概念，尽管时间上比城市儿童晚了 3 年。在没有培训的儿童中，大概有 50% 的 14 岁土著儿童无法理解守恒概念。教育工作者可能会提供什么样的教学计划来促进守恒概念的发展？

资料来源：Adapted from Dasen, P., Ngini, L., & Lavallee, M. (1979). " Cross-cultural training studies of concrete operations. " In L. H. Eckenberger, W. J. Lonner, & Y. H. Poortinga (Eds.), Cross-cultural contributions to psychology. Amsterdam: Swets & Zeilinger.

此外，当研究者与被测验儿童拥有相同的文化背景，前者熟悉后者的语言和习俗，给后者的推理任务也是该文化所注重的方面时，后者就更有可能表现出具体运算思维（Nyiti, 1982；Jahoda, 1983）。这些研究支持了皮亚杰提出的"儿童普遍在儿童中期获得具体运算思维"这一观点。尽管有些文化下的学龄儿童表现出的认知能力可能与西方儿童有一些差异，最有可能的解释是非西方文化下儿童的经历与西方社会中儿童的经历不同，而这种经历可能使儿童在皮亚杰的守恒和具体运算测验中有更好的表现。因此，我们不能脱离儿童所处的文化特征来理解其认知发展的过程（Maynard, 2008；Crisp & Turner, 2011；Wang et al., 2016）。

儿童中期的信息加工

对于 1 年级儿童来说，学习算数（例如个位数的加减），以及学会拼写"dog""run"等简单的单词都是了不起的成就。然而，到了 6 年级后，儿童就能够进行分数和小数计算了，能够拼写"exhibit"和"residence"这样复杂的单词。

根据信息加工理论，儿童能够越来越娴熟地处理信息。就像计算机一样，随着他们记忆容量的增加，以及用于处理信息的"程序"越来越高级，儿童能加工的数据量也在不断地增加（Kail, 2003；Zelazo et al., 2003）。

记忆

记忆（memory）在信息加工模型中是指编码、存储和提取信息的能力。对于要记住某个信息的儿童来说，这 3 个过程必须全部正常地发挥功效。儿童将信息编码成记忆能存储的方式并记录起来。从来没有学过"5+6=11"，或是学习时没有注意到这个信息的儿童将永远无法记起它。他们一开始就没有将这一信息进行编码。

仅接触信息仍然是不够的，信息还需要被存储，例如"5+6=11"这个信息必须被存入并保持在记忆系统中。记忆系统若要正常工作，还要求存储在记忆中的内容能够被提取到意识层面，然后被加以使用。

根据记忆三系统理论，三个不同的记忆存储系统或阶段描述了信息的加工过程（Atkinson & Shiffrin，1971）。第一种存储系统关于感觉记忆，即最初的、短暂的信息存储，一般只能维持片刻。感觉记忆仅仅是感官刺激的精确复制。第二种存储系统关于短时记忆，根据信息的意义，信息可以被存储15 ～ 25 秒。第三种存储系统关于长时记忆，此时信息能够长久地存储在记忆中，不过可能很难被提取。

在儿童中期，短时记忆容量有了显著发展。例如，在听取 中数字（"15634"）后，儿童逐渐能够倒背出这些数字（"43651"）。在学龄前期开始之初，他们仅能记住并倒背出2 个数字；从青少年期开始，他们能倒背出6 个数字（Jack，Simcock & Hayne，2012；Jarrold & Hall，2013；Resing et al.，2017）。

一些发展心理学家认为，学龄前儿童在处理守恒任务遇到的困难可能源于其有限的记忆容量（Siegler & Richards，1982）。他们认为，年幼儿童可能无法回忆起正确处理守恒任务所必需的所有信息。

元记忆（metamemory）是对记忆基础过程的理解，同样出现在儿童中期并逐渐完善。当儿童步入1 年级且其心理理论发展得更为成熟时，他们就会对"什么是记忆"有一个大致的了解，也能明白有些人的记忆力要比其他人好（Ghetti et al.，2008；Jaswal & Dodson，2009；Grammer et al.，2011）。

随着学龄儿童的成长，并逐渐使用一些控制策略（为了改善认知加工过程而有意识地、有目的地使用一些策略）后，他们对记忆将会有更深的了解。例如，学龄儿童会意识到，复述（对信息的重复）是有效的记忆策略，于是他们会在整个儿童中期越来越多地使用这一策略。类似地，他们会逐渐付出更多的努力，把记忆材料组织成一致的模式，这种策略有助于他们更好地回忆信息。例如，当要记忆杯子、刀、叉子和盘子的词表时，与刚上学的儿童相比，年长的儿童更可能将不同的单词组合成一致的模式——杯子和盘子，叉子和刀（Sang，Miao，& Deng，2002；

Dionne & Cadoret，2013）。

在儿童中期，儿童将渐渐学会使用记忆术，即以某种方式组织信息的技术，使其更可能被记住。例如，当儿童在记忆五线谱的音节时可以用"FACE"来帮助记忆，或者儿童通过记住"4月、6月、9月、11月分别有30天"来回忆各月分别有多少天（Bellezza，2000；Carney & Levin，2003；Sprenger，2007）。

随着儿童年龄的增长，他们对记忆的理解也会相应增强。

改善记忆

儿童在经过训练后能够更有效地使用控制策略吗？答案是肯定的。学龄儿童能够学会使用特定的记忆策略。儿童不仅需要知道如何使用记忆策略，还需要知道何时何地使用才最有效。关键词策略能够帮助儿童学习外语词汇、美国各州的首府或者两组词汇的配对信息（Wyra，Lawson，& Hungi，2007）。儿童将一个外语单词和一个读音类似的普通英语单词相匹配。这个英语单词就是关键词。例如，西班牙语单词"pato"（鸭子）的关键词可以是"pot"（盆）。一旦选择了关键词，儿童就形成了关于这两个词相关联的心理表征。通过想象一只鸭子在盆里洗澡的图像，儿童能够记住 pato。

其他记忆策略包括：复述，即不断重复想要记住的信息；组织，即将材料规整到不同的类别中（例如美国沿海州、食物类型）；认知精细化，即把需要记忆的信息与某一心理图像相关联，例如为了记住科德角（钩状半岛）在马萨诸塞州地图上的形状，8 岁的儿童可以将科德角与弯曲的手臂联系起来。不管儿童使用的是哪种策略，随着年龄的增长，他们会越来越

从研究到实践

提高数学技能的关键在于儿童的指尖

你是通过用手指数数开始学会简单算术的吗？你的父母或老师是否在某一时刻积极劝你不要这样做？也许即使到现在，你仍然会在心里数数？不要担心，你正在做的事情既普通又自然。研究表明，这只是我们在儿童早期学习如何看待数字的一部分。

无论是数珠子、硬币、手指，还是数其他东西，数数都有助于儿童对简单的数学运算产生具体的认知。教育工作者强调，可以让儿童持续运用数数这种策略，直到他们发展出在心理上操纵数字的能力，不再需要支持物为止（Berteletti & Booth，2016）。

最近的研究证实了手指计数对数学技能发展的重要性。让 8 ~ 13 岁的儿童在心理上解决简单的算术问题（减法和乘法）的同时，接受 fMRI 扫描。当他们做减法时，其大脑中与手指相关的区域（躯体感觉皮层、运动皮层）会被激活，就好像他们在数自己的手指一样，尽管他们没有一个在数。解决乘法问题并没有激活这些与手指相关的大脑区域，这表明乘法和减法在人脑中涉及不同的神经网络。这是有道理的，因为乘法通常是通过死记硬背而不是通过计数来学习的（Berteletti & Booth，2015）。

此外，那些手指感知能力（在闭眼状态下能准确地判断被触摸的是哪根手指）更强的孩子往往更擅长数学。的确，手指知觉高低能很好地预测未来数学成绩高低，手指知觉训练可以提高数学成绩。研究人员不能确定这种联系是否意味着数学技能的发展肯定依赖于手指知觉。不过，这与视觉化有助于理解数学概念的观察是一致的。当我们大多数人不再依赖手指时，我们的大脑却从未真正停止依赖（Berteletti & Booth，2016）。

- 家长或老师如何应用这项研究来帮助孩子培养更强的数学技能？
- 你觉得一些家长和老师不鼓励孩子数手指的原因是什么？你会如何向他们解释这项研究？

多地、越来越有效地使用它们。

维果斯基的认知发展理论和课堂教学

维果斯基认为，儿童的认知能力是通过不断接触最近发展区的信息而得以发展（见第 9 章）。最近发展区体现的是儿童能够基本掌握但尚未完全掌握某项任务的一种水平。

维果斯基的观点对于一些课堂实践有极其重要的影响，这些课程的依据是儿童应该积极参与到他们的教学体验中。该理论提出，课堂应该被看作儿童有机会做实验和尝试新活动的场所（Vygotsky，1926/1997；Gredler & Shields，2008；Gredler，2012）。

根据维果斯基的观点，教育应该更多地关注与他人互动的活动。"儿童－成人"和"儿童－儿童"之间的互动都有可能促进认知的发展。互动的性质必须仔细建构，使其处于每个儿童的最近发展区之中。

当今一些值得关注的教育创新，就借鉴了许多维果斯基的研究成果。合作学习是指儿童为了实现一个共同的目标组成小组一起工作，就吸收了维果斯基理论中的一些内容。在小组合作中，学生能够从他人的看法中获益，如果选择了错误的方式，也能及时地被其他组员纠正。另一方面，并不是每个同伴都会对合作学习小组中的成员有同等的帮助。当小组中至少有一些成员能够胜任工作，并起到专家的作用时，每个儿童才能获取最大的收益（DeLisi，2006；Law，2008；Slavin，2013；Gillies，2014）。

参与合作学习小组的学生能够从他人的想法中获益。

交互式教学是另一项反映维果斯基认知发展理论的教学实践。交互式教学是一种教授阅读技巧的技术。教师指导学生先浏览一段文字，提出与核心观点相关的问题，总结这段文字，最后预测接下来可能会发生什么。这种技术的关键在于其交互性，即注重在教学中为学生创造担任教师角色的机会。开始时，教师先引导学生学习阅读理解的策略。慢慢地，儿童在最近发展区不断进步，逐渐能够更好地使用这种策略，最终学生能够完全承担起教师的角色。这种方法在提高学生阅读技巧方面显示出了巨大的成效，尤其对于那些有阅读困难的学生来说更是如此（Spörer，Brunstein，& Kieschke，2009；Lundberg & Reichenberg，2013；Davis & Voirin，2016）。

> **从教育工作者的视角看问题**
>
> 　　教师应该如何运用维果斯基理论来教 10 岁孩子美国的历史？

语言发展：词语的含义

　　如果你听过学龄儿童之间的对话，至少在乍听之下，会觉得他们的言语和成人的没有差异。然而，这种表面上的相似具有欺骗性。儿童的语言能力（尤其在学龄期初始阶段）仍需锤炼，才能达到成人的专业水平。

掌握语言的技巧

　　儿童的词汇量在学龄期呈现持续快速增长的趋势。例如，6 岁儿童大概拥有 8 000 ～ 14 000 的词汇量，而在 9 ～ 11 岁期间，儿童的词汇量会再增长 5 000 个单词。

　　在学龄期，儿童的语法能力也在不断进步。在学龄早期，儿童会较少地使用被动语态（例如，"The dog was walked by Jon"），而更多地使用主动语态（例如，"Jon walked the dog"）。6 ～ 7 岁的儿童很少使用条件句如"If Sarah will set the table，I will wash the dishes"（如果莎拉收拾桌子，我就去洗碗）。然而，在儿童中期，他们对被动语态和条件句的使用都有所增加。句法是指将单词和短语组织成句子的规则。在儿童中期，他们对于句法的理解也在不断加深。

　　当儿童步入 1 年级时，大部分儿童都能正确地进行单词发音。然而，有一些音素的读法仍然令他们感到烦恼。例如，儿童发出 j、v、th 和 zh 音的能力要比发出其他音的能力更晚发展出来。

　　当句子的含义取决于语调或音调时，学龄儿童也很难辨别出来。例如，对于"George gave a book to David and he gave one to Bill"，如果人们重读"he"，则意思是"乔治给了戴维一本书，戴维给了比尔另一本书"。然而，如果人们将重音放在"and"上，意思就变为"乔治给了戴维一本书，乔治也给了比尔一本书"。学龄儿童还不太明白上述情况中一些微妙的变化（Wells，Peppé，& Goulandris，2004；Bosco et al.，2013）。

　　除了语言技能，交谈技能在儿童中期也会有所发展。儿童能够较好地使用语用知识，即指导我们正确使用语言的一些规则，帮助我们在特定社会环境中更好地与他人交流。尽管儿童在儿童早期就意识到交谈中轮流说话的规则，但他们还不能很好地践行这些规则。下面是 6 岁的优妮和马克斯之间的对话。

　　优妮：我的爸爸开一辆联邦快递的卡车。

　　马克斯：我的姐姐叫莫利。

　　优妮：他早上起得特别早。

　　马克斯：她昨晚尿床了。

　　随着年龄的增长，儿童的对话表现出更多的意见交换，儿童之间会有交流。11 岁的米亚和乔希之间的对话，就反映出两人更为熟练地掌握着语用知识。

　　米亚：我不知道在克莱尔生日的时候，我该送她什么。

　　乔希：我打算送她耳环。

　　米亚：她已经有很多首饰了。

　　乔希：我觉得她的首饰并不多。

元语言意识

　　在儿童中期，儿童开始拥有元语言意识（metalinguistic awareness），即开始理解自己是如何使用语言的。在儿童 5 ～ 6 岁时，他们意识到，语言是受到一套规则支配的。在儿童早期阶段，他们会内隐地学习和理解这些规则，而到了儿童中期，儿童能够更加外显地掌握这些规则（Benelli et al.，2006；Saiegh-Haddad，2007）。

　　当信息模糊或不完整时，元语言意识能帮助儿童理解这些信息。当学龄前儿童遇到模糊不清的信息（例如，关于一个复杂游戏的说明）时，他们很少会询问清楚，而且他们会因无法理解信息而责怪自己。到7～8岁时，他们就能意识到，无法理解信息可能不仅仅是自己的原因，也有可能是因为与他们交流的人出现了问题。所以学龄儿童很可能会直接询问清楚那些模糊信息的含义（Apperly & Robinson，2002）。

随着儿童中期元语言意识的提升，儿童能够成功地参与对话中的观点交流。

语言如何促进自我控制

逐渐娴熟的语言技巧能够帮助学龄儿童更好地控制自己的行为。在一项实验中，实验者告诉儿童：如果他们选择立刻就吃一颗棉花糖，那么只能得到一颗棉花糖；如果他们愿意等一段时间，那么能得到两颗棉花糖。虽然大部分4～8岁的儿童会选择等待，但他们在等待时使用的策略是完全不同的。

4岁儿童在等待时会一直盯着棉花糖，这显然不是很有效的策略。6岁和8岁的儿童会使用语言来帮助自己克服诱惑，尽管方式不同。6岁儿童会自言自语，给自己唱歌，来提醒自己如果多等一会儿就能获得更多的棉花糖。8岁儿童会转移关注点，不关注棉花糖的味道，而关注棉花糖的外形等其他方面，这有助于他们等待下去。

简而言之，儿童会使用"自言自语"的策略帮助他们调节自己的行为。另外，他们自我控制的有效性也会随语言能力的提升而不断增强。

双语：用多种语言说话

在纽约皇后区的杰克逊高地，纽约市第二公立小学的校长自豪地用6种不同的语言向家长发出邀请函。然而，要想和这个移民众多的地区的每个家庭沟通，该校长还需要更近一步：最新统计，杰克逊高地的居民语言有138种。

从小城镇到大城市，儿童说的语言都在改变。将近20%的美国人在家除英语外还说另一种语言，而这一比例还在增长。双语（bilingualism）指使用一种以上的语言，双语现象正变得越来越普遍（Shin & Bruno，2003；Graddol，2004；Hoff & Core，2013）。

很少说或几乎不会说英语的儿童在进入学校后必须学习标准课程和相关语言。教育非英语母语者的方法有两种。

一种方法是双语教学，即教师在起初阶段使用儿童的母语进行教学，同时又让他们学习英语。通过双语教学，学生能使用母语为课程打下坚实的基础。双语教学的最终目标是"逐渐提高学生的英语熟练水平，并且维持或提高他们的母语水平"。

另一种方法是脱离母语的教学，即教师只教授儿童英语，尽可能少地使用儿童的母语进行教学，从而使他们尽快融入英语环境。这种教学方法的支持者认为，在最初阶段非英语的教学会阻碍儿童努力学习英语，并延缓他们融入美国社会的进程。然而，当教师使用英语教授儿童技能时，儿童会有些吃力。例如，一个学习第二语言才几个月的儿童，必须用第二语言学习分数运算时会面临困难（Pearson，2007；Jared et al. 2011）。

在美国，一些政客主张"只说英语"，而其他政客则鼓励学校能够考虑到非英语母语儿童面临的困难，适当地教授一些母语课程。心理学研究指出，掌握一种以上语言的人具备一些认知优势。因为在评估一个情境时他们选择不同语言的可能性更多，双语者表现出更好的认知灵活性。他们在解决问题时会展现出更多的创造性和多面性。此外，少数民族的学生用母语学习与其较高的自尊有关（Bialystok & Viswanathan，2009；Hermanto，Moreno & Bialystok，2012；Hsin & Snow，2017）。

很多语言学家主张语言获得的基础是普遍性的过程，因此母语的教学同样可能促进第二语言的教学。实际上，许多教育学家认为，对所有儿童来说，第二语言的学习应该纳入小学的常规教育（McCardle & Hoff，2006；Pollard-Durodola，Cárdenas-Hagan，& Tong，2014；Kuhl et al.，2016）。

学校教育

当阅读小组成员的目光齐刷刷地转到格伦身上时,格伦开始坐立不安地扭动着。对格伦来说,朗读从来不是一件容易的事。每当轮到他朗读时,他总是感觉很焦虑。当老师点头鼓励他时,他开始放声朗读起来,虽然开始还有些吞吞吐吐,但当他读到"妈妈新工作的第一天"这段故事时,他来了兴趣。他发现自己能够很好地读出整个短文,并对自己能完成朗读任务感到非常高兴和自豪。即使后来老师仅简单地说了句"很好,格伦",他的脸上也洋溢出灿烂的笑容。

类似这样的小瞬间不断地重复着,组成或者刷新了儿童的教育体验。学校教育标志着社会开始正式地将积累的知识、信念、价值观和智慧传授给下一代。从非常实际的意义来说,这种传递的成功与否决定了世界未来的命运。

世界各地儿童的学校教育:谁在接受教育

与大多数发达国家一样,接受小学教育在美国既是儿童的权利也是其法律义务。所有美国儿童都会接受 12 年的免费义务教育。

然而,世界上还有许多地方的儿童没有这样的机会。全世界超过 1.6 亿儿童没有接受小学教育的机会;有 1 亿儿童能接受到的教育只接近美国的小学水平;近 8 亿人(2/3 是女性)一辈子都是文盲(International Literacy Institute,2001)。

在很多发展中国家里,能接受正规教育的女性比例要比男性低,这种差异存在于学校教育的各个层面中。甚至在发达国家中,女性接触科学和科技领域的机会也比男性少。这种差异反映出一种重男轻女的偏见,这种偏见普遍且根深蒂固地存在于各种文化和父母的观点中。在美国,男性和女性教育水平较为接近。尤其在学校教育早期,男孩和女孩拥有平等的受教育机会。

教育趋势:超越 3 个 R

实际上,美国学校正在重新倡导以 3 个 R 为标志的传统教育。3 个 R 分别是 reading(阅读)、writing(写作)、arithmetic(算术)。对这种基础的关注,标志着现今的教育背离了前几十年的趋势,即强调学生的社会性发展和允许学生根据自己的兴趣选择科目,而不是学习设定好的课程(Schemo,2003;Yinger,2004)。

现在的美国小学课堂还同时强调教师和学生个体的责任感。教师要为学生的学业负担起更多的责任。同时,学生和教师都要参加州级或国家级测验,以评估他们的能力。因此,学生的竞争压力与日俱增(McDonnell,2004)。

随着美国人口构成越来越多样化,小学也越来越关注学生多样性和多元文化等问题。这有充分的理由:文化和语言的差异在社会和教育方面影响着学生。美国学生的人口构成正在经历一次非同寻常的转变。例如,在未来 50 年里,拉丁裔人口的比例很可能会增加 1 倍以上。此外,到 2050 年,美国白人的比例将随着少数民族比例的增加而下降(见图 12-3)。因此,教育工作者对多元文化问题越来越重视。随着时间的推移,关于不同文化背景的学生的教育目标在过去几年发生了巨大的变化,至今仍在争论中(Brock et al.,2007;U.S. Bureau of the Census,2008)。

学校应该教授情绪智力吗

在很多小学,最热门的课程主题都很少与传统的 3 个 R 有关。美国小学教育的一个重要趋势是利用很多方法提高学生的情绪智力(emotional intelligence),即精确地评估、表达和调节情绪的基础技能(Mayer,2001;Hastings,2004;Fogarty,2008;Abdolrezapour,2016)。

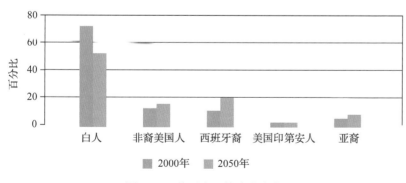

图 12-3 美国人口构成的变化

对美国人口构成的预测显示,到 2050 年,非拉丁裔白人的比例将随着少数民族比例的增加而下降。人口结构的变化会对社会工作者产生什么影响?

资料来源:U.S. Bureau of the Census, 2010a.

心理学家丹尼尔·戈尔曼（Daniel Goleman）在2005年提出，学校的标准课程应该教授情绪智力。他指出了几项成功培养儿童有效地管理自己情绪的项目。例如，有一个项目为儿童教提供了与共情、自我意识和社会技能相关的课程。另一个项目从1年级起就通过故事来教导儿童如何关爱他人和交朋友（Fasano & Pellitteri，2006）。

旨在提高情绪智力的项目并没有得到广泛的认可。反对者认为，情绪智力的培养最好留给家庭教育来完成，学校应该专注于传统的必修课程。另一些人认为，在已经很紧凑的课程安排中再加入情绪智力相关的课程会减少花在学业上的时间。一些评论者提出，因为没有明确的标准界定情绪智力有哪些成分，所以很难设置适当且有效的课程材料（Roberts，Zeidner，& Matthews，2001）。

不过，大多数人仍然认为，培养情绪智力是非常有意义的。很显然，情绪智力与传统的智力概念是非常不同的。训练情绪智力的目的是让个体不仅仅有良好的认知表现，同时也能有效地管理情绪（Brackett & Katulak，2007；Ulutas & Ömeroglu，2007；Malik & Shujja，2013）。

入学准备，阅读与成功

很多家长在"何时送孩子入学"的问题上都会感觉为难。其中一个关键问题涉及孩子对阅读的准备，阅读是学业成功的基础。教师的期望也深深地影响着学生的学业表现。

儿童怎样能为入学做好准备

如果成为班里最小的孩子，是否会因年龄而带来一些问题？根据长期的经验总结，答案是肯定的。因为年幼儿童相较于大一点的孩子在认知上发展会落后一些，这使年幼儿童在竞争中处于劣势。有时老师会建议学生稍晚一点入学，以便能更好地应对学业和情绪问题（Noel & Newman，2008）。

然而，发展心理学家弗雷德里克·莫里森（Frederick Morrison）通过大量的实验研究反驳了这一传统的观点。他发现在1年级儿童中，年龄最小的儿童和年龄最大儿童拥有相同的进步速度。虽然他们可能在阅读方面稍微落后于年长儿童，但这种差异完全可以忽略。有些家长把孩子留在幼儿园，试图晚一点将孩子送入小学，期待这样能让孩子在小学有更好的表现。显然，这种做法并没有真正帮助到孩子。年长儿童并不比年龄小些的同班同学有更好的表现（Morrison，Smith，& Dow-Ehrensberger，1995；Morrison，Bachman，& Connor，2005；Skibbe et al.，2011）。

其他研究甚至还指出，拖延入学很可能有一些负面的影响。一项纵向研究发现，虽然晚一年上学前班的人在小学时期并没有表现出不良影响，但是他们中的很多人在青少年期会出现情绪和行为问题（Byrd，Weitzman，& Auinger，1997；Stipek，2002）。

简而言之，推迟入学并不会为孩子创造优势，在某些情况下甚至有些负面影响。因此，年龄并不是一个绝对的入学时应考量的指标。实际上，儿童的学校表现与整体入学准备发展水平有密切联系，因为入学

明智运用儿童发展心理学

创造促进学业成功的氛围

是什么决定了儿童的学业成就？相关的因素非常多，人们可以利用一些实践环节来最大化儿童成功的机会。

- **创造"阅读环境"。** 家长应该多多给孩子阅读，让孩子熟悉书本和阅读。家长应树立良好的阅读榜样，让儿童了解到在成人的生活中阅读是非常重要的。
- **与儿童交谈。** 与儿童一起讨论新闻，谈论朋友的情况，或分享自己的兴趣爱好。让儿童能够思考和谈论周围世界是最好的入学准备。
- **为儿童规划学习区。** 学习区可以是一张小桌子，或者房间中的某一块区域。最重要的是，这个地方必须是单独的，明确指定给儿童的区域。
- **鼓励儿童独立解决问题。** 为了解决某一问题，儿童需明确自己的目标和知识状态，设计并实施策略，最后评估他们的成果。

准备考察到了儿童多个方面的能力。

阅读阶段

阅读涉及许多技能，从较低水平的认知技能（识别每个字母，并将字母和读音相联系）到较高水平的认知技能（将词语和长时记忆中存储的词汇含义相联系，并通过上下文和背景知识理解语句）。

阅读技能的发展往往会经历一系列阶段，这些阶段历时较长，并有很多重叠部分（Chall，1992；见表 12-1）。

表 12-1 阅读技能的发展

阶段	年龄	主要特征
阶段 0	出生至刚步入 1 年级	发展阅读必备的基本能力，例如识别字母等
阶段 1	1～2 年级	真正接触阅读，培养语言转录技能
阶段 2	2～3 年级	流畅地阅读，但不太理解句子的意思
阶段 3	4～8 年级	阅读成为学习的一种工具
阶段 4	8 年级及之后	能够理解反映多重观点的信息

资料来源：Based on Chall, J. S. (1979). " The great debate: Ten years later, with a modest proposal for reading stages." In L. B. Resnick & P. A. Weaver (Eds.), Theory and practice of early reading. Hillsdale, NJ: Erlbaum.

在阶段 0（出生至刚步入 1 年级），儿童发展阅读必备的基本能力，包括识别字母表中的字母、偶尔写出自己的名字，以及读出几个自己非常熟悉的单词（例如，自己的名字，或者停车牌上的"停"字）。

在阶段 1（1～2 年级），儿童真正接触阅读，培养语音转录技能。在这一阶段，儿童能将字母组合在一起拼成单词，能掌握字母的名字及其发音。

在阶段 2（2～3 年级），儿童学会流畅地阅读。然而，他们还没有把单词及其含义联系起来。因为对他们来说，仅读出单词就已需要下很大的功夫，以致几乎没有多余的认知资源能用于加工单词的含义。

在阶段 3（4～8 年级），阅读成为儿童用来学习和理解世界的方法，特别是学习的一种工具。在前几个阶段，阅读只是独立的一项学业任务。当然，在这个年龄段，儿童并不能完全依靠阅读来了解世界，只能加工和理解单一的观点。

在阶段 4（8 年级及之后），儿童能够阅读并加工那些反映了多重观点的信息。这种进入高中才能出现的能力，使儿童对材料的理解更加透彻。之所以人们不在儿童早期阶段教授孩子文学名著，并不是因为儿童的词汇量不够，而是因为他们缺乏理解复杂文学作品中经常出现的多重观点。

我们应该怎样教授阅读课程

教育家长久以来一直在争论到底什么是最有效的阅读教学法。争论的核心问题是阅读时信息加工机制的本质究竟是什么。

一些教育家支持编码教学法，认为应该通过呈现最基本的阅读技能来进行阅读教学，强调阅读的成分，例如字母的发音和组合——语音、字母和发音如何组合成单词。他们认为，阅读可以加工单词的各个部分，并把它们组合成单词，进而从单词的含义中推测出书面句子和段落的意思（Gray et al.，2007；Hagan-Burke et al.，2013；Cohen et al.，2016）。

另一些教育家支持整体语言教学法，认为阅读与口语习得的路径相似，儿童应该阅读完整的句子、小说、诗歌、清单、图表等。教师不是教儿童读单词，而是鼓励他们根据单词的上下文猜测单词的意思。通过"试错"，儿童一次就能学习所有的单词和短语，渐渐成为熟练的阅读者（Shaw，2003；Sousa，2005；Donat，2006）。

越来越多严谨的研究表明，编码教学法要优于整体语言教学法。一项研究发现，一组儿童在接受了一年的语音训练之后，不仅阅读水平与优秀的阅读者接近，与阅读能力相关的神经回路也与优秀的阅读者相似（Shaywitz et al.，2004；Shapiro & Solity，2016，见图 12-4）。

基于这类研究，美国阅读研究小组和美国研究委员会（National Reading Panel and National Research Council）现在支持使用编码教学法来进行阅读教学，这意味着关于"哪种方法对阅读教学最有效"的争论可能已接近尾声（Rayner et al.，2002；Brady，2011）。不管用什么方法来教阅读，阅读都会对大脑的结构产生显著的变化。阅读有助于促进大脑视觉皮层的发育，增强口语的加工能力（见图 12-5）。

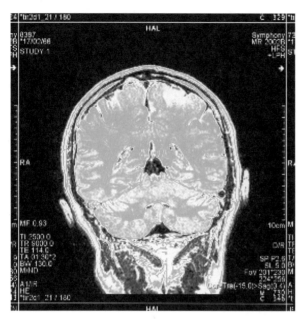

图 12-4　语音训练的影响

有阅读困难的学生在接受语音训练之后阅读能力进步明显，其与阅读相关脑区的激活水平也有所提高。

资料来源：Darrin Jenkins/Alamy.

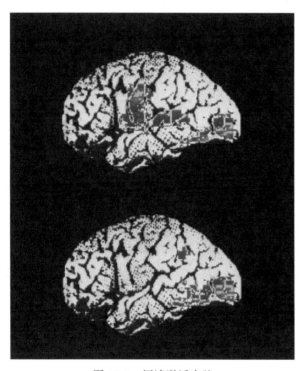

图 12-5　阅读激活大脑

阅读会激活大脑的重要区域。个体大声朗读时显示为上面的扫描图像；个体默读时显示为下面的扫描图像。

教师的期望会如何影响其学生

假设你是一名小学教师，并被告知你班里的某些学生的智力在未来 1 年里会有巨大的提升。你会区别对待他们和其他学生吗？

你很可能会有区别地对待他们。一项经典但有争议的研究表明，教师对待那些预期会进步的儿童确实不同于没有这样预期的其他儿童（Rosenthal & Jacobson，1968）。在这项研究中，新学年开始之初，研究者告诉小学教师经过测试后确定其班里有 5 个学生会在未来 1 年里"进步神速"。实际上，这个信息是伪造的：这 5 个学生完全是随机挑选的。1 年后，学生进行了与年初一样的智力测验，结果发现，这些被预测会"进步神速"的学生与班里其他学生之间在智力增长上存在显著差异。这些被贴上"进步神速"标签的学生最后的确表现出了进步。

当《教室里的皮格马利翁》（*Pygmalion in the Classroom*）一书揭示上述研究时，在教育界引起轩然大波。人们不禁猜想：如果仅仅拥有高预期就能促进学业成就，那么持有低期望不就会减缓学生的进步吗？教师往往会对那些低社会经济地位以及少数民族的学生持有低预期，这是否意味着这些儿童在整个学校教育中注定表现出低成就呢？

尽管该研究的方法和统计方面受到了很多质疑（Wineburg，1987），但是随后的大量研究均清楚表明，学生会朝着教师的期望方向发展。这一现象被称为**教师期望效应**（teacher expectancy effect），即教师把对儿童的预期传递给儿童，从而确实导致儿童表现出教师所预期的行为，并不断循环（Rosenthal，2002；Anderson-Clark，Green，& Henley，2008；Sciarra & Ambrosino，2011；见图 12-6）。

教师期望效应可以被视为"自证预言"这个更宽泛概念的特例。自证预言是指个体的预期能够带来符合预期的结果。例如，医生知道给患者提供安慰剂（没有实际药效的药片）有时能将他们治愈，原因可能只是患者期望药物会起作用。

根据教师期望效应，教师会根据儿童之前的学校记录、外观、性别或是种族而形成不合理的初始预期，而这种期望会通过一系列复杂的言语及非言语线索传递给学生，被传递的期望反过来告诉学生"什么行为是合适的"，然后他们就会表现出相应的行为（Carpenter，Flower，& Mertens，2004；Gewertz，2005；Trouilloud et al.，2006；McKown & Weinstein，2008）。

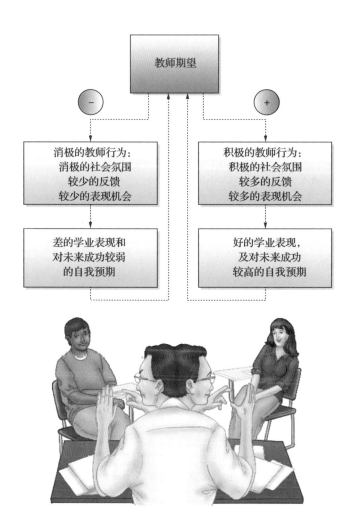

图 12-6　教师期望和学生表现

教师对学生的积极期望或消极期望，会产生积极或消极的行动，引发学生做出积极表现或消极表现。这与我们所知道的自尊有什么关系？

多元文化教育

在美国，学生的背景和经历往往是非常不同的。然而近几年，学生背景的多样性才被视为教育者面临的一种重要的挑战和机遇。

教学目标无疑是传递重要社会信息的一种正规方式，它与学生多元化的背景和经历息息相关。著名 的 人 类 学 家 玛 格 丽 特·米 德（Margaret Mead，1942）曾说道："广义上来讲，教育是文化习得的过程，是一种让每个人类新生儿正式成为某一特定社会群体中的一员，与其他成员分享特定人类文化的过程。"

文化是指一个特定社会的成员所共享的一套行为、信念、价值观和期望。尽管通常情况下人们会在相对宽泛的情境中考虑文化（例如，"西方文化"或"亚洲文化"），但是也可能关注某种包含多种文化背景的亚文化（例如，在美国，人们将不同的种族、宗教、社会经济地位看成某种亚文化特征的体现）。

某一文化或亚文化背景对个体及其同伴的教育存在着巨大的影响，这受到教育者的极大关注。事实上，近几年越来越多的教育者开始考虑建立**多元文化教育**（multicultural education），其目的是试图帮助少数民族的学生在发展主流文化相关能力的同时，对原生文化保持积极的群体认同（Nieto，2005；Brandhorst，2011）。

文化同化模型 vs. 多元社会模型

多元文化教育的形成是对**文化同化模型**（cultural assimilation model）的部分回应，在该模型中教育的目的是将各个文化身份同化到独特且统一的美国文化中。举例来说，这就意味着反对非英语文化中的儿童说本族语言，让他们只说英语。

在 20 世纪 70 年代早期，教育者以及少数民族开始呼吁应该用**多元社会模型**（pluralistic society model）来代替文化同化模型。根据这一概念，美国社会由多样且相互平等的文化群体组成，应保留其成员各自的文化特性。

多元社会模型得以发展的一部分原因是，在课堂中如果教师过于强调主流文化而反对少数民族学生使用母语时，会贬低少数民族的亚文化遗产，并影响这些少数民族学生的自尊发展。各门课程（例如阅读课和历史课）的教学材料，不可避免地会涉及关于文化的特殊事例。如果儿童从未接触过与原生文化有关的事例，那么他们可能永远无法学习到与原生文化相关的重要背景知识。如果英语课本中很少涉及西班牙文学和历史的重要主题（例如关于唐璜的传说），沉浸在英语课本中的西班牙裔美国学生可能永远无法体会西班牙文化的重要元素。

教育者开始提出，多元文化能够丰富并拓展所有学生的教育经验。多元文化背景下的学生和教师对周围世界会有更好的理解，并能够敏锐地觉察到他人的价值观以及需求（Levin et al.，2012；Thijs & Verkuyten，2013；Theodosiou-Zipiti & Lamprianou，2016）。

‖发展多样性与你的生活‖

培养二元文化认同

多元社会模型对少数民族儿童的教育有着重要启示：应鼓励他们对原生文化和主流文化形成二元**文化认同**（bicultural identity）。学校教育应该鼓励这些儿童在保留自己原生文化认同的同时，积极融入主流文化。这一观点提出，个体能够同时成为两种文化的成员，持有两个文化认同，不用被迫从中挑选一个而舍弃另一个（Lu，2001；Oyserman et al.，2003；Vyas，2004；Marks，Patton，& Coll，2011；Collins，2012）。

目前，人们并不清楚形成二元文化认同最有效的方法。试想，当一名只会讲西班牙语的儿童进入美国传统学校时，他沉浸在英语的教学环境中，学习速成英语课程以及少数其他课程，直到他对英语有了相当程度的掌握。不幸的是，美国传统学校的做法存在相当大的缺点：在儿童掌握英语之前，他们已经落后于那些一开始就会英语的同伴。

现今的理论强调二元文化策略，即鼓励儿童同时维持一种以上的文化身份。例如对只说西班牙语的儿童，学校会先进行西班牙语教学，然后教授英语课程。同时，学校为全校学生实施多元文化教育项目，了解和巩固所有学生的文化背景和文化传统。这种教育方式可以用来加强来自主流文化和非主流文化个体的自我意象（Bracey，Bamaca，& Umana-Taylor，2004；Fowers & Davidov，2006；Mok & Morris，2012）。

虽然大多数教育专家支持二元文化策略，但公众并不总是认同这一策略。一些美国政客主张"只说英语"，禁止学校使用英语之外的任何语言，而这种观点能否被大众所接受还需要时间来验证（Waldman，2010）。

从教育工作者的视角看问题

在美国，学校是否应该把非主流文化的儿童同化到主流文化中？学校是否要把这一主张作为教学目标来执行？为什么？

传统公立学校的替代品

在美国，大多数儿童在公立学校接受教育，这些学校的经费来自当地市政府征收的税款。这些学校对学生免费，教师由学校所在州认证（Reese，2011）。

然而，公立学校也有一定的缺陷。对于孩子上哪所学校，家长几乎没什么选择的余地。有些学校经费不足，缺乏必要的教材或课程，学生可能难以受到良好的教育。此外，有特殊需要的儿童一可能得不到他们需要的关注（Weber，2010）。

一些家长会寻找传统免费公立学校的替代品。一种选择是将学生送到私立学校，由家长支付学费。在美国，有 600 多万学生就读于私立学校（National Center for Education Statistics，2013）。

与公立学校相比，私立学校的班级规模更小，其课程更多，而且私立学校总体上往往规模更小。因为私立学校有自主招生条件，可以淘汰那些可能会捣乱的学生。此外，私立学校在种族和族裔多样性方面往往不如公立学校，私立学校的教师可能缺乏公立学校教师的资格认证。

除了传统的公立学校和私立学校，近年来，我们还发现了另外两种重要的选择：①特许学校；②家庭学校。

特许学校

特许学校是独立经营的公立学校，家庭可以自愿选择让其子女进入这类学校学习。特许学校通常规模很小，有时会有一个特定的教学侧重点，比如艺术、科学或某种特定的语言（Allen & Gawlik，2012）。

特许学校由美国联邦政府和地方政府授权批准，通常由家长、社区成员、教师或其他团体开办。特许学校是传统公立学校的替代品，有公共资金的支持，学生可以免费入学。这些学校的需求量通常很大，可能通过抽签系统录取学生（Toson，2013）。

然而，特许学校引起了相当大的争议。批评人士称，特许学校从传统公立学校挪用资金和其他资源，导致传统公立学校的学生资源减少。此外，批评人士指出，特许学校可能会或明或暗地设置入学障碍，比如阻止成绩较差的学生或有特殊需要的学生入学（Sampson，2016）。

相反，支持者称，特许学校具有灵活性和针对性的教学特点，可能比大多数公立学校更能有效地为学生服务。特许学校更有利于满足学生特定的需求和兴趣（Levine & Levine，2014；Rotherham & Whitmire，2014；Wilson，2016）。

特许学校的学生成绩是否不同于传统公立学校的学生成绩？这一问题尚未得到解决，各种评估结果也不一致。一些评估结果显示，相较于传统公立学校的学生，特许学校的学生表现得更为优异。然而，另一些评估结果正好相反。在开展更多的研究之前，我们无法详细列出特许学校与传统公立学校的不同（Gleason et al.，2010；Clark et al.，2015）。

家庭学校

请思考以下这个场景：

星期三的上午9点，9岁的戴蒙坐在客厅沙发上，他习惯性地开始阅读报纸上的星座专栏。在厨房，他的弟弟们（7岁的雅各布和4岁的罗根）正在做"实验"：将玩具扔进装满水的杯子里，并冷冻起来。对于他们而言，这又是一个上学日。

对于像戴蒙这样的孩子来说，"客厅就等于教室"。接近100万的美国儿童都在接受家庭教学。**家庭教学**（homeschooling）是一个重要的教育现象，即在家中由父母来给孩子授课。

在美国，家庭教学是一种越来越受欢迎的教育实践，既有优势也有不足。

父母选择家庭教学可能有很多原因。有的家长可能认为自己的孩子在一对一的关注下会茁壮成长，而规模较大的公立学校可能会耽误他们。有些家长不满意当地的教育体制或者师资力量，觉得自己能比学校做得更好。在美国的很多地方，接受家庭教学的孩子有权参加公立学校的课外活动，他们可以和其他孩子一起参加社会活动，避免遭受潜在的孤立情况。出于宗教因素，有的家长希望能够传递特定的宗教知识给孩子，并避免他们不认同的文化观念对孩子产生影响，而这是公立学校所不能提供的（Dennis，2004；Isenberg，2007；Jolly，Matthews & Nester，2013）。

显然，家庭教学有一定的教育效力。接受家庭学校教育的儿童与接受传统学校教育的学生相比，两者在标准测验中的得分类似，大学入学率也并无差异（Lauricella，2001；Lines，2001；Jones，2013）。

然而，有些接受家庭教学的儿童在表面上学业成功，这并不意味着其家庭教学本身有效。选择家庭教学的父母可能在生活上更富裕或家庭结构良好，从而儿童不论接受哪类教育都能取得成功。有些父母忙于为生计奔波，不太可能有动力和兴趣对孩子进行家庭教学。对于此类家庭的儿童来说，规范的学校教育可能是更好的选择。

家庭教学的批评者认为这种教学有很多的缺点。第一，传统学校班级中固有的儿童之间的社会互动在家庭教学中是完全缺失的。在家里学习虽然可能加强家庭成员之间的关系，但很难让儿童感受到多样化的社会。第二，即使装备最为齐全的家庭也很难像学校那样拥有高级的科技设备。第三，大多数家长并没有接受过正规的教学训练，因此他们的教学方法可能比较简单。虽然父母可能成功地教好儿童感兴趣的一些科目，但在儿童试图逃避的那些科目上却存在更多的困难（Lois，2006；Lubienski，Puckett，& Brewer，2013；Aram，Meidan，& Ceitcher，2016）。

家庭教学是近期才兴起的，很少有严格控制的实验来考察它的效度。仍然需要更多的研究来验证和探索何时以及如何进行高效的家庭教学（Murphy，2014）。

智力：决定个体的实力

"为什么应该说实话？""洛杉矶离纽约有多远？""桌子是由木头制成的，窗户是由什么制成的？"

当10岁的海厄森斯弓着背坐在课桌前，努力回答一长串这类问题时，她想自己正在5年级的教室中参与这项测验的意义究竟是什么。显然，该测验中并没有她的老师曾经在课上讲过的内容。

"1、3、7、15、31后面是数字是什么？"

当海厄森斯继续往下做题时，她不再探究这个测验的合理性。她已经把这个问题丢给了老师，自己叹起气来。她不再试图想出这项测验的意义，只是尽自己最大的努力去完成每道题目。

海厄森斯正在做的是一项智力测验。她可能会惊讶于自己并不是唯一一个对该测验的意义和重要性提出质疑的人。人们精心准备智力测验的试题，以在智力与学业成功之间建立了密切的联系。然而，很多发展学家对上述例子中的题目能否完全恰当地评估智力也持怀疑态度。

在人们研究智力行为和缺乏智力行为的区别之前，仅是理解智力的概念就已经是一个巨大的挑战。非专家人士对智力有他们自己的理解。一项调查发现，非专家人士认为智力由问题解决能力、言语能力、社会能力这三个部分组成，而专家很难同意这种观点（Sternberg et al.，1981；Howe，1997）。在一般意义下，智力（intelligence）是指个体面对挑战时理解世界、理性思考和有效使用资源的能力（Wechsler，1975）。

在一定程度上，界定智力的困难来源于多年来人们在寻求如何区分有才智和不太聪明的人时所遵循的多种（有时效果并不理想）的方法。为了理解研究者是如何通过设计智力测验（intelligence tests）来尝试评估智力的，我们需要了解智力领域中一些重要的历史事件。

智力基准点：区分智力和智力缺乏

19世纪末20世纪初，巴黎学校体系面临着一个问题：相当多的儿童并没有从常规教学中获益。不幸的是，人们没有及早发现这些儿童中的心理迟滞者，也没有及时将他们转至特殊班级。法国教育部部长与心理学家阿尔弗雷德·比奈（Alfred Binet，1857—1911）交流了这个问题，并请他设计一种方法，以便能在早期筛选出那些可能会从常规课堂之外的教育形式中受益的儿童。

比奈量表

比奈以非常实际的方式完成了这项任务。比奈在对学龄儿童的多年观察中发现，以前那些辨别学生是否有智力的方法（有些基于反应时间和视力敏锐度）没有什么用。通过"尝试错误"的解决方式，他先让老师将学生分为"聪明的学生"和"愚钝的学生"，然后让这两类学生完成一些任务。他保留那些"聪明的学生"能正确完成而"愚钝的学生"不能正确完成的任务作为测验的内容，剔除不能区分这两类学生的任务。最后他得到一套能够有效区分曾被老师评为"聪明的学生"和"愚钝的学生"的测验题目。

阿尔弗雷德·比奈开创了智力测验。

比奈在智力测验方面先驱性的工作为后人留下了重要的遗产。第一，他构建智力测验时注重实效的方法。当时的比奈并没有任何关于"智力是什么"的理论基础。他使用了一种"尝试错误，反复试验"的心理测量方法，一直持续到今天仍是构建测验的重要方法。当代很多研究者采用了他的测验内容，接受了他对于智力的定义。尤其受到了那些注重智力测验的广泛适用性，又试图避免关于智力本质争论的测验编制者的欢迎。

比奈的贡献还体现在，他在智力与学业成功之间建立了密切的联系。由于智力被界定为在测验中的成绩表现，比奈构建智力测验时的程序确保了智力和学业成功在本质上是相同的。因此，比奈的智力测验，以及今天追随比奈步伐的智力测验，已经成为评估学生在多大程度上能获得学业成功的合理指标。另外，这些测验并没有涉及与学业能力无关的其他特质，例如社会性技能和人格特性。

心理年龄（mental age）是指参与测验的儿童获得某个分数的平均年龄。比奈开创了将每个智力测验分数和心理年龄相联系的方法。如果一个 6 岁的女孩在测验中得了 30 分，而这个分数却是 10 岁儿童的平均得分，那么就认为该女孩的心理年龄是 10 岁。类似地，一个 15 岁男孩在测验中得了 90 分，该分数与 15 岁儿童的平均得分一样，因此可以认为这个男孩的心理年龄是 15 岁（Wasserman & Tulsky，2005）。

实际年龄（chronological age）是人们依据出生年月计算的个体年龄。虽然给学生一个心理年龄指标显示了他们相对于同伴群体所表现出的水平，但心理年龄无法对实际年龄不同的学生的表现进行充分比较。如果人们只考虑心理年龄的指标，那么可能会认为一个心理年龄为 17 岁的 15 岁儿童和一个心理年龄为 8 岁的 6 岁儿童一样聪明，而实际上那个 6 岁儿童的智力水平相对要高。

对于这个问题，一个解决方法是采用智商（intelligence quotient，IQ）做指标。智商是指个体心理年龄和实际年龄之间的商数。人们采用如下公式来计算某个人的智商，其中 MA 代表心理年龄，CA 代表实际年龄。

$$IQ = MA/CA \times 100$$

上述公式表明，心理年龄与实际年龄相等的人，其 IQ 为 100。如果一个人的实际年龄超过其心理年龄，那么他的智力水平位于平均水平之下，IQ 低于 100；如果一个人的实际年龄低于其心理年龄，那么他的智力水平位于平均水平之上，IQ 高于 100。

我们可以使用这个公式重新思考上述例子。心理年龄为 17 岁的 15 岁儿童的 IQ 是 113（17/15×100）。相比之下，心理年龄为 8 岁的 6 岁儿童的 IQ 是 133（8/6×100），其 IQ 高于这个 15 岁的儿童。

现在，人们测量的 IQ 称为离差智商，即把每个年龄段儿童的智力分布看成常态分布，被试的智力高低由其与同龄人的智力分布的离差大小来决定。有 2/3 个体的 IQ 位于为 85 ～ 115 分的区间内；在 IQ 高于 115 或低于 85 的部分，具有相同分数类别的人数

比例显著下降（见图 12-7）。

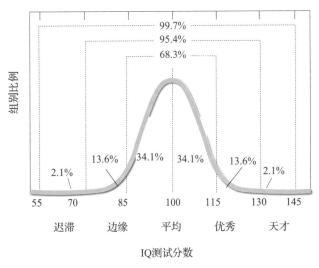

图 12-7　IQ 分数

IQ 为 100 的人最多；有 68.3% 的人的 IQ 集中在 85 ～ 115 这一区间；约 95% 的人的 IQ 不会超过 130 或低于 70；只有不到 3% 的人的 IQ 会低于 55 或高于 145。

现今测量智力的方法

从比奈那个时代开始，智力测验已经能够越来越精准地测量 IQ。大多数智力测验源于比奈最初的工作。斯坦福 – 比奈智力量表第五版（Stanford-Binet Intelligence Scales，Fifth Edition，简称为 SB5）已经成为使用颇为广泛的智力测验工具。它的题目和任务随着受试者年龄的不同而发生变化：年幼儿童要回答有关日常活动的问题，或临摹复杂的图形；年长的人要解释谚语含义，解决类比问题，以及描述各组 – 词之间的相似性。测验者口头施测，受试者回答的问题会越来越难，直到不能完成为止。

韦氏儿童智力量表第四版（Wechsler Intelligence Scale for Children，Fourth Edition，简称为 WISC-IV）也是一个被广泛使用的智力测验。它包括语言量表和操作量表这两个部分。语言量表涉及传统的词汇问题，考察文章理解等能力，而典型的非语言量表是临摹一个复杂的图案，或者以逻辑顺序排列图片以及组合物体（见图 12-8）。这两个部分能够较为容易地确定受试者可能具有的特定问题。如果一个人的操作量表得分显著高于其语言量表得分，他就可能存在语言发展方面的问题（Zhu & Weiss，2005）。

名称	出题目的	样题
语言量表		
信息	评估一般的信息	多少分等于一角
理解	评估对社会规范和过去经验的理解和评价	把钱存银行里有什么好处
算术	通过应用题评估数学推理能力	如果2个纽扣15美分，一打（12个）纽扣要花多少钱
相似性	考察能否理解客体之间或概念之间的相似性，即探测抽象推理能力	1个小时和1个星期从哪方面来说是相似的
操作量表		
数字符号	评估学习的速度	使用线索将符号与数字匹配起来 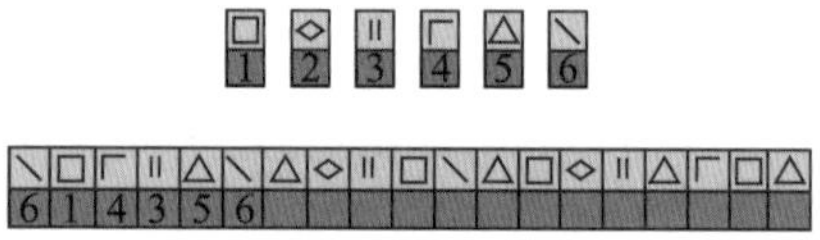
填充图画	考察视觉记忆和注意力	指出下图缺失的部分 
组合物体	测评对部分和整体之间关系的理解	把如下各个部分放在一起，形成整体 

图 12-8 智力测量

韦氏儿童智力量表第四版包含了类似的题目。这些题涉及哪些内容，遗漏了哪些内容？

考夫曼儿童评估问卷第二版（Kaufman Assessment Battery for Children，2nd Edition，简称为 KABC-II）的使用方法与 SB5、WISC-IV 有所不同。KABC-II 评估的是儿童同时整合多种刺激并进行逐步思考的能力。KABC-II 的特别之处在于它的灵活性。它允许研究者使用各种措辞和手势，甚至用不同的语言进行提问，以便使受试者的表现达到最佳水平。这使得测验对那些以英语为第二语言的儿童来说更为有效和公正（Kaufman et al.，2005；McGill & Spurgin，2016）。

IQ 意味着什么？对大多数儿童来说，IQ 能够合理预测他们的学业表现。这并不奇怪。因为最初发展智力测验就是为了识别那些在学习中遇到困难的儿童

（Sternberg & Grigorenko，2002）。然而，IQ 并不适用于预测儿童学业领域之外的表现。例如，尽管 IQ 较高的人往往接受教育的时间较长，但是达到一定的教育年限之后，IQ 与经济收入、社会成就之间的关系就不那么密切了。尤其在预测某一个体的未来成就时，以 IQ 为预测指标的结果往往是不准的。例如，两个人在相同的大学里拿到相同的学士学位，二者的 IQ 不同，IQ 低的那个人可能最后取得更高的经济收入、更大的社会成就。传统智力测验可能无法解决上述问题，因而研究者开始关注研究智力的其他策略和方法（McClelland，1993）。

IQ 的群体差异

"jontry" 与＿＿＿类似。

1. rulpow

2. flink

3. spudge

4. bakwoe

如果你曾经在一项智力测验中发现类似上述由无意义单词组成的题目，你很有可能会立刻发出抱怨。一个旨在测量智力的测验怎能包括那些由无意义单词组成的题目呢？

然而，对某些人来说，实际用于传统智力测验的题目可能近乎无意义。这就好比居住在农村地区的儿童被问及有关地铁的一些细节，而居住在城市地区的儿童被问及有关绵羊交配过程的问题。在这两种情况下，我们都可能预测受试者的先前经验对他们回答问题的能力有重大影响。如果一个智力测验中包括了此类问题，那么这个测验更应该被看作一个关于先前经验的测量，而不是关于智力的测量。

尽管传统智力测验并没这么明显地依赖于受试者的先前经验，但是文化背景和先前经验仍会影响智力测验分数。事实上，许多教育家认为，与其他文化群体相比，传统的智力测验稍微有利于白人学生或者来自社会中上层群体的学生，而不利于其他文化背景下的个体（Ortiz & Dynda，2005）。

解释 IQ 的种族差异

许多研究者在"文化背景和先前经验如何影响智力测验分数"这一问题上存在很大的争议。其争论源于某些种族的平均 IQ 总是低于其他种族的平均 IQ。

例如，尽管测量差异随着智力测验的不同而出现大幅波动，但基本上非裔美国人的平均智力测验分数往往比白人低大约 15 分（Fish，2001；Maller，2003）。

上述差异是否反映了个体在智力上的真实差异？是否由于智力测验本身的误差和偏向（即测验有利于美国主流文化的个体而不利于少数民族），其测验结果导致了上述差异？如果白人在智力测验中的表现之所以优于非裔美国人，是因为白人更熟悉测验题目中的语言，那么该测验没有公平地测量非裔美国人的智力。相似地，如果智力测验只使用非裔美国人的方言，那么这个测验就没能公平地测量白人的智力。

儿童发展的主要争论之一是：智力在多大程度上是由遗传因素决定的，多大程度上是由环境因素决定的？如何解释不同文化群体在智力测验中的分数差异侧面反映了这一问题。这一问题的社会意义说明了其重要性。如果智力主要由遗传因素所决定，并在出生时就大体定型了，那么日后试图改变认知能力所做的努力（例如学校教育）的成功概率会很小。如果智力主要是由环境因素所决定，那么改变社会和教育状况更有希望促进个体的认知功能发展（Weiss，2003；Nisbett et al.，2012）。

钟形曲线争论

关于遗传因素和环境因素对于智力相对影响的研究已经进行了几十年。随着理查德·赫恩斯坦（Richard Herrnstein）和查尔斯·默里（Charles Murray）的《钟形曲线》（*The Bell Curve*，1994）的出版，先前不温不火的争论演变成激烈的争吵。在书中，赫恩斯坦和默里提出白人和非裔美国人平均 15 分的 IQ 差异，主要是由遗传因素而不是环境因素造成的。他们认为，这种 IQ 差异解释了为什么在美国和主流文化的个体相比，少数民族的贫穷率较高，就业率较低，接受福利的情况较多。

赫恩斯坦和默里得出的这些结论遭到大众的强烈批评。许多研究者在验证《钟形曲线》中的数据时，都得出了非常不同的结论。大多数发展学家和心理学家认为，智力测验中的种族差异可以用不同种族的环境差异来解释。事实上，当多个经济指标和社会因素在统计上被同时考虑时，非裔美国儿童与白人儿童拥有相似的平均智力水平。例如，对于来自相似中产阶级家庭背景的儿童，无论他们是非裔美国人还是白人，他们都有相似的智力水平（Brooks-Gunn，Klebanov，&Duncan，1996；Alderfer，2003）。

评论者还坚持认为没有证据表明智力是导致贫穷和其他社会问题的原因。事实上，一些评论者认为，智力分数无法有效地预测日后的成功（Nisbett，1994；Reifman，2000；Sternberg，2005）。

智力测验本身导致了少数民族的智力水平低于主流群体的智力水平。很显然，传统的智力测验可能不利于考察少数民族的智力水平（Fagan & Holland，2007；Razani et al.，2007）。

大多数传统的智力测验是通过招募说英语的中产阶级白人被试而编制出来的。所以，来自其他文化背景的儿童可能在测验中表现得较差——不是因为他们不聪明，而是因为测验使用的问题具有文化偏差，它们有利于主流文化中的成员。而且这些抽象的测验结果确实产生了一定的影响，一项经典研究发现在加利福尼亚州的一个学区，墨西哥裔美国学生被分配到特殊教育班级的可能性比白人学生大 10 倍（Mercer，1973；Hatton，2002）。

近期研究表明，全美范围内被认为患有轻度迟滞的非裔学生是白人学生的 2 倍，专家把这种差异归因于文化偏见和贫穷。尽管某些智力测验（例如多元文化系统评价）被设计成不受被试文化背景影响的测验，但没有测验可以完全摆脱文化偏差（Sandoval et al.，1998；Hatton，2002；Ford，2011）。

简单来说，智力领域的大多数专家都不相信钟形曲线的论断，即群体的 IQ 差异主要由遗传因素决定。然而，我们仍然无法纠正智力测验的文化偏差，因为我们不可能设计出一个能够确定不同群体之间 IQ 差异原因的决定性实验。试想，为什么人们无法设计这样的决定性实验？从伦理上来说，我们不可能把儿童分配到不同的居住环境以考察环境的作用，也不可能希望从遗传方面来控制和改变未出生儿童的智力水平。

如今，IQ 被视为遗传因素和环境因素以复杂的方式共同作用的产物，它不是单一由遗传因素或由环境因素单一决定的。遗传因素和环境因素会相互影响。心理学家埃里克·特克海默（Eric Turkheimer）发现有证据显示，环境因素会更多地影响贫困儿童的智商，而遗传因素会更多地影响富足儿童的智商（Turkheimer et al.，2003；Harden，Turkheimer，& Loehlin，2007）。

最后，"了解如何优化儿童的居住环境和教育经验"比"了解遗传因素和环境因素对智力的决定程度"更重要。不管儿童处于哪个智力水平，当他们的生活环境质量有所提高时，他们更能充分发挥潜能，更大程度地为社会做贡献（Posthuma & de Geus，2006）。

IQ 测验所没有告诉我们的：关于智力的其他概念

现今学校里最常使用的智力测验多基于"智力是一种单一的心理能力"这样的观点。这种单一的智力被称作 g（Spearman，1927；Lubinski，2004）。人们假定 g 是智力各方面表现的基础，智力测验要测量的便是 g。

然而，许多理论家批判"单一的智力"这种说法。一些发展学家提出存在两种智力：流体智力和晶体智力。**流体智力**（fluid intelligence）反映了个体的信息加工能力、推理能力和记忆力。例如，当人们要求一个学生按照某种标准将一系列字母分组，或者记住一系列数字时，他可能会使用流体智力（Shangguan & Shi，2009；Ziegler et al.，2012；Kenett et al.，2016）。

晶体智力（crystallized intelligence）是指人们通过经验习得的、能够应用于问题解决情境中的信息、技能和策略。当一个学生需要解决一个难题，或者推论出谜题的解决方法时，他很可能要依赖晶体智力，因为他可能需要用到过去的各种经验（Alfonso，Flanagan，& Radwan，2005；McGrew，2005；Hill et al.，2013；Thorsen，Gustafsson，& Cliffordson，2014）。

有些理论家把智力分成了更多的成分。心理学家霍华德·加德纳认为，人有 8 种不同的智力，每种都是相对独立的（见图 12-9）。加德纳认为这些相对独立的智力并不是彼此孤立地发挥作用，而是根据我们要进行的活动类型一起发挥作用的（Chen & Gardner，2005；Gardner & Moran，2006；Roberts & Lipnevich，2012）。

我们在上文中讨论了心理学家维果斯基关于认知发展的观点，他采用了一种很不同的观点来研究智力。他建议在评估智力时，我们不仅要关注那些已经充分发展的认知过程，还应该关注那些正在发展中的能力。为了做到这一点，他主张评估任务应该

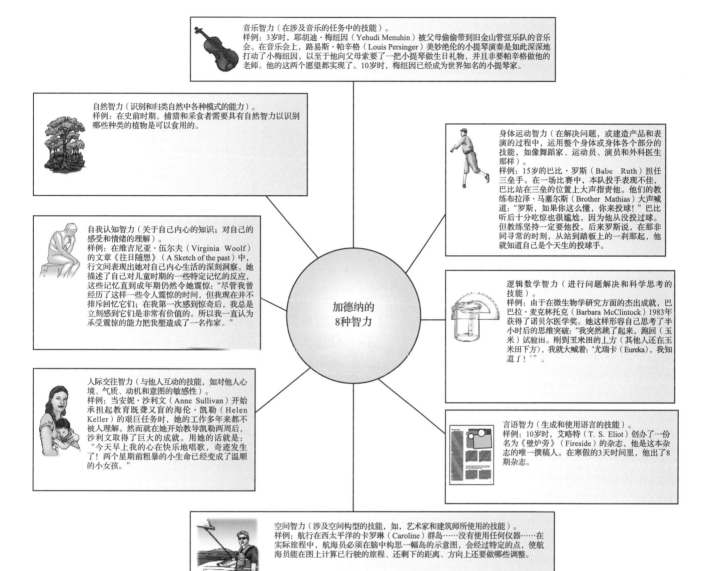

图 12-9　加德纳的 8 种智力

加德纳认为，人有 8 种不同的智力，每种都是相对独立的。你在这些不同的智力方面表现如何？

资料来源：Based on Walters, E., & Gardner, H. (1986). " The theory of multiple intelligences: Some issues and answers." In R. J. Sternberg & R. K. Wagner (Eds.), Practical intelligence. New York: Cambridge University Press.

让被评估的人和进行评估的人之间进行合作性互动，即两者进行**动态评估**（dynamic assessment）。简而言之，智力不仅反映了儿童完全依靠自己时的表现，也反映了他们在得到成人协助时的表现（Vygotsky，1927/1976；Lohman，2005）。

维果斯基认为，人们需要从文化的角度来看待智力。那些被认为是聪明的行为将根据一个人生活的文化环境以不同的方式被证明。一项经典的跨文化研究强调了智力的概念化及测量存在的挑战，支持文化在

考虑智力及其测量的重要性。在这项研究中，研究人员调查了生活在巴西街头靠卖糖果、水果和其他产品为生的 6～15 岁儿童。虽然他们缺乏正规的教育，但他们在有效销售所需的数学方面相当精通。例如，他们会将价格作为通货膨胀率的一个函数来改变，并且可以计算出大额购买的折扣。事实上，他们的数学能力往往超过那些在学校接触过大量数学知识的孩子（Saxe & de Kirby，2014；Saxe，2015）。

心理学家罗伯特·斯滕伯格（Robert Sternberg，

1990，2003a）认为，人们最好从信息加工过程的视角来看智力。根据这种观点，人们把材料存储在记忆中，之后用它来解决智力任务的方式提供了一种精确的智力概念。信息加工理论并不关注组成智力结构的各个子成分，而是考察那些智力行为基础的过程（Floyd，2005）。

有关问题解决的本质和速度的研究表明，那些有着较高智力水平的人不仅在解决方案的数量上多于其他人，而且在解决问题的方法上也与别人不同。那些具有较高智商分数的人为了从记忆中提取相关信息，在解决问题的最初阶段花的时间更多。相反，那些智商分数较低的人往往在最初阶段花的时间较少，他们向前跳过了这一环节，进行无根据的猜想。问题解决中涉及的过程可能反映了智力的重要差异（Sternberg，2005）。

斯滕伯格关于智力信息加工理论的研究使得他发展出智力三元论（triarchic theory of intelligence）。该理论指出，智力由信息加工的三个方面构成：成分要素、经验要素、情境要素。成分要素反映了人们加工和分析信息的有效程度。这些方面的有效性使得人们能够推理一个问题不同部分之间的关系，解决问题，然后评估自己的解决方案。那些在成分要素上具有优势的人在传统的智力测验中得分最高（Sternberg，2005；Gardner，2011；Sternberg，2016）。

经验要素是智力中的洞察力成分。在经验要素上具有优势的人能够轻易地把新材料与他们已知的材料进行比较，并能以新颖和创造性的方式把它们与已知的事实结合并联系起来。情境要素涉及实践智力，或者说反映了我们如何处理日常生活情境中的问题的方式。

根据斯滕伯格的观点，人们不同要素的水平是存在差异的。我们完成某项特定任务的优异程度，反映了任务与个人智力三成分的特定模式相吻合的程度（Sternberg，2003b，2008）。

低于和高于智力常模

尽管在幼儿园时康妮与她的伙伴还能够保持同样的学习步伐，但到 1 年级时，几乎在所有科目的学习中，康妮都是最差的一个。她并不是不努力，而是她比其他学生需要更长时间理解新的材料。另外，她需要特殊的照顾才能跟上班里其他同学。

然而，她在某些领域的表现却相当出色：当教师要求学生画画或动手做出一些东西时，她不仅能够赶上其他人，甚至远远超过了其他同学。她做出了让班上许多同学都羡慕的美丽作品。虽然班上的其他同学感到康妮有些不同，但他们还不能确定这种不同的原因，并且也没有花很多时间来思考这个问题。

然而，康妮的父母和老师知道到底是什么导致了她如此与众不同。幼儿园时期进行的大量测验显示，康妮的智力低于正常水平，并且被正式归为有特殊需要的儿童行列。

低于常模：智力障碍（心智迟滞）

有 1% ~ 3% 的学龄儿童被认为是心理迟滞的。智力缺陷常被称为"心智发育迟缓"。人们对智力缺陷的理解分歧很大，导致人们对智力缺陷的评估差异如此之大。根据美国智障和发育障碍协会的说法，智力障碍（Intellectual Disability）是一种在智力功能和适应行为上都有明显局限的残疾，它涵盖了许多日常的社会和实践技能（American Association on Intellectual and Developmental Disabilities，2012）。

大多数智力障碍的案例都被划分为"家族性迟滞"，即除了具有心理迟滞家族史之外没有其他明显原因。一些其他案例是由明确的生物学因素导致的。最为常见的这类原因包括，由于母亲在怀孕期间使用酒精而导致的胎儿酒精综合征，以及由染色体变异而导致的唐氏综合征。出生时并发症（例如暂时缺氧）也可能导致心理迟滞（Plomin，2005；West & Blake，2005；Manning & Hoyme，2007）。

虽然认知功能局限可以通过标准的智力测验进行测量，但要测量适应性行为的局限则较为困难。这种不精确性导致"心理迟滞"这一术语不能一致地应用。此外，这种不精确性还导致那些被归类为心理迟滞者的能力间存在很大差异。相应地，有些心理迟滞者不需要被特殊关注，就能够学会工作和正常生活，而有些基本无法被训练，还有些根本不会说话，或是无法发展出类似爬和走这样的基本运动技能。

约 90% 心理迟滞者的缺陷程度相对较低。智力测验分数处于 50/55 ~ 70 之内的心理迟滞者属于轻度智力障碍（mild intellectual disability）。尽管他们的早期发展通常比平均水平慢，但直到他们进入小学为止，这种迟滞都无法被识别出来。一旦他们进入小学，他们的迟滞和对特殊关注的需要往往就变得明显起来，就像上文中的康妮一样。通过适当的训练，这些学生能够达到 3 ～ 6 年级的教育水平。尽管他们不能完成复杂的智力任务，却可以独立地拥有一份工作，并生活下去。

有智力障碍（心智迟滞）的儿童常常与正常发展儿童一起接受教育并表现良好。

对更严重的心理迟滞者来说，智力和适应性方面的缺陷变得愈加明显。智商在 35/40 ～ 50/55 的个体患有**中度智力障碍**（moderate intellectual disability）。中度迟滞的人占心理迟滞人数的 5%~10%，从很早开始，他们已表现出不一样的行为。他们的语言和运动技能发展得较慢。常规教育往往不能有效地训练中度迟滞的人获得学业技能，因为他们一般不能跨越 2 年级的水平。然而，他们能学会一些职业和社会性技能，并学会独自去熟悉的地方。一般来说，他们需要中等程度的监管。

重度智力障碍（severe intellectual disability）个体的智商为 20/25 ～ 35/40。**极重度智力障碍**（profound intellectual disability）个体的智商低于 20/25。对那些属于重度智力障碍和极重度智力障碍的个体而言，他们的能力严重受损。这些人基本没有或不具备语言能力，运动控制能力也很差，可能需要 24 小时看护。不过，也有一些重度迟滞者能够学会基本的自我照顾技能，例如穿衣服和吃饭，甚至可能在某些方面像成人那样独立。然而，他们一生中仍需要较高水平的看护，大多数重度和极重度智力迟滞者都将在专门机构里度过一生的大部分时间。

高于常模：资优儿童

在 2 岁之前，奥德丽就能识别出一连串的五种颜色。当她 6 岁时，她的爸爸迈克尔无意中听到她对一个小男孩说："不，不，不，亨特，你不明白。你看到的是倒叙。"

在课堂上，当老师反复指导学生练习字母和音节直到他们能够掌握时，奥德丽很快就感到无聊了。相反，她在为资优儿童实施的每周一次的课堂上却很活跃，在那里她能够以自己敏捷的大脑能达到的最快速度来学习知识（Schemo，2004：A18）。

资优儿童也被看成异常儿童，这有时会让人感到奇怪。不过，3% ～ 5% 的资优学龄儿童面临着他们自己的特殊挑战。

什么样的学生可以被视为资优生？研究者目前还没有一个统一的关于**资优生**（gifted and talented）的定义。美国联邦政府认为，**天才**（gifted）包括"在智力、创造性、艺术性、领导能力或特定学业领域中表现非凡，以及为了发挥这些能力，往往需要学校提供目前还没能提供的服务和活动的儿童"（Sec. 582，P.L. 97-35）。除了智力超常，天才学生在学业领域之外表现出非凡潜能。像低智商学生一样，天才学生也需要特殊关注——尽管当学校体系面临预算问题时，针对他们的特殊教育项目通常是第一个被取消的（Schemo，2004；Mendoza，2006；Olszewski-Kubilius & Thomson，2013）。

尽管天才儿童尤其是智商很高的个体，常被刻板地认为是"不善交际的""适应差的""神经质的"，但大部分研究显示，高智商的人往往是友善的、受欢迎的，他们的适应性较强，也受欢迎（Howe，2004；Bracken & Brown，2006；Shaunessy et al.，2006；Cross et al.，2008）。

一项始于 20 世纪 20 年代划时代的长期研究考察了 1500 名天才学生，发现他们不仅比普通学生更聪明，而且还比智商低于他们的同学更加健康，更具协调性，心理适应性更强。此外，他们的生活方式也是大多数人会嫉妒的。他们比一般人得到了更多的奖赏和声望，赚了更多的钱，在艺术和文学上做出了更多的贡献。例如，在他们 40 岁的时候，总共已写出 90 多本书、375 个剧本和短篇小说、2000 篇文章，并且已经注册了 200 多项专利。不足为奇的是，他们比非天才学生对自己的生活更为满意（Sears，1977；Shurkin，1992；Reis & Renzulli，2004）。

然而，我们只考虑了一些这个群体的某一特定方面，因此资质聪颖并不能确保儿童在学校获得成功。例如，语言能力既能让人清晰有力地表达观点和感受，也能让人表达出劝诱性的、不恰当的观点。此外，教师有时可能会曲解这些儿童的幽默、新颖性及创造性，并把他们的智力优势看成捣乱。周围的同伴也并不总会和他们产生共鸣：一些异常聪明的儿童试图隐藏他们的智力水平以更好地适应其他学生（Swiatek，2002）。

教育工作者提出了两个教育资优儿童的方法：加速和丰富。加速（acceleration）的方法允许资优儿童以自己的速度向前发展，即使这意味着他们会跳级到更高年级。加速计划中，学生的教材不一定有别于其他学生使用的教材，他们只是以比普通学生更快的速度进行学习（Smutny，Walker，& Meckstroth，2007；Wells，Lohman，& Marron，2009；Steenbergen-Hu & Moon，

2011；Lee，Olszewski-Kubilius & Thomson，2013）。

通过丰富（enrichment）这一方法，尽管学生仍留在原来的年级，但学校会为他们提供特殊的课程和个性化活动，以提高学习深度。在这种方法中，学习教材不仅在时间安排上有所不同，而且难易程度也存在差异。教学内容丰富的目的在于为天才儿童提供智力上的挑战，鼓励他们进行更高层次的思考（Worrell，Szarko，& Gabelko，2001；Rotigel，2003）。

加速计划是非常有效的。大多数研究表明，资优儿童即使比同龄人小很多就入学，也能够赶上甚至超过正常入学的儿童。范德堡大学实施的"数学天才少年研究计划"（Study of Mathematically Precocious Youth）充分体现了加速的益处。这一计划为一群七八年级的数学能力卓越的儿童安排特殊课程和工作室。这一研究的结果极其轰动，参与计划的儿童成功地完成了大学课程，有的提早进入大学，甚至有些学生不到18岁就已成功从大学毕业（Lubinski & Benbow，2001，2006；Webb，Lubinski，& Benbow，2002）。

案例研究

"大人物"

9岁的伊格纳西奥周末住在这里。周末，他的叔叔米格尔会过来，他们会在伊格纳西奥和他的妈妈合住的布朗克斯公寓里收拾东西，或者谈论棒球，甚至听收音机里的西班牙语比赛。伊格纳西奥为自己了解每个国家联盟球队的球员和他们所有的统计数据而自豪。他甚至知道谁是小职业球队联盟的热门。

伊格纳西奥还学会了修理漏水的水龙头和叮当作响的散热器。他知道叔叔工具箱里的所有工具，并能依靠本能的感觉找到合适尺寸的钻头。"你很聪明，伊格纳西奥，"他的叔叔说，"总有一天你会成为大人物的。"

伊格纳西奥喜欢"大人物"这个词，而他在3年级的课堂上并不是一个"大人物"。据他的老师说，在学校里，伊格纳西奥是一个"缓慢的学习者"和"糟糕的读者"。其他的孩子叫他"笨小孩"。

去年春天，他的班级举行了一次大型考试。老师说这很重要。虽然伊格纳西奥尽了他最大的努力，但他很难读懂问题，测试中没有任何关于棒球统计数据或修理

物品的内容，并且时间过得很快。后来，他无意中听到他的老师对另一位老师说"伊格纳西奥像石头一样"。伊格纳西奥聪明地知道石头没有任何智慧，这是说他智商低。

1. 你认为伊格纳西奥有智力障碍吗？为什么？

2. 伊格纳西奥在智商测试中表现不佳的原因有哪些？你觉得可以构建一个书面测试来让伊格纳西奥表现更好吗？这种测试是什么样的？

3. 为什么伊格纳西奥的叔叔说这个男孩很聪明，有一天他会成为一个"大人物"？你认为他的叔叔对伊格纳西奥的认知能力评价和老师、智商测试对他的认知能力的评估有什么不同？

4. 教师期望效应在伊格纳西奥和他的老师之间的关系中会起什么作用？你会给伊格纳西奥的老师什么样的建议来使之成为一个适合教导伊格纳西奥的老师？

5. 你认为维果斯基会如何对待像伊格纳西奥这样的学生？

‖ 本章小结

在本章中，我们借由皮亚杰、信息加工理论、维果斯基提供的不同视角探讨了儿童中期的认知发展。我们指出，在这一时期儿童的记忆和语言能力将会有显著提升，而这两种能力能够促进和支持其他能力的习得。

接下来，我们关注了全世界学校教育的相关问题，介绍了学校教育回归到重新强调基础能力的发展趋势、有关阅读教学的争论、多元文化教育方式和多样化问题。

最后，我们探讨了关于智力的争论：如何定义和测量智力，如何解释 IQ 差异，怎样对待和教育那些显著低于或高于智力常模的儿童。

请回忆本章导言内容，并回答以下问题。

1. 丹尼把他处理数学应用题的方法称为"元认知"的一个例子。这是什么意思？元认知如何帮助他的 3 年级学生学习解决这类问题？

2. 将丹尼的数学应用题教学法与皮亚杰、信息加工理论和维果斯基的发展理论联系起来。你认为哪种理论最清楚地描述了丹尼在这节课上所做的事情？

3. 一些老师可能认为丹尼教授数学应用题的方法很夸张，但他的学生似乎"明白了"。这个结果与教师期望的概念有什么关系？

4. 在用这种方法解决数学应用题时，你认为丹尼的学生更依赖于流体智力还是晶体智力？为什么？

‖ 本章回顾

1. 皮亚杰理论对儿童中期认知发展的看法

- 根据皮亚杰理论，学龄期儿童会进入具体运算阶段，并第一次能够使用逻辑思维解决具体问题。
- 尽管皮亚杰是儿童的优秀观察者，他的理论被广泛应用于教育领域，但通过更广泛的实验任务，后来的研究表明皮亚杰低估了儿童的能力，错误地判断了他们认知能力出现的年龄。
- 皮亚杰的认知发展阶段可能没有他想象的那样具有普遍性和文化特异性。然而，当非西方儿童被赋予与其文化中的重要领域相关的任务，并被熟悉其文化的语言和习俗的研究人员采访时，他们更有可能表现出具体的操作思维。

2. 根据信息加工理论解释记忆的发展

- 根据信息加工理论，儿童在学校的智力发展可以归因于记忆能力的大幅提高和孩子们能够处理的"程序"的复杂性增强。
- 元记忆关涉记忆及其潜在过程，出现在儿童中期并逐渐完善。
- 学龄儿童有意识地采用控制策略来改善他们的认知过程。控制策略的例子包括复述，将材料组织成连贯的模式以便更容易回忆，以及使用记忆策略。人们可以教孩子何时何地最有效地使用各种控制策略。

3. 维果斯基推荐的促进儿童认知发展的课堂实践

- 维果斯基建议，学生应该通过"儿童 – 成人"和"儿童 – 儿童"之间的互动学习，使其处于每个儿童的最近发展区中。

4. 语言在儿童中期是如何发展的

- 儿童在学校的语言发展是实质性的，在词汇、句法和语用方面有了很大的进步。

5. 双语的影响

- 双语能力对学生来说是有益的。
- 以第一语言接受所有科目的学习并同时接受英语教学的儿童似乎在语言和认知方面有一些优势。

6. 影响美国和全球学校教育的趋势

- 在大多数发达国家，几乎所有儿童都能接受教育。在一些不发达国家，儿童特别是女童却无法接受教育。
- 在一段"强调社会福利并允许学生在学习中有更多选择"的时期后，美国学校正在回归一套强调基础的课程，同时强调教师和学生个体的责任感。
- 情绪智力是一套能够让人们有效管理情绪的技能。

7. 有助于儿童获得良好积极学业成果的因素

- 与人们普遍持有的观点相反，研究人员发现，比大多数同学年纪小的儿童没有处于劣势状态，他们的进步速度和比自己稍大的同龄人一样。研究表明，推迟儿童进入幼儿园的时间可能会对青少年期儿童产生负面影响。
- 阅读技能的发展是学校教育的基础，通常分几个阶段进行。越来越多严谨的研究数据表明，编码教学法要优于整体语言教学法。
- 其他人（尤其是老师）可以通过引导学生改变他们

的行为，来产生符合这些期望的结果。

8. 多元文化教育的成果

- 建立多元文化教育是为了帮助少数民族的学生在发展主流文化相关能力的同时，对原生文化保持积极的群体认同。
- 多元文化和多样性是美国学校面临的重大问题。小众文化被主流文化同化的熔炉型社会正在被多元化社会所代替，不同文化在参与建构更大规模文化的同时仍保留自身特点。

9. 传统公立学校教育与其他选择的区别

- 特许学校是由家长、社区成员、教师或其他团体开办的私立学校。它们通常很小，很多都有一个特别的侧重点，比如艺术或科学。在公共资金的支持下，这些学校对学生是免费的，而私立学校会收取学费。
- 在家接受教育的儿童在标准化考试中的表现一般不比接受传统教育的学生差。此外，他们的大学录取率似乎与传统学校教育的孩子没有不同。
- 批评人士认为，家庭教育限制了涉及儿童群体的社会互动，它没有提供一个反映美国社会多样性的环境，而且家庭教育可能不像许多学校一样有可利用

的尖端科学和技术。

10. 测量智力的方法

- 智力测试专注于区分成功与不成功的学业表现，这已成为一种传统。智商反映了受试者相对于其实际年龄的心理年龄。其他有关智力的概念侧重不同类型的智力对信息处理不同方面的影响。

11. 传统智力测试中可能出现的偏差

- 传统智商测试将以英语为母语的中产阶级白人作为被试。因为测试问题偏向主流群体成员，来自其他不同阶级和文化背景的儿童可能成绩不佳。
- 智商测试中是否存在种族差异以及如何解释这些差异是高度受争议的问题。研究者已就该问题进行过广泛的讨论。

12. 智力的传统定义和替代概念

- 传统方法将智力看作单一的心理能力，并定义了一个被假设影响智力各方面表现的单一因素。
- 替代概念强调智力是多维的。

13. 超出正常智力范围的儿童是如何进行分类的

- 高于或低于正常智力水平的儿童都将受益于特殊教育项目。
- 加速和丰富等方法被用于教育资优儿童。

学习目标

1. 解释儿童的自我观在儿童中期是如何变化的。
2. 描述自尊在儿童中期的重要性。
3. 列出儿童中期典型的关系和友谊的类别。
4. 界定社会能力并解释导致受欢迎的个人特质。
5. 解释性别如何影响友谊。
6. 描述种族如何影响友谊。
7. 解释霸凌的原因以及如何预防霸凌。
8. 描述当今家庭环境的变化。
9. 概述照料者在外工作对于孩子的影响。
10. 列出当今多样的家庭安排如何影响孩子的例子。
11. 描述种族和贫困对孩子家庭生活的影响。
12. 描述 21 世纪团体照料的本质。

第 13 章

儿童中期的社会性和人格发展

导言：这小孩是谁

当你询问 5 个人对 10 岁戴夫的看法时，你可能得到 5 个不同的描述。"戴夫真了不起！"他的好朋友保罗说。"他在数学方面真是太棒了，而且他是玩《使命召唤》（Call of Duty）的高手，"戴夫的老师既认同他有高于平均水平的能力，又指出他的缺点，"但他有一点懒惰，作业迟交。粗心大意，拼写错误。"4 年级的足球队队长认为戴夫是有点呆头呆脑："尽管他不太擅长运动，但他很有趣。"一位和他同在学校乐队的同学说戴夫真的很擅长音乐："他是打鼓的，一放开，表现惊人。"他的妈妈亲昵地称他为"老大哥"。"戴夫是最年长的孩子，"她解释道，"他对弟弟妹妹都非常好，常常发明游戏和他们一起玩。"

戴夫又是怎么看待自己的呢？他说："我有点喜欢按照自己的风格做事。我脑海中时常会思考新的计划或更好地执行某件事情的方法。我有几个朋友。我真的不需要太多朋友。"

预览

当孩子成长至儿童中期时，他们在理解他人和思考自己方面经历着重要的转换。戴夫的故事让我们看到了在这些年里人格发展变得多元和复杂，并且这对于和同伴以及成人的社交关系有着极大的影响。

首先，本章主要关注儿童中期的社会性和人格发展。我们对儿童中期社会性和人格发展的探讨始于考察儿童自我观的变化。我们还将讨论他们如何看待自己的个性特征，并考察自尊这一复杂问题。

其次，本章转向儿童中期的各种关系。我们将探讨友谊的发展阶段，以及性别和种族如何影响儿童的交往方式和交往对象。我们还会讨论如何提高儿童的社会能力。

最后，本章探讨了儿童生活中的核心社会机构：家庭。我们考察了父母离婚的影响，自我照顾儿童以及团体照护的现象。

发展中的自我

9 岁的特睿对他在家后院建的树屋感到自豪。那个树屋很大，足够容纳得下他和两个朋友，并且很舒适。

"在妈妈的帮助下，我自己建的树屋。她说，如果是安全和坚固的树屋，我就可以建。我们每天都会说说我做了什么。她会去看木料，确保没有问题。她负责用电锯锯木，而我负责用绳子把木块拉上来，然后把它们钉好。我们在图书馆借了一本书，学习了书里有关支撑和填充的内容，我们把树屋建得很坚固。尽管我认为它并不会倒塌，但是她不让我在刮风时用树屋。对我来说，它是完美的。"特睿说。

当特睿描述自己和母亲建造树屋的过程时，言语间反映出了他逐渐增长的能力感。特睿对自己建筑成果的自豪感反映了儿童自我观发展的一种方式，并且体现出心理学家埃里克森提出的"勤奋"的含义。

儿童中期的心理社会性发展和自我理解

根据埃里克森的理论，儿童中期的发展主要围绕能力而展开（见第 10 章）。**勤奋对自卑阶段**（industry-versus-inferiority stage）大约从 6 岁持续到 12 岁，这一时期儿童处于小学阶段，其特征是强调儿童为应对由父母、同伴、学校以及复杂的现代社会提出的挑战而付出的努力。

当儿童进入儿童中期，学校提出了相当多的挑战。儿童不仅需要努力掌握学校要求学习的大量知识，还要找到自己在社会中所处的位置。他们越来越多地与他人一起进行群体活动，并且必须行走于不同的社会群体和社会角色中，这就涉及他们和教师、朋友、家人之间的关系。

根据埃里克森的理论，儿童中期包含勤奋对自卑阶段，其特征是强调儿童为应对社会提出的挑战而付出的努力。

如果成功度过勤奋对自卑阶段，儿童就会像特睿谈论建造树屋的经历时那样，拥有一种掌握和精通感以及逐渐增长的能力感。相反，儿童不能顺利度过这一阶段将导致失败感和信心不足。因此，儿童可能会在学业追求和同伴交往中退缩，表现出较低的兴趣和成就动机。

像特睿这样的孩子可能会发现，儿童中期勤奋感的获得有着持久的影响。一项研究对 450 名男孩从儿童早期的开始进行了长达 35 年的追踪，以考察儿童期勤奋和努力工作与成年期行为的关系（Vaillant & Vaillant，1981）。结果发现，童年期最勤奋、最努力工作的被试成年后在职业成就和个人生活方面也是最成功的。事实上，童年期勤奋与成年期成功间的关系比智力或家庭背景与成年期成功的关系要密切得多。

> **从教育工作者的视角看问题**
>
> 如果勤奋感比智商更能准确地预测未来的成功，那么如何提高个体的勤奋感呢？这是否应该成为学校教育的重点？

在儿童中期，儿童继续努力找寻"我是谁"的答案，他们试着理解自我的本质。尽管这个问题不如青春期表现得那么急迫，但学龄儿童仍然不懈地找寻自己在社会中的位置。

从身体的自我理解到心理的自我理解

儿童中期的个体一直在努力地理解着自己。认知能力的发展（例如心理理论和信息加工能力的提高），帮助儿童不再从外部的身体特征，而是更多地从心理特质来看待自己（Lerner，Theokas，& Jelicic，2005；Eggum et al.，2011；Bosacki，2013；Aronson & Bialostok，2016）。

6 岁的凯利这样描述自己："跑得很快，擅长画画"——两个特征都高度依赖于运动技能。11 岁的梅萍把自己描述为"相当聪明、友好、乐于助人"。梅萍关于自己的观点是以心理特征、内部特质为基础的，比年幼儿童的描述更加抽象。使用内部特质建构自我概念源于儿童逐渐增长的认知技能。

除了这种从外部特征到内部心理特质的转变，儿童关于"我是谁"的观点也出现了由简单到复杂的变化。根据埃里克森的理论，儿童努力寻找自己能够成功实现勤奋的领域。当他们长大一些，儿童可能发现自己的一些强项和弱项。例如，10 岁的金妮开始知道尽管自己数学很棒，但拼写却不好，11 岁的阿尔伯特发现虽然自己很会打垒球，却没有很好的体力踢足球。

儿童的自我概念开始区分出个人领域和学业领域。儿童在 4 个主要领域对自己进行评价，而每个领域又可以进一步细分（见图 13-1）。非学业自我概念包括身体外表、同伴关系和体能。学业自我概念也可以进行类似划分。关于学生在英语、数学和非学业领域自我概念的研究表明，虽然这些自我概念之间有重叠，但它们之间并非总存在相关性。例如，一个自认为数学很棒的儿童不一定觉得自己也擅长英语（Ehm，Lindberg，& Hasselhorn，2013；Lohbeck，Tietjens，& Bund，2016）。

社会比较

如果有人问你"你的数学有多好"，那么你将如何回答？我们中的大多数人会将自己的表现与同龄及教育水平相同的其他人的表现进行比较。我们不太可能通过和爱因斯坦或刚刚开始学习数字的幼儿园小朋友的比较来回答这一问题。

小学阶段的儿童在理解自己的能力时，也开始使用相同的推理方式。在此之前，他们倾向于按照一些假定的标准来思考他们的能力，做出的论断也都是绝对意义上的"擅长或不擅长"。进入儿童中期后，他们开始使用社会比较的方法，通过与他人比较来判断自己的能力水平。

社会比较（social comparison）是指期望通过与他人比较来评价自己的行为、能力、专长和看法。根据心理学家利昂·费斯廷格（Leon Festinger）1954 年首次提出的理论观点，当无法对某种能力进行具体客观的测量时，人们会求助于社会现实来评价自己。从他人行动、思考、感受和看待世界的方式中，人们衍生出对社会现实的理解。

然而，谁会提供最充分的比较呢？当儿童中期的个体不能客观地评价自己的能力时，他们会更多地参照和自己相似的其他人。除此之外，儿童也可能会使用向上的社会比较，就是他们通过与看似比自己优秀和成功的人进行比较来评价自己的能力。尽管使用向上的社会比较可能会为儿童提供有志向的楷模，但它也可能使个体对自己感到差劲，因为他们害怕自己永远不可能成为像比他们更成功的同伴那样好（Summers，Schallert，& Ritter，2003；Boissicat et al.，2012）。

向下的社会比较

尽管儿童一般将自己与相似的他人进行比较，但在某些情况下（尤其是自尊受到威胁时），他们会选择与明显不那么有能力和成功的他人进行向下的社会比较（Vohs & Heatherton，2004；Hui et al.，2006；Hosogi et al.，2012）。

向下的社会比较保护了儿童的自尊。通过和能力不如自己的人进行比较，儿童确保自己处于领先地位，从而保持自己成功的形象。

向下社会比较有助于解释为什么教学水平较低的小学里某些学生的学业自尊水平高于教学水平高的小学里非常有能力的学生。原因似乎是，来自教学水平低的学校的学生看到周围的同学学习都不怎么样，进行比较后他们的感觉相对要好。与此相反，教学水平高的小学的学生可能发现有更多非常优秀的学生在和自己竞争，在比较中他们可能会觉得自己的表现更差。至少从自尊的角度来说，"成为小池塘里的大鱼"要优于"大池塘里的小鱼"（Marsh et al.，2008；

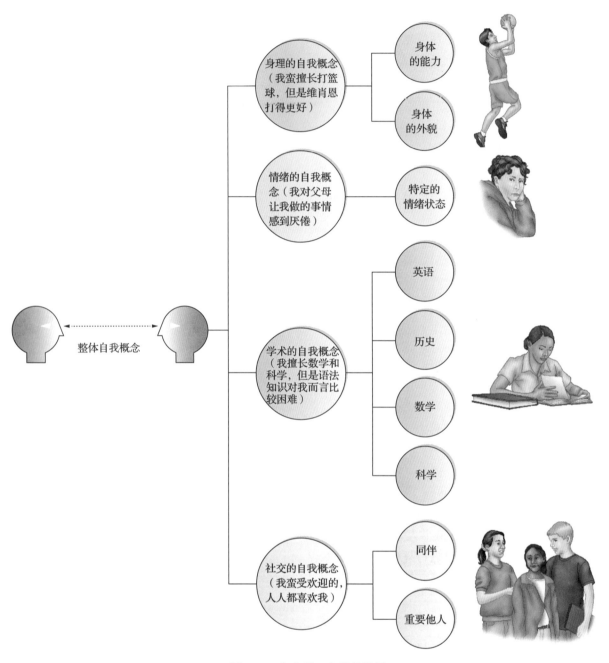

图 13-1 向内看：自我的发展

随着儿童年龄的增长，他们的自我概念更加分化，包括人际领域和学业领域。哪些认知能力的改变带来了这种发展的可能？

资料来源：Shavelson, R., Hubner, J. J., & Stanton, J. C. (1976). "Self-concept: Validation of construct interpretations." Review of Educational Research, vol. 46, 407-441.

Visconti，Kochenderfer-Ladd，& Clifford，2013）。

自尊：发展积极或消极的自我观

儿童不会只使用身体和心理特征方面的一些术语

冷静地看待自己。反之，他们会以特定的方式判断自己好或不好。自尊（self-esteem）是指个体在整体上和特定方面对自我的积极和消极评价。自我概念反映了关于自我的信念和认知（我擅长吹小号，我的社会学科学得不太好），而自尊有更多的情绪导向（每个人都认为我是个"书呆子"）（Davis-Kean & Sandler，2001；Bracken & Lamprecht，2003；Mruk，2013）。

儿童中期的自尊以重要的方式发展着。如前所述，儿童越来越多地将自己与他人进行比较，以评估自己在多大程度上符合社会标准。此外，他们逐渐发展出自己对成功的内在标准，从而能知道自己有多成功。儿童中期出现的一大进展是像自我概念一样，自尊开始出现分化。大多数 7 岁儿童的自尊反映了他们对自己总体上相当简单的看法。如果总体上自尊是积极的，他们就会认为自己能做好一切事情。相反，如果总体上自尊是消极的，他们就会觉得自己大多数事情都做不好（Harter，2006；Hoersting & Jenkins，2011；Coelho，Marchante，& Jimerson，2016）。

然而，当儿童进入儿童中期后，他们的自尊在某些领域会变得较高，而在另一些领域却较低。例如，一个男孩的总体自尊可能兼具积极（当自尊和男孩的艺术才能相关的时候）和消极（当自尊和男孩的运动技能相关的时候）的方面。

自尊的变化和稳定性

一般来说，整体自尊在儿童中期会有所提高，到 12 岁左右时又略有下降。尽管这种下降可能存在多种原因，但主要的原因似乎是在这一年龄段通常会发生的升学变化：儿童在小学毕业升往初中时，表现出自尊的下降，随后又逐渐回升（Twenge & Campbell，2001；Robins & Trzesniewski，2005；Poorthuis et al.，2014）。

一些儿童可能长期处于较低的自尊水平状态。低自尊儿童面临着一条坎坷的道路，部分原因在于低自尊会让他们陷入"逐渐增长的无法摆脱失败的恶性循环"。例如，学生哈里的自尊一直很低，目前正面临一场重要的考试。由于自尊很低，他设想自己会表现得差。所以他非常焦虑，这种极度焦虑导致他不能很好地集中精力和有效地学习。他还可能会认为既然会考不好又何必要学习，于是决定不再努力。

最后，哈里的高焦虑和不努力带来了他预期的结果：他在测验中考得非常糟糕。这种失败验证了哈里的预期，也强化了他的低自尊，使得失败恶性循环一直持续下去（见图 13-2）。

高自尊的学生会经历一条更为积极的轨迹，进入成功的良性循环。拥有更高的预期使他们更加努力和有较少的焦虑，增加了成功的可能性。这有助于强化能使良性循环重新开始的高自尊。

父母可以通过提高孩子的自尊来打破这种失败的循环。最好的方法是采用权威型教养方式（见第 10 章）。权威型父母为孩子提供温暖和情感的支持，同时会对孩子的行为设定清晰的限制。相反，其他类型的父母教养方式对自尊有着较少的积极影响。高惩罚和高控制的父母会给孩子传递一种信息，即他们是不值得信赖和没有能力做出正确决策的，而这种信息将削弱孩子的满足感。那些不管孩子的实际表现而总是不加区分地给予赞扬和强化的高度溺爱型的父母，会促使孩子产生错误的自尊感，最终可能对孩子造成伤害（Raboteg-Saric & Sakic，2013；Harris et al.，2015；Orth，2017）。

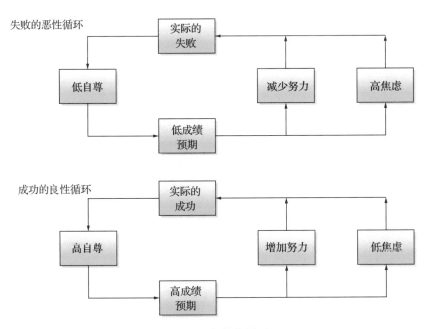

图 13-2 自尊的循环

低自尊儿童可能预期自己会在考试中表现不好，他们可能会感到高焦虑，然后不会像高自尊的儿童那样努力学习。结果，他们确实会表现得不好，从而验证了他们对自己的消极看法。相反，高自尊儿童有更积极的预期，以至于他们有较低的焦虑和更高的动机。因此，他们在考试中表现得较好，进而强化了他们积极的自我形象。教师将如何帮助低自尊儿童打破恶性循环呢？

从研究到实践

过多赞扬的危险

如果你知道一个孩子正面临一些自尊的问题，你认为应该对那孩子说些什么来帮助他？如果你认为毫不吝啬的赞扬能够鼓励孩子让孩子对自己感觉良好，那么你并不孤单。大多数的成年人认为，孩子需要称赞才能对自己感到良好，而大众媒体建议的父母教养时常强化这种主张（Brummelman, Thomaes, de Castro et al., 2014；Brummelman, Thomaes, Overbeek et al., 2014）。

事实上，孩子是如何对赞扬做出反应的呢？研究表明，赞扬并不常是我们假定的有益的东西。比如，赞扬孩子与生俱来的能力（"你真聪明"）而不是他们的努力（"你真的很用功学习"）会导致孩子逃避挑战。当你认为自己是没有尝试做出足够的努力而不是自己不够好的时候，你会更加易于为失败冒险。低自尊的儿童会怎么对本意良好却又过多的赞扬做出反应呢？

结果是并不好。近年的一项研究让 8～12 岁的儿童看了一幅画，并让他们用绘画的方式来复制这幅画。他们大多数过后都获得了声称是著名画家给予的关于他们绘制画作的反馈信，画家随机告诉一些儿童他们画

的画非常漂亮，然后告诉另一些儿童他们画的画超级漂亮。随后，让儿童选择一些其他的画作，这些画作需要他们尝试去绘制，一些画作是简单和容易的，另一些则是复杂和困难的。然后，研究者告诉儿童尝试复杂的画作将使他们学习更多，尝试简单的画作将使他们更少出错（Brummelman et al., 2014）。

在那些获得受到约束的赞扬（"你画的画非常漂亮"）的儿童当中，那些低自尊的儿童往往会选择尝试更有挑战性的画作。然而，这样的形式在那些获得过多的赞扬（"你画的画超级漂亮"）的儿童当中是相反的，也就是说那些低自尊儿童往往接下来会选择尝试更简单的画作。研究者总结道，过多的赞扬会引发低自尊的儿童去逃避揭露自己假定的自我缺点，而往往会引发高自尊的儿童去展现他们的能力可以到达的程度。当我们需要用称赞来增强儿童的自尊时，格言"少就是多"似乎特别恰当（Brummelman et al., 2014）。

- 为什么适度的赞扬能使低自尊儿童（比起高自尊儿童）更倾向于寻求挑战？

种族和自尊

如果你所属的种族时常遭受偏见和歧视，那么预期你的自尊会受到影响。早期研究证实了这个假设，并且发现相比于白人，非裔美国人的自尊水平较低。一系列先驱性研究发现，相比于非裔洋娃娃，非裔美国女孩更偏爱白人洋娃娃（Clark & Clark, 1947）。研究者对此的解释是：非裔美国儿童的自尊水平较低。

然而，近年来的研究表明这些早期的假设有些言过其实。不同种族和民族成员的自尊水平情况更为复杂。例如，尽管最开始相比于非裔儿童，白人儿童的自尊水平较高，但是到了 11 岁左右相比于白人儿童，非裔儿童的自尊水平略高。这种转变出现的原因是，非裔美国儿童获得了更多的种族认同感，并且越来越多地看到自己种族的积极方面（Dulin-Keita et al., 2011；Sprecher, Brooks, & Avogo, 2013；Davis et al., 2017）。

在 20 世纪 40 年代进行的先驱性研究中，非裔美国女孩对白人洋娃娃的偏爱被看成是一种低自尊的表现。然而近期的研究表明，美国白人儿童和非裔美国儿童之间的自尊水平差异很小。

西班牙裔美国儿童的自尊水平在儿童中期的末期有所提高，尽管在青春期他们的自尊水平仍低于白人儿童。与此不同，亚裔美国儿童则表现出相反的模式：在小学时期，他们的自尊水平高于和白人儿童，而到儿童期末期其自尊水平却低于白人儿童（Umana-Taylor，Diveri，& Fine，2002；Tropp & Wright，2003；Verkuyten，2008）。

社会认同理论为自尊与少数民族地位之间的复杂关系提供了一种解释。根据这一理论，只有当少数民族认识到在现实中基本没可能改变与主流群体在权力和地位上的差异时，他们才可能接受主流群体的负面观点。如果少数民族认为能够减少偏见和歧视，并将偏见归咎于社会而非自己，那么少数民族和主流群体之间的自尊水平应该不会有差异（Tajfel & Turner，2004；Thompson，Briggs-King，& LaTouche-Howard，2012）。

随着少数民族成员当中的群体自豪感和种族意识的增强，不同民族成员间自尊水平的差异已经缩小。对于多元文化重要作用的敏感性日益增加，使得这一趋势更进一步地被强化了（Negy，Shreve，& Jensen，2003；Lee，2005；Tatum，2007）。

‖ 发展多样性与你的生活 ‖

移民家庭的儿童适应得好吗

在美国，移民儿童一般过得不错，部分原因在于他们大多数人来自强调集体主义的国家，能感受到自己对家庭负有更多的责任和义务，从而努力获取成功。还有哪些文化差异促成了移民儿童的成功？

过去 30 年美国移民的数量明显增加。移民家庭的儿童几乎占美国儿童总人口的 25%。他们是美国儿童中增长最快速的部分（Hernandez，Denton，& McCartney，2008）。

移民儿童在很多方面生活得很好。他们在某些方面要好于非移民同伴。例如，他们的学业成绩与父母均是美国本土出生的那些儿童差不多甚至更好。在心理上，尽管移民儿童确实报告他们感到较不受欢迎及缺乏对生活的控制感，但他们还是适应得很好，表现出与非移民儿童相似的自尊水平（Kao，2000；Driscoll，Russell，& Crockett，2008；Jung & Zhang，2016）。

很多移民家庭的儿童面临着挑战。通常他们父母的教育程度有限，而且工作报酬很低，失业率高于一般人群。此外，移民父母的英语可能不熟练，而且很多移民家庭的儿童没有良好的健康保险，医疗保健服务的渠道也有限（Hernandez，Denton，& McCartney，2008；Turney & Kao，2009）。

与非移民家庭的儿童相比，即便是来自经济不宽裕的移民家庭的儿童，也具有更强的成功动机，更重视教育。许多移民儿童来自强调集体主义的国家，因此他们可能感到自己对家庭负有更多的义务和责任，从而努力获取成功。移民儿童的祖国可能会赋予他们足够强的文化认同感，防止他们接纳不受欢迎的"美国式"行为，例如物质主义或自私（Fuligni & Yoshikawa，2003；Suárez-Orozco，Suárez-Orozco，& Todorova，2008）。

在儿童中期，美国移民家庭的儿童似乎发展良好。然而，移民儿童进入青少年期和成年期后的发展情况我们并不是很清楚。比如，一些研究显示青少年期的肥胖率更高（身体健康状况的主要指标）。探讨移民在整个生命历程中如何有效应对的研究才刚刚起步（Perreira & Ornelas，2011；Fuligni，2012）。

关系：儿童中期友谊的建立

学校操场弥漫着像荒野西部城市里的紧张气氛。兰德和同学小心翼翼地持着怀疑的态度注视着对方。男生不靠近女生，反之亦然。大家都想找一个人一起玩，但目前还是没有人破冰。

学校的操场充满了潜在的失误和灾难。这些小孩没有指引，没有保护者。他们可能就这样失去面子。他们可能会做某些引起打斗的事情，或瞬息让自己成为弱者。

学校的操场是"一片丛林"。你不是捕食者就是猎物，而且你需要盟友。这些孩子就是在寻找盟友。

正如兰德和同学所展示的那样，友谊在儿童中期扮演的角色越来越重要。儿童开始对朋友的重要性更为敏感，建立和维持友谊成为儿童社会生活中的一大部分。

朋友以多种方式影响儿童的发展。例如，友谊为儿童提供有关世界、他人和自己的信息。朋友为儿童提供了情感支持，从而使得他们更有效地应对压力。拥有朋友可以使儿童不太可能成为攻击对象，并能够教会儿童如何管理和控制情绪，以及帮助他们解释自身的情绪体验（Berndt，2002；Lundby，2013）。

儿童中期的友谊同样为儿童提供了与他人沟通和互动的训练平台，还能通过增长儿童自身的经验来促进他们的智力发展（Nangle & Erdley，2001；Gifford-Smith & Brownell，2003；Majors，2012）。

尽管在整个儿童中期朋友和其他同伴对儿童的影响越来越大，但是父母和其他家庭成员仍然更为重要。大多数发展学家认为，儿童的心理功能和整体发展是许多因素共同作用的结果，其中包括同伴和父母（Vandell，2000；Parke，Simpkins，& McDowell，2002；Altermatt，2011；Laghi et al.，2014）。出于这个原因，我们将在本章后面的部分更多地探讨家庭的影响。

友谊的阶段：对朋友观点的变化

在儿童中期，儿童对友谊质量性质的知觉经历了一些深刻的变化。根据发展心理学家威廉·达蒙（William Damon）的观点，儿童对友谊的看法经历了三个不同的阶段（Damon & Hart，1988）。

阶段 1：基于他人行为的友谊

在这一阶段（4～7岁），儿童会把那些喜欢他们的人、和他们分享玩具和一起玩游戏的人视为朋友。儿童将那些和自己在一起玩得最多的同伴看作朋友。例如，当人们问一名幼儿园的儿童："你怎么知道某个人是你最好的朋友"时，他回答道："他让我和他的朋友们玩水手和海盗的游戏。我有时会去他的家。上一次，他向我展示他的手推车并且让我推了一会儿。他喜欢我。"

然而，处于该阶段的儿童不太会考虑他人的个人品质。例如，他们不会根据同伴独特积极的个人特质做出友谊的判断。相反，他们会使用非常具体的方法，即主要根据他人的行为来决定谁是朋友。他们喜欢那些可以相互分享的人，而不喜欢那些不愿意分享、发生冲突、不在一起玩的人。总之，在阶段1，朋友在很大程度上就是那些为愉快互动提供机会的人。

阶段 2：基于信任的友谊

在这一阶段（8～10岁），儿童关于友谊的观点变得更为复杂。这一阶段的儿童会考虑他人的个人品质、特点以及他人可以提供的奖赏。这一阶段友谊的核心是相互信任。朋友被看作那些在需要时能够被依靠的人。这也同时意味着违背信任的后果很严重，一旦朋友之间出现了这种违背，友谊不再像小时候那样能够通过在一起高兴地玩耍而得以修复。相反，只有做出正式的解释和道歉才能重建友谊。

相互信任被认为是儿童中期友谊的核心。

阶段 3：基于心理亲密的友谊

友谊的第三个阶段始于儿童中期的后段。在这一阶段（11～15岁），儿童开始发展出他们在青少年时期对友谊的看法。尽管我们将在第16章深入探讨青少年对友谊的看法，第三阶段友谊的主要标准开始转向亲密和忠诚。这一阶段的友谊以亲密感为特征，儿童一般通过相互倾诉并分享各自的想法和感受而建立友谊。这一时期的友谊也会有些排外。在儿童中期的末期，儿童会寻找忠诚于友谊的朋友，并且开始更多地根据友谊带来的心理益处而不是共享的活动来看待友谊。

儿童也开始对哪些行为是朋友应该具备的，而哪些行为是自己所不喜欢的形成清晰的观点。很多五六年级的小学生都喜欢那些邀请自己参加活动，以及在身体和心理上对自己有所帮助的人（见表13-1）。相反，他们不喜欢表现出身体和言语攻击行为的人。

表 13-1　儿童所指出的朋友身上最受欢迎和最不受欢迎的行为（依据重要性排列）

最受欢迎的行为	最不受欢迎的行为
有幽默感	言语攻击
友善或友好	表达愤怒
乐于助人	不诚实
赞美别人	批判的、批评的
邀请别人参与游戏等	贪婪的、专横的
分享	身体攻击
避免不愉快的行为	令人讨厌或烦恼的
给予许可或者控制权	嘲笑他人
提供指导	妨碍成功
忠诚	不忠诚
表现得令人钦佩	违反规则
促进成功	忽视他人

资料来源：Zarbatany, L., Hartmann, D. P., & Rankin, D. B. (1990). The psychological functions of preadolescent peer activities. Child Development, vol. 61: 1067-1080.

友谊的个体差异：什么让儿童受欢迎

通常儿童的友谊根据受欢迎程度分类。更受欢迎的儿童倾向于与更受欢迎的个体建立友谊，而不那么受欢迎的个体的朋友可能也不太受欢迎。儿童的受欢迎程度与其朋友的数量有关：与不太受欢迎的儿童相比，受欢迎的儿童倾向于有更多数量的朋友。此外，越受欢迎的儿童也越可能形成"小团体"，即被视为更独特的和令人向往的群体，同样，他们也倾向于与更多其他的孩子互动。

为什么有些儿童在校园里是受欢迎的人，而有些儿童却是被孤立的人，其向同伴的示好通常遭到拒绝和鄙视呢？为了回答这一问题，发展学家考察了受欢迎儿童的个人特征。

受欢迎儿童通常乐于助人并在一些需要共同完成的项目上善于合作。他们还很有趣，通常具有幽默感，也能够欣赏他人的幽默。与那些不太受欢迎的儿童相比，他们能更好地理解他人的非言语行为和情绪体验。他们也能够更有效地控制自己的非言语行为，从而能更好地表现自己。总之，受欢迎儿童具有很高的社会能力（social competence），即可以使得个体在社会环境中成功表现的各种社会技能的集合（Feldman, Tomasian, & Coats, 1999; McQuade et al., 2016）。

虽然受欢迎儿童一般都很友好、坦率、乐于合作，但是有一类受欢迎的男孩会表现出一系列的消极行为，包括攻击行为、破坏行为和制造麻烦。虽然存在这些行为，他们可能被同伴认为很酷、很顽强，也常常很受欢迎。部分原因可能是其他人认为他们敢于打破规则、做他人不敢做的事（Meisinger et al., 2007; Woods, 2009; Schonert-Reichl et al., 2012; Scharf, 2014）。

社会问题解决能力

与儿童受欢迎程度有关的另一个因素是他们的社会问题解决能力。社会问题解决（social problem-solving）是指使用令自己和他人都满意的策略来解决社会冲突。学龄儿童之间（包括最好的朋友之间）经常会发生社会冲突，因此处理冲突的有效策略是儿童获得社会成功的重要元素（Rose & Asher, 1999; Murphy & Eisenberg, 2002; Dereli-Iman, 2013）。

根据发展心理学家肯尼思·道奇的观点，成功的社会问题解决是按照一系列步骤进行的，每个步骤对应着儿童的信息加工策略（见图13-3）。道奇认为，儿童在每个步骤上所做的选择，决定了他们最终解决社会问题的方式（Dodge, Lansford, & Burks, 2003; Lansford et al., 2006）。通过仔细勾画出每个

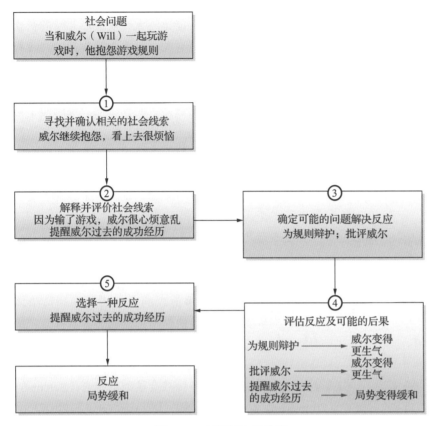

图 13-3　问题解决的步骤

儿童的问题解决按照一定的步骤进行，这些步骤包含着不同的信息加工策略。教育工作者可能在哪些方面将儿童的问题解决能力当作一种学习工具？

资料来源：Dodge, K. A. (1985). "A social information processing model of social competence in children." In M. Perlmutter (Ed.), Minnesota Symposia on Child Psychology, vol. 18, 77-126.

阶段，道奇为特定儿童的某些不足提供了相应的干预措施。例如，一些儿童经常会误解他人的行为（第 2 步），并在此基础上做出反应。假设小学 4 年级的马克斯正在和威尔玩游戏。游戏中威尔输了，他开始感到很生气，并抱怨规则不好。如果马克斯不明白威尔的生气更多是因为没有赢得游戏而受挫，他就可能开始为规则辩护，批评威尔，弄得自己也很生气，从而使局面变得更糟糕。但是如果马克斯能够更准确地理解威尔生气的原因，他就可能采用一种更有效的方法，例如提醒威尔，"你在玩四子棋时赢了我"，从而缓和局势。

总的来说，受欢迎的儿童能更准确地解释他人行为。此外，他们处理社会问题的技巧也更多样。相反，不太受欢迎的儿童很难有效地理解他人行为的原因，因此做出的反应可能不太适当。另外，他们处

理社会问题的策略更为有限，有时甚至不知道如何道歉或帮助那些不开心的人心情变得好一点（Rose & Asher, 1999; Rinaldi, 2002; Lahat et al., 2014）。

不受欢迎的儿童可能会成为"习得性无助"的受害者。因为他们不理解不受欢迎的根本原因，所以他们可能会觉得自己没有能力改善现状。结果，他们可能完全放弃甚至根本不去尝试加入同伴的活动中去。反过来，他们的习得性无助成了一种自证预言，进而减少了他们将来受欢迎的机会（Seligman, 2007; Aujoulat, Luminet, & Deccache, 2007）。

教授社会能力

有什么办法可以帮助不受欢迎的儿童学习社会能力吗？可喜的是，答案是有的。目前人们已经开发出一些教授儿童学习一套社交技能的计划，而这些社交技能似乎是着重于一般的社会能力。例如，一项实验计划主要教授一组不受欢迎的小学 5 年级和 6 年级儿童如何与朋友进行交谈。这项实验计划教授他们

如何讲述自己的事情、通过问问题了解别人，以及以无威胁性的方式给别人提供帮助和建议。

许多因素导致了一些儿童不受欢迎和被同伴孤立。

明智运用儿童发展心理学

提高儿童的社会能力

在儿童的成长过程中友谊的建立和维持显然非常重要。父母和教师是否能够做些什么以提高儿童的社会能力?

答案是肯定的。以下策略效果不错。

- **鼓励社会互动**。教师可以想方设法让儿童参加集体活动,父母也可以鼓励儿童成为一些儿童组织的成员,例如成为幼童军或参加团队体育运动。
- **教授儿童倾听技能**。给他们演示如何仔细倾听,并回应交流的直接内容和潜在含义。
- **教儿童意识到他人用非言语方式表达的情绪和情感**。让他们知道除了注意话语的含义,还应注意他人的非言语行为。
- **教授交谈技能,包括提出问题和自我表露的重要性**。鼓励学生用以"我"开头的句式表达自己的感受或观点,并且避免泛化到其他人。
- **不要让儿童公开选择小组或团队**。要随机分配儿童:这样能够保证各组之间能力的平均分配,并避免了挑选时某些儿童被留到最后的尴尬情形。

与没有接受此类训练的儿童相比,接受此类训练的儿童与同伴的互动更多、开展的谈话更多、自尊水平也更高,并且更重要的是他们比训练前更容易被同伴所接受(Bierman,2004;Fransson et al.,2016)。

性别和友谊:儿童中期的性别隔离

女孩守规矩,男孩瞎起哄。

男孩去大学学习更多知识,女孩去木星变得更愚蠢。

上述说法反映了小学男生和女生对异性同学的一些看法。这一阶段儿童对异性的回避非常明显,以至于大多数男孩和女孩的社交圈子几乎都是同性别的组合(Mehta & Strough,2009;Rancourt et al.,2012;Zosuls et al.,2014;Braun & Davidson,2016)。

有趣的是,根据性别的友谊隔离几乎存在于所有社会。在非工业化社会里,同性别的隔离可能是由于儿童所参与的活动类型导致的。例如,在许多文化中,男孩被分配做一类事情,而女孩被分配做另一类(Whiting & Edwards,1988)。然而,参与不同的活动并不能完全解释这种性别隔离。在一些发达国家,虽然同一学校里的儿童参加大部分相同的活动,他们仍然倾向于回避异性同伴。

当男孩和女孩偶尔涉足对方的领域时,他们的行为通常带有一定的浪漫色彩。例如,女孩可能会被威胁去亲吻男孩,男孩可能会引诱女孩追赶他们。这类行为又被称为"边界活动",它有助于强化两性之间存在的清晰界限。此外,这可能也为学龄儿童进入青少年期以及异性间的交往逐渐被社会认可时,未来包含浪漫色彩和性兴趣的异性交往奠定了基础(Beal,1994)。

尽管同性别团体在儿童中期占主导地位,但男孩和女孩也会偶尔涉足对方的领地,他们这时的行为通常带有一定的浪漫色彩,被称为"边缘活动"。

在儿童中期,没有跨性别交往意味着男孩和女孩的友谊关系只限于同性伙伴。此外,男孩和女孩内部的友谊性质极不相同(Lansford & Parker,1999;Rose,2002;Lee & Troop-Gordon,2011)。

男孩通常比女孩具有更大的交友圈,并且他们更喜欢成群结队地玩,而不是成对地玩。群内的地位等级不同也很明显，通常会有一个公认的领导者和众多地位不同的成员。这种代表了个体在群体内的相对社会权力的严格等级，就被称为优势等级（dominance hierarchy）。因此，地位较高的成员能够对地位较低的成员提出质疑和反对，而不用担心有什么后果（Beal，1994；Pedersen et al.，2007）。

男孩一般更关心自己在优势等级中的位置，他们会努力地维持和提升自己的地位。与之有关的游戏风格被称为"限制性游戏"。在限制性游戏中，当儿童觉得自己的地位受到挑战，互动就会被中断。因此，当男孩觉得自己遭遇到一个比自己地位低的同伴的不公平挑战，他可能就会尝试扭打着争抢玩具或表现出其他独断的行为来结束互动。所以，男孩的游戏不是持续平静的，而更容易迸出火药味（Estell et al.，2008；Cheng et al.，2016）。

男孩使用的友谊语言反映了他们对地位和挑战的关心。比如，看看下面两个男孩之间的对话，他们曾经是好朋友。

本：你最好离开那个秋千。

汤姆：你要怎么让我离开？

本：你最好不要让我告诉你怎么离开。

汤姆：你不会让我离开因为你做不到。你到滑梯那儿去玩吧！

本：你去玩滑梯。

汤姆：我不想去玩滑梯。不要逼我伤害你。

本：不要逼我伤害你。

女孩之间的友谊模式极其不同。学龄期的女孩往往有一两个地位差不多的"好朋友"，而不是拥有一个广泛的友谊网络。与关注地位差异的男孩相反，女孩自称会避免地位差异，更喜欢在同等地位水平上维持友谊。

学龄期女孩之间的冲突常常通过妥协来解决，比如忽视情境或让步，而不是努力使自己的观点获胜。总之，她们的目标是消除不一致，使社会互动更轻松，没有对抗（Goodwin，1990；Noakes & Rinaldi，2006）。

女孩间接地解决社会冲突的动机并不是因为她们缺乏自信，也不是对使用直接解决办法的忧虑。事实上，当学龄女孩与非朋友的其他女孩，或者与男孩互动时，她们会表现出很强的对抗性。然而，和朋友在一起时，她们的目标就是维持一种不存在优势

等级的地位平等的关系（Beal，1994；Zahn-Waxler，Shirtcliff，& Marceau，2008）。

女孩使用的语言通常反映了她们对友谊的看法。相对于明显的命令语（"给我铅笔"），她们更倾向使用对抗性较小、更间接的语言。女孩一般使用动词的间接形式，例如"我们一起看电影吧""你愿意和我交换书吗"，而不是"我想去看电影""把这些书给我"（Goodwin，1990；Besag，2006）。

跨种族的友谊：教室内外的整合

友谊是否与种族有关呢？在大部分情况下，答案是肯定的。儿童最亲密的朋友多是同种族的人。随着年龄的增长，儿童与其他种族儿童友谊的数量和深度都有所下降。到 11 岁或 12 岁时，非裔美国儿童似乎对指向自己种族的偏见和歧视尤其关注而且特别敏感。这时，他们更可能区分群体内（人们觉得自己所属的群体）和群体外（人们觉得自己不属于的群体）的成员（Aboud & Sankar，2007；Rowley et al.，2008；McDonald et al.，2013；Bagei et al.，2014）。

例如，当人们要求一个长期注重种族融合学校的 3 年级学生说出最好朋友的名字时，大约有 1/4 的白人儿童和 2/3 的非裔美国儿童选择了其他种族的儿童。相反，当他们到 10 年级时，只有不到 10% 的白人儿童和 5% 的非裔美国儿童选择了其他种族的儿童。跨种族的友谊和环境中的种族多样化程度相关，一些研究显示越是多样化的环境会导致更少的跨种族友谊（Chan & Birman，2009；Rodkin & Ryan，2012；Munniksma et al.，2017）。

虽然可能不会选择对方作为最好的朋友，但是白人儿童和非裔美国儿童（包括其他少数民族的儿童）对彼此的接受程度很高。这种模式在那些致力于消除种族界限的学校里尤其明显。这很有意义：许多研究表明，多数群体和少数民族成员之间的接触可以减少偏见和歧视（Hewstone，2003；Quintana et al.，2008）。

从社会工作者的视角看问题

怎样才可能减少因种族界限而造成的友谊隔离？个人和社会需要改变哪些因素？

校园霸凌和网络霸凌问题

特伦斯身材矮小，但很风趣，和其他男孩一样受欢迎。他在学校里一直都很开心直到一群女孩开始取笑他的矮小和瘦弱。

很快地，这些嘲笑蔓延到他的私人生活中。那些女孩给他发信息以及发一些关于他如何懦弱的帖到 Facebook 上。他们一直嘲笑他所做的一些超出自己范围的大胆的事情。他们没有要停止的意思。

特伦斯在线上和一位朋友聊天时不小心谈到自己想结束一切的想法。他的一位朋友把这件事告诉自己的妈妈，而这位母亲提醒特伦斯的妈妈。

"那些女孩基本上都让他做一些自毁的事情，"她说，"他们正把他推向自杀，就像游戏那样。"

并不是只有特伦斯面临着被霸凌的折磨，这种霸凌可能来自学校也可能来自网络。在美国，几乎 85% 的女孩和 80% 的男孩报告在学校里至少经历过一次某种形式的骚扰，而且每天有 16 万的在校儿童由于害怕被霸凌而待在家里。其他人遭遇了网络上的欺负，这可能更痛苦，因为这种霸凌往往是匿名的或有可能是公开发布的（Mishna, Saini, & Solomon, 2009；van Goethem, Scholte, & Wiers, 2010；Juvonen, Wang, & Espinoza, 2011）。

霸凌一般有四种。在言语霸凌中，受害者因生理或其他的特质而被叫外号、被威胁、被戏弄。肢体霸凌意味着实际的攻击，儿童可能被打、被推、被不当地触摸。关系霸凌可能不太明显；它发生于当儿童遭遇社会性攻击时，有意把他们排除于社交活动。网络霸凌发生于当受害者在线上被攻击或是被散播一些恶意的谎言来损害他们的名声时（Espelage & Colbert, 2016；Osanloo, Reed, & Schwartz, 2017）。

经常被霸凌的儿童通常是相当被动的不合群者。他们很容易哭泣并缺乏平息霸凌情境的社交技能。例如，他们一般想不到对霸凌者的嘲笑给予幽默的反击。尽管具有上述特征的儿童更可能被霸凌，但不具备这些特征的儿童在校期间偶尔也会被霸凌：90% 的中学生报告自己在上学期间曾被霸凌过，这种霸凌行为早在学龄前期就开始了（Li, 2007；Katzer, Fetchenhauer, & Belschak, 2009；Jansen et al., 2016）。

10% ~ 15% 的学生曾经欺负过他人。50% 左右的霸凌者来自虐待的家庭。相比于不欺负他人的个体，霸凌者倾向于看更多的暴力电视节目，在家和学校表现出更多的不良行为。当因欺负他人而招致麻烦时，他们可能通过撒谎来摆脱困境，他们很少对自己的霸凌行为表示自责。此外，与同伴相比，霸凌者在成年后更可能触犯法律。具有讽刺意味的情况是，尽管霸凌者有时很受同伴欢迎，但一些霸凌者也会成为受欺负的受害者（Haynie et al., 2001；Ireland & Archer, 2004；Barboza et al., 2009）。

其中一个最有效地减少霸凌情况发生的方法是通过学校的项目，其项目使学生参与改变学校整体的风气。例如，学校可以训练学生当他们看见霸凌情况发生时需要去干涉，而不是被动地观看。使学生自主地维护受害者也能够显著地减少霸凌。但是我们也知道有些方法在减少霸凌中并未显示出有效性，比如为打架制定零容忍政策，或将问题学生一起安排在治疗小组或是教室里（Monks & Coyne, 2011；Munscy, 2012；Juvonen et al., 2016）。

儿童中期的儿童如何应对霸凌问题呢？专家给出的建议是：发生挑衅时拒绝参与，大声表达出对霸凌的反对（例如说"停下来"之类的话），与父母、老师以及其他可信任的成人沟通以获得帮助。最后，孩子需要意识到每个人都有不被霸凌的权利（NCBNow, 2011；Saarento, Boulton, & Salmivalli, 2014）。

家庭

某天快放学时，二年级学生塔玛拉的妈妈布伦达在塔玛拉的教室门口等她。一下课，塔玛拉就跑到妈妈跟前打招呼。

然后，塔玛拉试探着问妈妈："妈妈，安娜今天能过来和我一起玩吗？"其实布伦达一直很希望能单独和女儿共度一些时光，因为前三天女儿都是在她爸爸那里过的。然而，布伦达又想到，塔玛拉放学后难得邀请朋友，所以就答应了这个请求。

不巧的是，安娜一家今天似乎有安排，所以他们只好再商量另外一个时间。安娜的妈妈建议说："星期四怎么样？"。塔玛拉还没来得及回答，妈妈就提醒她："你必须要问问你爸爸，因为那天晚上你在他那。"塔玛拉那充满期待的脸立刻黯淡了。她咕哝着："好吧。"

塔玛拉必须将自己的时间分配到离婚父母各自的家庭，这会如何影响她的适应情况？她的朋友安娜虽然和父母住在一起，但父母一直在外工作，安娜的适应情况又会怎样？当我们考虑儿童中期的家庭生活如何影响儿童时，就需要考虑上述这些问题。

变化着的家庭环境

乔遇见凯茜，他们交往、接吻。他们结婚，然后有了宝宝杰克。他们幸福地生活了一段时间。而后，他们在三年内离婚了，凯茜获得了杰克的监护权。乔搬到与蒂娜以及她的两个孩子一起住，然后他们结婚。凯茜与蒂姆结婚，蒂姆是一位有两个孩子的离婚父亲。

杰克现在有一位母亲、一位父亲、一位继母、一位继父、四位继兄弟和继姐妹、四位祖父母，以及很多表堂兄弟姐妹、伯伯叔叔、姑姑阿姨。

假期的时候谁又应该去哪儿呢？

最近几十年来家庭结构发生了巨大变化。越来越多的父母双方都在外工作，离婚率不断攀升，单亲家庭数量逐渐增加，21世纪儿童的生活环境大大不同于以往的任何一代。

儿童和父母面临的最大挑战之一是儿童不断增长的独立性，这也是儿童中期个体行为的特征。在这一时期，儿童由先前父母的完全控制，到逐渐由自己控制自己的命运——或者至少是他们的日常行为。因此，儿童中期又被视为父母和儿童共同控制行为的**共同约束**（coregulation）时期。逐渐地，父母为儿童提供宽泛的、一般的行为指导，同时儿童自己控制自己的日常行为。例如，父母可能督促女儿每天在学校里购买营养均衡的午餐，而女儿时常买比萨和两份甜食的决定很多时候是由自己控制的。

在儿童中期，儿童和父母待在一起的时间明显比之前减少。尽管如此，父母仍然是影响儿童生活的重要角色，他们被视作是为儿童提供基本的帮助、建议和指导的人（Parke，2004）。

这一时期兄弟姐妹也会对儿童产生重要影响，其中有利也有弊。虽然兄弟姐妹能为儿童提供支持、友谊和安全感，但他们也会引发冲突。

当兄弟姐妹彼此竞争和争吵即发生了兄弟姐妹间

的竞争。当兄弟姐妹的性别相同、年龄相仿时，兄弟姐妹的竞争是最激烈的。如果父母被知觉为偏爱其中一个孩子，就会加剧这种竞争。当然，这种知觉并不一定准确。例如，父母可能会允许年长子女有更多的自由，这时年幼子女可能将此解释为偏心。在某些情况下，当儿童察觉到偏心时，不仅会发生兄弟姐妹的竞争，还可能伤害年幼弟妹的自尊。当然，兄弟姐妹的竞争并不是必然发生的，许多兄弟姐妹还是能够很好地相处的（Caspi，2012；Edward，2013；Skrzypek，Maciejewska-Sobczak，& Stadnicka-Dmitriew，2014）。

当他们相互竞争或争吵时，兄弟姐妹间的竞争就发生了。

文化差异和兄弟姐妹间的经历有关联。例如，在墨西哥美国家庭中，他们尤其强调家庭的重要性，当年幼的弟弟妹妹受到优先的待遇时，兄弟姐妹不太会有消极的反应（McHale et al.，2005；McGuire & Shanahan，2010）。

没有兄弟姐妹的儿童情况如何？虽然独生子女不会经历兄弟姐妹的竞争，但同样也会错失兄弟姐妹所带来的益处。大致上，尽管人们都有这样一种刻板印象，独生子女娇生惯养、自我中心，但实际情况并非如此，独生子女与有兄弟姐妹的儿童一样适应良好。在某些方面，独生子女适应得更好，他们通常拥有更高的自尊和更强的成就动机。相关研究表明，中国独生子女的学业表现要好于有兄弟姐妹的儿童（Miao & Wang，2003）。

当父母都在外工作时，孩子过得怎样

当 10 岁的约纳森放学回家后，她做的第一件事就是去取一些小甜饼，然后打开电脑。她迅速地浏览电子邮件后走到电视机前，然后像往常一样开始看 1 个小时的电视节目。在播广告的时候，她做了一些家庭作业。

然而，她并没有和爸妈聊天——因为他们都不在。她独自一个人在家。

像约纳森一样放学后自己待在家里一直等到父母都下班回家的儿童被称为自我照料的儿童（self-care child）。在美国，有 12% ～ 14% 的 5 ～ 12 岁儿童放学后有段时间独自一人在家，没有成人监管（Lamorey, Robinson, & Rowland, 1998; Berger, 2000）。

过去对自我照料儿童的担忧主要集中在缺乏监管和独处时的负性情绪。这类儿童以前被称为"挂钥匙的儿童"，代表着伤心的、可怜的、被忽视的小孩。不过，如今出现了对自我照料儿童的一种新看法。根据社会学家桑德拉·霍弗尔兹（Sandra Hofferth）的观点，既然许多儿童的时间表都排得满满的，那么几个小时的独处可能有利于他们缓解压力。不仅如此，它还提供机会让儿童发展更强的自主感（Hofferth & Sandberg, 2001）。

研究已经证实，自我照料的儿童与回家后有父母陪伴的儿童几乎没有差异。虽然有些儿童报告自己独自在家时有消极体验（例如孤独），但是似乎没有因此而产生情绪困扰。另外，相比在没有监督的情况下与朋友"在外游荡"，自己待在家里可能避免卷入导致事端的活动中（Belle, 1999; Goyette-Ewing, 2000）。

然而，年龄太小的情况下独自在家或在家太长时间可能会造成负面后果。例如，自我照料和更高的撒谎程度、偷窃、霸凌和攻击性行为有关（Atherton et al., 2016）。

总之，虽然人们发现了一些自我照料儿童的消极后果，总体上自我照料对儿童的影响并不一定是坏的。实际上，他们可能发展出更强的独立感和能力感。此外，独处的时间也能使儿童在做作业和进行学校或个人计划时不被干扰。父母都工作的儿童通常感到自己对家庭有很重要的贡献，其自尊水平可能更高（Goyette-Ewing, 2000）。

当然，并不是所有父母都工作的儿童是自我照料儿童。一些都工作的父母会在孩子放学后轮流照顾孩子，比如聘请一位照看他们的人或安排他们到邻居或亲戚的家。这些孩子过得如何呢？

在大多数情况下，父母皆全职工作的儿童普遍过得很好。如果父母很爱孩子，对孩子的需求很敏感，并能将孩子托付给合适的照料机构，那么他们的孩子就会和父母有一方不工作的儿童没有差异（Harvey, 1999; Goyette-Ewing, 2000）。

父母皆工作的儿童的良好适应性与父母（尤其是母亲）的心理适应能力有关。一般来说，对自己生活满意的女性倾向于更多地培养孩子。工作满意度高的女性可能为孩子提供更多的心理支持。因此，母亲选择全职工作、待在家里还是两者兼有似乎不是问题的关键。关键是她对自己所做的选择的满意程度（Gilbert, 1994; Haddock & Rattenborg, 2003）。

尽管我们可能会认为父母皆工作的儿童与父母共处的时间要少于父母有一方待在家中的儿童，但是研究得出的结论却不是这样的。无论是和家人在一起、在班上与朋友在一起还是独处的时间，父母都全职工作的儿童与父母一方待在家里的儿童都基本相同（Gottfried, Gottfried, & Bathurst, 2002）。

多样的家庭安排

像上文描述的 2 年级学生塔玛拉这样，父母离婚的儿童已不再罕见。在美国，只有 50% 的儿童在整个童年期间与父母双方生活在同一个家庭中。另外 50% 的儿童要么是单亲家庭，要么与继父母、祖父母或其他非父母的亲戚同住，还有一些最终被收养（Harvey & Fine, 2004; Nicholson et al., 2014）。

离婚家庭

儿童对父母离婚有什么样的反应？这取决于父母离婚的时长以及离婚时儿童的年龄。如果父母刚离婚，那么父母和儿童都可能表现出一段时间的心理失调，大概持续 6 个月到 2 年之久。例如，儿童可能会焦虑、抑郁，或出现睡眠障碍和恐惧症。即使父母离婚后儿童大多数与母亲同住，大部分情况下母子关系的质量还是会下降，因为儿童常常觉得自己夹在了父母中间（Juby et al., 2007; Lansford, 2009; Maes, De Mol, & Buysse, 2012; Weaver & Schofield, 2015）。

如果父母离婚时，儿童也正好处于儿童中期的早期，他们就会责怪是自己造成了父母关系的破裂。到 10 岁时，儿童会体验到在父母双方中做出选择的压力。因此，他们会经历某种程度的分裂的忠诚（Shaw, Winslow, & Flanagan, 1999）。

尽管研究者对离婚的短期后果非常严重并无异议，但是离婚的长期影响至今还不清楚。一些研究发现，离婚 18 个月到 2 年后，大多数儿童开始恢复到父母离婚前的心理适应状态。对许多儿童来说，离婚的长期影响很小（Hetherington & Kelly, 2002；Guttmann & Rosenberg, 2003；Harvey & Fine, 2004）。

有证据表明离婚还会带来一些其他影响。例如，离婚家庭儿童寻求心理咨询的数量是来自完整家庭儿童的 2 倍（虽然有时咨询是法官要求离婚家庭必须履行的一个步骤）。另外，经历父母离婚的个体将来有更高的经历离婚的风险（Huurre, Junkkari, & Aro, 2006；South, 2013；Schaan & Vögele, 2016）。

多种因素决定了儿童对父母离婚的反应，例如儿童所在家庭的经济地位。在许多情况下，离婚通常会使父母双方的生活水准下降。当这样的情况发生时，儿童可能因此陷入贫困之中（Ozawa & Yoon, 2003；Fischer, 2007）。

在有些情况下，离婚会减少家庭中的敌意和愤怒，因此它的消极影响并不那么严重。30% 的离婚家庭离婚前充斥着父母之间的冲突，离婚后家庭的平静反而有益于儿童。如果儿童和没有住在一起的家长维持着积极亲密关系的话，那么这种益处更明显（Davies et al., 2002；Vélez et al., 2011）。

如果父母的婚姻完整但不快乐而且冲突水平高，那么离婚相当于一种改善。然而，将近 70% 的离婚家庭离婚前的冲突水平并不是很高，这些家庭的儿童可能需要更艰难的一段时间来适应父母的离婚（Amato & Booth, 1997）。

从健康护理工作者的视角看问题

离婚对儿童中期自尊的发展可能具有哪些影响？父母间持续的敌意和紧张是否会导致儿童的健康出现问题？

单亲家庭

美国大约有 25% 的 18 岁以下儿童只和父母中的一方住在一起。如果这种趋势持续发展，那么将有 75% 的美国儿童在 18 岁之前会在单亲家庭中生活一段时间（见图 13-4）。对于少数民族儿童来说，这个数字甚至更大：将近 60% 的 18 岁以下非裔美国儿童和 35% 的 18 岁以下西班牙裔美国儿童生活在单亲家庭中（U. S. Bureau of the Census, 2011）。

因父母一方死亡而形成单亲家庭的数量很少。较多的情况是没有配偶（例如未婚妈妈）、配偶离婚或配偶离开。在大多数情况下，单亲家庭里的家长是母亲。

生活在单亲家庭对儿童有什么影响？这个问题很难回答。多半依赖于另一方父母是否在早年间出现以及当时的父母关系如何。此外，单亲家庭的经济地位是一个重要因素。单亲家庭的经济状况通常要比完整家庭差，而生活相对贫困会对儿童造成消极影响（Davis, 2003；Harvey & Fine, 2004；Sarsour et al., 2011；Nicholson et al., 2014）。

总之，生活在单亲家庭中对儿童的影响并不总是积极或消极的。鉴于如今的单亲家庭数量非常多，曾经对于这类家庭的污名化也大大减少。儿童最后的成长情况取决于与单亲家长有关的多种因素，例如家庭经济地位、家长与儿童共处的时间、家庭内部的压力等。

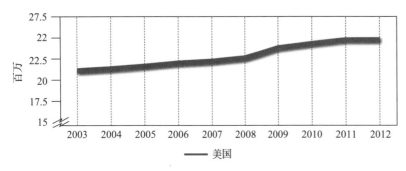

图 13-4 2003 ～ 2012 年单亲家庭的增长

尽管生活在单亲家庭儿童的数量在过去几十年内明显增加，但是近年来保持稳定。

资料来源：U.S. Bureau of the Census, Current Population Survey, 2012. National Kids Count, 2013.

祖父母作为父母

将近 3 万户美国家庭中，祖父母是孙子女的主要照料者。当父母没有能力或不在时，祖父母的介入，对照顾孙辈能带来明确的益处，但祖父母的健康和耐力会随着年龄而变化。尽管是年轻的祖父母也可能感觉养育孙辈有相当大的压力，因为他们扮演着多种角色（Luo et al.，2012）。

人口统计学上，低收入和较少获得教育的祖父母更可能成为孙辈的照料者。此外，属于少数民族的祖父母更可能成为主要照料者（Nanthamongkolchai，Munsawaengsub，& Nanthamongkolchai，2011；Yancura，2013）。

多代同堂的家庭

一些家庭由几代人组成，即儿童、父母和祖父母住在一起。多代同堂的家庭给儿童提供了丰富的生活经验，儿童会受到父母和祖父母的影响。同时，如果祖父母和父母在没有沟通协调应该怎么做的情况下就对儿童进行严厉管教的话，这也可能会造成冲突。

与白人相比，在非裔美国人中更加流行三世同堂家庭。此外，与白人家庭相比，非裔美国人家庭更可能是单亲家庭，非常依赖于祖父母对儿童日常照料的帮助，并且非裔美国人的文化规范通常非常支持祖父母积极参与到照料儿童的活动中（Oberlander，Black，& Starr，2007；Pittman & Boswell，2007；Kelch-Oliver，2008）。

混合家庭

对许多儿童来说，离婚的长远影响还包括父母一方或双方的再婚。在美国，至少包含一个再婚配偶的家庭超过了 1 000 万户，与一个以上继子（女）同住的再婚夫妇超过了 500 万对，这种家庭称为混合家庭（blended family）。总的来说，17% 的美国儿童生活在混合家庭中（U.S. Bureau of the Census，2001；Bengtson et al.，2004）。

生活在混合家庭对儿童来说是个挑战。混合家庭里常常会出现角色和期待不明确的状况，即"角色模糊"。自己的责任是什么，应该怎样对待继父母和继兄弟姐妹，如何才能做出对自己在家庭中的角色有着广泛影响的决定，儿童对这些可能都不确定。例如，混合家庭的儿童可能要选择与父母中的哪一方共度假期，或者可能需要在生父母和继父母相冲突的建议中做出选择（Sabatino & Mayer，2011；Guadalupe &

Welkley，2012；Mundy & Wofsy，2017）。

然而，在大多数情况下，混合家庭的学龄儿童都发展得出乎意料得好。和青少年相比，学龄儿童对这种混合家庭的适应会相对顺利，而不像混合家庭的青少年那样面临诸多困难，原因有以下几种。首先，混合家庭的经济状况通常会有所改善。其次，混合家庭中通常会有更多的人共同分担家务。最后，家庭里包含更多的成员增加了社会互动的机会（Hetherington & Elmore，2003；Purswell & Dillman Taylor，2013）。

当然，并非所有儿童在混合家庭中都适应良好。当日常生活和已经建立的家庭关系网络被打乱时，有些儿童感到很难适应。例如，一个习惯得到母亲全部关注的儿童会感到很难适应母亲对继子也表现出关心和喜爱。最成功的混合家庭是当父母能够创造一种为儿童自尊提供支持的家庭环境，以及让所有成员融为一体的家庭氛围。一般来说，儿童年龄越小，在混合家庭中的过渡就越容易（Jeynes，2007；Kirhy，2006）。

同性恋家庭

越来越多的儿童拥有两个妈妈或两个爸爸。据估计，美国有 100 万～ 500 万个家庭是由一对男同性恋或一对女同性恋组成，并且大约 600 万儿童的父母是同性恋者（Patterson，2007，2009；Gates，2013）。

同性恋家庭中的儿童生活得怎么样呢？越来越多的研究探讨了同性恋父母的教养对儿童的影响并发现，同性恋家庭儿童的发展状况和异性恋家庭的儿童很相似。他们的性取向与父母的性取向无关，行为也符合相应的性别类型，似乎同样适应良好（Patterson，2002，2003，2009）。

最近一项大规模分析考察了近 25 年内展开的 19 项以男同性恋和女同性恋父母抚养的孩子为被试的研究，共包括了 1 000 多个男同性恋、女同性恋和异性恋家庭，同样证实了以上的结果。具体来说，在性别角色、性别认同、认知发展、性取向以及情绪和社会性的发展上，异性恋父母抚养的孩子和同性恋父母抚养的孩子间没有差异。出现显著差异的是孩子与父母的关系质量；有趣的是，与异性恋父母相比，同性恋父母报告与孩子的关系更好（Crowl，Ahn，& Baker，2008）。

其他研究表明，同性恋父母的孩子与同伴的关系类似于异性恋父母的孩子。他们与成人（包括同性恋和异性恋）的关系也类似于异性恋父母的孩子；当他们到达青少年期时，他们的浪漫关系和性行为也和与异性父母居住的青年一样，不存在差异（Patterson，1995，2009；Golombok et al.，2003；Wainwright，Russell，& Patterson，2004）。

总之，研究表明，父母是同性恋与父母是异性恋的儿童之间几乎不存在发展上的差异。唯一能够确定的差异是同性恋父母的孩子因父母的性取向而受到更多的歧视和偏见，尽管美国社会对于同性婚姻已经相当的宽容了。事实上，美国的最高法院于2015年裁决同性婚姻合法化应该更能促进这类婚姻被接受的趋势（Davis，Saltzburg，& Locke，2009；Kantor，2015；Miller，Kors，& Macfie，2017）。

种族、贫穷和家庭生活

尽管有多少个体就会有多少种类型的家庭，但是研究确实发现与种族、贫穷和家庭生活有关的一致性（Parke，2004）。不论种族如何，家庭经济条件不好的儿童面临着很多困境。

种族

非裔美国家庭常常有很强烈的家族感，他们很乐意对大家庭的成员表示欢迎和支持。非裔美国家庭女性当家的情况相对普遍，因此大家庭提供的社会和经济支持就很关键。此外，老人（例如祖父母）当家的家庭也占了相对较高的比例。一些研究发现，生活在祖母当家的家庭里，儿童适应得特别好（McLoyd et al.，2000；Smith & Drew，2002；Taylor，2002）。

西班牙裔美国人通常很强调家庭生活、社区以及宗教组织的重要性。他们教育儿童要重视自己和家庭的关系，并把自己看成大家庭的核心。所以，西班牙裔美国儿童的自我感与家庭紧密联系在一起。西班牙裔美国人的家庭人口相对较多，每家的平均人口数为3.71，而白人家庭为2.97，非裔美国家庭为3.31（Cauce & Domenech-Rodriguez，2002；U. S. Census Bureau，2003；Halgunseth，Ispa，& Rudy，2006）。

尽管对亚裔美国家庭的研究相对很少，但现有研究表明，父亲更容易成为维持纪律的权力象征。与亚洲文化的集体主义取向一致的是，儿童一般认为家庭需求高于个人需求，而且尤其是男性需要照顾父母终生（Ishi-Kuntz，2000）。

贫穷

贫困家庭的基本日常生活资源更少，并且儿童的生活存在更多的干扰。例如，父母可能不得不寻找比较便宜的房子，或是为了找到工作举家搬迁。因此，父母可能对孩子需求的反应较少，提供的社会支持也较少（Evans，2004）。

困难的家庭环境带来的压力，以及贫穷儿童生活中的其他压力（比如在暴力犯罪率高且不安全的街区居住，以及在低师资水平的学校学习）最终会对他们造成伤害。经济条件不好的儿童存在学业表现更差，攻击行为和行为问题比率更高的风险。此外，经济福利的下降与心理健康问题有关（Sapolsky，2005；Morales & Guerra，2006；Tracy et al.，2008）。

团体照料：21世纪的孤儿

"孤儿"一词常会让我们想起衣衫褴褛，可怜兮兮的小孩，他们喝着麦片粥，住在简陋的慈善机构里。如今情况已经发生了变化。甚至"孤儿院"这个术语已很少使用，它已经被"青少年之家"或"青少

尽管20世纪初的孤儿院总是很拥挤和结构化，但如今的青少年之家和青少年居住中心更舒适。

年居住中心"所代替。当父母不能很好地照顾儿童时，就让这些儿童集中生活在一起，这就是青少年之家。它所照顾的人数相对较少，通常由来自联邦、州和地方的基金提供资金支持。

尽管过去 10 年里团体照料的儿童人数已有减少，还是有一部分美国儿童在某一天里会在寄养机构中。如今美国有超过 40 万的儿童居住在寄养机构中（Child Welfare Information Gateway，2017；见图 13-5）。

团体照料机构里的儿童大约有 75% 曾被忽视或遭到虐待。每年有 30 万的儿童会离开自己的家庭。在社会服务机构对其家庭进行干预后，大多数儿童能重新回到家中。另外的 25% 儿童由于受到虐待或其他原因的心理伤害特别大，以至于一旦他们被安置在团体照料机构里，他们就很可能整个童年阶段都待在那里。儿童若存在严重的问题（例如攻击性强或容易愤怒），就会很难找到领养家庭。事实上，即便是寻找能够处理他们情绪和行为问题的临时寄养家庭都非常困难（Chamberlain et al.，2006；Lee et al.，2011；Leloux-Opmeer et al.，2016）。

尽管一些公职人员认为增加团体照料能解决那些与依赖福利的未婚妈妈有关的复杂社会问题，但提供社会服务和心理治疗的专家并不这么认为。一方面，青少年之家不可能像正常家庭一样一直提供支持和关爱。另一方面，团体照料花费并不便宜。在团体照料中的一名儿童每年需要花费 4 万美元，这个数字大约是维持寄养儿童或给儿童提供福利费用的 10 倍（Roche，2000；Allen & Bissell，2004）。

专家指出，不能简单地评价团体照料本身的好坏。相反，离开自己的家庭生活对儿童可能具有积极的影响，这取决于青少年之家员工的特定特征以及儿童和青少年照料人员是否能与儿童建立起有效、稳定、深厚的情感联结。如果儿童不能与青少年之家的照料人员建立起有意义的关系，那么结果可能也会造成伤害（Hawkins-Rodgers，2007；Knorth et al.，2008；见表 13-2）。

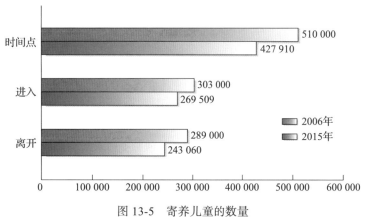

2006年和2015年中居住在、进入和离开寄养机构的儿童人数

图 13-5　寄养儿童的数量

尽管在过去 10 年里，寄养机构的儿童人数已有下降，但这个数目还是很多。

资料来源：Child Welfare Information Gateway. (2017). Foster care statistics 2015. Washington, DC: U.S. Department of Health and Human Services, Children's Bureau.

表 13-2　最优秀的和最差劲的儿童和青少年照料人员的个人特征

最优秀的照料人员	最差劲的照料人员
灵活的	表现反常的
成熟的	自私的
正直	防御的
判断力强	不诚实的
具备常识	虐待的
恰当的价值观	药物滥用 / 酒精滥用
负责的	不合作的
良好的自我形象	低自尊的
自我控制	古板的
响应权威的	不负责任的
擅长人际关系的	挑剔的
稳定可靠的	被动攻击的
低调的	不恰当的界限
可预测的 / 一致的	不道德的
无防御的	专制的 / 强迫的
养育的 / 坚定的	不一致的 / 不可预测的
有自知之明的	回避的
使儿童有自主感的	不吸取经验
合作的	差的榜样
好的榜样	生气的 / 暴躁的

资料来源：Shealy, C. N. (1995). "From Boys Town to Oliver Twist: Separating fact from fiction in welfare reform and out-of-home placement of children and youth." American Psychologist, vol. 50: 565-580.

案例研究

对我而言，太富有了

当12岁的艾迪到美国得克萨斯州旧金山的新学校时，她非常紧张。她的父母离婚之后，她和妈妈就搬到加利福尼亚州，因此在这所新学校她一个人都不认识。

开学第一天，艾迪要在新同学面前进行自我介绍。同学们听了反应都不大，有的觉得沉闷、有的表现出怀疑，直到她说出自己是从贝弗利山庄搬过来的。忽然，她发现同学们，特别是坐在班上前面的一群女同学，产生出一些兴趣。午饭的时候，其中一位女同学走向她并邀请她与其他女同学一起同坐，于是她很快就融入了她们。

她很高兴能够那么快交到新朋友，而且当她发现她的朋友是属于7年级中高端的圈子时，她更加兴奋。艾迪被认可了。

她的兴奋维持了将近一个学期。她发现自己需要有一定的装扮（昂贵的），喜欢特定的事情（比如她讨厌的逛街）和与不喜欢自己所喜欢做的事情（比如阅读）的人一起出去闲逛。而且她的朋友对贝弗利山庄有不切实际的想法。艾迪曾经居住的是朴实的住宅，而不是像好莱坞那样的豪宅。

艾迪不知道该怎么做。她跟不上这些女孩们，甚至不喜欢和她们在一块。她觉得自己像是被骗了。然而，她应该如何与这么有影响力的群体切断关系呢？她会成为被抛弃者，她会从高峰跌入谷底。她将会孤独一人。

她应该怎么做？

1. 艾迪在新学校的经历如何反映了儿童中期典型的社会性和人格发展问题？

2. 你认为是什么激励了艾迪的新朋友那么快地接纳她成为自己的一部分？她们所谓的友谊又是基于什么呢？

3. 艾迪处在友谊中的什么阶段，而这又如何影响她决定逗留或离开新朋友圈子的选择？

4. 参与新朋友圈子使艾迪获得了什么社会性的益处？坏处又是什么？如何将受欢迎问题与艾迪加入这一群女孩当中联系到一起？

5. 艾迪的家庭状况如何将她的发展问题以及她对朋友的矛盾想法这些事情的解决能力复杂化？

‖ 本章小结

在本章中我们探讨了儿童中期社会性和人格的发展并考察了自尊。在儿童中期儿童依赖于更深的关系和友谊，我们也讨论了性别和种族影响友谊的方式。我们看到家庭结构变化的本质也能够影响社会性和人格的发展。

请回忆导言中戴夫的故事，并回答以下问题。

1. 你会怎么描述戴夫在同伴中的社会地位？这个故事揭示了什么？

2. 你认不认为戴夫表示他喜欢按照自己的风格做事意味着他很少使用社会性比较？引证故事中的例子来支持你的答案。

3. 考虑到所有戴夫的不同观点，包括他自己的观点，你认为戴夫是如何处理埃里克森所谓的勤奋对自卑阶段？

4. 戴夫的自我概念如何构成一个通常从学龄前期至小学中年级阶段发生的转变的例子？你认为戴夫的自尊是怎么样的？

‖ 本章回顾

1. 儿童的自我观在儿童中期是如何变化的

- 根据埃里克森的观点，儿童中期的个体处于勤奋对自卑阶段，他们非常注重发展能力和应对很多挑战。

- 在这个阶段的儿童靠着与他人的合作以及在不同的社会群体及角色中穿梭来给自己找到一个在社会中的位置。

- 在儿童中期，儿童开始根据心理特征来看待自己，并将其自我概念分化为不同的领域。他们使用社会比较来评价自己的行为、能力、特长和观点。

2. 自尊在儿童中期的重要性

- 这一时期儿童的自尊一直在发展。长期处于低水平自尊的儿童容易陷入失败的恶性循环中，而低自尊引起的低预期和糟糕的表现进一步会降低儿童的自尊水平。

3. 儿童中期典型的关系和友谊的类别

- 儿童对友谊的理解经历了几个阶段，关注的重点从最初的相互喜欢和在一起的时间，到考虑个人特质和友谊可提供的奖赏，最后到理解亲密和忠诚。

4. 社会能力并解释导致受欢迎的个人特性

- 受欢迎的儿童普遍上是乐于助人的、幽默的、能够理解他人情绪，以及能控制自己的非言语行为。
- 儿童的受欢迎程度与构成社会能力基础的特质有关。由于社会互动和友谊的重要性，发展研究者致力于提高儿童的社会问题解决能力和社会化信息加工能力。

5. 性别如何影响友谊

- 儿童中期男孩和女孩都更多地选择同性别的朋友。男性友谊以群体、清晰的优势等级和限制性游戏为特征。女性友谊以一两个同伴的亲密关系、平等的地位和对合作的依赖为特征。

6. 种族如何影响友谊

- 随着儿童年龄的增长，跨种族友谊的频率有所减少。不同种族成员间地位平等的互动能够带来深刻的理解、相互尊重和接受，以及刻板印象的减少。

7. 霸凌的原因以及如何预防霸凌

- 霸凌与看暴力电视节目的经历、在家中的不良行为和受虐待的家庭生活有关。
- 学校的课程项目着重于训练学生在目击霸凌的发生时进行干预，而不是在一旁站着、看着。建议霸凌事件潜在的受害者拒绝与霸凌者接触、大胆的对抗霸凌，以及向父母、老师和其他成年人诉说自己的遭遇。

8. 当今家庭环境的变化

- 过去几十年来家庭环境发生了巨大变化。相比于过去几代，如今的儿童需要在更大程度上面对工作的父母、单亲父母和离婚。

- 在这个具有挑战性和不断变化的环境，儿童与父母需要达到共同约束（父母和儿童共同控制行为）以适应儿童增长的独立性。

9. 照料者在外工作对孩子的影响

- 父母皆工作的儿童一般过得都很好。"自我照料的儿童"（那些放学后要自己照顾自己的儿童）更可能觉得自己有能力，对家庭有贡献，其独立性更强。

10. 当今多样的家庭安排如何影响孩子的例子

- 父母在儿童中期时离婚对儿童的短期影响非常大，这主要取决于家庭的经济条件和离婚前配偶间的敌意水平。
- 生活在单亲家庭对儿童的影响取决于家庭的经济条件和之前父母间的敌意水平。
- 尽管儿童、父母和祖父母同住的多代同堂的家庭能够使生活环境更加丰富，但是如果父母和祖父母有不同的管教方法，那也更易于起冲突。
- 混合家庭向儿童提出了挑战，同时也为他们提供了社会互动的机会。

11. 种族和贫困对孩子家庭生活的影响

- 非裔美国人有很强的家族感，而家庭往往也是大家庭。许多非裔美国家庭都由母亲或祖母当家。
- 西班牙裔美国人有很强的家族感，他们依赖于社区和宗教组织。西班牙裔美国人的家庭往往是个大家庭。
- 亚裔美国家庭似乎有很强的对于父亲是纪律掌管人的形象。亚裔儿童被教育把家庭需求置于自己的需求之上。
- 不论是什么种族，家庭经济条件不好的儿童面对种种挑战，例如基本资源的缺乏、受干扰的居住结构、不安全的住宅和邻居，以及父母由于过于忙碌和劳累而无法对孩子渴望的需求做出回应。

12. 21 世纪团体照料的本质

- 生活在团体照料机构的儿童之前常常是忽视和虐待的受害者。有 25% 的美国儿童将要在团体照料机构中度过他们的童年。
- 专家相信不能简单地评价团体照料本身的好坏。相反，离开自己的家庭生活对儿童可能具有积极或消极的影响，这取决于青少年之家员工的特定特征以及照料儿童和青少年的人员是否能与儿童建立起有效、稳定、深厚的情感联结。

学习目标

1. 描述青少年经历的身体变化。
2. 解释青春期如何影响青少年。
3. 总结青少年的营养需求。
4. 描述青少年进食障碍的原因和影响。
5. 解释大脑发育对青少年认知发展的贡献。
6. 列出应激的原因和结果。
7. 描述青少年可以怎样应对压力。
8. 描述青少年中流行的非法药物使用及其引起的危险。
9. 描述青少年中酒精使用的发生率。
10. 解释为何青少年吸烟以及吸烟的流行。
11. 描述青少年性行为有哪些危险和后果。

第 14 章

青少年期的生理发展

导言：同伴组成的陪审团

同为 14 岁的洁迪和玛雅是很好的朋友，她们一起做过发型之后拍了几张自拍。在一个潮流服装店，她们穿着刚买的花边 T 恤衫又照了十几张照片。从商店出来之后，2 个女孩一起去了玛雅的家。在这里，她们打扮好自己并且化了浓妆。照了很多自拍之后，她们各自选了自己最好的照片，把它们上传到了 Instagram 的一个选美比赛中。她们还把照片放到了 Facebook 和 Tumblr 上。

评论开始涌来。洁迪获得了一些"赞"，但是玛雅得到了 3 倍多的"赞"。玛雅获得像"性感"和"养眼"这样的评论，而洁迪的照片只获得了"可爱"或者笑脸。

洁迪看着镜中的自己，化妆品遮住了她大部分的粉刺，但不是全部。她蓝色的眼睛很亮，但是相对于她的圆脸来讲太小了。她并不很瘦。"我没希望了。"洁迪想。

预览

许多青少年在跨越青春期挑战的过程中，挣扎着想要达到社会和自身的要求。相比管理过量工作的时间表，这些挑战要难得多。对于青春期的个体，他们的身体正发生着明显的变化，他们要面对性、酒精和其他药物的诱惑，快速发展的认知能力使这个世界看起来异常复杂，社会网络的不断变化，情感天平的倾斜，青少年发现自己处于一个令人兴奋、焦虑、欢乐、悲伤（有时又喜忧参半的）的人生阶段。

　　青少年（adolescence）处于儿童期和成人期之间的发展阶段，一般开始于 10 岁左右，20 岁左右结束。这是一个过渡阶段，青少年不再被视为儿童，但也还算不上成年人。在这一阶段，身体和心理都会出现明显的变化和成长。

　　本章主要介绍青少年的生理发展。我们从青春期开始，探讨青少年的生理成熟。然后，我们讨论早熟和晚熟的后果，以及这些后果存在的性别差异。我们还会介绍青少年的营养问题。同时，因为肥胖是青少年的常见问题，我们也将对肥胖的成因和后果进行系统的阐述，并探讨进食障碍问题。

　　随后，我们关注青少年的应激及其应对。我们将追寻青少年应激的成因，以及长期应激和短期应激的后果。同时，我们还将探讨应激的应对策略。

　　最后，我们探讨威胁青少年幸福的主要因素，包括药物、酒精和烟草的使用以及性传播疾病。

生理的成熟

　　对于阿瓦部族的男性成员来说，一项精心计划的仪式标志着青少年期的开始，即他们正式告别童年期，迈向成年期，虽然在西方人眼中这个仪式相当恐怖。男孩子要被鞭子和带刺的枝条抽打 2 ～ 3 天。通过抽打，男孩赎回他们之前的罪过，并对在战争中死去的族人表示尊重。这仅仅是开始，仪式要持续很多天。

　　因为我们进入青少年时期不必忍受这样的身体磨炼，大多数人可能会心存感激。不过，西方个体也有他们自己的仪式来纪念青少年期的开始，这些仪式相比而言没有那么可怕，例如犹太男孩和女孩 13 岁时的犹太成人礼，以及很多基督教教派的成人礼（Dunham，Kidwell，& Wilson，1986；Eccles，Templeton，& Barber，2003；Hoffman，2003）。

　　无论不同文化中的仪式的本质如何，它们的最终目的大体相同：庆祝某些生理变化，这些变化标志着童年期的结束和成年期的开始，也就是说，他们可以繁殖后代了。

青少年的成长：身体的快速发育和性成熟

　　在短短的几个月中，青少年个体就能长高好几英寸，需要不断更新衣服来适应自身的变化，至少是从儿童到青少年体型方面的转变。变化的一个表现就是出现青少年期的快速生长（adolescence growth spurt），在这一时期青少年身高和体重快速增长。平均而言，男生一年能长高 4.1 英寸（约 10cm），女孩长高 3.5 英寸（约 8.6cm）。有些青少年甚至可以在一年中长高 5 英寸（12.3cm）（Tanner，1972；Caino et al.，2004）。

　　男孩和女孩青少年期的快速生长开始的时间稍有不同。女孩的快速生长开始于 10 岁左右，而男孩则始于 12 岁左右（见图 14-1）。在 11 ～ 13 岁时，女孩总体上比男孩要高；到了 13 岁以后，男孩高于女孩，并且这种状态会一直持续下去。

　　青春期（puberty）是性器官成熟的阶段，开始于脑垂体释放信号刺激体内的其他腺体分泌成人水平的性激素：雄性激素（男性荷尔蒙）或者雌性激素（女性荷尔蒙）。尽管男性和女性都会分泌这两种性激素，但男性分泌更多的雄性激素，女性分泌更多的雌性激素。垂体会刺激身体分泌更多的生长激素，它们与性激素共同作用来促进青春期的快速发育。除此之外，在青春期之前，瘦素（一种与月经开始有关的激素）也开始起作用。

　　脑中的下丘脑、垂体和性腺（女性的卵巢、男性的睾丸）形成了一个反馈环路，分泌雄性激素和雌性激素并控制其水平。下丘脑、垂体和性腺的交互作用被称为"下丘脑—垂体—性腺轴"。当下丘脑要求垂体分泌更多或者更少激素的时候，"下丘脑—垂体—性腺轴"就会发挥作用。相应地，垂体指挥性腺分泌激素。之后，当激素含量达到最佳值之后，下丘脑指挥垂体停止增加激素水平。

　　激素分泌过程相当重要。第一，它们规划了大脑在青少年期的发展，正如在其他发展阶段一样。第二，它们激活并驱动了对于人类存在至关重要的某些行为，包括性驱力、饥饿和口渴。

　　与快速生长类似，女孩青春期开始的时间也比男孩早。女孩大概在 11 岁或 12 岁时开始进入青春期，而男生则在 13 岁或 14 岁时才开始。然而，这也有很大的个体差异。例如，有些女孩在七八岁时就开始发育，有些则直到 16 岁时才开始。

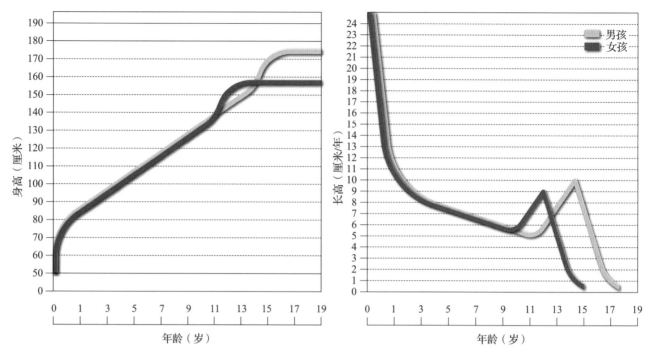

图 14-1　成长模式

　　成长模式以两种方式描绘出来。左图描绘的是在特定年龄，青少年个体身高的发育状况；右图显示的是从出生到青少年期结束时，个体身高的增长情况。值得注意的是，女孩的快速生长开始于 10 岁左右，而男孩则在之后的 2 年才开始。到了 13 岁，男孩就已经比女孩高了。对于男孩和女孩来说，知道自己高于或低于平均身高水平会产生什么样的社会影响呢？

　　资料来源：Adapted from Cratty, B. (1986).Perceptual and motor development in infants and children (3rd. ed.). Englewood Cliffs, NJ: Prentice-Hall.

女孩的青春期

　　现在还不清楚为什么青春期始于某一特定时期。但可以肯定的是，环境和文化因素起了一定的作用。月经初潮（menarche）是指月经最初开始的时间，可能是女孩青春期最显著的特征，存在明显的地区差异。在贫困的发展中国家或地区，月经开始的时间要晚于经济发达的国家或地区。而在发达国家或地区内部，富裕家庭的女孩月经要早于非富裕家庭的女孩（见图 14-2）。

　　由此可见，吸收了更多的营养、更加健康的女孩比营养不良或者患有慢性疾病的女孩更早开始月经。一些研究发现，体重或身体中脂肪与肌肉的比例也会对月经初潮产生影响。例如，在美国，脂肪较少的运动员开始月经的时间要晚于不怎么运动的女生。相反地，肥胖会增加瘦素的分泌，进而导致更早地进入青春期（Woelfle, Harz, & Roth, 2007；Sanchez-Garrido & Tena-Sempere, 2013；Shen et al., 2016）。

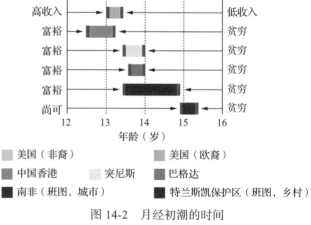

图 14-2　月经初潮的时间

　　生活在经济发达国家或地区中的女孩，其月经初潮的时间要早于贫困国家或地区的少女。即使同在发达国家或地区，富裕家庭的女孩的月经初潮也早于非富裕家庭的女孩。

　　资料来源：Adapted from Eveleth, P., & Tanner, J. (1976). Worldwide variation in human growth. New York: Cambridge University Press.

其他因素也会影响月经初潮的时间。例如，父母离异、严重的家庭冲突等因素所造成的环境应激，会导致月经初潮的时间提前（Kaltiala-Heino, Kosunen, & Rimpela, 2003; Ellis, 2004; Belsky et al., 2007）。

在过去大约一百年的时间里，美国及其他国家的女孩进入青春期的年龄都有所提前。在 19 世纪末，月经开始的平均年龄是 14 岁或 15 岁，而现在差不多是 11 岁或 12 岁。青春期的其他标志（例如达到成人的身高及完成性成熟的年龄）也都有所提前，这可能是由于疾病的减少和营养的改善（McDowell, Brody, & Hughers, 2007; Harris, Prior, & Koehoorn, 2008; James et al., 2012）。

青春期的提前开始是一种通过几代人表现出来的**重大长期趋势**（secular trend）。长期趋势是指通过几代人的积累而导致的身体特征的改变，例如由于几个世纪以来营养条件的改善而导致的月经的提前开始，或身高的增加等。

月经初潮只是与第一性征、第二性征发展相关的青春期中若干变化的一种。第一**性征**（primary sex characteristics）与某些器官或结构的发育相关，而这些器官或结构直接与繁殖有关。相应地，第二**性征**（secondary sex characteristics）是与性成熟相关的身体外观特征，这些特征与性器官无直接关系。

女孩第一性征的发展是指阴道与子宫的变化。第二性征包括乳房和阴毛的变化。乳房从 10 岁左右开始发育，阴毛从 11 岁左右开始出现，腋毛则在 2 年后出现。

女孩的快速生长要早于男孩，这导致男女同框的场景中呈现出明显的生长差异。

有些女孩的发育征兆出现的异常得早。1/7 的白人女孩乳房或阴毛从 8 岁起就开始发育。更令人惊讶的是，非裔美国女孩这种情况的比例是 50%。发育过早的原因尚不清楚，对于如何区分进入青春期的情况是否正常，专家还没有得出一致的结论（Ritzen, 2003; Mensah et al., 2013）。

男孩的青春期

男孩的性成熟经历了与女孩不同的过程。12 岁左右，男孩的阴茎和阴囊开始快速发育，3～4 年后达到成人大小。在阴茎发育的同时，其他的第一性征也随着前列腺和精囊（产生精液的地方）的发育而发展。男孩的初次遗精大约发生在 13 岁，即在男孩开始产生精子的 1 年以后。起初，精液中只含有较少的精子，但随着年龄的增长，精子的数量也显著增加。

此时，第二性征也开始发展。12 岁左右，男孩的阴毛开始出现，接着出现腋毛和胡须。最终，由于声带变长，喉结变大，男孩的声音变得深沉（见图 14-3）。

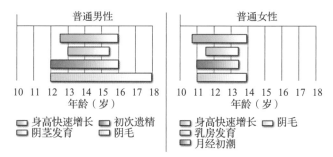

图 14-3 青少年期性成熟的变化

男性和女性在青少年早期性成熟时所会发生的身体变化。

资料来源：Adapted from Tanner J. M. (1978). Education and Physical Growth (2nd ed.), New York: International Universities Press.

激素的大量分泌促发了少年期的开始，同样可能导致情绪的快速变化。例如，男孩经常会感到生气和烦恼，这和较高的激素水平有关。女孩与激素相关的情绪则有所不同：较高的激素水平会导致愤怒和抑郁（Fujisawa & Shinohara, 2011; Sun et al., 2016）。

身体意象：对青少年期身体变化的反应

与同样发展迅速的婴儿不同，青少年能很好地意识到身体所发生的变化,他们会很喜欢或很骄傲地回应这种变化,长时间地站在镜子前审视自己的身体。很少有人对自己的变化无动于衷。

请注意图中同一男生在青春期前后的变化。

青少年期的一些变化不只是表现在身体上,还表现在心理上。在过去,女孩对于月经初潮表现得很焦虑,因为西方社会更强调月经的负面影响,例如痛经、脏乱。现在,社会对月经的看法更加积极。在某种程度上是因为月经已经不再神秘,并且可以更加公开地进行讨论(例如,电视中卫生巾的广告已非常普遍)。这样一来,月经初潮往往伴随着自尊的增长、地位的上升和更强的自我意识,因为进入青少年期,女孩会觉得自己正在长大成人(Johnson, Roberts, & Worell, 1999;Matlin, 2003;Wilkosz et al., 2011;Yuan, 2012;Chakraborty & De, 2014)。

男孩的初次遗精与女孩的月经初潮一样意义重大。不过,女孩一般会把月经初潮告诉母亲,而男孩很少把他们初次遗精告诉父亲或者朋友(Stein & Reiser, 1994)。为什么呢?原因之一是女孩需要卫生巾,而母亲可以提供给她们。还有可能是因为男孩把初次遗精看作性发育的一个迹象,而他们对于性这个领域还一无所知,所以不愿和他人讨论。

尽管月经和遗精是悄悄发生的,但体形大小的改变是显而易见的。因此,十几岁开始发育的青少年通常对自己身体的变化感到尴尬。尤其是女孩,常常因自己变化的身体而闷闷不乐。很多西方国家的理想美人十分消瘦,而现实生活中的女性很难达到。发育使得身体里面出现大量的脂肪组织,同时臀部也会变

大——这和社会所要求的苗条相去甚远(McCabe & Ricciardelli, 2006;Cotrufo et al., 2007;Kretsch et al., 2016)。

> **从教育工作者的视角看问题**
>
> 为什么青少年期在许多文化中都会被认为是一个特殊的转变期,需要独特的仪式?

儿童对身体发育的反应如何,在某种程度上取决于他们何时进入青春期。尤其是那些发育过早或过晚的青少年个体,更容易受到开始时间的影响。

早熟

对于男孩来说,早熟带来很大的好处。由于身材高大,早熟的男孩很容易在体育运动中取得成功。他们会变得更受欢迎并且拥有更积极的自我概念。

早熟的男生更容易在体育方面取得更大的成功,并且拥有更积极的自我概念,但是为什么早熟会产生消极影响呢?

对男孩来说,早熟也会有一些负面影响。在学校里,早熟的男孩更容易出现问题,他们更可能出现不良行为和物质滥用。原因在于他们高大的身材使得他们更可能去接触年龄比他们大的人,而这些人可能会诱导他们做出不适合他们年龄的事情。不过,总的来说,男孩早熟利大于弊(Taga, Markey, & Friedman, 2006;Costello et al., 2007;Lynne et al., 2007;Beltz et al., 2014)。

对于早熟的女孩来说，情况就不大一样了。她们身体的显著变化（例如乳房的发育），可能会令她们感觉不舒服，和同伴相比也显得与众不同。此外，由于女孩一般比男孩发育得早，早熟可能出现在女孩很小的时候。早熟的女孩可能会受到她未发育的同学长时间的嘲笑（Olivardia & Pope, 2002; Mendle, Turkheimer, & Emery, 2007; Hubley & Arim, 2012; Skoog & Özdemir, 2016）。

早熟对女孩来说也并不完全是一件坏事。早熟的女孩可能会被男生更多地作为潜在的约会对象，受到追求，她们的受欢迎度将会提高她们的自我概念。这种引人注意是有代价的，相比于那些更加成熟的女孩，她们可能还没有做好准备进行这种一对一的约会，这对早熟的女孩来说可能是一种心理上的挑战。并且，她们与未发育同学的明显差异可能会产生消极的后果，从而造成焦虑、不快和抑郁（Kaltiala-Heino, Kosunen, & Rimpela, 2003; Galvao cr al., 2013）。

文化规范和标准对女性的要求在很大程度上影响着早熟女孩。在美国，媒体上和现实社会中对于女性特征的看法存在很大争议。看起来很"性感"的女孩可能会同时得到积极的和消极的注意。

除非一个女孩可以很好地处理早熟给她带来的种种问题，否则早熟的结果可能会是消极的。在一些性观念比较开放的国家，早熟的结果可能会更加积极。例如，相比于美国的早熟少女，那些性观念比较开放的国家的早熟女孩拥有更高的自尊。此外，在美国的不同地区，早熟的后果也略有不同，这取决于女孩的同伴群体的性观念和社会对性的主流标准（Petersen, 2000; Güre, Ucanok, & Sayil, 2006）。

晚熟

与早熟一样，晚熟的后果也有利有弊。不过，一般在这种情况下，男孩的遭遇比女孩更差。例如，比同伴瘦小的男孩会被视为没有吸引力。由于瘦小，他们不擅长体育运动。并且由于人们总是希望男孩长得又高又大，晚熟男孩的社会生活可能会受到影响。

最终，如果这些弊端导致了自我概念的下降，晚熟的不利影响会一直持续到成年期。从积极方面来看，应对晚熟带来的种种挑战也会在某些方面给男性带来很大的帮助。晚熟男孩也有很多优点，例如果断和有洞察力（Kaltiala-Heino, Kosunen, & Rimpela,

2003; Benoit, Lacourse, & Claes, 2014）。

晚熟女孩所面对的则是非常积极的状况。从短期来看，晚熟的女孩可能会在初中阶段的约会以及其他混合性别的活动中被忽视，她们可能具有相对较低的社会地位。但当她们进入 10 年级开始发育后，晚熟女孩对自己和身体的满意度会高于早熟的女孩。事实上，晚熟女孩出现的情绪问题更少。为什么呢？因为相比于那些看起来更壮的早熟女孩，晚熟女孩更能满足社会对于苗条的要求（Kaminaga, 2007; Leen-Feldner, Reardon, & Hayward, 2008）。

总之，人们对早熟和晚熟的反应十分复杂。如前所述，为了更好地理解个体的发展，我们必须全面地考虑各种潜在的影响因素。一些发展学家认为，相比于早熟晚熟，一些其他的因素（例如同伴群体的变化、家庭动力学，尤其是学校和其他社会机构）会对青少年行为产生更大的影响（Stice, 2003; Mendle, Turkheimer, & Emery, 2007; Hubley & Arim, 2012）。

营养与食物：为青少年期的成长提供能量

蒂姆总是感到饿。他没有吃早餐，但是在课间吃了很多饼干。午饭时，他吃了几个三明治。放学后，他和朋友一起吃比萨饼或者汉堡，之后和全家人一起吃晚饭。在做作业或者上网的同时，他总是要带着一大袋薯条。在 10 年级结束之前，蒂姆比他高中入学时重了 40 磅。其中的一部分原因是青少年期的正常发育，而主要原因还是他吃了太多垃圾食品。他的医生说他已经出现了肥胖症状。

食物摄取量的增长为青少年期快速的身体发育提供能量。尤其是在快速生长期，青少年摄入大量的食物，卡路里的摄入量迅猛增加。在青少年期，女孩平均每天大约需要 2 200 卡路里的热量，男孩则平均需要 2 800 卡路里。

当然，并非只有卡路里才能促进青少年的发育，其他营养物质也是必不可少的，例如钙和铁。牛奶提供的钙质帮助骨骼发育，并且可以防止日后骨质疏松症（骨头变薄）的出现——这种疾病大约影响了 25% 的女性日后的生活。同样地，铁对于预防缺铁性贫血非常重要，这种疾病对于青少年而言并不罕见。

对大多数青少年来说，最主要的营养问题在于维持膳食平衡。两种极端的营养摄取方式已经发展成为令人相当担忧的问题，都可能对健康造成威胁。其中最常见的问题包括：肥胖和进食障碍。

20%的青少年超重，每20个青少年里就有1个像蒂姆一样被正式划分为肥胖（体重超过标准体重的20%）。在青少年期阶段，女性肥胖的比例还在不断增长（Kimm et al.，2002；Critser，2003；Mikulovic et al.，2011）。

尽管与年幼的儿童相比，青少年肥胖产生的原因并未发生变化，但其产生的心理后果可能会更加严重。因为青少年十分关注自己的身体形象。此外，青少年期肥胖也会对健康产生巨大的潜在威胁。例如，肥胖加重了循环系统的负担，增加了罹患高血压和糖尿病的可能性。最后，肥胖的青少年有80%的可能性成为肥胖的成年人（Wang et al.，2008；Patton et al.，2011；Morrison et al.，2015；Gowey et al.，2016）。

缺乏运动是肥胖主要的罪魁祸首之一。一项调查显示，到青少年期末期，大部分女性除了学校里的体育课程，几乎不参加额外的户外锻炼。事实上，年龄越大，女性参与的锻炼越少。这个问题在黑人女性中更加严重，超过50%的黑人女性报告说自己没有参加校外的体育锻炼，而白人女性的比例为1/3（Reichert et al.，2009；Nicholson & Browning，2012；Puterman et al.，2016；见图14-4）。

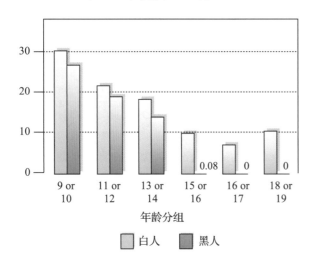

图14-4　身体运动的减少
白人女性和非裔美国女性在青少年期发展过程中不断减少身体运动。造成这种现状的原因是什么？
资料来源：Kimm, S. Y. et al. (2002). "Decline in physical activity in black girls and white girls during adolescence." New England Journal of Medicine, vol. 347: 709-715.

为什么青少年女性很少参与到锻炼中来呢？这可能因为适合于女性的运动项目和器材的缺乏，甚至还可能是认为男孩比女孩更适宜运动的文化规范造成的结果。

其他原因也会导致青少年期的高肥胖率。其中一个原因是快餐的摄入，快餐的卡路里和脂肪含量很高，并且它的价格是青少年所能承担的。除此之外，许多青少年将大量的休闲时间用于看电视、玩电子游戏和上网。这些久坐的活动不但占用了锻炼的时间，而且在做这些活动时青少年还会进食许多垃圾食品（Bray，2008；Thivel et al.，2011；Laska et al.，2012）。

进食障碍：神经性厌食症和贪食症

18岁的詹娜每天只靠早上的一小碗谷物和晚餐的一个苹果或一个梨度日。她十分害怕自己体重增加（她家里的女人普遍易胖）。詹娜去芝加哥上大学时起就为自己制订了严格的节食计划，而当她回到西雅图的家中过暑假时，她的母亲见到她时完全是一副震惊的样子。

"我能看到她衣服里面骨骼的轮廓。"詹娜的母亲说道。当詹娜的姐姐（同时也是她的偶像）在那一周稍晚时候从大学回来时，看到她妹妹的第一眼就哭了出来。

"差不多就是这样，"詹娜说，"当我看到克莱尔的反应时，我只好艰难地审视自己。"她173厘米的个子只有39千克，比她1年前轻了9千克。"我很难相信这一点，"她说，"我认为是体重秤出问题了。当看到镜子里的我时，感觉像是在看一个气球或者一条鲸鱼。我无法相信我已经瘦得像一个鬼魂。"

正如我们之前看到的，晚熟的女孩更能满足社会对苗条健康的要求。然而，当发育过程真的开始时，女孩以及越来越多的男孩会发现自己镜中的形象与大众传媒中完美榜样的差异。这时，他们应该怎样应对呢？

对于肥胖的恐惧以及努力避免发胖的愿望有时是如此强烈，从而导致了另外一个问题。例如，詹娜患有神经性厌食症（anorexia nervosa），这是一种不肯吃东西的严重进食障碍。他们那错乱的身体意象导致他们拒绝承认自己的行为和外表异于常人，即使自己的身体已变得骨瘦如柴。

这个年轻的女子遭受着神经性厌食症的折磨，这是一种拒绝吃东西的进食障碍，患者否认自己的行为和外表异于常态。

厌食症是一种危险的心理障碍。15% ～ 20% 的患者最终因绝食而死。12 ～ 40 岁的女性最容易产生这种问题。来自富裕家庭的聪明、成功且具有吸引性的白人青少年女孩最容易罹患厌食症。现在越来越多的男孩也表现出厌食症的症状。有 5% ～ 15% 的患者是男性，而且这个比例还在增长，这种状况的出现与类固醇的使用有关（Ricciardelli & McCabe, 2004；Crisp et al., 2006；Schecklmann et al., 2012）。

虽然厌食症患者吃得很少，但他们仍然对食物很感兴趣。他们可能会经常去购买食物、收集烹饪书籍、谈论食物或为他人烹制食物。虽然他们已经很瘦了，但由于身体意象的扭曲，他们仍然会觉得镜子里的自己胖得离谱，想要继续减肥。他们很难察觉到自己已经瘦得皮包骨头了。

贪食症（bulimia）是一种进食障碍，它的特点是暴饮暴食，然后通过泻药或催吐来清除食物。贪食症患者可能会吃掉近 4 升的冰激凌或者一整包玉米饼。然而，在疯狂进食后，他们会产生强烈的负罪感和抑郁情绪，因此要清除这些食物。

尽管贪食症患者的体重相对正常，但这种障碍非常危险。在"暴饮暴食－清除"这一循环中，持续的呕吐和腹泻可能会造成体内化学成分的失衡，最终导致心力衰竭。

一些青少年会受到暴食症的困扰。暴食症（Binge-eating disorder）是一种严重的进食障碍。暴食症患者吃很大量的食物，这一过程通常很快而且为他们带来不适、失控感和羞耻感。与贪食症不同，暴食症患者并不会在暴食之后清除食物，因此患者可能会变得很肥胖。

暴食症通常在青少年期晚期发病，不过更年轻或者年长的人也可能会发病。大约 40% 的暴食症患者是男性。

尽管很多因素都可能导致进食障碍，但其真正的原因尚不明确。进食障碍前期往往伴随着饮食控制，而在以苗条为美的社会标准下，甚至是体重正常的人也会减肥。这种控制感和成功感激励着个体减掉更多的体重。此外，早熟以及过胖的女孩，在青少年晚期由于想要变得更加符合瘦弱、孩子气的体格等文化标准，更可能出现进食障碍。抑郁的青少年也更有可能发展出进食障碍（Bodell et al., 2011；Wade & Watson, 2012；Schvey, Eddy, & Tanofsky-Kraff, 2016）。

一些学者认为，神经性厌食症和贪食症可能具有生物学基础。双生子研究表明，这些障碍可能会受到遗传的影响。此外，患者有时也会出现激素失调的情况（Wade et al., 2008；Baker et al., 2009；Xu et al., 2017）。

其他对进食障碍的解释强调了心理和社会因素。一些学者认为，孩子进食障碍可能是追求完美、过分要求的家长造成的结果，或其他家庭问题导致的副产品。文化环境有一定的作用。例如，在以瘦为美的文化中，人们会出现神经性厌食症。在大多数地方没有这样的标准。在美国以外的地方，厌食症并不常见（Harrison & Hefner, 2006；Bennett, 2008；Bodell, Joiner, & Ialongo, 2012）。

在亚洲，除了受西方文化影响很深的地区，其他地方并没有出现厌食症。神经性厌食症是最近才出现的障碍。在以丰满为美的 17 ～ 18 世纪并没有厌食症。美国厌食症男性患者人数的增加可能是因为社会对几乎肌肉型体格的推崇，这种体型要求男性基本上没有脂肪（Mangweth, Hausmann, & Walch, 2004；Makino et al., 2006；Greenberg, Cwikel, & Mirsky, 2007）。

由于神经性厌食症和贪食症是生物和环境因素的产物，治疗方式也涵盖多种方法。例如，心理治疗和修正食谱都是必需的。在一些极端案例中，可能还需要住院治疗（Wilson, Grilo, & Vitousek, 2007；Keel & Haedt, 2008；Stein, Latzer, & Merick, 2009）。

大脑发育和思维：为认知发展铺平道路

青少年期带来了更强的独立性。青少年越来越倾向于坚持自己的权利。从一定程度上来说，这种独立性是大脑变化的结果，这种变化为青少年期认知功能的显著发展铺平了道路。接下来，我们要讨论的就是这一点。随着神经元（神经系统基本单元）数量的不断增加，它们之间的连接变得越来越丰富和复杂。青少年的思维也变得越来越复杂化（Petanjek et al., 2008；Blakemore, 2012；Konrad, Firk, & Uhlhaas, 2013）。

大脑在青少年阶段产生了过量的灰质，这些灰质随后会以每年 1%～2% 的速度消失（见图 14-5）。髓鞘化（神经元细胞被脂肪细胞所包围的过程）使得信息传导更有效。灰质消失的过程以及髓鞘化对青少年认知能力的发展都起到重要作用（Sowell et al., 2001；Sowell et al., 2003；Mychasiuk & Metz, 2016）。

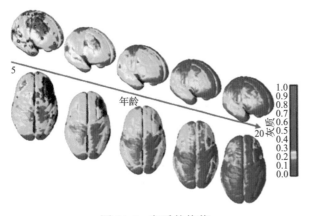

图 14-5　灰质的修剪

随着儿童长大成人，大脑中的灰质会被不断地修剪。这些成分扫描图展示了个体（5～20 岁）大脑皮层的灰质改变和其他生理改变。

资料来源：Nitin Gogtay, et. al. (2004) "Dynamic mapping of human cortical development during childhood through early adulthood," Proceedings of the National Academy of Science of the United States of America (PNAS), vol. 101, no.21: 8174-8179. Copyright (2004) National Academy of Sciences, U.S.A.

在青少年期，前额叶迅速发展，但直到 20 多岁，才能完全发育成熟。前额叶是个体以人类特有的方式进行思考、评价和做出复杂决策的脑区。它为青少年复杂智力的发展打下基础。

在青少年期，前额叶与其他脑区沟通的有效性显著提高。这有助于个体建立联系广泛、结构复杂的大脑沟通系统，使不同脑区能够更加有效地处理信息（Scherf, Sweeney, & Luna, 2006；Hare et al., 2008；Wiggins et al., 2014）。

前额叶也是负责冲动控制的脑区。前额叶发育完全的个体可以很好地控制自己的情绪，而不是简单地表现出愤怒或狂暴等情绪。

前额叶是负责冲动控制的脑区，在青少年期尚未发育完全，这使得该年龄群体经常做出一些危险和冲动的行为。

由于青少年期前额叶的发育并不完全，冲动控制能力还不是很好，因而青少年常常做出一些危险、冲动的行为，这些行为具有明显的青少年期特征。不仅如此，根据一些研究人员提出的理论，青少年不止会低估风险行为的危险，还会高估从这些行为中获得的奖赏。无论青少年做出风险行为的原因是什么，这些发现都引起了关于是否应当对青少年做出死刑判决的激烈争论，这个问题我们会在稍后讨论（Steinberg & Scott, 2003；Shad et al., 2011；Casey, Jones, & Somerville, 2011；Gopnik, 2012）。

前额叶发育的不完全也可能导致积极的行为。例如，青少年可能表现出强烈的情感，这些情感使他们拥有对理想主义的追求，而且可能会增加他们的创造力。

青少年大脑发育也使得涉及多巴胺敏感性和多巴胺分泌的相关脑区产生了变化。这使得青少年对酒精的感受性降低，需要提高酒精的摄入量才能体验到快感。同时，多巴胺感受性提高也使得青少年对应激更敏感，这进一步导致了酒精的使用（Spear，2002）。

对于不成熟大脑的争论

这是一起骇人听闻的案件。17岁的西蒙和15岁的本杰明为了实施盗窃，进入了46岁的雪莉的家。他们把雪莉绑起来，用银色胶带封住了她的嘴巴和眼睛，然后把她从桥上推下，导致了她的死亡。西蒙和本杰明因此被拘押并承认了罪行。他们详细地交代了计划和实施犯罪的过程，甚至为警方重新表演了当时的谋杀过程。陪审团考虑到这起犯罪的性质及其中包括的明显预谋成分，做出了有罪判决，并建议判处死刑。

本杰明被判终身监禁，西蒙则判为死刑。然而，西蒙的律师上诉，最终美国最高法庭规定，任何18岁以下的少年（包括西蒙），因为年纪尚小，不能被执行死刑。

在所有的证据中，最高法庭权衡了神经科学家和儿童发展学家提供的证据，他们指出青少年的大脑在很多方面还在继续发展，由于脑部发育不成熟，他们缺乏相应的判断能力。基于这个原因，青少年没有能力做出理智的决定，因为他们的神经传导不像成人那样熟练。

青少年是否需要为自己的罪行负责这一争论源于对大脑的研究。研究发现十几岁时（有时甚至年龄更大）大脑还在发育并趋于成熟。例如，那些由灰质组成的、非必要的神经元会在青少年期消失，取而代之的是白质的数量。灰质的减少和白质的增加使个体能够进行更加复杂、思维水平更高的认知过程（Beckman，2004；Ferguson，2013；Luna & Wright，2016）。

当额叶中包含更多白质的时候，个体会更好地控制冲动。神经学家鲁本·古尔（Ruben Gur）说："如果你被侮辱了，你的情绪大脑告诉你，'杀了他'，而你的额叶会告诉你，你正站在鸡尾酒会的中央，'所以让我们用尖刻的话来反击他吧'"（Beckman，2004：597）。

青少年大脑的审查过程并不是很高效。因此，十几岁的青少年可能会表现得很冲动，并且以感性反应代替理性反应。除此之外，由于大脑尚未发育成熟，青少年预测行为后果的能力也十分有限。

难道仅仅因为青少年大脑的不成熟，所以与那些大脑成熟的个体相比，青少年犯罪之后就可以受到更少的惩罚？这不是一个简单的问题，同时，回答这个问题需要的不仅仅是科学研究，更需要相关的道德研究（Aronson，2007）。

睡眠剥夺

由于学业负担和社交需求的增加，青少年晚上睡得更晚，起得更早。因此，他们的生活常伴有睡眠被剥夺的恍惚感。

睡眠剥夺是从青少年内部生物钟的改变而开始的。特别是年龄大些的青少年睡觉时间较晚，早上起床也较晚，他们每晚需要9个小时的睡眠恢复活力。因为他们经常有早课，并且不到深夜没有困意，所以他们实际睡觉的时间要比身体所需的睡觉时长少得多（Wolfson，& Richards，2011；Dagys et al.，2012；Cohen-Zion et al.，2016）。

睡眠剥夺是有代价的。困乏的青少年的成绩相对较差，也更为抑郁，难以控制自己的心情。除此之外，车祸更容易发生在他们身上（Roberts，Roberts，& Duong，2009；Roberts，Roberts，Xing，2011）。

应激与应对

刚到上午10：34，珍妮弗好像已经干了一整天的事情。早晨6：30起床后，她学了一会儿美国历史，因为下午有美国历史的考试。在学习的时候她狼吞虎咽地吃了早饭，然后便去了兼职的学校书店上班。

因为她的车出了小毛病在修理，所以她不得不乘公交。公交车晚点了，珍妮弗不能在途中停留去取她订好的书。她默默告诉自己尽量在午餐时取回那本书（虽然她认为到时不一定能够取回来），她从公交车站冲向工作的书店，到达的时候迟到了几分钟。虽然她的上司并没有说什么，但珍妮弗解释迟到的原因时，她显得很不耐烦。珍妮弗认为，自己应该做些什么进行补救，她主动接了给货单分类的活，这个活是她乃至所有人都讨厌的。在整理货单的时候，她还需要接听电话，接待大量提出特殊要求的顾客。上午10：34时，汽车修理厂打来电话，告诉她的修车费用高达几百美元，这对她而言是笔不小的费用。

如果你观测珍妮弗的心率和血压，它们一定都高于正常水平。这没什么可惊讶的，因为她正经历着应激事件。

几乎没有人需要对应激（stress）做更多的解释，应激是我们对各种威胁性或挑战性事件的反应。每个人都有应激，大多数人的生活都被各种事情和环境所包围，这就是应激源，它们威胁着我们的幸福。应激源不一定是令人不愉快的事情。甚至是最让人高兴的事情，例如从高中毕业或被一个知名大学录取等，也能让青少年产生应激。

应激会产生多种结果。最直接的后果是典型的生理反应，例如肾上腺分泌激素，引起心率、血压的增高，呼吸频率的增快以及汗液的分泌。在某些情境下，人们可以从这些直接反应中受益，因为它们会使交感神经系统产生一种"应激反应"，帮助人们抵抗突发的、威胁性的情况。例如，当个体面对一只狂吠的狗时，会使出浑身解数去应对当时的应激状态。

如果长期而持续地暴露于应激之下，会导致身体应对应激的能力有所下降。由于应激激素的持续分泌，可能会导致心脏、血管及其他身体组织受损，造成人体抗菌能力的下降，使得人们更容易患病。总之，急性应激源（短暂的突发事件）和慢性应激源（长期持续的事件或环境）都会潜移默化地影响人们的身体健康，并且后果不堪设想（Graham, Christian, & Kiecolt-Glaser, 2006; Brugnera et al., 2017）。

应激的源起：对生活挑战的反应

尽管个体在进入青少年期之前，就已经经历过应激状态，但在十几岁时，它变得更加难以承受，而且应激往往需要付出可怕的代价（见图 14-6）。从长远来看，个体应激时的生理唤醒会造成持续的身体消耗，对机体产生消极影响。头痛、背痛、皮疹、消化不良、慢性疲劳、睡眠障碍，甚至连普通感冒都与应激有关（Cohen et al., 1993; Reid et al., 2002; Grant et al., 2011）。

应激也可能导致心身失调（psychosomatic disorders），它是由心理、情感和身体障碍的交互作用而导致的疾病。比如，应激可以导致或恶化许多疾病，包括溃疡、哮喘、关节炎和高血压等（Siegel & Davis, 2008; Marin et al., 2009）。

应激可能引起更严重，甚至是危及生命的疾病。一些研究发现，个体在一年中所承受的应激事件越多，他罹患重病的可能性就越大（Holmes & Rahe, 1967; Alverdy, Zaborin & Wu, 2005; 见表 14-1）。

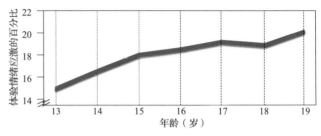

图 14-6 青少年应激

青少年学生可能正处于应激状态，他们会因未来的工作地点以及工作方向而倍感压力。健康工作者能否找到某种标志，来帮助识别青少年是否处于应激状态？

资料来源：National Longitudinal Study of Adolescent Health. (2000). Teenage stress. Chapel Hill, NC: Carolina Population Center.

表 14-1 你承受了多大压力

请回答表中问题，并将数字填入相应的格子。它可以帮助测试你的应激水平。请根据近一个月的状况回答，每题下面的选项将帮你确定自己的应激程度。

1. 你经常因为一些始料未及的事情的发生而感到心烦？
0= 从未，1= 几乎没有，2= 有时，3= 时常，4= 总是

2. 你经常感觉难以掌控自己人生中的重要事件？
0= 从未，1= 几乎没有，2= 有时，3= 时常，4= 总是

3. 你经常会感到紧张和"有压力"？
0= 从未，1= 几乎没有，2= 有时，3= 时常，4= 总是

4. 在解决个人问题时，你经常充满自信？
0= 从未，1= 几乎没有，2= 有时，3= 时常，4= 总是

5. 你经常感到事情依照自己的预期进展？
0= 从未，1= 几乎没有，2= 有时，3= 时常，4= 总是

6. 在生活中，你能很好地控制自己的愤怒？
0= 从未，1= 几乎没有，2= 有时，3= 时常，4= 总是

7. 对于必须完成的工作，你经常感到力不从心？
0= 从未，1= 几乎没有，2= 有时，3= 时常，4= 总是

8. 你经常感到掌控感？
0= 从未，1= 几乎没有，2= 有时，3= 时常，4= 总是

9. 你经常因为事情不在你的掌控之中而生气？
0= 从未，1= 几乎没有，2= 有时，3= 时常，4= 总是

10. 你经常会因为手头积攒了太多事情不能解决而感到困难重重？
0= 从未，1= 几乎没有，2= 有时，3= 时常，4= 总是

参照标准

应激水平存在个体差异，将你的总分和下面的平均水平进行比照。

年龄（岁）	分数	性别	分数	婚姻状况	分数
18 ～ 29	14.2	男	12.1	寡居	12.6
30 ～ 44	13.0	女	13.7	结婚或同居	12.4
45 ～ 54	12.6			单身或未婚	14.1
55 ～ 64	11.9			离异	14.7
65 及以上	12.0			分居	16.6

然而，当你开始计算你是否具有罹患重病的风险时，要注意到研究是存在一定限制的。不是每个个体在经历强压后都会生病，而且对于不同的个体来说，不同的应激源对其产生的影响也是不同的。应激与患病之间的影响是相互的：一些重病患者可能先患病然后才经历列表上的应激源。举个例子，一个人可能会因为疾病影响而失去工作，而不是由于失去工作而生病。表 14-1 中列举的应激源确实为我们提供了一种方法，来说明大多数人对生活中诸多的潜在压力事件是如何反应的。

应对压力挑战

一些青少年比其他人更善于应对（coping）压力挑战，他们可以有效控制、减少或者忍受那些能够引起应激的威胁和挑战。应对压力的关键是什么？

一些成年人用问题导向应对压力挑战，运用这种应对方式的个体试图直接改变情况，从而降低应激水平。举个例子，当一个高中生遇到了学习上的困难时，他会和他的老师沟通并请求老师们延长上交的日期，或者一个工人不满于其工作安排，他可以请求去做其他工作。

也有青少年采用情绪导向应对压力挑战，这涉及有意识地调节情绪。例如，当青少年与她兼职工作的老板出现相处问题时，她会告诉自己看开点：至少她在经济不景气的时候还有一份工作（Vingerhoets,

Nyklicek, & Denollet, 2008；Master et al., 2009；Khalid & Ijaz, 2013）。

应对压力还需要社会支持，即他人提供的帮助和安慰。应激条件下他人的帮助包括情感支持（一个可以用来哭泣的肩膀）和具有可行性的实质性帮助（比如增加资助）（Boehmer, Linde, & Freund, 2005；Schwarzer & Knoll, 2007）。

他人（亲自或者在线）还可以提供信息，并对如何处理特定应激情境提出建议。能够从他人的经验中学习是人们使用互联网的原因之一（Green, DeCourville, & Sadava, 2012；Schroder et al., 2017）。

一些心理学家指出，即使青少年并没有意识到自己正在应对某种应激情况，他们也可能会无意识地使用防御性应对，包括扭曲或否认真实情况的无意识策略。比如，一个人可能否认一个威胁的真实严重性，将一个危及生命的疾病平常化，或告诉自己一系列学科考试的失败并不重要。防御性应对的问题在于，它并没有应对真实的情境，仅仅是逃避或忽视问题。

从健康护理工作者的视角看问题

人生有相对没有压力的阶段吗？人们在各个阶段都承受着压力吗？应激源是否因年龄的变化而有所不同？

明智运用儿童发展心理学

应对压力

虽然没有某种简单的方式可以解决所有的应激，但一些普遍的指导方法也能够帮助人们应对生活中的应激情况。方法如下。

- 寻求对引起应激情境的控制，花费时间和精力去控制应激源。
- 将"威胁"重新定义为"挑战"，改变对一个环境的定义能够降低它的威胁性。"寻找一线希望"是一个不错的建议。
- 谋求社会支持。在他人的帮助下，几乎所有的困难都能迎刃而解。朋友、家庭成员甚至专门的电话热线都能提供有效的社会支持。
- 使用放松技术。放松技术能够降低由应激带来的生理唤醒水平，具有特殊的功效。很多技术都可以达到放松的目的，比如冥想、瑜伽、渐进式肌肉放松甚至是催眠，这些都能有效地降低应激水平。赫伯特·本森（Herbert Benson，1993）医生设计了一个非常有效的方法（见表14-2）。
- 锻炼。有活力的锻炼不仅能使人们更加健康，还能帮助人们应对压力，产生健康的心理状态。
- 如果上述方法都失败了，那么你要告诉自己没有任何压力的人生是多么索然无味。压力是生活的一部分，并且成功地应对它可以收获令人满足的经历。

表 14-2　如何放松

日常的放松练习

- 试着在你每天的计划中留出 10 ～ 20 分钟，最好在早饭前。
- 舒服地坐好。
- 在你放松练习的这段时间内，尽可能地安排好你的生活，避免受到干扰。你可以打开电话应答机，找人照看你的孩子。
- 看钟表自己算时间（不要用闹钟）。保证规定时长的练习，并试着持之以恒。

引起放松反应的指导步骤

第一步，找一个扎根于你个人信念系统的关键词或短语。例如，一个不信奉宗教的个体可能会选择一个中性词语，例如平静或爱。

第二步，以舒适的姿势坐好。

第三步，闭上眼睛。

第四步，放松肌肉。

第五步，自然地慢慢呼吸，当你呼气的时候，重复你的关键词或短语。

第六步，自始至终，保持被动的态度。不要担心你是否做得足够好。当其他的想法进入你的意识时，只对自己说"好的"，然后平和地回到关键词上来。

第七步，持续 10 ～ 20 分钟，你可以睁开眼睛检查时间，但不要用闹表。当你完成后，闭目静坐，然后缓缓睁开眼睛。1 ～ 2 分钟内不要站起来。

第八步，每天进行 1 ～ 2 次。

资料来源：Benson, H. (1993). "The relaxation response." In D. Goleman & J. Guerin (Eds.), Mind-body medicine: How to use your mind for better health. Yonkers, NY: Consumer Reports Publications.

对青少年幸福感的威胁

迈克很可能从初中开始就已经变了，但是我并没有注意到这件事。你可以说我健忘而幼稚，但是关于毒品的想法从来没有进入过我的脑海。我认为孩子升入高中甚至是大学后，我才需要担心毒品的使用。

现在我学聪明一点了。如果我早知道这一点，或许我能注意到各种各样的线索。6 年级时，他的学业开始变差，他开始和一些我觉着有些不靠谱的孩子一起出去。有一天，他还从运动商店偷了一个昂贵的网球拍。我抓住了他，严厉地教育了他，然后让他还回去——我还在祝贺自己把"青少年叛逆"问题消灭在了萌芽中。

然而，这只是个开始。他的情绪开始在孤僻、冷漠和狂喜之间剧烈摇摆。他晚上开始偷偷外出。事实上，高中对他来说就像大麻俱乐部一样。直到他的成绩落到最后时，我们才发现他每天 9 ：05 就会跑出学校，在一个朋友家里抽大麻，直到该回家的时候。

迈克的父母了解到大麻并不是迈克唯一吸食的毒品。他的朋友后来承认，迈克几乎尝试了所有的毒品。尽管努力控制迈克对毒品的使用，但他从没有成功地戒掉过。16 岁那一年，他在吸食毒品之后闲逛到马路中间，被一辆汽车撞死了。

尽管青少年的毒品使用很少会造成如此极端的后果，但吸食毒品，以及其他物质使用和滥用，已成为威胁青少年幸福感的几大因素之一。青少年期通常是人的一生中最健康的一个阶段。虽然毒品、酒精、烟草的使用以及性传播疾病的危险程度很难度量，它们都是青少年健康和幸福的极大威胁，不过它们也是可以预防的。

非法药物

青少年期非法药物的使用有多普遍呢？在美国非常普遍。例如，每 15 个美国高中毕业班学生中就有 1 个以每天或者几乎每天的频率吸食大麻。不仅如此，在过去 10 年间，大麻的使用率一直都保持在一个很高的水平，美国人对大麻使用的态度也变得越来越宽松（Nanda & Konnur，2006 ；Tang & Orwin，2009 ；Johnston et al.，2016 ；见图 14-7）。

青少年使用药物的原因有很多。有人是为了药物所带来的快感；有人是为了逃避现实生活的压力，即便只能得到暂时的解脱；有些人只是因为做一些违法的事情会很兴奋。

最近出现的使用药物的原因之一是为了提高学业成绩。越来越多的高中生使用一些药物，例如阿得拉。这是一种安非他命处方药，用于治疗注意缺陷与多动障碍的。当非法使用时，阿得拉被认为可以增强专注力，使他们能学习很长时间（Schwarz et al.，2013 ；Munro et al.，2017）。

那些使用非法药物的名人，例如德鲁·巴里摩尔（Drew Barrymore）、迈克尔·菲尔普斯（Michael Phelps），也会对青少年药物使用产生一定的影响。同伴压力也是青少年药物使用的动因：青少年能够知觉到同伴群体的标准，并对此特别敏感（Urbcrg，Luo，& Pilgrim，2003 ；Nation & Heflinger，2006 ；Young et al.，2006）。

使用非法药物会造成多方面危害。例如，一些药物具有成瘾性。成瘾药物（addictive drugs）是指那些让使用者产生生理或心理依赖，并对其产生极大需求的药物。

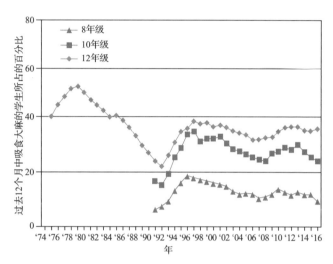

图 14-7 大麻的使用仍很顽固

近期一项年度调查表明，美国高中学生的大麻使用率正在逐渐增加。此图展示的是在过去 12 个月中，吸食大麻的学生所占的百分比。在处理青少年吸毒事件时，教育工作者和健康护理工作者需要注意什么呢？

资料来源：Johnston, L. D., et. al., (2016). " Monitoring the Future national survey results on drug use: 1975-2016: Overview, key findings on adolescent drug use." Ann Arbor: Institute for Social Research, The University of Michigan.

在药物成瘾后，身体已经习惯了药物的作用，一旦没有了这些药物，身体的正常功能就难以维持。更重要的是，成瘾会导致神经系统的生理变化（这种改变可能会反复出现）。这样一来，药物的使用不再会有"爽"的感觉，而仅仅只是维持对每天常态的知觉（Cami & Farré，2003 ；Munzar，Cami，& Farré，2003）。

除了生理成瘾，药物也可能造成心理成瘾。在这种情况下，人们越来越依赖药物来应对每天的生活压力。如果用药物作为逃避的手段，那么它们可能会妨碍青少年面对和解决问题，导致他们将药物使用放在第一位。药物也很危险，因为即使是随意使用一些危险性较低的药物，会逐渐发展为更加危险的物质滥用（Toch，1995 ；Segal & Stewart，1996）。

酒精：使用和滥用

在过去30天内，超过75%的美国大学生至少喝了一杯以上的酒精饮料。超过40%大学生报告说，在过去的2周内喝过5杯以上的酒精饮料，大约有16%每周要喝16杯以上酒精饮料。在美国，高中生也喝酒：将近75%的高中生报告在高中毕业之前喝过酒精饮料，将近40%的8年级学生报告喝过酒精饮料。超过50%的12年级学生和接近20%的8年级学生说他们人生中至少已经喝醉过一次（Ford，2007；Johnston et al., 2009）。

在大学校园里，酗酒是一个严重的问题。对男性来说，酗酒是指一次连续饮用5杯以上的酒精饮料；对体重较轻、酒精吸收能力较差的女性来说，酗酒是指一次连续饮用4杯以上的酒精饮料。调查发现，在美国，接近50%的男性大学生和超过40%的女性大学生声称，在过去的2周中曾经有过酗酒的经历（Harrell & Karim, 2008；Beets et al., 2009；见图14-8）。

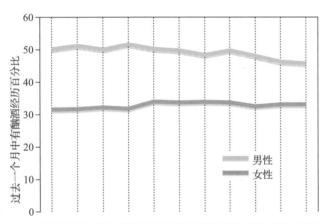

图14-8　美国大学生的酒精消耗量

对男性来说，酗酒是指一次连续饮用5杯以上的酒精饮料；对体重较轻、酒精吸收能力较差的女性来说，酗酒是指一次连续饮用4杯以上的酒精饮料。

资料来源：Substance Abuse and Mental Health Services Administration, Results from the 2012 National Survey on Drug Use and Health: Summary of National Findings, NSDUH Series H-46, HHS Publication No. (SMA) 13-4795. Rockville, MD: Substance Abuse and Mental Health Services Administration, 2013.

即使有节制地喝酒也有潜在的消极后果。酒精会使大脑皮层工作缓慢，使得负责计划、决策和自控的前额叶更不擅长做出好的选择以及控制冲动。长期来看，对于大量饮酒者而言，酒精可以永久性地摧毁大脑中的神经组织，影响女生理解视觉信息的能力和男生的注意范围。此外，大脑皮层的厚度也会受到酒精使用的影响（Brumback et al., 2016；Jacobus et al., 2016；Meruelo et al., 2017）。

酗酒甚至对那些不喝酒或很少喝酒的人也有影响。在美国，有2/3的轻微饮酒者报告说他们在学习或睡觉时，会被醉酒的学生打扰。其中，1/3会被醉酒的学生羞辱，有25%的女性会被醉酒的同学性骚扰。大脑扫描结果表明，相比于非酗酒者，青少年酗酒者大脑中存在被伤害的组织（Wechsler et al., 2002；Weitzman, Nelson, & Wechsler, 2003；McQueeny, 2009；Squeglia et al., 2012；Spear, 2013；见图14-9）。

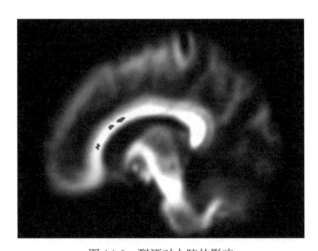

图14-9　酗酒对大脑的影响

正如这张扫描图所示，酗酒会影响大脑中某些白质区域。

导致青少年饮酒的原因有很多。有些人（尤其是男性运动员，他们的饮酒率高于一般青少年群体）喝酒只是为了证明他们能和任何人喝得一样多。有些人喝酒的原因与药物使用相同：为了释放抑制和紧张并减轻压力。很多人开始喝酒是受了校园中醉鬼的影响，这使他们产生错觉，以为每个人都喝得很醉，这就是所谓的"虚假的同感效应"（Weitzman, Nelson, & Wechsler, 2003；Dunn et al., 2012；Drane, Modecki, & Barber, 2017）。

明智运用儿童发展心理学

是否沉迷于毒品或酒精

尽管很难辨别青少年是否存在药物或酒精滥用问题，但也不是完全无迹可寻，下文列举一些迹象可以作为辨别的依据。

认同毒品文化

- 与毒品有关的杂志或者衣物上的标语
- 谈笑间过分关注毒品
- 对讨论毒品表现出敌意
- 收集啤酒罐

生理衰弱的迹象

- 记忆衰退，注意广度缩小，精神难以集中
- 身体协调能力差，说话模糊不连贯
- 看起来不太健康，对个人卫生和修饰漠不关心
- 眼睛充血，瞳孔放大

在校表现的巨大变化

- 学习成绩的明显下滑，例如成绩从 C 变为 F 或从 A 变为 B 或 C，不完成作业
- 旷课和迟到现象增多

行为的改变

- 长期的不诚实（说谎、偷窃、作弊）
- 朋友的变动，不愿谈论新朋友
- 拥有大量的钱财
- 无故愤怒、敌意、易激惹性和保密性的增强
- 动机、精力、自我约束、自尊水平的降低
- 对业余活动和爱好的兴趣降低

资料来源：Adapted from Franck, I., & Brownstone, D. (1991). The parent's desk reference. New York: Prentice-Hall., pp. 593-594.

如果青少年或其他人符合上面所描述的任一情况，他们就很有可能需要帮助。

对于某些青少年来说，饮酒已成为一种无法控制的习惯。酗酒者（alcoholics）是有酒精问题的人，他们依赖于酒精，难以自拔。他们对酒精的耐受性越来越高，因此需要饮用摄入更多的酒精才能获得渴求的快感。一些人整日饮酒，另一些人则在狂欢中大量饮酒。

我们尚不清楚究竟是什么原因导致了某些青少年（或任何人）酗酒。基因有一定的影响：酗酒在家族中遗传。对这些青少年来说，与有酒精问题的父母或家庭成员的相处问题，可能是其酗酒的诱因。另外，也不是所有酗酒者的家庭成员都有酒精问题（Clarke et al., 2008；Mares et al., 2011；Edwards & Kendler, 2013）。

与获得帮助相比，弄清楚青少年酒精及药物问题的本质显得微不足道。如果认识到了个体确实存在问题，那么老师、家长和朋友可以为他提供帮助。然而，这些关心他的朋友和家人怎样辨别个体是否正经历酒精和药物方面的问题呢？接下来，我们将介绍一些他们独有的特征。

烟草：吸烟的危害

尽管大部分青少年都知道吸烟的危害，但很多人还是会吸烟。最近的调查显示，虽然总体上青少年吸烟的人数比过去10年有所减少，但人数还是很多，而且在特定团体内，人数还在增加。女孩吸烟人数不断上升，在奥地利、挪威和瑞典等国，女孩吸烟的比例要高于男孩。此外，还存在种族差异：与非裔美国青少年及高社会经济地位家庭的儿童相比，白人儿童和低社会经济地位家庭的儿童更有可能尝试吸烟，开始吸烟的时间也更早。同样，与黑人男性高中生相比，白人男性高中生吸烟的人数更多，尽管近几年这种差异在逐渐减小（Harrell et al., 1998；Stolberg, 1998；Baker, Brandon, & Chassin, 2004；Fergusson et al., 2007；Proctor, Barnett, & Muilenburg, 2012）。

吸烟成为一种越来越难以维持的习惯，因为社会对吸烟的管制越来越多。现在很难找到一个可以放心吸烟的地方了：很多地方（包括学校和商场）都变成了无烟场所。即使这样，仍然还有相当一部分青少年在吸烟，尽管他们知道吸烟和吸二手烟的危害。那么，为什么青少年开始吸烟，并且一直维持这个习惯呢？

对于一些青少年，吸烟可能是一种仪式，是一个成长的标志。除此之外，看到一些有影响力的榜样，例如电影明星、父母或者同伴吸烟，青少年也会开始吸烟。烟草本身也很容易让人上瘾。尼古丁是烟草中的活性化学添加剂，它可以让人在心理和生理上迅速对烟草产生依赖。虽然一两根烟不能把人变成终生吸烟者，但是早年吸过10根烟的人有80%的可能养成吸烟的习惯（Tucker et al., 2008；Wills et al., 2008；Holliday & Gould, 2016）。

关于吸烟的一种最新的趋势是电子烟的使用。电子烟（e-cigarettes）是一种电池供电的、与香烟形状类似的设备，它可以将尼古丁汽化成雾状后送入体内。电子烟提供了一种与实际的烟草相似的体验，而且它的危害似乎比传统香烟要小。然而，电子烟对健康的影响并不明确，而且美国政府正在寻求规范化电子烟的销售（Tavernise, 2014；Lanza, Russell, & Braymiller, 2017）。

‖ 发展多样性与你的生活 ‖

销售死亡：向弱势群体出售香烟

在印度尼西亚，美国的烟草商在电视上做广告，在高速公路两边放置万宝路男人和美国西部场景的广告牌，赞助吸引青少年的音乐会和活动，在包装上使用卡通角色——所有这些在美国都是非法的。

在乌拉圭和巴西，菲利普·莫里斯国际公司（一家烟草公司）已经不做那些描述吸烟对吸烟者和胎儿影响的香烟包装。菲利普·莫里斯国际公司同时指控爱尔兰和挪威，希望战胜当地的一些法律。这些法律禁止在商店播放吸引年轻人的香烟展示内容。

"这就像是一个全球性的打地鼠游戏，"一个政府官员说，"你甚至不能有一分钟转过身去。"

如果你是香烟制造商，当你发现产品市场正在缩水时，你会怎么办？美国公司将目标人群转向最弱势的群体以开发新市场。例如，在20世纪90年代早期，美国雷诺烟草控股公司创立了一种新的香烟品牌"Uptown"。他们的广告表明，这个品牌的目标群体是生活在市区的非裔美国人（Quinn, 1990；Brown, 2009）。由于一系列的抗议，烟草公司最终不再销售"Uptown"牌香烟。

不仅在美国国内，烟草公司还在国外寻找着新的青少年消费者。在很多发展中国家，吸烟人数仍旧很少。烟草公司试图通过一系列营销策略来提高吸烟的人数，尤其是通过免费发放香烟来吸引青少年，使他们成为吸烟者。此外，在一些美国文化和产品占主导地位的国家，广告往往会宣称吸烟是美国风格的延续，吸烟的习惯也成为身份的象征（Sesser, 1993；Boseley, 2008；Hakim, 2015）。

这种策略成效显著。例如，在一些拉丁美洲的城市，有50%的青少年吸烟。世界卫生组织的数据表明，仅21世纪，全球死于吸烟的人口接近10亿（Ecenbarger, 1993；Picard, 2008）。

性传播疾病

俄勒冈州波特兰市的杰里米终于获得了一张干净的健康账单。在遭受艾滋病相关的疾病困扰 3 年后，他的病毒水平终于降到了无法检出的水平。治疗的关键是在已有的 2 种药物的鸡尾酒疗法中加入了第 3 种药物。

"这就像从黑夜进入白天一样，"杰里米说，"我的健康指数一路上升，病毒指数一路下降。我感觉健康多了。我又清楚地感觉自己像是一个人类了。"

杰里米的这次转机的代价并不小：他需要每年为这 3 种药物的混合疗法支付大约 1 500 美元。不过，至少他现在可以想一想自己的未来了。

获得性免疫缺陷综合征（AIDS）又称艾滋病，是年轻人致死的主要疾病之一。艾滋病无法治愈，虽然能用强力药物进行控制，但是全球因该病死亡的人数仍让人触目惊心。

艾滋病主要通过性接触传播，因此被归为**性传播疾病**（sexually transmitted infection，STI）。尽管它最初只影响男同性恋人群，但很快传播到了其他人群，包括异性恋和静脉注射毒品者。少数民族成员受到的影响更大：仅占人口 18% 的非裔美国人和西班牙裔美国人占到了新增艾滋病例的 70%，非裔美国男性中的艾滋病流行率大约有白人男性的 8 倍之多。

目前全球已有 3 500 万人死于艾滋病，还有 7 000 万艾滋病患者。好消息是，艾滋病新增病例正在减少，同时死于艾滋病的人数也在减少（World Health Organization，2017）。

艾滋病和青少年期行为

艾滋病的传播并不神秘——通过体液传播，包括精液和血液。然而，近年来人们性交时会更多使用避孕套，人们更少和新认识的人进行随意性行为（Everett，et al.，2000；Hoppe et al.，2004）。

然而，人们总是存在"只有这一次应该不会有问题"的想法。安全的性行为还远没有普及。青少年普遍认为，自己受到伤害的可能性很低，因此更有可能做出危险行为，例如觉得自己几乎不可能感染艾滋病。这种信念导致他们相信自己很难感染上性传播疾病，尤其是在他们觉得非常了解自己性伴侣的时候（Tinsley，Lees，& Sumartojo，2004；Haley & Vasquez，2008；Widman et al.，2014）。

不幸的是，除非了解性伴侣完整的性经历以及是否感染艾滋病，没有任何保护措施的性行为依然很危险。然而，要了解性伴侣的完整性经历也很困难。不仅因为难以启齿，性伴侣也可能由于对自身性接触情况的不清楚、尴尬、隐私感和忘记等使你无法准确获知情况。

如果缺乏节制，人们就很难彻底预防艾滋病。不过，人们可以通过某些措施（见表 14-3）提升性行为的安全性水平。

其他性传播疾病

艾滋病是最致命的性传播疾病，此外还有一些更为常见的性传播疾病（见图 14-10）。事实上，25% 的青少年在高中毕业前都会感染某种性传播疾病。

表 14-3 "性安全"的措施

在所有避免性传播感染的办法中，最有效的就是节欲。如果遵循"性安全"的措施，个体可以显著地降低性传播感染的风险。

- 很好地了解你的配偶——在与他人发生性行为之前，了解对方的性史。
- 使用避孕套。在性关系中，避孕套是防止性传播感染最可靠的手段。
- 避免体液交换，尤其是精液。特别注意，避免肛交。尤其是艾滋病病毒可以通过直肠中细小的裂口进行传播，这使得不带避孕套的肛交更加危险。之前被认为相对安全的口交，如果接触到艾滋病病毒，也会有潜在危险。
- 保持清醒。酒精使用和药物使用会降低判断力，并导致错误的决定——容易错误使用避孕套。
- 考虑固定伴侣制的好处。长期的、固定的忠诚配偶会降低性传播感染的风险。

总体上，每年大约有 250 万青少年会感染这里所列的某种性传播疾病（Weinstock，Berman，& Cates，2004）。

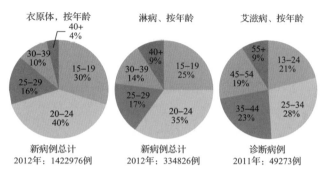

衣原体，按年龄
40+ 4%
30–39 10%
25–29 16%
20–24 40%
15–19 30%
新病例总计
2012年：1422976例

淋病、按年龄
40+ 9%
30–39 14%
25–29 17%
20–24 35%
15–19 25%
新病例总计
2012年：334826例

艾滋病、按年龄
55+ 9%
45–54 19%
35–44 23%
25–34 28%
13–24 21%
诊断病例
2011年：49273例

图 14-10　青少年中的性传播疾病

大多数新增性传播疾病病例来自青少年和年轻成人。

资料来源：Henry J. Kaiser Family Foundation. (2014, August 20). Sexual health of adolescents and young adults in the United States. Menlo Park，CA: Author.

最普遍的性传播感染是人类乳头瘤病毒（HPV）。HPV 不用发生性交，通过生殖器的接触就可以感染。大多的感染没有症状。HPV 可以诱发生殖器疣，其中一些可以导致宫颈癌。现在有一种疫苗可以抗击某些人类乳头瘤病毒。美国疾病防控中心建议将其作为例行疫苗提供给 11 ~ 12 岁的女孩，这引起相当大的政治反应（Caskey，Lindau，& Caleb Alexander，2009；Schwarz et al.，2012；Thomas et al.，2013）。

常见的性传播感染有滴虫病（trichomoniasi）。

滴虫病是由寄生虫引起的生殖器疾病。开始没有任何症状，后期会引起排尿和射精疼痛。衣原体疾病（chlamydia），由细菌感染而引起的疾病，起初并没有什么症状，但后期小便时会伴有灼烧感，阴茎或阴道出现分泌物。该疾病还可能导致骨盆发炎甚至不育症，但人们可以通过抗生素进行治疗（Nockel & Oakeshott，1999；Fayers et al.，2003）。

生殖器疱疹（genital herpes）与常出现在嘴边的唇疱疹很相似。症状首先是在生殖器周围出现水泡或疮，这些水泡可能会破裂而变得很疼。尽管几周后水泡会消失，但这个疾病会在一段时间后复发，水泡重新出现，并不断循环重现。这种疾病也无法治愈，并且是可传染的。

淋病（gonorrhea）和梅毒（syphilis）是最早发现的性传播疾病，在古代就有案例记录。在抗生素面世之前，这两种疾病都是致命的，而现在都可以得到非常有效的治疗。

感染某种性传播疾病不仅会对青少年的生活产生即时性危害，也会对日后的生活产生深远影响，因为一些感染可能会导致不孕不育甚至癌症。

从健康护理工作者的视角看问题

　　为什么青少年逐渐增长的认知能力（包括推理和验证性思考能力）没能阻止他们产生不合理的行为（例如药物滥用和酒精滥用、烟草使用和不安全性行为）？你可以如何利用这些能力设计一个项目来帮助预防这些问题？

案例研究

走得太快

　　维娃曾经在她做的每一件事中都是最好的。她曾经是班上成绩最好的，是学校年度表演中的领队，是游泳冠军。当她 10 岁时，她的胸部和臀部已经开始先于同龄人发育了，这让她感到很兴奋：又一个第一！维娃崭新的成熟身体使她在初中男生中很受欢迎。她在 12 岁之前就开始约会，经常在一个周末和三个不同的男孩外出。成为班里"最热辣"的女生真是太棒了。不过，真的是这样吗？

　　许多约她一起外出的男孩都比维娃大三四岁。他们给她施加了很大压力，怂恿她加入性活动。维娃最终和其中她最喜欢的几个男孩发生了性关系。她还在13 岁时开始了吸烟和喝酒，这些似乎与她在其他人心中的迷人印象相符。不过维娃似乎难以兼顾好每一件事情。首先，她的成绩直线下滑。之后，灾难降临了，她在 15 岁生日之前两周被查出患有性传播的衣原体疾病。

1. 维娃生理早熟的经历可能与生理早熟的男孩有什么区别？

2. 假如维娃比大部分同龄人成熟得更晚，她可能会面临怎样的心理挑战？

3. 你认为，维娃为什么感觉自己需要开始吸烟和饮酒？她可能使用什么别的方式来控制自己的感受？

4. 维娃可能接受到哪些来自社会和媒体中的，让她对自己新的成熟身体更加困惑的混合信息？

5. 你会建议维娃如何处理来自和她约会的男孩的性压力？

‖ 本章小结

即使将青少年期称为人生的重大转折期，也只能算是一种保守的说法。本章探讨了青少年的生理和心理方面发生的巨大变化，以及进入青少年期和青少年期的经历给他们带来的种种影响。

在进入下一章之前，让我们回顾一下本章导言中提到的洁迪和玛雅。两个女孩在寻求网络上的同伴对她们外貌的肯定。根据你现在所掌握的青少年期的相关知识，回答下面的问题。

1. 洁迪担心她并不像 0 号（XS）尺码那样瘦。假如她开始固执于降低大量的体重，可能会引起什么健康风险？你会给她怎样的建议以帮助她将注意力转移到保持身体健康上，而不是担心自己的裙子尺码？

2. 网络上的选美比赛给青少年女孩带来了很多压力，让她们外表上和装束上更加性感。这给年轻女孩的自我价值感传递了怎样的信息？你可以怎样抵消这些信息的影响？

3. 社交媒体对于所有青少年来说都是无法或缺的。为了让洁迪在保持和朋友的网上联络的同时提升自尊水平，你可以给出怎样的建议？

4.14 岁的玛雅是一个很有吸引力的女孩。每次她在社交媒体网站上发布照片，她都能从朋友和陌生人那里收获很多积极的回复。你认为玛雅在网上很受欢迎这件事是否也有消极的一面呢？请解释你的答案。

‖ 本章回顾

1. 青少年经历的身体变化

- 与快速发育的婴儿期一样，青少年期标志着身体进入快速生长期。一般来说，女孩的快速增长期始于 10 岁左右，而男孩则在 12 岁左右。
- 大约从 11 岁开始，女孩进入到青春期，而男孩大约在 13 岁。在青春期，身体开始分泌雌性激素和雄性激素，性器官发育变化，出现月经或遗精以及其他生理变化。
- 进入青春期的时间与文化和环境因素有关。与过去相比，现在的美国女孩月经初潮时间明显提前，大

约在 11 岁或 12 岁，这可能是因为现在的营养水平和健康状况更好的缘故。

2. 青春期如何影响青少年

- 青少年往往对青春期的生理变化有着强烈的兴趣。青春期的生理变化通常会带来心理上的影响，其中既包括增加自尊和自我意识，也包括一些关于性的困惑和不确定感。
- 对青少年来说，早熟和晚熟会产生不同的后果。对男孩来说，早熟促使他们的运动技能提高，变得更加受欢迎，同时获得更积极的自我概念。对女孩

来说，早熟可能让她们在男孩中更受欢迎，社会生活更加丰富，但也会让她们对自己突然变得与众不同的身体感到尴尬。此外，对于早熟的男生和女生来说，他们可能并没有准备好去面对复杂的活动和情境。

- 对于男生来说，晚熟可能会造成身体和社会方面的劣势，从而影响他们的自我概念，并导致一些消极后果。晚熟的女孩可能被同伴所忽视，而这种不利情况不会持续太久，甚至她们最终会从中获益。

3. 青少年的营养需求

- 虽然大多数青少年没有营养方面的担忧，但有些青少年则遭受着肥胖或超重带来的心理和生理方面的困扰。例如，肥胖给循环系统带来更多负担，增加了罹患高血压和糖尿病的风险。

4. 青少年进食障碍的原因和影响

- 影响青少年的进食障碍主要包括神经性厌食症（表现为拒绝进食，错误地认为自己超重）、贪食症（表现为患者在暴食后用催吐或泻药等办法清除食物）、暴食症（表现为大量的进食而并不去清除食物）。生物和环境因素，包括对肥胖的极度恐惧，都会共同引起这些进食障碍。治疗方式包括心理治疗和饮食调整。

5. 大脑发育对青少年认知发展的贡献

- 在青少年期，随着大脑神经元数量的增加和相互联系的复杂化，个体的思维变得更为复杂细致。
- 髓鞘化的程度也会增加，使得神经元间的信息传递变得更为高效。同时，大脑产生过量的灰质，这些过量的部分在之后会被修剪。这两个过程（髓鞘化发展和灰质修剪）共同为青少年期的认知发展做出了贡献。
- 前额叶是负责评估情境和做出复杂决策的脑区。这一部分在青少年期会有明显的发育。然而，由于前额叶还没有完全发育成熟，青少年仍然会在控制冲动的问题上有一些困难。

6. 应激的原因和结果

- 应激源是威胁个体健康的事件和条件。急性应激源是那些突然发生的一次性的应激事件，慢性应激源是那些长期的连续引起应激的事件。
- 即使是愉快的事情也可能是应激的。

- 中等的、偶尔的应激对身体有益，促使机体产生生理反应对抗威胁。然而，长期暴露于应激条件之下，会对个体产生负面影响，危害生理和心理健康。
- 应激和许多疾病有关。头痛、背痛、皮疹、消化不良甚至连普通感冒都与应激有关。应激还与一些心身失调有关，比如溃疡、哮喘、关节炎和高血压等，更严重的身心失调病症甚至危及生命。

7. 青少年可以怎样应对压力

- 人们应对压力的策略有很多，问题导向策略是指人们试图改变应激情境，情感导向策略是指人们试图调节自己对待应激的情绪。
- 应对压力时需要他人的社会支持。防御性应对（一种无意识否认应激存在的策略）并不是有效的应对方式，因为它没有成功处理现实存在的情况。

8. 青少年中流行的非法药物使用及其引起的危险

- 非法药物的使用在青少年中非常盛行，他们为了寻找快感、避免应激、蔑视权威或者模仿偶像而吸食非法药物。
- 药物使用的危险性不仅体现在它会逐渐让使用者上瘾，还因为青少年对此类问题的回避会导致严重的后果。

9. 青少年中酒精使用的发生率

- 酒精的使用在青少年群体中也十分普遍。他们把酒精的使用当作释放压力的途径，并以此宣告自己已是成年个体。
- 酗酒是指男性一次喝5杯酒或更多，女性一次喝4杯酒或更多。这在大学校园中已经成为一个严重的问题。超过50%的学生报告曾经参与过狂欢饮酒，其中女性的比例只比男性少一点。酗酒不仅是不健康的，还可能引起可憎的甚至暴力的行为。
- 认同毒品文化、生理衰弱、学业成绩的明显下滑和行为上的明显变化都可能是青少年受毒品或酒精问题困扰的表现。

10. 为何青少年吸烟以及吸烟的流行

- 虽然青少年知晓吸烟的危害性，但是烟草的使用并没有停止。尽管从总体水平上看，青少年吸烟的人数在逐渐减少，但是在某些团体中，吸烟的人数却在不断增加。青少年吸烟是想表现他们已经成人的愿望和感觉"很酷"。

- 健康专家正越来越关心电子烟的使用问题。

11. 青少年性行为有哪些危险和后果

- 艾滋病是造成年轻人死亡的主要原因之一，其对少数民族的影响更为严重。青少年的一些行为模式和态度使得他们在进行性活动时不愿采取安全措施（虽然这些措施可以有效预防艾滋病），例如认为不需要知道对方的艾滋病感染情况，或认为自己不可能被伤害。

- 其他性传播疾病（包括衣原体疾病、生殖器疱疹、滴虫病、淋病和梅毒）也经常出现在美国青少年群体中。这些疾病也可以通过安全性行为和节欲来预防。

第 15 章

青少年期的认知发展

导言：不再是一个孩子

　　加文陷入了和爸爸的争吵。尽管这不是他们之间第一次发生争吵，但却是最严重的一次。15 岁的加文想要在学年末去海地共和国旅游，去被飓风袭击的地区进行安抚活动。他的爸爸完全反对这个想法。"爷爷是一个自由主义者，"加文反驳道，"而且你也因为人道主义去了危地马拉和海地。"

　　"爷爷去南方争夺民主权的时候已经 18 岁了，"加文的爸爸提醒他，"而我去海地的时候已经 20 岁了。"

　　"但我马上就 16 岁了，"加文哭着说，"现在的孩子成长得比以前快多了。"

　　加文的爸爸看着比他高几英寸的孩子，他才刚刚从中学毕业一年，就已经想要远离家乡去旅行。加文看着他的爸爸，就像看着一个想要限制他的"狱卒"。争吵又一次陷入僵局，但加文决心坚定。那天他睡着以后，梦见他自己在海地的英雄事迹：帮助人们重建美好的新生活，甚至是拯救人的生命。在海地，他想人们会赞美并崇拜他。

预览

　　像加文一样，许多青少年渴望独立，感觉他们的父母没能看到他们的成熟一面。他们强烈地意识到他们身体和认知能力的发展。他们每天都要处理不稳定的情绪，复杂多变的社会关系，性、酒精和毒品的诱惑。在这个引起激动、焦虑、嫉妒、绝望的年龄，他们像加文一样渴望着证明他们能够处理任何阻碍他们的挑战。

在本章中，我们将考察青少年个体的认知发展。首先，我们会考察一系列解释认知发展的理论。我们会关注皮亚杰的观点，探讨青少年如何用皮亚杰的形式运算思维来解决问题。接着，我们转向另一种理论，即影响力不断增加的信息加工理论。我们考察元认知能力的增长，由此青少年对他们自己的思维过程的觉知逐渐增强。

其次，我们会探讨道德推理和行为的发展。我们考察两种主要的观点，试图解释青少年在道德判断中的不同方式。

最后，我们将探讨学校表现和职业选择。通过探讨社会经济地位对在校学业成就的深刻影响，我们考察学校表现和民族的关系。我们还将探讨青少年做出职业选择的方式。

智力发展

当梅吉亚读到一篇特别具有创造力的文章的时候，她面露微笑。她为学生教授"美国政府"这门课。她要求 8 年级学生写一篇文章，来讨论"如果美国没有赢得独立战争，那么他们的生活会是什么模样"。她给 6 年级学生上课的时候，也布置了同样的作业，但大部分 6 年级学生似乎无法想象出一些新鲜的东西。8 年级学生则会写出很多有趣的场景，有一个男孩把自己想象成了卢卡斯勋爵，而一个女孩则想象自己是一个富有的农场主的仆人，另一个女孩则想象自己在为反抗剥削而努力。

是什么使得青少年与儿童的思维不同呢？最主要的变化是，他们能够不拘泥于具象的、现实的情境来进行思考。青少年能够在头脑中保存很多抽象的可能性，他们可以发现事件之间的相对而非绝对的关系。他们不再认为问题的解决方法非黑即白，而是有能力来感知不同程度的灰色。

与生命中其他的阶段一样，我们可以使用不同的观点来解释青少年的认知发展。我们先来看看皮亚杰的理论，他的理论对其他发展心理学家如何思考青少年的思维方式有着重大的影响。

皮亚杰的形式思维阶段和青少年期的认知发展

14 岁的利需要解决一个问题，这是任何人看到老式座钟的时候都会产生的问题：钟摆的摆动速度是由什么决定的？为了解决这个问题，利拿到了一个由悬挂在绳子上的砝码组成的单摆。她可以对这个单摆做各种改变。她可以改变绳子的长度、砝码的重量、推动绳子的力量、释放单摆的高度。

利并不记得，她在 8 岁的时候也曾被要求解决同样的问题（她参与了一项纵向研究）。当时，她正处于具体运算阶段，并没有成功地解决问题。她只是随意地探索了这个问题，并没有系统性的行为计划。例如，她同时加大对单摆的推力，缩短绳子的长度，并增加砝码的重量。由于她同时改变了多个因素，使得她无从得知究竟是哪个因素影响了单摆摆动的速度。

现在，利能够更系统地进行思考。她没有立即推动单摆，而是思考了一会儿到底要考察哪些因素。通过建立某个因素最为重要的假设，她思考着自己将如何检验这些假设。然后，就像一名科学家进行实验那样，她每次只改变一个变量。通过单独地、系统地考查每个变量的作用，她最终得出了正确的结论：绳子的长度决定了单摆的摆动速度。

使用形式运算来解决问题

这个单摆问题正是由皮亚杰设计的。利解决这个问题的方法，表明她已经进入了认知发展的形式运算阶段（Piaget & Inhelder, 1958）。形式运算阶段（formal operational stage）是人们已经发展出抽象思维能力的一个阶段。皮亚杰认为人们从青少年期开始时，也就是 12 岁左右，就进入了这个阶段。利可以抽象地思考单摆问题的各个方面，并且能够验证她所形成的假设。

通过采用逻辑的形式原则，青少年能够抽象地思考问题，而不再局限于具体的形式。他们能够通过进行初步的实验，观察实验的结果，系统地检验自己对问题的理解。

形式运算阶段的青少年可以进行假设演绎推理，从一个关于"什么产生了特定结果"的一般理论出发，然后推断出特定情境下出现特殊结果的原因。就像科学家那样建立假设，然后验证这些假设。这种思维方式与早期认知发展阶段的区别在于，这种能力开始于抽象思维的可能性，然后应用到具体的情境中；在此之前，儿童只能解决具体情境中的问题。在 8 岁时，利只是改变各种条件来看单摆的变化，是一种具体的方法；12 岁时，她就能够从抽象的观点出发，考虑到绳子长度、砝码重量等每个变量的作用都应该分别检验。

就像科学家建立假设那样，形式运算阶段的青少年可以运用假设演绎推理。他们从一个关于"什么产生了特定结果"的一般理论出发，然后推断出特定情境下出现特定结果的原因。

青少年在形式运算阶段还能够运用命题思维。命题思维是一种在缺失具体例子的情况下使用抽象逻辑的推理形式。例如，命题思维使青少年能够明白，如果某一前提是正确的，那么得出的结论也一定正确。请考虑下面这个例子。

前提：所有的男人都是凡人。

前提：苏格拉底是男人。

结论：因此，苏格拉底是凡人。

青少年不仅能够理解两个正确的前提能够得出正确的结论，他们还能够对更加抽象的前提和结论进行相似的推理。

前提：所有的 A 都是 B。

前提：C 是 A。

结论：因此，C 是 B。

尽管皮亚杰指出儿童在青少年期开始时就可以进入形式运算阶段，但他也指出，个体进入每个新的认知阶段时，不会突然完全获得新的能力，而是在个体成熟和环境经验的共同作用下逐渐获得这些能力。根据皮亚杰的理论，直到 15 岁左右，青少年才算完全进入了形式运算阶段。

一些证据表明，相当一部分人到很晚的年龄才具备形式运算的能力，有些人甚至一直都没有完全掌握形式运算思维。大多数研究表明只有 40%～60% 的大学生和成年人能够完全掌握形式运算思维，而另一些研究则估计这一比例只有 25%。不过，这些并没有在各个领域中都表现出形式运算思维的成年人，还是具备某些形式运算方面的能力（Keating，1990，2004）。

为什么青少年在使用形式运算思维上存在易变性？为什么较大的青少年不能稳定的使用形式运算思维？原因之一是，我们通常都是认知懒惰的，依赖直觉和心理捷径而不是正式的推理。此外，我们倾向于在有一定经验的任务中进行抽象思考并使用形式运算思维，而在不熟悉的场景中，我们更难使用形式思维。一个英语专业的人很容易识别出福克纳的作品，但一个生物学专业的人就分不清楚；生物学专业的人认为细胞分裂的概念很简单，但英语专业的人就会觉得这个概念很难懂（Klaczynski，2004）。

此外，青少年在形式运算的使用上存在差异，原因之一在于他们的成长环境。与那些受到良好教育的、生长在科技高度发达社会中的人相比，生活在与世隔绝的、科学不发达社会中的人和那些没有受过正式教育的人更不可能达到形式运算思维水平（Segall et al.，1990；Asadi，Amiri，& Molvadi，2014）。

这是不是意味着生活在没有出现形式运算思维的文化中的青少年和成人就不能获得它呢？当然不是。更可能的结论是，在不同的社会中对于以形式思维运算为特征的科学推理有着不同的价值判断。如果在日常生活中并不需要进行这种推理，人们就没有必要在面对问题时使用这种推理了。

形式运算对青少年思维的影响

青少年使用抽象推理的能力，让他们能够使用形式运算，并使得他们的日常行为发生变化。早先，他们可能会毫无怀疑地接受被告知的规则和解释；如今不断增加的抽象思维能力，可能会导致他们更多地对父母和其他权威提出质疑。抽象思维的发展还会导致更强的理想主义，可能使得青少年对于学校和政府制度的缺陷产生不满。

一般来说，青少年会变得更好争辩。他们喜欢利用抽象推理来找出别人解释中的漏洞，他们的怀疑思维使他们对家长和老师的缺点更加敏感。例如，他们可能会注意到家长在反对毒品使用问题上的不一致性，他们知道父母在青少年时期也曾经使用过毒品，并且没有出现什么问题。同时，青少年也可能会优柔寡断，这是因为他们能够看到事物多方面的特点（Alberts，Elkind，& Ginsberg，2007；Klaczynski，2011；Knoll et al.，2016）。

对于父母、教师以及其他与青少年打交道的成年人来说，应对质疑能力日益增长的青少年是一种挑战。这也让青少年变得更有趣，因为他们正在主动寻求生活中对价值和公正的理解。

对皮亚杰理论的评价

在前面的几个章节中，我们提到过皮亚杰理论，人们对其观点已经提出一些质疑。下面我们进行了如下总结。

- 皮亚杰认为，认知能力的发展过程是普遍的，分阶段逐步发展的。我们发现，个体间的认知能力有很大的不同，尤其是来自不同文化的个体。更重要的是，即使是同一个体也会有能力不一致的现象。人们也许能够完成某些测验来表明自己达到了一定的思维水平，却无法通过其他测试。如果皮亚杰是正确的，那么一旦人们进入了一定的思维阶段，他们应当表现得相当一致（Siegler，2016）。

- 皮亚杰提出的阶段概念表明，认知能力不是逐渐平稳发展的，而是从某一阶段突然变化到下一阶段。与之相反的是，很多发展学家认为，认知发展是一个更为连续的过程，是逐渐积累的量变，而不是跳跃式的质变。他们还认为，皮亚杰的理论更适合于描述某一阶段的行为，而不适于解释为什么会从一个阶段转变到另一个阶段

（Anisfeld，2005）。

- 由于皮亚杰测量认知能力的任务性质，评论者认为他低估了某些能力出现的年龄。现在，普遍的观点认为，婴儿和儿童出现复杂能力的年龄早于皮亚杰所提出的年龄（Bornstein & Sigman，2005；Kenny，2013）。

- 皮亚杰对"思维"（thinking）和"知识"（knowing）的观点过于狭隘。对于皮亚杰来说，知识主要停留在理解单摆问题的能力上。霍华德·加德纳等发展学家就指出人具有多种智力，这些智力彼此不同且相互独立（Gardner，2000，2006）。

- 一些发展学家认为，形式运算并不能代表思维发展的终结，更具思辨性的思维要到成年早期才能出现。发展心理学家吉塞拉·拉博维奇-菲夫（Giesela Labouvie-Vief）认为，社会的复杂性要求思维不能仅仅基于纯粹的逻辑，而是要求一种灵活的、能够解释过程的、并能够揭示现实世界背后的真实深刻原因的思维方式，也就是拉博维奇-菲夫说的"后形式思维"（postformal thinking，Labouvie-Vief，2000；Hamer & Van Rossum，2016）。

从研究到实践

电子游戏能否提高认知能力

尽管有相当一部分研究表明玩暴力电子游戏是有害的，但它其实有着多种可能的作用。实际上，一些研究者认为是人们对于攻击性行为的关注掩盖了玩电子游戏可能拥有的益处。最近有更多的研究结果支持上述这一观点（Granic，Lobel，& Engels，2014）。

与一些人所说的令人头脑麻木的活动不同，事实上，玩电子游戏能够促进认知发展，即使是具有暴力动作或者"射击"场景的游戏也一样。当非游戏玩家的被试被随机要求玩一个射击或非射击游戏的时候，那些玩射击游戏的被试在注意能力、视觉加工和心理旋转能力上有改善。元分析研究表明，这些游戏能帮助改善人们的空间技能，这种改善程度甚至可以和正规的空间技能训练媲美，并且能被更快地习得、更久地保持、更容易迁移到其他任务上。而这些技能能够预测人们在科学、技术、工程、数学职业上的未来成就。带有讽刺

意味的是，它们并不能通过玩解密或者其他非射击游戏来提高。看上去，这些快节奏地、瞬间发生的决策和沉浸式的三维环境射击游戏在人们的认知能力提高上扮演着关键的角色（Green et al.，2012；Uttal et al.，2013）。

玩电子游戏可以提高其他种类的认知能力。大多数游戏包括一些种类的问题解决，因此不难假设，这些游戏也许能够提高问题解决能力。目前相关方面的研究很有限，但是很有前景：研究表明，玩策略游戏能够让个体在第二年报告自己的问题解决能力时看到长进。虽然有更多研究有待进行，但显然电子游戏在帮助孩子上可能和在损害孩子上同样具有潜力（Adachi & Willoughby，2013）。

- 你认为玩射击类电子游戏的益处能够使得年轻人在游戏中接触到的暴力内容正当化吗？为什么？

一方面，这些对皮亚杰认知发展理论的批评和关注具有很高的价值。另一方面，皮亚杰的理论推动了大量关于思维能力和思维过程发展的研究，也促进了很多教学改革。他对认知发展所持有的论断也成为种种反对意见蓬勃发展和生长的土壤，例如我们下面将谈到的信息加工理论（Taylor & Rosenbach，2005；Kuhn，2008；Bibace，2013）。

信息加工理论：能力的逐渐转变

从信息加工理论的观点来看认知发展，青少年的心理能力是逐渐持续增长的。皮亚杰认为，青少年认知能力的发展反映了与阶段转变有关的突飞猛进，而信息加工理论（information-processing perspective）则认为青少年认知能力的改变是由获得、使用和存储存信息能力上的逐渐变化所带来的。在人们组织自己关于世界的思考、发展出理解新情境的策略、分类事实，以及现实记忆能力和知觉能力进展的过程中，出现了大量日积月累的变化（Pressley & Schneider，1997；Wyer，2004）。

通过智力测验测量的一般智力在青少年期保持稳定，而特定心理能力却会出现巨大的发展。语言能力、数学能力以及空间能力得到增长，使得很多青少年能更快地反应，获取更多有用信息并成为更矫健的运动者。记忆能力得到增长，使得青少年能够更有效地分配他们的注意力，让他们能够同时注意多个刺激。比如，他们可以一边复习生物一边听音乐。

此外，皮亚杰指出，青少年对问题的理解能力、掌握抽象概念的能力、进行假设思维的能力以及他们对情境内在的各种可能性的理解能力都发展得越来越精细。这使得他们能够对自己提出的假设不断地进行研究分析。

青少年对世界的了解也越来越多。随着他们接触的东西越来越多、记忆能力增强，他们的知识也在不断地增长。总的来说，构成智力基础的各种心理能力在青少年期都获得了极大的发展（Kail，2004；Kail & Miller，2006；Atkins et al.，2012）。

根据信息加工理论对青少年认知发展的解释，心理能力发展最重要的原因在于元认知的发展。元认知（metacognition）是指人们对自己思维过程的认识，以及对自己认知过程的监控能力。虽然学龄儿童也能够使用一些元认知策略，但青少年更有能力理解自己的心理过程。

举例来说，随着青少年对自己记忆能力的理解加深，他们可以更好地估计自己为了记住复习材料所需的学习时间。此外，与小时候相比，他们能够更好地判断自己何时达到完全理解复习材料的程度。这种元认知的发展使得青少年能够更好地加理解和掌握学习材料（Dimmit & McCormick，2012；Martins et al.，2016；Zakrzewski，Johnson，& Smith，2017）。

这些新能力也使得青少年能够更好地进行内省和自我觉知，两者正是这一时期的主要特点。青少年期也会出现高度的自我中心主义，我们将在下面进行介绍。

思维中的自我中心主义：青少年的自我热衷

卡洛斯认为，他的父母是"控制狂人"。他不能理解为什么在借了父母的车之后，他们坚持要他打电话回家报告自己在哪里。耶里很震惊莫利买了和她一样的耳环，她觉得自己的耳环应当是独一无二的，尽管她并不知道莫利在买耳环时是否知道自己也有一对一样的。卢对自己的生物老师塞巴斯蒂安很不满，因为她的期中测验又长又难，卢没有考好。

青少年新近发展出来的元认知能力使他们很容易想象别人对自己的想法，他们也能够想象到别人思维中的细节。这有时也是占据青少年思维主导地位的自我中心主义的来源。青少年自我中心主义（adolescent egocentrism）是一种自我热衷的状态，他们认为全世界都在关注着自己。自我中心主义的青少年对权威（例如父母、教师等）充满了批判精神，不愿意接受批评，并且很容易发现别人行为中的错误（Alberts，Elkind，& Ginsberg，2007；Schwartz，Maynard，& Uzelac，2008；Inagaki，2013；Lin，2016）。

青少年的自我中心主义可以有助于解释为什么青少年有时会觉得自己是其他所有人注意的焦点。事实上，青少年可能会发展出所谓的假想观众（imaginary audience），这是他们想象出来的，对他们的行为给予很多关注的观察者。

青少年通常认为，假想观众关注的是青少年自己考虑最多的一件事：他们自己。但不幸的是，这仅仅是他们的自我中心主义所产生的虚构情境。例如，一个坐在教室里的学生可能觉得教师正在看着她，而一个打篮球的青少年可能觉得全场的人都在注意他下巴上的青春痘。

自我中心主义还导致了另一种思维的扭曲：认为个人经历是独一无二的。青少年发展出**个人神话**（personal fables），他们会觉得自己的经历是独特的，是别人都不会有的。例如，失恋的青少年可能觉得别人都不会经历这种痛苦，别人都不会像自己这样遭到如此待遇，没有人能理解他的感受（Alberts, Elkind, & Ginsberg, 2007；Hill & Lapsley, 2011；Rai et al., 2016）。

个人神话可能使青少年毫不畏惧有威胁性的风险。很多青少年的危险行为可能就是由个人神话造成的。他们可能认为，在性生活中不必使用避孕套，因为个人神话使他们相信，怀孕和艾滋病之类的性传播疾病只会发生在别人身上，而不会发生在自己身上。他们会酒后驾车，因为个人神话使他们认为自己是小心谨慎的司机，总是能够控制所有状况（Greene et al., 2000；Vartanian, 2000；Aalsma, Lapsley, & Flannery, 2006）。

青少年的自我中心也可能导致他们在犯了显而易见的错误时感到自己很愚蠢，而他们犯错误可能只是因为把简单的问题想复杂了。这个现象被称为"伪愚"。它的出现并非因为青少年是愚蠢的，而是因为他们刚刚获得了思考多元可能性的能力，但还无法很好地运用这种能力。

从社会工作者的视角看问题

青少年的自我中心主义如何使得青少年的社会关系和家庭关系变得复杂？成人能够成长到完全不再具有自我中心主义和个人神话吗？

道德发展

试想，你的妻子患了一种罕见的癌症，生命垂危。医生认为，邻市一名科学家新近研制出来的镭制品可能会救她一命。然而，这种药的生产成本很高，科学家的要价更是高达生产成本的 10 倍。科学家花费了 1 000 美元生产镭，可是一份剂量很小的药却开价 10 000 美元。你想尽办法找人借钱，但总共只借到 2 500 美元，只是所需金额的 25%。你告诉那个科学家你的妻子就快要死了，希望他能够把药便宜卖给你，或者可以日后还钱。但是科学家却说："不行，我发明了这种药，我要用它来挣钱。"你很绝望，决定闯进科学家的实验室为妻子偷药。你应该这样做吗？

根据发展心理学家劳伦斯·科尔伯格及其同事的观点，青少年对这个问题的回答揭示了他们的道德感和正义感的核心方面。他指出，人们对此类道德两难问题的反应显示了他们所处的道德发展阶段，也反映了他们认知发展的一般水平（Kohlberg, 1984；Colby & Kohlberg, 1987）。

科尔伯格的道德发展理论

科尔伯格认为，随着正义感的出现和发展，人们做出道德判断时使用的推理方式也会经历一系列的阶段。基于我们先前讨论过的青少年的认知特点，学龄儿童倾向于根据具体不变的规则（"偷东西就是错的"或"如果我偷东西就会遭受惩罚"）或者根据社会规则（"好人不会偷东西"或"如果每个人都偷东西那该怎么办"）进行道德推理。

但当青少年期到来的时候，个体的推理能力已经达到了较高的水平，通常接近皮亚杰的形式运算阶段。他们能够理解抽象的道德形式原则，当遇到类似上述问题的时候，会将其当作更广泛的道德问题和是非问题进行考虑（"如果你遵从自己的良心做出了正确的事情，那么偷药就是可以接受的"）。

科尔伯格认为，道德发展可以分为三个水平六个阶段（见表 15-1）。处于前习俗道德（preconventional morality）水平（含阶段 1 和阶段 2）的人遵循以惩罚或奖励为基础的严格规则。例如，一个处于前习俗道德阶段的学生可能会认为，在这个道德两难故事中，偷药是不值得的，如果被逮住他就可能进监狱。

处于习俗道德（conventional morality）水平（含阶段 3 和阶段 4）的人把自己视为负责任的社会好公民，并据此来处理道德问题。一些处于这个水平的人会反对偷药，因为他们觉得自己违反社会规则之后，会为此感到内疚和不诚实。另一些人则会赞成偷药，因为在这种情况下如果他们什么都不做，他们就会觉得难以面对他人。这些人都会在习俗水平上进行道德推理。

处于后习俗道德（postconventional morality）水平（含阶段 5 和阶段 6）的人会使用超越他们所处社会的社会规则，而不是更一般的道德原则。他们认为，如果自己没有偷药，他们就会谴责自己，因为他们没能坚守住自己的道德原则。

表 15-1　科尔伯格的道德推理发展序列

简单道德推理			
水平	阶段	赞成偷药	反对偷药
水平 1 **前习俗道德：** 处于这个水平的个体会从奖励和惩罚的角度考虑具体的利益	**阶段 1** 服从和惩罚取向：在这个阶段，人们坚持规则是为了避免惩罚，为了服从而服从	"如果你让你的妻子死掉，你就会陷入麻烦。你将会因为没有花钱去救她而遭到谴责。你和药剂师都会因你妻子的死而受到调查。"	"你不应该偷药。因为如果你去偷药，你就可能会被抓进监狱。如果幸运地逃脱了，你也会因时刻想着警察将会用什么方法抓住你而寝食难安。"
	阶段 2 奖赏取向：在这一阶段，个体只遵守对自己有利的规则，为了获得奖赏而服从	"如果你碰巧被抓了，那么你可以把药还回去，判刑也不会太重。如果服刑期比较短，而且在你出狱后妻子仍然健在的话，那么这对你也不会造成太多麻烦。"	"如果你偷了药，就可能不会在监狱里待很长时间。但是在你出狱之前，你的妻子可能已经死去，所以这样做并没有什么好处。如果你的妻子死了，你不应该责怪自己；这并不是你的错；毕竟她患上了癌症。"
水平 2 **习俗道德：** 处于这个水平的个体在处理道德问题时会把自己当作社会的一员。他们感兴趣的是成为社会中的好成员来取悦他人	**阶段 3** "好孩子"道德：处于该阶段的个体感兴趣的是保持他人对自己的尊敬，并做出他人期望自己做的事情	"如果你偷了药，没有人会认为你很坏；如果你没有偷药，你的家人会认为你是个没有人性的丈夫。如果你让妻子死掉，你再也不能面对任何人。"	"不只是药剂师会认为你是个罪犯，任何人都会这样想。如果你偷了药，你就会觉得你让家人和自己都蒙了羞，你再也不能面对任何人了。"
	阶段 4 权威和维持社会秩序的道德：处于该阶段的个体服从社会规则，并认为社会定义为正确的事情才是对的	"如果你还有一点荣誉感，就不会因为害怕而不去做唯一能够救活你妻子的事情，眼睁睁看着她死去。如果你没有对她尽责，你就会觉得是自己导致了她的死亡而感到内疚。"	"你很绝望，当你偷药的时候你可能并不知道你做错了。当你被送进监狱的时候，你就知道这一点了。你会因为自己的不诚实和违法行为而感到内疚。"
水平 3 **后习俗道德：** 处于这个水平的个体，使用的道德规则比任一社会中所使用的都更具普适性	**阶段 5** 契约、个人权益和民主地接受法律的道德：处于该阶段的个体会做出正确的事，因为他们对社会公认的法律有一种义务感。他们认为法律是固有社会契约中可以进行修改的部分	"如果你没有偷药，你就会失去而不是得到他人的尊重。如果你让妻子死去，那将是出于恐惧而非理性。所以你将会失去自尊，很可能也会失去其他人的尊重。"	"你将会失去你在社团中的地位以及他人的尊敬，同时还违反了法律。如果你为情绪所控制，你将会失去对自己的尊重，也会忘记自己固有的观点。"
	阶段 6 个人原则和良心的道德：在最后这个阶段，个体遵守法律是因为他们以普遍的伦理原则为基础。他们不会服从违背原则的法律	"如果你没有偷药，你让你的妻子死掉，那么你以后就会因此而常常谴责自己。你不会被责备，你遵守了法律规则，但是却没有遵从你自己的良知标准。"	"如果你偷了药，其他人不会责备你，但你会谴责你自己，因为你没能遵从自己的良心和诚实的准则。"

资料来源：Based on Kohlberg, L. (1969). "Stage and sequence: The cognitive-developmental approach to socialization." In D. Goslin (Ed.). Handbook of socialization theory and research. Chicago: Rand McNally.

科尔伯格的理论认为，人们的道德发展以固定的顺序经历以上三个阶段。由于认知发展的局限，直到青少年期他们才能发展到道德发展的最高阶段。然而，并非所有人都能够发展到最高阶段。科尔伯格发现，能够发展到最高阶段的人相当少（Hedgepeth，2005）。

尽管科尔伯格的理论（Kohlberg，1984，1987）为道德判断的发展提供了很好的解释，道德判断与道德行为之间却没有很强的关系。然而，道德推理水平较高的学生更不容易在学校和社区中表现出反社会行为，比如违反学校规则、参与青少年犯罪等（Carpendale，2000；Paciello et al.，2013）。

研究发现，处于后习俗道德水平的学生中有 15% 在考试中作弊，这一比例低于处于较低道德发展水平的学生（他们中有超过 50% 的人有作弊行为）。很明显，知道什么是正确的道德行为，并不意味着他们就会那样做（Hart，Burock，& London，2003；Semerci，2006；Krettenauer，Jia，& Mosleh，2011；Wagnsson et al.，2016）。

科尔伯格的理论仅局限于对西方文化中个体的观察结果，因此受到批评。事实上，跨文化研究发现，与处于非工业化国家中的个体相比，处于工业化程度更高、技术更先进的文化中的个体会更迅速地通过道德发展的各个阶段。为什么呢？一种解释是科尔伯格提出的更高道德阶段，是基于涉及诸如警察和法庭系统等政府和社会机构的道德推理。在工业化程度较低的地区，道德更多地基于城镇里人与人之间的关系。简而言之，不同文化中的道德可能存在差异，而科尔伯格的理论更适合西方文化（Fu et al.，2007）。

> **从教育工作者的视角看问题**
>
> 公立学校是否应该教授道德发展？

科尔伯格的理论还存在一个更具争议的方面，就是它很难用于解释女孩的道德判断发展。该理论最初主要是基于男性被试的数据，因此有些研究者认为它更好地描述了男孩而非女孩的道德发展。这一点也能够解释为什么在使用科尔伯格道德发展阶段序列的测验中，女性的得分普遍低于男性。这也就导致了关于女孩道德发展的另一种不同解释的出现。

吉利根的道德发展理论：性别与道德

心理学家卡罗尔·吉利根（Carol Gilligan，1987，1996）认为，社会对男孩和女孩的教育方式不同，导致了男性和女性看待道德行为的方式存在根本的差异。根据她的观点，男孩主要从正义或公平等大原则的角度看待道德，女孩则从个人责任和牺牲自我帮助他人的意愿这个角度看待道德。因此，在女性的道德行为中，对个体的同情是一个较为突出的因素（Gilligan，Lyons，& Hammer，1990；Gump，Baker，& Roll，2000）。

卡罗尔·吉利根认为，男孩和女孩对道德的看法不同，男孩更看重大原则，而女孩更多地考虑人际关系和个人责任。

吉利根认为，女性的道德发展过程历经三个阶段（见表 15-2）。在第一个阶段"个体生存取向"阶段中，女性首先关注什么是实用的、对自己最有利的，然后转变为思考什么是对他人最好的，也就是由自私转变为责任感。在第二个阶段"自我牺牲的善良"阶段中，女性开始考虑通过牺牲自己的利益来帮助他人得到所需。在理想的情况下，女性会从"善良"变为"真实"，也就是同时考虑自己和他人的需要。这种转变使得女性进入道德发展的第三个阶段"非暴力道德"，在这个阶段中她们开始意识到伤害任何人，包括伤害她们自己，都是不道德的。这种意识在自我和他人之间建立了道德等价性，这是吉利根的道德发展理论中道德推理的最复杂水平。

表 15-2 吉利根的女性道德发展三阶段

阶段	特征	举例
阶段 1 个体生存取向	首先关注什么是实用的、对自己最有利的，然后转变为思考什么是对他人最好的，也就是由自私转变为责任感	1 年级的女孩在和朋友玩耍时，可能会坚持只玩她自己选择的游戏
阶段 2 自我牺牲的善良	最初的观点是女性必须牺牲自己的愿望以满足他人所需。后逐渐从"善良"过渡到"真实"，即同时考虑自己和他人的需求	现在这个女孩长大了一些，她可能认为作为一个好朋友，她必须玩朋友选择的游戏，即使她自己并不喜欢这些游戏
阶段 3 非暴力道德	在他人和自己之间建立起道德等价性。伤害任何人（包括伤害自己）都是不道德的。这是吉利根道德发展理论中，道德推理最复杂的形式	这个女孩现在可能意识到，朋友必须享受在一起的时间，并找寻双方都喜欢的一些活动

资料来源：Based on Kohlberg, L. (1969)." Stage and sequence: The cognitive-developmental approach to socialization." In D. Goslin (Ed.). Handbook of socialization theory and research. Chicago: Rand McNally.

这些学生例证在吉利根的道德发展阶段中，对他人和自己的暴力行为都是不道德的。

在吉利根与科尔伯格的道德发展理论中，道德发展的顺序有很明显的不同。一些发展学家认为，吉利根对科尔伯格的研究否定得过于彻底，性别差异并没有那么显著（Colby & Damon，1987）。一些研究者指出，男性和女性在做道德判断时都会使用相似的"公正"和"关怀"取向。显然，男孩和女孩的道德取向之间存在怎样的差异，整体上道德发展的本质是什么，这些问题都还未找到答案（Weisz & Black，2002；Jorgensen，2006；Tappan，2006；Donleavy，2008；Fragkaki，Cima，& Meesters，2016）。

学校教育与认知发展

我爱初中！虽然我之前的朋友现在都不在一起了。我还有一些在运动的时候认识的朋友，史蒂芬也和我在一起，但是也只有 1 节课和他在一起。乔和我

有 4 节一样的课，这样我每天就有 4 段时间和他在一起，其中 3 节课还坐在他边上。他真是越来越好了，我爱初中！这里是最棒的，还有维维现在生病了，之前我最后 3 节课都是和她还有摩根一起上的……我也很喜欢拉丁语，它很有趣。我也很喜欢惠特克老师，她是最好的老师。

从 4 年级到 6 年级之前的暑假，我都很沮丧。在 6 年级的时候，我决定要活得更好。我发现自从进入初中之后，我本应该重新开始。但事实并非如此。我的哥哥现在很少来烦我了。学校实在太可怕了，我就是被所有人批评的孩子。这持续了两年的时间，直到我意识到如果我不再对别人的取笑有所反应，他们就不会再取笑我了。整个初中我都是一个失败者。有很多的人都说是我的朋友，但他们始终都会嘲笑我，因为我是一个失败者。

正如上述两个故事所描述的那样，初中生活激起了一些青少年强烈的情绪反应。从小学到初中转变的这段时间里，学生们在多个方面都发生了彻底的改变。

我们现在转向这一教育转变阶段对青少年的影响。我们将考察学校如何促进学业进步和青少年发展的。

从小学到中学的转变

从小学到初中的转变是一个常规的转变，因为它是大部分美国青少年都会经历的。然而，所有人都会经历并不代表这个过程可以很容易地度过。这个转变并没有那么容易度过，因为生理的变化、智力的变化

和社会性的变化几乎会同时出现。

离开小学之后，大部分学生都会进入初中，也就是 6～8 年级。同时，大部分青少年开始进入青春期，并开始应对青春期带来的身体上的变化。此外，他们的想法也变得更加复杂，与家人和朋友之间的关系也变得更加复杂。对于大部分青少年来说，初中的教育结构完全不同于小学。他们不再全天待在独立的教室里，而是需要去不同的教室上课。他们不仅需要适应不同老师的要求，每节课上的同学也都有所不同。这些同学也比小学遇到的同学存在着更多的变化和差异。

学生从小学到中学的过渡代表了新的挑战。

因为他们是初中里年龄最小、经验最少的学生，所以他们会突然发现自己处于学校的最底层。在小学里他们可是处于最顶层的（在那里，他们和位于底层的幼儿园、1 年级的孩子相比，在生理和认知上都存在着很大的差异），所以他们可能会觉得初中生活令人担忧，甚至有时可能会受到伤害。

除此之外，初中的学校通常比小学的要大一些。这一个因素就足以使进入初中成为一件困难的事情。不少研究表明，在规模较小的、繁文缛节较少的教育机构里，学生的学业和心理能力都会比较好（Lee & Burkam, 2003; Ready, Lee, & Welner, 2004; Suzuki, 2013）。

初中阶段整体上受到了严厉的批评。和其他国家的学生相比，美国 15 岁青少年在数学和科学能力上的排名分别是 38/71 和 24/71，分别有 29% 和 66% 的 8 年级学生在数学、阅读能力上没有达到国家标准。几乎 20% 的高中生不能毕业，这说明有相当数量的学生还没有准备好进入严谨的大学教育（OECD, 2016; Desilver, 2017; National Assessment

of Educational Progress, 2017; Coelho, Marchante, & Jimerson, 2017；见图 15-1）。

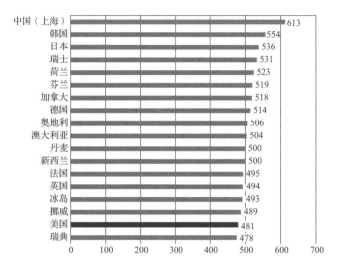

图 15-1　与其他国家比较，美国学生的数学成绩
对比全球中学生的数学成绩时，美国学生的表现低于平均水平。

资料来源：Based on Organization for Economic Cooperation and Development (OECD), (2014). PISA 2012 results in focus: What 15-year-olds know and what they can do with what they know. Paris, France: OECD.

尽管这类的研究发现中学并不能胜任教育青少年的任务，但是我们应该时刻提醒自己的是，这些研究发现并不足以表明中学的学生比其他教学机构的要差。只有少数的研究比较了年级结构不同的学校的教学成果。一些证据表明，在像从幼儿园直升到 8 年级这样传统的年级结构模式中的学生，可能优于在小学或初中学校的学生，但仅凭这一结果还不足以下定论（Yecke, 2005）。

此外，在很多例子中，初中学校运动背后的逻辑，诸如重视发现学习等，从未被完全执行。事实上，很多学校区域用中学取代了初级中学，或者只做出了很小的改变，这很难真正检验中学理念的有效性（Wigfield & Eccles, 2002; Wallis, 2005; Ryan, Shim, & Makara, 2013）。

社会经济地位、种族和民族与在校表现

所有的学生在课堂上都有相同的机会，但很明显有些学生群体的学习成绩就是比其他群体好。对这一现象最有效的指标之一就是考查教育成就和社会经济地位（socioeconomic status, SES）之间的关系。

社会经济地位

平均而言，与低社会经济地位的学生相比，中等及高社会经济地位的学生在标准化测验中成绩更好，受教育年限也更长。当然这种差异并不是从青少年期开始的，在较低年级时就已经出现这种差异了；但到了高中阶段，社会经济地位的影响变得更加显著（Frederickson & Petrides，2008；Shernoff & Schmidt，2008；Tucker-Drob & Harden，2012；Roy & Raver，2014）。

为什么中等和高社会经济地位家庭中的学生会有更高的学业术成就呢？这有很多原因。贫困的学生缺乏其他学生拥有的很多有利条件：他们的营养和健康状况不够好，他们通常居住在拥挤的环境中，就读于不太好的学校，可能没有地方来完成家庭作业。与其他经济情况良好的家庭相比，他们的家中可能没有书本和电脑（Prater，2002；Chiu & McBride-Chang，2006）。

出于这些原因，来自贫困家庭的学生从上学起就处在不利的境地。随着他们逐渐长大，在校表现会持续落后，事实上他们还会越来越差。由于后期的学业成就在很大程度上取决于早期在校习得的基础能力，早期学习有困难的学生在后来会越来越落后（Biddle，2001；Hoff，2012；Duncan，Magnuson，& Votruba-Drzal，2017）。

学业成就中的民族和种族差异

不同族裔和种族的学业成就之间存在显著差异，这是美国教育面临的问题。学业成就的数据显示，平均来说，非裔美国学生和西班牙裔美国学生的在校表现要比白人学生差，在标准成就测验中的得分也低于白人学生（见图 15-2）。相反，亚裔美国学生的成绩要比白人学生的好（Frederickson & Petrides，2008；Smith，Estudillo，& Kang，2011；Byun & Hyunjoon，2012）。

造成民族和种族之间学业成就差异的原因是什么呢？显然，很多差异都是由社会经济因素造成的。非裔美国人和西班牙裔美国人的家庭都比较贫困，他们经济状况上的不足，可能会反映在他们的在校表现中。事实上，控制了社会经济水平之后，不同民族和种族之间在校成绩上的差异就缩小了，但差异仍然存在（Cokley，2003；Guerrero et al.，2006；Kurtz-Costes，Swinton，& Skinner，2014）。

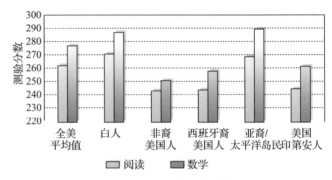

图 15-2　成就测验成绩

在一项国家性的阅读和数学成就测验中，美国 150 000 名 8 年级学生的测验分数存在种族差异。

资料来源：National Assessment of Educational Progress（NAEP），2003.

人类学家约翰·奥布（John Ogbu，1992）指出，某些少数民族成员不太看重学业成绩。他们相信社会偏见早就决定了无论他们多么努力，他们都不会取得成功。也就是说，在校努力学习并不能获得相应的回报。

奥布指出，与强迫接受新的文化相比，自愿融入新的文化环境的少数民族成员更容易在学业上获得成功。例如，他发现父母从韩国自愿移民到美国的孩子在学校中的表现相当好，而父母在第二次世界大战中从韩国被迫移民到日本的孩子的在校表现则相当差。为什么会出现这种差异呢？非自愿的移民导致了长久的创伤，降低了后代追求成功的动机。奥布指出，很多非裔美国人的祖先是作为奴隶而非自愿移民到美国来的，这使得他们的成就动机不足（Ogbu，1992；Gallagher，1994）。

辍学

大部分学生都能念完高中，但在美国每年还是有 50 万的学生辍学。辍学的后果非常严重。高中辍学者比高中毕业生的收入低 42%，高中辍学者的失业率高达 50%。

青少年过早地离开学校有很多原因。有些是由于怀孕或者语言问题，有些则是由于经济问题，他们需要养活自己和家人（Lessard et al.，2008；Verdugo，2011；Bask & Salmela-Aro，2013）。

辍学率受到性别和种族因素的影响（见图 15-3）。男生比女生更容易辍学。此外，尽管最近 20 年来各种族的辍学率都在下降，但西班牙裔和非裔美国学生的辍学率依然高于其他种族。另外，并不是所有的少数民族都呈现出很高的辍学率，例如亚裔美国人的辍学率就低于白人（Cataldi, Laird, & KewalRamani, 2009）。贫困在很大程度上决定了学生能否完成高中学业。来自低收入家庭的学生的辍学率比来自中上等收入家庭的学生高 3 倍。经济成功取决于教育，因而辍学造成了贫困的恶性循环（National Center for Educational Statistics，2002）。

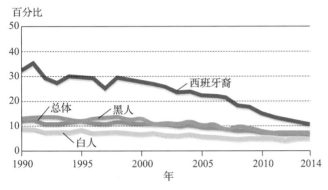

图 15-3　辍学率与民族

尽管各民族的辍学率都在下降，但西班牙裔和非裔美国学生的辍学率依然高于其他民族。为降低高中辍学率，社会工作者和教育工作者应采取何种措施？

资料来源：U.S. Department of Commerce, Census Bureau, Current Population Survey (CPS), October 1990 through 2014. See Digest of Education Statistics 2015, table 219.70

从教育工作者的视角看问题

为什么被迫移民者的后代的学业成就会低于自愿移民者的后代呢？可以采取哪些措施来克服这种障碍？

兼职工作：在工作的学生

2011 年，28% 的高中生从事了部分兼职工作，有 1% 的学生接受了 1 年左右的全职工作。由于美国倒退的经济情况，这些数字从 2000 年开始下跌，而高失业率则导致了原本雇佣高中生的企业（例如快餐店、便利店、影院和大型零售店）开始改而招募失业的成年人。不过，相当一部分的高中生依然用有规律的工作充实到他们除学校活动的忙碌日程中（U.S. Bureau of the Census，2012）。

工作是有一些好处的。除了为娱乐活动和生活必需品提供经济支持，还能够帮助学生培养责任感，练习理财能力，并帮助获得工作技巧。学生能够养成良好的工作习惯，同样有助于他们获得更高的学业成就。最后，工作和带薪实习能够帮助学生掌握求职过程中涉及的工作技巧。

但是，兼职工作也存在明显的缺点。很多高中生适合的工作都需要高劳动力，但只能获得较低的可迁移能力。求职同样会对学生参与课外活动（如运动等）造成阻碍。由于这些有组织的活动能够促进青少年的发展，不能参与这些活动就是工作的一个弊端（Danish, Taylor, & Fazio, 2006）。

高中求职最麻烦的后果是，在校表现与学生工作的时间呈负相关：一般来说，工作的时间越长，学生的成绩越低。造成这一关系的主要原因是，一天只有 24 个小时，学习的时间越少，学生就没有足够的时间来进行工作。但也存在这样的可能性，工作时间越长的学生，将更多的心理资源投资于工作而不是学校中，这种解释被称为主定位模型。这就导致他们的学业成就动机较低（Warren, 2002；Warren, Lee, & Cataldi, 2004）。

过早关注工作同样会导致一些青少年经历"伪成熟"这一现象。"伪成熟"是指青少年在发展上尚未成熟的时候，反常地提早进入成人角色。有些青少年，特别是那些并没有和学校或同伴建立紧密联结的青少年，可能将提前进入成年期看作一种能够逃离当前角色的方法，并会让他们感到相当满足。对这些青少年来说，每天工作多个小时是能够让他们从现有压力中逃脱出来的方法。但是，在另一些情况下，社会经济压力迫使青少年不得不进入"伪成熟"的状态（Staff, Mortimer, & Uggen, 2004）。

总的来说，高中学生工作的后果是不确定的。对一些学生来说，尤其是对只在有限时间内工作的学生而言，工作的优势是很明显的。另一方面，对于那些需要工作很长时间的学生而言，工作可能会影响学业表现。

高中学生发展好的职业习惯有助于获得更好的学业表现。

大学：追求高等教育

在恩里科的心目中，要上大学的信念从未动摇过。恩里科的父亲是一名逃往美国的古巴人，他在恩里科出生前的 5 年时间里，从经营医药供给业务中获得巨额利润。恩里科长久以来一直被他的家庭灌输教育的重要性。事实上，问题不在于他是否要上大学，而是他应就读何种大学。可见，恩里科在就读高中时便意识到肩上的压力：对他而言，每次课业成绩和课外活动既有可能帮助他进入好的大学，同时也可能成为其阻碍。

阿曼多收到了达拉斯社区学院的录取通知书，他的妈妈将通知书装进相框，挂在公寓的墙上。对妈妈而言，录取通知书是上帝对她虔诚祈祷的回复。阿曼多生长在一个毒品泛滥、暴力横行的社区，不过在妈妈的眼中，他一直是一个努力工作的"乖孩子"。随着他的长大，妈妈从未奢望他有朝一日能够考上大学。阿曼多今日的成绩让她欣喜若狂。

一名学生是否被录取，对于他的长辈们是一次重大的事件，上大学是一个了不起的成就。尽管已经被录取的学生会觉得上大学是一件几乎普遍的事实，然而其实不是这样：在全国范围内，只有一部分高中生能进入大学。

谁会进入大学

近年来，大约 2/3 的高中生会进入大学。性别和民族数据上的发现表明了一个有趣的趋势。在高中毕业后，进入大学的女生比男生更多（71% v.s. 61%）。此外，种族差异很明显：82% 的亚裔美国人进入了大学，70% 的西班牙裔美国人、66% 的白人、58% 非裔美国人紧随其后。辍学率在 2001～2011 年中升高了 32 个百分点，从 2001 年的 1 370 万人增加到了 1 810 万人，其中少数民族人数大大增加（U.S. Bureau of Labor Statistics，2012；见图 15-4）。

此外，不少学生进入大学之后并不能顺利毕业。进入大学的学生中，只有 39% 左右的人能在 4 年之后获得学位，只有 58% 的人在进入大学 6 年以后能够毕业，这也就意味着还有 42% 的人在进入大学 6 年以后依然无法毕业。少数民族的情况更加糟糕，入学 6 年之后，有大概 60% 的非裔美国人和 50% 的西班牙裔美国大学生还没有获得一个学位（National Center for Educational Statistics，2012）。

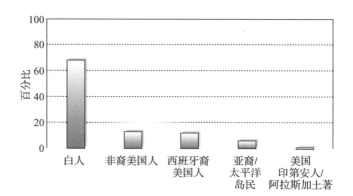

图 15-4　高中毕业进入大学
少数民族群体高中毕业后进入大学的比例远低于白人。
资料来源：National Center for Educational Statistics, 2012.

对于美国土著，情况甚至更加极端：82% 的大学生在毕业之前辍学了。有趣的是，去了部落学院与大学——由美国印第安部落赞助、管理的高等教育机构的土著美国人中，有 86% 成功完成了他们的学习项目（White House Initiative on Native American and Alaska Native Education，2017）。

观察结果表明，传统上被定义为少数民族的学生进入大学的数量增多，少数民族在大学生中所占的比例有所提升。在一些大学（例如加利福尼亚大学伯克利分校）中，学生的多样性显著提高，白种人已经从多数群体下降为少数民族。这些趋势反映了美国人口中种族和民族组成的显著变化，因为接受更高的教育是提高家庭经济水平的重要方法。

尽管大学生的多样性显著提高，但少数民族的学生仍少于白人学生。

性别和大学

我还记得初入大学的时候，我在物理学原理课上第一次举手回答问题时遭遇的挫败感和羞耻感：一个只比我大了一些的教授无视了我。几分钟过后，当教室里只有我举着手的时候，他不得不叫我起来回答问题，他同时转着眼睛评论道："让我们看看这位小姐对这次讨论有什么见解。"我红着脸，慌得几乎说不出话来。

1 年后，我在自助餐厅遇到了这位教授，并决定和他对话。"你好，教授，"我说，"你还记得去年在物理课上叫我'小姐'而让我难堪的事吗？"

他停下来望着我："你在我的班上吗？你在那儿做什么？"

不可思议地，他竟成功使我感到更加耻辱。

在今天，虽然这类明目张胆的性别主义事件发生的可能性很低，但对于女性的歧视与偏见，仍旧是大学生活中存在的一个现实问题。例如，在下次上课时，你可以关注一下班上同学的性别和你们所选的课程。尽管男生和女生就读大学的比例大体相当，但是在课程选择方面，他们却存在明显的差异。例如，选修教育与社会科学类课程的女生人数多过男生，而在工程学、物理学和数学等科目中，男生人数占有绝对优势。

性别差异在大学讲师中也有所体现。尽管女性教员的人数增加了，但性别歧视仍然存在。比如，越有名望的机构中，女性取得高成就的比例就越少。在数学、科学和工程学等领域中，女性所占的比例就更加显著地小了（Wilson，2004；Carbonaro, Ellison, & Covay，2011）。

不同学科领域中的性别分布差异反映了遍布全球的性别刻板印象，这一刻板印象不仅局限于教育界。比如，当女生进入大学 1 年级被问及职业选择时，她们不太倾向于选择传统上被男性统治的行业，例如工程学或计算机编程，而更有可能选择传统上由女性主导的护理、社会工作等职业（White & White，2006；DiDonato & Strough，2013）。

男性和女性大学生对未来的期望也不尽相同。例如，一项有关大学 1 年级新生的调查询问了他们认为自己在一系列特质与能力上是高于还是低于平均水平。与女生相比，男生更可能认为他们在全部学业与数学能力、竞争力和情绪健康等方面都超过平均值

（见图 15-5）。

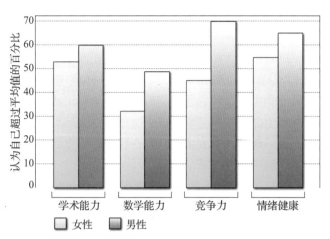

图 15-5　男女大学生在各个领域中的自我评价

在进入大学的第一年中，与女生相比，男生更倾向于认为，他们在一些和学业成就相关的领域上的能力高于平均水平。教育工作者应该如何重视这一问题，以及如何应对这一问题？

资料来源：From Astin, A.W., Korn, W.S., & Berz, E.R. (2004). The American freshman: National norms for fall 2004. Los Angeles. CA: Higher Education Research Institute, Graduate School of Education, UCLA ©2008 The Regents of the University of California. All Rights Reserved.

教授在课堂上可能会区别性地对待男生和女生，尽管大多数区别对待是无心的、教授也不曾意识到的行为。例如，教授提问男生的频率高于女生，而且他们和男生的目光接触也更多。此外，男生比女生更可能获得教授的额外帮助（Sadker & Sadker，2005；Simon, Wagner, & Killion，2017）。在课堂中对男生和女生的区别对待使一些教育者支持对女生进行单一性别的学校教育。他们指出，女子大学毕业的女生在科学相关领域的参与度和最终成就高于从男女同校的机构毕业的女生。此外，一些研究表明，就读女子大学的女生比男女同校的女生的自尊更高，但研究证据并不足以一致地验证这一结论（Sax，2005）。

为什么女生在女校的表现会比较好呢？其中一个原因是，在男女同校的学校中，教授更容易受到社会偏见的影响，所以在女校中她们能够得到更多的关注。此外，女子学校比男女同校的学校有更多的女性教授，为女学生提供更多的行为榜样。最后，在女校中的女生受到更多的鼓励来参与到数学和科学等非传

统学科之中（Robinson & Gillibrand，2004；Kinzie et al.，2007；Pahlke & Hyde，2016）。

学业表现和刻板印象威胁

研究指出，在以相同准备程度和相同学术能力测验（scholastic assessment test，SAT）分数考取大学的男女学生中，在选修大学数学、科学和工程学课程时，女生的成绩很可能会低于男生。令人感到惊讶的是，这一现象并未发生在其他课程中，男生和女生在其他课程中的成绩基本持平。

根据心理学家克劳德·斯蒂尔（Claude Steele）的观点，女生与非裔美国人成绩下降背后有着相同的原因："学术不认同"即对某一学术领域缺乏个人认同。对女生而言，是她们对数学和科学的学术不认同；而对非裔美国人而言，是他们对整个学术领域的不认同。这两者都是消极的社会刻板印象，这造成了一种刻板印象威胁（stereotype threat），被持有刻板印象的群体成员害怕他们的行为将会证实这一刻板印象（Carr & Steele，2009）。

例如，在以数学和科学为基础的非传统领域中，女生一旦开始担心社会预期的失败时，她们的学业表现就可能会停滞不前。在某些情况下，女性可能会觉得在男性主导的领域中失败，这恰好验证了社会刻板印象，因而她们为获得成功所付出的努力和她们所承担的风险相比是不等价的。所以，在这种情况下，女生可能根本就没有努力学习（Inzlicht & Ben-Zeev，2000）。

斯蒂尔的研究也有令人高兴的一面：如果女生能够坚信有关成就的社会刻板印象无效，她们的表现就能够提高。事实上，这只是斯蒂尔在密歇根大学和斯坦福大学进行的一系列研究中的一个结果（Steele，1997）。

在他的一项研究中，男性和女性大学生被试进行两项数学测验：在一项测试中，告诉被试在该测验中男生的成绩会高于女生；而在另一项中，则告诉被试在该测试中，成绩不存在性别差异。实际上，这两种测试几乎是一样的，它们的题目是从同一个题库中抽取的。这个实验操作背后的逻辑是，当测试存在性别刻板印象的差异的时候，女生更容易受到社会刻板印象的影响；而当测试不存在性别差异的时候，女生就不会那么容易受到影响。

研究结果支持了斯蒂尔的推理。当女生被告知测试存在性别差异的时候，她们的表现就明显地比男生差。而当女生被告知测试不存在性别差异的时候，她们的表现就和男生没有差异。

在选择传统男性占优的领域时，例如数学和科学等，如果女性确信与她们相似的人能够在该领域中获得成功，她们就能够克服长期以来的社会刻板印象。

简而言之，该研究证据和其他许多研究结果一样，清楚地表明女生很容易受到针对她们未来成就的期望的影响，无论这一期望是源自刻板印象还是先前测验成绩上女生表现的信息。令人欣慰的是，研究结果表明，如果女生能够确信和她一样的其他人可以在特定领域中获得成功，她们就能够克服长久以来的社会刻板印象（Croizet et al.，2004；Davies，Spencer，& Steele，2005；Good，Aronson，& Harder，2008）。我们应该记住的是，女性并不是唯一受到社会刻板印象影响的群体。少数民族的成员，例如非裔美国人和西班牙裔美国人，同样受到有关学业成就的社会刻板印象的影响。事实上，斯蒂尔认为非裔美国人会感到一种压力，即他们必须驳斥在他们身上关于学业表现的刻板印象，这种压力可能引起焦虑和威胁，导致他们发挥不出自己的真实学业水平。具有讽刺意味的是，在更好、更自信、还没有把刻板印象内化为对自己能力质疑的学生身上，刻板印象威胁也许更加严重（Carr & Steele，2009；McClain & Cokley，2017）。此外，非裔美国人对学业成就的不认同，可以体现在缩减的学业任务和逐渐降低的学业成就的重要性上。这种不认同，最终可能表现为自我验证性预言，增加了学业失败的可能性（Davis, Aronson, & Salinas, 2006；Kellow & jones, 2008；Kronberger & Horwath, 2013）。

> **从教育工作者的视角看问题**
>
> 　　一些人认为单一性别（甚至是单一民族）的高中和大学是一种对抗歧视的方法。为什么这会是有效的呢？你觉得这有什么缺点吗？

‖发展多样性与你的生活‖

克服学业成就中的性别和种族屏障

　　在她 10 年级的数学课上，路易莎递给每个学生一块白板和一支笔。然后，她将一个复杂问题投射在教室前面的大屏幕上。

　　"一旦算出了答案，就把你的白板举起来。"她说道，学生们努力地在白板上写着，一个接一个地举起来。

　　程序上的这一基本改变消除了需要举手或者直接说出答案的竞争，这个简单的方法帮助了这些在数学课上的女生。

　　这个简单的方法是一项大规模教学改革中的一部分，致力于改进数学教学并且取得了相当的成果。这样的教学方法对所有学生都有所助益，并且消除了男女生在数学成绩上的性别差异。

　　20 世纪 80 年代后期数学课程的革新使学生的数学成绩得到了整体提高（见图 15-6）。然而，这一提高主要是针对女生，如今女生在一些数学标准测试上的成绩甚至高于男生。

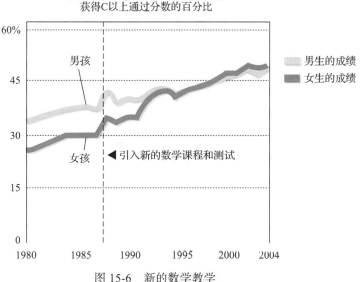

图 15-6　新的数学教学

在英国引入的新型数学课程和测验中，女生的表现和男生的表现开始变得一致。

资料来源：Department for Education and Skill, England (2004).

　　新课程中的哪些变化提高了数学成绩呢？教师被告知需要警惕教学中的性别刻板印象，并且受到鼓励，更多地让女生参与到课堂讨论中来。此外，教科书中也去除了性别刻板印象。通过禁止学生使用大声喊叫来回答问题并鼓励女生参与课堂讨论，使得教室环境更适合女生。测试也进行了调整，写下思维过程也能够得到一定的分数，这对于女生来说是有利的，因为她们在进行测验时更加系统。

选择职业

有些人从儿时起就立志成为医生、演员或者商人，并且始终如一地朝着自己的目标前进。而另一些人对职业的选择则往往出于偶然，他们可能在招聘广告上寻找工作机会。

无论一份职业是怎样选择的，这都不太可能是人一生中唯一的一份职业。随着科技发展，工作的性质也在迅速地发生变化，在 21 世纪，一次甚至多次改变职业是很常见的事。

选择一个职业

研究者进行了大量研究以理解青少年选择一份职业的过程。在接下来的部分，我们聚焦于两个视角，分别基于人们的毕生发展阶段和人格类型。

金斯伯格的三阶段理论

根据艾利·金斯伯格（Eli Ginzberg，1972）的观点，人们在选择职业的过程中往往经历几个阶段。第一个阶段是**幻想阶段**（fantasy period），这一阶段持续到 11 岁左右。在幻想阶段，人们对职业的选择不考虑技术、能力或工作的机会，而仅仅考虑这份职业听上去是否有意思。因此，当一个孩子决定自己将来要成为摇滚歌星的时，他根本不会考虑自己唱歌总是跑调的问题。

第二个阶段是**尝试阶段**（tentative period），这一阶段覆盖整个青少年期。在尝试阶段，人们开始考虑一些实际情况，务实地考虑职业的要求以及自己的能力是否符合。他们也会考虑自身价值和目标，以及某一职业所能带来的工作满意度。最后，人们在成年早期进入**现实阶段**（realistic period）。在这一阶段，人们根据自己的实践经验或职业培训，明确自己的职业选择。他们开始逐渐缩小职业选择的范围，并最终做出选择。

霍兰德的六种人格类型理论

尽管金斯伯格提出的三个阶段含义直观，但这三个阶段过度简化了职业选择的过程。一些研究者认为考察人格类型与职业需求之间的关系更为有效。比如，根据约翰·霍兰德（Gottfredson & Holland，1990；Donohue，2007；Nauta，2010）的观点，特定的人格类型和特定的职业可以进行完美的匹配。尤

其是以下 6 种人格类型对职业选择影响较大．

- 现实型（realistic）：这类人注重实效，善于解决实际问题，而且身体强健，但社交能力平庸。他们是优秀的农民、工人和卡车司机。
- 智力型（intellectual）：这类人善于抽象推理，但他们不擅长与人打交道，比较适合从事数学和科学相关的职业。
- 社交型（social）：这类人的语言能力和人际关系处理能力很强。他们非常善于与人交往，是优秀的销售员、教师和咨询师。
- 常规型（conventional）：这类人喜欢从事高度结构化的工作。他们是优秀的办事员、秘书和银行出纳。
- 进取型（enterprising）：这类人喜欢冒险，敢于负责。他们是优秀的领导者，高效的经理人或政客。
- 艺术型（artistic）：这类人擅长用艺术形式表达自己，相对于人际交往而言，他们更愿意待在艺术的世界里。他们最适合从事与艺术有关的职业。

当然，并不是每个人都能完全归于这些分类中。分类往往也存在例外的情况，现实中一些从事某项工作的个体并不具备该分类中相应的人格。尽管如此，人们根据该理论建立了一系列职业测评，通过这些测评，人们可以了解适合自己性格的职业（Randahl，1991）。

性别和职业选择：女性的工作

招聘启事招聘：小型家族企业招聘全职员工。

职责：清洁、烹饪、园艺、洗熨、修补、购物、记账理财、儿童保育工作等，但并不局限于此。

工作时间：平均 60 小时／周，但需要每时每刻待命。节假日需要加班。

薪水待遇：无报酬，食宿及服装由雇主视情况提供；工作保障和福利亦取决于雇主意愿。无休假，无退休计划，无升职机会。

必备条件：无须经验，可边学边干，有驾照和健康护理经验者优先，只限女性。

30 ～ 40 年前，很多成年早期的女性认为这则夸张的职位描述最合适她们，同时也是她们追求的工作

类型：家庭主妇。即便是那些出门在外工作的女性，往往也只能被分配到类似职位。在 20 世纪 60 年代之前，美国的报纸招聘广告大致分为两个版面（"招聘助手：男"和"招聘助手：女"）。男性职业列表包括警察、建筑工人和法律顾问等；女性的职位则可能是秘书、教师、收银员和图书管理员等。

职业类型按性别分类，反映了社会对两性应该从事相应工作的传统观点。传统观点认为，女性比较适合从事公共性职业（communal professions），即与人际关系相关的工作。男性则比较适合从事行动性职业（agentic professions），即与任务完成相关的工作。公共性职业的社会地位和薪资待遇普遍低于行动性职业（Trapnell & Paulhus，2012；Li Kusterer, Lindholm, & Montgomery，2013；Sinclair, Carlsson, & Bjorklund，2016）。

虽然现在的性别歧视已远没有几十年前那样严重，例如，现在招聘广告中明确规定只招男性或女性都是违法的，但是，关于性别角色的偏见仍然存在。这种偏见反映在男性和女性之间工资的差距上。女性每年的收入已经持续几十年低于男性（图 15-7）。平均来说，男性每挣 1 美元，女性只能挣到 80 美分。尽管这个差距一直在减小，按照预期，这个差距直到 2059 年才有可能被消除（U.S. Bureau of the Census，2011，AAUW，2017）。

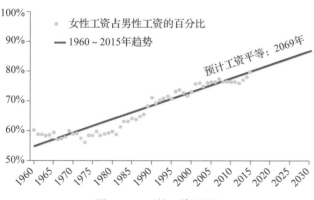

图 15-7 两性工资差距

尽管男性的收入保持稳定，女性始终只能获得男性的 80% 左右的收入。根据预期，这个差距直到 2059 年才有可能消失。

资料来源：Economic Justice. The Simple Truth about the Gender Pay Gap (Spring 2017).

尽管女性的工作地位和薪水待遇往往低于男性，

但还是有越来越多的女性走出家门，参加工作。目前，女性劳动力占总劳动力的一半左右。几乎每位女性都希望能够依靠自己赚钱谋生，并且她们都至少有过工作赚钱的经历。此外，在 29% 的美国家庭中，女性的工作收入比丈夫的工作收入高（Chalabi，2015；Bureau of Laber Statistics，2016）。

女性的工作机会与从前相比有了较大的增长。有更多的女性成为医生、律师、保险代理人或巴士司机。然而，如前所述，在职业分类中，依然存在着明显的性别差异。比如，女巴士司机更多地从事校园路线的兼职岗位，而男巴士司机则占据待遇更好的、城市线路的全职岗位。类似地，女药剂师多在医院工作，而男药剂师则多在待遇更好的零售药店工作（Unger & Crawford，2003）。

处于较高社会地位或承担重要职务的女性和少数民族成员，在职业发展过程中会遭遇"玻璃天花板"（glass ceiling）。"玻璃天花板"是指在某一机构内部，由于歧视产生的无形障碍，它阻碍个人晋升到更高的职位。它发挥作用的方式非常微妙，而那些应该对"玻璃天花板"的存在负有责任的人，通常并没有意识到他们的行为实际上是对女性和少数民族成员的歧视。比如，石油勘探业务中的一名男性主管可能会认定某项任务对女性员工来说过于危险。因此，他的决策就可能是，不让女性员工获得这样一个能够帮助她们提升经验的机会（Stroh, Langlands, & Simpson，2004；Zeng，2011，Auster & Prasad，2016）。

基于性别的歧视已经没有当初那么明目张胆了，而它依然是一股强大的力量。尽管如此，在很多行业中都已经出现了很大的进步。

明智运用儿童发展心理学

选择职业

青少年后期的个体所必须面对的一个重大挑战，就是做出对其今后的人生产生重大影响的决定：选择职业。尽管不一定存在一个所谓正确的选择，大多数人可以适应几份不同的工作并且都干得很开心，但做出选择毕竟是需要勇气的。这里有一些指导人们如何认真选择职业的建议。

- 系统地评估各种职业选择。图书馆里蕴藏着关于潜在职业道路选择的丰富资料，大多数高校的就业指导中心也可以提供有关职业的数据和就业指导。

- 了解自己。通过在学校的就业指导中心填写问卷，客观地评价自己的优势和劣势，让你更了解自己的兴趣、技能和价值。

- 制作一张"资产负债表"，列出你所从事的职业可能获得的收益和付出的成本。首先，列出你将直接获得的收益和承担的成本；其次，列出别人因你的选择而获得的收益和付出的成本。通过一系列对职业的系统评估，

你能够更好地在各种职业中做出选择。

- 通过带薪或无薪实习"尝试"不同的职业。通过直接的工作体验，你能够对相关职业的真实情况有一个更好的感知。

- 请记住，如果你选择错了，你仍然可以换工作。事实上，现在的成年早期或后续阶段的人们都在更加频繁地更换工作。人们不应该将自己束缚在早期阶段所做出的选择里。

- 人们的价值观、兴趣、能力和生活环境的改变，可能会使另外一份职业比个体成年早期所选择的职业更加适合个体今后的人生发展。

纵观全书我们发现，随着年龄的增长，人们充分地发展，这样的发展不仅局限于青春期，而是贯穿一生的。人们的价值观、兴趣、能力和生活环境的改变，可能会使另外一份职业比个体成年早期所选择的职业更加适合个体今后的人生发展。

案例研究

沮丧的幻想

伦纳德是一名想当数学老师的高中生，但他知道想要实现这个梦想很难。他很喜欢也很擅长数学，但他知道想要当一名老师就必须获得大学文凭。

伦纳德的家人都不同意他上大学。他的爸爸是一个汽修技师，而妈妈则是一名工厂工人。伦纳德作为家里6个孩子中的长子，在放学后会去快餐店兼职以贴补家用。他怎么能获得一个大学文凭呢？

伦纳德向他的一个朋友询问了上大学的事情。朋友和他谈到了SAT、论文、优秀分数、理想的大学，也谈到了他保底的学校和写简历的事情，并告诉他不妨一直说俄语。伦纳德目前还不知道他第一步要做什么，哪些大学是他的可选项，怎么支付大学学费，以及他在上大学之后能否继续找一份兼职。他快要忘记这整个打算了。

突然有一天，伦纳德收到一个惊喜。他的父亲已经

向他的顾客询问过了上大学的相关事宜。其中有一个本地的大学老师愿意提供帮助。她会在晚饭后前来拜访，解答伦纳德关于大学的一切疑惑。

伦纳德震惊了。他根本不知道父亲相信他的梦想，不过现在，他将尽他所能去实现这个梦想。

1. 考虑到他的背景，伦纳德获得大学文凭有什么困难？他有什么优势？

2. 伦纳德的梦想可能从何而来？他的梦想和不切实际的幻想有什么区别？

3. 伦纳德如何阐述他对于自己成为一个数学老师的元认知评估？他的自我评估和抱负是现实的吗？

4. 你认为，伦纳德从同学口中获得关于大学的信息是最好的选择吗？他还有什么其他的信息源可以依靠？

5. 伦纳德在大学里从事兼职的好处和坏处分别有哪些？

‖ 本章小结

　　本章关注的是青少年个体的认知发展。我们从皮亚杰和信息加工理论开始探讨认知发展，接着探讨青少年的认知能力状态对他们的自我热衷有何影响。之后，我们探讨了道德发展，关注的是道德推理和男女不同的道德概念。最后，我们探讨了在校表现及其与认知发展之间的关系。

　　在进入下一章之前，让我们回到本章的导言中。加文想要自己去海地旅行。根据你所学的关于青少年的知识，回答下列问题。

　　1. 加文想要去海地的这一梦想是如何体现了青少年的自我中心主义的？

　　2. 15 岁的加文要去海地的事情如何困扰了他的父亲？根据你所学的知识，其中哪些困扰是合理的？

　　3. 加文的反驳如何体现了青少年认知能力的改变？

　　4. 你认为，加文关于"现代孩子成长得更快的言论"是正确的吗？请用青少年生理和认知的发展进行解释。

‖ 本章回顾

1. 青少年如何发展抽象思维，并探索这种发展的结果

- 青少年期认知能力的发展十分迅速，表现为抽象思维、推理和辩证看待问题的能力的增强。
- 青少年期对应皮亚杰认知发展阶段中的形式运算阶段，人们在这一阶段开始进行抽象思维和科学推理。

2. 认知发展的信息加工理论

- 根据信息加工理论，青少年期的认知发展是逐渐推进的，涉及记忆能力、心理策略、元认知以及其他认知能力的发展。
- 青少年的元认知能力得到发展，这使得他们能够监控自己的思维过程并且精确评估自己的认知能力。

3. 导致青少年困难的认知发展方面

- 与元认知能力一起发展起来的是青少年的自我中心主义，这是与青少年逐渐将自己视为独一无二个体的自我热衷状态有关。
- 青少年可能会对重要观察者的假想观众进行表演，并发展出个人神话，即认为自己的经历是独一无二的，并且不容易受到危险的影响。

4. 青少年经历的道德发展阶段

- 根据科尔伯格的观点，随着正义感和道德推理能力的出现和发展，人们的道德发展会经历三个水平六个阶段的发展过程。
- 根据科尔伯格的观点，道德发展经历了前习俗道德（奖赏和惩罚驱动）、习俗道德（社会参照驱动）和后习俗道德（一般性道德规则驱动）3 个水平，青少年期的个体可能会达到后习俗道德水平，但并非所有人都能达到这一水平。

- 尽管科尔伯格的理论为道德判断的发展提供了很好的解释，但却不足以预测道德行为。

5. 道德发展中的性别差异

- 道德发展中的性别差异并没有反映在科尔伯格的理论中。卡罗尔·吉利根概述了女孩不同的道德发展轨迹，历经个体生存的取向、自我牺牲的善良和非暴力道德三个阶段。

6. 从小学到中学转变阶段影响青少年学校表现的因素

- 从小学升到中学时的孩子经历着生理、智力和社会性的改变，因此这个阶段极具挑战性。
- 经历着青春期的中学生体验着身体的变化，同时面临着学校的改变，与家人、朋友和老师关系的复杂化。
- 中学生必须面临一个完全不同的教育体系，接触更多种类的教师和比小学时更加性格迥异的同学。他们必须学会在身处社会弱势状态时照顾好自己，因为他们此时是一个学校中年级最小、经验最少的学生。

7. 社会经济地位和种族差异怎样影响学校表现

- 学术成就中的种族差异很多是由社会经济因素造成的。
- 一些群体的成员可能会感到一种社会歧视，这导致他们无论多么努力都感到自己在学业上很挫败。
- 一名学生是否从高中辍学很大程度上受到社会经济因素的影响。低收入家庭的学生更有可能辍学。

8. 在上学期间兼职工作的优势和劣势

- 找一份兼职可以挣更多钱，并提供学生一种责任感，让他们体验理财，并且教会他们许多工作技能和好习惯。

- 但是，工作会减少学生在学业上的投入，对他们的成绩产生不利影响，干扰他们从大学课程中获得同样有用的技能。
- 过早关注工作可能导致青少年早熟，误以为自己已经能够扮演成人的角色。

9. 大学生的人口统计学特征

- 尽管已有改变，但美国大学人口依然主要由白人和中产阶级家庭的孩子构成。进入大学的白人高中毕业生和大学毕业生比非裔美国人和西班牙裔美国人的比例大。
- 少数民族的学生开始占据大学毕业生中的一个很大的部分，在有些大学里，白人学生现在是少数。
- 大学经历存在性别差异，这也影响了他们对自己毕业以后在经济上的成就预期。这种不同或许归因于性别刻板印象。

10. 如何进行职业选择

- 根据艾利·金斯伯格的观点，人们对职业的选择往往经历三个阶段：从幻想阶段开始，这一阶段个体不考虑实际的因素而做出梦想中的选择；到了尝试阶段，这一阶段覆盖整个青春期，个体开始务实地考虑各种职业的要求以及自身的能力和目标；现实阶段出现在成年早期，个体根据工作经验或训练来探索职业选择。
- 其他研究者（例如霍兰德），则将人格和适合的职业进行匹配。

11. 性别和职业发展的关系

- 性别会影响人们的职业选择和态度，也会影响人们工作时的行为。按照传统，女性和公共性职业、低薪联系在一起，而男性和行动性职业、更高的薪水联系在一起。
- 职场中的女性和少数民族成员可能会发现他们遭遇了"玻璃天花板"，这是在某一机构内部由于有意或无意的歧视而产生的无形障碍，它将阻碍个人晋升到更高的职位。

第 16 章

青少年期的社会性和人格发展

导言：保持体面

　　16岁的莉薇雅，把所有兼职所赚得的现金都花在化妆品、护发产品和衣服上。她说："要跟上其他的女孩，这很难。""我的学校里有许多富裕的小孩，可我不是其中之一。"尽管如此，莉薇雅还是能够让自己被朋友圈子围绕着。在大一时，是足球队里的那些女孩。去年，她画布景图并经常与剧场的伙伴们在一起。今年，她是大学女子舞蹈队的第二代表队成员之一。年复一年，她承认这些友情并没有太多的延续。她耸了耸肩说道："人都会变，我也变了。"她认为最重要的是成为小圈子的一部分。"没有人愿意被看成输家。"经过这一切，莉薇雅还是保持了一个良好的成绩，多数科目都能拿优。她说她可以做得更好，但是"被贴上'书呆子'的标签没有任何益处"。近来，她已经开始为了拿良而苦苦挣扎。"我厌倦了学校。"她说。后来，她和一个十分受欢迎的男生谈恋爱了。然而，莉薇雅被他酗酒的行为所困。当谈及她现在的生活时，她直言："我曾经把自己看成一个无所不能的人。我漂亮、受欢迎，恰恰足够聪明。现在，我正疑惑那是否只是一种伪装。你知道吗？就像一件你穿在身上的斗篷，用来掩盖下面其实没什么东西的事实。"

预览

莉薇雅一直尽力克服的同一性和自尊的问题实际上是每一位青少年都在经历的。虽然这些问题确实令人痛苦和困惑，但大多数青少年都能相对平稳地度过这一时期。尽管他们可能"尝试"不同角色，做一些父母们并不赞同的事情，但大多数青少年都会发现青少年期是一个友情茁壮成长，亲密关系得到发展，自我了解更为深入的令人兴奋的时期。这并不是在说青少年们会一帆风顺地度过转型期。就像我们将会在这一章看到的，我们会讨论社会性和人格的发展，其中我们将看到个体在青少年阶段必然要面对的变化。

首先，我们会探讨青少年个体对自身的看法是如何形成的。我们将关注自我概念、自尊及同一性的发展。同时，我们也会考察两个严重的心理问题：抑郁和自杀。

其次，我们将讨论青少年时期的关系。我们将考察青少年如何在家庭中重新定位自己，以及随着同伴在某些领域中的影响不断加深，家庭成员对个体的影响是如何降低的。我们也会考察青少年与朋友互动的方式，以及是什么决定了他们的受欢迎程度。

最后，我们将探讨约会和性行为。我们会探讨约会和亲密关系在青少年生活中所扮演的角色，讨论性行为和管理青少年性生活的标准。我们还将探讨青少年妊娠问题以及预防意外怀孕的项目。

同一性："我是谁"

13岁？13岁的孩子都很酷。我们不会用"有趣""强""聪明"来形容他们。你必须喜欢对的音乐，穿对的鞋。你的衣服就得是这个样子，还有你的裤子不能太高或太低。你的父母要你好好的，而同时，你不能太过顺从。

上述是莱尼（13岁）的所思所想，他评价了自己在社会和生活中所处的新位置。在青少年阶段，诸如"我是谁""我属于这个世界的什么地方"之类的问题开始占据首要位置。

自我概念和自尊

为什么同一性问题在青少年时期变得如此重要？一个理由是，青少年的智能变得更像成人。他们可以通过与他人比较来认识自己，开始意识到他们是独立的个体，不仅独立于他们的父母，还独立于其他所有人。青春期显著的生理变化使青少年敏锐地意识到自己的身体，并意识到他人正在以他们不习惯的方式回应他们。不论出于什么原因，在十几岁时，青少年的自我概念和自尊通常会发生至关重要的变化。总而言之，他们对自身同一性的看法发生了变化。

我是怎样的人

洛埃拉在描述自己时说道："别人认为我懒散、松懈、无忧无虑。事实上，我常常会感到紧张不安，而且非常情绪化。"

洛埃拉对他人观点和自己观点的区分体现了青少年期的一种发展进步。在童年时，洛埃拉根据一系列与她相关的看法来描述自己的特征。在这些看法中，她并未将自己的观点同他人的观点区分开来。然而，青少年能够做出这种区分。当他们试图描述自己是谁时，他们能综合考虑自己的观点和他人的观点（Chen et al., 2012；Preckel et al., 2013；Mcbean & Syed, 2015）。

青少年对自己是谁的理解能力日益增长，其中一个方面就是以更广阔的视角看待自己。他们可以同时看到自己的不同方面，而且这种针对自己的评价变得更有组织、更加一致。他们以心理学家的视角看待自己，并不是将特质当成具体的实体，而是将其当成抽象概念（Adams，Montemayor，& Gullotta，1996）。例如，相比年幼儿童，青少年更可能根据自己的意识形态（例如，"我是一个环保主义者"）而不是生理特征（例如"我是我们班里跑得最快的人"）来描述自己。

然而，在某种意义上，这种更广阔的、更多面的自我概念让人喜忧参半，尤其是在青少年期开始的头几年。那个时候，青少年可能为自身个性的复杂性所困扰。例如，在青少年早期，他们可能想以一种特定的方式来看待自己（"我是一个好交际的人，喜欢和他人待在一起"）。当他们的行为与他们的观点不一致的时候，他们可能会感到忧虑（"尽管我想变得好交际，但有时候我不能忍受朋友在我身边，我只想一个人待着"）。不管怎样，到了这个阶段的末期，面对不同情境所带来的不同行为和感受，青少年会变得更加从容（Trzesniewski, Donnellan, & Robins, 2003；Hitlin, Brown, & Elder, 2006）。

如何让自己喜欢自己

"知道"自己是谁和"喜欢"自己是谁是两回事。尽管青少年在理解他们是谁（他们的自我概念）方面越来越准确，但这种知识并不能确保他们喜欢自己多一些（他们的自尊）。事实上，越来越准确地理解自己，使得他们可以全面地看待自己，如实描绘自己。正是他们根据这种观念去行事，从而引导他们发展出他们的自尊。

同样，这种认知复杂性不但使青少年能够区分自我的各个方面，也引导着他们用不同的方式来评价这些方面（Chan, 1997；Cohen, 1999）。例如，一位年轻人可能在学业方面表现出高自尊，但在与他人的关系方面表现出低自尊。或者可能正好相反，正如这位处于青少年的孩子所说：

我喜欢自己吗？这是什么问题！好吧，让我们来看看。我喜欢自己的一些方面，比如我是一个好的倾听者和好的朋友，但我不喜欢自己的其他一些方面，比如我妒忌的一面。我在学业方面没有天赋，我的父母希望我做得更好，但是如果你太聪明，你不会有很多朋友。我在运动方面相当不错，尤其是游泳。我对朋友很忠诚。对于我的这个方面，这是众所周知也相当受欢迎的。

哪些因素会影响青少年的自尊？很多因素会产生影响。性别是其中之一：尤其是在青少年早期，女孩的自尊往往比男孩的低，而且更脆弱（McLean & Breen, 2009；Mäkinen et al., 2012；Jenkins & Demaray, 2015）。

其中的一个原因是，除学业成绩外，女孩往往比男孩更在意身体形象和社交成功。尽管男孩对这些方面也很在意，但他们的态度往往较为随意。社会信息暗示着女性的学业成就会成为她们社交成功的绊脚石，这就将女孩置于一个艰难的困境中：如果她们的学业成绩非常好，那么就危及了她们在社交上的成功。这就难怪青少年期女孩的自尊会比男孩的自尊更加脆弱了（Ricciardelli & McCabe, 2003；Ata, Ludden, & Lally, 2007；Ayres & Leaper, 2013）。

虽然在一般情况下，青少年期男孩的自尊高于女孩，但男孩也有他们脆弱的一面。例如，社会对性别的刻板预期可能会使男孩感觉到，他们应该总是表现得自信、坚强和无所畏惧。当男孩面临困难时，例如无法组建一支球队，向心仪的女孩提出约会邀请却惨遭拒绝，他们很可能在忍受失败带来的痛苦的同时，还会觉得自己十分无能，因为他们没能达到社会的刻板预期（Pollack, Shuster, & Trelease, 2001；Witt, Donnellan, & Trzesniewski, 2011；Levant et al., 2016）。

研究表明，少数民族身份并不会直接导致低自尊。事实上，强烈的种族认同感与更高的自尊水平相关。

社会经济地位（SES）和种族因素也会影响自尊。通常，高 SES 的青少年比低 SES 的青少年有着更高的自尊，在青少年中后期尤甚。这可能是提高个体等级和自尊的社会地位因素，（例如，拥有更为昂贵的衣服或汽车）在青少年后期变得更为显著。（Dai et al., 2012；Cuperman, Robinson, & Ickes, 2014）。

种族和民族也会对自尊产生影响，而由于对少数民族的不公待遇有所减少，种族因素的影响也减弱了。早期的研究认为，少数民族的身份可能会导致更低的自尊，这一点最初得到了研究的支持。研究者解释说，非裔和西班牙裔美国人的自尊之所以比欧裔美国人低，是因为社会中的偏见使得他们感到不受欢迎和被拒绝，而这种感受被整合到他们的自我概念中。较近期的研究则描绘了一幅不同的景象。大多数研究认为，在自尊水平上，非裔美国青少年与白人没有什么差异（Harter, 1990）。原因何在？一种解释是，在美国非裔人群中开展的社会运动提升了种族自豪感，进而有助于提升非裔美国青少年的自尊。研究发现，在非裔和西班牙裔美国人中，更强的种族认同感和更高的自尊水平存在相关（Phinney，2008；Smith & Silva，2011；Kogan et al.，2014）。

不同种族青少年自尊水平大体接近的另一个原因是，青少年一般偏好并优先注意他们生活中所擅长的那些方面。因此，非裔美国青少年可能会关注那些他们最为满意的方面，通过在这些方面取得成功来获得满足感并提高自尊水平（Gray-Little & Hafdahl，2000；Yang & Blodgett，2000；Phinney，2005）。

自尊可能不仅仅受到种族这一单一因素的影响，而是受到很多因素复杂组合的综合影响。例如，有些发展学家同时考察了种族和性别因素，创造出"种族性别"（ethgender）这个术语来指代种族和性别的共同影响。一项同时考察种族和性别的研究发现，非裔和西班牙裔美国男性青少年的自尊水平最高，而亚裔和美国本土女性青少年的自尊水平最低（Saunders，Davis，& Williams，2004；Biro et al.，2006；Park et al.，2012）。

同一性形成：变化，还是危机

根据埃里克森的理论，当青少年面对青少年期同一性危机时，对同一性的寻求不可避免地使一些青少年体验到真切的心理混乱（Erikson，1963）。表16-1总结了埃里克森理论中提及的各个阶段。埃里克森认为，在青少年期，青少年试图弄清他们自身的独特所在——由于青少年期认知能力的发展，他们能够更为精细地完成这件事情。

埃里克森认为，青少年在努力发掘他们独特的优点和缺点，以及他们在未来生活中所能扮演的最好的角色。这种发现过程常常包括"尝试"不同的角色或选择，以探索这些角色和选择是否符合自己的能力和观点。在这个过程中，青少年在个人、职业、性和政治的承诺方面缩小范围、做出选择，以试图借此弄清他们自己。埃里克森将此称为同一性对同一性混乱阶段（identity-versus-identity confusion stage）。

在埃里克森的观点中，青少年如果在寻找同一性的过程中遇到阻碍，可能会以某些方式脱离同一性形成过程。他们可能会通过扮演社会所不接受的角色来表达他们不想成为那样的人，或是在形成和维持长期亲密关系上出现困难。总而言之，他们对自我的感觉变得"分散"，无法组织起一个集中的、统一的核心同一性。

而那些顺利地形成了适当同一性的人给自己设置了一条路线，为未来的心理社会性发展奠定了基础。他们了解自己独特的能力，并相信这些能力，然后发展出对自己是谁的准确感知。他们已准备好铺设出一条将充分利用他们独特力量的道路（Allison & Schultz，2001）。

表 16-1　埃里克森阶段论一览

阶段	大致年龄范围	正性结果	负性结果
信任对不信任	0～1.5岁	从周围环境的支持得到信任感	对他人感到害怕和不安
自主对害羞（怀疑）	1.5～3岁	如果探索受到鼓励，会产生自我效能感	怀疑自己，缺乏独立性
主动对内疚	3～6岁	发现发起行动的方式	对行为和想法感到内疚
勤奋对自卑	6～12岁	能力感的发展	感到自卑，缺乏掌控感
自我同一性对角色混乱	青少年期	自我独特性的觉知，获得生活中应扮演角色的知识	不能识别在生活中所应扮演的角色
亲密对孤独	成年早期	亲密关系、性关系和亲密友谊的发展	对与他人之间的关系感到恐惧
再生对停滞	成年中期	对生命连续性贡献的觉知	个人行为的琐碎化
自我完善对失望	成年晚期	对人生成就的统一感	对人生中所失机会的后悔

资料来源：Based on Erikson, E.H., (1963). Childhood and society. New York: Norton.

社会压力及对朋友和同伴的依赖

似乎是觉得青少年自我形成同一性的问题还不够难似的，他们在同一性对同一性混乱阶段还要面临很大的社会压力。正如任何一个学生被父母和朋友反复问到"你学什么专业"和"你毕业后打算做什么"时所体会到的那样。高中毕业后，在面临参加工作还是继续深造的抉择时，青少年感受到了压力。如果他们选择工作，就要面临选择何种职业的压力。在此之前，他们的受教育历程是由美国社会一手安排的，社会为他们铺设了一条统一的教育路线。然而，这条路在高中毕业后就已到达终点，这意味着，青少年即将面临对未来道路的艰难选择。

在这个阶段，青少年越来越依赖于他们的朋友和同伴，并将他们作为信息来源。同时，他们对成人的依赖程度有所下降。正如我们将要在本章后续部分讨论的，这种对同伴群体依赖性的增加使得青少年能够形成亲密关系。将自己与他人做比较，有助于他们弄清自己的同一性。

对同伴的依赖有助于青少年明确自我的同一性并学习建立关系，这正是连接埃里克森所提出的这一心理发展阶段与下一阶段"亲密对疏离"之间的桥梁。这种依赖还与同一性形成中性别差异的主题有关。在埃里克森发展他的理论时，他认为男性和女性经历同一性对同一性混乱阶段的情况不太一样。男性更有可能以表 16-1 所呈现的顺序经历社会性发展阶段，即在承诺与另一个人建立亲密关系之前发展出稳定的同一性。

相反，他认为女性的顺序正好相反。她们先寻求发展亲密关系，然后通过这些关系形成她们的同一性。这些观点在很大程度上反映了埃里克森提出理论之时的社会环境条件，那时，女性常常很早就步入婚姻殿堂，而不是进入大学或开创自己的事业。如今，男孩和女孩在同一性对同一性混乱阶段的体验似乎比较相似。

心理的延缓偿付期

由于同一性对同一性混乱阶段的压力，埃里克森认为，很多青少年追求一种"心理的延缓偿付期"，即青少年"推迟承担即将面临的成人责任，并探索各种角色和可能性"的时期。例如，很多大学生用一个学期或一年的时间旅游、工作或寻找其他的方式来考察他们的优先选择。

当然，尽管这种心理的延缓偿付期使得青少年能够对各种同一性进行相对自由的探索，但由于现实的原因，很多青少年无法追求这种心理的延缓偿付期。有些青少年由于经济原因，必须在放学后去打工，并且在高中毕业后马上就到职场上工作。结果导致他们几乎没有机会进入心理的延缓偿付期去探索其他的同一性。这是否意味着这些青少年会在心理上受到损害呢？其实不然。实际上，可以在上学的同时成功地维持一份兼职工作的满意感是一种有效的心理回报，它超过了无法尝试各种角色的失败感。

埃里克森理论的局限

对于埃里克森理论的批评之一是他使用男性的同一性发展模式作为比较女性同一性的标准。尤其是他认为男性只有在实现稳定同一性之后才会发展亲密关系，并将这当作常规模式。对于评论者而言，埃里克森的理论以男性取向的个体性和竞争的概念为基础。心理学家卡罗尔·吉利根认为，女性是在关系的建立过程中发展出同一性的。在这个观点中，女性同一性的核心成分是自己和他人之间"关怀网络"（caring networks）的建立（Gilligan，2004；Kroger，2006）。

玛西亚关于同一性发展的理论：埃里克森观点的更新

以埃里克森的理论为出发点，心理学家詹姆斯·玛西亚（James Marcia）认为，人们可以根据危机和承诺的存在或缺失这两种特征来看待同一性。"危机"是同一性发展的一个阶段，在这个阶段中，青少年有意识地在多种选择中做出抉择。"承诺"是对一种行动或思想意识过程的心理投资。我们可以看到以下两名青少年的差异：一名青少年在不同的活动之间换来换去，没有哪个活动的持续时间会超过几个星期；另一名青少年则完全投入到流浪汉收容所的志愿者工作（Peterson，Marcia，& Carpendale，2004；Marcia，2007；Crocetti，2017）。

在对青少年进行深度访谈之后，玛西亚提出了四种青少年同一性类型（见表 16-2）。

1. 同一性获得（identity achievement）。处于这种同一性阶段的青少年已经成功地探索并思考过他们是谁以及自己想做什么的问题。在思考各种选择的危机阶段过后，这些青少年已经确定了某一特定同一性。

已经到达这种同一性阶段的青少年往往是心理最为健康的，相比处于其他同一性阶段的青少年而言，他们的成就动机更高，道德推理也更强。

2. 认同闭合（identity foreclosure）。这些青少年已经确定了自己的同一性，但是与其说他们的同一性是从挣扎中寻得，更确切地说，他们接受的是别人为他们做出的最佳决定。这种类型的典型情况是：因为他人期待而进入家族企业的公子；因为母亲是医生而选择从医的女儿。认同闭合者并不一定会不开心，他们往往具有所谓的"刚性力量"：他们是快乐的、自我满足的，他们也极度渴望社会赞许，且倾向于成为独裁主义者。

3. 同一性延缓（moratorium）。处于同一性延缓阶段的青少年在一定程度上尝试了各种选择，但他们仍然没有做出承诺。玛西亚认为，他们的焦虑程度相对较高，并体验着心理冲突。他们往往很活跃且魅力十足，一直寻求与他人发展亲密关系。通常情况下，处于该同一性阶段的青少年只有经过一番努力后才能最终获得同一性。

4. 同一性混乱（identity diffusion）。处于这一阶段的青少年既不尝试也不考虑各种选择。他们往往朝三暮四，见异思迁。此外，尽管他们看上去似乎无忧无虑，但对承诺的缺乏损害了他们建立亲密关系的能力，而且他们常常会表现出社会性退缩。

需要注意的是，青少年并不局限于这四个类型中的某一种。实际上，有些青少年以称作"MAMA"（moratorium-identity achievement-moratorium-identity achievement）的循环方式，在同一性延缓和同一性获得两个状态之间摆来摆去。例如，即使一个认同闭合的人可能在没怎么认真思考的情况下，就在青春期早期确定了职业道路，但他在未来仍有可能重新评价这个选择，并进入另一种状态。对于某些个体来说，同一性可能在青少年期结束之后才得以形成。不管怎样，对于大多数人而言，同一性形成于20岁左右（Al-Owidha, Green, & Kroger, 2009；Duriez et al., 2012；Mrazek, Harada, & Chiao, 2015）。

玛西亚同一性状态的这一观点预示了被其他研究者称为的成年初显期（emerging adulthood）。成年初显期是从青少年晚期延至20多岁期间。是在青少年期和跨越了人生第三个十年的成年期之间的转型阶段。这通常是充满未知的阶段，其中后青少年期的个体会从工作中找出自己是谁和他们未来的道路（Arnett, 2016）。

> **从心理咨询师的视角看问题**
>
> 在玛西亚的发展理论中是否有让生活贫困的青少年更加难以达到的阶段？为什么？

比起处于其他阶段的青少年，那些已经成功到达被玛西亚称为同一性获得阶段的青少年在心理上通常是最健康的，同时也表现出更高的成就动机。

表 16-2 玛西亚提出的青少年发展的四种状态

		承诺	
		存在	缺失
危机／探索	存在	同一性获得 "我喜欢动物，我要成为一名兽医。"	同一性延缓 "我准备去商场工作，同时会考虑一下之后做什么。"
	缺失	认同闭合 "我要像妈妈那样，进入法律界。"	同一性混乱 "我对要做什么完全没有头绪。"

资料来源：Marcia, J. E. (1980). "Identity in adolescence." In J. Adelson (Ed.), Handbook of adolescent psychology. New York: Wiley.

宗教和灵性

你是否想过这些问题：为什么上帝创造了蚊子？如果上帝能够预见反叛造成的糟糕后果，那他为什么还赋予亚当和夏娃反叛的能力？一个人是否有可能在被拯救之后再次失去保护？宠物会升入天堂吗？

正如这篇文章所说，青少年阶段，个体开始探讨与宗教及灵性相关的问题。对很多人而言，宗教信仰非常重要，因为它为满足人们精神需要提供了一个正式途径。灵性（spirituality）是指与上帝、自然或其他神圣事物等具有极高能力的事物之间的关联感。尽管一般而言，对灵性的需求常与宗教信仰有关，但也有可能独立于宗教之外。许多声称自己是通灵体质的人其实并不参与正式的宗教活动，甚至从来没有皈依过任何宗教（Harris，2015）。

在青少年期，个体的认知能力不断提高，使得青少年能够更为抽象地思考宗教问题。此外，在他们纠结于一般的同一性问题时，他们也会思考自己的宗教认同。在童年期不假思索地接受宗教认同之后，青少年可能会以更具批判性的眼光来审视宗教，并试图使自己与正统宗教保持距离。在其他情况下，他们同宗教的亲和程度可能会更高，因为宗教会为"我为什么会出现在地球上""生活的意义何在"等抽象问题提供答案。宗教为看待世界和宇宙方面提供了一种观点：世界和宇宙是一种有意的设计，是一个被某个人或某个东西创造出来的地方（Levenson，Aldwin，& Igarashi，2003；Longo，Bray，& Kim-Spoon，2017）。

詹姆斯·福勒（James Fowler）认为，在毕生发展中我们对于信念和灵性的理解及应用要历经一系列的阶段。在童年期，个体对上帝和其他圣经人物的看法仅限于字面意义。例如，孩子可能会认为上帝居住在地球之巅，可以俯瞰众生的所作所为（Fowler & Dell，2006；Boyatzis，2013）。

在青少年期，个体对于灵性的看法变得更为抽象。在同一性获得的过程中，青少年通常会发展出一套与信念价值有关的核心体系。然而，大多数情况下，在青少年变得更为深思熟虑之前，他们都不会深入或系统地考虑这件事情。

随着个体进入成年期，人们通常会进入一个信念的"自省式阶段"；在这一阶段中，人们会反思自己的人生观和价值观。他们明白他们的观点只是众多观点中的一种，对于上帝的看法可以是多元化的。信念发展的终极阶段就是"融合阶段"，这一阶段中，个体对宗教以及人性持开明包容的态度。他们将全人类视为整体，或许会投身到为大众谋福祉的事业之中。在这一阶段，人们也许会超越一般意义上的宗教，对全世界一视同仁。

同一性、种族和民族

对于青少年而言，获得同一性的道路往往布满荆棘，而对于那些曾经遭受歧视待遇的种族或民族群体中的青少年而言，他们还要面临更多的挑战。社会中相互对立的价值观就是问题之一。一方面，青少年被告知，社会不分肤色，在机会和成就面前，人人平等，只要获得成就，就会被社会认同。传统的文化融合模型（大熔炉模型）认为，在美国，个体的文化认同应被融入于一个单一的文化。

多元社会模型则认为，美国社会是由多元的、平等的并保有独特文化特征的文化群组构成的。多元社会模型缘起于这样的观点，即认为文化融合模型诋毁了少数民族的文化传承、降低了少数民族成员的自尊。

根据这一观点，种族及民族因素就成为青少年同一性的核心内容之一，并且与主流文化泾渭分明。这么看来，同一性发展还应包括"种族及民族认同"的发展，即对于某个种族或民族群体的归属感以及对该归属感的感受。它包含了一种承诺感和与某一特定种族或民族群体之间的联系（Phinney，2008；Gfellner & Armstrong，2013；Umaña-Taylor et al.，2014）。

还有一个中间地带。少数民族还可能形成"二元文化认同"，他们在认同自身文化的同时也积极融入主流文化。这一观点认为，个体可以同时作为两种文化的成员而生活，他们认同两种文化，并不刻意偏向于哪一方（Shi & Lu，2007；Marks，Patton，& Coll，2011）。

选择二元文化认同变得越来越普遍。实际上，持多元种族认同的人群数量十分可观，2000 年至 2010 年间已经增长了 134% 之多（U.S. Bureau of the Census，2011；见图 16-1）。

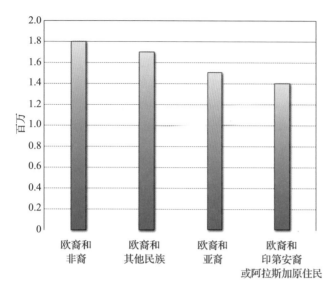

图 16-1　二元文化认同的增长

2000 ～ 2010 年，美国人中持多元种族认同观点的人大幅度增多。近 10% 的被调查者表示，他们属于 3 个或多个种族。

资料来源：U.S. Bureau of the Census, 2011.

对任何人而言，同一性形成的过程都不容易，而对于少数民族个体而言可能会更为艰难。种族及民族认同的形成并非一日之功，对于一些人而言，可能要经历相当长的时间。不论如何，最后终将形成一个丰富的、多面的同一性（Jensen，2008；Klimstra et al.，2012；Yoon et al.，2017）。

青少年的心理问题

"不一定是贫穷才导致你的绝望。我们住在一间位于斯卡斯代尔的大房子。我的父母爱我。尽管我们拥有一切，但我还是觉得被绝望淹没。" 14 岁的卡拉说。她的绝望处处跟随着她：学校、教堂、朋友的家、看电影时、打篮球时。"我被困住了。我逃不了。我没办法让自己有任何感觉，肯定是不开心。"

卡拉开始不做功课和使用毒品。当她的妈妈发现她放弃篮球训练之后，她们整个下午待在一起，愤怒、流泪、心痛。临睡前，卡拉吞了药箱里的每一颗药片。她的妈妈及时发现后把她送到医院。

尽管到目前为止，大多数青少年都能经受住寻求同一性的挑战以及其他挑战，不会出现严重的心理问题。但对有些人来说，青春期的压力特别大。实际上，有些个体会发展出严重的心理问题。颇为严重的两个心理问题就是青少年抑郁和自杀。

青少年抑郁

没有人能不受悲伤、不快乐和心烦意乱的情绪的影响，青少年也不例外。一段关系的结束、在重要任务上的失败，以及所爱的人的离世，所有这些事情都会让人产生悲伤、失落和痛苦的深刻体验。在这些情况下，抑郁是一种相当典型的反应。

抑郁在青少年中有多普遍呢？超过 25% 的青少年报告，他们在连续两周或更长时间内感到悲伤或绝望，以至于他们停止了正常的活动。接近 2/3 的青少年表示，他们在某个时候体验过这种情绪。只有很少一部分青少年（约 3%）罹患重度抑郁症。这是一种全面的心理异常，抑郁程度重，持续时间长（Grunbaum，Lowry，& Kann，2001；Galambos，Leadbeater，& Barker，2004）。

在患抑郁的比例上同样能够发现性别、民族和种族的差异。同成年人一样，平均而言，女性青少年会比男性青少年更常体验到重度抑郁。有些研究发现，非裔美国青少年比白人青少年的抑郁比例更高，然而并不是所有研究都支持这一结论。美国本土人也有着较高的抑郁比例（Sanchez，Lambert，& Ialongo，2012；English，Lambert，& Ialongo，2014；Blom et al.，2016）。

长期的重度抑郁的情况通常涉及生物学因素。虽然某些青少年在遗传上存在罹患抑郁症的风险，但是与青少年生活中意想不到的变化相关的环境和社会因素同样有着重要的影响。例如，经历过所爱之人离世的青少年，或者在酗酒或抑郁父母的抚养下长大的青少年都是罹患抑郁的高危人群。此外，"不受欢迎" "几乎没有亲密朋友" "总是体验到拒绝" 和青少年的抑郁有关（Eley，Liang，& Plomin，2004；Zalsman et al. 2006；Herberman Mash et al.，2014）。

关于抑郁最令人困惑的问题莫过于为什么女孩比男孩更容易出现抑郁了。几乎没有证据支持激素差异或特定基因与之有关。相反，一些心理学家推测，这是由于对传统女性性别角色的诸多要求（这些要求有时相互矛盾），使得与青少年期男孩相比，青少年期女孩的压力更大。回忆一下我们在讨论自尊时提到的那个青少年期女孩的例子，她对如何做到成绩好的同时也受欢迎而感到困扰。如果她觉得学业成功阻碍了她受到别人的喜爱，她便处于一种困境之中，从而让她感到无助。除此之外，传统性别角色赋予男性的地位仍然高于女性也是不争的事实（Hyde, Mezulis, & Abramson, 2008；Chaplin, Gillham, & Seligman, 2009；Castelao & Krőner-Herwig, 2013）。

尽管重度抑郁症的发病率非常低，仍有 25% ～ 40% 的女孩和 20% ～ 35% 的男孩在青春期会经历短暂的抑郁。

在青少年期，女孩抑郁水平普遍更高，这可能反映了两性在压力应对方式上的差异，而非两性在心境上的差异。和男孩相比，女孩可能更倾向于通过内化来应对压力，因而会感到无助和绝望。相反，男孩会更多地通过把压力外化，变得更具冲动性或攻击性，或者使用毒品和酒精来释放压力（Wu et al., 2007；Brown et al., 2012；Anyan & Hjemdal, 2016）。

青少年自杀

在过去 30 年中，美国青少年的自杀率已经翻了 3 倍。每 90 分钟就有一名青少年自杀，每年平均每 10 万青少年中就有 12 人自杀。每一天，超过 5000 名介于 7 ～ 12 年级的青少年企图自杀。另外，报告的自杀率很可能低估了实际自杀的数量；父母和医护人员往往更愿意将死亡报告为事故而非自杀。即使是这样，自杀也是 15 ～ 24 岁年龄段的第二大常见死亡原因，仅次于事故和他杀。然而，需要特别注意的是，虽然青少年自杀的增长率高于其他任何年龄段，但自杀率的顶峰却出现在成年晚期（Joe & Marcus, 2003；Conner & Goldston, 2007）。

尽管青少年期女孩比男孩更为频繁地尝试自杀，但男孩的自杀成功率更高。男性的自杀企图更可能导致死亡的原因在于他们所使用的自杀方式：男孩倾向于使用更为暴力的方式，例如开枪自杀；女孩则更倾向于选择较为和缓的方式，例如服用过量药物。一些估计数据表明，在每一个自杀背后，是 200 次的自杀尝试（Dervic et al., 2006；Pompili et al., 2009；Payá-González et al., 2015）。

我们尚不清楚青少年自杀率上升的原因。最显而易见的解释是，青少年面临的压力增大了，这使得那些最为脆弱的个体更有可能去实施自杀。然而，在同一个时期内，人口中其他年龄段个体的自杀率却维持得相当稳定，为什么只有青少年的压力增加了？

虽然我们还不能确定青少年自杀率为何升高，但可以肯定的是，特定因素的存在增加了自杀的风险，其中之一就是抑郁。体验到强烈绝望感的抑郁青少年面临着更高的自杀风险（虽然大多数抑郁个体并没有真正将自杀付诸行动）。此外，社会抑制（social inhibition）、完美主义、高压力及焦虑也与更高的自杀风险有关。在美国，枪支使用比其他工业化国家更为普遍，这也对自杀率的增长起到了推波助澜的作用（Zalsman, Levy, & Shoval, 2008；Wright, Wintermute, & Claire, 2008；Hetrick et al., 2012）。

除抑郁外，一些自杀案例也与家庭冲突、关系问题或学业困难有关。一些自杀源于被虐待和忽视的过往经历。毒品和酒精滥用者的自杀率也相对较高。此外，某些人口统计学的变量和自杀相关，比如男女同性恋和双性恋者都有着较高的自杀风险。再者，一些民族和种族族群有着较高的自杀率，比如本土美国人的自杀率是全国比例的 2 倍（Bergen, Martin, & Richardson, 2003；Wilcox, Conner, & Caine, 2004；Jacobson et al., 2013）。

一些自杀似乎是由他人自杀所引起的。在集群自杀（cluster suicide）中，一起自杀事件会诱发其他人的自杀意图。例如，在某次自杀事件广为人知之后，有些高中出现了一系列的自杀事件。因此，很多学校设立了危机干预小组，在发生一起自杀事件后及时安抚其他学生（Daniel & Goldston, 2009；Pompili et al., 2011；Abrutyn & Mueller, 2014）。

以下是一些能够提示自杀可能性的预警迹象。

- 直接或间接地谈论自杀，例如，"我要是死了就好了"或"你不会再需要担心我了"。
- 出现学业问题，例如旷课或留级。
- 做好安排，就像是为一次长途旅行做准备，例如，捐赠自己的财物或者安排照顾好宠物。
- 写遗嘱。
- 没有食欲或过度饮食。
- 一般的抑郁，包括在睡眠模式上的变化、缓慢迟钝、无精打采，以及沉默寡言

- 在行为上的显著变化，例如，本来害羞的人却突然表现得很活跃。
- 在音乐、艺术或文学作品中充满了死亡的主题。

与大众的一般观念相反，谈论自杀并不会对自杀产生鼓励作用。实际上，它确实有助于提供支持，并消除很多企图自杀者的被孤立感。

明智运用儿童发展心理学

青少年自杀：如何帮助

如果你怀疑一名青少年或者任何其他人正在考虑自杀，不要袖手旁观，行动起来！这里提供一些建议。

- **和当事人交谈**，只倾听不评论，给这个人提供一个充满理解、可以畅所欲言的环境。
- **有意谈论一些自杀的想法**，询问以下问题：他是否有计划？他是否购买了枪支？这支枪在哪儿？他是否储备了药片？这些药片在哪儿？公共健康服务机构指出，"与大众的一般观念相反，这种直白的交谈并不会让当事人产生某些危险的想法，也不会促使当事人实施自杀行为。"
- **你需要评估问题的严重程度**，如果当事人已经制定了自杀计划，尽量区分是普通的心烦意乱还是更为严重的危险。如果情况紧急，不要让这个人单独行动。
- **表现出支持的态度**，让这个人知道你关心他，努力消除他的被孤立感。
- **负责去寻求帮助**，不要考虑是否会侵犯当事人的隐私。不要试图独自解决问题，要马上去寻求专业人士的帮助。
- **保证周边环境安全**，移走（不仅仅是隐藏）潜在的武器，例如枪支、剃须刀、剪刀、药物及其他存在潜在危险的日用品。
- **不要对有关自杀的谈话或威胁保持沉默**；这些是寻求帮助的求救信号，应当立即采取行动。
- 在试图使他们意识到自身思维误区的过程中，**不要使用带有挑衅、威胁或打击性质的言辞**，否则后果会不堪设想。
- **与当事人达成一个协议**，得到他的承诺（最好是书面承诺），保证在你们进一步交谈之前，不会去尝试自杀。
- **不要因对方情绪突然好转而过度放松警惕**。这种看似迅速的恢复有时反映的是最终下定决心实施自杀后的释然，或者只是和某人交谈后得到了暂时的解脱，但大多数情况下，潜在的问题仍旧没有得到解决。

关系：家庭和朋友

贾丝明已战胜了第一回合，最终说服并让妈妈认为她第一次参与正式舞会要穿的裙子不会太短也不会让肩膀露出太多。然而在第二回合，贾丝明不被她的妈妈允许舞会之后参加在马蒂的家举办一整夜的留宿派对。

第三回合以她不耐心等待她约会的对象帕特里克为始。贾丝明的爸爸给她建议了凌晨 1：30 的门禁。贾丝明嘲讽地笑。"是，好，"她笑道，"倒不如让我一旦出去就每半小时给你打个电话？"她和她的爸爸就这样僵持了一阵，最终决定把门禁设在凌晨 3 点钟。"好，那我 3 点钟接你？"她的爸爸说。

"不行，不，"贾丝明呐喊着，"帕特里克会把我送回家。别再把我当婴儿般对待。我不是小孩！"

青少年的社交世界要比年幼儿童的大很多。随着青少年与家庭以外的个体之间的关系变得越来越重要，他们与家庭成员间的互动发生了变化，出现了新的甚至有些困难的特点（Collins, Gleason, & Sesman, 1997；Collins & Andrew, 2004）。

家庭纽带：变化着的关系

在帕克进入初中后，他与父母的关系发生了显著的变化。在 7 年级中期，他和家里原本不错的关系开始变得紧张起来。帕克觉得父母似乎总是"插手他的事情"。父母非但没有给他更多他所认为在 13 岁应有的自由，反而看起来似乎更加严厉。

帕克的父母对这件事情的看法可能截然相反。他们也许会觉得，家庭关系紧张的原因不在他们，而在于帕克。在他们看来，那个在童年时光中与他们建立了亲密、稳定、友爱关系的帕克，突然间变了好多。他们感觉他正在逐渐地将他们推出他的生活。当帕克和他们说话的时候，也仅仅是批评他们的政治观点、穿着和他们对电视节目的偏好。对帕克的父母而言，帕克的行为让人沮丧和困惑。

对自主的质疑

父母有时会对青少年的行为感到气愤，但更多的时候会感到困惑不解。那些原来听从父母的判断、声明和指导的孩子们开始质疑甚至背离他们父母的世界观。

对这些冲突的一个解释是，孩子和父母都必须面对儿童进入青少年期后角色的转变。青少年越来越多地寻求自主（autonomy），即独立性和对其生活的控制感。大多数父母会理智地认识到这种转变是青少年必经的一步，体现了该时期的基本发展任务，他们采用多种方式来迎接这种变化，并将之作为孩子成长的标志。然而，在很多情况下，要面对青少年自主性日益增长的现实对父母而言可能会很艰难（Smetana, 1995）。然而，理智地接受这种日益增长的独立性和同意青少年参加一个没有父母陪同的聚会是两码事。对于青少年来说，父母的拒绝意味着对他们缺乏信任或信心。而对于父母来说，可能只是出于好意，他们可能会说："我相信你，但我担心那里的其他人。"

在大多数家庭中，青少年的自主性在逐渐增长。例如，一项关于"青少年对父母看法的变化"的研究发现，日益增长的自主性使得青少年更多地把父母看作具有独立意志的人，而非理想的化身。他们开始将父母对他们学业成绩的关注当作父母因对其自身缺少教育而感到遗憾，进而希望子女在日后拥有更多选择的表现，而不是将父母看作只会盲目地提醒孩子完成家庭作业的独裁教导者。同时，青少年开始更多地依靠自己，更多地感到自己是一个独立的个体。

青少年期自主性的增加改变了父母和青少年之间的关系。在初期，亲子关系往往是不对等的：父母拥有绝对的权利及对亲子关系的影响力。然而，到了青少年期末期，亲子之间的权利和影响力开始变得势均力敌，父母和孩子最终形成更为对等或平等的关系。尽管父母通常仍旧占据更为有利的地位，但他们毕竟还是同子女分享了权利和影响力（Goede, Branje, & Meeus, 2009；Inguglia et al., 2015）。

文化与自主性

个体获得自主性的程度多少往往因人而异、因家庭而异。其中，文化起到了很大作用。在崇尚个体主义的西方社会中，青少年在青少年期的较早阶段就已经开始寻求自主。与之相反，在奉行集体主义的亚洲社会中，人们认为集体的和谐要比个人的幸福更重要。在这样的社会中，青少年寻求自主的抱负就没有那么强烈了（Raeff, 2004；Supple et al., 2009；Perez-Brena, Updegraff, & Umaña-Taylor, 2012）。

不同文化背景的青少年在家庭责任感方面的表现也存在差异。集体主义文化下青少年的家庭责任感要比个体主义文化下的青少年更高。具体表现在以下方面：实现家人对其的期望、为家人提供援助、尊敬家人，以及在未来支持他们的家人。在这样的社会中，对于自主性的需求并不急切，自主性发展的预期时间表也较晚（Leung，Pe-Pua，& Karnilowicz，2006；Chan & Chan，2013；Hou，Kim，& Wang，2016；见图16-2）。

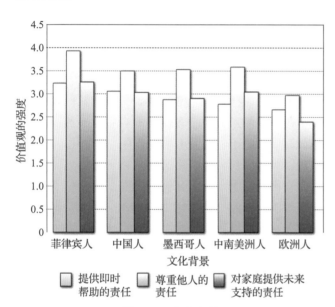

图 16-2　家庭责任

来自亚洲和拉丁美洲的青少年要比来自欧洲的青少年更尊重家人，家庭责任感也更高。

资料来源：Fuligni, A. J., Tseng, V., & Lam, M. (1999). "Attitudes toward family obligations among American adolescents with Asian, Latin American, and European backgrounds." Child Development, vol. 70: 1030-1044.

在集体主义文化中，集体的幸福被视为比个体的自主性更为重要。

当被问及青少年在什么年纪做出某一特定行为（例如，和朋友们去听音乐会）可以被接受时，父母和青少年的回答因文化背景的不同而异。与亚裔父母和青少年相比，欧裔父母和青少年建议的时间表更为提前，他们会期望在较小的年纪就得到较多的自主（Feldman & Wood，1994）。

延迟的自主性发展时间表是否会对集体主义文化中的青少年造成负面影响呢？显然不会。因为更为重要的一个因素是文化期望与发展模式间的匹配程度。与某个特定的自主性发展时间表比起来，自主性发展与社会期望的匹配度可能是最为重要的事情（Rothbaum et al.，2000；Updegraff et al.，2006）。

除文化因素外，自主性也受到性别的影响。总体来说，男孩会比女孩更早地获得自主的许可。传统的性别刻板印象中，人们往往将男性视为更加独立，而女性则与之相反，被视为更加依赖于他人。因此对男性自主性的鼓励与更为普遍的传统男性刻板印象相一致。实际上，越坚持传统性别模式的父母，越不可能去鼓励他们的女儿追求自主（Bumpus，Crouter，& McHale，2001）。

代沟神话

有关青少年的电影往往将青少年和他们的父母描述成世界观完全相反的两类人。例如，环保主义青少年的父母竟然是一家污染工厂的厂主。这些夸张的设定往往很可笑，因为我们在其中假定了这样一个核心原理，即认为父母和青少年看待事物的角度往往是不同的。根据这种观点，父母和孩子之间存在代沟（generation gap），即两者在态度、价值观、抱负和世界观方面存在很大的分歧。

然而，现实并非如此。即使存在代沟，也非常之小。青少年和他们的父母在很多领域中的观点往往是一致的。支持共和党的父母，其子女一般也支持共和党；信仰基督教的人，其子女一般也持有相同信仰；赞同流产的人，其子女往往也支持人工流产合法化。在社会、政治和宗教问题上，父母和青少年往往步调一致，孩子的担忧也反映了父母的观点。那些青少年关注的社会问题，其往往会被大人们认可（Knafo & Schwartz，2003；Smetana，2005；Grønhøj & Thøgersen，2012；见图16-3）。

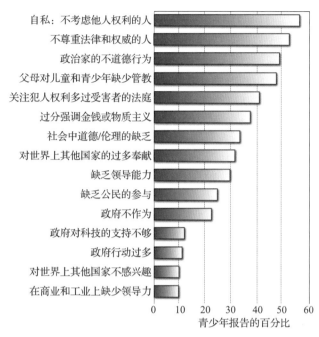

图 16-3　问题是什么

青少年对于社会病态的观点很可能会是他们父母也认可的。

资料来源：PRIMEDIA/Roper National Youth Survey. (1999). Adolescents' view of society's ills. Storrs, CT: Roper Center for Public Opinion Research.

正如上文所述，大多数青少年和他们的父母相处得相当不错。尽管他们要求自主和独立，大多数青少年都对父母有着深沉的爱、情感和尊敬，父母对孩子也同样如此。虽然有些亲子关系受到了严重干扰，但大多数亲子关系是积极多于消极的，这有助于青少年避免同伴压力，我们将在本章后半部分谈到这点（Black，2002）。

即使从整体来看，青少年和家人在一起的时间越来越少，但他们和父母中任意一方单独相处的时间在整个青少年期阶段都相当稳定（见图 16-4）。简而言之，没有证据表明在青少年期的家庭问题会比在其他发展阶段更为严重（Larson et al.，1996；Granic，Hollenstein & Dishion，2003）。

与父母的冲突

当然，如果说大多数青少年在大部分时间里与父母相处融洽，这意味着某些时候他们还是会发生冲突。没有任何关系会永远轻松甜蜜。父母和青少年可能在社会和政治问题上观点相似，但在个人品位的

问题上常常持有相反的观点，例如音乐喜好和着装风格。正如我们所看到的那样，当孩子表现出自主和独立性的要求，而父母却认为时机尚不成熟的时候，父母和孩子就会发生冲突。因此，尽管不是所有的家庭都受到同样程度的影响，但亲子冲突的确更有可能在青少年期发生，尤其是在早期阶段（Smetana，Daddis，& Chuang，2003；García-Ruiz et al.，2013）。

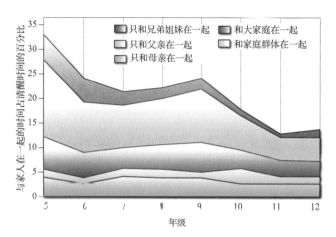

图 16-4　青少年与父母在一起的时间

尽管青少年要求自主和独立，大多数青少年对父母有着深沉的爱、情感和尊敬，而且他们和父母中任意一方单独相处的时间（最底下的两个部分）在整个青春期都相当稳定。

资料来源：Larson, R. W., et al. (1996). "Changes in adolescents' daily interactions with their families from ages 10 to 18: Disengagement and transformation." *Developmental Psychology*, vol. 32: 744-754.

为什么青少年早期的冲突比后期的更严重呢？发展心理学家朱迪丝·斯美塔纳（Judith Smetana）认为，这是因为他们对适当和不适当行为有着不同的定义和解释。例如，父母可能认为在耳朵上打 3 个耳洞是不适宜的，因为社会传统不接受。青少年可能将此看作个人的选择（Smetana，2005，2006；Rote et al.，2012）。

此外，青少年新近发展出的复杂推理能力使得他们能够用更复杂的方式去思考父母的规定。那些对学龄儿童颇具说服力的理由（"去做这件事，因为我让你做"）对一名青少年而言可能就没有那么有效了。

青少年早期好争辩且过分自信的特质最初可能会导致冲突的增多，但这些特质会在亲子关系变化过程中的很多方面扮演重要角色。在面对孩子带来的挑战时，尽管父母最初可能会以防御性的方式进行回应，

并逐渐变得僵化、不那么灵活，但在大多数情形下，父母最终会意识到他们的孩子正在长大，并且愿意在孩子成长的过程中给予支持。

当父母开始意识到孩子的观点通常很有说服力，也不是那么的不合理，而且事实上子女变得值得信任，可以放心给他们更多自由的时候，父母们变得容易说服，允许甚至最终鼓励孩子的独立。当这一过程在青少年中期出现时，青少年早期出现的好斗性就会降低。

当然，这种模式并不适用于所有青少年。虽然大多数青少年在整个青少年期都与父母保持了稳定的关系，仍有20%的家庭经历了一段相当艰难的时光（Dmitrieva, Chen, & Greenberger, 2004）。

从教育工作者的视角看问题

你认为，面对青少年获得自主的尝试，不同类型的父母（独裁型、权威型、放纵型、忽视型）会做出何种反应？夫妻之间的教养方式会存在差异吗？

青少年期亲子冲突的文化差异

虽然在所有文化中都能发现亲子冲突，但在"传统的"、尚未工业化的文化中，亲子冲突似乎更少。这种传统文化背景下的青少年也比工业文化背景下的青少年更少经历情感波动或尝试危险行为（Wu & Chao, 2011；Jensen & Dost-Gözkan, 2014；Shah et al., 2016）。

为什么呢？答案可能与青少年所期望的以及父母所允许的独立程度有关。在更为工业化的社会里，个体主义价值观非常盛行，独立性是青少年的期望的成分之一。因此，青少年必须就他们日益增长的独立程度和独立时间同他们的父母磋商——这个过程往往会引发争吵。

相反，在更传统的社会中，人们并不怎么注重个体主义，所以青少年并没有那么强烈的寻求独立的倾向。由于青少年更少地寻求独立，因此亲子冲突也更少（Dasen & Mishra, 2002）。

同伴关系：归属的重要性

在很多父母眼中，最符合青少年期的标志象征就是持续不断地收发信息的手机或电脑了。对大多数青少年而言，与朋友的交流被视为不可或缺的生命线，是维持个体与那些和他们在白天形影不离的朋友之间联系的纽带。

这种与朋友交流看似强烈的需求表明同伴在青少年期扮演着重要的角色。延续童年中期的趋势，青少年花费更多的时间和同伴们待在一起，同伴关系的重要性也随之增加。实际上，在生命中可能没有哪个阶段的同伴关系会像青少年时期那么重要。

社会比较

同伴在青少年期变得更为重要的原因有很多。他们相互提供机会来比较和评估见解、能力，甚至生理变化——这一过程被称为"社会比较"。因为青少年期的生理和认知变化是这个年龄段所特有的，同时也是非常显著的变化，尤其是在青春期早期，青少年越来越多地求助于其他有相同经历的个体，以为自己的体验提供一些线索（Rankin, Lane, & Gibbons, 2004；Li & Wright, 2013；Schaefer & Salafia, 2014）。

父母无法提供社会比较。不仅是因为他们早已远离了青少年所经历的变化，还因为青少年对成人权威的质疑。此外，青少年想要变得更自主的动机也使父母、其他家庭成员和一般成人大多变成了不可靠的甚至无效的知识来源。那么，还有谁来提供相关信息呢？那就是同伴。

参照群体

如前所述，青少年期是一个尝试新的同一性、角色和行为的实验期。同伴作为参照群体可以提供与最易被接受的角色和行为有关的信息。**参照群体**（reference groups）是个体用来与自己进行比较的一群人。正如一名职业棒球队员会将自己和其他职业队员进行比较一样，青少年也会将自己与相似的人进行比较。

参照群体为青少年提供了判断其能力和社会成功的一套规范或标准。青少年甚至都不需要归属到参照群体中而被当作参照群体。例如，不受欢迎的青少年可能会发觉自己被受欢迎的群体轻视、拒绝，但他仍然将受欢迎的群体作为参照群体（Berndt, 1999）。

小圈子和团体：归属于一个群体

青少年认知复杂性日益增长的结果之一，就是以更具区别性的方式对他人进行分类。因此，即使他们不属于自己用来参照的群体，青少年们通常也会属于某个能被识别的群体。青少年并不像年幼的学龄儿童那样，根据人们所做的事情这种具体的词汇来定义某类人（"足球运动员"或"音乐家"），而是使用更精准的抽象词汇来定义他们（"体育迷""溜冰者""投石者"）（Brown & Klute，2003）。

青少年倾向于归属的群体有两种：小圈子和团体。**小圈子**（cliques）是由 2～12 人组成的群体，成员之间有着频繁的社会互动。相反，**团体**（crowds）更大，由共享特定特征的个体所组成，但彼此之间可能并没有互动。例如，"体育迷"和"书呆子"是很多高中里两类极具代表性的"团体"。

特定小圈子和团体的成员资格通常由群体成员的相似程度所决定。相似性最重要的一个维度与物质使用有关；青少年往往选择与自己在酒精或其他药物上使用程度相似的人做朋友。在学业成就方面，他们的朋友通常也和自己比较相似，虽然并非总是这样。例如，在青少年早期，在行为举止方面表现得特别好的青少年对同伴的吸引力下降，而那些行为更具攻击性的青少年反而变得更加有吸引力（Kupersmidt & Dodge，2004；Hutchinson & Rapee，2007；Kiuru et al.，2009）。

在青少年阶段加入特定的小圈子或团体在一定程度上反映了青少年认知能力的提高。群体标签是抽象的，需要青少年对那些他们很少打交道，或了解不多的人们做出判断。直到青少年中期，他们才具备足够精细的认知能力去鉴别不同小圈子或团体之间的微妙差异（Burgess & Rubin，2000；Brown & Klute，2003）。

性别关系

当个体从童年中期步入青少年期时，他们的朋友圈几乎都由同性个体组成：男孩和男孩在一起，女孩和女孩在一起。从专业术语上说，这种性别隔离被称为**性别分隔**（sex cleavage）。

然而，当两种性别的成员进入青春期时，这种情形就有所变化了。男孩和女孩分泌的雄性/雌性激素激增，性器官逐渐成熟，这标志着青春期的来临（见第 14 章）。与此同时，社会压力暗示着是时候发展亲密关系了，这些发展导致青少年看待异性的方式开始发生变化。一名 10 岁的儿童可能将所有异性个体都看成"讨厌的""令人厌恶的"，而步入青春期的异性恋男孩和女孩则开始在人格和性方面都对异性产生了更大的兴趣。

当个体进入青春期时，先前平行发展、互不往来的不同性别的小圈子开始融合在一起。虽然大多数时间里，男孩仍然和男孩在一起，女孩仍然和女孩在一起，但青少年开始参加男女共同出席的舞会或聚会（Richards et al.，1998）。

很快，青少年和异性待在一起的时间开始越来越多。由男女生共同组成的新的小圈子开始出现。当然，并非所有人都在一开始就加入这种小圈了，早期是单一性别小圈子的领导者以及有着最高地位的个体率先加入。最终，大多数青少年会发现自己已身处这种既包括男孩也包括女孩的小圈子中。

在青少年期后期，小圈子和团体还要经历另一种变化：随着异性间成双成对关系的发展，群体的影响力越来越小，小圈子和团体最终可能会解散。

‖**发展多样性与你的生活**‖

种族隔离：青少年的巨大分歧

当罗伯是塔夫茨大学的一名学生，第一次踏入健身房时，他马上就被拉进了一场非官方组织的篮球比赛。"那些人只因我长得高、是黑人就认为我擅长篮球。其实，我在运动方面是一塌糊涂的，接着我赶紧改变他们这种想法。幸运的是，我们过后都对此一笑置之。"罗伯特说。

珊卓是阿拉巴马大学的一名波多黎各护理学学生。当她穿着医院的白袍进入咖啡厅时，两名女同学以为她是咖啡厅的员工，还让她清理桌子。

种族关系并非白人就能简单地处理。特德是南方卫理公会的白人学生在他为西班牙语课的作业寻求室友帮助的那一天，他回想道："室友在我面前笑了出来。我只因他叫冈萨雷斯就以为他说西班牙语。其实，他在密歇根长大，并且只说英语。这件事经过了一些时间才被遗忘。"

这种种族误解的情形，在全美各地的大学和学院中不断地上演。即使是在以民族和种族多样化著称的非种族隔离的大学中，不同民族和种族的人们之间的互动也很少。不仅如此，就算他们在学校内和其他种族的学生成为朋友，在校外这些朋友之间也很少有互动（DuBois & Hirsch，1990）。

起初并不是这样的。在小学乃至青少年早期，不同民族儿童间的融合程度相当高。然而，在青少年中后期，隔离的程度越来越高（Ennett & Bauman，1996；Knifsend & Juvonen，2014）。

为什么在早已取缔种族隔离政策多年的学校中，种族和民族隔离的现象仍然普遍呢？一个原因是，少数民族的学生可能会积极地向其他同样处于少数民族状况的个体寻求支持（在其社会学意义上，"少数民族"是指与主流群体的成员相比，其成员缺少权利的从属群体）。少数民族的个体主要通过与他们群体内成员的联系来确认自己的同一性。

即便是在班级中，不同种族及民族群体的成员也会出现隔离。因为在历史上他们的种族成员曾受到过歧视，与多数民族的成员相比，他们更少获得学业成功。也许高中里出现的民族和种族隔离并不仅仅是由于民族渊源本身，而是基于学业成就。

如果少数民族的成员学业成绩偏差，他们会发现自身处在多数民族成员占比更少的班级里。类似地，多数民族的学生也许会在只有少量少数民族的班级里。这样的分班安排不可避免地维持和促进了种族和民族隔离。在硬性地按照学业成绩进行分班的学校中（根据学生之前的成绩，将他们安排到"低""中""高"不同班级中），这种模式特别普遍（Lucas & Behrends，2002）。

学校里，不同民族间的学生缺少联系也反映出某个群体对其他群体成员的偏见，不论是感觉上的，还是真实存在的。有色人种的学生可能会觉得白人学生们心存偏见、歧视和敌意，因此他们更愿意和同种族的群体成员交往。相反，白人学生也会假定少数民族的成员充满敌意且不友好。他们相互间颇具毁灭性的看法降低了彼此间开展有意义互动的可能性（Phinney，Ferguson，& Tate，1997；Tropp，2003）。

青少年期这种自动出现的种族和民族隔离难道是不可避免的吗？不是的。那些在早年间与其他种族成员有着频繁、广泛互动的个体，更可能会与其他种族的人交朋友。那些积极推动班级中不同民族成员之间相互联系的学校，有助于创造一个跨种族友谊茁壮成长的环境。更为普遍的是，跨群体的友谊能够促进群体间的态度更积极（Hewstone，2003；Davies et al.，2011）。

当然，路漫漫其修远兮。许多社会压力会阻碍不同种族成员间的互动。同伴压力也会导致类似情况，因为有些小圈子也许提倡这样的规则，即不鼓励群体内的成员越过种族和民族的界限建立新的友谊。

青少年期受欢迎与同伴压力

当确定谁受欢迎、谁不受欢迎时，大多数青少年都有着敏锐的直觉。事实上，对一些青少年而言，思考自己是否受欢迎很可能是他们生活的核心。

受欢迎程度和拒绝

青少年的社交世界并不只是分为受欢迎和不受欢迎两类，它的区分实际上更为复杂（见图16-5）。例如，有些青少年备受争议，与受欢迎的青少年相比（即是被大多数人喜欢），有争议的青少年（controversial adolescents）被一些人所喜欢，也为另一些人所讨厌。例如，一名有争议的青少年可能在一个诸如管弦乐队的特定群体中受到高度欢迎，但在其他同学中却并不受欢迎。此外，还有被拒绝的青少年（rejected adolescents），他们总是不为人所爱，以及被忽视的青少年（neglected adolescents），他们既不为人所喜欢，也不为人所讨厌。被忽视的青少年是被遗忘的学生，他们的地位如此之低，以至几乎被所有人忽视。

在大多数情形中，受欢迎的和有争议的青少年往往是相似的，因为总体而言他们的地位更高，而被拒绝或被忽视的青少年的地位一般更低。相对于那

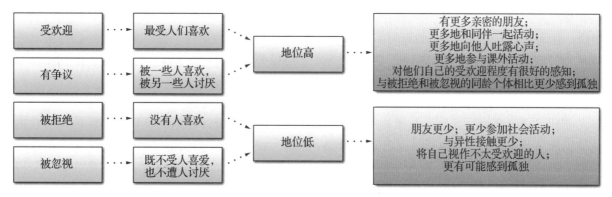

图 16-5 青少年的社交世界

青少年的受欢迎程度可以根据他的同伴的看法分为 4 类。受欢迎程度和地位、行为、适应能力的差异有关。

些不太受欢迎的青少年来说，受欢迎和有争议的青少年的亲密朋友更多，他们更频繁地加入同伴的活动中，对他人更坦率，也更多地参与到学校的课外活动中。此外，他们也很清楚地知道自己很受欢迎，与不太受欢迎的同学相比，他们更少感到孤独（Becker & Luthar，2007；Closson，2009；Estévez et al.，2014）。

相比之下，被拒绝或被忽视的青少年的社会生活并没有那么愉快。他们没有多少朋友，不怎么参与社会活动，与异性的接触更少。他们清楚地意识到、发现自己不受欢迎，更可能感到孤独。他们也许会陷入同他人的冲突之中，有些甚至会恶化到涉及需要调解的暴力冲突之中（McElhaney，Antonishak，& Allen，2008；Woodhouse，Dykas，& Cassidy，2012）。

不受欢迎的青少年可以分为几类。有争议的青少年在被一些人所喜爱的同时，也被另一些人所讨厌；被拒绝的青少年总是不为人喜欢；被忽视的青少年既不为人喜欢，也不为人讨厌。

是什么决定了青少年在中学的地位？两性对此的看法并不相同。例如，大学男生认为身体的吸引力是决定中学女生地位的最重要的因素，而大学女生则认为中学女生的成绩和智力水平是最重要的因素（Suitor et al.，2001）。

从众

每当阿尔多斯说他想要买某一品牌的运动鞋或某种特定款式的衬衫时，他的父母都抱怨说他仅仅是屈服于同伴压力，并告诉他凡事要有自己的判断。

在与阿尔多斯的争论中，他的父母所秉持的有关青少年的看法在美国社会非常普遍：青少年很容易屈服于同伴压力（peer pressure），即同伴的影响使青少年在行为和态度上与他们的同伴保持一致。阿尔多斯·亨利的父母认为他是同伴压力的受害者，他父母的这种说法正确吗？

研究表明在某些情况下，青少年非常容易受到同伴的影响。例如，当考虑穿什么衣服，和谁约会，以及看什么电影时，青少年往往追随他们同伴中的领导者。穿合适的衣服，甚至是特定品牌的衣服，有时可以是成为加入某一受欢迎群体的敲门砖。这表明你知道那个群体的特点。另一方面，在很多非社交事件中，例如选择一条职业道路或者尝试去解决一个问题时，青少年更可能去寻求一个具有丰富经验的成人的帮助（Phelan，Yu，& Davidson，1994）。

简而言之，特别是在中后期，青少年会向他们认为在某一领域上的专家寻求帮助。如果他们在社交方面有困扰，他们会去寻求同伴的帮助——这方面同伴可能最专业。而对那些最有可能从父母或其他成人那里获得专业意见的问题，青少年往往会征询他们的建议，且最容易受到他们意见的影响（Young & Ferguson, 1979; Perrine & Aloise-Young, 2004）。

总的来说，对同伴压力的易感性并不是在青少年期突然提高的。相反，青少年的变化源于他们所遵从对象的变化。在童年期，儿童会在很长一段时间内遵从他们的父母，而在青少年期，这种遵从开始转移到同伴群体上。这部分是因为当青少年寻求建立独立于父母的同一性时，其遵从同伴的压力有所增加。

然而，当青少年最终在他们的生活中发展出越来越强的自主性时，他们对同伴和成人的遵从越来越少。随着他们逐渐变得自信，为自己做决定的能力也不断增强时，无论对方是谁，青少年都倾向于保持独立，并能够抵挡来自他人的压力。尽管如此，在青少年学会抵制遵从同伴的压力之前，他们可能会经常和朋友发生冲突（Cook, Buehler, & Henson, 2009; Monahan, Steinberg, & Cauffman, 2009; Meldrum, Miller, & Flexon, 2013）。

青少年行为不良：青少年期的犯罪行为

与其他年龄段的群体相比，青少年和青年更有可能做出犯罪行为。在某些方面，这个统计具有误导性：因为某些行为（例如饮酒）对青少年而言是违法的，但对于年龄大些的个体来说就不是这样了。青少年很容易做出那些只要年长几岁就不算违法的行为。然而，即便不把这些违法行为考虑在内，青少年参与暴力犯罪（例如谋杀、攻击、强奸）和财产犯罪（例如偷窃、抢劫和纵火等）的比例也超过了其他年龄段的群体。

尽管在过去 10 年中，美国青少年的暴力犯罪数量已经有所下降，但发生在一些青少年当中的违法行为仍然是一个相当突出的问题。在青少年当中，暴力是非致命性伤害的最大因素，且是在美国 10 ～ 24 岁青年当中造成死亡的第二大因素。

为什么青少年会卷入犯罪活动？人们将一些违法的青少年称作社会化不足的行为不良个体（under-socialized delinquents），这些个体在缺少管教的或严厉的、缺少关怀的父母的监管下长大。虽然他们受同伴影响，但并没有被父母适当地社会化，也没有

人教会他们一些行为标准来调节自己的行为。社会化不足的行为不良个体一般在很小的年龄就开始参与犯罪活动，早在青少年期开始之前（Hoeve et al., 2008）。

社会化不足的行为不良个体具有某些共同的特征。相对来说，在生命早期他们往往具有攻击性和暴力倾向，这些特征导致他们遭受同伴的拒绝和学业上的失败。他们的智力水平也往往低于平均水平（Rutter, 2003; Peach & Gaultney, 2013）。

社会化不足的行为不良个体常常遭受心理障碍的折磨，并且在成年时会形成一种被称为反社会人格障碍的心理模式。相对来说，他们成功康复的可能性不大，而且很多社会化不足的行为不良个体终生都生活在社会的边缘（Rönkä & Pulkkinen, 1995; Lynam, 1996; Frick, et al., 2003）。

更大的青少年违法群体是达成社会化的行为不良个体（socialized delinquents），这类青少年理解且遵守社会规范，心理上也相当正常。对于他们来说，青少年期的违法行为并不会导致他们一生都犯罪。相反，大多数达成社会化的行为不良个体只是在青少年期做些小偷小摸类的违法行为（例如商店行窃），但不会持续到成年阶段。

达成社会化的行为不良个体通常会受到同伴的高度影响，他们的不良行为也常常以群体的形式表现出来。此外，一些研究表明，与其他个体的父母相比，达成社会化的行为不良个体的父母对孩子疏于管教。正如青少年行为的其他方面一样，这些轻微的不良行为往往是因为屈服于群体压力或寻求建立作为一名成人的同一性所导致的（Fletcher et al., 1995; Thornberry & Krohn, 1997; Goldweber et al., 2011）。

我们如何预防不良行为？方法之一是采用积极的青年发展模型，即青少年与组织和同伴群体一起主动参与社区活动、学校事项等。这样的方案（尤其涉及早期干预的那些方案）已经被证明是有效的（Smith, Faulk, & Sizer, 2016）。

约会、性行为和青少年妊娠

西维斯特花了几乎 1 个月，才最终鼓起勇气邀请

杰姬去看电影。然而，这对于杰姬来说，已经算不上什么令人惊讶的事情了。西维斯特最先把他要约杰姬出去的打算告诉了他的朋友埃里克，埃里克又把西维斯特的计划告诉了杰姬的朋友辛西娅。辛西娅接着告诉了杰姬。因此，当西维斯特最终打电话邀请杰姬的时候，她早就已经准备好说"好"了。

欢迎来到约会的复杂世界，它是青少年期重要且充满变化的仪式。在本章的余下部分，我们将讨论约会以及青少年同他人关系的其他方面。

约会：21 世纪的亲密关系

青少年从何时以及怎样开始约会是由文化因素决定的，这些文化因素在代与代之间发生着变化。直到最近，专一地与某个人约会仍被看作一种颇具浪漫情怀的文化典范。实际上，社会通常鼓励在青少年期约会，这在某种程度上是青少年探索最终可能发展成为婚姻的亲密关系的一种途径。现在，一些青少年认为"约会"的概念已经过时且颇受局限。在某些场合，"交往"（hooking up，一个涵盖了从亲吻到性交的所有事情的含糊词汇）的说法显得更加合适。尽管文化规范发生着变化，约会仍然是形成青少年间亲密关系这种社会互动的主导形式（Denizet-Lewis，2004；Manning，Giordano，& Longmore，2006；Bogle，2008）。

约会的作用

虽然在表面上，约会只是某种可能通向婚姻的求爱方式，但它实际上也具有其他功能，尤其是约会的早期阶段。约会是一种学习怎样与另一个个体建立亲密关系的途径。它可以提供愉悦感，提高声望（这取决于个体约会对象的地位）。它甚至可以用来发展个体自身的同一性（Adams & Williams，2011；Paludi，2012；Kreager et al.，2016）。

约会在多大程度上发挥了这些作用，尤其是在心理亲密感的发展方面发挥了多少作用？这仍是一个尚待解决的问题。然而，青少年专家所了解的信息却令人十分惊讶：青少年早期和中期的约会在增进亲密感方面并没有那么成功。相反，约会常常是一种表面性的行为，其中的参与者很少放下自己的盔甲，以至于他们从来都不曾真正感到亲密，也从来不曾向对方展露自己的情绪。甚至当关系中包含了性行为的时候，心理上可能仍旧缺乏亲密感（Collins，2003；Furman & Shaffer，2003；Tuggle，Kerpelman，& Pittman，2014）。

真正的亲密感在青少年后期变得更为常见。在那个时候，约会双方可能会更为严肃地看待约会关系，它可能被视为一种选择配偶及可能通往婚姻的前奏。

对同性恋青少年来说，约会尤其具有挑战性。在某些情形下，周围同学公然表现出对同性恋的厌恶和偏见可能会使同性恋者为了努力适应这种局面而与异性约会。如果他们寻求建立同性恋关系，他们可能会发现寻找同性伴侣会非常艰难，因为他人不曾公开表达自己的性取向。公开约会的同性恋伴侣会面临一定的困扰，这使得关系的发展更为艰难（Savin-Williams，2003）。

约会、种族和民族

文化影响着不同种族和民族青少年的约会模式，尤其对于父母是从其他国家移民到美国的青少年。父母可能会努力控制孩子的约会行为，以试图维护他们文化的传统价值观，或者确保他们的孩子与同种族或民族的个体约会。

例如，亚裔父母可能在态度和价值观上特别保守，一定程度上是因为他们自身可能并没有经历过约会（在很多情况下，父母的婚姻是由他人安排的，他们对约会的整体概念并不熟悉）。他们可能会坚持子女在监护人的陪同下约会，否则免谈。结果，他们可能会发现自己与孩子之间产生了重大的冲突（Hoelterk，Axinn，& Ghimire，2004；Lau et al.，2009）。

青少年约会暴力

青少年约会关系的数量出人意料，而暴力在其关系中占一部分。调查显示，10% 的高中学生报告受到了身体上的迫害，10% 的学生报告在过去的 10 个月当中受到约会对象的性虐待（Vagi et al.，2015）。

暴力源自许多因素。暴力是能够被接受的这种信念、过早参与性行为、抑郁和焦虑以及其他心理创伤的症状都是其中的危险因素。在一些情况下，青少年相信戏弄和骂人在关系之中只是一种正常的部分

（Vagi et al.，2013）。

约会暴力产生短期和长期两种负面后果。经历过约会暴力可能会导致抑郁、焦虑甚至会和增加毒品、烟草和酒精的使用。它也可能造成涉及反社会行为和自杀的想法（CDC，2016）。

性关系

青春期的激素变化不仅促进了性器官的成熟，也使个体在同他人的关系中体验到了新的感受和可能：性欲。性行为和有关性的想法是青少年关心的核心问题。几乎所有的青少年都考虑过性，甚至有许多人会花上很长时间去思考（Kelly，2001；Ponton，2001）。

手淫

手淫（masturbation）是指青少年进行的第一类性行为往往是独自的自我性刺激。到15岁时，约80%的男孩和20%的女孩报告说他们有过手淫。男性手淫的频率在青春期早期发生得较多，然后开始下降；女性手淫的频率开始较低，随后在整个青少年期呈现增长趋势。此外，手淫频率的模式因种族而异。例如，与白人相比，非裔美国男性和女性更少手淫（Schwartz，1999；Hyde & DeLamater，2004）。

虽然说手淫普遍存在，但它仍然会使人产生尴尬和内疚感。以下是几个可能的原因：其一是，青少年可能会认为"手淫标志着在寻找性伴侣方面的无能"。这是一个错误的假设，因为统计数据表明，有75%的已婚男性和68%的已婚女性报告称，他们在1年中会手淫10～24次（Davidson，Darling，& Norton，1995；Das，2007；Gerressu et al.，2008）。

对于某些人来说，手淫会带来羞耻感，这是历史上对手淫的长期错误认识导致的结果。例如，19世纪的医生和非专业人士警告人们手淫可能会带来严重的后果，包括"消化不良、脊椎疾病、头疼、癫痫、各种痉挛发作……视力受损、心悸、偏侧痛和肺出血、心脏痉挛甚至猝死"（Gregory，1856）。医师克洛格认为，某些谷物可能更不容易引发性兴奋，这使他发明了玉米片（Hunt，1974；Michael et al.，1994）。

事实上，手淫并没有这样的影响。现在，性行为方面的专家将它看作一种正常的、健康的、无害的行为。有些人认为手淫为了解自己的性能力提供了一条有效的途径（Levin，2007；Hyde & DeLamater，2010）。

性交

尽管之前可能有很多不同的性亲密行为，包括热吻、按摩、爱抚和口交，但在大多数青少年的理解中，性交仍然是主要的具有里程碑意义的亲密行为。因此，长久以来研究性行为的科研人员一直把主要关注点放在异性间的性交行为上。

在过去的50年中，青少年初次发生性交的平均年龄稳步下降，大约有13%的青少年在15岁前就有了性经历。总的来说，初次性交的平均年龄为17岁，约70%的青少年在20岁之前有过性行为（见图16-6）。而与此同时，很多青少年在推迟发生性行为，1991～2007年，报告从未有过性经历的青少年人数增加了13%（MMWR，2008；Guttmacher Institute，2012）。

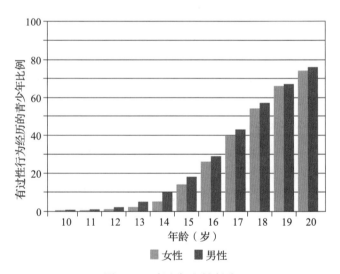

图16-6 青少年和性行为

青少年初次发生性交的年龄正在下降，75%的青少年在20岁之前就发生过性行为。

资料来源：Finer LB and Philbin JM，"Sexual initiation, contraceptive use, and pregnancy among young adolescents，" Pediatrics, vol. 131, no. 5: 886-891 (2013).

在初次性行为的发生时间上存在着种族和民族差

异：非裔美国人初次性行为的时间通常早于波多黎各人，而后者又早于白人。这些种族和民族差异可能反映的是社会经济条件、文化价值观和家庭结构的差异（Singh & Darroch，2000；Hyde，Mezulis，& Abramson，2008）。

在探讨性行为时，不可避免地也要考虑监控性行为的社会规范。几十年以前盛行的关于性的社会规范存在双重标准。在这种双重标准中，婚前性行为对男性来说是允许的，但对女性而言却是禁止的。社会告诫女性"好女孩是不能有婚前性行为的"。男性听到的则是，男性婚前性行为是允许的，尽管他们要确保自己娶到的是处女。

如今，双重标准开始让位于新的标准"爱的许可"。根据这一标准，如果婚前性行为发生在长期的、有承诺的或相爱的关系中，那么对于男女双方来说都是被允许的（Hyde & Delamater，2004；Earle et al.，2007）。

然而，双重标准并没有完全退出历史舞台。在性行为上，对待男性的态度仍旧要比对待女性的更宽容，在相对自由的社会文化中亦是如此。在某些文化中，男性和女性的性行为标准非常不同。例如，在北非、中东，以及大多数亚洲国家中，大多数女性遵守结婚后才能发生性行为的社会规范。在墨西哥，尽管存在反对婚前性行为的严格标准，男性发生婚前性行为的可能性也远远高于女性。相反，在撒哈拉以南的非洲地区，女性更有可能在婚前发生性行为，并且性交在未婚的青少年女性中更为普遍（Johnson et al.，1992；Peltzer & Pengpid，2006；Wellings et al.，2006；Ghule，Balaiah，& Joshi，2007）。

性取向：异性恋、同性恋、双性恋和变性

当我们在探讨青少年的性发展时，异性恋是最为普遍的模式，即指向异性的性吸引和性行为。然而，有些青少年是同性恋，他们的性吸引指向同性个体。还有一些人发觉自己是双性恋，同时被两性所吸引。

很多青少年尝试过同性性行为。在青少年中，有20% ~ 25% 的男性和 10% 的女性在某个时间段内和同性有过至少一次的性经历。实际上，同性恋和

异性恋并非完全对立的性取向。性研究的先驱阿尔弗雷德·金赛（Alfred Kinsey）认为，应该将性取向看作一个连续体，它的一端是"绝对的同性恋"，另一端是"绝对的异性恋"（Kinsey，Pomeroy，& Martin，1948）。在这中间的是双性恋。尽管很难得到精确的数字，但大多数专家认为，男女两性中都有 4% ~ 10% 的人在他们的一生中是绝对的同性恋（Michael et al.，1994；Diamond，2003a，2003b；Russell & Consolacion，2003；Pearson & Wilkinson，2013）。

性取向和性别同一性之间的区分使得性取向的确定变得更为复杂。性取向与某人性兴趣的对象有关，而性别同一性则是这个人在心理上对他所属性别的界定。性取向和性别同一性并不必然相关：一位有着强烈男性性别同一性的男性也可能被另一名男性所吸引。因此，男性和女性所表现出的传统"男性的"和"女性的"行为的程度并不必然和他们的性取向或性别同一性相关（Hunter & Mallon，2000；Greydanus & Pratt，2016）。

有一些个体被称为变性人。变性人认为，他们被困在另一个性别的身体中。变性代表着涉及个体的性认同的性别议题。

变性人也许会寻求变性手术，即手术移除他们本身的性器官且手术创建渴望的性别的性器官。这是一条艰难的道路，个体需要在手术前先经历辅导、激素的注射和多年过着渴望的性别成员的生活。然而，最终也可能会是很正面的结果。

双性人与变性人不同。双性人一出生就拥有非典型的性器官或染色体或基因模式的结合。比如，他们也许一出生就同时拥有男性和女性的性器官或两性生殖器。在 4 500 名初生婴儿中仅 1 人是双性婴儿（Diamond，2003b）。

导致人们发展出异性恋、同性恋、双性恋或变性的因素目前还不清楚。有证据表明基因和生物学因素可能扮演着重要的角色。双生子研究表明，与一般的兄弟姐妹（基因序列不完全相同）相比，同卵双生子同为同性恋的概率要更高。另有研究发现，同性恋者和异性恋者的大脑在多个结构上存在差异。另外，激素的产生似乎也和性取向有关（Ellis et al.，2008；Fitzgerald，2008；Santilla et al.，2008）。

其他研究者还认为家庭或同辈环境因素也有影响。例如，弗洛伊德认为，同性恋是对异性父母不适当认同的结果（Freud，1922/1959）。弗洛伊德的理论观点及之后的其他类似观点面临的问题是：没有任何证据支持特定的家庭动力或儿童教养实践和性取向存在一致性的相关。类似地，基于学习理论的解释认为，同性恋的产生是由于奖励的作用，即愉快的同性性体验和不愉快的异性性体验，这看起来也并不是一个完整的答案（Isay，1990；Golombok，& Tasker，1996）。

简而言之，尚未出现一个完全令人信服的说法能够解释为什么青少年发展出一个特定的性取向。大多数专家认为，性取向是基于基因、生理和环境因素的复杂交互作用而逐步形成的（LeVay & Valente，2003）。

我们清楚的是，与其他青少年相比，那些有着非传统性取向的青少年可能要面对更为艰难的时光。美国社会对同性恋和变性仍旧表现出无知和偏见，他们一直坚持着这样的信念：人们在性取向这件事情上可以选择。如果男女同性恋和变性青少年公开他们的性取向，他们可能会被他们的家庭或同伴所拒绝，甚至被骚扰和殴打。结果就是，与异性恋青少年相比，那些发现自己是同性恋和变性的青少年面临着更高的抑郁风险，同性恋青少年的自杀率也显著高于异性恋青少年。那些没有顺应性别刻印的男女同性恋者和变性人特别容易受到伤害，而他们的适应进度也许会比较慢（Toomey et al.，2010；Madsen & Green，2012；Mitchell，Ybarra，& Korchmaros，2014）。

不过，大多数人最终会明确并接受自己的性取向。虽然男女同性恋者和双性恋者都可能因为经受着压力、偏见和别人的歧视，遇到心理障碍，但并没有任何一家专业的心理机构或医学机构将同性恋看作一种心理异常。他们所有人都致力于消除人们对同性恋的歧视。另外，社会对于同性恋的态度正在转变，尤其在较年轻的个体当中。比如，大多数的美国公民支持男同性恋婚姻，这于 2015 年在美国已获合法化（Baker & Sussman，2012；Farr & Patterson，2013；Hu，Xu，& Tornello，2016）。

男女同性恋和变性的青少年压力被放大，这些个体需要经常面对社会偏见。最终，多数青少年都能妥善处理自己的性取向问题。

青少年怀孕

是一夜情改变了 17 岁马拉的生活。

马拉与她交往已久的男友扎克分手后，她开始和朋友在周五晚上到附近的酒吧喝酒。一天晚上，她喝得比平时多一些，以至于当正和她说话的男孩说要送她回家时，她答应了。

事情接踵而至，直到隔一天早上马拉起身时才想起她在和扎克分手后已经停止服用避孕药了。

现在马拉已是一名单亲妈妈，虽然她很疼爱自己 2 个月大的宝宝，但她必须放弃学业，然后去找一份工作，她也发现单亲妈妈的生活（背负着重大的责任，贫穷和缺觉）确实辛苦。

在凌晨 3 点钟给孩子喂食，换尿片以及带孩子看儿科医生并不是多数人眼中青少年的生活。然而在美国，每年都有超过 800 000 的青少年分娩。对这些青少年而言，生活的考验不断地增加，因为他们在努力为人父母的同时还要面对纷繁复杂的青春期。

好消息是，在过去的 20 年，青少年怀孕的数量有了显著的下降。实际上，在 2014 年，美国青少年的分娩率在政府追踪怀孕课题的 70 年中是最低的（见图 16-7）。在所有的种族和民族群体之中，分娩

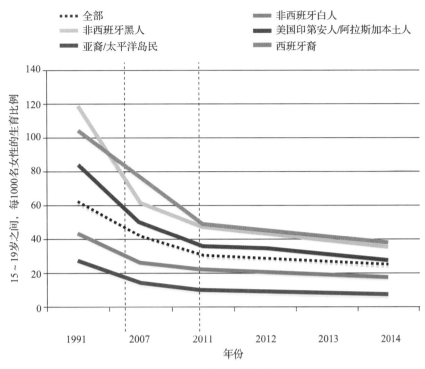

图 16-7　青少年妊娠率

自 20 世纪 90 年代初以来，所有民族群体的青少年妊娠率都出现了显著的下降。

资料来源：Hamilton BE, Martin JA, Osterman MJK, et al. Births: Final data for 2014. Natl Vital Stat Rep 2015；64(12): 1-64.

率下降至历史最低，但是维持着这样的差异：非西班牙黑人及西班牙青少年的出生率是白人的 2 倍多。再者，印裔美国人 / 阿拉斯加本土青少年的分娩率比白人青少年的出生率多了 1.5 倍以上。总的来说，青少年的怀孕率是每 1 000 人之中就有 24.2 人分娩。（Hamilton & Ventura，2012；CDC，2016a）。

以下这些因素可以解释青少年妊娠率的降低。

- 新的倡导政策提高了青少年对无保护性行为的风险意识。例如，约 2/3 的美国高中已经建立了全面的性教育计划（Villarosa，2003；Corcoran & Pillai，2007）。
- 青少年的性交比例已经下降。曾有过性交经历的青少年女孩的比例从 1988 年的 51% 降至 2006 ～ 2010 年 的 43%（Martinez，Copen，& Abma，2011）。
- 避孕套及其他避孕措施的使用已增加。例如，几乎所有已有性行为经验的 15 岁至 19 岁的青少年

女孩都用了某些避孕措施（Martinez，Copen，& Abma，2011）。
- 性交的替代形式变得更为普遍。例如，口交（很多青少年甚至不认为口交是"性行为"）被越来越多的人视作性交的替代方式（Bernstein，2004；Chandra et al.，2011）。

青少年怀孕面临的挑战

尽管美国青少年的分娩率在下降，美国青少年的怀孕率却是其他工业化国家的 2 ～ 10 倍。例如，美国青少年怀孕的比例是加拿大青少年的 2 倍，法国青少年的 4 倍，瑞典青少年的 6 倍（Singh & Darroch，2000）。

不论是对母亲还是对孩子而言，意外怀孕的后果都可能是毁灭性的。与早些年相比，现在的青少年妈妈奉子成婚的可能性更低。大多数情况下母亲会在没有父亲的帮助下照顾孩子。由于缺少经济和情感的支持，未婚妈妈很有可能会放弃她的学业，这使得在之

后的人生中她都只能从事不需专业技能的、报酬极低的工作。在其他案例中，少女妈妈可能会长期依赖社会福利。由于兼顾工作和照顾小孩持续地消耗了她们大量的时间，少女妈妈面临残酷的压力，从而可能损害其身体和心理健康（Manlove et al., 2004；Lall, 2007；Kelly, 2013）。

这位母亲和她的孩子反映了一个重要的社会问题：青少年怀孕。为什么与其他国家相比，美国青少年怀孕的问题更为严重？

这些困难也同样影响了青少年妈妈的孩子。与成年母亲的孩子相比，这些孩子更有可能出现健康问题，学业表现也更差。在未来他们也更有可能成为未成年父母，陷入"怀孕—贫穷"的恶性循环而无法自拔（Spencer, 2001；East, Reyes, & Horn, 2007）。

童贞承诺

要求青少年做出童贞承诺是一项对青少年怀孕率下降没有任何帮助的措施。这种为避免婚前性行为而做出的公开保证是某些性教育形式的核心部分，其结果相当复杂。早期的研究表明，与未做出保证的青少年相比，做出童贞承诺的青少年将初次性交的时间推迟了将近18个月（Bearman & Bruckner, 2004）。

但即使是这些早期研究也对童贞承诺持怀疑态度。例如，童贞承诺的效果取决于做出保证时学生的年龄。对于年纪较大的青少年（18岁或以上）来说，这样的保证毫无意义。童贞保证只对16～17岁的青少年有效。况且，仅在学校中只有少数人做出童贞承诺时，这类承诺才会起到作用。如果学校中超过30%的人都做了童贞承诺，它的效用就几乎消失殆尽了。

这一让人震惊的现象的原因与童贞承诺的作用机制有关：它给青少年提供了一种认同感，就好像加入了一个俱乐部一样。当只有少数学生做出童贞承诺时，他们会觉得自己属于某个特殊的群体，因此他们更愿意去遵守该群体的规则——在这里，就是保持童贞。反之，如果大部分学生都做出了这样的承诺，这承诺就显得没那么特别了，遵守它的可能性也就相应降低了。

大部分近期研究显示童贞承诺毫无效用可言。例如，在一项12 000名青少年的调查中，88%的被调查者表示，尽管童贞承诺让他们推迟了初次性行为的时间，但他们最终还是发生了性交（Bearman & Bruckner, 2004）。

由于禁欲项目并不成功，一些研究者开始呼吁推广更为全面的教育项目以代替仅有禁欲一个选择的项目。大多数家长和老师都赞同强调禁欲教育，但同时也应该包括避孕和安全性行为的内容。研究结果支持这样的观点：尽管禁欲项目和包含避孕教育的项目在减少青少年性行为方面上的效果并没有太大差异，但额外的避孕教育的确能够帮助青少年了解并使用避孕措施（Dailard, 2001；Manlove et al., 2002；Bennett & Assefi, 2005；Giami et al., 2006；Santelli et al., 2006）。

更安全的选择是一个针对高中生的两年制项目，它将鼓励禁欲同避孕措施教育相结合。该项目采用多种手段，旨在降低尝试性行为的高中生数量，提高高中生性行为中避孕套的使用比例。这个项目试图改变学生们对于性行为、禁欲和避孕套使用（包括青少年对避孕套使用的心理障碍）的态度和标准。它也给予学生拒绝性行为、和伴侣讨论安全性行为，以及使用避孕套的信心。同时，它也对学生进行有关性传播途径感染及感染风险的教育。该项目试图促进学生与其父母关于性的交流（Advocates for Youth, 2003；Kirby et al., 2004）。

案例研究

好事做过头的故事

贝拉是一个和谐的五口之家中的长女。她的家庭每个周末都在一起，远足、园艺或看电影。她的父母以此为傲。直到贝拉 13 岁之前，他们都想当然地认为，这种和谐的状态会一直持续下去，并且贝拉也很快乐地沐浴在这样的亲情之下。13 岁那年，贝拉升入了初中，她的世界开始发生变化。

贝拉发现她的兴趣广泛。她加入了学校的舞台团队，并为学生作品绘制背景。她选了一门摄影课程，许多个下午都在学校的暗室里度过，冲洗她给朋友们拍的照片。她开始每周帮邻居照看小孩两晚。在周末，她会和朋友去商场逛街、看电影。

"我们再也没见过你。"她的父母抱怨道。起初，贝拉只是耸耸肩，但当她的父母开始从她的穿着到音乐品位，将所有事情都批评个遍的时候，她生气了。当他们开始审查她的朋友，并且每隔一小时就给她打电话，确认她在哪、和谁在一起的时候，她被激怒了。当她的父母要求她取消和朋友的计划，和家人共度周末时，她大吼道："你们就是不想让我好过！"实际上，贝拉知道她的父母爱她，而且她也爱他们，但她仍旧觉得逃离他们的抱怨和约束的需求越来越强烈。

1. 贝拉的变化是如何反映青少年期正常的社会性发展的？

2. 你会给贝拉父母哪些具体的建议，以避免他们和女儿产生冲突？

3. 你觉得贝拉正在体验着的自主和独立的程度与她的年纪相符吗？为什么？

4. 结合我们已知的关于青少年期社会性和人格发展的知识，你认为未来 5 年中，贝拉和她的父母之间的关系会发生什么变化？

5. 你认为，贝拉和她的父母间存在典型的代沟吗？为什么？

‖ 本章小结

我们在本章继续探讨青少年期，集中关注社会性和人格问题。自我概念、自尊和同一性在青少年期得到发展，这也是自我发现的一段时期。我们考察了青少年与家庭和同伴的关系，以及青少年期的性别、种族和民族关系。我们讨论了约会、性和性取向的问题。请回顾本章的导言部分，关于莉薇雅和她正经历着的同一性混乱，思考以下问题。

1. 莉薇雅面临哪些性别压力？如果她是男孩，那么她的经历可能会有怎样的不同？

2. 你认为在青少年期，莉薇雅的自尊是基于什么？在她目前对自己生活的评价中，你如何看待这样的变化？

3. 莉薇雅似乎正经历着同一性混乱。如果她不能解决她是谁这个问题，那么她会面对什么样的风险？

4. 莉薇雅经常认定她是一个小圈子的一员。对于她的归属感需求，你认为她付出了什么代价？

‖ 本章回顾

1. 自我概念和自尊在青少年期如何发展

- 在青少年期，青少年的自我概念分化，不仅包含了自己的观点，也包含了他人的观点，并且能够同时考虑多个方面。当行为反映了复杂的自我概念时，自我概念的分化可能会导致混乱。

- 青少年的自尊也出现分化，他们对自身的特定方面做出不同评价。

- 同一性的问题在青少年期变得越来越重要，因为青少年的智能变得更为成人化。

- 青少年更容易注意到自己和他人比较的结果，并开始意识到他们是独立于父母、同伴及其他人之外的个体。

2. 埃里克森理论中同一性形成如何在青少年期展开

- 根据埃里克森的观点，青少年处于同一性对同一性混乱阶段。在这个阶段，他们寻求发现他们的独特性和同一性。他们可能会感到困惑，表现出功能不良的反应。相比成人，他们可能更依赖于朋友和同伴，以获取帮助和信息。
- 对于埃里克森理论的一个批评是：这项理论采用了男性同一性发展，即着重于竞争力和个性，将其作为两性的基础。卡罗尔·吉利根认为，女性是在关系建立和维持的背景中发展出同一性的。

3. 玛西亚对青少年同一性的理解

- 詹姆斯·玛西亚定义了青少年可能在青少年期或之后的生命历程中经历的四种同一性状态：同一性获得、认同闭合、同一性混乱、同一性延缓。
- 一个青少年的同一性状态是与危机和承诺这两种特征的存在和缺失相关的。尽管步入成年期，青少年也有可能在多个状态中游走。

4. 宗教与精神性在同一性形成中扮演的角色

- 认知能力不断地提高，使得青少年能够更为抽象地思考宗教问题。如果他们信仰某种宗教，那么他们同宗教的亲和程度可能会高，也有可能改变宗教亲和程度，或完全拒绝正统宗教。许多声称自己是通灵体质的青少年并不皈依任何特定的宗教。

5. 民族和少数民族在建立同一性时所面临的挑战

- 传统的文化融合模型认为，个体的文化认同应被融入于一个单一的文化，而多元社会模型则强调，多元文化群组是平等的并且他们独特的文化特征需要被保存。越来越受欢迎的多元社会模型还能使少数民族的成员建立二元文化认同，在认同自身文化的同时也积极融入主流文化。

6. 造成心理问题的因素

- 很多青少年都有过悲伤和绝望的情绪感受，有时甚至还经历过严重抑郁。生物学的、环境的、社会的因素都对抑郁有影响。在抑郁的发生率上，存在性别、民族和种族的差异。
- 青少年自杀的比例正在上升。现在，自杀是 15～24 岁年龄段个体的第二大最普遍的致死原因。
- 在青少年当中自杀的风险因素有抑郁、完美主

义、社会抑制、高压力及焦虑。在美国，枪支使用的普遍化也对自杀率的增长起到了推波助澜的作用。

7. 家庭关系在青少年期如何变化

- 青少年对自主的要求常常使得他们和父母的关系变得混乱和紧张，但实际上父母和青少年的态度之间的"代沟"通常较小。

8. 同伴关系在青少年期如何变化

- 在青少年期，同伴是非常重要的，因为他们提供了社会比较和参照群体。青少年通过对比和参照群体来判断社会成功。青少年之间关系的特点由归属的需要决定。
- 在青少年期，男孩和女孩开始一起在团体里共度时光，一直持续到青少年末期，这时，男孩和女孩多已"成双成对"。

9. 受欢迎的程度和对同伴压力的反应

- 根据青少年受欢迎的程度分为受欢迎的青少年和有争议的青少年（他们处于受欢迎程度较高的一端），以及被忽视的青少年和被拒绝的青少年（他们处于受欢迎程度较低的一端）。
- 同伴压力并不是一种简单的现象。青少年在那些感觉同伴是专家的领域中遵从同伴，在那些感觉成人是专家的领域中遵从成人。当青少年的自信增长后，他们对同伴和成人的遵从都有所下降。

10. 一些青少年如何卷入犯罪活动

- 虽然大多数青少年从未犯罪，但青少年参与犯罪活动的比例异常高。
- 社会化不足的行为不良个体在缺少管教的或严厉的父母的监管下长大，并且未被教会行为标准。达成社会化的行为不良个体理解且遵守社会规范。他们在青少年期犯下的往往是一些小偷小摸类的违法行为，并且不会持续到成年阶段。

11. 青少年期约会的作用和特点

- 在青春期，约会提供了亲密、娱乐和声望。在开始时，心理上的亲密可能很难实现，但是当青少年逐渐成熟，会更加自信，并且更认真对待亲密关系。

12. 青少年所进行的性行为的类型

- 对于大多数青少年而言，手淫往往是接触性行为的第一步。随着双重标准的衰落以及"爱的许可"标准的广泛接受，初次性交的年龄（现在对某些人来说可能只有十几岁）已经下降。再者，性交的总比例也已在下滑。

13. 性取向的类型以及性取向如何发展

- 性取向是在基因、生理和环境因素的复杂交互作用下发展起来的。

14. 青少年妊娠及其预防项目的挑战

- 青少年妈妈很可能在没有父亲的经济和情感的支持下照顾孩子。许多青少年妈妈可能需要放弃她们的学业，这使得她们在之后的人生中都只能从事不需专业技能的、报酬极低的工作。

- 童贞承诺和其他禁欲项目并未证实有效。相反，强调无保护性行为风险的项目和为青少年们提供避孕措施的信息的项目（在他们没有避免性行为的情况下）增加了青少年对避孕策略的使用。

致 谢 | Acknowledgments

感谢以下评阅人提出的评论、建设性意见和鼓励。

贝丝·比格勒（Beth Bigler），派里希比州立社区学院

海德玛丽·布卢门撒尔（Heidemarie Blumenthal），北得克萨斯州大学

杰米·博尔夏特（Jamie Borchardt），塔尔顿州立大学

约翰尼·卡斯特罗（Johnny Castro），布鲁克海文学院

纳特·科特尔（Nate Cottle），中央俄克拉何马州立大学

克里斯蒂·坎宁安（Christie Cunningham），派里希比州立社区学院

丽莎·弗欧-森克（Lisa Fozio-Thielk），万邦尼斯社区学院

萨拉·戈尔茨坦（Sara Goldstein），蒙特克莱尔州立大学

克里斯蒂娜·戈托卡（Christina Gotowka），堂克西斯社区学院

乔尔·加曼（Joel Hagaman），欧扎克斯学院

尼科尔·汉森-雷伊斯（Nicole Hansen-Rayes），芝加哥城市学院—里查德达利学院

迈拉·哈维尔（Myra Harville），霍尔姆斯社区学院

玛丽·休斯·斯通（Mary Hughes Stone），旧金山州立大学

苏珊娜·休斯（Suzanne Hughes），西南社区学院

厄尔林·胡夫（Earleen Huff），阿马里洛学院

乔·杰克逊（Jo Jackson），勒努瓦社区学院

詹妮弗·卡普曼（Jennifer Kampmann），南达科他大学

威廉·金伯利特（William Kimberlin），洛雷恩郡社区学院

弗朗西斯卡·隆戈（Francesca Longo），波士顿学院

马克·莱尔利（Mark Lyerly），伯灵顿县学院

丽贝卡·马尔孔（Rebecca Marcon），北佛罗里达大学

凯思琳·米勒·格林（Kathleen Miller Green），北爱达荷学院

苏珊娜·米拉-奈普尔（Suzanne Mira-Knippel），西南社区学院

罗恩·马尔松（Ron Mulson），哈得逊谷社区学院

塔拉·纽曼（Tara Newman），斯蒂芬·奥斯汀州立大学

劳拉·皮拉齐（Laura Pirazzi），圣何塞州立大学

凯瑟琳·k.罗斯（Katherine K. Rose），得克萨斯州女子大学

杰弗里·瓦隆（Jeffrey Vallon），罗克兰社区学院

艾米·范·赫克（Amy Van Hecke），马凯特大学

特蕾西·范·普罗延（Traci Van Prooyen），伊利诺伊大学斯普林菲尔德分校

安吉拉·威廉姆森（Angela Williamson），塔兰特学院

梅勒妮·耶塞科（Melanie Yeschenko），阿勒格尼县社区学院

我还要感谢很多人。我对自己在求学阶段（首先是维思大学，然后是威斯康星大学）遇到的老师们充满感恩之情。特别值得一提的是在我本科教育中起到关键作用的卡尔·沙伊贝（Karl Scheibe），还有我研究生求学阶段亲如父母的导师弗农·艾伦（Vernon Allen），以及研究生院发展方面的很多专家，例如罗斯·帕克（Ross Parke）、约翰·巴林（John Balling）、乔尔·莱文（Joel Levin）、赫布·克劳斯米尔（Herb Klausmeier）等人，他们是我漫长求学路上的明灯。

成为教授以后，我的学习生涯仍然在继续。我特别感激我在马萨诸塞大学阿默斯特分校的同事，他们让这所大学成为集教学与科研于一体的著名学府。

很多人都在本书的出版过程中起到了关键的作用。我非常感谢斯蒂芬·赫普（Stephen Hupp）和杰里米·朱厄尔（Jeremy Jewel）在数字化互动方面完成的出色工作，感谢约翰·比克福德（John Bicklord）在编辑方面的支持，我非常感谢他们的帮助。最重要的是，约翰·格兰夫（John Graiff）对于撰写本书的许多方面都提出了实质性的调整和修改意见，我非常感谢他所做的重大贡献。

我同样十分感谢出色的培生团队在这本书的策划出版过程中所给予的帮助。策划编辑安布尔·乔（Amber Chow）提供了很多宝贵意见、帮助和指导，非常感谢她的热情和创造力。助理编辑斯蒂芬妮·文图拉（Stephanie Ventura），这位把控细节的大师在每个方面都提供了支持和指导，她的贡献远远超出了其职责范围。我还要感谢项目经理塞西莉亚·特纳（Cecilia Turner）对全局的统揽。我要感谢市场经理克里斯托弗·布朗（Christopher Brown），我非常信任他的能力。能够成为这个世界级团队中的一员是我的荣幸。

我也要感谢我的家人，他们是我生活中不可或缺的部分。我的哥哥迈克尔、嫂子、妹夫、侄子和侄女，他们都是我生活的重要部分。此外，我对家中老一辈人充满感激，他们一直都是我的榜样。他们是哈利·布洛克斯坦（Harry Brochstein）、玛丽·福韦尔克（Mary Vorwerk）、埃塞尔·拉德勒（Ethel Radler），尤其是我已故的父亲索尔·费尔德曼（Saul Feldman）和我的母亲利亚·布洛克斯坦（Leah Brochstein）。

我最要感谢的是我的家庭。我的儿子乔恩、儿媳利、孙子亚历克斯和迈尔斯；我的儿子乔希、儿媳朱莉；我的女儿莎拉、女婿杰夫、外孙女莉莉娅，他们不仅善良、聪明、美丽，更是我的骄傲和欢乐。我的妻子凯瑟琳·福韦尔克（Katherine Vorwerk）的爱和支持让一切事情都有了意义。我用我全部的爱，感谢他们。

罗伯特·S.费尔德曼
马萨诸塞大学阿默斯特分校

神经科学原理 [英文版·原书第5版·上下册（附赠光盘）]

作者： （美）埃里克 R. 坎德尔 等 ISBN: 978-7-111-43081-0

诺贝尔奖获得者坎德尔领衔主编，多位神经科学泰斗级人物共同编著

国际上最权威神经科学教科书，被称为"神经科学圣经"

全面更新至第5版

国际著名神经生物学家蒲慕明、

北京市神经再生及修复研究重点实验室主任徐群渊

北京大学心理学系主任周晓林 隆重推荐

随书赠送光盘，包含书中全部近千张彩图

坎德尔主编的《神经科学原理》是美国一般大学研究所和医学院神经科学课程最常用的教科书，由神经科学领域里著名学者执笔。第5版内容丰富新颖，是一本难得的教科书。对神经科学研究者来说，也是跟踪神经科学各领域近年来进展的一本很好的参考书。

—— 国际著名神经生物学家 蒲慕明

高效学习

《刻意练习：如何从新手到大师》

作者：[美] 安德斯·艾利克森 罗伯特·普尔 译者：王正林

销量达200万册！
杰出不是一种天赋，而是一种人人都可以学会的技巧
科学研究发现的强大学习法，成为任何领域杰出人物的黄金法则

《学习之道》

作者：[美] 芭芭拉·奥克利 译者：教育无边界字幕组

科学学习入门的经典作品，是一本真正面向大众、指导实践并且科学可信的学习方法手册。作者芭芭拉本科专业（居然）是俄语。从小学到高中数理成绩一路垫底，为了应付职场生活，不得不自主学习大量新鲜知识，甚至是让人头疼的数学知识。放下工作，回到学校，竟然成为工程学博士，后留校任教授

《如何高效学习》

作者：[加] 斯科特·扬 译者：程冕

如何花费更少时间学到更多知识？因高效学习而成名的"学神"斯科特·扬，曾10天搞定线性代数，1年学完MIT4年33门课程。掌握书中的"整体性学习法"，你也将成为超级学霸

《科学学习：斯坦福黄金学习法则》

作者：[美] 丹尼尔·L.施瓦茨 等 译者：郭曼文

学习新境界，人生新高度。源自斯坦福大学广受欢迎的经典学习课。斯坦福教育学院院长、学习科学专家力作；精选26种黄金学习法则，有效解决任何学习问题

《学会如何学习》

作者：[美] 芭芭拉·奥克利 等 译者：汪幼枫

畅销书《学习之道》青少年版；芭芭拉·奥克利博士揭示如何科学使用大脑，高效学习，让"学渣"秒变"学霸"体质，随书赠思维导图；北京考试报特约专家郭俊彬博士、少年商学院联合创始人Evan、秋叶、孙思远、彭小六、陈章鱼诚意推荐

更多>>> 　《如何高效记忆》 作者：[美] 肯尼思·希格比 译者：余彬晶
　　　　　　　《练习的心态：如何培养耐心、专注和自律》 作者：[美] 托马斯·M.斯特纳 译者：王正林
　　　　　　　《超级学霸:受用终身的速效学习法》 作者：[挪威] 奥拉夫·舍韦 译者：李文婷

科学教养

硅谷超级家长课
教出硅谷三女杰的 TRICK 教养法
978-7-111-66562-5

自驱型成长
如何科学有效地培养孩子的自律
978-7-111-63688-5

父母的语言
3000 万词汇塑造更强大的学习型大脑
978-7-111-57154-4

有条理的孩子更成功
如何让孩子学会整理物品、管理
时间和制订计划
978-7-111-65707-1

聪明却混乱的孩子
利用"执行技能训练"提升孩子
学习力和专注力
978-7-111-66339-3

欢迎来到青春期
9~18 岁孩子正向教养指南
978-7-111-68159-5

学会自我接纳
帮孩子超越自卑，走向自信
978-7-111-65908-2

叛逆不是孩子的错
不打、不骂、不动气的温暖教养术
（原书第 2 版）
978-7-111-57562-7

养育有安全感的孩子
978-7-111-65801-6